校企合作计算机精品教材

中文版 Pro/E Wildfire 5.0 基础与应用高级案例教程

主　编　白正一　钟日铭

江苏大学出版社
JIANGSU UNIVERSITY PRESS
镇　江

内 容 提 要

Pro/E Wildfire 是一款集 CAD/CAM/CAE 功能于一体的综合性三维产品设计软件，在业界享有极高的声誉。本书采用“理论指导+任务实践”的项目教学方式，分 8 个项目通过大量案例介绍了 Pro/E Wildfire 5.0 的功能和应用技巧，内容涵盖 Pro/E Wildfire 5.0 基础知识、绘制二维图形、简单零件设计、复杂零件建模、钣金件设计、装配设计、产品设计和工程图设计等。

本书结构清晰，将理论与任务实践完美结合，可以有效地帮助读者快速掌握软件的基本功能和应用技巧。

本书可作为各类院校，以及各类计算机教育培训机构的专业教材，也可供广大计算机爱好者自学使用。

图书在版编目（CIP）数据

中文版 Pro/E Wildfire 5.0 基础与应用高级案例教程 / 白正一，钟日铭主编. -- 镇江 : 江苏大学出版社，2012.8（2023.1 重印）
ISBN 978-7-81130-396-4

Ⅰ. ①中… Ⅱ. ①白… ②钟… Ⅲ. ①机械设计－计算机辅助设计－应用软件－教材 Ⅳ. ①TH122

中国版本图书馆 CIP 数据核字(2012)第 183479 号

中文版 Pro/E Wildfire 5.0 基础与应用高级案例教程

主　　编 / 白正一　钟日铭
责任编辑 / 郑晨晖　汪再非
出版发行 / 江苏大学出版社
地　　址 / 江苏省镇江市京口区学府路 301 号（邮编：212013）
电　　话 / 0511-84446464（传真）
网　　址 / http://press.ujs.edu.cn
排　　版 / 北京谊兴印刷有限公司
印　　刷 / 北京谊兴印刷有限公司
开　　本 / 787 mm×1 092 mm　1/16
印　　张 / 26.75
字　　数 / 651 千字
版　　次 / 2012 年 8 月第 1 版
印　　次 / 2023 年 1 月第 9 次印刷
书　　号 / ISBN 978-7-81130-396-4
定　　价 / 68.00 元

如有印装质量问题请与本社营销部联系（电话：0511-84440882）

编写说明

随着社会的发展，传统的教育模式已难以满足就业的需要。一方面，大量的毕业生无法找到满意的工作，另一方面，用人单位却在感叹无法招到符合职位要求的人才。因此，积极推进教学形式和内容的改革，从传统的偏重知识的传授转向注重就业能力的培养，并让学生有兴趣学习，轻松学习，这已成为大多数高等院校及中、高等职业技术院校的共识。

教育改革首先是教材的改革，为此，我们走访了众多学校，与许多教师探讨当前教育面临的问题和机遇，然后聘请具有丰富教学经验的一线教师编写了这套“高级案例教程”丛书。

本套丛书的特色

（1）**满足教学需要**。各书都使用最新的项目教学方式，每个项目都使用“【学习目标】→【理论指导】→【任务实践】→【项目总结】→【项目考核】”的结构。

①【学习目标】列出读者在学完本项目后将要了解的软件功能和要掌握的实际应用技能。

②【理论指导】讲解软件的基本知识与核心功能，并根据功能的难易程度采用不同的讲解方式。例如，对于一些较难理解的功能，用小例子的方式进行讲解，从而方便教师上课时演示；对于一些简单的功能，则只简单讲解。

③【任务实践】列举多个案例，让学生练习并能在实践中学会应用软件。这是项目的核心内容，学生可根据书中讲解，自己动手完成相关案例操作。

④【项目总结】回顾本项目学习的内容，并列出需要注意的重点和难点。

⑤【项目考核】通过安排选择题和操作题等，来考核学生对本项目知识的掌握情况，满分为 100 分。

（2）**满足就业需要**。在每个项目中都精心挑选与实际应用紧密相关的知识点和案例，从而让学生在完成某个项目后，能马上应用从中学到的技能。

（3）**增强学生学习兴趣，让学生能轻松学习**。严格控制各项目的难易程度，尽量让教师在很短的时间内将“理论指导”内容讲完，然后让学生自己动手完成相关任务，从而增强学生的学习兴趣，让学生轻松掌握相关技能。

本套丛书读者对象

本书可作为各类院校，以及各类计算机教育培训机构的教材，也可供广大电脑爱好者自学使用。

本书内容安排

- **项目一**：学习 Pro/E Wildfire 5.0 基础知识，包括 Pro/E Wildfire 5.0 简介与设计理念、熟悉和定制工作界面、文件基本操作、模型视图控制、模型树与层操作等内容。
- **项目二**：学习绘制二维图形的方法，包括草绘器基本知识、绘制基本二维图形、编辑图形、草图约束和草图诊断基础等内容。
- **项目三**：学习简单零件设计，包括建模概述，以及基准特征、基础形状特征和工程特征等内容。
- **项目四**：学习复杂零件建模，包括创建高级及扭曲特征、特征编辑与操作、修饰特征和曲面设计基础等内容。
- **项目五**：学习钣金件设计，包括钣金件设计入门、创建钣金壁、创建钣金件切口、创建成形与平整成形，以及钣金折弯、展平与折弯回去等内容。
- **项目六**：学习装配设计，包括装配入门、装配约束类型、重复装配、创建爆炸视图及偏移线，以及在组件中创建和修改元件等内容。
- **项目七**：学习自顶向下设计和模型渲染，包括了解典型的产品设计方法、骨架和数据共享等内容。
- **项目八**：学习工程图设计，包括工程图基础、各种工程视图的生成、视图编辑与操作，以及视图注释等内容。

本书教学资料下载

本书配有精美的教学课件和视频，并且书中用到的全部素材都已整理和打包，读者可以登录文旌综合教育平台“文旌课堂”（www.wenjingketang.com）下载。

本书的创作队伍

本书由白正一、钟日铭担任主编，李绍鹏、党灿华、杜芸担任副主编。尽管我们在编写本书时已竭尽全力，但书中仍会存在这样或那样的问题，欢迎读者批评指正。另外，如果读者在学习中有什么疑问，也可以登录文旌综合教育平台“文旌课堂”（www.wenjingketang.com）去寻求帮助，我们将会及时解答。

目录

项目一　初次接触 Pro/E Wildfire 5.0

本项目是全书的灵魂，学好本项目内容将帮您快速打开 Pro/E Wildfire 5.0 设计之门。通过本项目的学习，您将了解 Pro/E Wildfire 5.0 的设计理念、工作界面，掌握 Pro/E Wildfire 5.0 文件操作和模型视图调整方法……。此外，通过本项目的最后一个任务实践，您将体验到使用 Pro/E Wildfire 5.0 设计模型的无穷乐趣……

一、学习目标……1

二、理论指导……1

（一）Pro/E Wildfire 5.0 简介与设计理念……1

（二）熟悉和定制 Pro/E Wildfire 5.0 工作界面……2

（三）Pro/E Wildfire 5.0 文件基本操作……5

（四）Pro/E Wildfire 5.0 模型视图控制……10

（五）Pro/E Wildfire 5.0 模型树与层操作……15

三、任务实践……18

任务一　文件操作练习……18

任务二　自定义工具栏按钮……19

任务三　模型视图调整练习……21

任务四　Pro/E Wildfire 5.0 设计入门——轴承盖零件建模……24

四、项目总结……30

五、项目考核……31

项目二　绘制二维图形

在 Pro/E Wildfire 5.0 中，三维实体建模是从绘制二维截面图形开始，以截面图形为基础生成特征，进而得到三维模型，因此必须熟练掌握二维图形的绘制方法。Pro/E Wildfire 5.0 提供了强大的二维草绘功能，这正是本项目要学习的内容……

一、学习目标……33

二、理论指导……33

（一）草绘器基本知识……33

（二）绘制基本二维图形……36

（三）编辑图形……51

（四）草图约束……55

（五）草图诊断基础……63

三、任务实践……64

任务一　绘制泵盖平面图……64

任务二　绘制手轮平面图……67

任务三　绘制文字与图案商标……71

任务四　绘制小巧的游戏手柄平面图……76

四、项目总结……79

五、项目考核……79

项目三 简单零件设计

从本项目开始，我们将真正开始学习三维模型的设计。如前所述，在 Pro/E Wildfire 5.0 中创建的模型实质上是由多个特征组成的，因此在 Pro/E Wildfire 5.0 中建模其实就是依次创建各种特征的过程。下面我们就来看看，如何创建基准特征、基础形状特征和工程特征，并在实践中应用这些特征设计模型……

一、学习目标……82
二、理论指导……82
（一）建模概述……82
（二）基准特征……83
（三）基础形状特征……91
（四）工程特征……103
三、任务实践……114
任务一 设计工作台小底座零件……114
任务二 设计托架角码零件……120
任务三 设计轴零件……125
任务四 设计支架零件……129
任务五 设计五角星模型……135
任务六 设计电子产品的数据接口盖帽零件……140
任务七 设计灯具产品中的连接零件……146
四、项目总结……157
五、项目考核……157

项目四 复杂零件建模

Pro/E Wildfire 5.0 为用户提供了强大的建模功能，以让用户能更好地设计复杂零件。本项目就来学习复杂零件的建模知识，其中在理论指导方面的实用知识包括高级特征应用、特征编辑与操作、修饰特征和曲面设计；而在任务实践中，我们将设计多个常见的模型……

一、学习目标……160
二、理论指导……160
（一）高级及扭曲特征……160
（二）特征编辑与操作……172
（三）修饰特征……178
（四）曲面设计基础……180
三、任务实践……193
任务一 设计阀盖……193
任务二 设计水杯造型……200
任务三 设计密封件……212
任务四 设计风扇造型……222
任务五 设计按键零件……228
四、项目总结……238
五、项目考核……238

项目五 钣金件设计

钣金件是一类特殊的实体零件，它具有均匀的厚度。在 Pro/E Wildfire 5.0 的钣金设计模块中，我们可以通过添加诸如壁、切口、裂缝、折弯、展平、折弯回去、成形、凹槽、冲孔和止裂槽等特征，来轻松设计符合应用需要的钣金件……

一、学习目标……240
二、理论指导……240
（一）钣金件设计入门……240
（二）创建钣金壁……242
（三）创建钣金件切口……253
（四）创建成形与平整成形……254
（五）钣金折弯、展平与折弯回去……260
（六）其他钣金操作……266
三、任务实践……268
任务一 设计计算机机箱盖……268
任务二 设计硬盘盒上盖……281
四、项目总结……292
五、项目考核……293

项目六 装配设计

完成相关的三维零件设计后，可以将这些零件按照设计要求的约束条件或连接方式装配起来，以构成一个完整的产品。通过装配还可以查看零件设计是否合理、零部件之间的位置关系是否得当……

在本项目的理论指导部分，我们首先通过一个入门实例，让您了解产品装配的流程和方法，然后依次介绍装配约束、重复装配、创建爆炸视图及偏移线等……

一、学习目标……295
二、理论指导……295
（一）装配入门……295
（二）约束类型……299
（三）重复装配……306
（四）创建爆炸视图及偏移线……307
（五）在组件中创建和修改元件……311
三、任务实践……313
任务一 装配低速滑轮装置……313
任务二 装配固态存储硬盘盒……324
四、项目总结……331
五、项目考核……332

项目七 自顶向下设计和模型渲染

通过前面项目的学习，相信您已经可以使用相关的建模工具来完成零件的设计，并可以在组件文件中将零件逐一装配起来以组成整个产品。但在实际的产品设计工作中，掌握这些仍然是不够的，还必须掌握产品设计中其他高效、实用的方法，以及思路和技巧等……

一、学习目标……335
二、理论指导……335
（一）典型的产品设计方法……335
（二）骨架……336
（三）数据共享……338
（四）模型渲染……345
三、任务实践……350
任务一 设计小型播放器产品……351

任务二　利用骨架模型辅助设计轴承 ········ 362
四、项目总结 ········ 374
五、项目考核 ········ 375

项目八　工程图设计

在很多时候，产品的制造、装配指导等还是需要根据工程图纸来完成。因此，在完成零件设计或组件模型装配后，通常还需要在工程图模块中创建符合工程标准的工程图……

一、学习目标 ········ 377
二、理论指导 ········ 377
（一）工程图基础 ········ 377
（二）各种工程视图的生成 ········ 382
（三）视图编辑与操作 ········ 390
（四）视图注释 ········ 392
三、任务实践 ········ 399
任务一　轴承盖工程图设计 ········ 399
任务二　支架工程图设计 ········ 407
四、项目总结 ········ 416
五、项目考核 ········ 417

项目一　初次接触 Pro/E Wildfire 5.0

Pro/ENGINEER（简称 Pro/E）是目前最为流行的 CAD/CAM/CAE 工业设计软件之一，其广泛应用于机械、模具、汽车、航空航天、玩具等领域。本项目将学习 Pro/E 的基本概念、工作界面、文件基本操作、模型视图控制、模型树和层树等基础知识。

一、学习目标

- 理解 Pro/E Wildfire 5.0 的基本设计概念。
- 熟悉 Pro/E Wildfire 5.0 零件模式的工作界面。
- 掌握定制屏幕的一般方法及操作技巧。
- 掌握 Pro/E Wildfire 5.0 的文件管理基本操作。
- 掌握 Pro/E Wildfire 5.0 模型视图的控制方法。
- 掌握模型树与层树的应用方法。
- 能够通过轴承盖零件建模，初步掌握零件建模的一般思路和设计过程。

二、理论指导

（一）Pro/E Wildfire 5.0 简介与设计理念

Pro/E 是美国 PTC 公司开发的产品，它是一款集 CAD/CAM/CAE 功能于一体的综合性三维产品设计软件，在业界享有极高的声誉。其中，Pro/E Wildfire 5.0（野火版 5.0）是目前最流行的版本，它包含了极为先进的工具，使用户可以采用最佳设计法，同时确保遵守行业和公司的标准，创造出不同凡响的产品。

> 提示　Pro/E Wildfire 5.0 又被细分为 M010，M030，M060，M070，M080 等版本，各版本的功能和使用界面基本相同。其中，Pro/E Wildfire 5.0 M070 以上的版本又被称为 Creo Elements/Pro 5.0。

Pro/E Wildfire 5.0 软件的功能非常强大，包含多个模块（在新建文件时可进入不同的模块），利用这些模块可以进行零件设计、组件装配、工程图绘制、曲面设计、钣金和模具设计等工作，而且其各个模块之间可以相互调用。

在使用 Pro/E 开始设计之前，需要了解如下几个基本设计理念。

- **基于特征进行建模**：Pro/E 软件将一些具有代表性的几何形状定义为“特征”，比如拉伸、旋转、孔、壳、筋、倒圆角等。用户可以按照一定的顺序将若干特征进行“叠加”，以此创建模型。例如，图 1-1 所示的模型由拉伸特征、孔特征、倒圆角特征和壳特征共同构成。

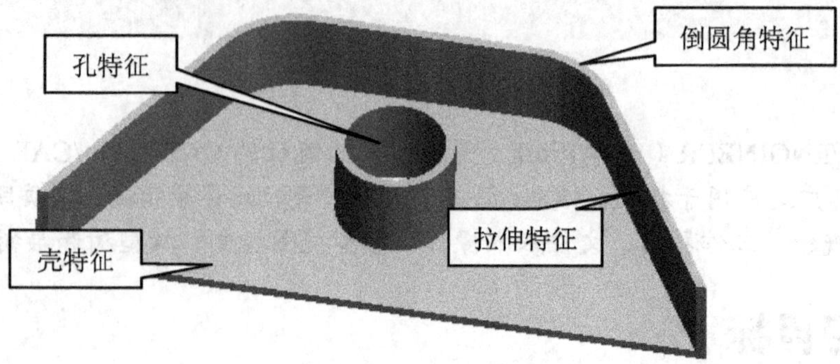

图 1-1　基于特征建立的模型

- **参数化设计**：在 Pro/E 中，模型的形状是由尺寸驱动的，系统将特征的所有尺寸定义为可变。因此，用户可以随时通过修改尺寸值来调整模型的形状，如图 1-2 所示。

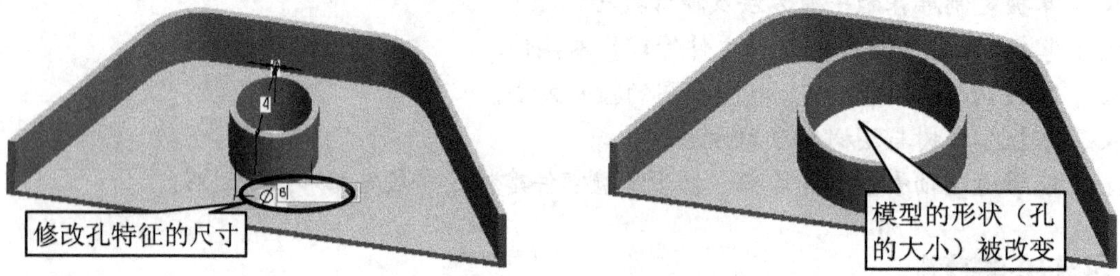

图 1-2　通过修改尺寸调整模型的形状

- **数据相关性**：Pro/E 软件的所有模块都是相关的，因此设计中的所有数据也都是相关的。也就是说，当用户修改设计中的部分数据时，整个设计中的数据都会自动更新。例如，当用户修改模型的形状时，其对应的工程图也会自动得到更新。
- **单一数据库**：在 Pro/E 产品开发过程中用到的所有数据都来自一个数据库，从而便于设计人员调用产品数据及协同工作。

（二）熟悉和定制 Pro/E Wildfire 5.0 工作界面

1. 熟悉工作界面

启动 Pro/E Wildfire 5.0 后，系统将显示图 1-3 所示的画面。可以看到，Pro/E Wildfire 5.0 的初始工作界面主要由标题栏、菜单栏、工具箱、信息区、导航区、浏览器、图形区域（也称图形窗口、绘图区等）和选择过滤器等组成。

- **工具箱**：位于菜单栏下方的是上工具箱，一般由“文件”、“编辑”、“视图”、

“模型显示”和“基准显示”工具栏组成，系统将常用的操作命令以图标按钮的形式显示在这些工具栏中；位于窗口右侧的是右工具箱，一般由特征工具栏组成，用来显示常用的特征工具。

提示　上工具箱与右工具箱各自独立，都可以独立地设置在其中显示的工具栏。不过，作为约定，通常在上工具箱显示一些常用的工具栏，而在右工具箱显示一些绘图和特征工具栏。在上工具箱或右工具箱区域单击鼠标右键，从弹出的快捷菜单中选择相应的选项，可以显示或隐藏工具箱中的工具栏。

- **浏览器和图形区域**：在 Pro/E Wildfire 5.0 中，浏览器用来访问网页和本地文件夹；图形区域用来显示模型和图形元素。当新建或打开零件模型时，Pro/E Wildfire 5.0 浏览器将完全被图形窗口替代。用户也可以根据需要调整浏览器窗口和图形窗口，使它们同时显示在当前工作界面中。

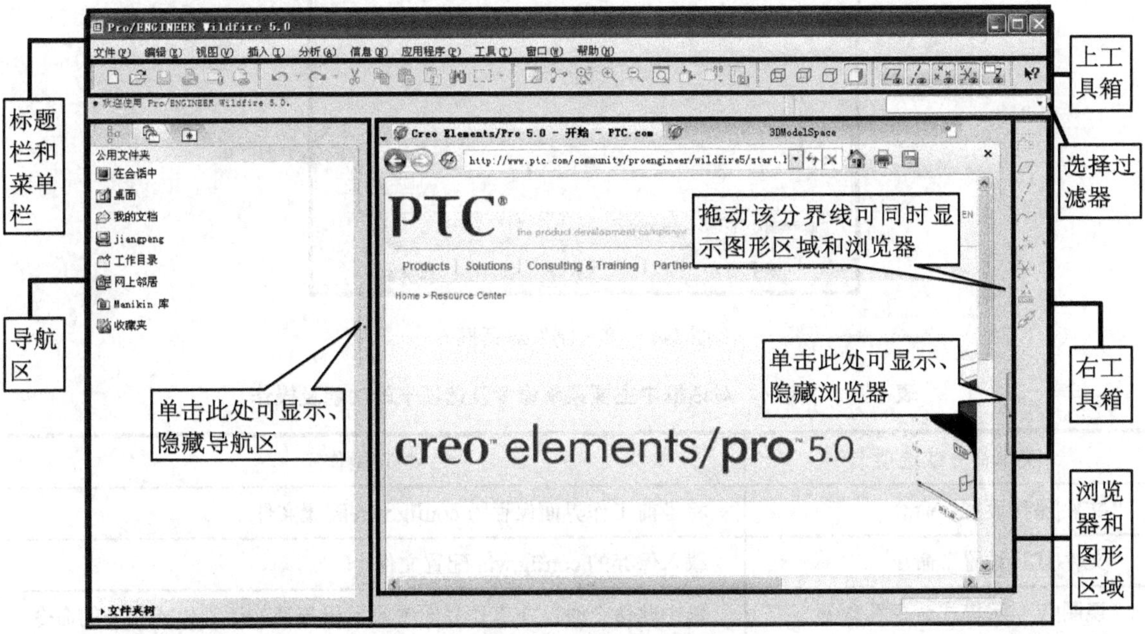

图 1-3　Pro/E Wildfire 5.0 的初始工作界面

- **导航区**：位于主操作界面的左侧，由“模型树”、“文件夹浏览器”、“收藏夹”这几个选项卡组成。
- **选择过滤器**：在设计由众多特征构成的复杂模型时，常常发生无法顺利选取目标对象的情况，此时可通过设置选择过滤器来限制能够选取的对象类型。例如，如果在选择过滤器下拉列表框中选择“特征”，则用户此时将只能选择零件特征，而不能选择几何、基准等非零件特征对象。
- **状态栏**：位于选择过滤器的左侧，用来显示用户的当前操作信息并给出相关提示。

2. 定制工作界面

用户可以根据设计的需要定制 Pro/E Wildfire 5.0 工作界面，使其更加易于操作，方法是在菜单栏中选择“工具|定制屏幕”命令，打开如图 1-4 所示的“定制”对话框，然后利用此对话框的相应菜单和选项卡进行相关设置操作即可。表 1-1 列出了“定制”对话框中主要菜单命令及选项卡的功能及操作。

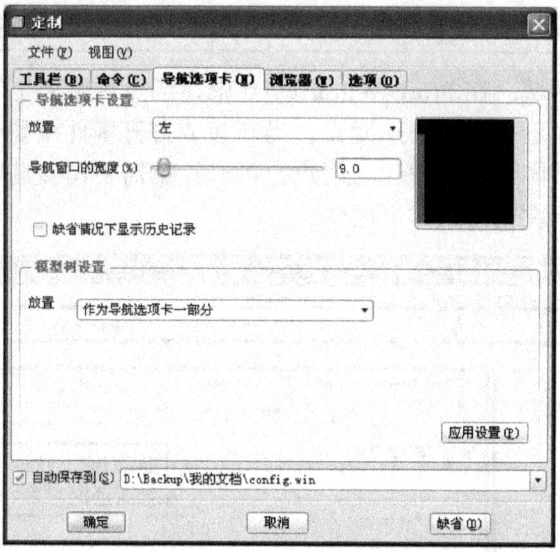

图 1-4 “定制”对话框

表 1-1 “定制”对话框中主要菜单命令及选项卡的功能及操作

菜单命令或选项卡	功能/操作
“文件|保存设置”命令	将当前工作界面保存为 config.win 配置文件
“文件|打开设置”命令	载入保存的 config.win 配置文件
“视图|仅显示模式命令”命令	选中此命令时，在工作界面中显示仅与当前活动模式相关的命令
“工具栏”选项卡	用于增加、删除或重定位工具栏
“命令”选项卡	用于将指定的命令增加到某个菜单或工具栏中，或者将命令从某个菜单或工具栏中删除
“导航选项卡”选项卡	用于设置导航的放置位置和尺寸等
“浏览器”选项卡	用于设置 Pro/E Wildfire 5.0 浏览器的宽度，以及在打开或关闭 Pro/E Wildfire 5.0 时是否展开浏览器和进行动画演示
“选项”选项卡	用于设置 Pro/E Wildfire 5.0 工作窗口的大小，以及是否将菜单命令显示为图标等

续表

菜单命令或选项卡	功能说明/操作说明
“自动保存到”复选框	选中此复选框，每次更改工作界面时，都会将更改自动保存到当前 config.win 配置文件中。以后每次启动 Pro/E Wildfire 5.0 时都会自动读取配置文件内容，从而保持更改后的工作界面

（三）Pro/E Wildfire 5.0 文件基本操作

Pro/E Wildfire 5.0 文件基本操作主要包括创建文件、打开文件、选取工作目录、保存备份文件、关闭窗口、删除文件、重命名文件和退出 Pro/E Wildfire 5.0 等。

1. 创建文件

在 Pro/E Wildfire 5.0 中可以创建多种类型的文件，包括草绘、零件、组件、制造模型、绘图、格式、报表、图表、布局、标记或交互文件。创建新文件时，用户可根据实际情况接受默认模板，或选择另外一个模板，或选择要用作模板的文件。

下面以创建一个新的实体零件文件为例介绍创建新文件的步骤。

步骤 1 在上工具箱中单击“新建”按钮，或者按【Ctrl+N】快捷键，弹出如图 1-5 所示的“新建”对话框。

步骤 2 选择要创建的文件类型。这里，在“类型”选项组中选择“零件”单选按钮，在其“子类型”选项组中选择“实体”单选按钮。

- **草绘**：2D 草绘图形文件，文件扩展名为.sec。
- **零件**：3D 零件模型文件，文件扩展名为.prt。
- **组件**：3D 模型装配文件，文件扩展名为.asm。
- **制造**：NC 加工程序制作、模具设计文件，文件扩展名为.mfg。
- **绘图**：2D 工程图文件，文件扩展名为.drw。
- **格式**：2D 工程图的图纸格式文件，文件扩展名为.frm。
- **报表**：模型的报表文件，文件扩展名为.rep。
- **图表**：电路、管路的流程图文件，文件扩展名为.dgm。
- **布局**：产品组装布局文件，文件扩展名为.lay。
- **标记**：在标记模式下创建的注解文件，文件扩展名为.mrk。

步骤 3 在“名称”文本框中输入新的文件名或者使用默认的文件名（文件名不区分大小写）。

> **提示** Pro/E Wildfire 的文件名应限制在 31 个字符以内，Pro/E 不能创建或检索文件名大于 31 个字符的对象。此外，文件名中只能使用字母或数字字符，不能使用中文；文件名中不得使用[ ]、{ }或( )及空格和标点符号(.?!;)；文件名可包含连字号和下划线，但文件名的第一个字符不能是连字号。

步骤 4 取消选中“使用缺省模板”复选框（否则默认使用的是英制模板，以英寸为基本单位），然后单击“确定”按钮，弹出“新文件选项”对话框（如图 1-6 所示）。

步骤 5 选择一个模板，在这里选择“mmns_part_solid”模板，如图 1-6 所示。注意：带有“mmns”的为公制模板（以毫米为基本单位，国际标准），带有“inlbs”的为英制模板。

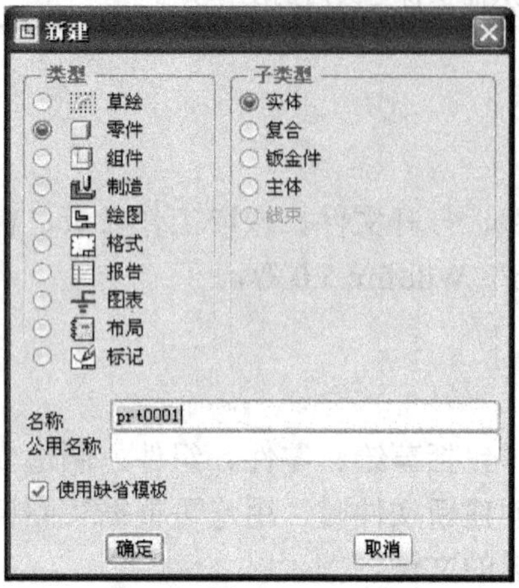

图 1-5 “新建”对话框

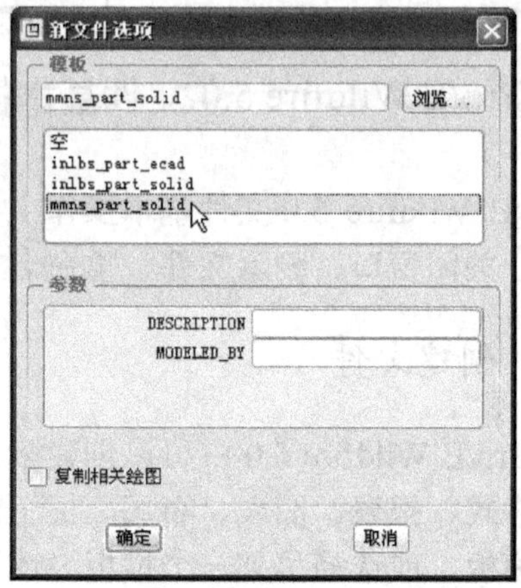

图 1-6 “新文件选项”对话框

步骤 6 在“新文件选项”对话框中单击“确定”按钮，完成一个实体零件文件的创建，并打开 Pro/E Wildfire 图形窗口。

2. 打开和激活文件

要打开文件，可在上工具箱中单击“打开”按钮，或按【Ctrl+O】快捷键，弹出如图 1-7 所示的“文件打开”对话框，找到目标文件后，单击“预览”按钮，可以预览模型，单击“打开”按钮，可以将文件打开。

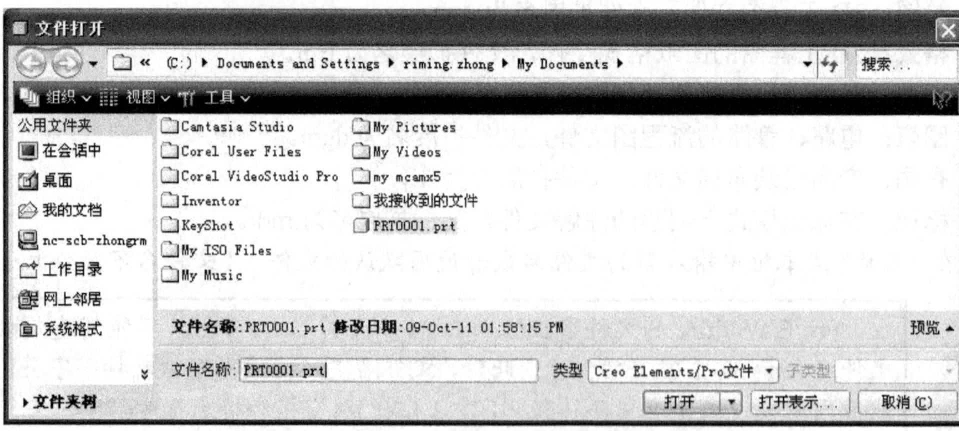

图 1-7 “文件打开”对话框

> **小技巧** 倘若在菜单栏中打开“文件”菜单，可以从“文件”菜单底部的文件列表中（最近打开过的 4 个文件名会列在其中）选择要打开的文件。

如果同时打开了多个 Pro/E 文件窗口，则当前只有一个窗口是活动的，该窗口的标题栏中会显示“活动的”字样。如果想激活其他窗口，可以在要激活的窗口中选择“窗口|激活”命令，或者按下【Ctrl+A】快捷键。

3. 设置工作目录

工作目录是指分配存储 Pro/E 文件的目录（文件夹），设置好工作目录，有助于管理项目文档。如果要为当前的 Pro/E 进程设置工作目录，可以按照下述步骤进行。

步骤 1　在菜单栏中选择“文件|设置工作目录”命令，弹出如图 1-8 所示的“选取工作目录”对话框。

步骤 2　通过“选取工作目录”对话框选择需要设置为新工作目录的文件夹，然后单击“确定”按钮即可。注意：此时显示有一个后跟句点的文件夹图标，它指示了工作目录的位置，如图 1-8 所示。

> **知识库** 在指定目录下新建一个文件夹作为新工作目录，方法是选择指定目录，接着在“选取工作目录”对话框中单击“组织”按钮，然后从其下拉列表中选择“新建文件夹”命令，弹出“新建文件夹”对话框，如图 1-9 所示，在“新建目录”文本框中输入新目录（文件夹）名称，然后单击“确定”按钮即可。

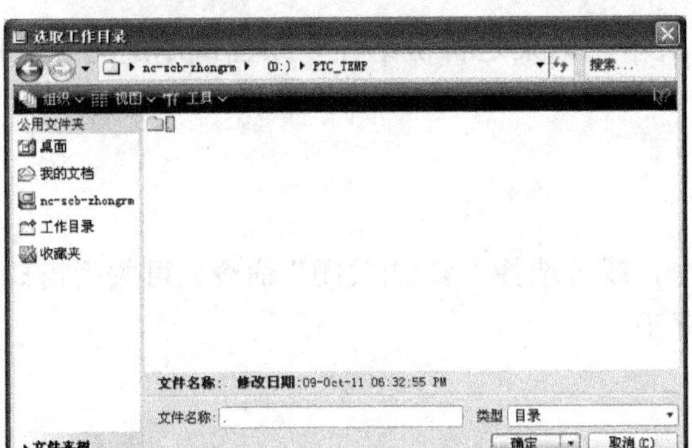

图 1-8　“选取工作目录”对话框

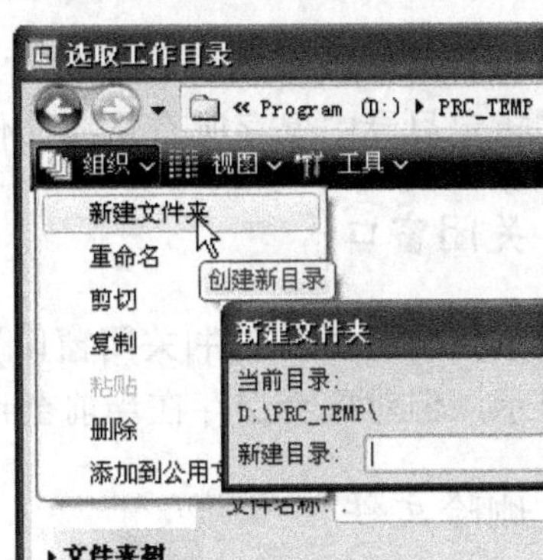

图 1-9　新建文件夹作为工作目录

4. 保存、备份文件

可以使用“文件”菜单中的“保存”命令（对应的工具为“保存”按钮，快捷键为【Ctrl+S】）或“保存副本”命令保存 Pro/E 文件。当使用“保存副本”命令时，还可以通过弹出的“保存副本”对话框将 Pro/E 文件导出不同的类型（格式），如图 1-10 所示。

需要用户注意的是，使用“保存”命令在磁盘上保存模型对象时，Pro/E 会以文件名格式为“object_name.object_type.version_number”的形式来保存文件，即会保存一个新版本的对象。例如，如果保存一个名为“bc_t1”的零件，则初次保存时文件名为“bc_t1.prt.1”，再次保存该相同零件时，其文件名会变为“bc_t1.prt.2”，变化的只是版本序号，以此类推。

如果要在其他目录下以相同文件名备份文件，则在菜单栏中选择“文件|备份”命令，弹出如图 1-11 所示的“备份”对话框，接受默认目录或选择对其具有写操作权的新目录。

其中，在对话框中单击“工作目录”按钮可快速访问工作目录。此外，在“模型名称”框中出现活动模型的名称，如果要选择其他模型进行备份，则单击按钮，然后选择要备份的模型。在确定要备份到的目录和要备份的对象后，单击“确定”按钮完成备份操作。

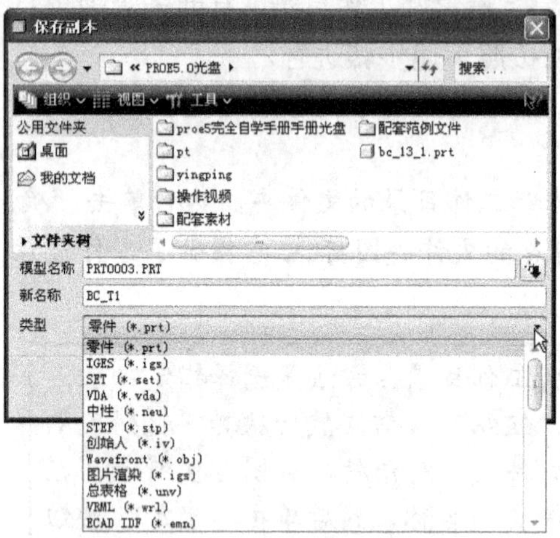

图 1-10　“保存副本”对话框

图 1-11　“备份”对话框

在备份目录中会重新设置备份对象的版本。如果是备份组件、绘图或制造对象，Pro/E 会自动在指定目录中保存所有从属文件。

5. 关闭窗口

在菜单栏中选择“文件|关闭窗口”命令，或者选择“窗口|关闭”命令，可关闭窗口使对象不再显示，但对象会保存在当前会话内存中。

6. 删除文件

删除文件包括拭除内存中的对象和删除对象。

- **拭除**：在菜单栏中选择“文件|拭除|当前”命令，弹出如图 1-12 所示的“拭除确认”对话框，单击“是”按钮，即可从会话中拭除当前活动窗口中的零件对象。

> 提示：若在菜单栏中选择“文件|拭除|不显示”命令，弹出如图 1-13 所示的“拭除未显示的”对话框，单击“确定”按钮，则在当前进程中拭除所有未显示的对象，但不拭除当前显示的对象及其所参照的全部对象。

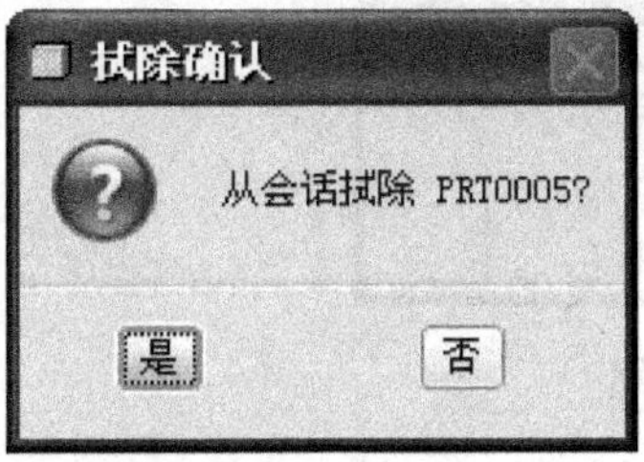

图 1-12　“拭除确认”对话框

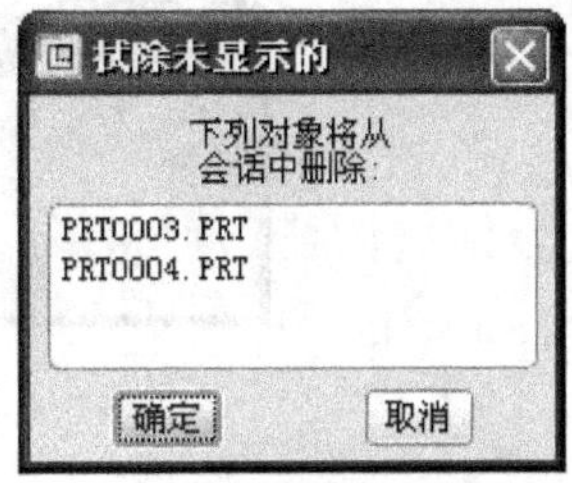

图 1-13　“拭除未显示的”对话框

- **删除**：删除也分两种，一种是删除文件的旧版本（最高版本以外的），另一种是删除文件的所有版本。前者使用的菜单命令为“文件|删除|旧版本”，后者使用的菜单命令为“文件|删除|所有版本”。

7. 重命名文件

要重命名文件，可以按照如下步骤进行。

步骤 1　在菜单栏中选择“文件|重命名”命令，弹出“重命名”对话框，此时当前模型名称出现在“模型”文本框中。如果要选择其他模型，则单击“命令和设置”按钮，如图 1-14 所示，并接着指定其他模型。

步骤 2　在“新名称”文本框中输入新的文件名，然后选择“在磁盘上和会话中重命名”或“在会话中重命名”单选钮，单击“确定”按钮，如图 1-15 所示。

- **在磁盘上和会话中重命名**：保存在磁盘上的文件和进程中的文件都会被修改成新名称。注意：磁盘文件和进程文件的名字必须相对应，否则不能重命名磁盘文件。
- **在进程中重命名**：只在进程中修改文件名，方便备份文件。

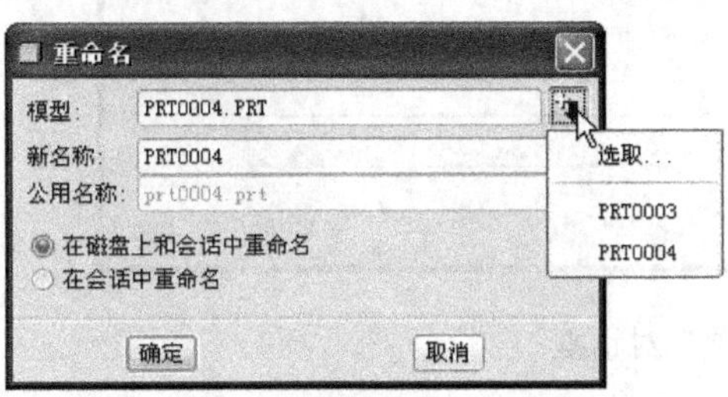

图 1-14　“重命名”对话框（1）

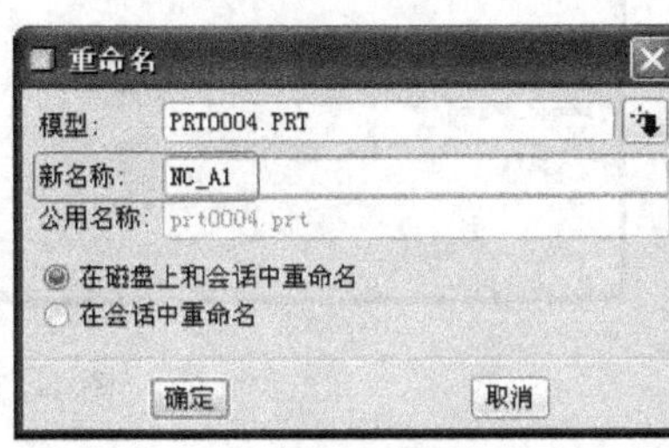

图 1-15　“重命名”对话框（2）

> **提示**　如果在非工作目录中打开对象，然后重命名并保存该对象，则该对象会保存在其原始目录中，而不是保存在当前工作目录中。即使将文件保存在不同的目录中，也不能使用原始文件名保存或重命名文件。

8. 退出 Pro/E Wildfire 5.0

要退出 Pro/E Wildfire 5.0，可在菜单栏中选择“文件|退出”命令，弹出如图 1-16 所示的“确认”对话框，单击“是”按钮即可。

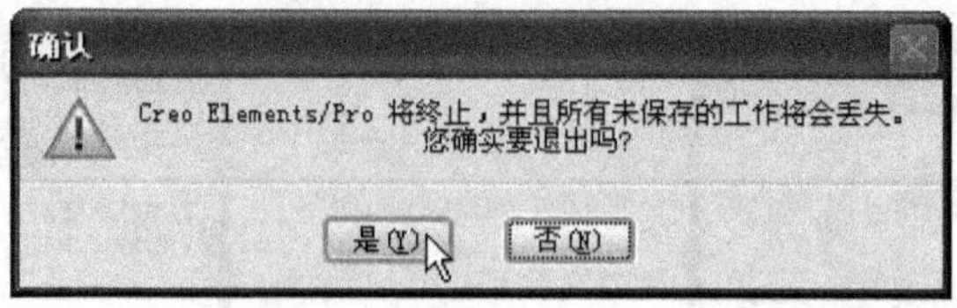

图 1-16　“确认”对话框

如果想在退出 Pro/E Wildfire 5.0 时避免弹出“确认”对话框，那么需要将配置选项“allow_confirm_window”的值设置为“no”。另外，如果将配置选项“prompt_on_exit”的值设置为“yes”，则在退出 Pro/E Wildfire 5.0 前系统会提示用户是否保存文件。

> **知识库**
>
> 设置 Pro/E Wildfire 5.0 基本配置选项的方法是在菜单栏中选择“工具|选项”命令，弹出“选项”对话框，从列表中选择配置选项，或在“选项”框中输入配置选项的名称，然后在“值”编辑框中输入或选择一个值，如图 1-17 所示。接着单击“添加/更改”按钮，此时在列表中会出现配置选项及其值，绿色状态的图标用于对所做的改变进行确认。配置完后，单击“应用”或“确定”按钮。

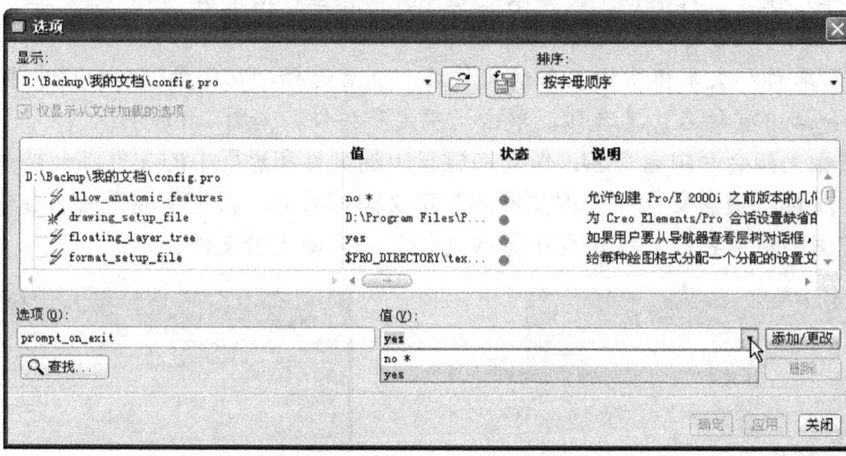

图 1-17　“选项”对话框

（四）Pro/E Wildfire 5.0 模型视图控制

Pro/E Wildfire 5.0 的模型视图控制基础知识具体包括：了解“视图”菜单及相应的“视图”工具栏；调整模型视图；重定向模型视图；设置模型显示样式；设置基准显示。读者可打开本书项目设计的任意模型（位于本书配套素材中）练习这些操作。

1. 了解“视图”菜单及“视图”工具栏

“视图”菜单提供了控制模型和性能显示的选项，如图 1-18 所示，其中包括设置模型方向，使用视图管理器，模型设置及设置系统和图元颜色等选项。在上工具箱中还为用户提供了如图 1-19 所示的“视图”工具栏，该工具栏集中了一些常用视图命令工具。

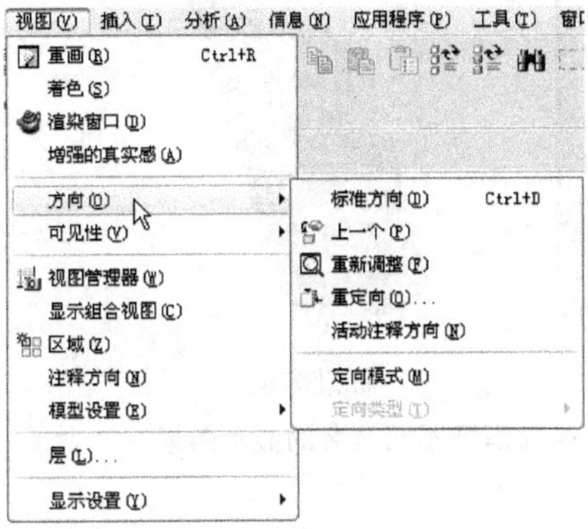

图 1-18　“视图”菜单

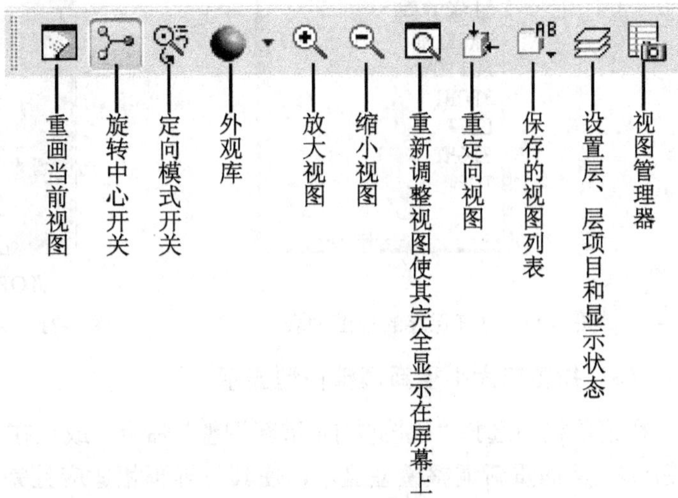

图 1-19　“视图”工具栏

2. 调整模型视图

调整模型视图的基本操作。

（1）使用鼠标进行动态查看

模型视图的旋转、平移、缩放和翻转都可以通过使用鼠标中键与【Shift】键或【Ctrl】键的组合来实现，见表 1-2。

表 1-2　使用三键鼠标进行动态查看的操作技巧

序号	动态查看类型	操作方法及技巧
1	视图旋转	按住鼠标中键的同时移动鼠标
2	视图平移	按住鼠标中键和【Shift】键的同时移动鼠标
3	视图缩放	按住鼠标中键和【Ctrl】键的同时垂直移动鼠标；对于滚轮鼠标，则可将指针放置在要调整的图形区域并旋转鼠标滚轮
4	视图翻转	按住鼠标中键和【Ctrl】键的同时水平移动鼠标

（2）使用保存的视图列表

在上工具箱的“视图”工具栏中单击“已命名的视图列表”按钮，打开保存的视图列表，如图 1-20 所示，接着从该视图列表中选择一个命名视图，可快速调用此命名视图设置来显示模型。图 1-21 展示了某组件模型分别使用两个命名视图的显示效果。

图 1-20　打开保存的视图列表

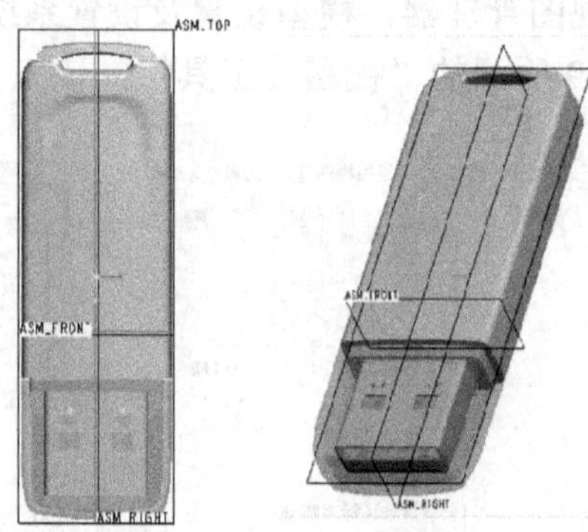

TOP　　标准方向

图 1-21　某组件模型不同命名的显示效果

（3）按窗口大小重新调整模型显示

在菜单栏中选择“视图|方向|重新调整”命令，或者在“视图”工具栏中单击“重新调整”按钮，从而重新调整模型显示，使其与屏幕相适应且完全显示在屏幕中，以便用户能够查看整个模型。

（4）转换到先前显示方向

要恢复到先前显示的视图，可在菜单栏中选择“视图|方向|上一个”命令。

（5）重画窗口

可以用“重画视图”功能清除所有临时显示信息。需要注意的是，“重画视图”功能是重新刷新屏幕，但不再生模型。要使用“重画视图”功能，可在菜单栏中选择“视图|重画”命令，或者在“视图”工具栏中单击“重画视图”按钮，还可以按【Ctrl+R】快捷键。

3. 重定向模型视图

首次创建和打开文件时，模型将以缺省视图方向显示。在实际工作中，用户可以根据设计需要更改模型视图的缺省方向或创建新的视图方向，步骤如下。

步骤 1　打开本书配套素材“\CH1\ bc_1_c3.prt”，如图 1-22 左图所示，在菜单栏中选择“视图|方向|重定向”命令，或者在“视图”工具栏中单击“重定向”按钮，弹出如图 1-22 中图所示的“方向”对话框，然后使用该对话框进行动态定向、按参照定向等操作。

步骤 2　例如，保持默认的“按参照定向”，然后在“参照 1”下拉列表设置特征观察方向，此处仍选择“前”，表示从前方观察特征，然后可在图形区域单击选择特征，此处单击选择 FRONT。

步骤 3　接下来，“方向”对话框中的“参照 2”设置区有效，并且参照 2 的默认观察方向为“上”，表示从上方观察特征，在图形区域单击选择 TOP。设置结束后，零件视图将如图 1-22 右图所示。

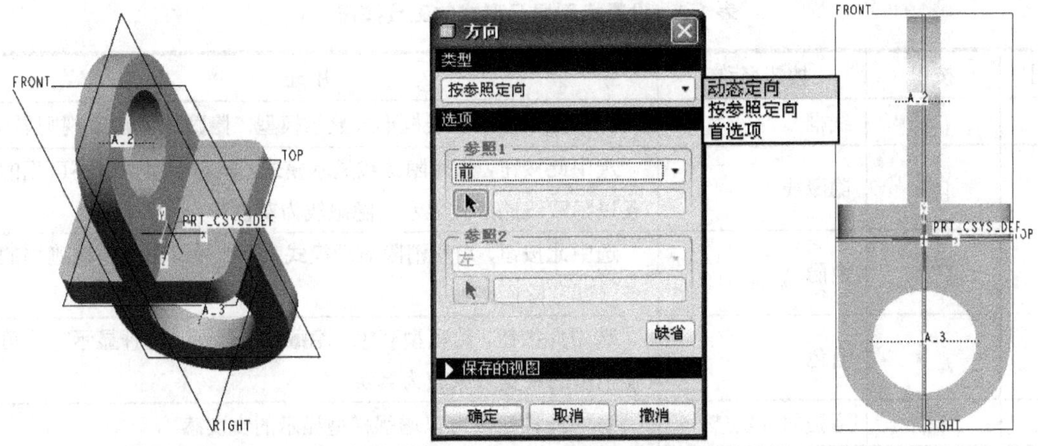

图 1-22　设置重定向视图的参数

步骤 4　在获得满意的定向视图后，展开“方向”对话框中的“保存的视图”工具盒，可以命名或保存视图，还可以查看先前保存的视图，如图 1-23 所示。输入一个名称并单击“保存”按钮，最后单击“确定”按钮。

> **提示**　如果在“类型”下拉列表框中选择“首选项”（以零件设计模式为例），则可以为 3D 模型定义旋转中心，以及定义缺省方向等，如图 1-24 所示。

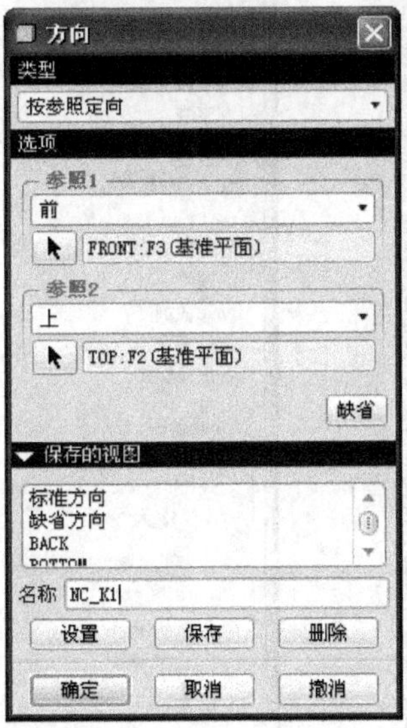

图 1-23　展开“保存的视图”工具盒

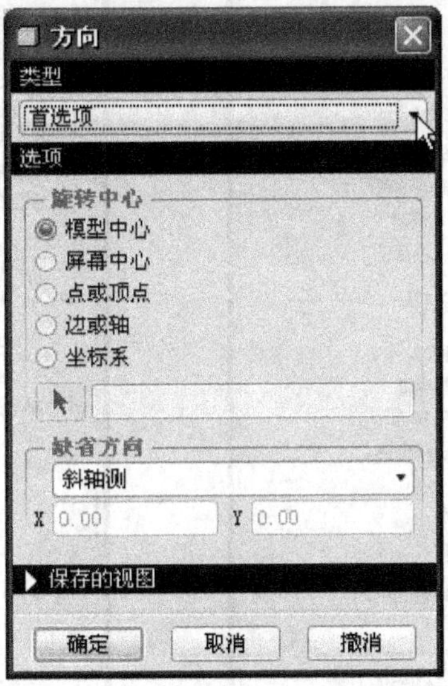

图 1-24　设置首选项

4. 设置模型显示

在 Pro/E 上工具箱中的“模型显示”工具栏中提供了用于设置模型显示形式的工具按钮，见表 1-3。

表 1-3　设置模型显示形式的工具按钮

序号	按钮	按钮名称	用途
1		线框	选中此按钮，以线框形式显示模型，隐藏线以特定规则显示
2		隐藏线	选中此按钮，启用隐藏线显示模式，即对于模型中不可见的线条以隐藏线的形式显示（隐藏线为灰色）
3		消隐	选中此按钮，启用消隐显示模式，即不显示模型中被遮挡的线条（即移除隐藏线）
4		着色	选中此按钮，给模型着色，隐藏线不显示，这种显示方式可以使模型的视觉效果较为真实
5		增强的真实感	选中此按钮，可以增强模型显示的真实感

另外，在菜单栏中选择“视图|显示设置|模型显示”命令，弹出如图 1-25 所示的“模型显示”对话框。其中，在“一般”选项卡中可以设置模型显示样式，切换模型颜色显示开关等；在“边/线”选项卡中可更改边/线的质量和细节等；在“着色”选项卡中可更改着色的质量和细节等。

图 1-25　“模型显示”对话框

5. 设置基准显示

用于设置基准显示的“基准”工具栏如图 1-26 所示，其中的“平面显示”按钮、“轴显示”按钮、“点显示”按钮、“坐标系显示”按钮、“注释元素显示”按钮分别用于设置是否在图形窗口中显示基准平面、轴线、基准点、基准坐标系和 3D 注释或注释元素。

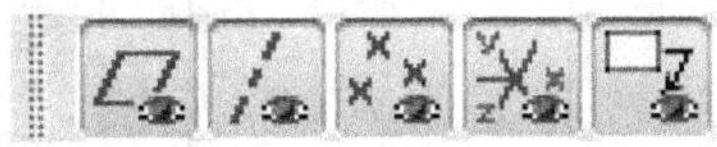

图 1-26 “基准”工具栏

（五）Pro/E Wildfire 5.0 模型树与层操作

了解模型树与层的作用并掌握其操作方法是使用 Pro/E 设计模型的基础。

1. 模型树

在 Pro/E 中，模型结构以分层（树）的形式显示，根对象（当前零件或组件）位于树的顶部，附属对象（零件或特征）位于下部，如图 1-27 所示。注意：模型树只列出当前文件中的相关特征和零件级的对象，而不列出构成特征的图元（如边、曲面、曲线等）。

默认时模型树位于导航区的“模型树”选项卡中，每个模型树项目包含一个反映其对象类型的图标，如组件、零件、特征或基准平面等的图标都不相同，该图标还可以表示特征、零件或组件的显示或再生状态（如隐含或未再生）。

在零件文件中，模型树显示零件名称并在名称下显示零件中的每个特征；在组件文件中，模型树显示组件文件名称并在名称下显示所包含的零件文件。

在实际设计工作中，使用模型树可以执行下列主要操作。

- 重命名模型树中的特征名称。其方法是在模型树中双击要重命名的特征名称，打开一文本框，输入新名称，按【Enter】键确认即可。
- 在模型树中单击特征、零件或组件，此时可同时在绘图区选中相应的对象。注意：不能使用模型树选择用于组成特征的单个几何（即图元）；若要选择图元，必须在图形窗口中单击进行选择操作。
- 在模型树中右击某特征，从弹出的快捷菜单中选择相应的命令，可对该特征执行诸如隐含、删除、编辑、编辑定义、重定参考和再生等操作，如图 1-28 所示。

> **提示**
>
> 隐含和后面要讲的通过层隐藏特征的区别是，在模型树中隐含特征后，特征会暂时失去作用，就好象没有了这个特征一样，此时在特征的右键快捷菜单中选择“恢复”命令，可恢复隐含的特征；而通过层隐藏特征时，特征还在起作用，只是看不见了。要注意的是，隐藏层对实体特征不起作用，只对曲面、基准特征起作用。
>
> 当修改特征后，如果系统既没有给出警告信息，模型也没有发生变化，此时可以在特征的右键快捷菜单中选择“再生”命令来再生模型。

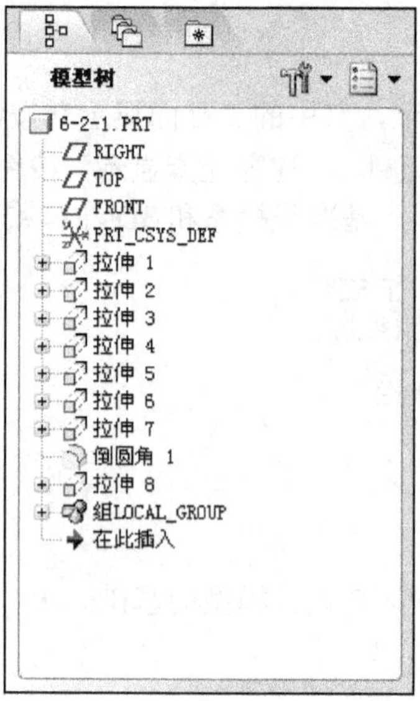

图 1-27　模型树示例图

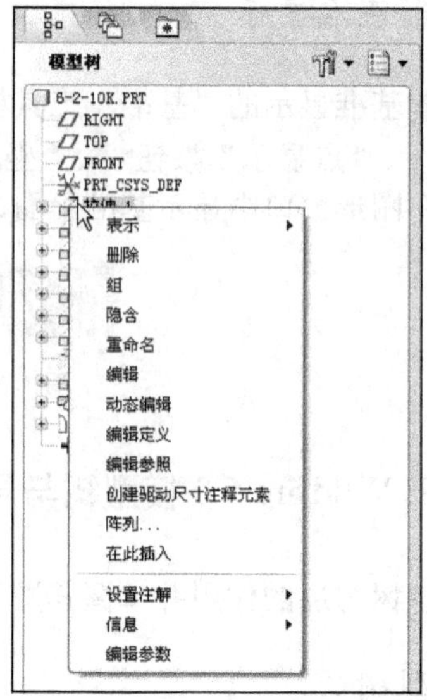

图 1-28　模型树中的特征右键菜单

➢　在组件模式下，如果在模型树中右击组件文件中的零件并从快捷菜单中选择“打开”命令，可将其在当前窗口中打开。

此外，在模型树上方提供了“设置”按钮和“显示”按钮以供用户进行模型树及其显示选项设置，单击这两个按钮之一将打开相应的下拉列表，如图 1-29 所示，然后选择相应的命令进行操作即可。

例如，要在模型树中按项目类型或状态过滤显示特征，如显示或隐藏基准特征，或者显示或隐藏隐含特征，可在“设置”按钮列表中选择“树过滤器”，打开“模型树项目”对话框进行操作，如图 1-30 所示。

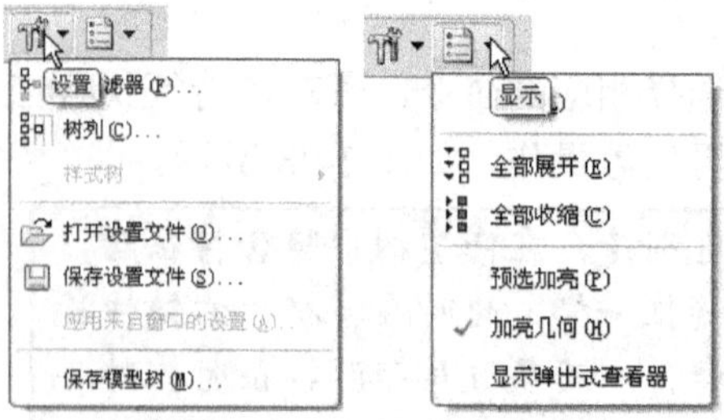

图 1-29　模型树的按钮列表

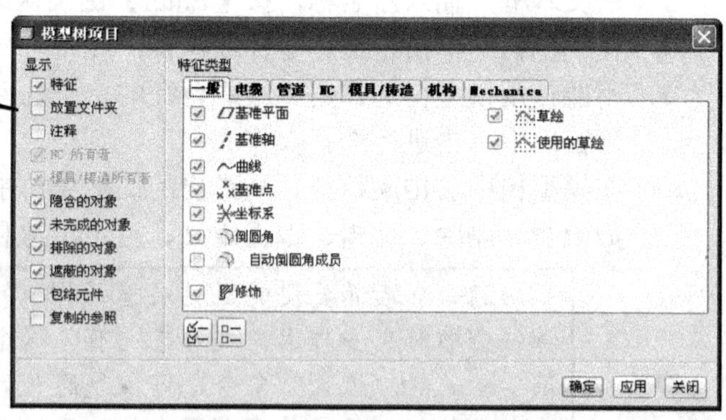

图 1-30　“模型树项目”对话框

2. 层操作

在 Pro/E 可以将组成零件或组件的一些项目分类放置在不同的层中，以便对位于同一层中的项目进行统一管理。

在“视图”工具栏中单击“层”按钮，或者在菜单栏中选中“视图|层”命令，可在导航窗口或单独的“层”对话框中显示层树。图 1-31 显示的层树位于导航窗口中，层树中提供了如下 3 个快捷按钮。

> **提示** 如果要在单独的“层”对话框中查看层树，则需将配置选项“floating_layer_tree”的值设置为“yes”。配置选项“floating_layer_tree”的值默认为“no”，表示层树将在导航窗口中进行显示。

- **“层”按钮**：单击该按钮，在弹出的列表中选择相应的选项，可进行创建新层，以及删除、移除、剪切、复制、粘贴等操作。
- **“设置”按钮**：设置要在层树中显示的项目。
- **“显示”按钮**：设置将显示切换回模型树，设置层树全部展开或全部收缩等。

以创建一个新层为例，具体操作步骤如下。

步骤 1 在层树上方单击“层”按钮，从打开的下拉列表中选择“新建层”命令，弹出“层属性”对话框。

步骤 2 在“名称”文本框中输入新的层名称或接受默认名称，层 ID 可以不设置，接着在绘图区域单击选择要添加到该层的图形项目，添加效果如图 1-32 所示，最后单击“确定”按钮，新建的层便显示在层树中。

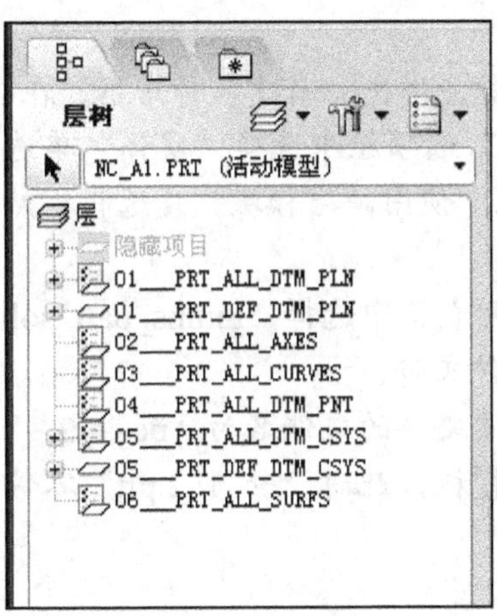

图 1-31　打开层树

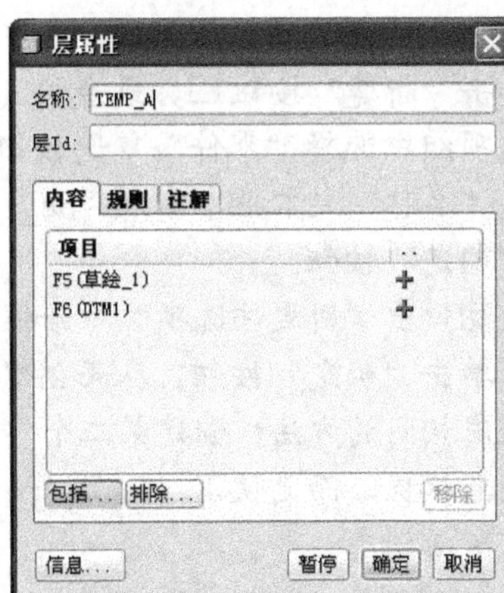

图 1-32　“层属性”对话框

可以通过在层树中右击要操作的层并从弹出的快捷菜单中选择“隐藏”命令来隐藏层。若要确保下次打开模型文件时仍然保持编辑层后的状态，则需要在层树中右击并接着从弹出的快捷菜单中选择“保存状态”命令。

三、任务实践

在了解了 Pro/E Wildfire 5.0 的相关基础操作之后，通过几个案例可以巩固所学知识，掌握在实践中应用这些操作的方法及技巧。

任务一　文件操作练习

本任务中，学习在 Pro/E Wildfire 5.0 中新建零件文件、拭除窗口文件、打开依然存在会话进程（内存）中的文件等相关操作。

任务分析

首先设置工作目录，然后分别新建两个使用“mmns_part_solid”公制模板的实体零件文件，接着激活第一个实体零件文件，并练习将其拭除，而另一个文件采用“关闭窗口”命令来关闭，最后练习使用“打开”命令再次打开仍存在于会话进程中的一个零件文件。

任务实施

（1）新建两个实体零件文件

步骤 1 在 Windows 桌面上双击 Pro/E Wildfire 5.0 的桌面快捷方式图标（如果桌面上没有该图标，可利用“开始”菜单启动），从而启动 Pro/E Wildfire 5.0 软件。

步骤 2 选择“文件|工作目录”命令，在打开的对话框中选择需要设置为工作目录的文件夹，单击“确定”按钮。

步骤 3 单击“新建”按钮，或者按【Ctrl+N】组合键，弹出“新建”对话框。在“类型”选项组中选择“零件”单选按钮，在“子类型”选项组中选择“实体”单选按钮，在“名称”文本框中输入“nc_1_1”，取消选中“使用缺省模板”复选框，然后单击“确定”按钮。

步骤 4 系统弹出“新文件选项”对话框，从“模板”列表框中选择“mmns_part_solid”，然后单击“确定”按钮，从而创建第一个实体零件文件。

步骤 5 使用相同的方法，创建第二个实体零件文件，该文件的文件名为“nc_1_2”，不使用缺省模板，而是使用“mmns_part_solid”公制模板。此时“nc_1_2.prt”零件处于当前激活状态。

（2）激活第一个实体零件文件并将其拭除

步骤 1 在当前窗口的菜单栏中选择“窗口|NC_1_1.PRT”，如图 1-33 所示，从而激活第一个实体零件文件。

步骤 2 在菜单栏中选择“文件|拭除|当前”命令，系统弹出如图 1-34 所示的“拭除确认”对话框，单击“是”按钮，从而完成拭除当前活动窗口文件。

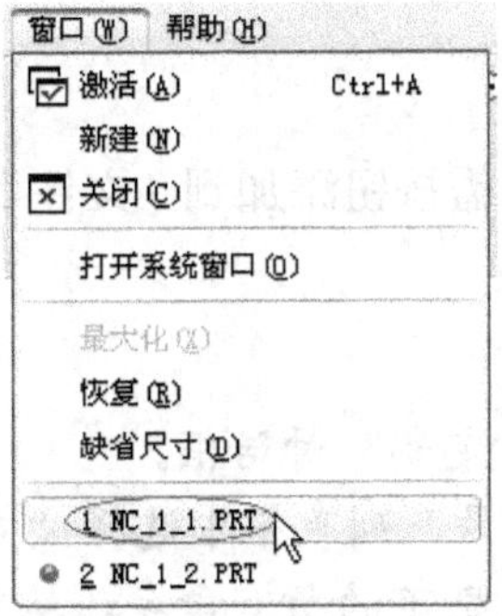

图 1-33　激活第一个零件

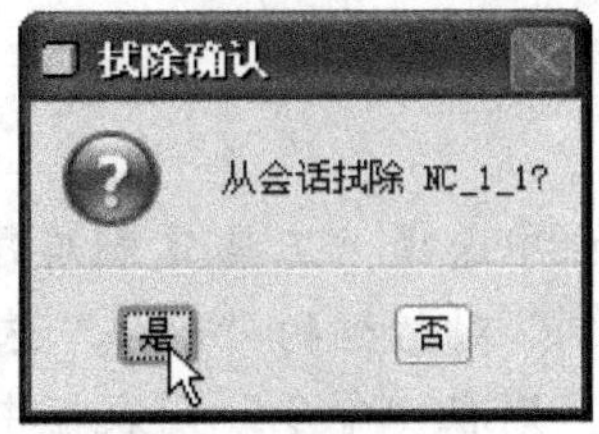

图 1-34　“拭除确认”对话框

（3）关闭另一个零件文件，并练习从会话进程中再次将其打开

步骤 1　在菜单栏中选择“窗口|关闭”命令，或者选择“文件|关闭窗口”命令，从而将处于当前窗口中的“NC_1_2.PRT”文件关闭，但该文件仍然存在系统会话进程内存中。

步骤 2　单击“打开”按钮，或者在菜单栏中选择“文件|打开”命令，系统弹出“文件打开”对话框，在此对话框中单击“在会话中”按钮，则在对话框的文件列表框中列出位于会话进程内存中的文件，如图 1-35 所示。从文件列表框中选择“NC_1_2.PRT”文件，单击“打开”命令，即可从会话进程内存中打开此文件。

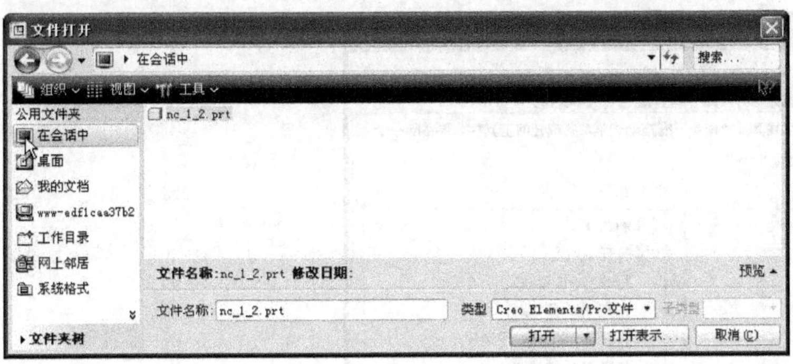

图 1-35　“文件打开”对话框

任务二　自定义工具栏按钮

在本任务中，学习如何自定义如图 1-36 所示的“文件”工具栏，即在“文件”工具栏中添加“设置工作目录”按钮、“拭除当前”按钮和“拭除不显示”按钮。其他工具栏的定制方法与此相似。

图 1-36　“文件”工具栏

任务分析

执行“工具|定制屏幕”命令，在打开的对话框中将所需按钮添加到“文件”工具栏即可。

任务实施

步骤 1　在菜单栏中选择“工具|定制屏幕”命令，弹出“定制”对话框。

步骤 2　在“定制”对话框的“命令”选项卡中，从“目录”列表框中选择“文件”目录类别选项，则在“命令”列表框中显示所选目录类别下的所有命令，从中选择“设置工作目录”命令，如图 1-37 所示。

步骤 3　按住鼠标左键将所选的“设置工作目录”命令拖动到“文件”工具栏中的适当位置处，如图 1-38 所示，然后松开鼠标左键即可。

步骤 4　使用和上述相同的方法，分别将其他两个命令从“命令”列表框中拖动到“文件”工具栏中。

> **提示**　如果要从某工具栏中拭除按钮，可以在打开“定制”对话框的时候，将要拭除的按钮从工具栏中拖出（如拖到绘图区域）即可。如果要恢复默认的屏幕设置，则可在“定制”对话框中单击“缺省”按钮。

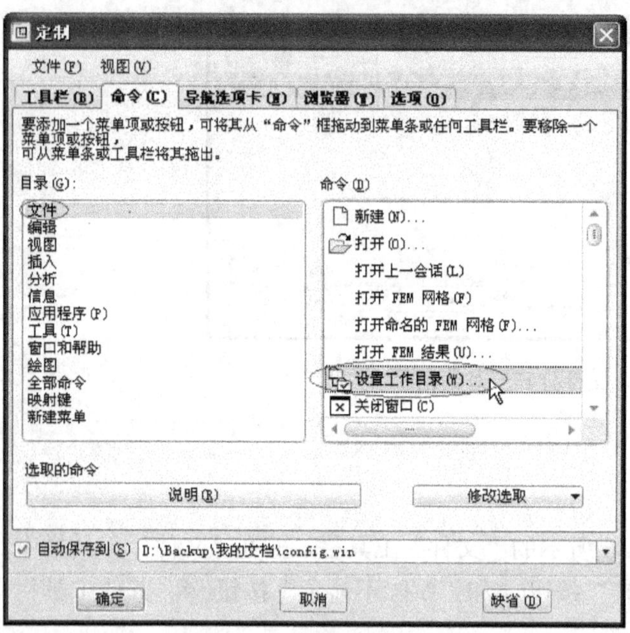

图 1-37　“定制”对话框

图 1-38　将命令拖到工具栏的合适位置

步骤 5　确保选中“自动保存到”复选框，然后单击“确定”按钮，完成本任务。

任务三　模型视图调整练习

本任务中，进行模型视图调整练习，以熟练掌握模型视图调整的操作方法及技巧。

任务分析

打开本书配套零件文件，从中进行调整视图视角的相关操作，最后保存副本并关闭 Pro/E Wildfire 5.0 软件系统。

任务实施

（1）打开模型文件并调整视角

步骤 1　在“文件”工具栏中单击“打开”按钮，或者在菜单栏中选择“文件|打开”命令，弹出“文件打开”对话框，找到配套的源文件“CH1\ bc_1_c3.prt”，单击“预览”按钮，如图 1-39 所示，然后单击“打开”按钮。

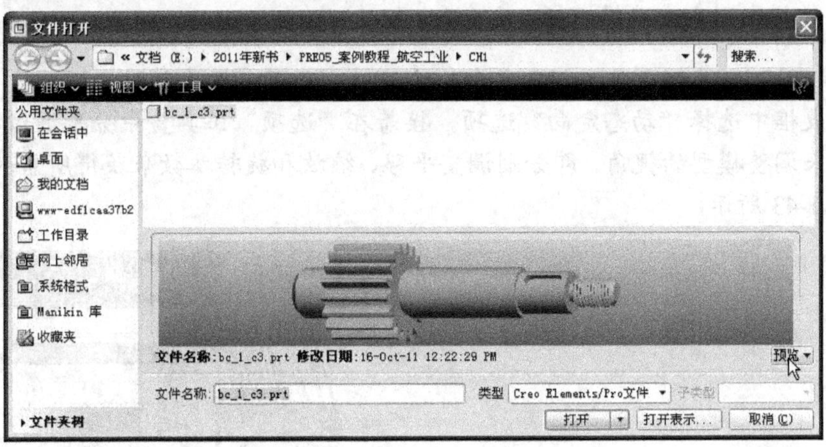

图 1-39　“文件打开”对话框

步骤 2　在上工具箱的“基准显示”工具栏中分别单击相应的按钮，使其处于非按下状态，从而设置关闭基准平面、轴、基准点和坐标系显示，如图 1-40 所示。

步骤 3　默认状态下，“视图”工具栏中的“旋转中心”按钮处于被按下的状态，表示打开旋转中心，如图 1-41 上部所示。将鼠标光标置于图形窗口中，按住鼠标中键的同时移动鼠标，将模型旋转至如图 1-41 所示的视图状态。

> **提示**
>
> 视图的旋转中心可以通过“视图”工具栏中的“旋转中心”按钮进行设置，当该按钮处于选中状态时（此为默认状态），模型视图上会出现旋转中心标志，如果此时旋转视图，系统会以该标志所处的位置为旋转中心。
>
> 如果取消了“旋转中心”按钮的选中状态（即按钮处于弹起状态），系统会将开始旋转视图时鼠标指针单击的位置作为旋转中心。

图 1-40 设置基准显示选项

图 1-41 使用鼠标旋转模型视图

步骤 4 释放鼠标中键后，按【Ctrl+D】组合键，则模型显示恢复为默认的标准方向视角。在“模型显示”工具栏中单击“消隐”按钮来设置模型显示效果，此时模型显示效果如图 1-42 所示。

> **提示** 按【Ctrl+D】组合键等效于单击“已命名的视图列表”按钮并从打开的视图列表中选择“标准方向”。

步骤 5 在“视图”工具栏中单击“重定向”按钮，打开“方向”对话框，从“类型”下拉列表框中选择“动态定向”选项，接着在“选项”工具盒中分别通过拖动相关的滑块来调整模型的视角，即分别调整平移、缩放和旋转参数来获得所需的模型视图，如图 1-43 所示。

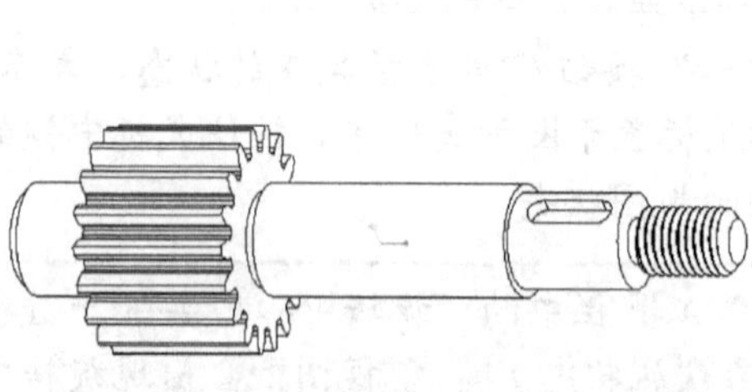

图 1-42 以默认的标准方向视角和消隐状态显示

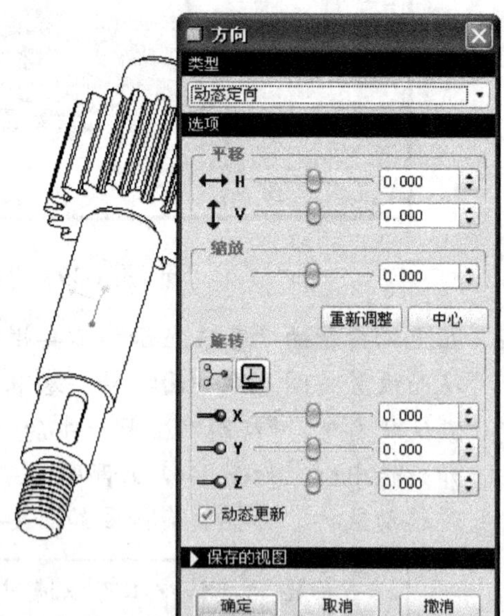

图 1-43 动态定向模型视图

步骤 6 在“方向”对话框中展开“保存的视图”工具盒，在“名称”文本框中输入“BC-自定义方向”，如图 1-44 所示，接着单击“保存”按钮。

步骤 7 在“方向”对话框中单击“确定”按钮。接着按【Ctrl+D】组合键，以默认的标准方向视角来显示模型。

步骤 8 在“视图”工具栏中单击“已命名的视图列表”按钮，打开如图 1-45 所示的视图列表，然后从视图列表中选择“BC-自定义方向”，则模型以之前自定义的视角显示，效果如图 1-46 所示。

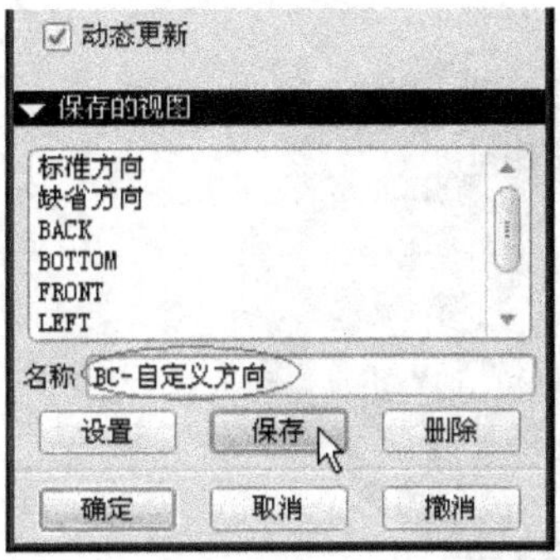

图 1-44 输入保存的视图名称

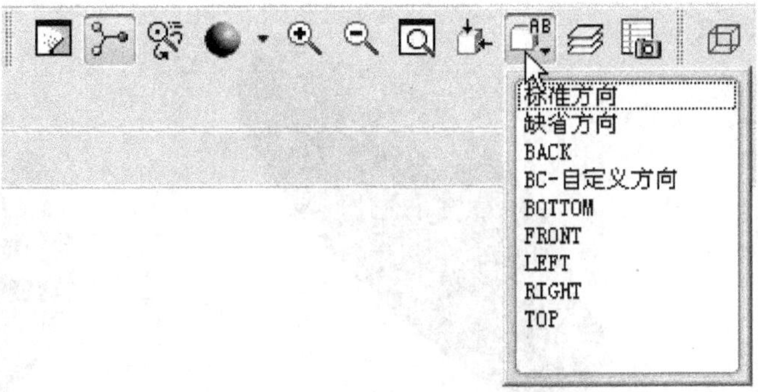

图 1-45 打开视图列表

步骤 9 按【Ctrl+D】快捷键，接着在“模型显示”工具栏中单击“着色”按钮，并单击“增强的真实感”开关按钮，此时模型的显示效果如图 1-47 所示。

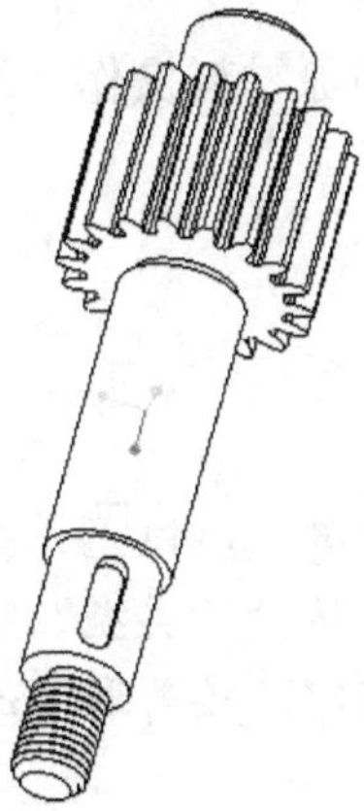

图 1-46 以自定义的视图来显示模型

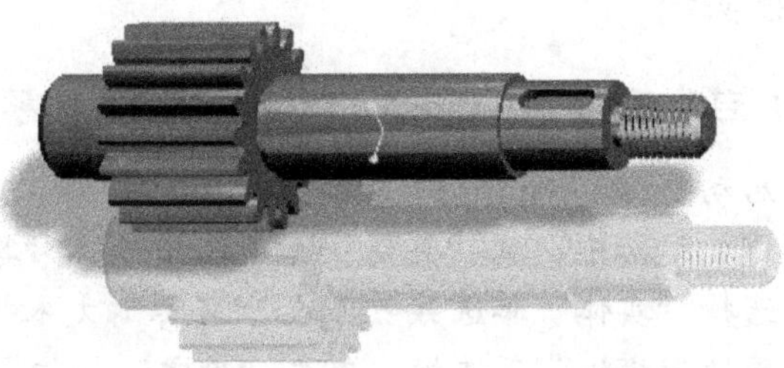

图 1-47 着色且应用增强的真实感显示效果

（2）**保存副本并关闭 Pro/E Wildfire 5.0 软件**

步骤 1 在菜单栏中选择“文件|保存副本”命令，打开“保存副本”对话框。指定要保存到的文件目录，输入新文件名（由读者自定），然后单击“确定”按钮。

步骤 2 在 Pro/E Wildfire 5.0 软件工作界面右上角处单击“关闭”按钮，从而关闭 Pro/E Wildfire 5.0 会话进程。

任务四 Pro/E Wildfire 5.0 设计入门——轴承盖零件建模

本任务中，将通过构建如图 1-48 所示的轴承盖零件，让读者了解零件建模的一般思路和设计过程，并体验使用 Pro/E Wildfire 5.0 建模的乐趣。案例最终效果请参考本书配套素材“CH1\ bc_1_d1_finish.prt”文件。

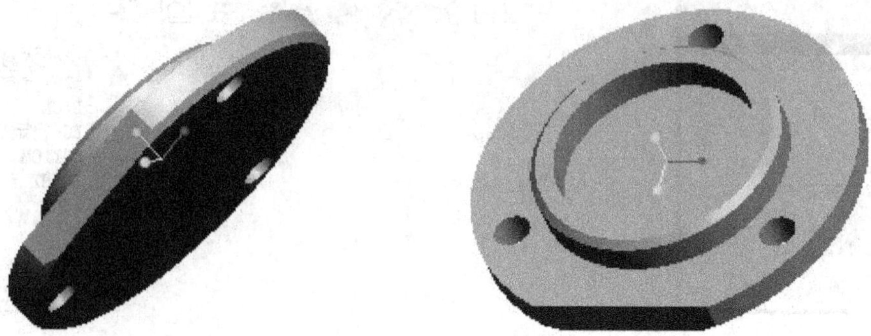

图 1-48 完成的轴承盖零件

任务分析

首先使用旋转工具创建旋转特征，接着使用拉伸工具进行拉伸切除材料操作，最后再对模型的一些边角进行倒角操作。

任务实施

（1）启动 Pro/E Wildfire 5.0 软件并新建实体零件文件

步骤 1 启动 Pro/E Wildfire 5.0 软件，在“文件”工具栏中单击“新建”按钮，弹出“新建”对话框，从“类型”选项组中选择“零件”单选按钮，从“子类型”选项组中选择“实体”单选按钮，在“名称”文本框中输入“bc_1_d1”，接着取消选中“使用缺省模板”复选框，单击“确定”按钮。

步骤 2 弹出“新文件选项”对话框，选择“mmns_part_solid”公制模板，单击“确定”按钮，从而创建了一个使用公制模板的实体零件文件。

（2）创建旋转特征

步骤 1 在右工具箱的“基础特征”工具栏中单击“旋转”按钮，打开旋转操控板，默认时旋转操控板中的“生成实体”按钮处于被选中的状态，如图 1-49 所示。

图 1-49 旋转操控板

步骤 2　在旋转操控板中单击“放置”选项标签，打开“放置”滑出面板，如图 1-50 所示，接着在“放置”滑出面板中单击“定义”按钮，弹出“草绘”对话框。在绘图区中单击选择 FRONT 基准平面作为草绘平面，默认以 RIGHT 基准平面为“右”方向参照，如图 1-51 所示，然后单击“草绘”按钮。

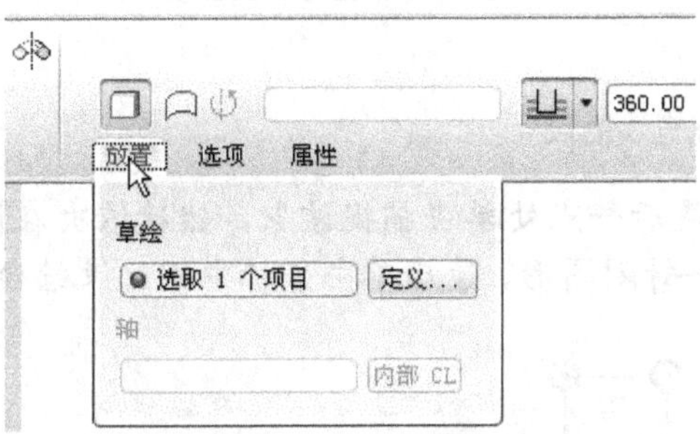

图 1-50　打开“放置”滑出面板

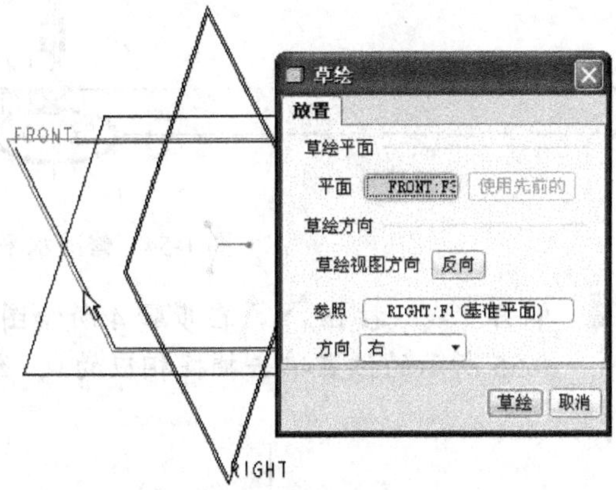

图 1-51　定义草绘放置平面

步骤 3　在右工具箱的“草绘器工具”工具栏中单击“几何中心线”按钮 ┆，在绘图区沿着竖直直线的任意位置单击两点，绘制一条几何中心线，如图 1-52 所示。

步骤 4　在“草绘器工具”工具栏单击“线”按钮 ＼，在图 1-53 所示的位置依次单击，最后单击鼠标中键或选择“依次”按钮 ↖ 结束绘制，此时系统会自动在图形上添加尺寸。

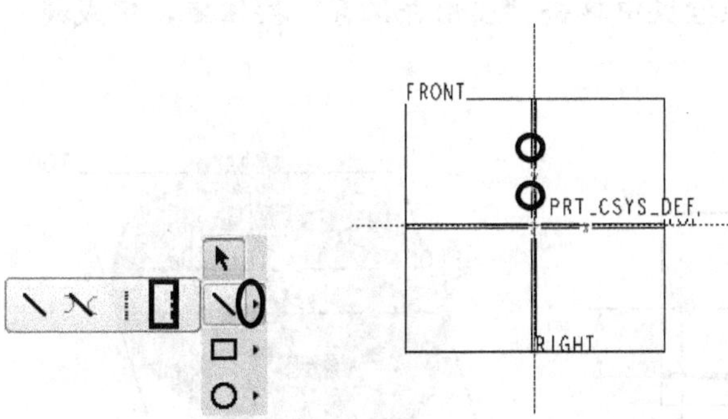

图 1-52　绘制几何中心线

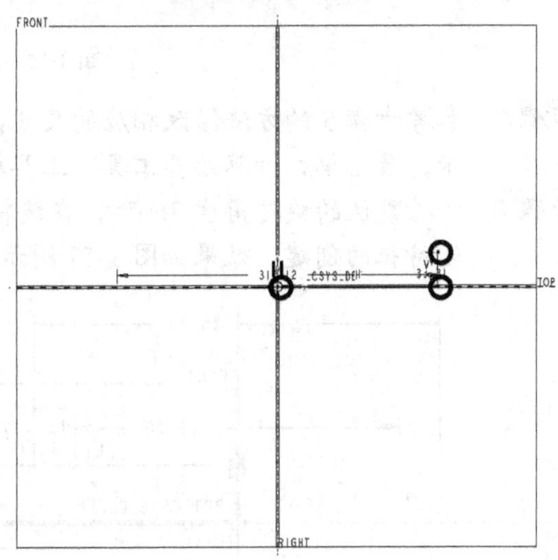

图 1-53　绘制线

> **提示**　在 Pro/E 中绘制图形时，系统会自动为图形添加约束和尺寸，以定义图形的位置和几何特性。

步骤 5　单击并向下拖动水平的尺寸文字，将其放置在合适位置，然后双击尺寸文字，将水平线的尺寸修改为 54，按【Enter】键确认，使用同样的方法将竖直线的尺寸修改为 5，效果如图 1-54 所示。

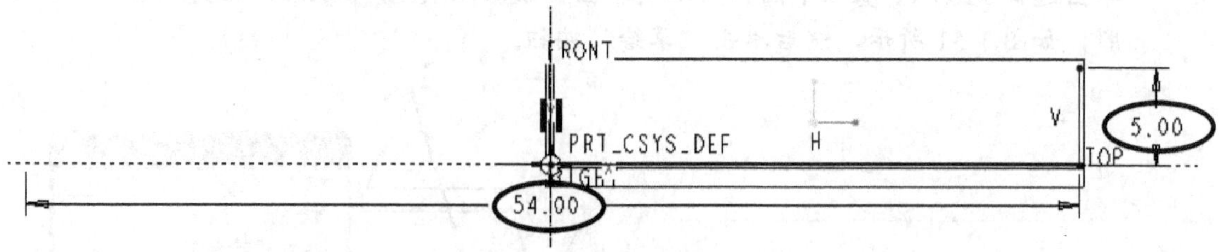

图 1-54　修改水平线和竖直线的尺寸

步骤 6　单击“线”按钮╲，在步骤 4 所绘图形的最后一点处单击捕捉该点，然后依次在图 1-55 所示的位置单击捕捉相应的点，绘制一封闭图形，最后单击鼠标中间结束绘制。

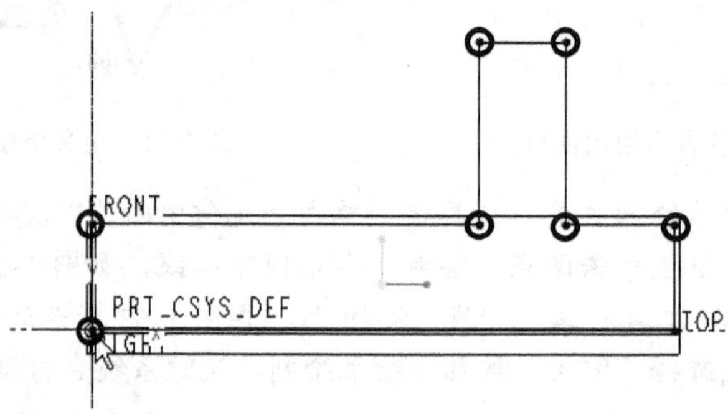

图 1-55　绘制其他线段

步骤 7　参考步骤 5 的方法修改相应的尺寸，完成封闭旋转剖面图的绘制，效果如图 1-56 所示。最后单击“草绘器工具”工具栏中的“完成”按钮✔，退出草绘模式。

步骤 8　保持默认的旋转角度 360°，在旋转操控板中单击“应用并保存”按钮☑，完成旋转特征的创建，效果如图 1-57 所示。

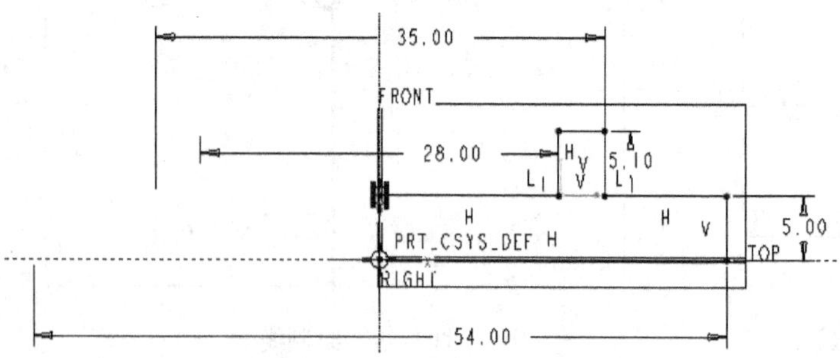

图 1-56　绘制旋转剖面效果

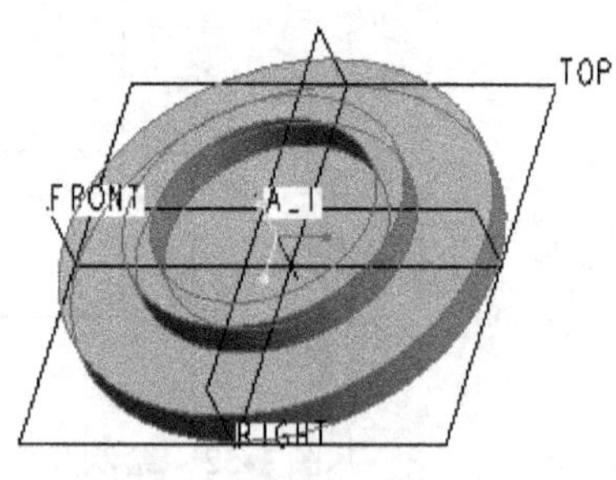

图 1-57　创建的旋转特征

（3）以拉伸的方式移除材料

步骤 1　在右工具箱的“基础特征”工具栏中单击“拉伸”按钮，打开拉伸操控板，在该操控板中按下“拉伸为实体”按钮□和“移除材料”按钮◿，如图 1-58 所示。

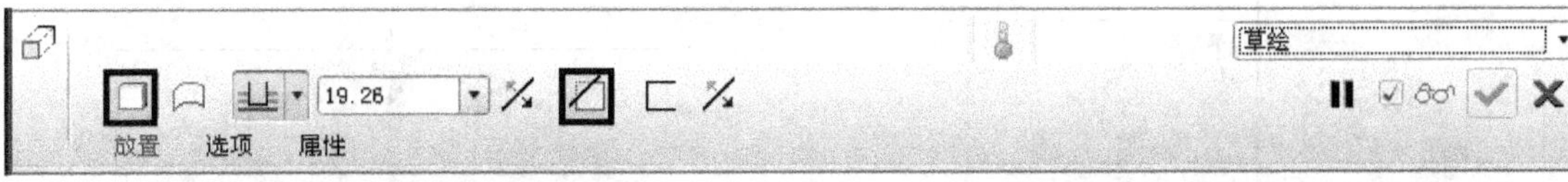

图 1-58　拉伸操控板

步骤 2　打开拉伸操控板的“放置”滑出面板，从中单击“定义”按钮，弹出“草绘”对话框。在绘图区单击选择 TOP 基准平面作为草绘平面，默认以 RIGHT 基准平面为“右”方向参照，单击“草绘”对话框中的“草绘”按钮，进入草绘模式。

步骤 3　在右工具箱的“草绘器工具”工具栏中单击“圆心和点”按钮○，然后单击捕捉平面的中心作为圆心，再移动鼠标并单击确认圆的直径，最后单击鼠标中键结束绘制。再将圆的直径尺寸修改为 44，效果如图 1-59 所示。

步骤 4　单击选中绘制的圆，在菜单栏中选择“编辑|切换构造”命令，从而将该圆转化为构造线，构造线以虚线形式显示。

步骤 5　在右工具箱的“草绘器工具”工具栏中单击“中心线”按钮┆，单击捕捉平面中心和其他任意一点，绘制一条中心线；使用同样的方法再绘制一条中心线，然后分别修改中心线与系统默认的竖直中心线的夹角度数为 60，效果如图 1-60 所示。

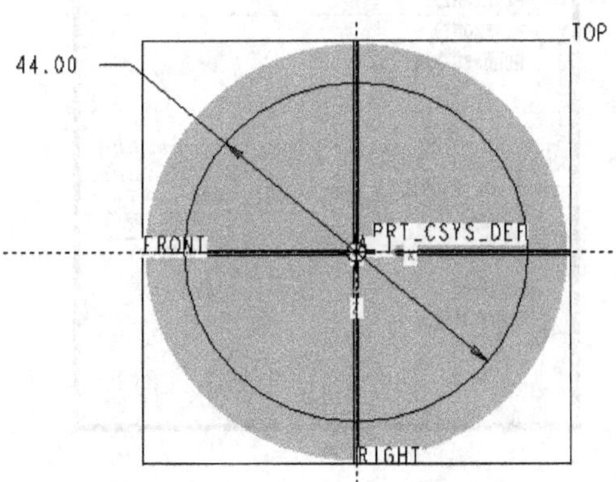

图 1-59　绘制一个圆

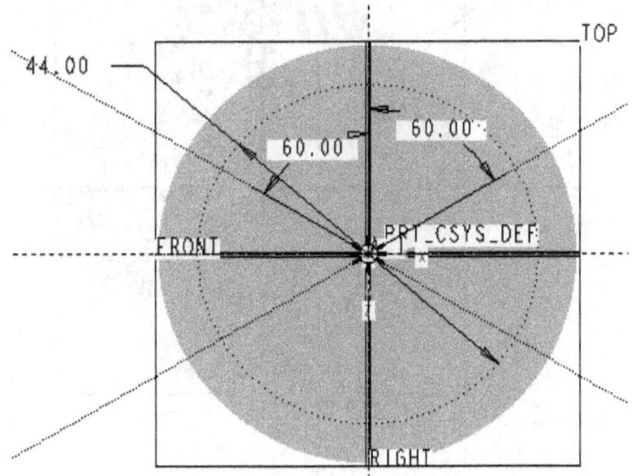

图 1-60　绘制中心线

步骤 6　单击“圆心和点”按钮○，在绘图区单击捕捉竖直中心线和圆构造线的上方交点作为圆心，然后移动鼠标并单击绘制一个圆；接着单击捕捉左下方中心线与圆构造线的交点，然后移动鼠标，当出现 R 提示时单击鼠标绘制一个圆，如图 1-61 左图所示。

> **提示**　出现 R 提示，表示所绘的圆与第 1 个圆具有等半径约束关系，其半径与第 1 个圆相同。

步骤 7　使用相同的方法，在另一条中心线与圆构造线的交点处再绘制一个圆。按鼠标中键结束绘制，然后将第 1 个圆的直径改为 5，此时其他两个圆的尺寸将自动改动，效果如图 1-61 右图所示。

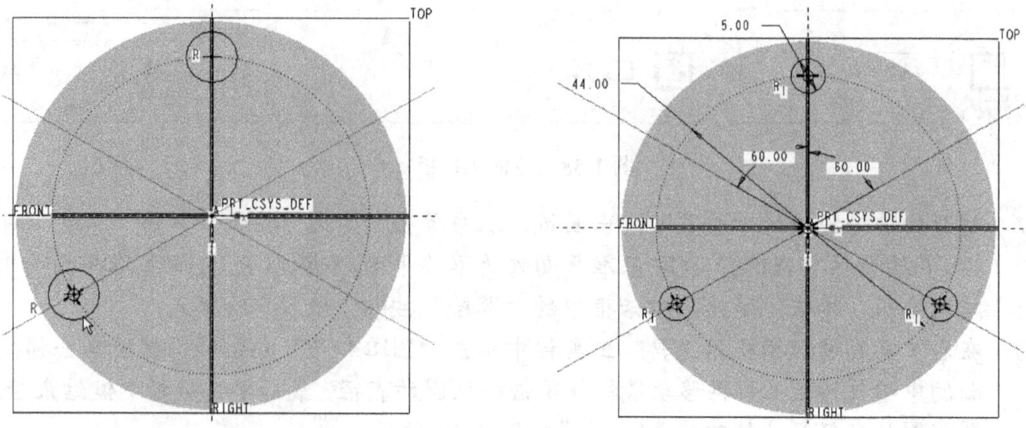

图 1-61　绘制约束圆

步骤 8　在菜单栏中选择“草绘|参照”命令，打开“参照”对话框，单击选择图 1-62 左图所示的圆作为参照，单击“关闭”按钮，关闭对话框。

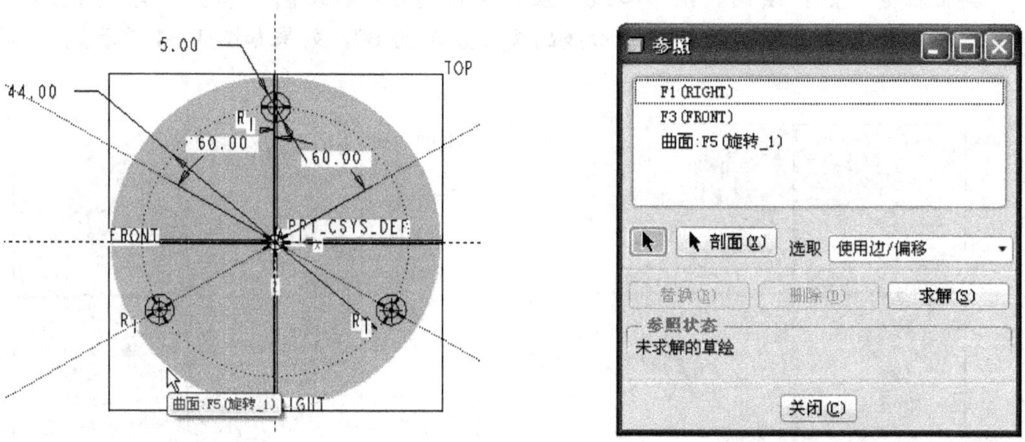

图 1-62　设置参照

步骤 9　在“草绘器工具”工具栏中单击“矩形”按钮□，然后在圆参照左下方弧线的合适位置单击捕捉一个点，再移动鼠标在另一点处单击，绘制一个矩形，如图 1-63 所示，单击鼠标中键结束绘制。

步骤 10　在“草绘器工具”工具栏中单击“法向”按钮⟷，然后依次在矩形上边线和水平中心线上单击，接着在要放置尺寸的位置单击鼠标中键，将尺寸值改为 24，从而将矩形上边线与水平中心线的竖直距离修改为 24。继续将矩形的高度尺寸改为 10，效果如图 1-64 所示。

步骤 11　拉伸剖面图绘制好后，单击“草绘器工具”工具栏中的“完成”按钮✔，完成草绘并退出草绘模式。

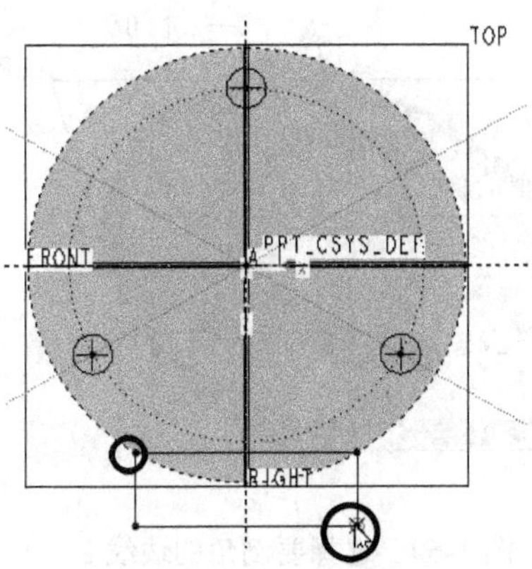

图 1-63　绘制矩形

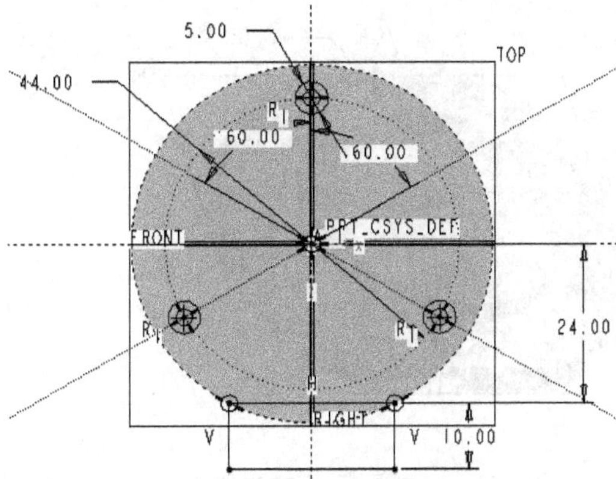

图 1-64　修改矩形尺寸

步骤 12　在拉伸操控板的侧 1 深度选项下拉列表框中选择“拉伸至与所有曲面相交”选项 ，并单击“将拉伸的深度方向更改为草绘的另一侧”按钮，此时动态几何预览效果如图 1-65 所示。

步骤 13　在拉伸操控板中单击“应用并保存”按钮，得到的模型效果如图 1-66 所示。

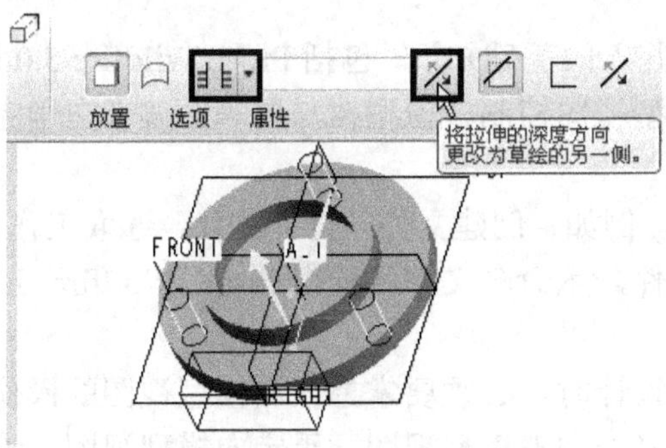

图 1-65　动态几何预览

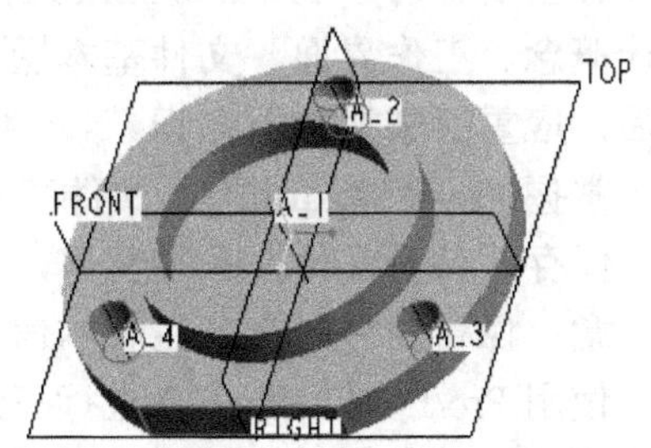

图 1-66　移除材料的模型效果

（4）创建倒角特征

步骤 1　在右工具箱的“工程特征”工具栏中单击“边倒角”按钮，打开边倒角操控板。

步骤 2　在边倒角操控板的倒角标注形式选项下拉列表框中选择“45×D”，设置 D 的值为 1，如图 1-67 所示。

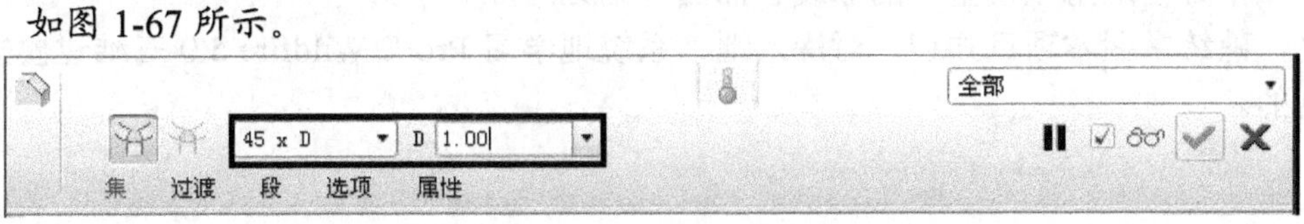

图 1-67　边倒角操控板

步骤 3　单击选择如图 1-68 所示的边线 1，接着按住【Ctrl】键的同时单击如图 1-69 所示的另一条边线，

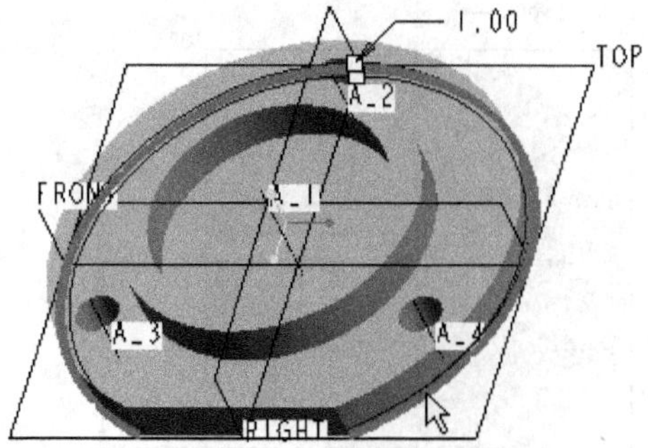

图 1-68　选择要倒角的边线 1

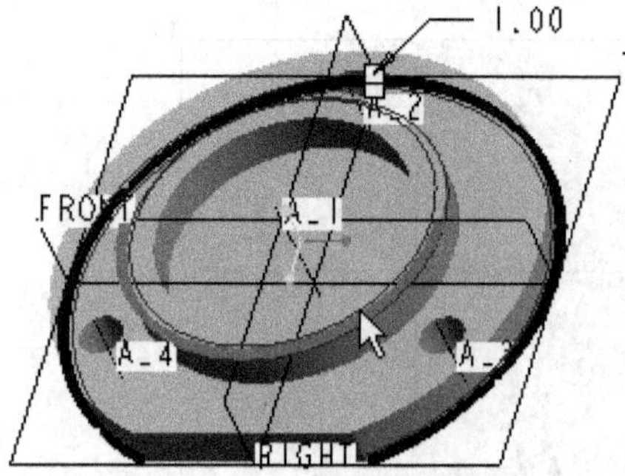

图 1-69　选择要倒角的边线 2

步骤 4　在边倒角操控板中单击“应用并保存”按钮，完成倒角操作。至此，完成本设计任务。按【Ctrl+S】快捷键，或者单击“保存”按钮，弹出“保存对象”对话框，指定保存目录，单击“确定”按钮。

四、项目总结

本项目主要学习了 Pro/E Wildfire 5.0 的一些入门基础知识，包括 Pro/E Wildfire 5.0 简介、基本设计概念、工作界面、文件基本操作、模型视图控制、模型树与层等。读者在学完本项目内容后，应重点掌握如下知识。

- 掌握 Pro/E Wildfire 5.0 文件基本操作。例如，创建文件，打开文件，选取工作目录，保存、备份文件，关闭窗口，删除文件，重命名文件和退出 Pro/E Wildfire 5.0。注意：保存文件时会产生版本信息。
- 使用 Pro/E Wildfire 5.0 进行三维模型设计时，必须要掌握控制模型视图的操作，包括了解“视图”菜单及“视图”工具栏，调整模型视图，重定向模型视图，设置模型显示和设置基准显示。用户在学习这些内容时，关键要注意它们的使用技巧。
- 模型结构以分层（树）的形式显示，根对象（当前零件或组件）位于树的顶部，附属对象（零件或特征）位于下部。巧妙地应用好模型树，有助于掌控模型的结构层次，以便于对模型特征等进行编辑处理。层也是要掌握的一项基础概念，利用它可以很方便地隐藏模型中的曲线、曲面等图元对象。

总之，熟练掌握本项目知识，对深入地、系统地学习 Pro/E Wildfire 5.0 三维建模知识是很有帮助的。

五、项目考核

一、选择题（可多选，每题 3 分，共 30 分）

1．Pro/E Wildfire 的基本设计概念包括（　　）。
A．基于特征进行建模　　B．参数化设计
C．数据相关性　　D．使用单一数据库

2．在 Pro/E Wildfire 5.0 中，创建文件的命令快捷键为（　　）。
A．【Ctrl+A】　　B．【Ctrl+B】　　C．【Ctrl+N】　　D．【Ctrl+O】

3．选择（　　）命令，可关闭窗口使对象不再显示，但对象会保存在当前会话内存中。
A．“文件|关闭窗口”　　B．“窗口|关闭”
C．“文件|拭除”　　D．“窗口|拭除”

4．要将零件从当前活动窗口中拭除，可以在菜单栏中选择（　　）命令。
A．“文件|拭除|当前”　　B．“文件|删除|旧版本”
C．“文件|拭除|不显示”　　D．“文件|删除|新版本”

5．按住（　　）的同时，移动鼠标可以快速平移模型视图。
A．【鼠标中键+Shift】　　B．【鼠标中键】
C．【鼠标中健+Ctrl】　　D．【Shift】

6．按住（　　）的同时，水平移动鼠标可以实现视图翻转。
A．【鼠标中键+Shift】　　B．【鼠标中键】
C．【鼠标中健+Ctrl】　　D．【Shift】

7．将鼠标指针置于图形窗口中，按住鼠标中键的同时移动鼠标，可以实现（　　）。
A．移动视图　　B．旋转视图
C．翻转视图　　D．缩放视图

8．要恢复到先前显示的视图，可在菜单栏中选择（　　）命令。
A．“视图|方向|上一个”
B．“视图|方向|标准”
C．“视图|方向|恢复”
D．“视图|方向|撤销”

9．下列符号可以作为 Pro/E Wildfire 文件名的是（　　）。
A．[ ]、{ }或( )等括号　　B．空格　　C．下划线（_）　　D．标点符号(.?!;)

10．在 Pro/E Wildfire 中，使用模型树可以执行下列哪些操作？（　　）
A．重命名特征　　B．选择几何图元
C．隐藏基准特征　　D．删除特征

二、简答题（每题 5 分，共 20 分）

1．关闭窗口、拭除对象和删除文件有什么区别？
2．保存文件和备份文件有什么区别？

3．在 Pro/E Wildfire 中可以创建哪些类型的文件（试列举出几个）？

4．重定向模型视图有哪些作用？如何实现？

三、操作题（每题 25 分，共 50 分）

1．利用本项目所学的“定制屏幕”命令，在“文件”工具栏中添加 4 个按钮，如图 1-70 所示。

图 1-70　在指定工具栏中添加新按钮

2．对照本项目的任务四进行上机操作练习，创建实体模型后对模型进行重定向操作，自行重定向一个视角视图，然后将其命名并保存下来（视图名称自定）。

项目二　绘制二维图形

在 Pro/E 中，三维实体建模从绘制二维截面图形开始，以截面图形为基础生成特征，进而得到三维模型，因此必须熟练掌握二维图形的绘制方法。Pro/E Wildfire 5.0 提供了强大的二维草绘功能，这正是本项目要学习的主要内容，具体包括草绘器基本知识、绘制基本二维图形、编辑图形、尺寸约束与几何约束、草图诊断基础等。

一、学习目标

- 掌握草绘器基本知识。
- 掌握绘制基本二维图形的方法及其技巧。
- 掌握编辑图形的方法及其技巧。
- 掌握尺寸约束与几何约束的基本操作方法。
- 了解草图诊断基础。
- 能够绘制符合建模需要的二维图形。

二、理论指导

（一）草绘器基本知识

二维草绘是三维建模的重要基础。在 Pro/E Wildfire 5.0 中，系统提供了一个专门用于绘制和编辑二维草图的草绘模块，该模块也被称为“草绘器”。用户可以在一个新建的草绘文件中绘制二维图形，也可以在零件特征的创建过程中进入内部草绘器中绘制所需的二维图形。以创建一个草绘文件为例，在专门草绘模式下绘制二维图形的一般步骤如下。

步骤 1　在工具箱的“文件”工具栏中单击“新建”按钮，或者按【Ctrl+N】快捷键，弹出“新建”对话框。

步骤 2　在“类型”选项组中选择“草绘”单选按钮，接着在“名称”文本框中接受默认的草绘文件名或者输入新的草绘文件名称，单击“确定”按钮，创建一个草绘文件并进入草绘模式的工作界面，如图 2-1 所示。

步骤 3　在草绘模式下绘制和编辑二维图形，系统会自动为所绘图形添加标注和约束，用户也可以根据设计需要，重定义标注和约束关系。

步骤 4　最后保存草绘文件，草绘文件的后缀扩展名为.sec。

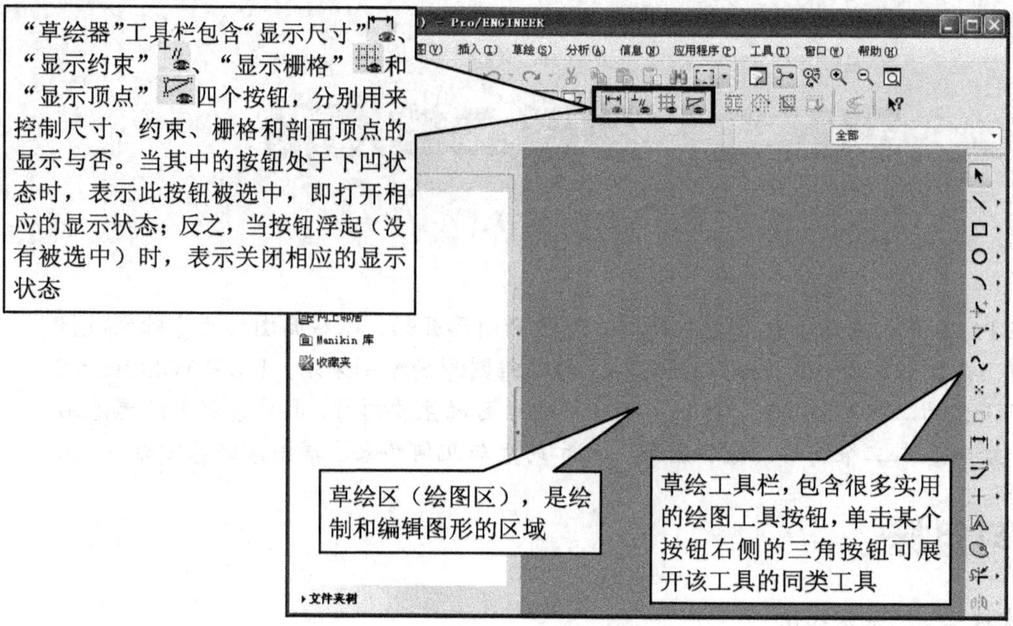

图 2-1　草绘模式的工作界面

用户可以定制草绘器环境，例如，在菜单栏中选择"草绘|选项"命令，弹出"草绘器首选项"对话框，该对话框具有 3 个选项卡，如图 2-2 所示。利用此对话框，可以设置显示或隐藏屏幕栅格、顶点、约束、尺寸和弱尺寸，设置草绘器约束首选项，改变栅格参数，改变草绘器精度和尺寸的小数点位数等。

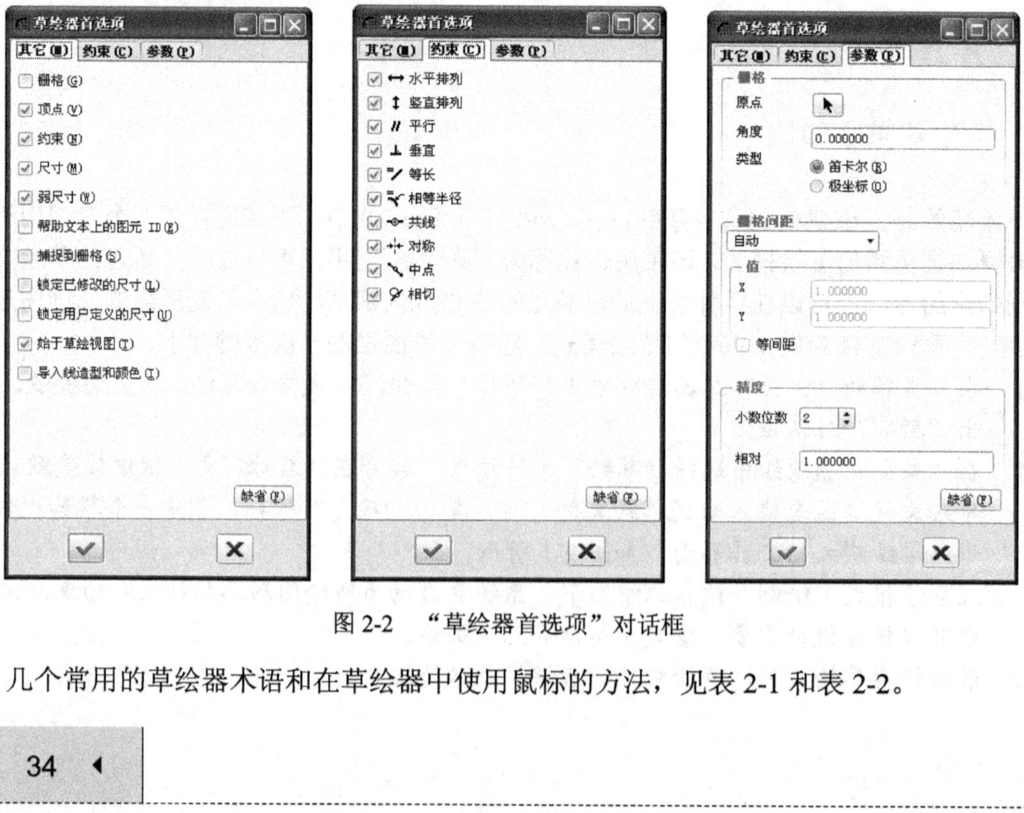

图 2-2　"草绘器首选项"对话框

几个常用的草绘器术语和在草绘器中使用鼠标的方法，见表 2-1 和表 2-2。

表 2-1 草绘器的常用术语

术语	定义
图元	截面图形的任何元素
几何图元	是真正的几何，包括直线、曲线、形状、点、坐标系或中心线，用于在零件模式或组件模式中传达特征级信息
参照图元	当需要参照截面外的几何时，可在 3D 草绘器（创建零件特征时进入的草绘器）中使用“参照”命令将该几何设置为参照图元
构造图元	只在草绘器中可见的元素，它不传达特征级信息，只用于辅助绘制其他图元
尺寸	图元大小、图元之间位置的量度
约束	定义图元间的位置或几何关系（例如平行或等半径）。约束符号出现在应用约束的图元旁边
弱约束或尺寸	由系统自动生成的约束或尺寸
强约束或尺寸	由用户创建的约束或尺寸
冲突	两个或多个强尺寸或约束的矛盾或多余条件。移除或修改约束或尺寸可解决冲突
关系	关联尺寸和/或参数的方程。例如，可使用一种关系将一条直线的长度设置为另一条直线长度的一半
橡皮筋模式	可拖动图元以使其跟随指针移动的草绘器环境

表 2-2 在草绘器中使用鼠标的方法

鼠标按键	功能
左键	绘制图元；单击选择图元；移动或拉伸图元等
中键	单击可取消或结束操作，或者选中默认选项等；滚动为放大或缩小视图；按住并拖动鼠标为旋转视图
右键	长按时调出快捷菜单；当若干图元重叠时，单击鼠标右键可切换这些图元

（二）绘制基本二维图形

在 Pro/E Wildfire 5.0 中，基本二维图形包括点、直线、中心线、矩形、圆、椭圆、圆弧、样条、圆角、椭圆角、圆锥、倒角、坐标系、偏移线和文本等这些图元，它们都是利用“草绘”菜单中的命令或“草绘器工具”工具栏中的按钮绘制，“草绘器工具”工具栏如图 2-3 所示。

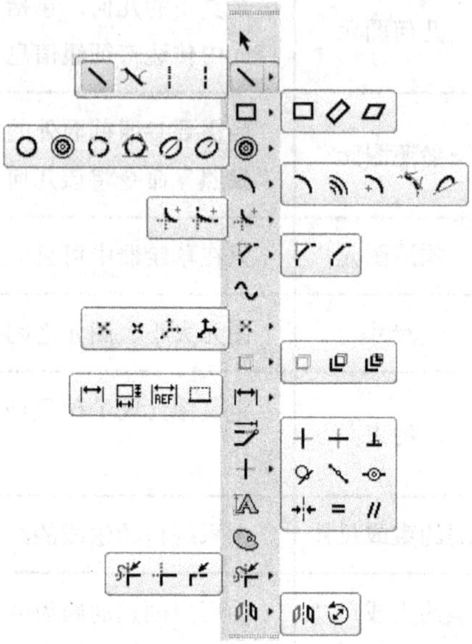

图 2-3 “草绘器工具”工具栏

1. 绘制直线段

绘制直线段的工具有“线”按钮和“直线相切”按钮，前者用于通过指定两个点来绘制一条直线段，后者则用于绘制与两个图元均相切的直线段。

（1）通过指定两点绘制一条直线段

在“草绘器工具”工具栏中单击“线”按钮，或者从菜单栏中选择“草绘|线|线”命令，接着在绘图区分别单击指定两个点即可绘制一条连接指定点的直线段，如图 2-4 所示。可以继续指定点来绘制其他连续的直线段，后续直线的第 1 点均是上一条直线段的第 2 点。单击鼠标中键或选择其他工具可结束该操作命令。

（2）绘制与两个图元均相切的直线段

在“草绘器工具”工具栏中单击“直线相切”按钮，或者从菜单栏中选择“草绘|线|直线相切”命令，接着在绘图区单击拾取圆或圆弧，再将鼠标指针移动到另一个图元（如圆或圆弧）的预定区域，通常系统会捕捉到合适的相切点，满意后单击鼠标左键，即可绘制出一条与所选两个图元均相切的直线段，如图 2-5 所示。

图 2-4 绘制连接两个点的直线

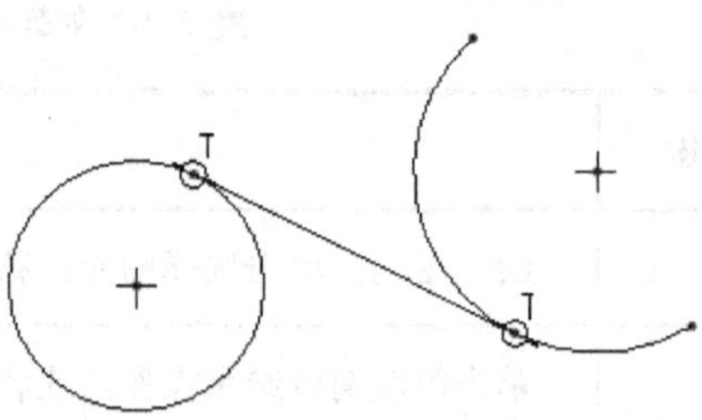

图 2-5 绘制与两个图元均相切的直线

2. 绘制矩形

在 Pro/E Wildfire 5.0 中可以绘制 3 种矩形：一般矩形、斜矩形和平行四边形。

（1）绘制一般矩形

在“草绘器工具”工具栏中单击“矩形”按钮□，或者在菜单栏中选择“草绘|矩形|矩形”命令，接着单击选择一点作为矩形的一个顶点，再移动鼠标指针并单击，为矩形选择一个相对顶点，如图 2-6 所示，从而创建一个矩形。单击鼠标中键可结束矩形绘制命令。

（2）绘制斜矩形

在“草绘器工具”工具栏中单击“斜矩形”按钮◇，或者在菜单栏中选择“草绘|矩形|斜矩形”命令，接着在绘图区分别指定第 1 点和第 2 点，然后移动鼠标指针以确定斜矩形各边的长度，如图 2-7 所示，在所需位置处单击鼠标左键可完成一个斜矩形绘制，单击鼠标中键可结束此命令。

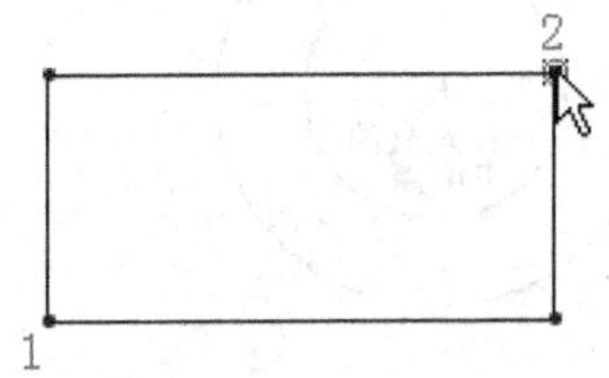

图 2-6　绘制矩形

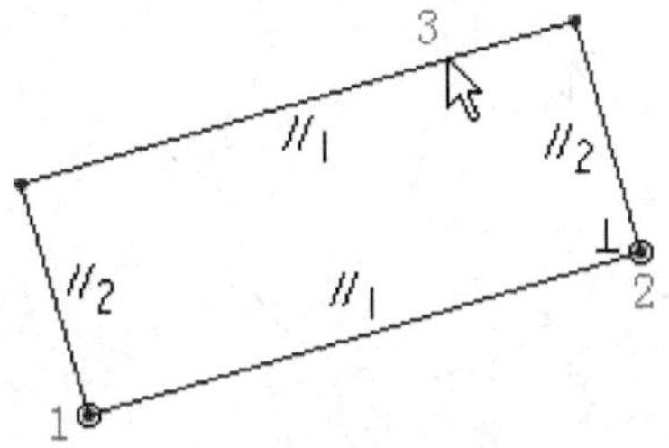

图 2-7　绘制斜矩形

（3）绘制平行四边形

在“草绘器工具”工具栏中单击“平行四边形”按钮▱，或者在菜单栏中选择“草绘|矩形|平行四边形”命令，接着在绘制区中分别指定 3 个有效点，从而绘制一个平行四边形，如图 2-8 所示。可以继续绘制其他平行四边形，单击鼠标中键可结束该命令。

图 2-8　绘制平行四边形

3. 绘制圆类图形

本书将圆和椭圆归纳在圆类图形范畴内。绘制圆类图形的方式主要有以下几种。

（1）“圆心和点”方式

该方式是通过拾取圆心和圆上一点来绘制圆，具体方法是在“草绘器工具”工具栏中单击“圆：圆心和点”按钮○，或者在菜单栏中选择“草绘|圆|圆心和点”命令，接着使用鼠标

指针在绘图区单击一点作为圆心，然后移动鼠标指针单击另外一点作为圆周上的一点，如图 2-9 所示。可以继续绘制其他圆，单击鼠标中键可结束此命令。

（2）“同心”方式

该方式通过拾取一个参照圆或圆弧定义中心点，然后移动鼠标指针来确定同心圆的半径。具体步骤是在“草绘器工具”工具栏中单击“圆：同心”按钮，或者在菜单栏中选择“草绘|圆|同心”命令，接着选取一个已有圆弧或圆来定义中心点（也可以直接单击圆心点），然后移动鼠标指针到适当位置处单击便可完成一个同心圆的绘制，如图 2-10 所示。

如果需要，可以移动鼠标指针指定其他点来连续绘制所需的同心圆。如果要退出该命令，可以单击鼠标中键。

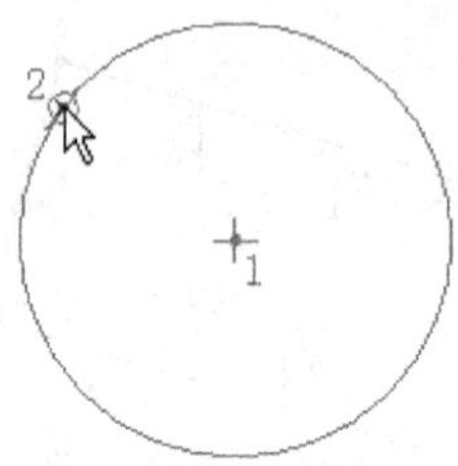

图 2-9　使用“圆心和点”方式绘制圆

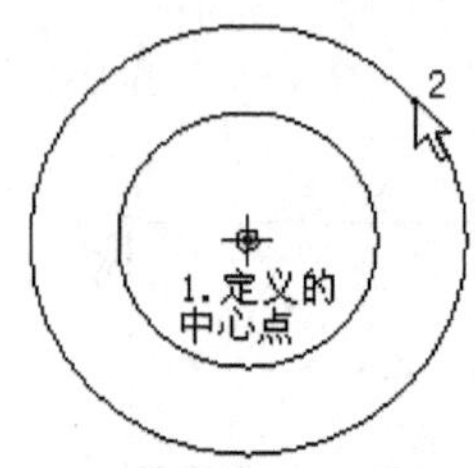

图 2-10　绘制同心圆

（3）“3 点”方式

该方式是指通过分别拾取 3 个点来绘制一个圆，具体方法是在“草绘器工具”工具栏中单击“圆：3 点”按钮，或者在菜单栏中选择“草绘|圆|3 点”命令，接着分别指定圆周上的 3 个点来绘制一个圆，如图 2-11 所示。

（4）“3 相切”方式

使用该方式可以创建与 3 个图元均相切的圆，示例如图 2-12 所示。

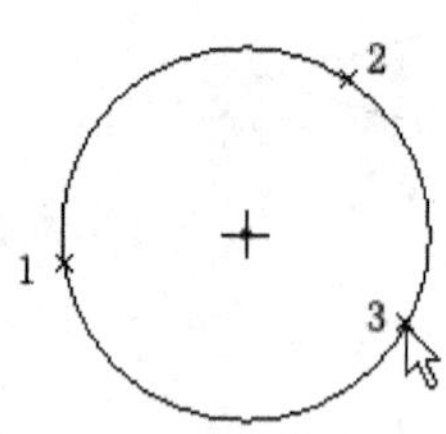

图 2-11　通过拾取 3 个点来创建圆

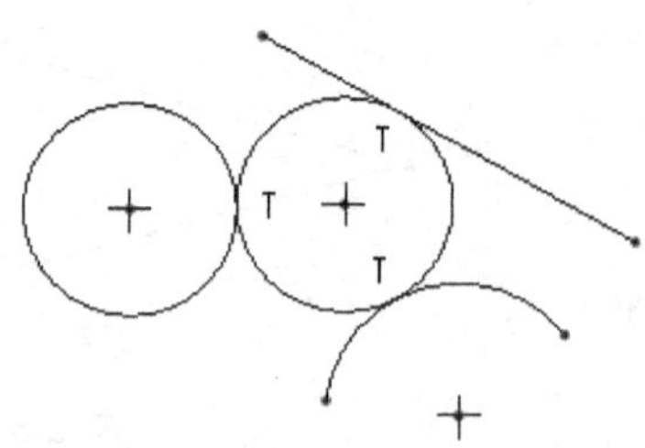

图 2-12　创建与 3 个图元均相切的圆

要创建与 3 个图元均相切的圆，其方法是在“草绘器工具”工具栏中单击“圆：3 相切”按钮，或者在菜单栏中选择“草绘|圆|3 相切”命令，接着先在一个图元（直线、圆或圆弧）上拾取一个位置，再在第 2 个图元（直线、圆或圆弧）上拾取一个位置，然后移动鼠标指针到第 3 个图元的预定区域处捕捉并单击相切点，从而绘制出与这 3 个图元均相切的圆，最后单击鼠标中键来结束该命令。

提示

在创建与 3 个图元均相切的圆时，需要特别注意相关图元的拾取位置，因为这可能会影响到相切圆的生成位置和大小。

（5）“中心和轴椭圆”方式

该方式是根据指定的椭圆中心和轴来创建一个椭圆。

在“草绘器工具”工具栏中单击“中心和轴椭圆”按钮，或者在菜单栏中选择“草绘|圆|中心和轴椭圆”命令，接着选择第 1 点定义椭圆圆心点，此时第一个轴生成，然后将该轴移动至所需长度和方向并单击，接着移动指针以定义第二个轴的长度并单击，从而完成椭圆创建，如图 2-13 所示。可以继续以该方式绘制椭圆，若单击鼠标中键则结束命令。

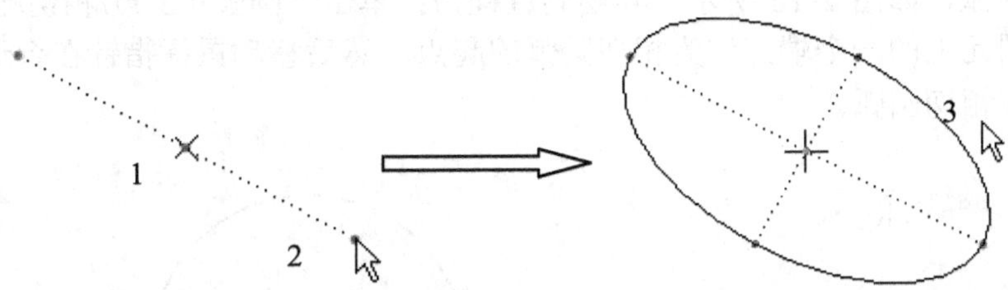

图 2-13　使用“中心和轴椭圆”方式绘制椭圆

（6）“轴端点椭圆”方式

“轴端点椭圆”方式是通过定义椭圆的轴和端点来绘制椭圆，其绘制方法是在“草绘器工具”工具栏中单击“轴端点椭圆”按钮，或者在菜单栏中选择“草绘|圆|轴端点椭圆”命令，接着选择第一个轴端点的位置，此时第一个轴生成，接着将第一个轴移动至所需长度和方向并单击确定该轴第 2 个端点，然后拖动指针以定义第二个轴的长度并单击，即可绘制出椭圆，如图 2-14 所示。单击鼠标中键可结束此命令。

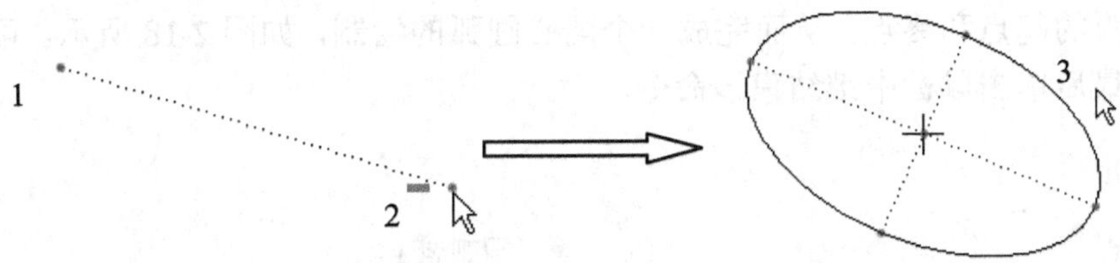

图 2-14　使用“轴端点椭圆”方式绘制椭圆

知识库

Pro/E Wildfire 5.0 中的椭圆具有这些特性：① 中心点类似于圆的圆心，它是构造图元，可以被标注和约束；②椭圆的长轴和短轴也是构造图元，可以被标注、约束和拖动。如果删除椭圆的轴，则会删除椭圆；如果删除椭圆，则会删除轴和中心点。

4. 绘制圆弧与锥形弧

绘制圆弧与锥形弧（圆锥曲线）的典型方法。

（1）用 3 点绘制一个圆弧，或绘制相切圆弧

在“草绘器工具”工具栏中单击“圆弧：3 点/相切端”按钮，或者在菜单栏中选择“草绘|弧|3 点/相切端”命令，接着分别拾取 3 个点来绘制一个圆弧，其中拾取的第 1 点作为圆弧的起点，第 2 点作为圆弧的终点，而第 3 点则作为圆弧上的其他点，如图 2-15 所示。单击鼠标中键可结束该命令。

使用“圆弧：3 点/相切端”按钮，还可以通过选定的曲线端点，在该端点处创建与曲线图元相切的圆弧，如图 2-16 所示。其绘制过程为：单击“圆弧：3 点/相切端”按钮，接着选择现有图元上的一个端点作为相切圆弧的起点，然后移动鼠标指针在合适的位置处单击，便可确定该相切圆弧。

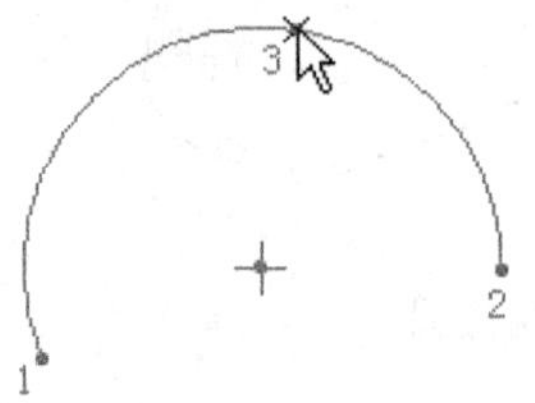

图 2-15　通过 3 点绘制圆弧

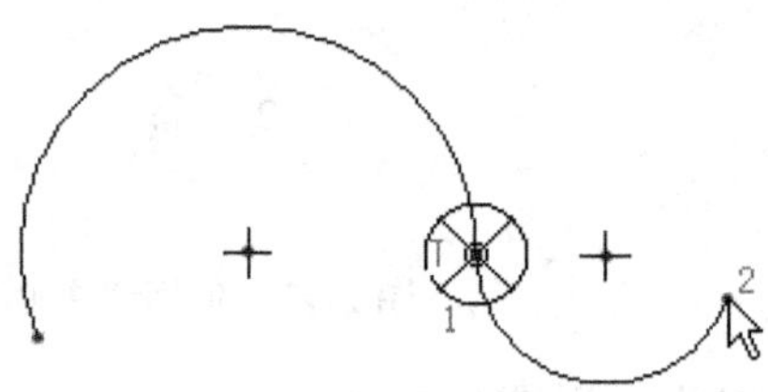

图 2-16　在图元端点绘制相切圆弧

（2）绘制同心弧

在“草绘器工具”工具栏中单击“圆弧：同心”按钮，或者在菜单栏中选择“草绘|弧|同心”命令，接着使用鼠标指针选择已有圆弧或圆定义中心点（也可以直接单击现有圆心），此时移动鼠标指针可以看到系统产生一个以虚线显示的动态同心构造圆，如图 2-17 所示，然后分别指定圆弧的起点和终点，从而完成一个同心圆弧的绘制，如图 2-18 所示。可以继续绘制同心圆弧，最后单击鼠标中键结束该命令。

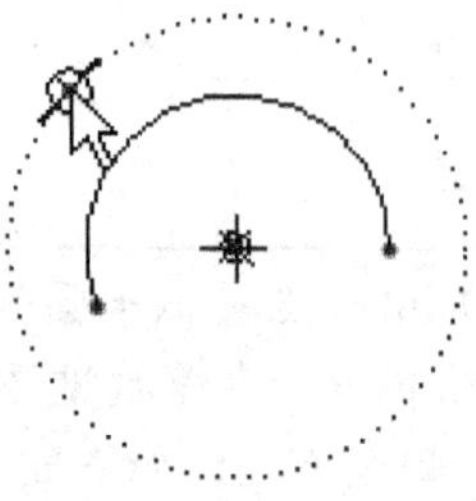

图 2-17　获得一个跟随光标的动态构造同心圆

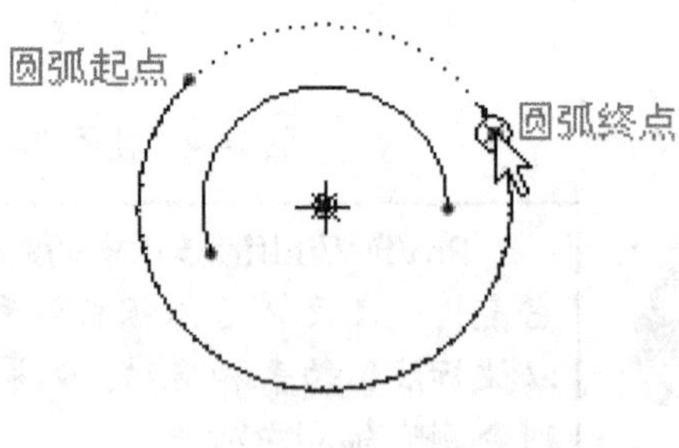

图 2-18　绘制同心圆弧

（3）通过选取弧圆心和端点来绘制圆弧

在“草绘器工具”工具栏中单击“圆弧：圆心和端点”按钮，或者在菜单栏中选择“草绘|弧|圆心和端点”命令，接着在绘图区拾取一点作为圆弧中心，此时拖动鼠标指针则可以看到一个以虚线显示的动态构造圆，然后拾取第 2 点定义圆弧的起点，拾取第 3 点定义圆弧的终点，从而完成一个圆弧的绘制，如图 2-19 所示。

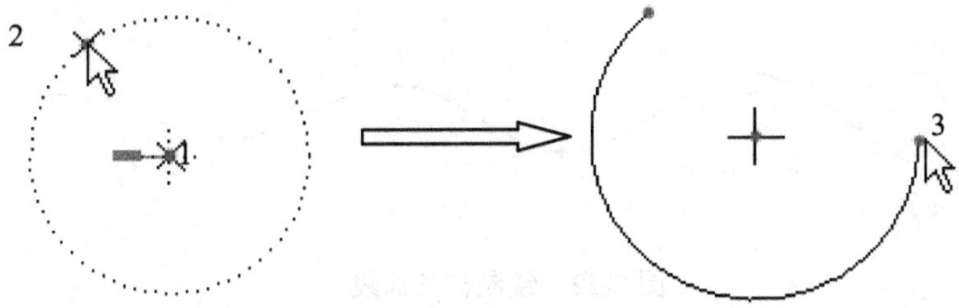

图 2-19　通过选择弧圆心和端点绘制圆弧

至于生成顺时针方向的圆弧还是逆时针方向的圆弧，由在定义圆弧起终点时使用鼠标绕圆心移动的方向来决定，这需要用户在实际练习中多加总结，掌握操作技巧。可以继续使用该方式绘制圆弧，单击鼠标中键可结束该命令。

（4）绘制与 3 个图元相切的圆弧

在“草绘器工具”工具栏中单击“圆弧：3 相切”按钮，或者在菜单栏中选择“草绘|弧|3 相切”命令，接着在绘图区分别拾取 3 个图元（图元可以为直线、圆或圆弧）来绘制与之相切的圆弧，如图 2-20 所示。为了使要生成的相切圆弧是所需要的，在执行绘制命令过程中拾取相关图元时，应该要注意相关图元的拾取位置。

（5）绘制锥形弧（圆锥曲线）

在“草绘器工具”工具栏中单击“圆锥”按钮，或者在菜单栏中选择“草绘|弧|圆锥”命令，接着在绘图区指定一点作为锥形弧的第一端点，指定第 2 点作为锥形弧的第二端点，将锥形弧拖动到所需尺寸和形状，然后单击以放置锥形弧，如图 2-21 所示。可以继续绘制其他的锥形弧，单击鼠标中键则结束该命令。

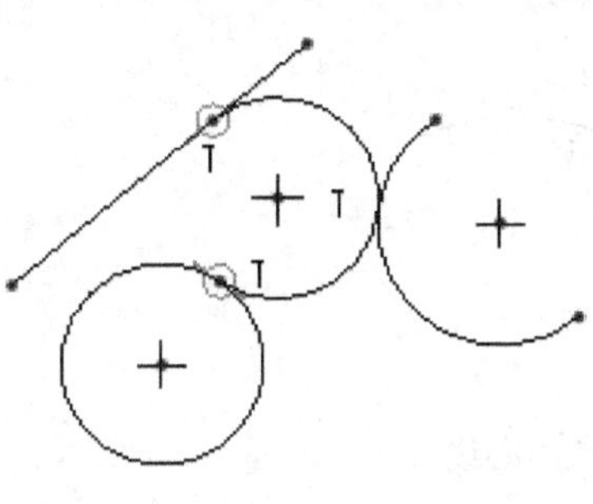

图 2-20　绘制与选定 3 图元相切的圆弧

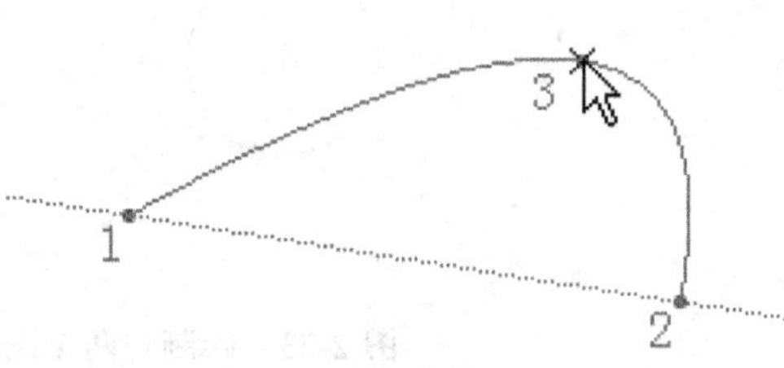

图 2-21　绘制圆锥曲线的示例

5．绘制样条曲线

绘制样条曲线的典型方法为：在“草绘器工具”工具栏中单击“样条”按钮，或者在菜单栏中选择“草绘|样条”命令，接着在绘图区中单击一点，此后移动鼠标指针可以看到一条“橡皮筋”样条附着在指针上，依次为该样条添加其他样条点，如图 2-22 所示，最后单击鼠标中键结束样条曲线的绘制。

图 2-22　绘制样条曲线

6．绘制中心线和点

在 Pro/E Wildfire 5.0 中，构造中心线、几何中心线、构造点和几何点都有单独的草绘工具。其中构造中心线和构造点属于构造图元，不传达特征级信息，只用于辅助绘制其他图元；而几何中心线和几何点属于几何图元，会将特征级信息传达到草绘器之外。

（1）通过指定两点绘制一条构造中心线或几何中心线。

在“草绘器工具”工具栏中单击“中心线”按钮，或者在菜单栏中选择“草绘|线|中心线”命令，接着在绘图区中分别指定不重合的两点即可绘制一条构造中心线，单击鼠标中键可结束该命令。

如果在“草绘器工具”工具栏中单击“几何中心线”按钮，则可以通过指定两点来绘制几何中心线。几何中心线会将特征级信息传达到草绘器之外。

（2）绘制与两个图元相切的中心线

在菜单栏中选择“草绘|线|中心线相切”命令，接着在弧或圆上拾取一个起始位置，然后在另一个弧或圆上拾取一个相切位置，从而创建出与两个图元相切的中心线，如图 2-23 所示。可以继续绘制其他相切中心线，单击鼠标中键可结束该命令。

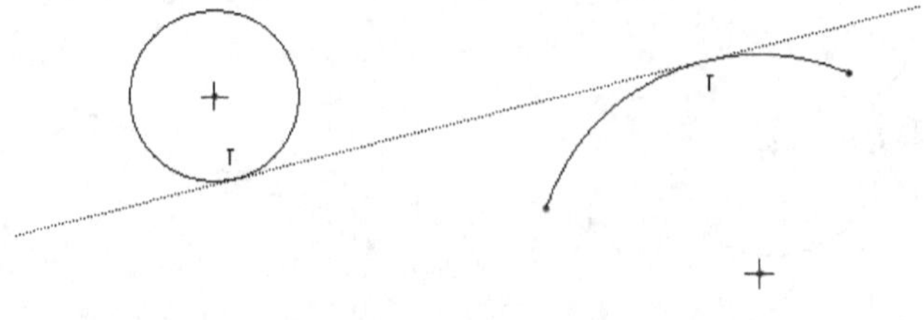

图 2-23　绘制与两个图元均相切的构造中心线

（3）绘制构造点和几何点

要在草绘模式下绘制构造点，可在“草绘器工具”工具栏中单击“点”按钮，或者在

菜单栏中选择“草绘|点”命令，接着在绘图区的预定位置处单击，即可在该位置处绘制一个构造点。可以继续绘制其他构造点，而单击鼠标中键则结束绘制命令。

如果单击“草绘器工具”工具栏中的“几何点”按钮✖，可以在绘图区中绘制一系列的几何点。几何点会将特征级信息传达到草绘器之外。

7. 创建构造坐标系和几何坐标系

在草绘器中可以创建构造坐标系和几何坐标系。

（1）创建构造坐标系

构造坐标系是草绘辅助工具，不会将任何信息传达到草绘器之外，构造坐标系通常可用来标注样条（通过指定相对于坐标系的 x、y 和 z 轴坐标值来修改样条点）和创建参照（将坐标系添加到任何剖面，以辅助标注）。

在草图中创建构造坐标系的操作方法和绘制点的操作方法类似。在“草绘器工具”工具栏中单击“坐标系”按钮，或者在菜单栏中选择“草绘|坐标系”命令，接着在绘图区为坐标系选择中心点即可创建一个构造坐标系。可以继续创建其他构造坐标系，而单击鼠标中键则结束此命令。

（2）创建几何坐标系

几何坐标系会将特征级信息传达到草绘器之外，它可用于将信息添加到 2D 和 3D 草绘器中的草绘曲线特征和基于草绘的特征。

要创建几何坐标系，可在“草绘器工具”工具栏中单击“几何坐标系”按钮，接着为坐标系选择中心点即可。

8. 绘制圆角

可以在两个图元之间绘制圆角，圆角的形状分为圆形和椭圆形两种。

（1）绘制“圆形”圆角

要在两图元间创建一个“圆形”圆角（简称圆角），可在“草绘器工具”工具栏中单击“圆角”按钮，或者在菜单栏中选择“草绘|圆角|圆形”命令，接着在绘图区中拾取两个有效图元来创建圆角，如图 2-24 所示。单击鼠标中键结束该命令。需要注意的是，圆角大小和位置取决于拾取图元的位置。

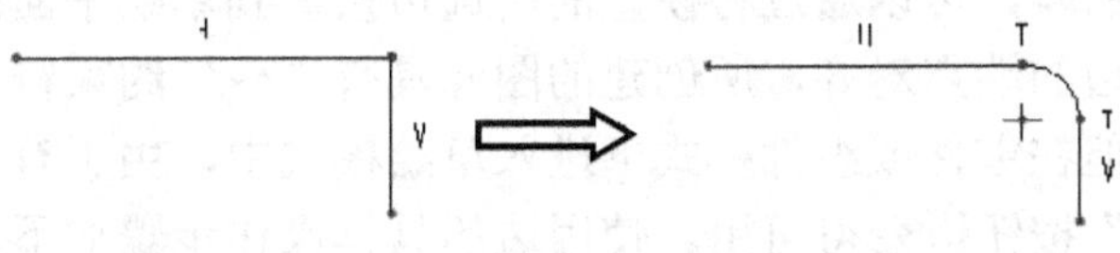

图 2-24　绘制圆角的示例

（2）绘制“椭圆形”圆角

绘制椭圆角的示例如图 2-25 所示。要在两图元间绘制一个椭圆形圆角（简称椭圆角），

可在“草绘器工具”工具栏中单击“椭圆形圆角”按钮，或者在菜单栏中选择“草绘|圆角|椭圆形”命令，接着在绘图区分别单击要在其间创建椭圆形圆角的图元，即可在选定的这两个图元间创建一个椭圆形圆角，最后单击鼠标中键结束该命令。

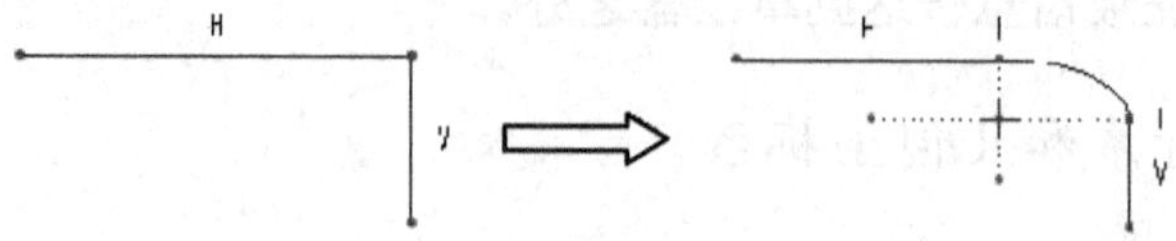

图 2-25　绘制椭圆形圆角的示例

9．绘制倒角

在 Pro/E Wildfire 5.0 中，可以绘制两种样式的倒角：① 在两个图元之间绘制倒角并显示构造线延伸，如图 2-26a 所示；② 在两个图元之间绘制一个倒角，并且修剪掉单击点以外的所有线段，如图 2-26b 所示。

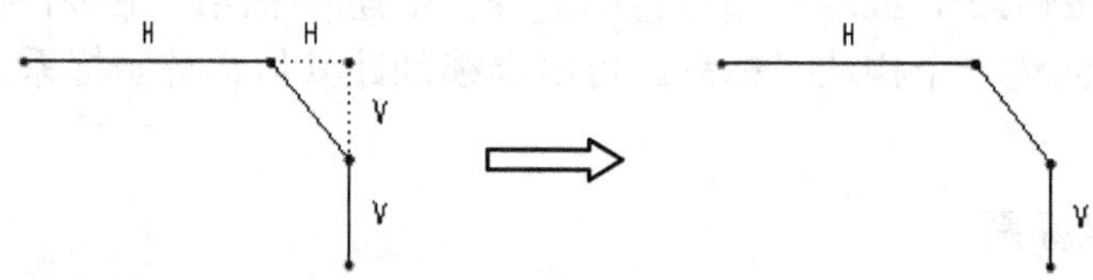

（a）具有构造线延伸的倒角　　（b）经裁剪处理的倒角效果

图 2-26　绘制倒角的两种样式

要绘制第一种样式的倒角，可在“草绘器工具”工具栏中单击“倒角”按钮，接着在绘图区分别单击要在其间绘制倒角的两个图元即可。可以继续为其他图元绘制倒角，单击鼠标中键则结束该命令。

类似地，要绘制第二种样式的倒角，可在“草绘器工具”工具栏中单击“倒角裁剪”按钮，接着在绘图区分别选取两个有效图元，单击鼠标中键则终止该命令。

10．使用边、偏移边与加厚边

下面介绍“使用边”、“偏移边”和“加厚边”按钮的用途。

（1）使用边

利用“使用边”按钮，可以通过将模型的所选边投影到草绘平面来创建几何图元。系统会将图元端点与模型边的端点对齐，所创建的图元具有“～”约束符号。在单独的草绘文件中无法使用此功能。但在零件或组件模式下进入草绘模式中，由于有了可以参照的模型边（如实体边），“使用边”按钮变得可用。使用边的具体操作步骤如下。

步骤 1　打开本书配套素材“CH2”文件夹中的“bc_2_1a.prt.1”零件文件，单击“草绘”按钮，指定草绘平面为“TOP”后进入草绘模式，在“草绘器工具”工具栏中单击“使用边”按钮，弹出“类型”对话框。在该对话框中提供了选择使用边的 3 个单选按钮，这里选择“链”单选按钮。

- **“单一”单选按钮**：在模型中单击选取一条边来创建草绘图元。
- **“链”单选按钮**：在模型中选取一个链来创建草绘图元。所谓“链”是指选取一个起始边和一个结束边，系统会沿着模型边界按照顺时针或逆时针方向将两者连接起来，形成链。可以拾取一个零件几何上的两条边或一个面组的两个单侧边，但要注意所选两条边必须属于相同的曲面。
- **“环”单选按钮**：在模型中选取一个封闭环来创建草绘图元。

步骤 2　选取两条模型边分别作为起始边和结束边，弹出“选取”菜单管理器，选择“接受”命令，再在“选取”提示框中单击“确定”按钮，“类型”对话框中单击“关闭”按钮，即可使用选取的模型边（链）的投影来创建图元，如图 2-27 所示，创建的图元具有“~”约束符号。

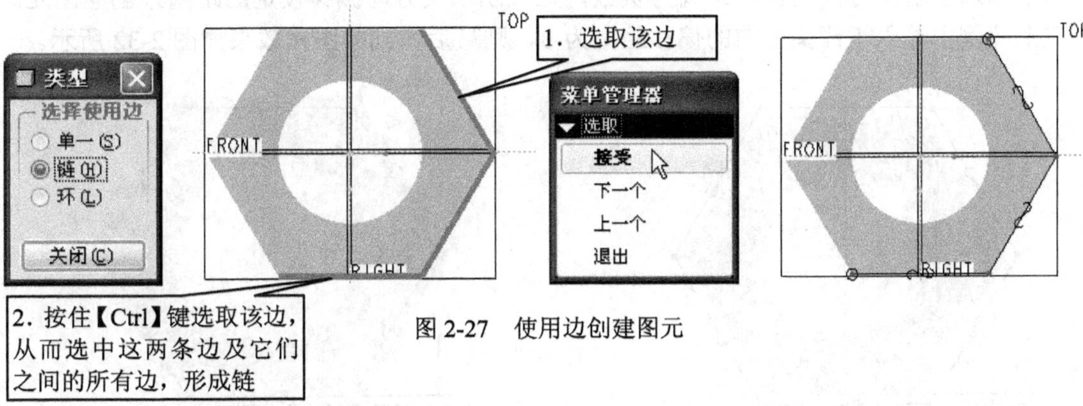

图 2-27　使用边创建图元

> **提示**　若在“选取”菜单管理器单击“下一个”和“上一个”按钮，可切换链的选取，最后单击“接受”按钮。后面要讲解的封闭环也是如此。

（2）偏移边

偏移边是指通过偏移模型或草绘图元的边来创建图元，具体操作步骤如下。

步骤 1　在“草绘器工具”工具栏中单击“偏移边”按钮，打开如图 2-28 所示的“类型”对话框，从中选择“单一”单选按钮、“链”单选按钮或“环”单选按钮，这里选择“环”单选按钮。

步骤 2　单击选取一个封闭环，当模型中有多个封闭环时，将弹出“选取链”菜单管理器，选择“下一个”或者“上一个”命令可以切换封闭环的选取，如图 2-29 所示，这里我们选取多边形环，单击“接受”按钮。

步骤 3　弹出一个信息输入板，在其文本框中输入于箭头方向偏移的距离，如图 2-30 所示，然后单击“接受”按钮，创建的图元如图 2-31 所示。

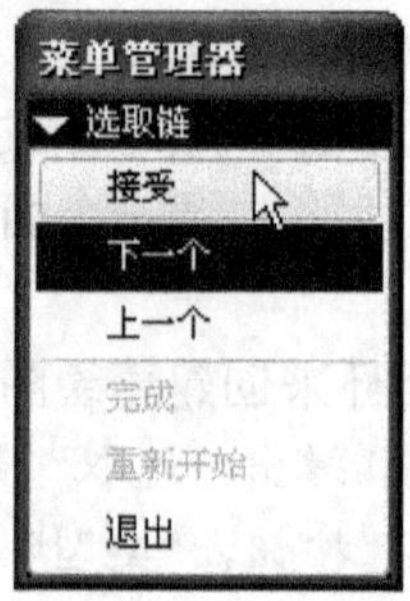

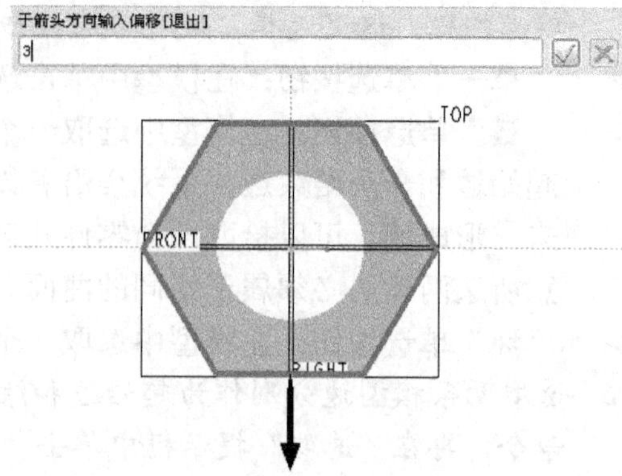

图 2-28 “类型”对话框　　图 2-29 菜单管理器　　图 2-30 于箭头方向输入偏移值

如果输入于箭头方向的偏移距离为负数，则表示以反方向偏移设定的距离来创建图元。假如在上图例中输入于箭头方向的偏移距离为-3，则最后得到的图元效果如图 2-32 所示。

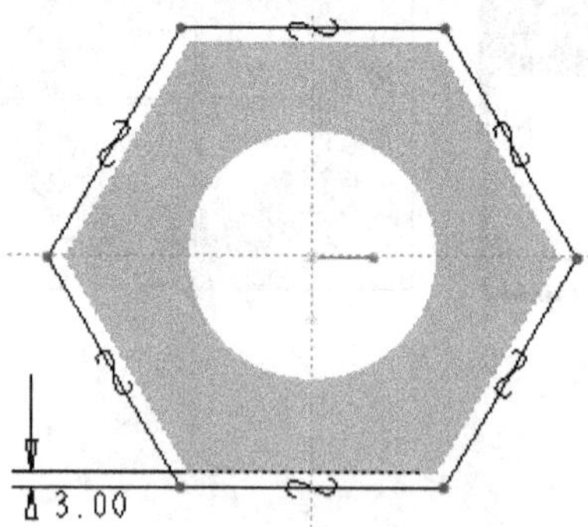

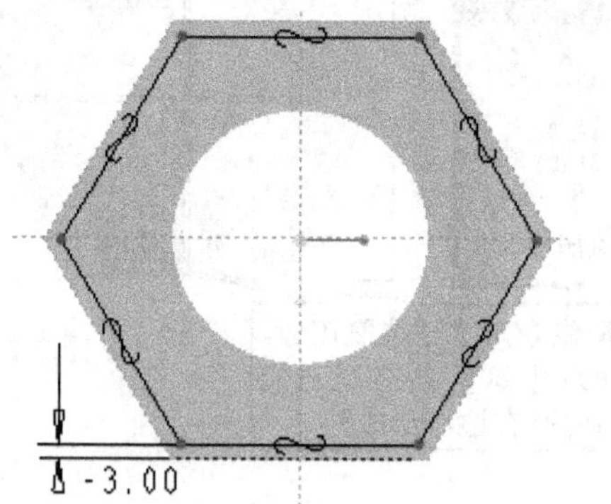

图 2-31 偏移边示例（向外偏移）　　图 2-32 偏移边示例（反方向偏移）

（3）加厚边

加厚边是指通过在选定边（所选模型的边或草绘图元）的两侧偏移边来创建图元，如图 2-33 所示。

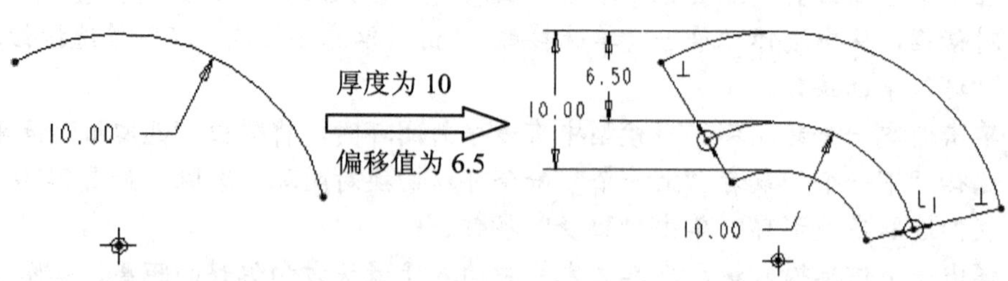

图 2-33 “加厚边”示例

加厚边的操作步骤如下。

步骤 1　在草绘模块中绘制一段圆弧，在“草绘器工具”工具栏中单击“加厚边”按钮，打开如图 2-34 所示的“类型”对话框。

步骤 2　在“选取加厚边”选项组中选择“单一”单选按钮，在“选取端封闭”选项组中选择“平整”单选按钮，然后在绘图区中单击所需的边线。

步骤 3　在弹出的如图 2-35 所示的文本框中输入厚度为 10，单击“接受”按钮。

图 2-34　“类型”对话框

图 2-35　输入厚度为 10

步骤 4　在图形中显示一个箭头方向，在出现的文本框中输入于箭头方向的偏移值为 6.5，如图 2-36 所示，然后单击“接受”按钮，完成示例中的“加厚边”操作。

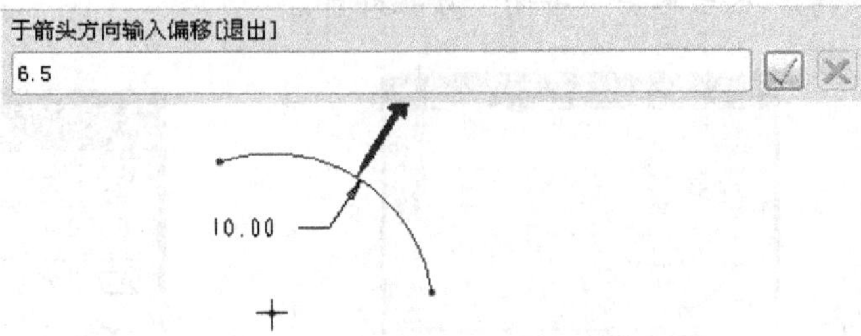

图 2-36　于箭头方向输入偏移值

在执行“加厚边”操作的过程中，除了可以将“选取端封闭”的单选项设置为“平整”之外，还可以将其设置为“开放”或“圆形”。以下列举了“开放”、“平整”和“圆形”端封闭的加厚边效果，如图 2-37 所示。

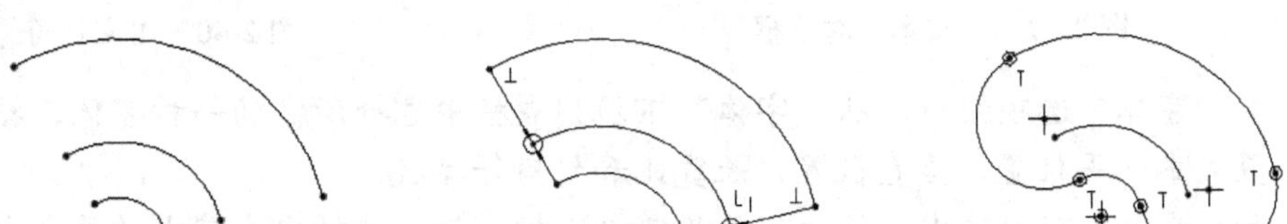

（a）具有“开放”端封闭　（b）具有“平整”端封闭　（c）具有“圆形”端封闭

图 2-37　加厚边的 3 种端封闭样式

11. 绘制文本

文本也是一种基本图元，可以作为剖面的一部分。绘制文本的工具为“文本”按钮，使用此按钮可以绘制各种文本，如图 2-38 所示。

图 2-38　绘制文本示例

绘制文本的典型方法如下。

步骤 1　在“草绘器工具”工具栏中单击“文本”按钮，或者在菜单栏中选择“草绘|文本”命令。

步骤 2　在绘制区指定文本的起点和第 2 点，以确定文本位置、高度和方向，此时弹出“文本”对话框，在“文本行”文本框中输入要创建的文本，如图 2-39 所示。

步骤 3　倘若需要输入一些特殊的文本符号，则可以在“文本”对话框中单击“文本符号”按钮，弹出如图 2-40 所示的“文本符号”对话框，在该对话框的文本符号列表中选择所需要的符号，然后单击“关闭”按钮即可。

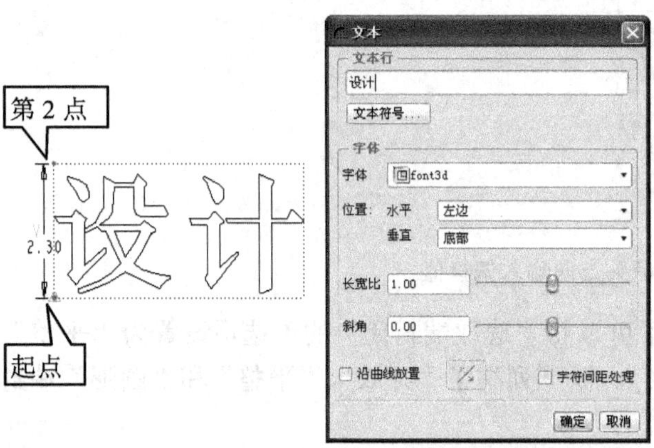

图 2-39　“文本”对话框

图 2-40　“文本符号”对话框

步骤 4　在“字体”选项组中，从“字体”下拉列表框中选择所需的一种字体，接着可以设置文本水平位置、垂直位置、长宽比和斜角等参数。

步骤 5　如果需要，可以选中“沿曲线放置”复选框，接着选择要在其上放置文本的曲线。此时，可以重新在“字体”选项组中选取水平和垂直位置，以确定文本在曲线上的水平和垂直位置（水平位置定义文本在曲线上的起始点）。若单击“反向”按钮，则将文本反向到曲线的另一侧。

> **提示** 为了控制某些字符之间的空格，改善文本字符串的外观，可以选中“字符间距处理”复选框，从而启用文本字符串的字符间距处理。

步骤 6 在“文本”对话框中单击“关闭”按钮，完成文本绘制。

12．从草绘器调色板导入形状

Pro/E Wildfire 5.0 草绘器为用户提供了一个草绘调色板，利用它可以很方便地将预定义好形状的截面图形导入到活动草绘中，从而提高工作效率。在活动草绘中使用导入的图形时，可以对其执行调整大小、平移和旋转等操作。

下面结合一个简单实例介绍如何从草绘器调色板中将图形调入到当前活动草绘中。

步骤 1 在草绘模式下，在“草绘器工具”工具栏中单击“调色板”按钮，或者在菜单栏中选择“草绘|数据来自文件|调色板”命令，弹出草绘器调色板，如图 2-41 所示。

步骤 2 草绘器调色板将不同类型的截面图形归类到不同的选项卡中，如多边形、轮廓、形状和星形。本例单击“轮廓”标签以切换到“轮廓”选项卡，接着单击“T 形轮廓”图形，则该轮廓图形出现在草绘器调色板的预览窗格中，如图 2-42 所示。

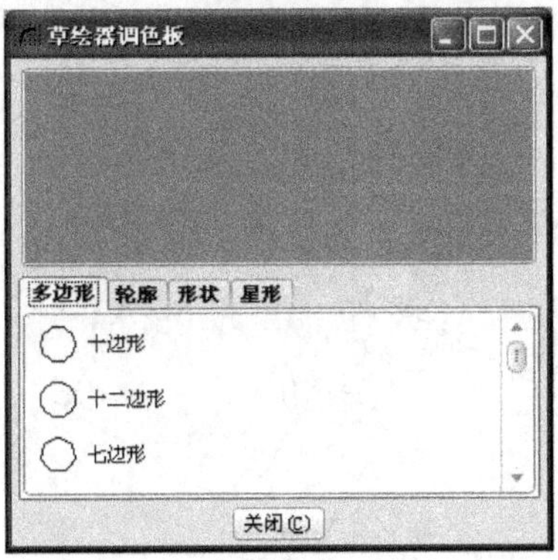

图 2-41 “草绘器调色板”对话框

图 2-42 切换到所需的图形所在的选项卡

步骤 3 按住鼠标左键将所选轮廓图形拖至绘图区，在需要的位置处释放鼠标左键，即可放置所选定的轮廓图形（图形上显示有 3 个控制句柄），此时系统弹出“移动和调整大小”对话框，如图 2-43 所示。

> **提示** 对于步骤 3，用户也可以这样操作：在草绘器调色板的指定选项卡中双击需要的图形缩略图，接着将鼠标指针移至绘图区，可以看到鼠标指针带有一个加号“+”字，此时在绘图区中单击任意一个位置，便拾取了放置形状的位置，而系统则弹出“移动和调整大小”对话框并在图形上显示 3 个控制句柄。

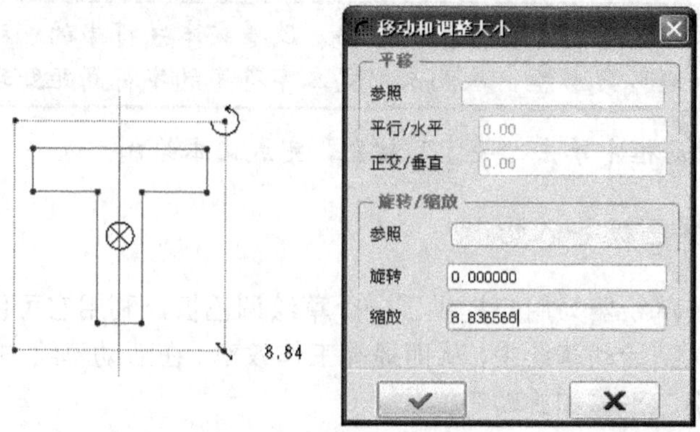

图 2-43　放置轮廓图形和弹出“移动和调整大小”对话框

步骤 4　输入的图形上显示的 3 个控制句柄分别是（缩放）、（旋转）和（平移），可以按住鼠标左键并拖动相应的控制句柄来快速地缩放、旋转和移动图形。

步骤 5　也可在“移动和调整大小”对话框中设置相关的平移、旋转和缩放等参数，如图 2-44 所示，然后单击“接受”按钮。本例调整后的图形如图 2-45 所示。最后在草绘器调色板中单击“关闭”按钮。

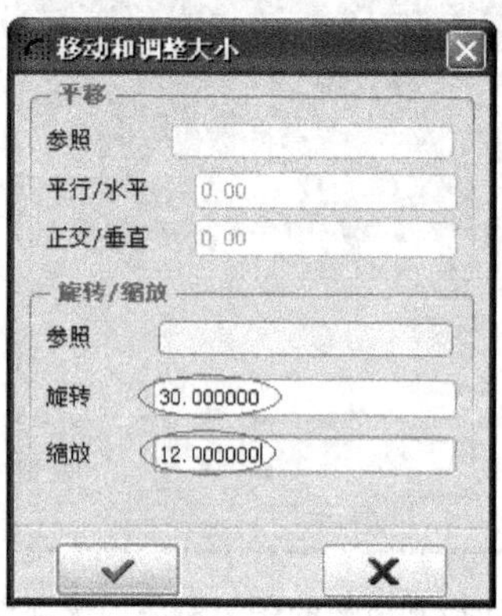

图 2-44　“移动和调整大小”对话框

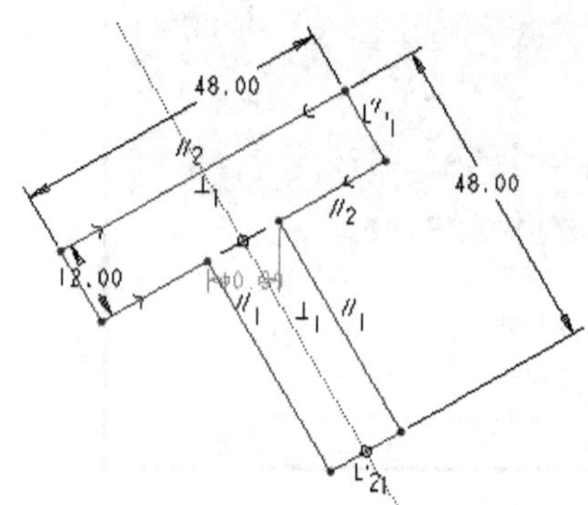

图 2-45　调入的图形

用户也可将自己绘制的草图添加到草绘器调色板中的“我的调色板”选项卡中，方便重复使用。方法是先选择“工具|选项”命令，打开“选项”对话框，利用“sketcher_palette_path”选项定义“我的调色板”文件夹所在的路径，然后在草绘器中绘制草图并将文件保存在“我的调色板”文件夹中，此时打开草绘器调色板，可看到定义的图形。

> **小技巧**　要使用外部草绘文件，也可在草绘环境下选择菜单栏中的“草绘|数据来自文件|文件系统”命令，弹出“打开”对话框，选取一个草绘文件，单击“打开”按钮。此时鼠标指针变为形状，在草绘区某处单击，可放置外部文件中的图形，同时弹出“移动和调整大小”对话框，设置完缩放比例和旋转角度等后，单击“接受”按钮，即可将外部图形文件导入草绘区。

（三）编辑图形

任何复杂的图形都可以看做是由基本二维图元组合而成的。图形编辑的知识包括移动和调整图形大小、镜像图形、修剪图形、复制图形、对图形执行构造切换操作、切换锁定和删除图形等。

1. 选择、移动、缩放和旋转图形

选择、平移、旋转和缩放图元的方法如下。

步骤 1　在“草绘器工具”工具栏中单击“依次”按钮，然后在绘图区中单击选择要编辑的图元。

> **小技巧**
> 选择“依次”按钮后，按住【Ctrl】键依次单击可同时选中多个图元。若在要选择的图元周围拖出一个方框，则方框内的图元都将被选中。
> 此外，用户还可以利用绘图区右上角的选择过滤器来过滤要选择的对象，从而更精确地选择需要的对象。

步骤 2　在“草绘器工具”工具栏中单击“移动和调整大小”按钮，或者在菜单栏中选择“编辑|移动和调整大小”命令，弹出“移动和调整大小”对话框，同时在所选图形中出现⊗（平移）、（旋转）和（缩放）这 3 个控制句柄，如图 2-46 所示。

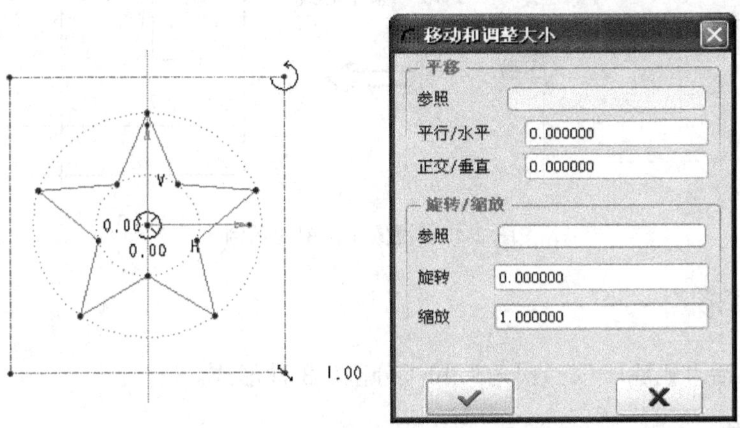

图 2-46　移动和调整大小操作

步骤 3　使用鼠标拾取并拖动⊗（平移）句柄可以平移选定图形，拾取并拖动（旋转）句柄可以旋转选定图形，而拾取并拖动（缩放）句柄可以缩放图形。用户也可以在“移动和调整大小”对话框中分别输入平移、旋转和缩放的参数值，以精确地编辑图形。

步骤 4　在“移动和调整大小”对话框中单击“接受”按钮，本例执行移动和调整图形大小操作的前后效果如图 2-47 所示。

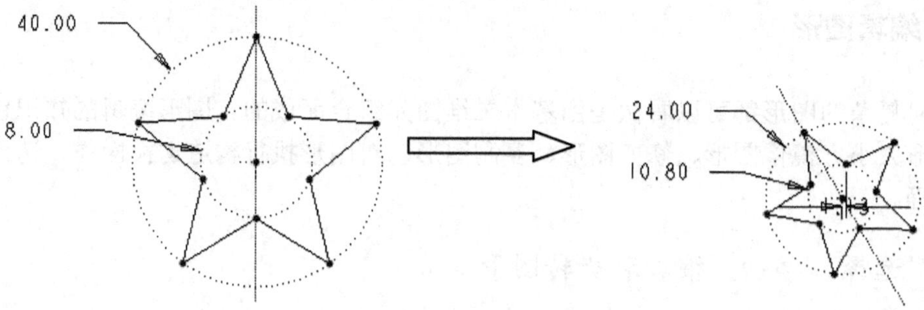

图 2-47　移动和调整图形大小的操作示例

2. 镜像复制几何图元

镜像是以某个中心线为参考，复制出对称图形的操作，常用来创建具有对称部分的复杂图形。注意：只能镜像几何图元，而无法镜像尺寸、文本图元、中心线和参照图元。

要镜像几何图元，首先要确保草绘中存在着一条中心线，然后选择要镜像的一个或多个图元，单击“镜像”按钮，或者在菜单栏中选择“编辑|镜像”命令，然后单击中心线，此时系统将针对所选的中心线镜像所有选取的几何形状。

镜像几何图元的操作示例如图 2-48 所示，其中，竖直的中心线作为镜像线。

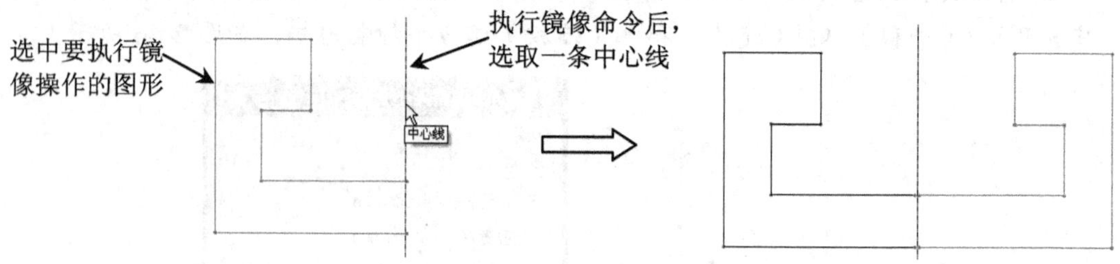

图 2-48　镜像几何图元示例

3. 修剪图形

修剪图形包括“删除段”、“拐角”和“分割”3 种形式。

（1）删除段

要删除曲线段（包括线段、圆、弧等），可单击“删除段”按钮，或者选择“编辑|修剪|删除段”命令，接着依次单击要删除的段，所单击的段即被删除。也可以在单击“删除段”按钮后，按住鼠标左键将指针拖过要删除的多个曲线段，则这些曲线段将被快速地删除。

删除段的典型示例如图 2-49 所示。

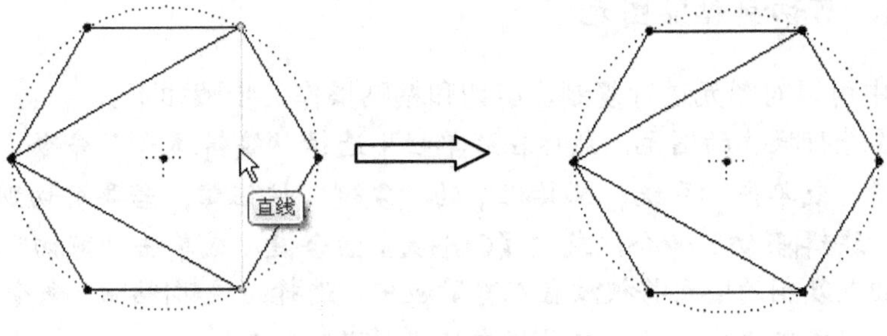

图 2-49　删除段示例

（2）拐角

拐角修剪即相互修剪图元，它包括两种方式。

➢ **剪切**：如果两个图元相交，则相互修剪后，单击保留相交点那一侧的图形，而将相交点另一侧的图形删除，如图 2-50a 所示。

➢ **延伸**：如果两个图元未相交，但延伸后能相交，则相互修剪后，将两个图元延伸至相交点，并将相交点以外的部分删除，如图 2-50b 所示。

拐角修剪的具体操作方法是单击“拐角”按钮，或者选择“编辑|修剪|拐角”命令，接着选取要修剪的两个图元。在选取图元时要注意单击的位置，该位置指示了要保留的图元部分。

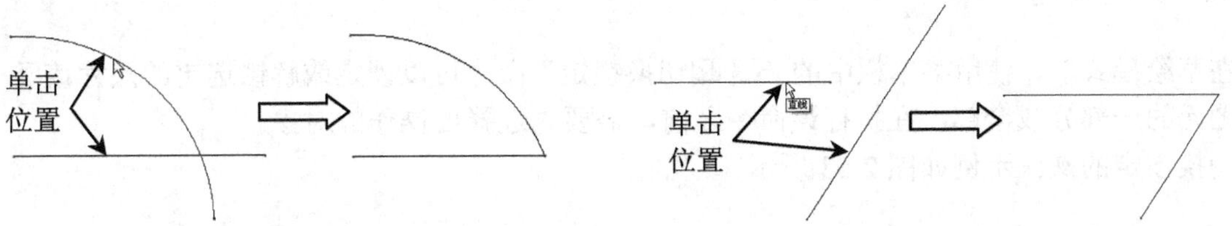

（a）拐角修剪到相交点　（b）拐角修剪到延伸点

图 2-50　拐角修剪操作的两种典型情况

（3）分割

在 Pro/E Wildfire 5.0 中可以将一个截面图元分割成两个或多个新图元，方法很简单，即单击“分割”按钮，或者在菜单栏中选择“编辑|修剪|分割”命令，然后在要分割的位置单击图元，即可在该位置处分割图元。注意：若要在某个交点处创建分割，可在该交点附近单击，系统会自动捕捉交点并创建分割。

分割图元的示例如图 2-51 所示。

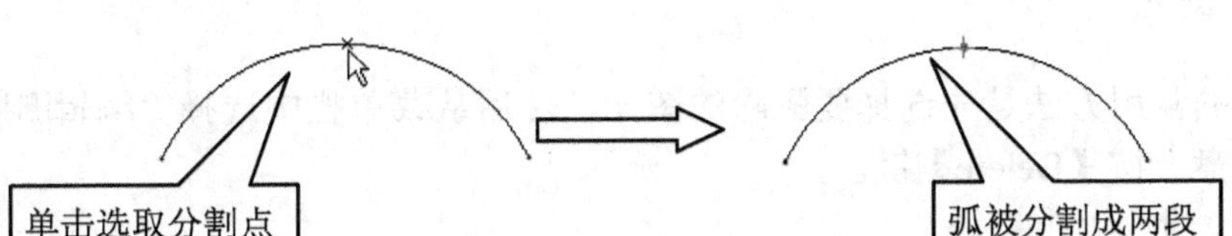

图 2-51　分割图元示例

4. 复制、剪切和粘贴图元

在草绘器中可以对图元进行复制、剪切和粘贴操作，步骤如下。

步骤 1 选中要进行操作的图元，然后在菜单栏中选择“编辑|复制”命令，或按【Ctrl+C】组合键，或单击“系统”工具栏中的“复制”按钮；若要剪切则可以在菜单栏中选择“编辑|剪切”命令，或按【Ctrl+X】组合键，或单击“剪切”按钮。

步骤 2 被剪切或复制的图元将被放置在剪贴板中，选择“编辑|粘贴”命令，或按【Ctrl+V】组合键，或单击“系统”工具栏中的“粘贴”按钮。

步骤 3 在要放置被剪切或复制的图元的位置单击鼠标，弹出“移动和调整大小”对话框，参考前面的方法调整好图元的位置、大小和角度后，单击对话框中的“接受”按钮，完成复制或剪切图元的操作。

5. 切换构造

用户可以根据设计要求，将实线切换为构造线，也可以将构造线切换为实线。构造线以非实线形式显示，主要用作制图的辅助线等。构造线的图例如图 2-52 所示。

如果将实线转换为构造线，可以先在图形区域中选择要转换为构造线的实线，然后在菜单栏中选择“编辑|切换构造”命令即可，继续选择该命令可将构造线转换为实线。

6. 切换锁定

在草绘模式下，使用菜单栏中的“编辑|切换锁定”命令可以锁定或解锁选定的尺寸值及几何图元的一部分或全部。在执行该命令之前，需要先选择要操作的对象。

切换锁定的操作示例如图 2-53 所示。

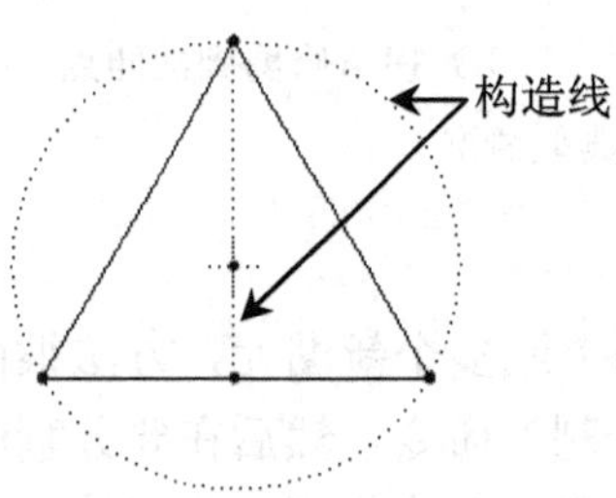

图 2-52　构造线的图例

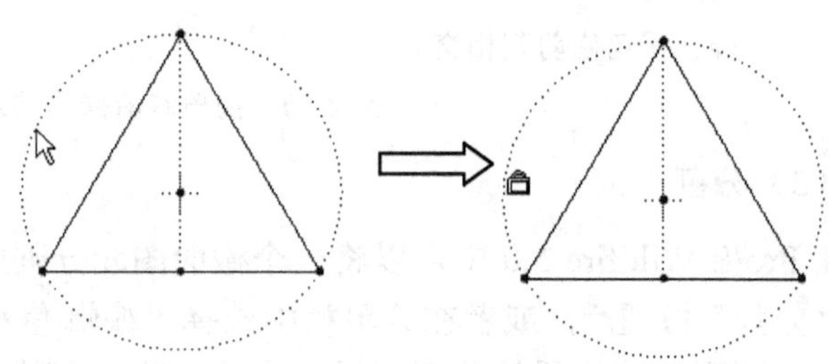

图 2-53　切换锁定的操作图例

7. 删除图元

删除图元的常用方法是先选择要删除的图元，然后从菜单栏中选择“编辑|删除”命令，或者直接在键盘上按【Delete】键。

（四）草图约束

草图约束主要包括两个方面：尺寸约束和几何约束。用户可通过标注尺寸来确定图形的具体长度、弧度等，通过添加几何约束来确定图形间是否具有垂直、平行等关系，以此来达到精确绘制图形的目的。

1．标注尺寸

在绘制草图时，Pro/E Wildfire 会自动对草图进行标注，这些由系统自动创建的尺寸属于弱尺寸。用户可以根据设计要求创建新尺寸、修改自动生成的尺寸、强化尺寸以及删除尺寸等。用户自己创建的新尺寸属于强尺寸，当添加强尺寸时，系统会自动删除某一个弱尺寸。

使用“定义尺寸”按钮，可以创建线性、径向（半径）、直径、角度、总夹角、弧长、圆锥和纵坐标这些常规类型的尺寸。此外，还可以使用专门的工具来为草图创建周长尺寸、参照尺寸和基线尺寸。

（1）标注线性尺寸

单击“定义尺寸”按钮，选择要标注线性尺寸的一个或两个图元，然后在预定位置处单击鼠标中键以放置该线性尺寸即可标注线性尺寸。线性尺寸的标注示例如图 2-54 所示，从左到右的线性尺寸依次为线长、两条平行线之间的距离、点和线之间的距离、两个点之间的距离、两条弧之间的距离。

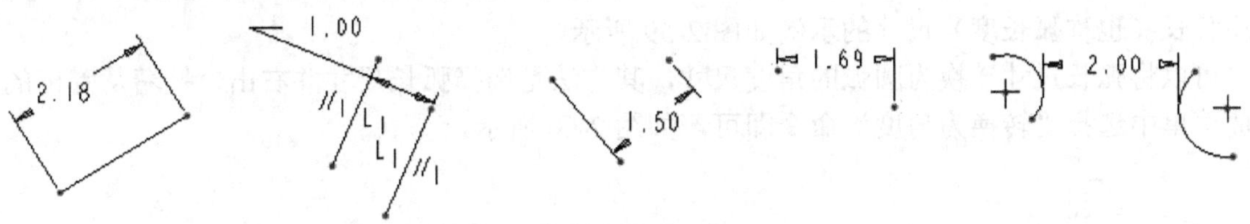

图 2-54　线性尺寸的标注示例

（2）标注半径尺寸和直径尺寸

要为圆弧创建半径尺寸，可以单击“定义尺寸”按钮，然后选择圆弧，接着单击鼠标中键放置尺寸即可，如图 2-55 所示。

要为弧或圆创建直径尺寸，则可以单击“定义尺寸”按钮，然后在弧或圆上双击，接着单击鼠标中键以放置尺寸即可，如图 2-56 所示。

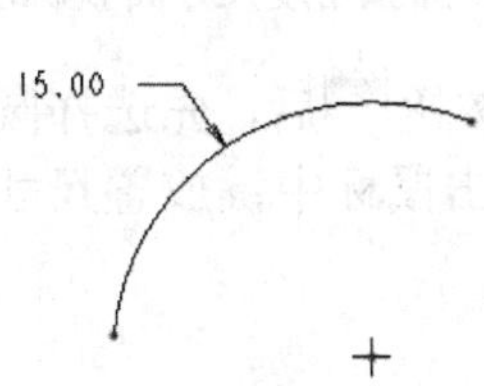

图 2-55　标注半径尺寸示例

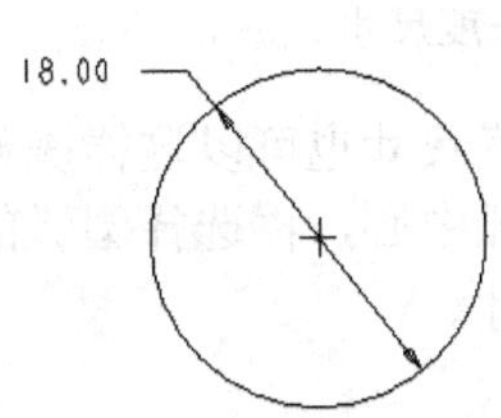

图 2-56　标注直径尺寸示例

知识库

> 在旋转剖面中可以创建表示直径的尺寸，如图 2-57 所示。其方法是单击“定义尺寸”按钮[↔]，按照顺序选择要标注的图元，选择要作为旋转轴的中心线，再次选择该图元，然后单击鼠标中键来放置尺寸即可。

（3）标注线之间的角度尺寸

要创建线（包括直线和中心线）之间的角度尺寸（如图 2-58 所示），可单击“定义尺寸”按钮[↔]，接着分别选择第一条线和第二条线，然后在预定位置单击鼠标中键来放置尺寸即可。

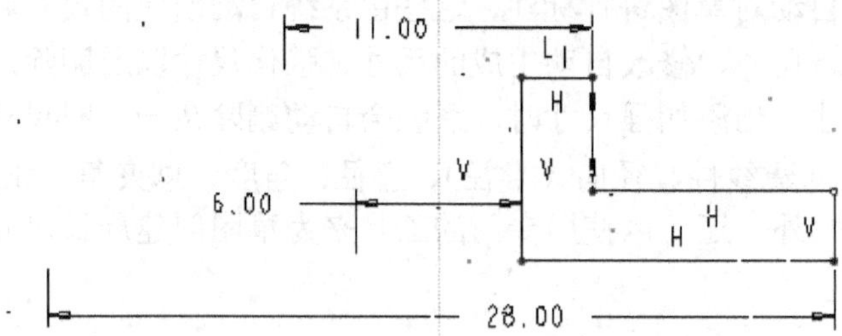

图 2-57　对旋转剖面创建表示直径的尺寸

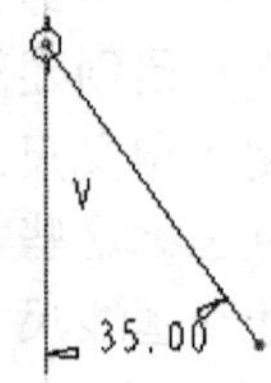

图 2-58　在两条直线间创建角度尺寸

（4）标注弧长尺寸和圆弧角度尺寸

要创建圆弧的弧长度尺寸，可单击“定义尺寸”按钮[↔]，接着单击圆弧的一个端点和另一个端点，再单击该圆弧（除端点之外），然后在指定位置处单击鼠标中键来放置尺寸即可。标注弧长（也称弧长度）尺寸的示例如图 2-59 所示。

可以将弧长尺寸转换为圆弧的角度尺寸，其方法是选择弧长尺寸并右击，接着从弹出的快捷菜单中选择“转换为角度”命令即可，如图 2-60 所示。

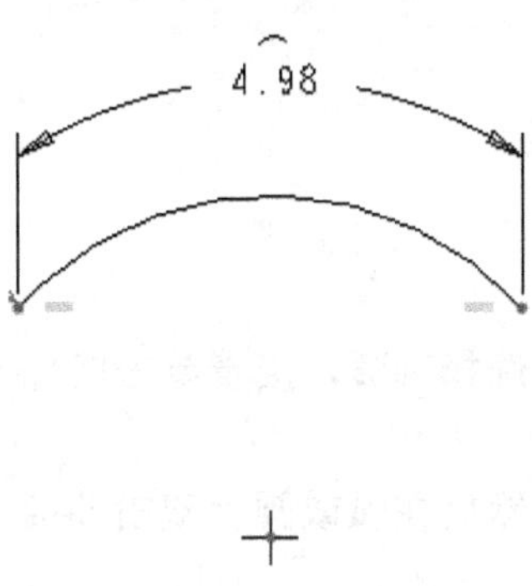

图 2-59　标注弧长度尺寸

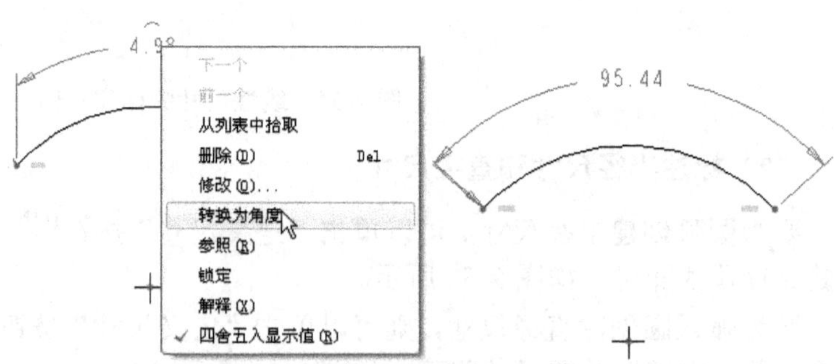

图 2-60　完成圆弧角度尺寸转换标注

标注圆弧角度尺寸也可以这样操作：单击“定义尺寸”按钮[↔]后，先选择圆弧的一个端点，接着选择圆弧中心，再选择圆弧的另一个端点，然后单击鼠标中键放置尺寸，即可完成标注圆弧角度尺寸。

（5）标注椭圆圆角或椭圆的尺寸

对于椭圆的水平和垂直端点及其中心点，可以像对规则的点一样进行标注。当然，对于椭圆，通常需要标注其长轴半径和短轴半径。

单击“定义尺寸”按钮，接着选择椭圆或椭圆圆角（不拾取端点），并单击鼠标中键来放置尺寸，此时弹出如图 2-61 所示的“椭圆半径”对话框，在此对话框中选择“长轴”单选按钮或“短轴”单选按钮，然后单击“接受”按钮即可为椭圆标注相应的长轴半径尺寸或短轴半径尺寸。在图 2-62 所示的示例中，分别标注了椭圆的长轴半径尺寸和短轴半径尺寸。

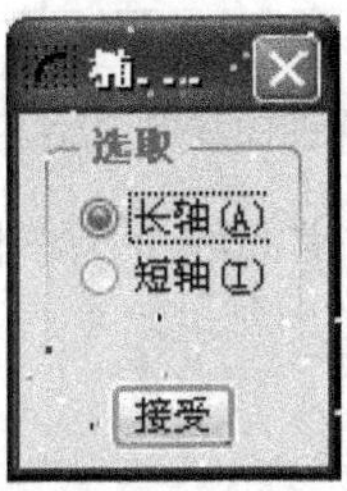

图 2-61 “椭圆半径”对话框

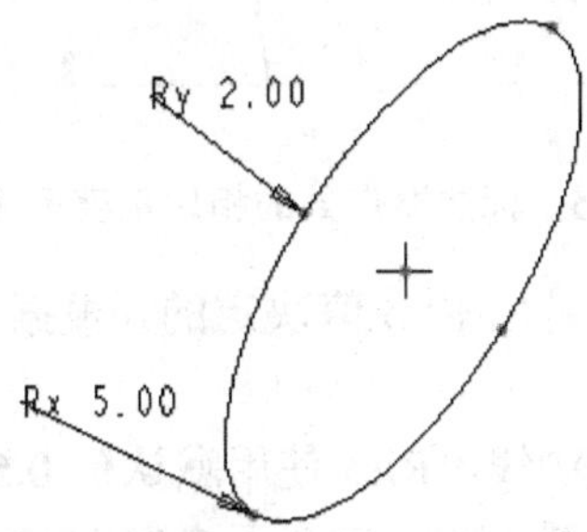

图 2-62 标注椭圆的长轴半径和短轴半径

（6）标注样条

标注样条曲线就是标注样条端点或插值点的尺寸，包括两种类型：一是指定样条点之间的距离，二是在指定样条点创建样条与直线或弧之间的相切角度尺寸。

- **标注样条点之间的距离**：单击“定义尺寸”按钮，然后依次单击样条曲线上的样条点，在要显示尺寸的位置单击鼠标中键，即可完成标注，如图 2-63 所示。
- **在指定样条点创建样条与直线之间的相切角度尺寸**：标注样条曲线的角度尺寸必须有一条尺寸标注参照（直线或中心线），标注方法是单击“定义尺寸”按钮，然后依次单击样条曲线、样条点和尺寸标注参照，在要显示尺寸的位置单击鼠标中键，即可完成标注，如图 2-64 所示。

图 2-63 标注样条点之间的距离

图 2-64 在指定样条点创建样条与直线之间的相切角度尺寸

（7）标注圆锥曲线（锥形弧）的端点相切角度尺寸和 Rho 尺寸

对于圆锥曲线，同样可以为其标注端点处的相切角度尺寸和两端点之间的线性尺寸，标注方法和样条曲线相同。例如，要标注角度尺寸，可单击“定义尺寸”按钮，接着单击圆锥曲线，然后单击定义相切的端点，再单击直线参照，如中心线或直线，最后单击鼠标中键放置此相切角度尺寸，效果如图 2-65 所示。

此外，还可以使用 Rho 值（曲率）标注圆锥曲线，如图 2-66 所示，其方法是单击“定义尺寸”按钮，单击圆锥曲线，接着单击鼠标中键放置该尺寸。

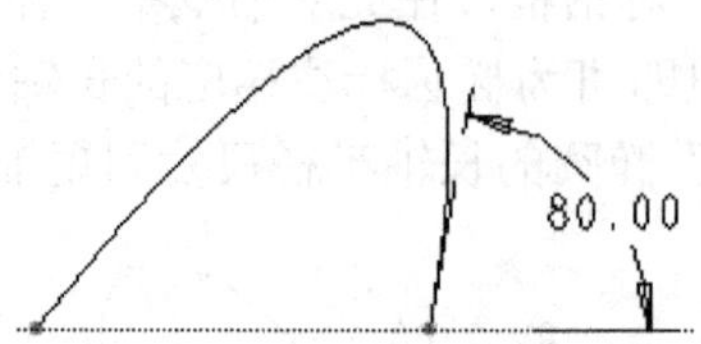

图 2-65 标注端点处的相切角度尺寸

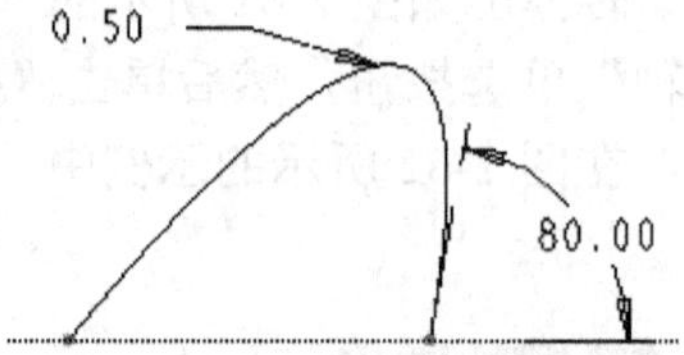

图 2-66 标注圆锥曲线的 Rho 值

曲线的形状是由 Rho 值决定的，根据 Rho 值的不同，可将圆锥曲线分为椭圆、抛物线和双曲线三种。

- 对于抛物线，Rho 使用默认值 0.5。
- 对于椭圆，Rho 值介于 0.05 和 0.5 之间。
- 对于双曲线，Rho 值介于 0.5 和 0.95 之间。

（8）创建周长尺寸

周长尺寸用于标注图元链（由多个图元相互连接形成的开放图形）或图元环（由多个图元相互连接形成的封闭图形）的总长度。

在创建周长尺寸的过程中，需要定义一个变化尺寸带有“变量”（var）字样，以后修改周长尺寸时，只有变化尺寸发生变化，如图 2-67 所示。注意：用户无法修改此变化尺寸，因为它是从动尺寸；如果删除变化尺寸，则系统会删除周长尺寸。

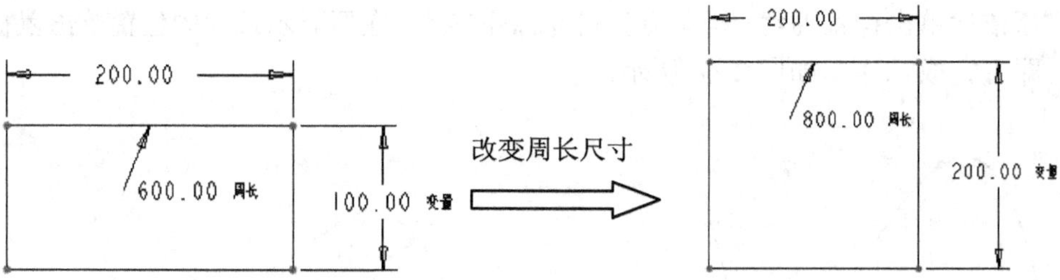

图 2-67 周长尺寸的典型示例

创建周长尺寸的步骤如下。

步骤 1 单击“周长尺寸”按钮，或者选择“草绘|尺寸|周长”命令，弹出“选取”对话框。

步骤 2 选择要标注的图元链或图元环（可按住【Ctrl】键依次单击选取相关图元），在“选取”对话框中单击“确定”按钮，

步骤 3 选择一个尺寸作为可变化尺寸，然后在“选取”对话框中单击“确定”按钮，从而完成创建周长尺寸。注意：可变尺寸值会带有“变量（var）”字样。

提示　圆的周长尺寸标注有所不同，因为它是单一图元，周长尺寸随着圆半径或直径的变化而变化，所以在标注圆的周长时，需要选择一个半径或直径尺寸作为驱动尺寸。

（9）创建基线尺寸和纵坐标尺寸

基线尺寸通常和纵坐标尺寸一起使用，具体就是选取一个图元（直线、圆、弧或点等）作为纵坐标尺寸的基线，然后相对于基线标注出其他图元的纵坐标尺寸。下面以图 2-68 的示例说明标注基线尺寸的操作。

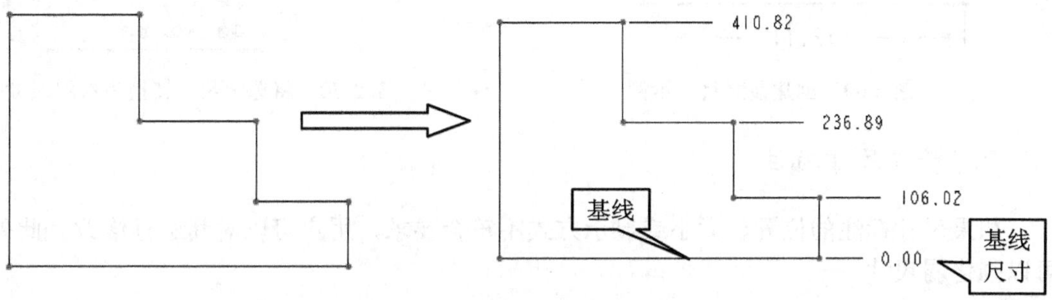

图 2-68　基线尺寸示例

步骤 1　单击“基线”按钮，或者在菜单栏中选择“草绘|尺寸|基线”命令。

步骤 2　选择要作为基线的几何，单击鼠标中键定位尺寸文本。选取点、圆或弧作为基线时，会出现“尺寸定向”对话框，需要选择“竖直”或“水平”选项来进行尺寸定向。

步骤 3　要添加纵坐标尺寸，可单击“定义尺寸”按钮，然后使用鼠标左键选择基线尺寸，接着选择要标注的图元，单击鼠标中键放置纵坐标尺寸。

步骤 4　重复步骤 3，添加其他纵坐标尺寸。

（10）创建参照尺寸

参照尺寸是除正常尺寸和基线尺寸之外的附加尺寸，它不能用来驱动图形，主要用作尺寸参考（只显示尺寸值，不能被修改），会随着图形的变化而自动变化。用户可以创建新参照尺寸，也可以将现有尺寸转换为参照尺寸。

要创建新参照尺寸，可单击“参照尺寸”按钮，或者在菜单栏中选择“草绘|尺寸|参照”命令，接着选择图元以定义尺寸，然后单击鼠标中键来放置尺寸即可。新参照尺寸后面带有“参照”字样，如图 2-69 所示。

要将一般尺寸转换为参照尺寸，则先选择要转换的尺寸，接着右击并从弹出的快捷菜单中选择“参照”命令即可，操作示意如图 2-70 所示。

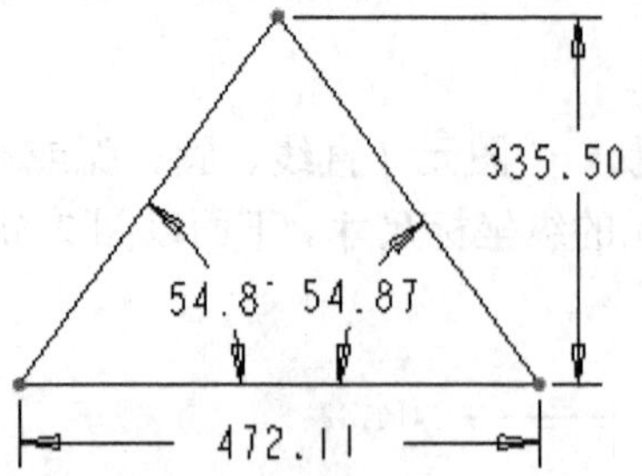

图 2-69　创建参照尺寸示例

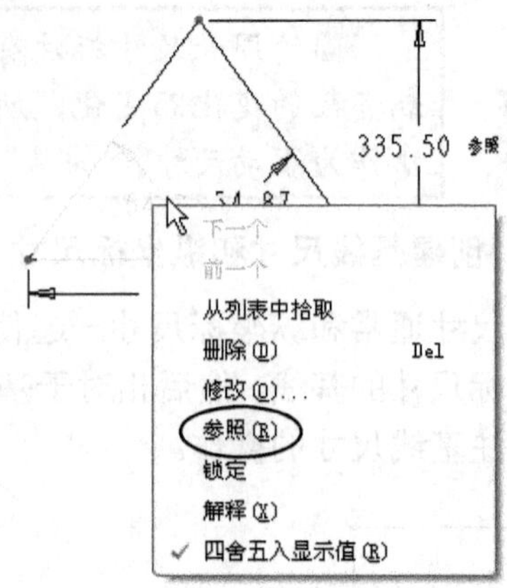

图 2-70　将选定尺寸转换为参照尺寸

2. 修改尺寸标注

如果尺寸标注的位置、大小或显示方式不符合要求，用户可以对其进行修改。此外，还可以强化弱尺寸。

（1）改变尺寸位置

使用“依次”按钮选中某个尺寸标注后，将鼠标指针移到尺寸文本上，按住鼠标左键进行拖动，在合适位置释放左键，可改变该尺寸标注的位置。

（2）删除尺寸标注

选中某个强尺寸后，按【Delete】键，或者选择“编辑|删除”命令即可将其删除。注意：不能删除弱尺寸。

（3）修改单个尺寸值

选中“依次”按钮后，在绘图区双击要修改的尺寸值，尺寸文本将变为可编辑状态，如图 2-71 所示，输入新尺寸值并按【Enter】键确认，图形将按照新尺寸值进行更新。

（4）使用“修改尺寸”对话框来修改选定的一组尺寸值

选择要修改的尺寸（可多选），接着在“草绘器工具”工具栏中单击“修改”按钮，弹出如图 2-72 所示的“修改尺寸”对话框，用户可利用此对话框对选定尺寸进行修改。

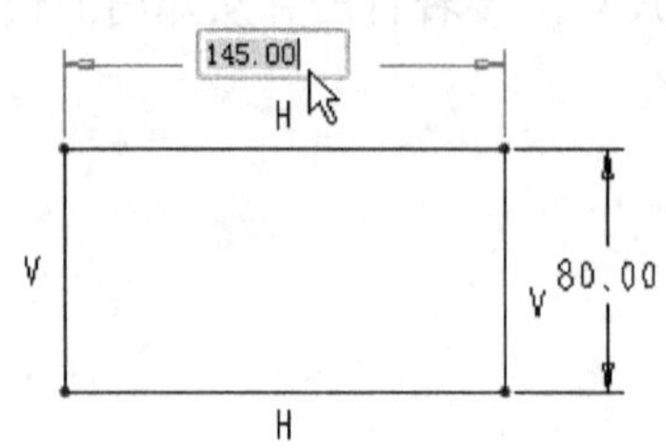

图 2-71　修改单个尺寸

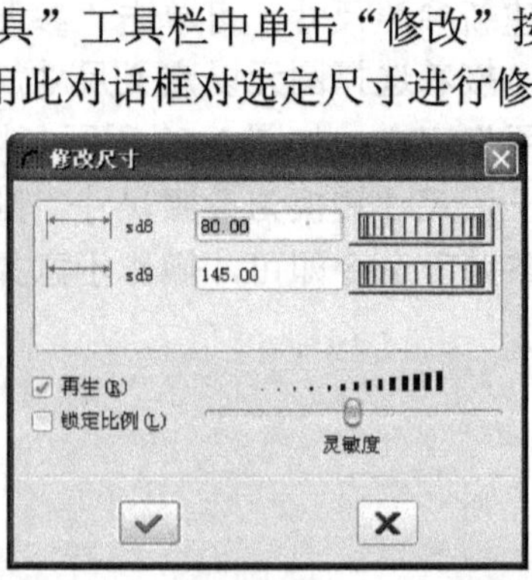

图 2-72　“修改尺寸”对话框

下面介绍“修改尺寸”对话框中的几个实用选项。

- **旋转轮盘**（**或称尺寸指轮、尺寸滚轮**）：按住鼠标左键滚动此轮盘可以更改相应的尺寸值。向右滚，尺寸增大；向左滚，尺寸减小。
- **“再生”复选框**：选中该项，可以边调整尺寸值边观察图形的变化。若取消选中该项，则只能在确认修改后（即单击“再生剖面然后关闭对话框”按钮后）才能看到图形的变化。
- **“灵敏度”滑块**：拖动该滑块，可以更改旋转轮盘的灵敏度。
- **“锁定比例”复选框**：选中此复选框可以锁定截面比例，即修改某个尺寸时，图形中的其他相关尺寸也会按比例随之变化，由此可以保持图形的基本形状。

（5）弱尺寸和强尺寸

如前所述，弱尺寸是在绘制图形的过程中，系统自动标注出来的尺寸。而强尺寸是用户自己创建的或由弱尺寸转换而来的尺寸。一旦弱尺寸成为了强尺寸，用户在修改其他尺寸时，系统会自动通过调整图形位置或尺寸等，使强尺寸保持不变。

提示　如果由于为图形标注尺寸或添加约束而导致冲突（例如，强尺寸过多且冲突），系统会给出相应警告，提示用户解决问题。

用户可参照以下三种方法将弱尺寸转换为强尺寸。

- 当修改若尺寸的值时，弱尺寸将自动变为强尺寸。
- 选中弱尺寸后，选择“编辑|转换到|加强”命令。
- 选中弱尺寸后，右击，从弹出的快捷菜单中选择“强”。

提示　在添加强尺寸时，系统会自动删除不必要的弱尺寸，且不会给予警告。如果删除强尺寸，系统也会自动恢复一些弱尺寸，以保持图形的形状。

3. 应用几何约束

在 Pro/E Wildfire 中，几何约束用来定义图元几何或图元间的关系。在绘制图形时，系统会自动为图元添加一些约束条件，比如水平、垂直、平行等，这类约束称为自动约束。在实际设计工作中，用户可以根据设计情况创建几何约束或接受草绘时系统自动给出的约束。

（1）创建几何约束

Pro/E Wildfire 5.0 草绘器提供了如表 2-3 所示的 9 个几何约束工具按钮。

表 2-3　Pro/E Wildfire 5.0 草绘器几何约束工具按钮

工具按钮	名称	功能用途	标识
┼	竖直	使直线垂直或使两点沿垂直方向排列	V
┼	水平	使直线水平或使两点沿水平方向排列	H
⊥	垂直	使两个图元正交	⊥
⚲	相切	使两个图元相切	T

续表

工具按钮	名称	功能用途	标识
	中点	将一点（普通点、顶点或圆心）放在线的中间	*
	重合	使两点重合、点落于图元上或共线	—○— — — ═══
	对称	使两点或两图元端点关于中心线对称	→ ←
=	相等	使两图元等长、等半径	L、R
//	平行	使各条线平行，会附加流水号 //1、//2……	//

要为图形创建几何约束，可以在“草绘器工具”工具栏的约束列表中选择要应用的约束工具按钮，接着选择要约束的一个或多个图元。下面请看一个应用相切约束的简单范例。

步骤 1 在“草绘器工具”工具栏中单击“竖直”按钮旁边的箭头以打开约束列表，从中单击“相切”按钮。

步骤 2 系统提示选择两个图元使它们相切，在该提示下分别单击如图 2-73 所示的圆弧 1 和圆 2。完成相切约束后的图形效果如图 2-74 所示，在图形中显示了正交标识“T”。

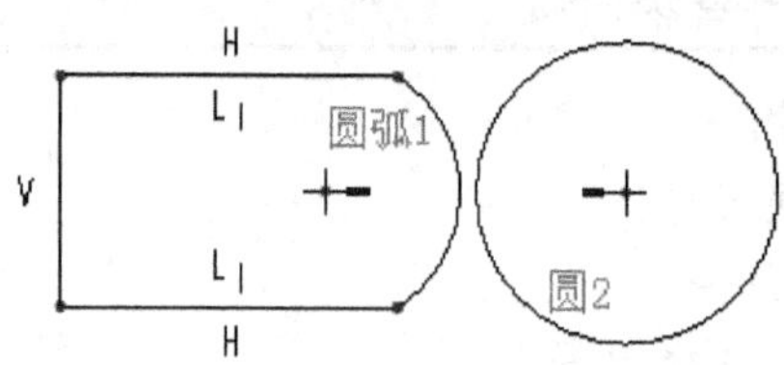

图 2-73 原始图形

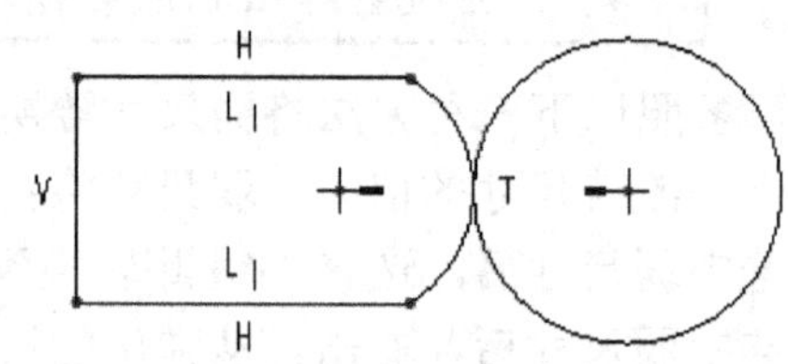

图 2-74 设置圆弧和圆相切

步骤 3 单击“相等”按钮，接着分别单击圆弧 1 和圆 2，从而使圆弧 1 和圆 2 的半径相等。

> **提示** 在草绘过程中，系统会实时显示适用的约束条件并以符号（标识）表示，具体说明如表 2-4 所示。用户根据图元上的这些符号，即可判断图元之间的位置关系，进而可以接受所需要的约束。如果自动约束与后来手动添加的尺寸或约束的功能相同，系统会将其删除。

表 2-4 自动约束及符号说明

符 号	约束条件	图 例
*	图元的中点	
⊗	相同点	
H	水平图元	

续表

符 号	约束条件	图 例
V	垂直图元	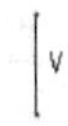
O	图元上的点	
T	相切图元	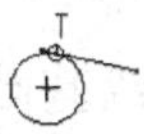
⊥	垂直图元	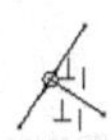
//	平行线	
R	相等半径	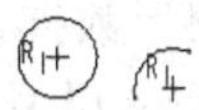
L	等长的线段	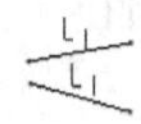
→←	对称图元	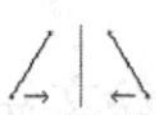
¦	图元垂直排列	
- -	图元水平排列	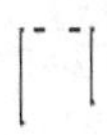

（2）删除几何约束

要删除某一个几何约束，可以先选择要删除的约束标识符号，接着从菜单栏中选择“编辑|删除”命令，或者按【Delete】键。

（3）锁定几何约束

锁定约束指在绘制图形时，将当前出现的约束锁定，进而绘制只符合该约束条件的图元。具体操作方法为：右击可以锁定出现的约束，此时该约束符号周围会出现红色圆圈；再次右击可以禁用该约束；第三次右击可以重新启用该约束。

（五）草图诊断基础

在绘制草图的过程中，可以使用如下基于特征的诊断工具。

➢ **“着色封闭环”工具**：检测并对图元封闭环的内部着色。

- **“加亮开放端点”工具**：检测并加亮显示图元的开放端点。注意：构造几何的开放端不被加亮。
- **“重叠几何”工具**：加亮显示重叠几何图元。
- **“特征要求”工具**：分析草绘是否适用于它所定义的特征。

三、任务实践

在学习了一些草绘基础知识后，接下来通过几个案例来更深入地掌握绘制复杂二维图形的方法及技巧。

任务一　绘制泵盖平面图

本任务中，通过绘制如图 2-75 所示的泵盖平面图来学习这些知识：在草绘器中绘制中心线、圆，导入外部图形数据，通过在两侧偏移草绘图元来创建图元，将实线切换为构造线，设置约束条件和标注尺寸等。案例最终效果请参考本书配套素材“范例素材\CH2\bc_2_1_finish.sec”文件。

任务分析

首先新建一个草绘文件，在该草绘文件中先绘制所需的中心线，然后从调色板中导入“跑道形”图形，并使用“加厚”工具从两侧偏移草绘图元来创建新图元，接着将中间的一个“跑道形”图形转换为构造线，并绘制相关的圆（注意为相关圆设置半径相等），最后标注尺寸。

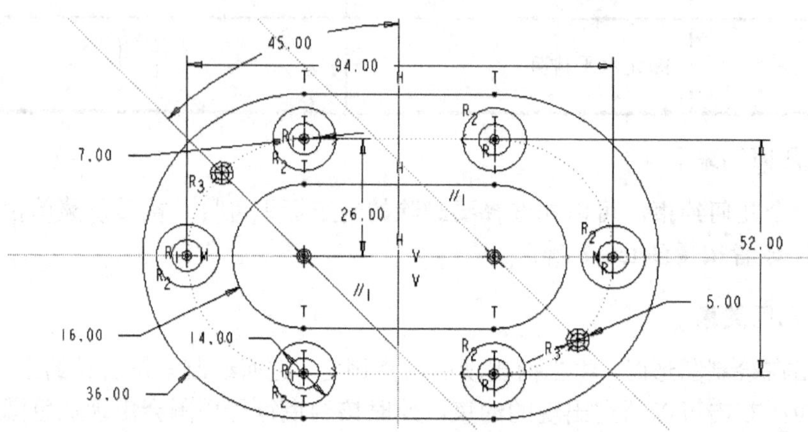

图 2-75　完成的泵盖平面图

任务实施

步骤 1　按【Ctrl+N】组合键，弹出“新建”对话框。在“类型”选项组中选择“草绘”单选按钮，在“名称”文本框中输入“bc_2_1”，单击“确定”按钮，完成新建一个草绘文件并进入草绘模式。

步骤 2 在“草绘器工具”工具栏中单击“中心线”按钮，或者在菜单栏中选择“草绘|线|中心线”命令，在草绘区中绘制一条水平中心线和一条竖直中心线。

步骤 3 在“草绘器工具”工具栏中单击“调色板”按钮，弹出草绘器调色板，如图 2-76 所示，在“形状”选项卡的形状列表中选择“跑道形”图形，按住鼠标左键将该图形拖到草绘区中放置。

步骤 4 在自动弹出的“移动和调整大小”对话框中设置旋转角度为 0，缩放因子为 52，并在草绘区中使用鼠标左键按住⊗（平移）图柄将“跑道形”图形的中心平移到两条中心线的相交点处，如图 2-77 所示，然后在“移动和调整大小”对话框中单击“接受”按钮，在“草绘器调色板”对话框中单击“关闭”按钮。

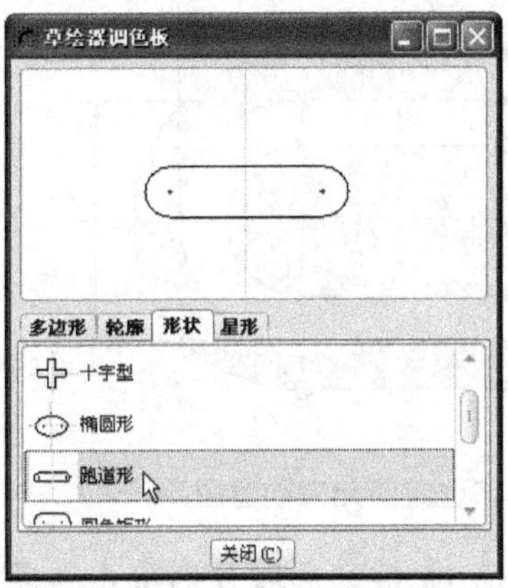

图 2-76 “草绘器调色板”对话框

图 2-77 移动和调整大小

步骤 5 此时，可以在上工具箱的“草绘器诊断工具”工具栏中选中“着色封闭环”按钮和“加亮开放端点”按钮（即将这两个诊断工具按钮设置为下凹状态），这样有利于在草图绘制中对图形进行诊断。

步骤 6 将“跑道形”图形的尺寸修改为如图 2-78 所示。对于其中出现的一个弱尺寸，可以将此弱尺寸转化为强尺寸，其方法是先选择弱尺寸，接着右击并从弹出的快捷菜单中选择“强”命令，如图 2-79 所示。

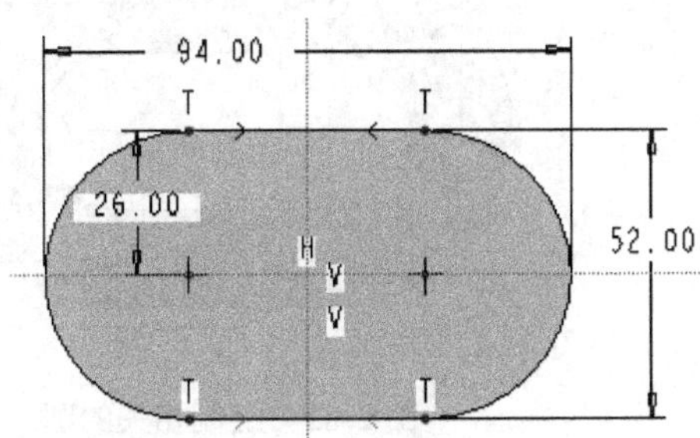

图 2-78 修改尺寸后的图形

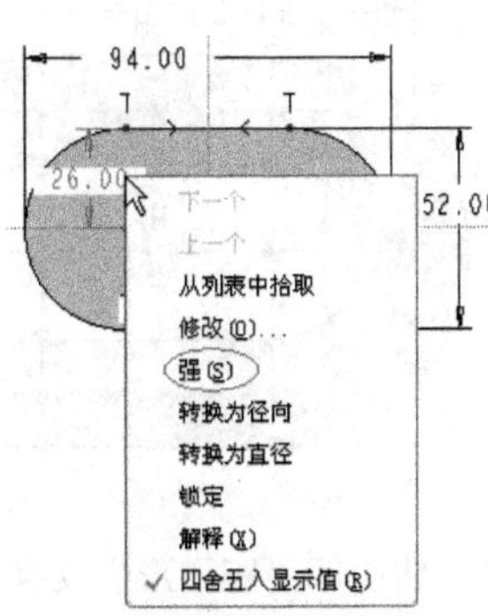

图 2-79 将弱尺寸转化为强尺寸

> **提示** 弱尺寸是指系统自动生成的尺寸，显示为灰色，并在用户修改几何、添加/修改尺寸或添加约束时消失。用户创建的任何尺寸都自动成为强尺寸。用户也可以将弱尺寸转变为强尺寸，而不修改其值。在退出草绘器之前，加强想要保留在截面中的弱尺寸是一个很好的习惯。

步骤 7 在“草绘器工具”工具栏中单击“加厚边”按钮，弹出“类型”对话框，在“选取加厚边”选项组中选择“环”单选按钮，在“选取端封闭”选项组中选择“开放”单选按钮，如图 2-80 所示，接着在草绘区中单击“跑道形”图形，输入厚度为 20，单击“接受”按钮；设定于箭头方向的偏移距离为 10，单击“接受”按钮。然后在“类型”对话框中单击“关闭”按钮。绘制的图形效果如图 2-81 所示。

图 2-80 “类型”对话框

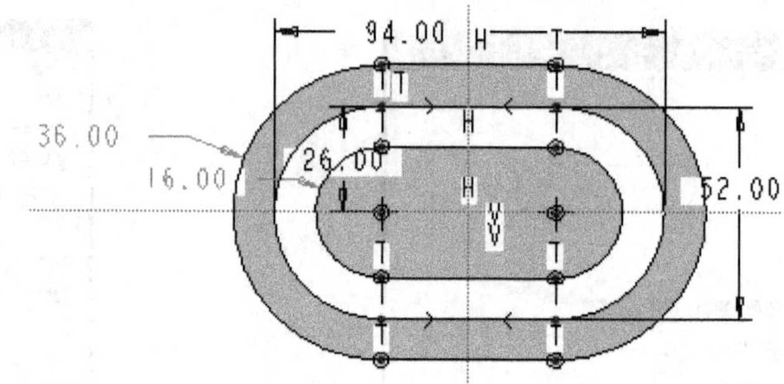

图 2-81 在两侧偏移选定图元来创建图元

步骤 8 在中间的“跑道形”环中选择其中一段，按住【Ctrl】键的同时分别单击选择其他的组成段，从而选中整个“跑道形”图形，接着在菜单栏中选择“编辑|切换构造”命令，或者按【Ctrl+G】快捷键，将所选的“跑道形”图形变为构造线，如图 2-82 所示。

步骤 9 在“草绘器工具”工具栏中单击“圆：圆心和点”按钮，或者在菜单栏中选择“草绘|圆|圆心和点”命令，绘制如图 2-83 所示的圆，注意在绘制过程中自动设置半径相等约束关系（绘制第 1 个圆之外的圆时，出现 R 提示时单击鼠标）。

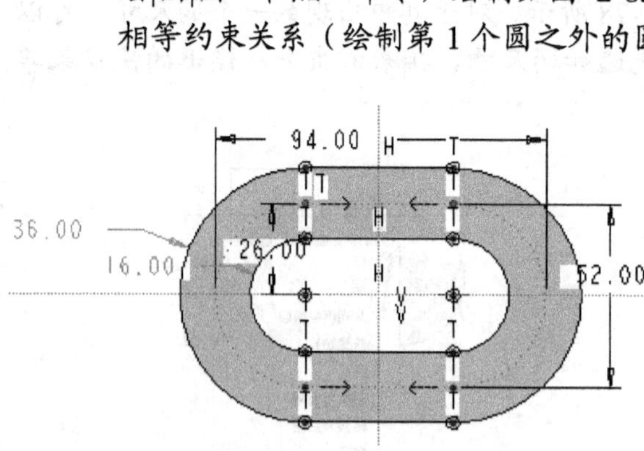

图 2-82 将中间“跑道形”切换为构造线

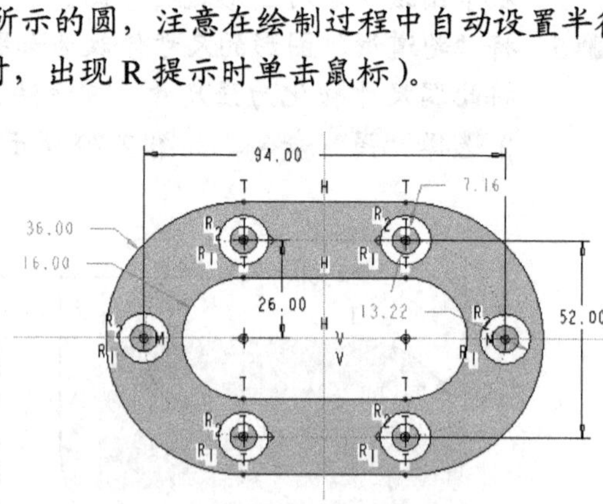

图 2-83 绘制相关的圆

步骤 10 在“草绘器工具”工具栏中单击“中心线”按钮，或者在菜单栏中选择“草绘|

线|中心线”命令，绘制两条相互平行的倾斜中心线，如图 2-84 所示。

步骤 11 在“草绘器工具”工具栏中单击“圆：圆心和点”按钮○，在倾斜中心线与“跑道形”构造线的相交处创建两个半径相等的圆，如图 2-85 所示。

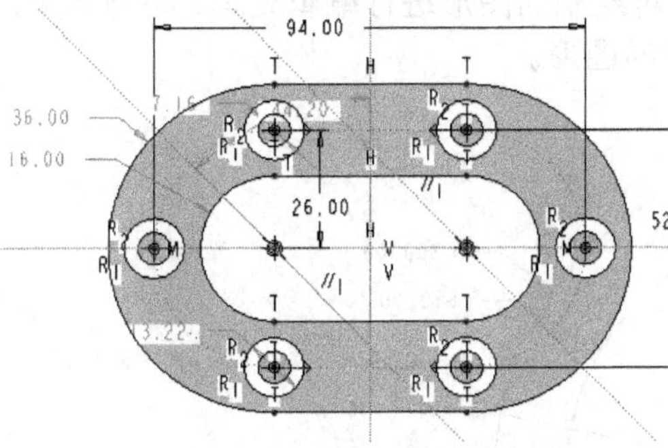

图 2-84 绘制两条倾斜的中心线

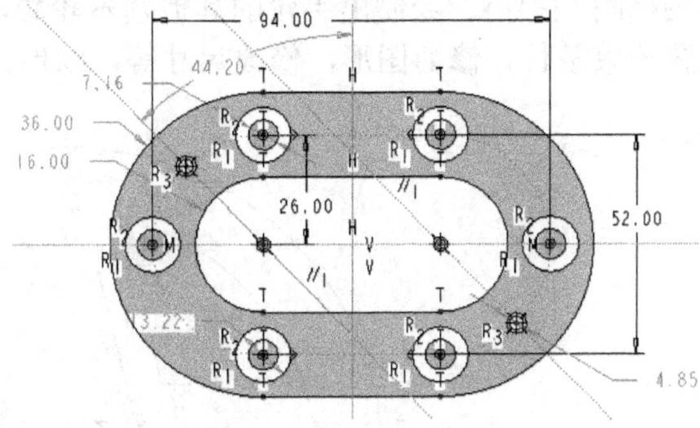

图 2-85 绘制两个半径相等的小圆

步骤 12 框选所有的尺寸，在“草绘器工具”工具栏中单击“修改”按钮，弹出“修改尺寸”对话框，将尺寸修改为如图 2-86 所示的数值。

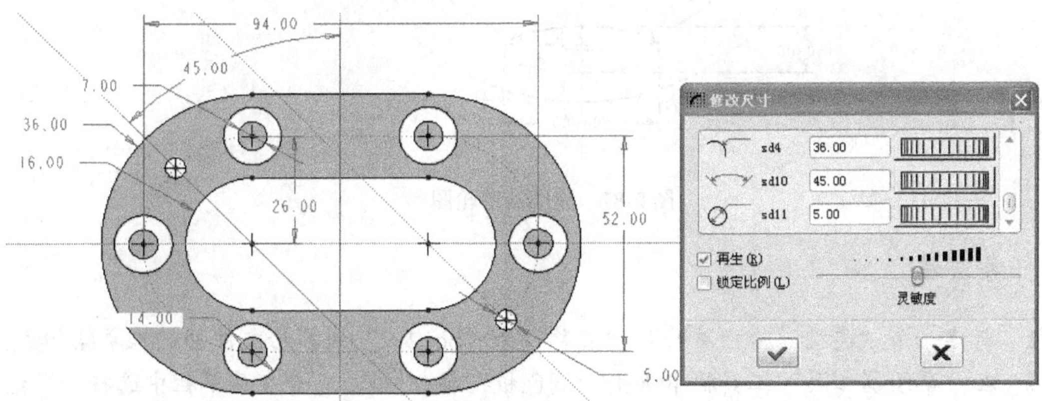

图 2-86 修改尺寸

步骤 13 按【Ctrl+S】快捷键，或者单击“保存”按钮，弹出“保存对象”对话框，指定保存目录，单击“确定”按钮，完成本例操作。

任务二 绘制手轮平面图

本任务中，通过绘制如图 2-87 所示的手轮图形，来进一步学习 Pro/E Wildfire 5.0 提供的一些草绘工具的使用方法。案例最终效果请参考本书配套素材“范例素材\CH2\bc_2_2_finish.sec”文件。

任务分析

首先使用“调色板”按钮导入“3 角星”图形，并使用“圆：同心”按钮、“中心和轴椭圆”按钮绘制出手轮的其他基本轮廓，然后对绘制的图形进行编辑处理，如倒圆角，设置约束条件，修剪图形，修改尺寸等，绘制出最终的图形。

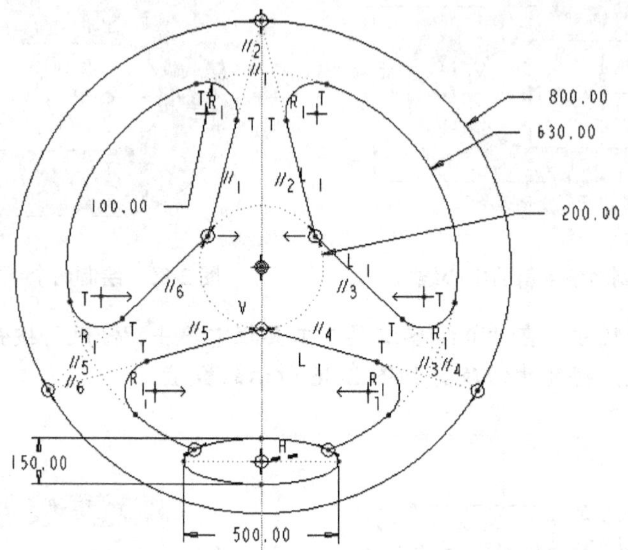

图 2-87　完成的手轮图形

任务实施

步骤 1　新建一个“类型”为“草绘”，“名称”为“bc_2_2”的草绘文件并进入草绘模式。

步骤 2　在“草绘器工具”工具栏中单击“调色板”按钮，或者在菜单栏中选择“草绘|数据来自文件|调色板”命令，弹出草绘器调色板，切换到“星形”选项卡。

步骤 3　在“星形”选项卡的形状列表中双击“3 角星形”图例，将鼠标指针移至草绘区的预定位置处单击以放置该图例。

步骤 4　在弹出的“移动和调整大小”对话框中接受默认的旋转角度值 0，并设置缩放比例因子为 200，单击“接受”按钮，然后在“草绘器调色板”对话框中单击“关闭”按钮。此时，导入的“3 角星形”图形如图 2-88 所示。

步骤 5　在“草绘器工具”工具栏中单击“圆：同心”按钮，选择其中一个构造圆以指定同心圆的圆心，分别绘制如图 2-89 所示的两个同心圆，其中一个同心圆与“3 角星形”图形的大构造圆重合。单击鼠标中键结束该命令操作。

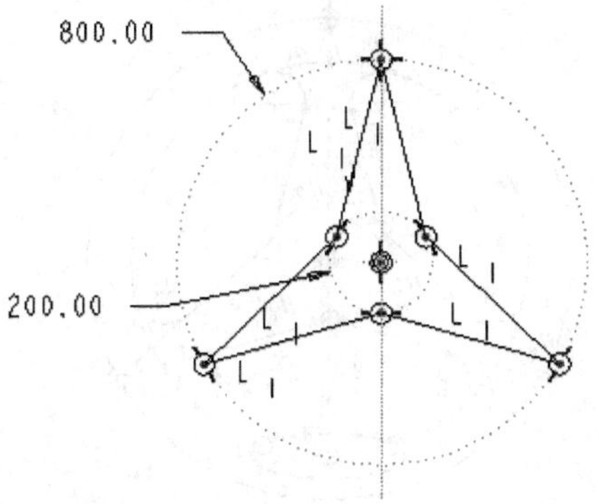

图 2-88 “3 角星形”图形

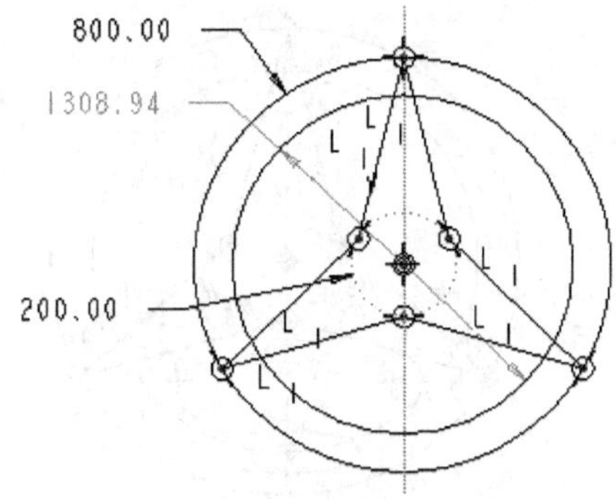

图 2-89 绘制两个同心圆

步骤 6 在“草绘器工具”工具栏中单击“中心和轴椭圆”按钮，或者在菜单栏中选择“草绘|圆|中心和轴椭圆”命令，绘制图 2-90 所示的一个椭圆，长轴水平放置。

步骤 7 在“草绘器工具”工具栏中单击“圆角”按钮，或者在菜单栏中选择“草绘|圆角|圆形”命令，在图形中添加如图 2-91 所示的 6 个圆角。

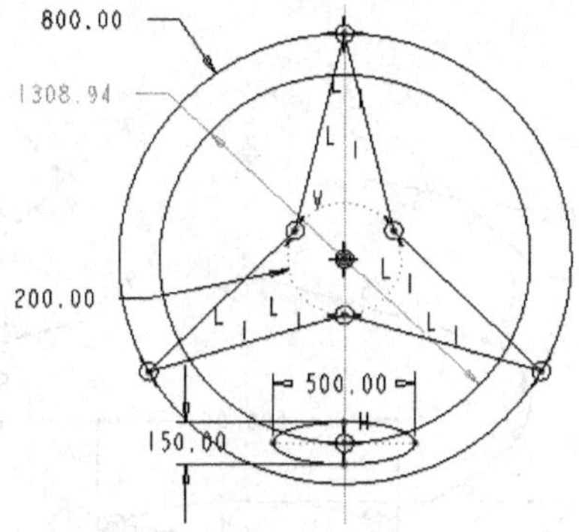

图 2-90 绘制一个椭圆

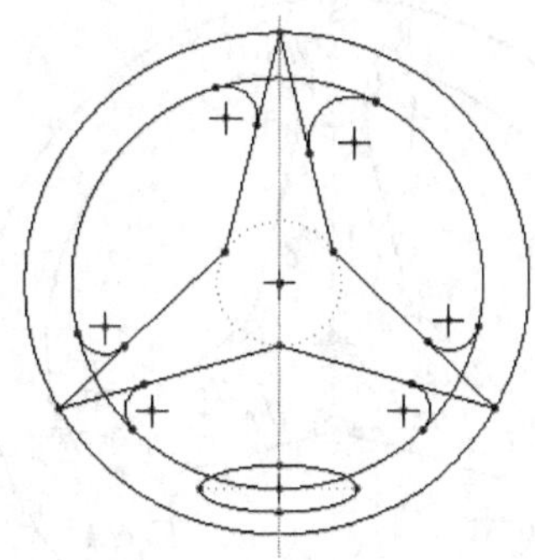

图 2-91 添加圆角

步骤 8 在“草绘器工具”工具栏中单击默认约束按钮旁边的箭头以打开约束列表，从中单击“相等”按钮，然后在图形中分别单击各个圆角，从而为所选的圆角设置相等约束（半径相等），如图 2-92 所示。

步骤 9 在“草绘器工具”工具栏中单击“删除段”按钮，或者选择“编辑|修剪|删除段”命令，对椭圆所在的区域进行修剪，修剪结果如图 2-93 所示。

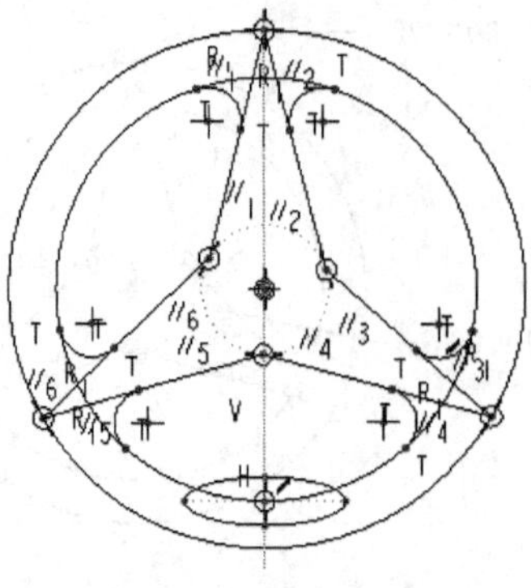

图 2-92　为圆角设置半径相等约束

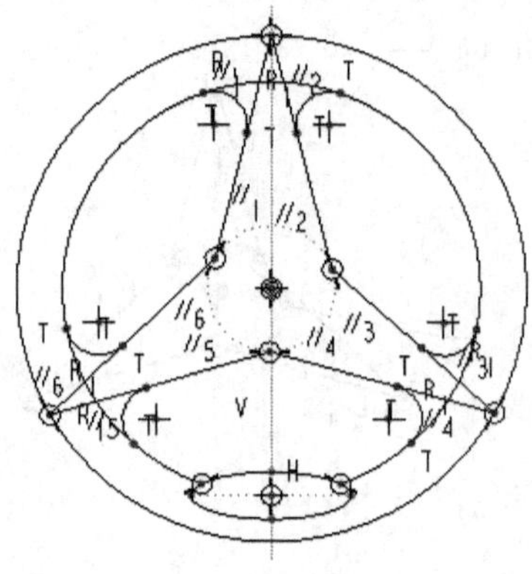

图 2-93　修剪图形

步骤 10　选择要切换为构造线的图形段（按住【Ctrl】键的同时实现多选操作），接着在菜单栏中选择“编辑|切换构造”命令，从而使得图形如图 2-94 所示。

步骤 11　在“草绘器工具”工具栏中的约束列表中单击“重合”按钮，接着选择椭圆的中心和手轮内圆弧，如图 2-95 所示，从而设置椭圆中心位于手轮内圆弧上。

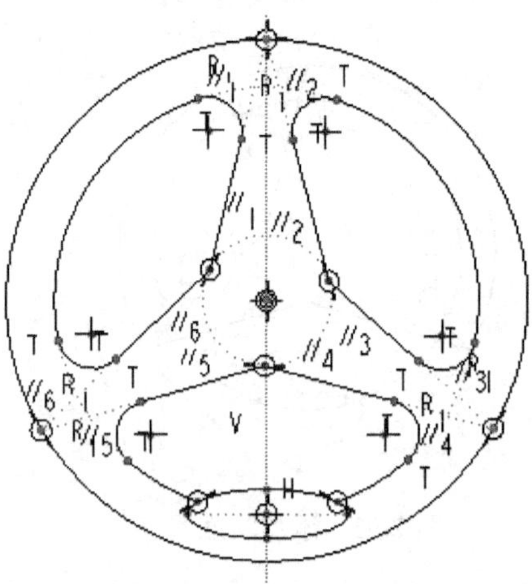

图 2-94　切换构造操作

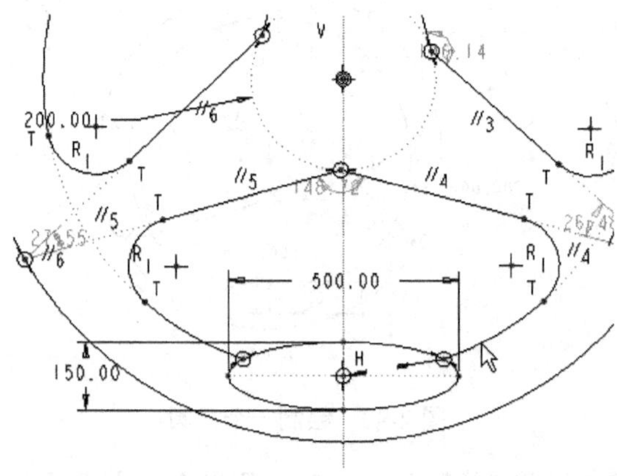

图 2-95　设置椭圆圆心约束于手轮内圆弧上

步骤 12　在“草绘器工具”工具栏中的约束列表中单击“对称”按钮，分别设置 3 组对称约束，如图 2-96 所示。每组对称约束的选择方法是选择要对称约束的两个图元，并选择作为对称轴的中心线。

步骤 13　在“草绘器工具”工具栏中的约束列表中单击“相等”按钮＝，分别选择 3 条直线段以设置这 3 条直线段长度相等，如图 2-97 所示，图中显示有“L_1”的直线段为本步骤操作对象。

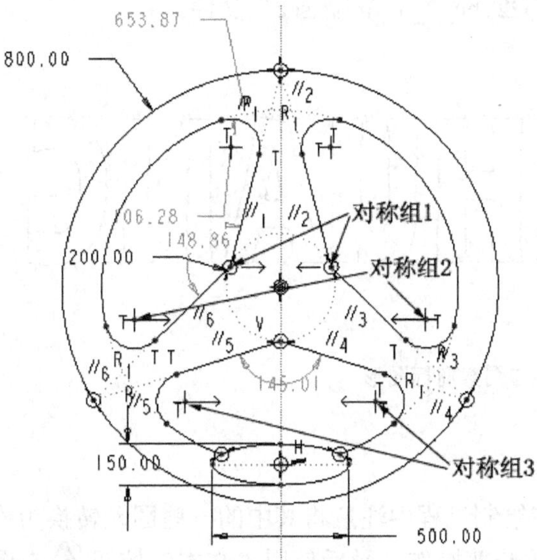

图 2-96　设置 3 组对称约束

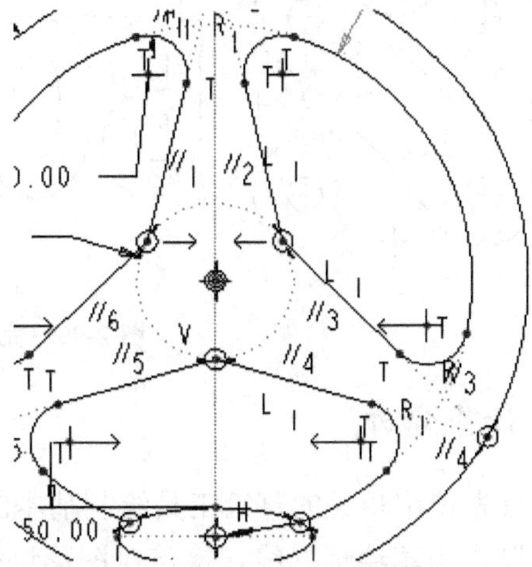

图 2-97　设置相等约束

步骤 14　修改尺寸，最终得到的手轮图形如图 2-98 所示。最后按【Ctrl+S】快捷键，或者单击"保存"按钮，弹出"保存对象"对话框，指定保存目录，单击"确定"按钮，完成本例操作。

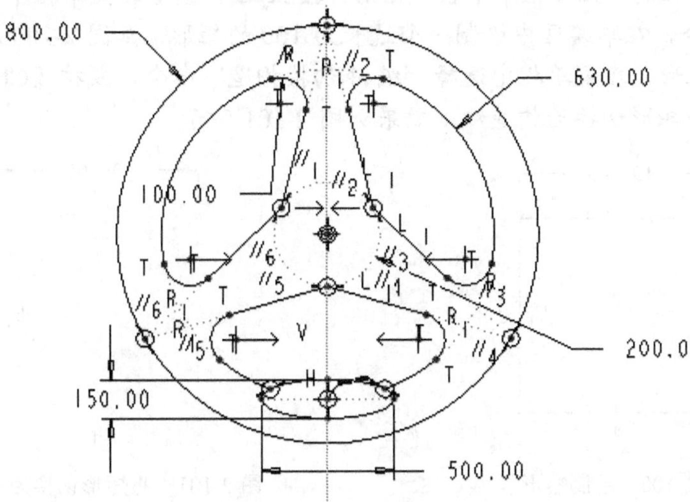

图 2-98　修改尺寸后的图形效果

任务三　绘制文字与图案商标

本任务中，通过绘制如图 2-99 所示的文字与图案商标图形，来继续学习 Pro/E Wildfire 5.0 提供的一些草绘工具的使用方法，尤其是学习绘制矩形、相切圆弧、偏移曲线和文本等方法。

案例最终效果请参考本书配套素材“范例素材\CH2\ bc_2_3_finish.sec”文件。

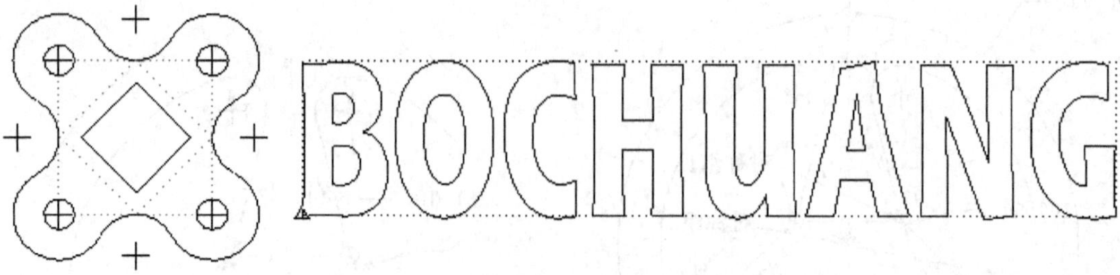

图 2-99　完成的文字与图案商标图形

任务分析

首先使用相关的草绘工具绘制基本图元，在绘制过程中注意将其中的一些图元转换为构造线以作为草绘辅助线，接着对图形进行必要的修剪操作，最后使用“文本”按钮在图案右侧绘制“BOCHUANG”文本字样。

任务实施

步骤 1　新建一个“类型”为“草绘”，“名称”为“bc_2_3”的草绘文件并进入草绘模式。

步骤 2　在“草绘器工具”工具栏中单击“矩形”按钮，或者在菜单栏中选择“草绘|矩形|矩形”命令，在草绘区中绘制一个边长为 100 的矩形，如图 2-100 所示。

步骤 3　框选整个矩形，在菜单栏中选择“编辑|切换构造”命令，或按【Ctrl+G】快捷键，从而将整个矩形切换为构造线，效果如图 2-101 所示。

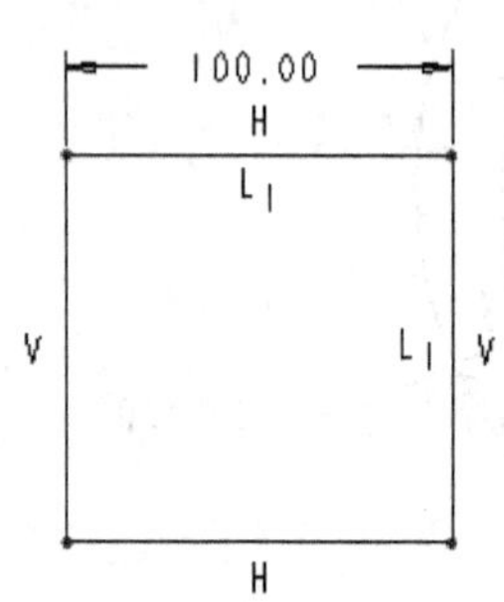

图 2-100　绘制矩形

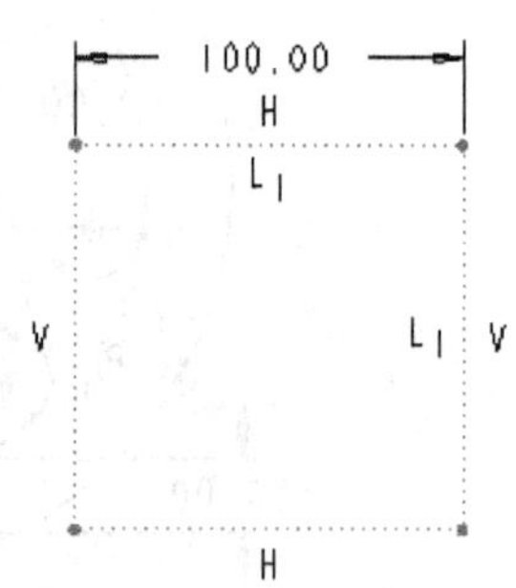

图 2-101　将矩形切换为构造线

步骤 4　在“草绘器工具”工具栏中单击“圆：圆心和点”按钮，在矩形构造线的各个顶点处都绘制一个圆，注意在绘制的过程中使圆获得半径相等的默认约束设置。单击鼠标中键结束圆绘制命令后，通过双击直径尺寸的方式来将直径尺寸值修改为 60，效果如图 2-102 所示。

步骤 5　在“草绘器工具”工具栏中单击“圆：圆心和点”按钮，绘制如图 2-103 所示的 4 个半径相等的小圆，并将其直径值修改为 20。

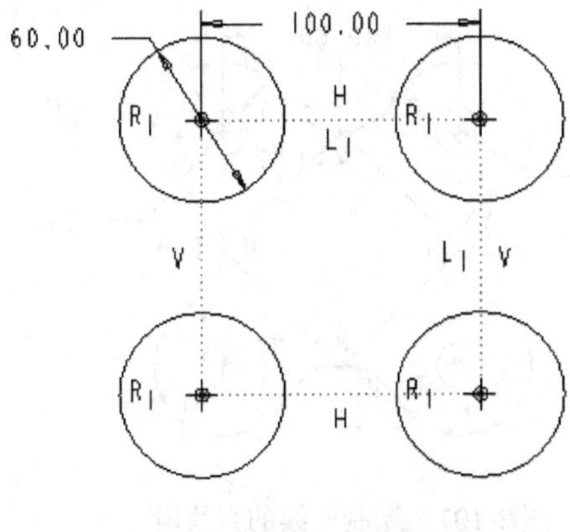

图 2-102　绘制 4 个半径相等的圆

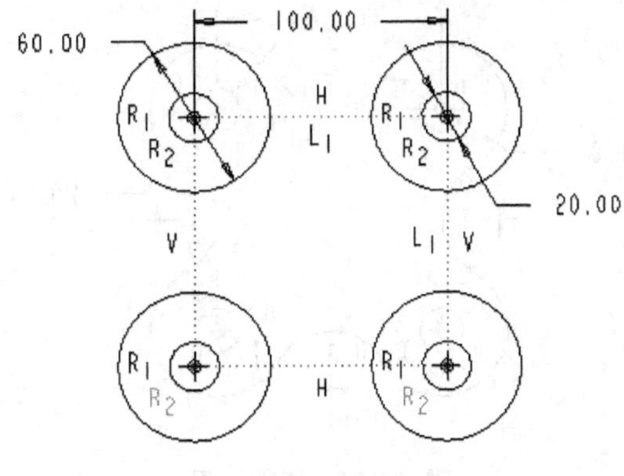

图 2-103　绘制 4 个半径相等的小圆

步骤 6　在“草绘器工具”工具栏中单击“圆弧: 3 相切”按钮，或者在菜单栏中选择“草绘|弧|3 相切”命令，选择如图 2-104 所示的圆 1（注意选择位置），接着在合适的位置处单击选择圆 2，然后选择相应的要相切的构造线，从而绘制出一条与所选 3 个图元对象均相切的圆弧。

步骤 7　使用同样的操作方法，绘制其他 3 条相切圆弧，完成所有相切圆弧的图形效果如图 2-105 所示。

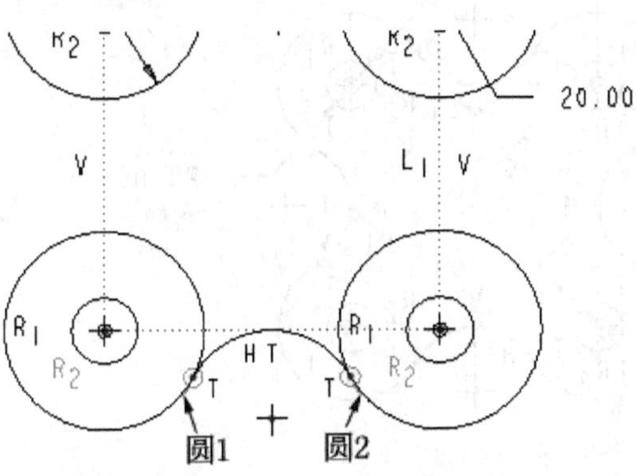

图 2-104　绘制相切圆弧

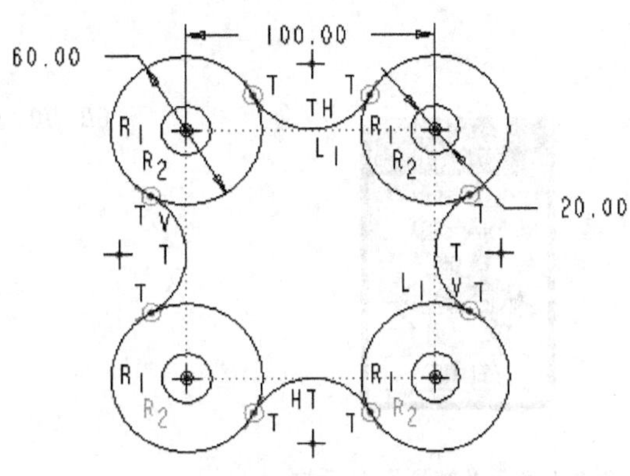

图 2-105　绘制其他的相切圆弧

步骤 8　单击“删除段”按钮，或者选择“编辑|修剪|删除段”命令，对现有图形进行修剪，修剪结果如图 2-106 所示。

步骤 9　在“草绘器工具”工具栏中单击“线”按钮，或者从菜单栏中选择“草绘|线|线”命令，绘制如图 2-107 所示的连续的直线段。单击鼠标中键结束此命令操作。

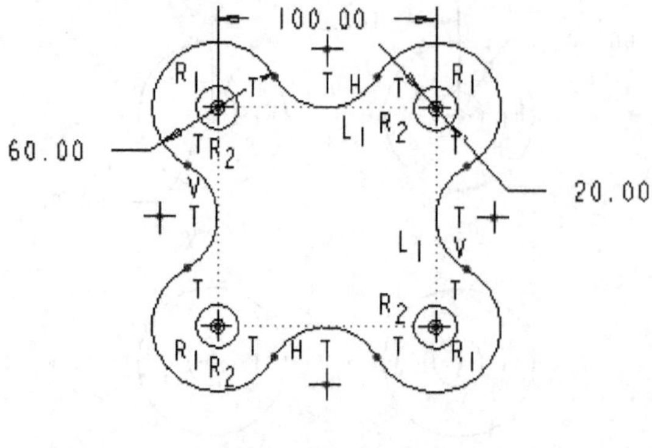

图 2-106　修剪结果

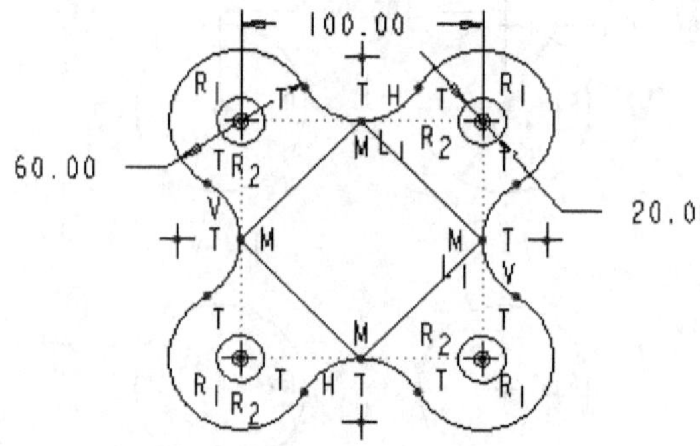

图 2-107　绘制连续的直线段

> **小技巧**　用户也可以采用斜矩形的方式来绘制步骤 9 所述的图形，即单击“斜矩形”按钮◇来进行绘制。

步骤 10　在“草绘器工具”工具栏中单击“偏移边”按钮，打开“类型”对话框，在“选择偏移边”选项组中选择“环”单选按钮，如图 2-108 所示，接着在图形中单击如图 2-109 所示的一条边以选择其所在的边环。

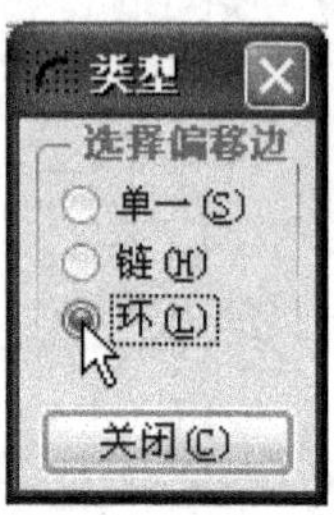

图 2-108　“类型”对话框

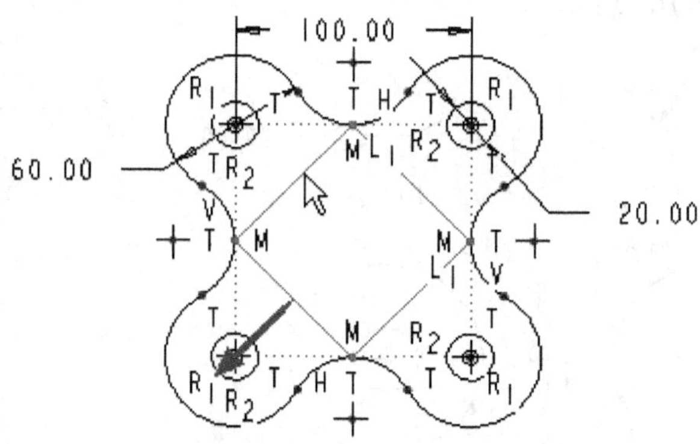

图 2-109　指定要偏移的边环

步骤 11　注意到指示偏移方向的箭头指向外侧，而现在需要向内侧偏移来创建新图元，那么可输入负值来实现反向偏移，即在如图 2-110 所示的文本框中输入“-10”，按【Enter】键确认或单击“接受”按钮，然后在“类型”对话框中单击“关闭”按钮。此时，图形效果如图 2-111 所示。

图 2-110 于箭头方向输入偏移

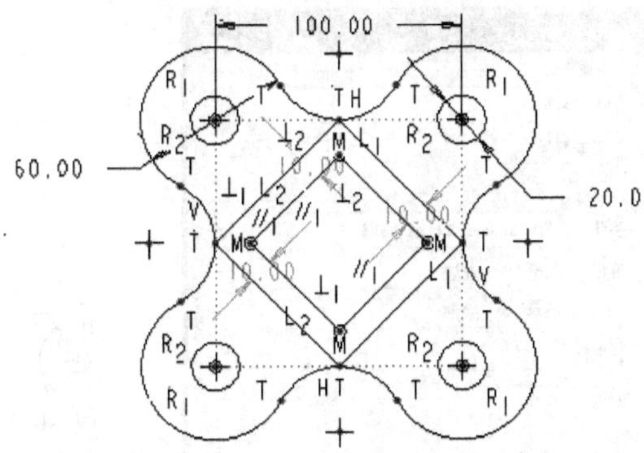

图 2-111 偏移边创建新图元后的效果

步骤 12 选择步骤 9 所绘制的图元（注意使用【Ctrl】键实现多选），在菜单栏中选择“编辑|切换构造”命令，从而将所选图元切换为构造线，效果如图 2-112 所示。

步骤 13 绘制文本。在“草绘器工具”工具栏中单击“文本”按钮，或者在菜单栏中选择“草绘|文本”命令，在绘图区中指定如图 2-113 所示的两点以定义文本的高度和起始位置。

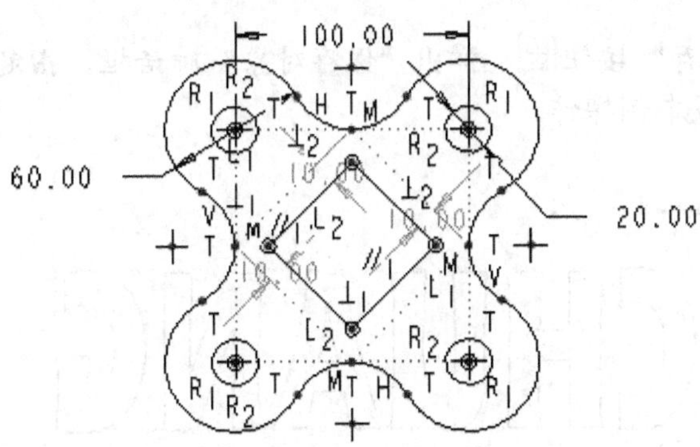

图 2-112 切换构造操作

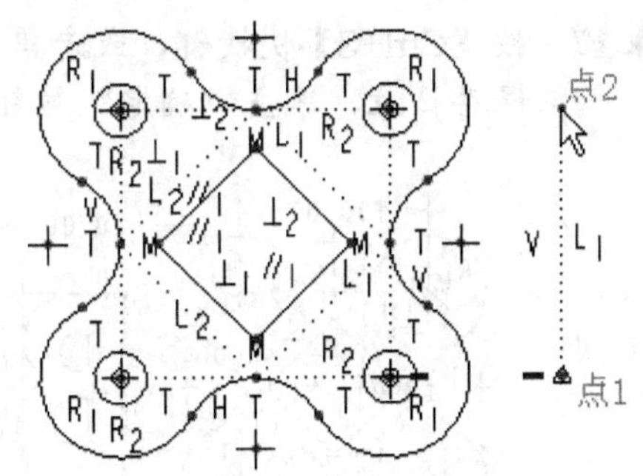

图 2-113 指定两点

步骤 14 系统弹出“文本”对话框，在“文本行”文本框中输入“BOCHUANG”，在“字体”选项组的“字体”下拉列表框中选择“Shannon Extra Bold”字体，在“位置”的“水平”下拉列表框中选择“左边”选项，在“垂直”下拉列表框中选择“底部”选项，在“长宽比”文本框中输入 0.68，在“斜角”文本框中设置斜角为 0，如图 2-114 所示，然后单击“确定”按钮。

步骤 15 单击鼠标中键结束“文本”绘制命令。绘制的文本如图 2-115 所示。

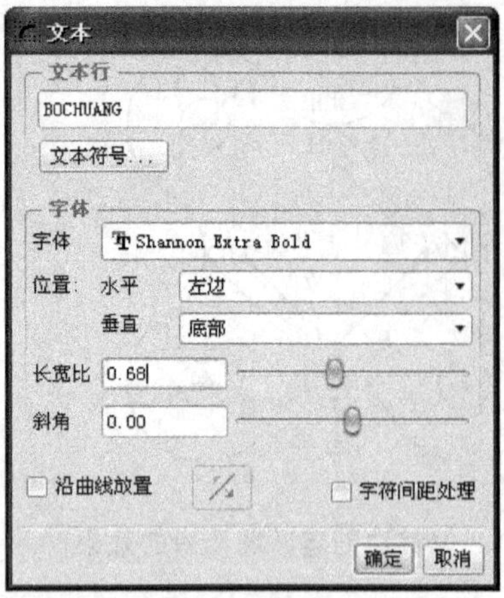

图 2-114 “文本”对话框

图 2-115 绘制的文本效果

步骤 16 修改文本起点的水平位置尺寸，并将其他弱尺寸转化为强尺寸，完成结果如图 2-116 所示。将弱尺寸转化为强尺寸的方法是先选择以灰色显示的弱尺寸，接着右击并从弹出的快捷菜单中选择“强”命令即可，也可以在菜单栏中选择“编辑|转换到|强”命令。

步骤 17 按【Ctrl+S】快捷键，或者单击“保存”按钮，弹出“保存对象”对话框，指定保存目录，单击“确定”按钮，完成本例操作。

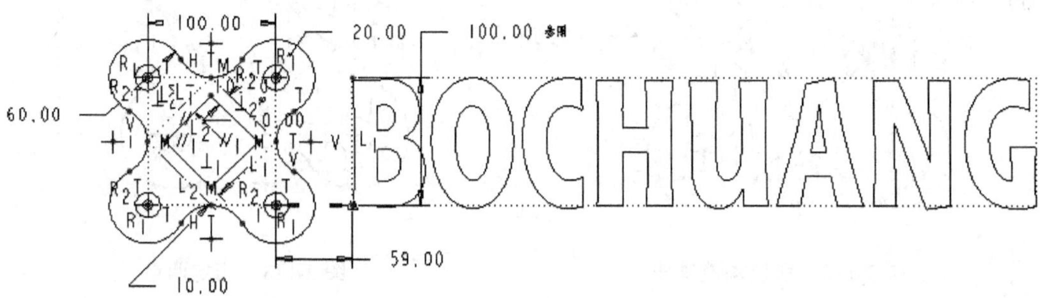

图 2-116 完成效果

任务四 绘制小巧的游戏手柄平面图

本任务将通过绘制如图 2-117 所示的游戏手柄平面图，来进一步学习 Pro/E Wildfire 5.0 提供的一些草绘工具的使用方法。案例最终效果请参考本书配套素材“范例素材\CH2\bc_2_4_finish.sec”文件。

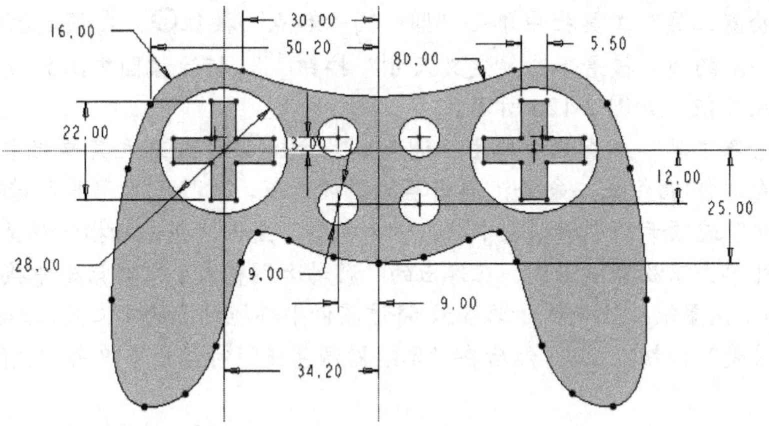

图 2-117　游戏手柄平面图

任务分析

考虑到游戏手柄具有对称性，先使用相关的草绘工具绘制和编辑其中一半的基本图形，然后通过镜像的方式制作出另一半图形。

任务实施

步骤 1　新建一个“类型”为“草绘”，“名称”为“bc_2_4”的草绘文件并进入草绘模式。

步骤 2　在“草绘器工具”工具栏中单击“中心线”按钮┆，或者在菜单栏中选择“草绘|线|中心线”命令，在草绘区中绘制一条竖直的中心线。

步骤 3　在“草绘器工具”工具栏中单击“圆弧：3 点/相切端”按钮◝，或者在菜单栏中选择“草绘|弧|3 点/相切端”命令，绘制如图 2-118 所示的两段相切圆弧，并注意修改尺寸以及设置与竖直中心线接触的那段圆弧垂直于竖直中心线。

步骤 4　在“草绘器工具”工具栏中单击“样条”按钮∿，或者在菜单栏中选择“草绘|样条”命令，选择组合圆弧的左端点作为样条曲线的第一个端点，并确保样条在该端点处与组合圆弧相切，依次指定其他样条点来完成如图 2-119 所示的样条曲线，注意样条曲线的第 2 个端点与竖直中心线垂直。可通过拖动内部样条点来调整样条的形状，直到满意为止。

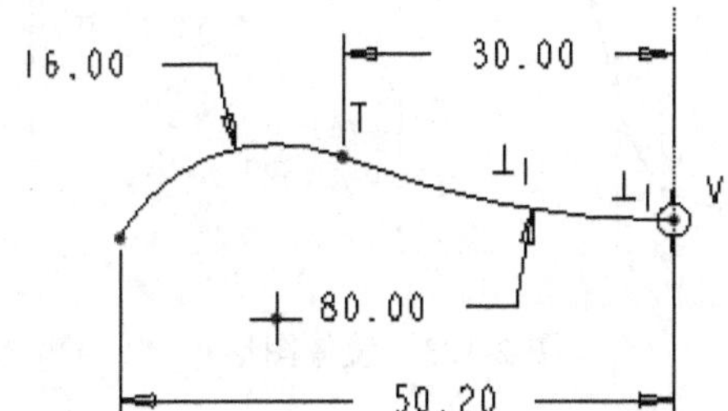

图 2-118　绘制两段相连的圆弧

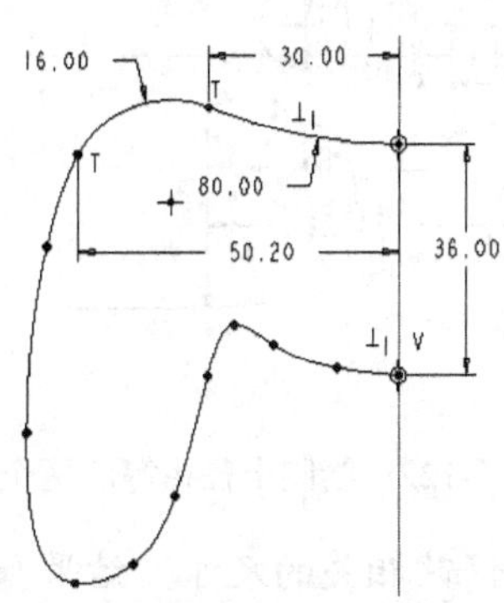

图 2-119　绘制样条曲线

步骤 5 在“草绘器工具”工具栏中单击“圆：圆心和点”按钮，在预定位置处绘制一个直径为 28 的圆；接着单击“定义尺寸”按钮，标注该圆中心的位置尺寸并修改相应的尺寸值，如图 2-120 所示。

步骤 6 在“草绘器工具”工具栏中单击“调色板”按钮，或者在菜单栏中选择“草绘|数据来自文件|调色板”命令，弹出草绘器调色板，切换到“形状”选项卡。

步骤 7 在“形状”选项卡的形状列表中双击“十字型”图例，将鼠标指针移至草绘区的预定位置处单击以放置该图例。在弹出的“移动和调整大小”对话框中接受默认的旋转角度值 0，设置缩放比例因子为 5.5，将该图例平移拖到圆的中心处，如图 2-121 所示，单击“接受”按钮，然后在“草绘器调色板”对话框中单击“关闭”按钮。

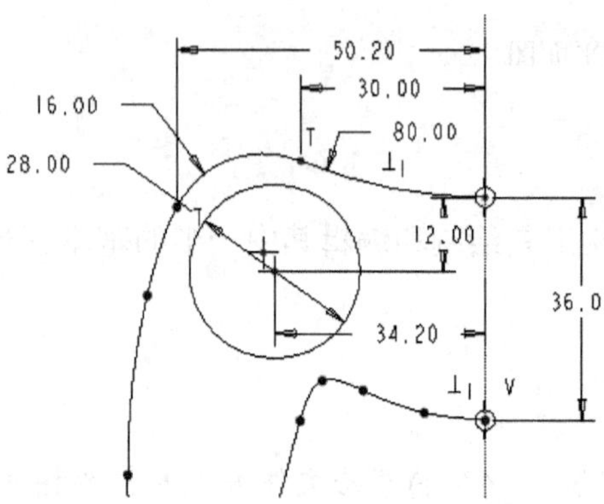

图 2-120　绘制一个圆

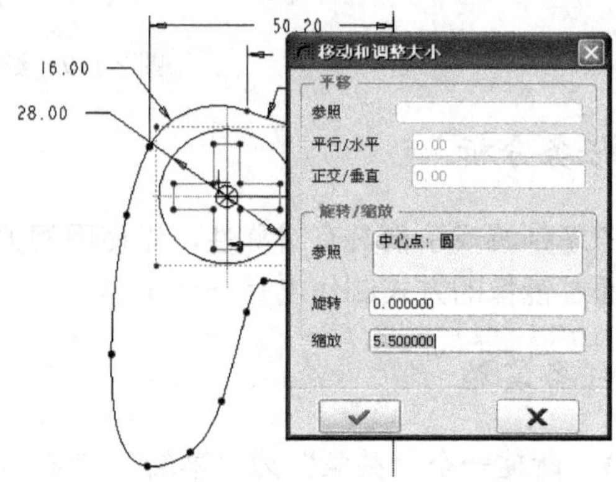

图 2-121　移动和调整图例大小

步骤 8 在“草绘器工具”工具栏中单击“圆：圆心和点”按钮，绘制半径相等的两个圆，如图 2-122 所示。

步骤 9 使用鼠标左键指定两个足够大的角点框选所有的实线图形，单击“镜像”按钮，接着选择所需的竖直中心线，从而完成镜像图形的操作，结果如图 2-123 所示。

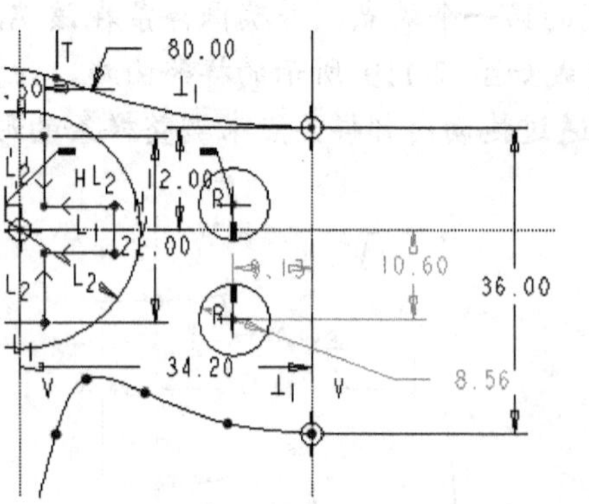

图 2-122　绘制半径相等的两个圆

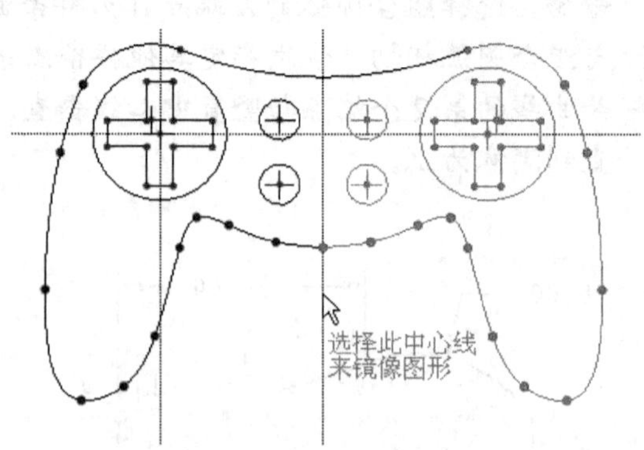

图 2-123　镜像图形

步骤 10 修改相关的尺寸，结果如图 2-124 所示。

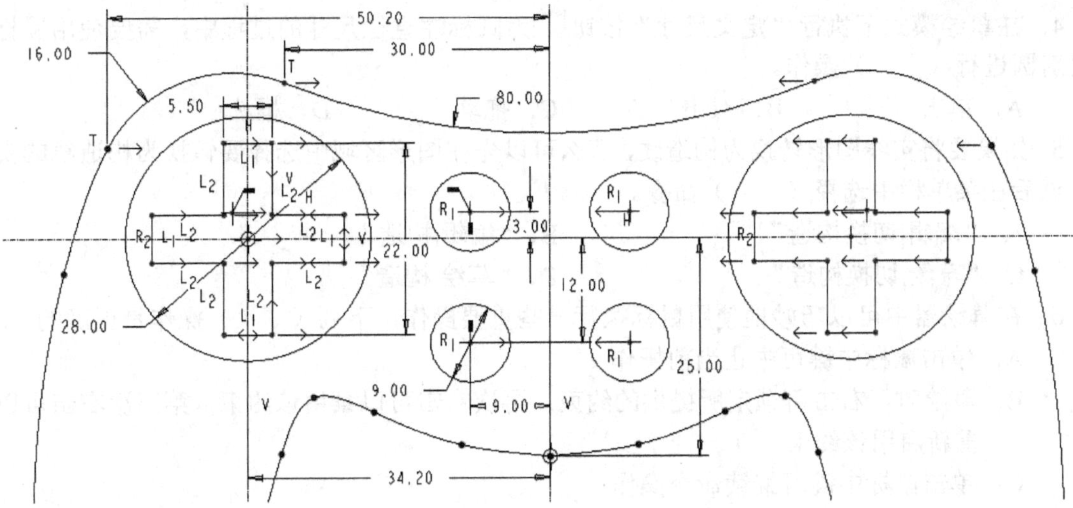

图 2-124　修改尺寸

步骤 11　按【Ctrl+S】快捷键，或者单击“保存”按钮，弹出“保存对象”对话框，指定保存目录，单击“确定”按钮，完成本例操作。

四、项目总结

本项目通过理论指导和任务实践学习了 Pro/E Wildfire 5.0 二维草绘功能。通过本项目学习，读者应该对草绘器的基本知识有所了解，并初步掌握绘制简单二维图形（如直线段、矩形、圆类图形、圆弧与锥形弧、样条曲线、中心线、点、圆角、二维倒角和文本等）的方法及技巧，掌握编辑图形、标注尺寸、添加几何约束和草图诊断等技能。

在任务实践方面，读者应通过范例来体会二维图形的创建思路，学会举一反三。总之，掌握二维草绘，对学习三维建模会起到事半功倍的效果。

五、项目考核

一、选择题（可多选，每题 2 分，共 20 分）

1．Pro/E Wildfire 5.0 中的“矩形”图元包括（　　）。

A．常规矩形　　B．斜矩形　　C．平行四边形　　D．多点矩型

2．在 Pro/E Wildfire 5.0 草绘模式下，使用菜单栏中的（　　）命令可以锁定或解锁选定的尺寸值及剖面几何的一部分。

A．“编辑|切换锁定”　　B．“编辑|锁定”

C．“草绘|切换锁定”　　D．“草绘|锁定”

3．修剪图形包括（　　）3 种形式。

A．删除段　　B．自由修剪　　C．拐角　　D．分割

4．在草绘模式下执行“定义尺寸”按钮为圆标注直径尺寸的过程中，需要使用鼠标左键对圆进行（　　）操作。

A．单击　　B．双击　　C．拖动　　D．框选

5．如果要将实线图形转换为构造线，那么可以先在图形区域中选择要转换为构造线的实线，然后在菜单栏中选择（　　）命令。

A．“编辑|切换构造”　　B．“编辑|构造”

C．“草绘|切换构造”　　D．“草绘|构造”

6．在草绘器中可以巧妙地使用鼠标执行一些重要操作，下列（　　）操作是正确的。

A．单击鼠标中键可中止当前操作

B．草绘时，右击可锁定所提供的约束；再次右击可以禁用该约束；第三次右击可以重新启用该约束

C．单击鼠标中键可继续命令操作

D．右击草绘窗口可弹出快捷菜单

7．可以使用 Rho 值标注圆锥曲线，如果要将圆锥曲线定义为双曲线，那么需要将为圆锥曲线标注的 Rho 值设置在哪个范围？（　　）

A．Rho=0.5（默认值）　　B．介于 0.05 和 0.5 之间

C．介于 0.5 和 0.95 之间　　D．介于 0.05 和 0.95 之间

8．在进行偏移边操作时，系统提供了（　　）几种选择边的方式。

A．单一　　B．链　　C．环　　D．连续

9．要在草绘器中隐藏尺寸标注，可执行下列哪个操作？（　　）

A．取消按下“草绘器”工具栏中的“显示尺寸”按钮

B．按下“草绘器”工具栏中的“显示尺寸”按钮

C．取消按下“草绘器”工具栏中的“隐藏约束”按钮

D．按下“草绘器”工具栏中的“隐藏约束”按钮

10．要使用外部绘制的草图，可使用下列哪些方法？（　　）

A．使用草绘器调色板

B．选择菜单栏中的“草绘|数据来自文件|文件系统”命令

C．选择菜单栏中的“文件|导入”命令

D．选择菜单栏中的“文件|合并”命令

三、简答题（每题 5 分，共 20 分）

1．什么是强尺寸？什么是弱尺寸？

2．在 Pro/E Wildfire 5.0 中，点、中心线和坐标系都具有单独的用于创建构造或几何的工具，请问几何图元和构造图元在用途和特点上有什么不同？

3．创建纵坐标尺寸主要包括哪两个基本环节？

4．如何在样条曲线或圆锥曲线的端点处创建相切角度尺寸？

四、操作题（每题 20 分，共 60 分）

1．利用本项目所学的各种草绘工具完成绘制如图 2-125 所示的图形。

2．利用本项目所学的各种草绘工具完成绘制如图 2-126 所示的图形，注意务必要应用到图形镜像操作。

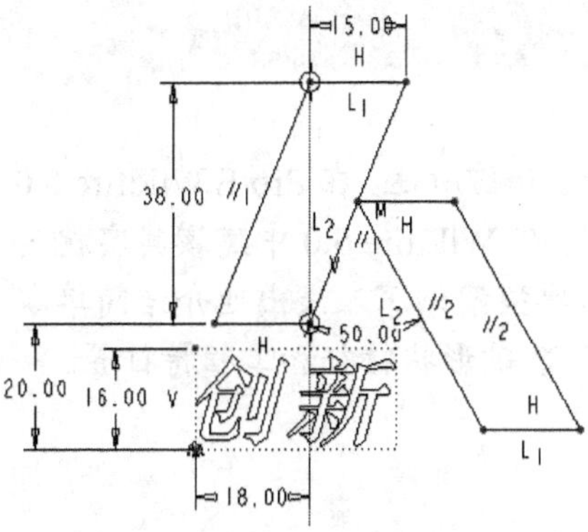

图 2-125　操作题 1 绘制的图形

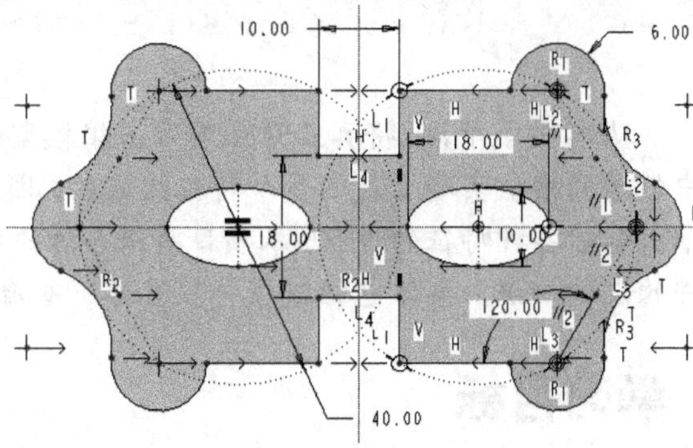

图 2-126　操作题 2 绘制的图形

3．利用本项目所学的各种草绘工具绘制如图 2-127 所示的手机按键布局参考图，具体的尺寸由操作者自行决定，自由发挥，只要求形状大概相似即可。

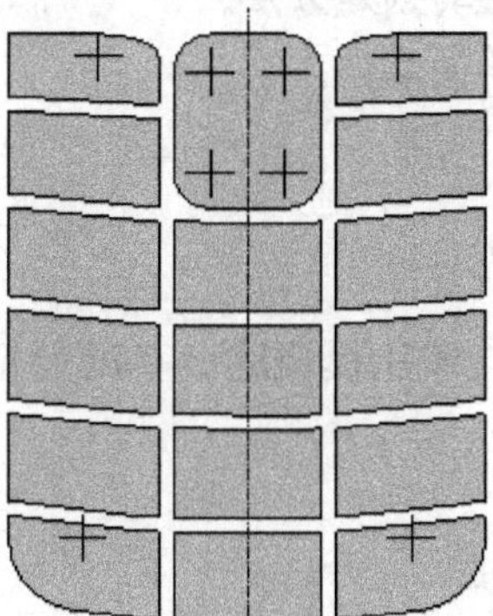

图 2-127　操作题 3 绘制的图形

项目三　简单零件设计

从本项目开始，将真正开始学习三维模型的设计。如前所述，在 Pro/E Wildfire 5.0 中创建的模型实质上是由多个特征组成的，因此在 Pro/E Wildfire 5.0 中建模其实就是依次创建各种特征的过程。本项目将结合理论指导与典型案例深入浅出地介绍简单零件的设计知识，具体包括建模一般思路、基准特征、基础形状特征和工程特征等。

一、学习目标

- 理解 Pro/E Wildfire 5.0 零件建模的一般思路。
- 掌握基准特征的创建和使用方法。
- 了解基础形状特征的特点并掌握其创建方法。
- 了解工程特征的特点并掌握其创建方法。
- 能够在实践中设计一些简单的零件。

二、理论指导

本项目基础知识包括 4 个方面，即建模概述、基准特征、基础形状特征和工程特征。

（一）建模概述

Pro/E Wildfire 5.0 为用户提供了先进的三维实体建模环境——零件模块，使用该模块能够使产品设计更容易和更具创造性。

使用 Pro/E 进行零件建模主要是通过创建特征来实现的。所谓的特征是 Pro/E Wildfire 零件模型中的最小组成部件，它是每次创建的一个单独几何，如基准、拉伸、孔、倒圆角、倒角、曲面特征、切口、阵列、扫描等。

一个零件可以包含很多个特征，这些特征需要按照一定的次序来创建。根据特征的用途和创建方法等，可以将特征分为基准特征、基础形状特征、工程特征、高级特征、曲面特征、编辑特征和用户自定义特征等。

基准特征主要包括基准平面、基准轴、基准坐标系、基准点和基准曲线等，它为其他实体特征或曲面特征提供必要的放置参照和定位约束等。

基础形状特征可以作为零件的第一个实体特征，相当于作为零件的一个坯件，如拉伸特征、旋转特征、扫描特征等。在基础形状特征的基础上可以创建工程特征，如孔特征、倒圆角特征、倒角特征、拔模特征、筋特征和壳特征等。

此外，用户可以对现有特征进行编辑处理来获得所需的编辑特征，或者根据设计要求建立一些高级特征、曲面特征等，设计方法和思路是很灵活的。总之，任何复杂的实体零件模型都可以被看做由若干简单的特征构成。

在进行实体零件设计的过程中，有时新特征需要从属于先前创建的某特征，也就是说两者具有父子关系。父子关系是 Pro/E Wildfire 和参数化建模的最强大功能之一，在建模过程中起着重要作用。例如，如果修改了零件中的某父项特征，其所有的子项会被自动修改以反映父项特征的变化。如果隐含或删除父特征，则 Pro/E Wildfire 会提示对其相关子项进行操作。

（二）基准特征

基准特征主要用作其他特征的创建参照，它包括基准平面、基准轴、基准点、基准曲线和基准坐标系等。

1. 基准平面

基准平面主要用来辅助绘制图形和放置特征。基准平面是无限的，但是允许调整其显示大小，使其与零件、特征、曲面、边或轴相吻合，或者指定基准平面的显示轮廓的高度和宽度值。

> **提示**　选择基准平面的操作很简单，在建模过程中，用户可以通过拾取它的名称或单击它的一条边界来选择基准平面，也可以从模型树中选择基准平面。

当使用模板新建一个零件类型的文件时，系统缺省提供 3 个基准平面（RIGHT，TOP 和 FRONT）和 1 个基准坐标系，来作为零件模型的设计参照。当不够用时，可以自行创建新的基准平面。

用户可以通过指定约束来创建基准平面，该约束相对于现有的几何来定位该基准平面。新建的基准平面默认以“DTM#”（#为 1，2，3，…）的形式来命名，当然用户也可以重命名这些新基准平面。要创建新的基准平面，可以按照如下的步骤进行。

步骤 1　在右工具箱的“基准”工具栏中单击“基准平面”按钮▱，或者在菜单栏中选择“插入|模型基准|平面”命令，弹出如图 3-1 所示的“基准平面”对话框。该对话框提供了“放置”、“显示”和“属性”选项卡。

步骤 2　在绘图区为新基准平面选择放置参照，所选的有效参照将被收集在“基准平面”对话框的“放置”选项卡的“参照”收集器中，同时系统会根据所选参照自动提供一个默认的放置约束类型。

步骤 3　用户可以从参照右侧的约束类型下拉列表框中另外选择一个放置约束类型选项（注意：所选约束必须能准确地定位基准平面），并可根据设计要求设置相关的参数。例如，选择“FRONT”基准平面作为参照，设置其放置约束类型选项为“偏移”，并在“偏移”下的“平移”文本框中设置偏移值为 91，如图 3-2 所示，此时在图形窗口中可以预览到新建的基准平面。

> **提示** 可以按住【Ctrl】键选择其他对象来添加放置参照，并可设置其相应的放置约束类型等，直到使新基准平面完全被约束定位。

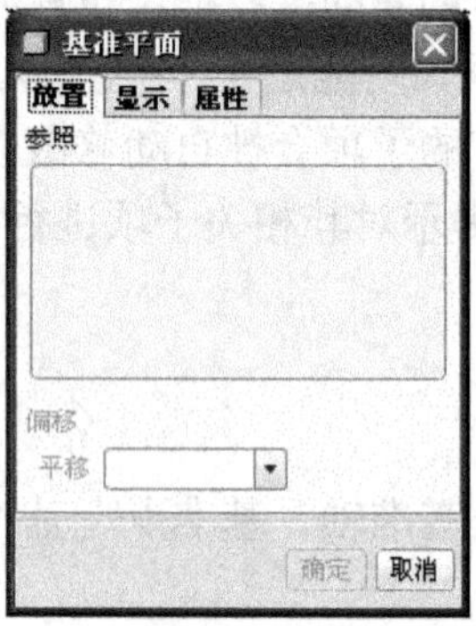

图 3-1 “基准平面”对话框

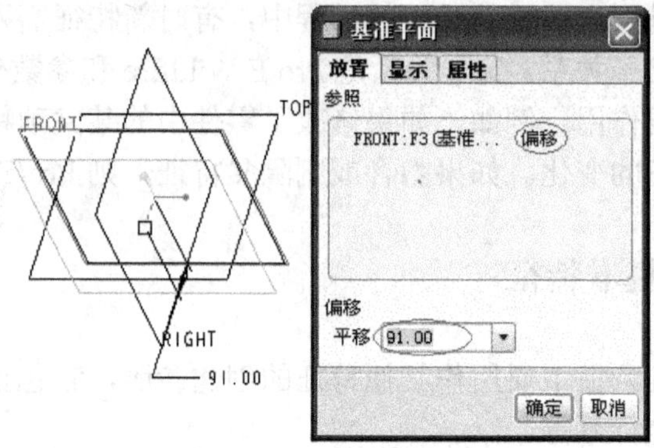

图 3-2 创建偏移类型的新基准平面

步骤 4 如果需要，还可以切换到“显示”选项卡，如图 3-3 所示，从中设置基准平面的法向以及调整基准平面的轮廓显示大小。调整基准平面的轮廓显示有两种方式，一种是“大小”方式，另一种则是“参照”方式，前者是为基准平面设定显示轮廓的高度值和宽度值，后者则是通过选择参照使新基准平面与所选参照大小相吻合。

> **提示** 需要用户注意的是，为基准平面指定的显示轮廓高度值和宽度值不是 Pro/E Wildfire 尺寸值，系统不会显示这些值。这很容易理解，因为基准平面本身就是无限延伸的。

步骤 5 如果需要，还可以切换到“属性”选项卡，如图 3-4 所示。在“名称”文本框中可更改该基准平面的名称；单击“显示此特征的信息”按钮 i，则打开 Pro/E Wildfire 浏览器以查看当前基准平面特征的详细信息。

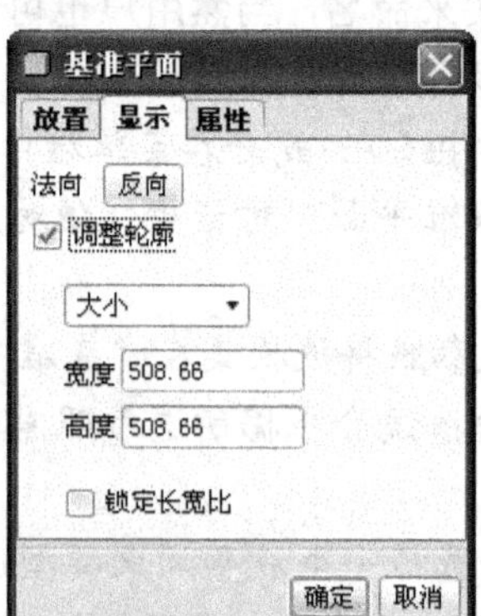

图 3-3 “基准平面”对话框的“显示”选项卡

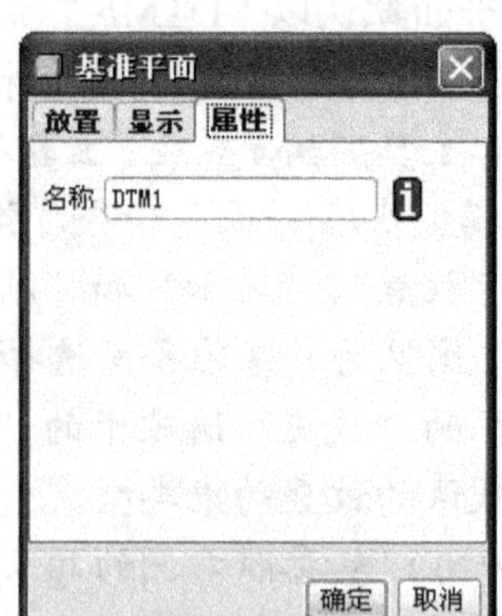

图 3-4 “基准平面”对话框的“属性”选项卡

步骤 6 单击“基准平面”对话框中的“确定”按钮，从而完成该新基准平面创建。

2. 基准轴

基准轴同样是独立的特征，它可以用作创建其他特征的参照，例如，辅助创建基准平面、辅助定义同轴放置项目和定位径向阵列（圆形阵列）等。

> **提示** 在创建一些特征时，如旋转特征、圆形拉伸切口和孔特征等，系统会在这些特征的中心处自动生成轴线，这些依附着特定特征而存在的轴线为特征轴，当删除特定特征时，其内部的特征轴也随之被删除。用户应当注意基准轴和特征轴之间的异同之处。

在零件文件中创建基准轴特征的一般步骤如下。

步骤 1 打开本书配套素材“范例素材\CH3\bc-3-jzz.prt”，在右工具箱的“基准”工具栏中单击“基准轴”按钮，或者在菜单栏中选择“插入|模型基准|轴”命令，系统弹出如图 3-5 所示的“基准轴”对话框。

步骤 2 指定参照及参照约束类型。这里我们单击沙发模型的表面将其作为参照，并在对话框中将约束类型设置为“法向”，如图 3-6 所示。

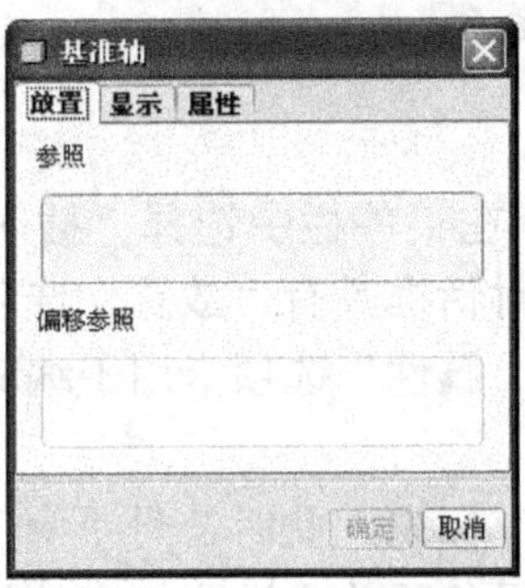

图 3-5 “基准轴”对话框

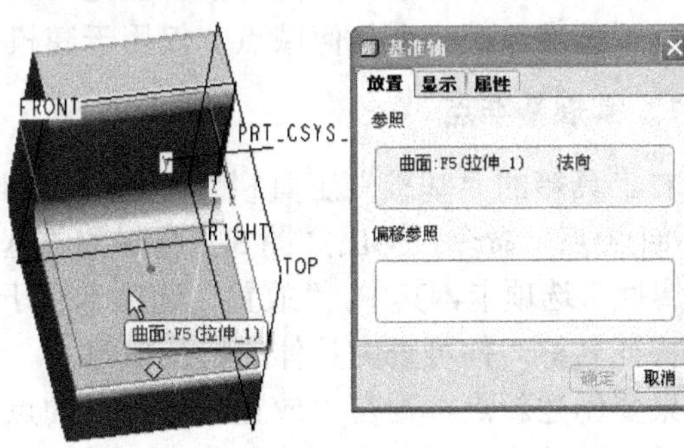

图 3-6 定义参照

步骤 3 当为所选参照设定参照约束类型为“法向”（垂直）时，还可在“基准轴”对话框中单击“偏移参照”收集器框，将其激活，然后选择所需的图形参照作为偏移参照，并根据要求设置相应的偏移距离。这里我们按住【Ctrl】键依次单击选择“RIGHT”基准平面和模型侧面，设置侧面的偏移值为 0（即使基准轴落在侧面上），“RIGHT”偏移值设置为 180，如图 3-7 所示。

步骤 4 如果需要，可切换到“显示”选项卡和“属性”选项卡，设置基准轴的轮廓和名称等，最后单击“基准轴”对话框中的“确定”按钮，完成一个新基准轴的创建，如图 3-8 所示。注意：只有选取的参照能够完全约束一个基准轴时，此按钮才可用。

> **提示** 在零件模式下创建新基准轴，系统会默认为该新基准轴以“A_#”（#是从 1 开始的序号，包括 1 在内）的形式分配其名称。

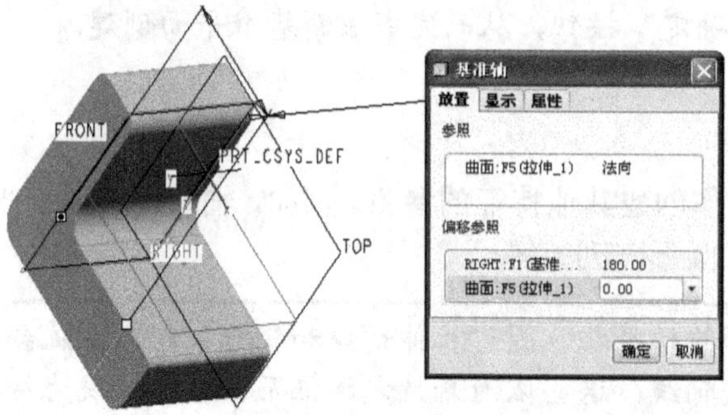

图 3-7　设置偏移参照

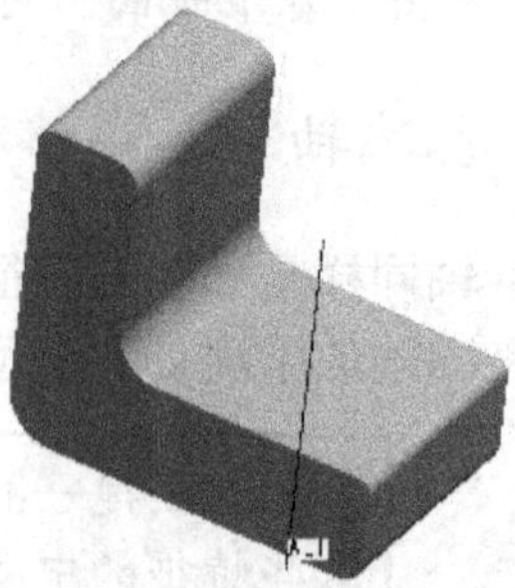

图 3-8　创建的基准轴效果

3. 基准点

基准点可以用作构造元素，从而为其他特征的创建提供必要的定位参照，还可以作为计算和模型分析的已知参考点。在 Pro/E Wildfire 5.0 中，除了在草绘模式中绘制几何点作为基准点之外，还可以创建以下 3 种常见类型的基准点。

- **常规基准点**：在图元上、图元相交处或自某一图元偏移处等所创建的基准点。
- **偏移坐标系基准点**：通过偏移选定的坐标系来创建的基准点。
- **域基准点**：一个几何域点，仅用于建模分析，不用作实体建模。

（1）常规基准点

在右工具箱的“基准”工具栏中单击“基准点”按钮，或者在菜单栏中选择“插入|模型基准|点|点”命令，弹出如图 3-9 所示的“基准点”对话框。该对话框具有“放置”选项卡和“属性”选项卡，其中，“放置”选项卡用于定义点的位置，而“属性”选项卡用于编辑基准点特征名称，并可查询具体的特征信息。

如果要创建新点，则在“放置”选项卡的点列表中单击“新点”标识，此时符号“➔”指向“新点”，表示当前处于新点的创建状态。接着根据设计要求选择参照并可设置相应的约束条件及参数来创建新点，所选参照会显示在“参照”收集器中。

在执行“基准点”命令的过程中，可以添加多个新点，添加的新点显示在“基准点”对话框的“放置”选项卡的点列表中，如图 3-10 所示。

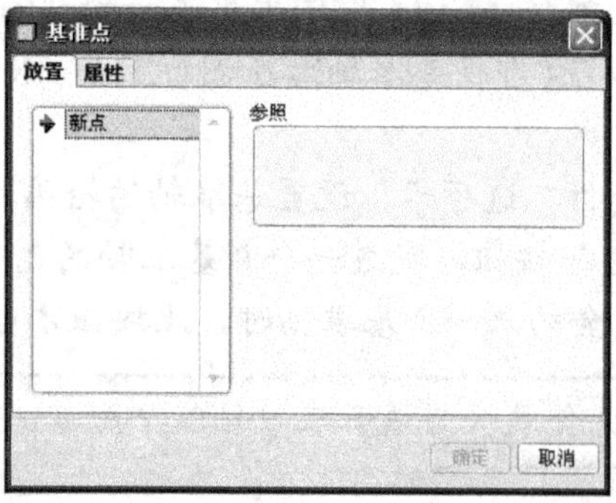

图 3-9　“基准点”对话框

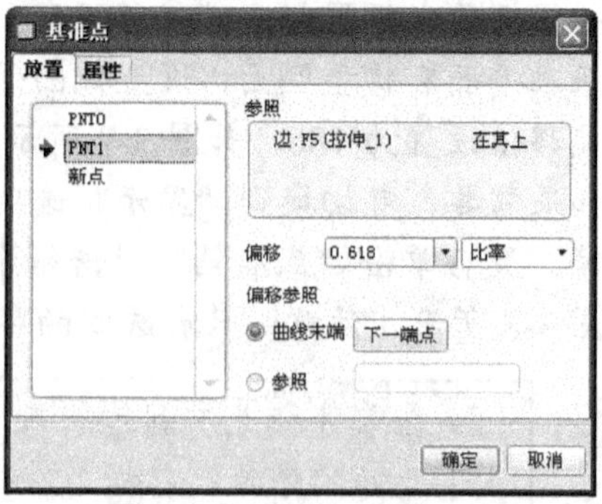

图 3-10　创建多个新点

如果要删除其中的某个点，则可以从点列表中选择该点，然后右击，从出现的快捷菜单中选择“删除”命令。另外，该快捷菜单中的“重命名”命令用于对该基准点进行重新命名，而“重复”命令则用于使用相同的放置方法创建一个新点。

（2）偏移坐标系基准点

偏移坐标系基准点是指在所选坐标系的三个坐标方向上分别设置偏移距离而得到的基准点。选定的坐标系可以是笛卡尔坐标系、球坐标系或柱坐标系。

在“基准”工具栏中单击“偏移坐标系基准点”按钮，或者在菜单栏中选择“插入|模型基准|点|偏移坐标系”命令，弹出如图 3-11 所示的“偏移坐标系基准点”对话框。利用该对话框，可以通过相对于选定坐标系定位点的方法将点手动添加到模型中，也可以通过输入一个或多个文件创建点阵列的方法将点添加到模型中，或者同时使用这两种方式来添加此类基准点。

例如，在一个新建的实体零件文件中，单击“偏移坐标系基准点”按钮，弹出“偏移坐标系基准点”对话框。在图形窗口中选择用于放置点的“PRT_CSYS_DEF”坐标系，接着在对话框的“类型”选项组中选择“球坐标”类型，然后在对话框的点表中单击第 1 行以添加一个基准点，为该点分别指定相应的偏移参数值，如图 3-12 所示，新点显示在图形窗口中。

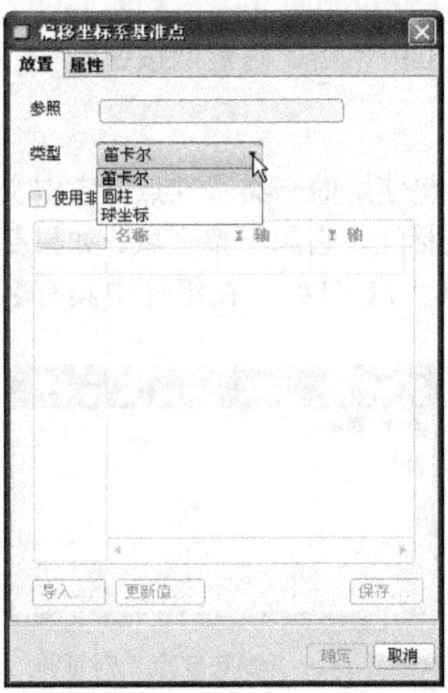

图 3-11　“偏移坐标系基准点”对话框

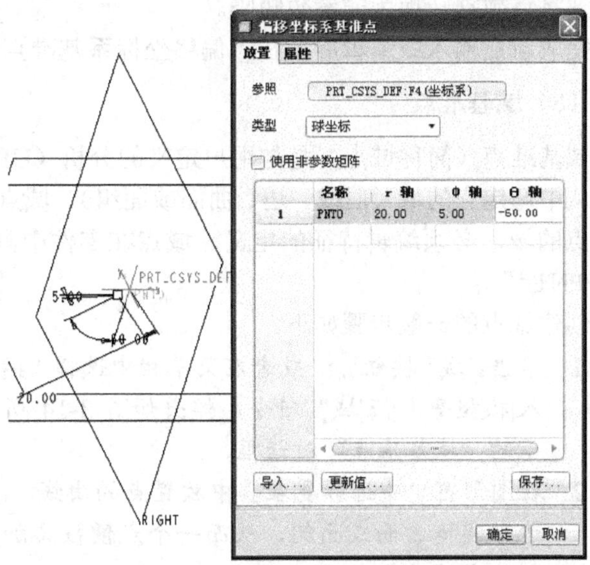

图 3-12　创建偏移坐标系基准点

如果要继续手动添加其他点，则可以在点表中单击下一行，然后设定该点的偏移参数值；或者单击“更新值”按钮，在打开的文本编辑器中按照规则输入新点的参数值（各个值之间以空格进行分割），如图 3-13 所示，在该编辑器中选择“文件|保存”命令，接着再选择“文件|退出”命令，新点均列在“偏移坐标系基准点”对话框的点表中。

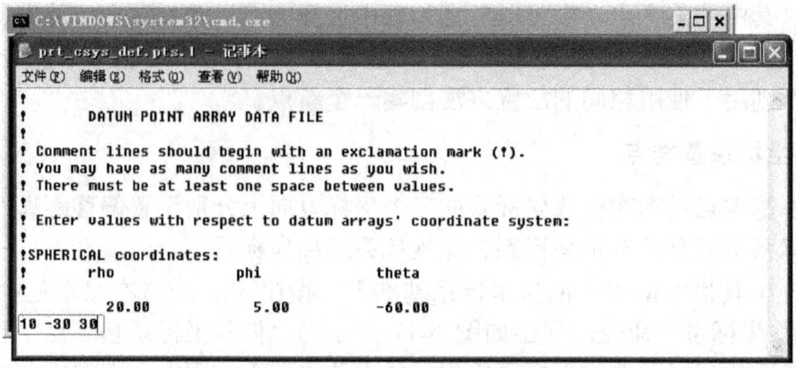

图 3-13　在文本编辑器中输入新值

如果想从指定的文件中输入点到点表中，则在“偏移坐标系基准点”对话框中单击“导入”按钮，接着在弹出的“打开”对话框中选择要输入的*.pts 文件并打开，所输入的点被添加到点表中，每一行数据代表一个点。

如果在“偏移坐标系基准点”对话框中单击“保存”按钮，那么可以将这些设定的新点保存到一个扩展名为.pts 的单独文件中。如果选中“使用为非参数矩阵”复选框，则通过移除尺寸将点数据转换为非参数矩阵。

完成新点输入或编辑后，在“偏移坐标系基准点”对话框中单击“确定”按钮。

（3）域基准点

域基准点（简称域点）是与用户定义的分析（UDA）一起使用的一类基准点，它定义了一个从中选定它的域（曲线、边、曲面或面组）。域点不需要标注，它属于整个域。如果要改变域点的域，必须编辑特征的定义。域点在零件中具有名称“FPNT#”，在组件中具有名称“AFPNT#”。

创建域点的一般步骤如下。

步骤 1　单击“域”按钮，或者在菜单栏中选择“插入|模型基准|点|域”命令，弹出如图 3-14 所示的“域基准点”对话框。

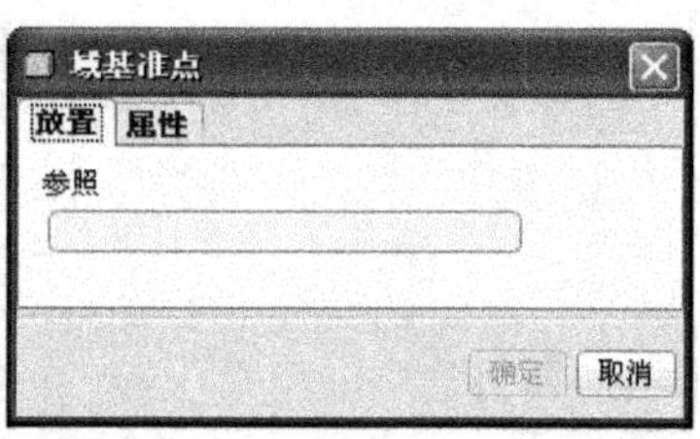

图 3-14　“域基准点”对话框

步骤 2　在图形窗口中选择要在其中放置点的曲线、边、实体曲面或面组，从而一个点便被添加到选定的参照中。

步骤 3　要更改此域点的名称，可切换到“域基准点”对话框的“属性”选项卡，在“名称”文本框中进行更改操作。

步骤 4　在“域基准点”对话框中单击“确定”按钮。

4. 基准曲线

基准曲线可作为扫描、扫描混合、可变截面扫描等特征的轨迹路径，以及倒圆角特征的穿过曲线参照、曲面的边界线等。

在 Pro/E Wildfire 的“基准”工具栏中单击“曲线”按钮，或者在菜单栏中选择“插入|模型基准|曲线”命令，可以创建多种类型的空间基准曲线。

执行“曲线”命令时，系统将弹出一个菜单管理器，如图 3-15 所示。在菜单管理器的“曲线选项”菜单中提供了用于插入基准曲线的 4 个曲线选项，即“通过点”、“自文件”、“使用剖截面”和“从方程”，它们的功能含义如下。

- **通过点**：定义经过基准点或角点等的曲线。
- **自文件**：根据数据文件定义曲线。
- **使用剖截面**：通过选取剖截面来定义曲线。
- **从方程**：根据一个方程创建基准曲线。

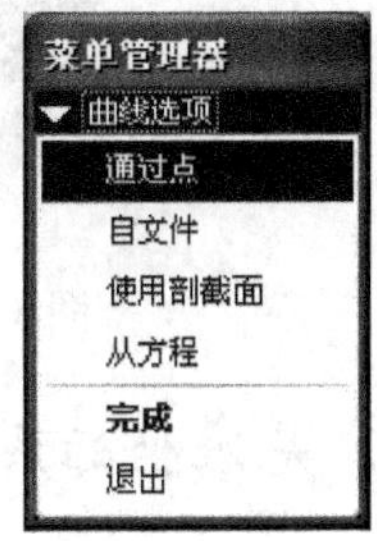

图 3-15　“曲线选项”菜单

下面以定义经过基准点的曲线为例进行介绍，具体的操作步骤如下。

步骤 1　打开本书配套素材“CH3\ bc_3_1.prt”文件。

步骤 2　在“基准”工具栏中单击“曲线”按钮，或者在菜单栏中选择“插入|模型基准|曲线”命令，弹出一个菜单管理器，接着在菜单管理器的“曲线选项”菜单中选择“通过点|完成”命令。

步骤 3　弹出如图 3-16 所示的“曲线：通过点”对话框和“连结类型”菜单，保持默认选择的“样条|整个阵列|添加点”命令，在模型中依次选择点 1，基准点 PNT0 和点 2，如图 3-16 所示，然后在“连结类型”菜单中选择“完成”命令。

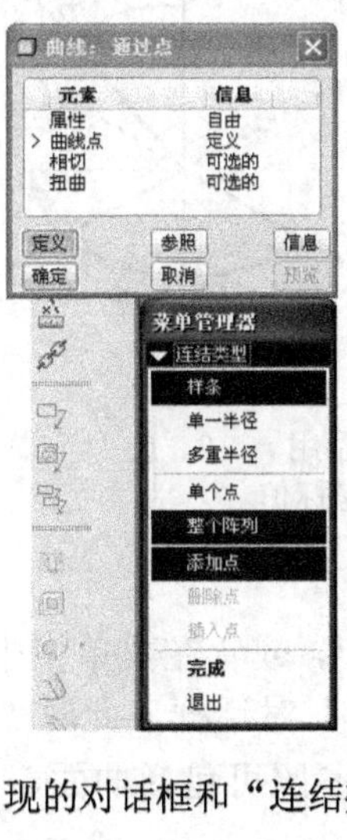

图 3-16　出现的对话框和“连结类型”菜单

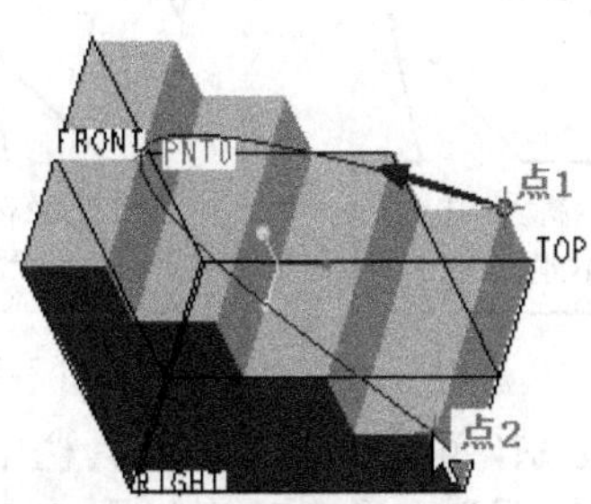

图 3-17　依次选择点来创建样条曲线

步骤 4　在“曲线：通过点”对话框中单击“确定”按钮，完成基准曲线如图 3-18 所示。

提示　如果需要，在完成上述步骤 3 后，可以在“曲线：通过点”对话框中选择“相切”元素选项，并单击“定义”按钮，则菜单管理器出现“定义相切”菜单，如图 3-19 所示。利用此菜单可在起点或终点处定义样条的相切条件。

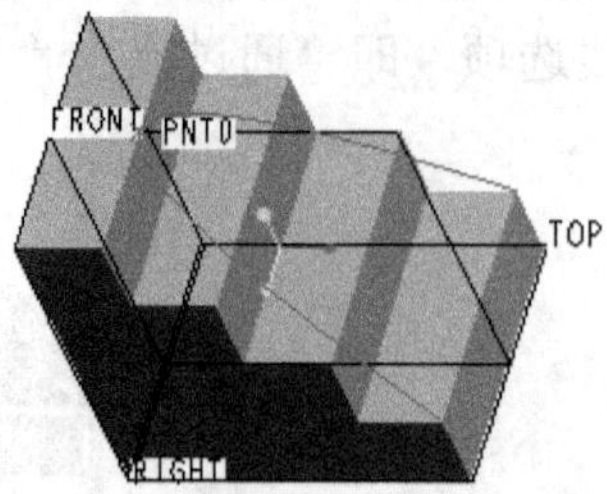

图 3-18　完成创建基准曲线

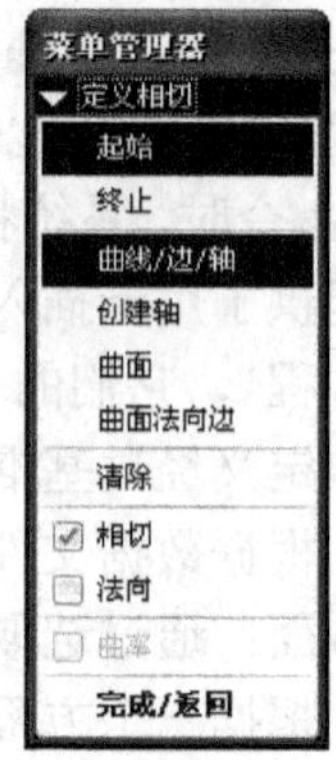

图 3-19　“定义相切”菜单

5. 基准坐标系

基准坐标系是可以添加到零件或组件中的参照特征，主要用作方向参照，还可用来装配模型、定位截面和其他特征。常见的基准坐标系有笛卡尔坐标系、柱坐标系和球坐标系，其中笛卡尔坐标系最为常见。笛卡尔坐标系用 x，y 和 z 表示坐标值，柱坐标系用 r，θ 和 z 表示坐标值，球坐标系用 r，θ 和 φ 表示坐标值，如图 3-20 所示。

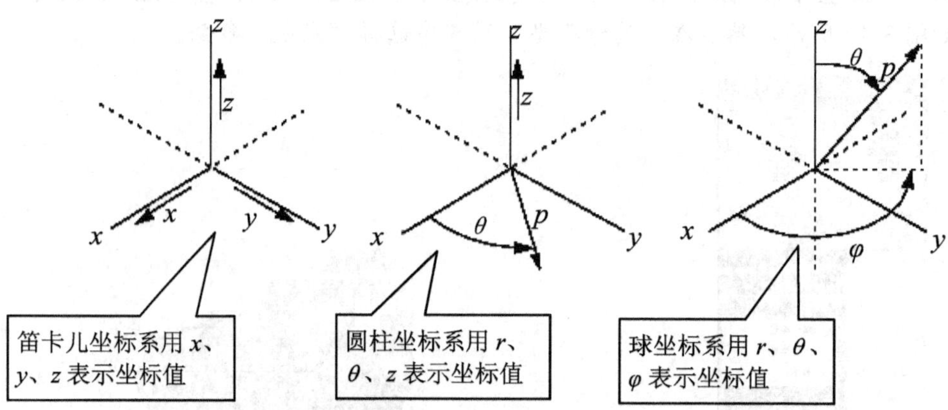

图 3-20　三种坐标系

要创建坐标系，可在“基准”工具栏中单击“坐标系”按钮，或者在菜单栏中选择“插入|模型基准|坐标系”命令，弹出如图 3-21 左图所示的“坐标系”对话框，此时“原点”选项卡处于活动状态。在图形窗口中最多选择 3 个放置参照，这些参照可包括曲面、平面、边、轴、曲线、基准点、顶点或坐标系。

如果需要，可以切换到“方向”选项卡以手动定向新坐标系，如图 3-21 右图所示。最后在“坐标系”对话框中单击“确定”按钮，完成创建一个新坐标系。

> **提示** 在三维建模的过程中，一般都将缺省坐标系“PRT_CSYS_DEF”作为参照，若无特殊需要，通常很少创建新的坐标系。

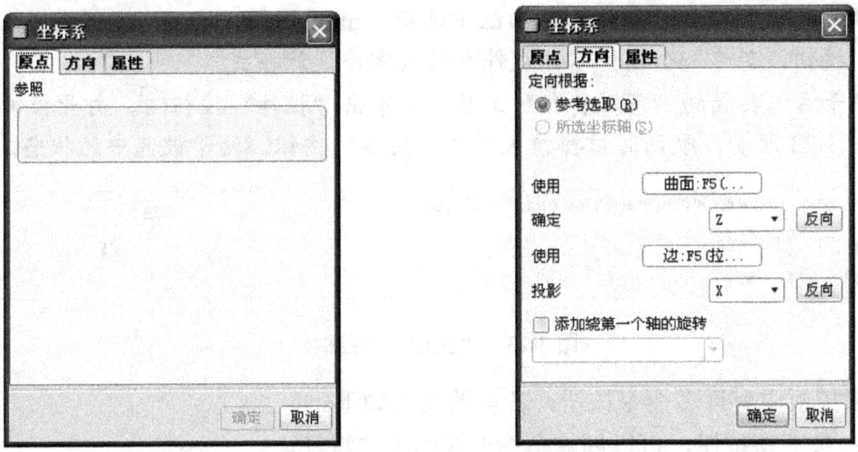

图 3-21 “坐标系”对话框

（三）基础形状特征

本书所述的基础形状特征主要包括拉伸特征、旋转特征、扫描特征、混合特征和可变剖面扫描特征等。

1. 拉伸特征

拉伸是定义三维几何的一种方法，可以通过将二维截面（剖面）延伸到垂直于草绘平面的指定距离处来实现创建拉伸特征。使用 Pro/E Wildfire 提供的“拉伸”工具，可以创建拉伸实体、加厚体、拉伸切口和拉伸曲面等。创建拉伸实体特征的示例如图 3-22 所示。常见的铝型材多半可以由“拉伸”工具来创造。

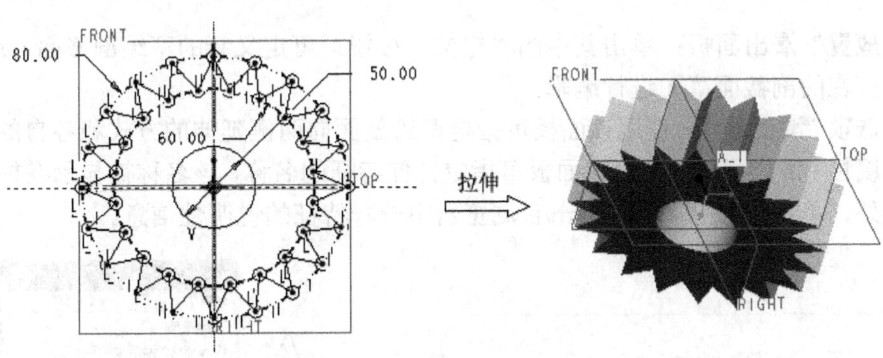

图 3-22 创建拉伸实体特征的示例

下面以上述图 3-22 所示的示例来介绍创建拉伸特征的一般步骤。

步骤 1 单击“新建”按钮，弹出“新建”对话框，在“类型”选项组中选择“零件”单选按钮，在“子类型”选项组中选择“实体”单选按钮；在“名称”文本框中输入“bc_3_2”，取消选中“使用缺省模板”复选框，单击“确定”按钮，弹出“新文件选项”对话框，在“模板”选项组中选择“mmns_part_solid”公制模板，单击“确定”按钮，新建一个实体零件文件并进入零件设计模式。

步骤 2 在位于右工具箱的“基础特征”工具栏中单击“拉伸”按钮，打开拉伸操控板，如图 3-23 所示，默认时该操控板中的“实体”按钮处于被选中的状态。

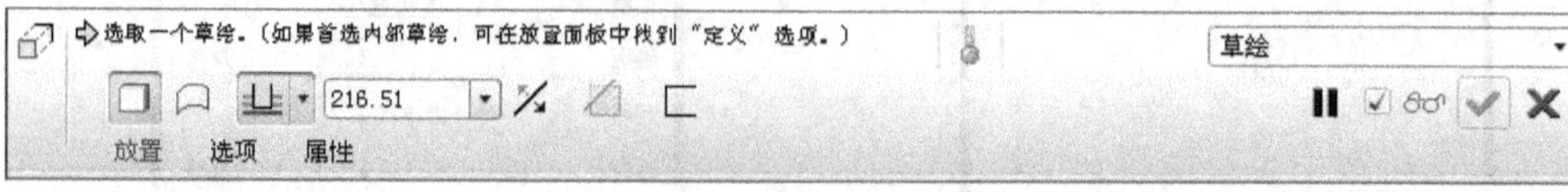

图 3-23 “拉伸”操控板

在拉伸操控板中有许多命令按钮，各自的功能如下。

- ：按下该按钮，可以创建实体形式的拉伸特征。
- ：按下该按钮，可以创建曲面形式的拉伸特征。
- ：单击按钮，可以从弹出的列表中选取不同的拉伸深度方式。
- 216.51：深度值输入框，从草绘平面开始以该值为指定深度进行拉伸。
- ：切换拉伸方向。
- ：按下该按钮，可以从已有实体上切除材料。
- ：按下该按钮，会出现厚度值文本框3.66，可以按指定的厚度加厚草绘，即生成薄壁拉伸特征。

步骤 3 在拉伸操控板中单击“放置”选项标签，从而打开“放置”滑出面板，如图 3-24 所示。在该滑出面板中单击“定义”按钮，弹出“草绘”对话框。选择“FRONT”基准平面作为草绘平面，如图 3-25 所示，默认以“RIGHT”基准平面作为“右”方向参照，单击“草绘”按钮，进入草绘模式。

“拉伸”控制面板包含 3 个滑出面板，分别单击“放置”、“选项”和“属性”标签可以将其展开。

- **“放置”滑出面板**：单击其中的“定义”按钮，可定义新的草绘剖截面，或者对已经存在的剖截面草图进行编辑。
- **“选项”滑出面板**：使用该面板可指定草绘剖面向两侧延伸的方式和各自的深度值。
- **“属性”滑出面板**：使用该面板可指定拉伸特征的名称，该名称被显示在模型树中。此外，单击按钮可以在 Pro/E 浏览器中查看特征的说明性信息。

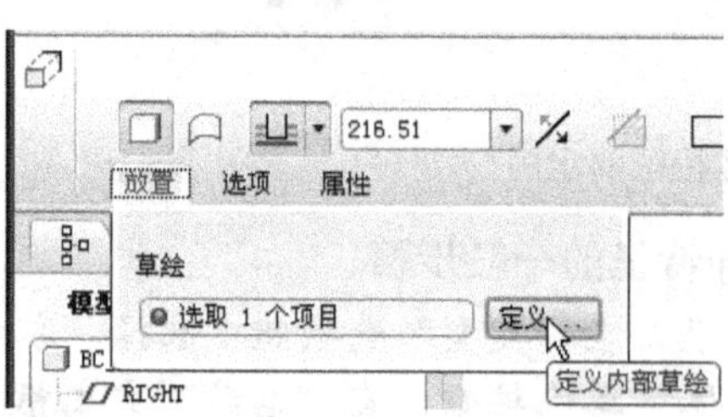

图 3-24 “放置”滑出面板

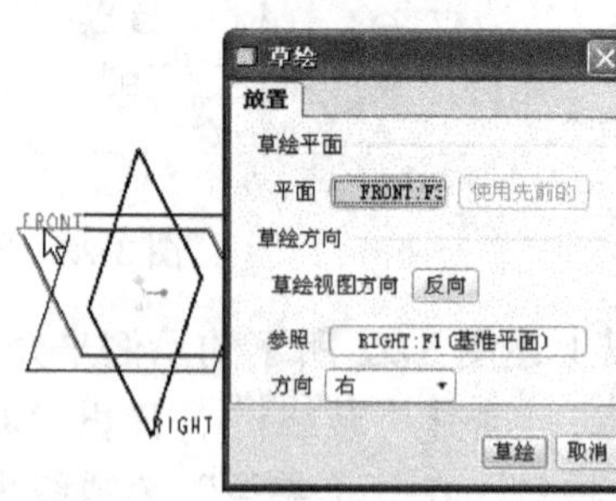

图 3-25 指定草绘平面

步骤 4　绘制拉伸剖面。在本例中，单击"调色板"按钮，弹出草绘器调色板，切换到"星形"选项卡，双击"20 角星形"图例，如图 3-26 所示，接着将鼠标移至草绘区域单击以放置该图形，并设置图形的相关参数和具体位置；然后以该图形的中心为圆心，绘制一个直径为 50 的圆，完成的拉伸剖面如图 3-27 所示。最后单击"完成"按钮✔，完成草绘并退出草绘模式。

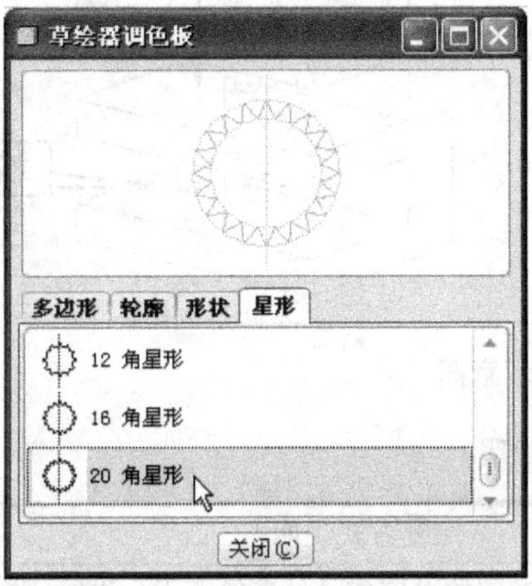

图 3-26　"草绘器调色板"对话框

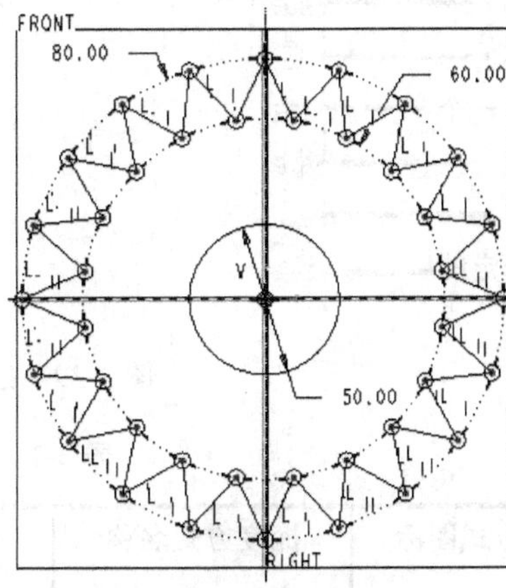

图 3-27　绘制拉伸剖面

步骤 5　在拉伸操控板的深度选项下拉列表框中选择"盲孔"图标选项，然后设置侧 1 的拉伸深度值为 50，如图 3-28 左图所示。

步骤 6　在拉伸操控板中单击"应用并保存"按钮，完成拉伸实体特征的创建，如图 3-28 右图所示。

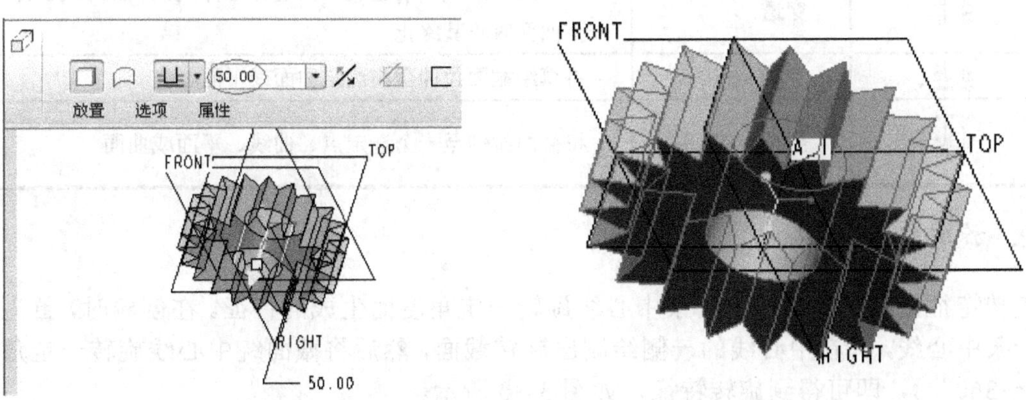

图 3-28　设置深度选项及深度值并完成完成拉伸实体特征的创建

选择拉伸深度方式是创建拉伸特征的关键步骤，系统提供了如图 3-29 所示的 6 种拉伸深度方式，每种深度方式的含义见表 3-1。

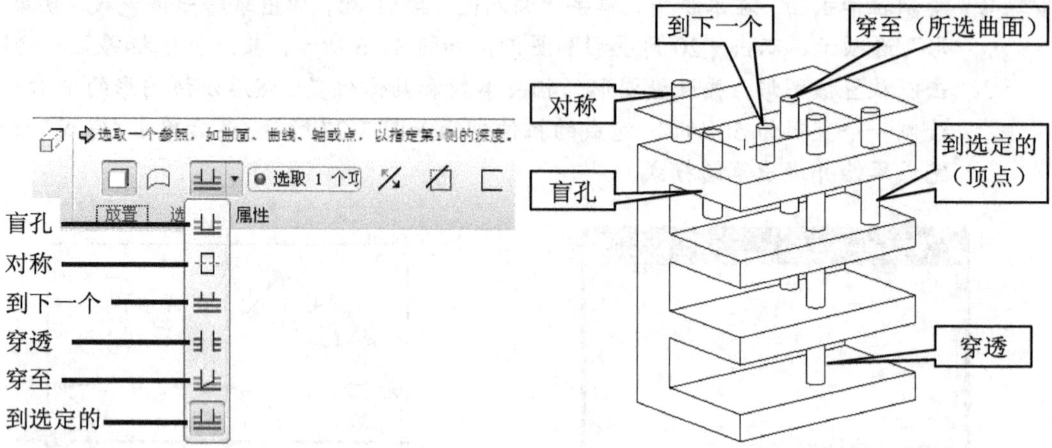

图 3-29　拉伸方式列表及示意图

表 3-1　拉伸深度方式说明

深度方式图标	深度方式名称	深度方式说明
	盲孔	从草绘平面以指定的深度值拉伸草绘截面。此外，指定一个负的深度值会反转深度方向
	对称	以指定深度值的一半，同时向草绘平面的两侧拉伸草绘截面
	到下一个	系统沿草绘截面的垂直方向进行拉伸，在特征到达第一个曲面时将其终止。不过，基准平面不能被用作终止曲面
	穿透	系统沿草绘截面的垂直方向进行拉伸，在特征到达最后一个曲面时将其终止
	穿至	将草绘截面拉伸至与选定曲面或平面相交
	到选定的	将截面拉伸至一个选定点、曲线、平面或曲面

2. 旋转特征

旋转特征是将草绘截面绕一条中心线旋转一定角度而生成的特征。在创建时，首先要绘制一条中心线，并在中心线的一侧绘制出旋转截面，然后将截面绕中心线旋转一定角度（0°～360°），即可得到旋转特征，如图 3-30 所示。

下面以上述图 3-30 所示的示例来介绍创建旋转特征的一般步骤。

步骤 1　新建一个“类型”为“零件”，“子类型”为“实体”，使用“mmns_part_solid”公制模板的文件。

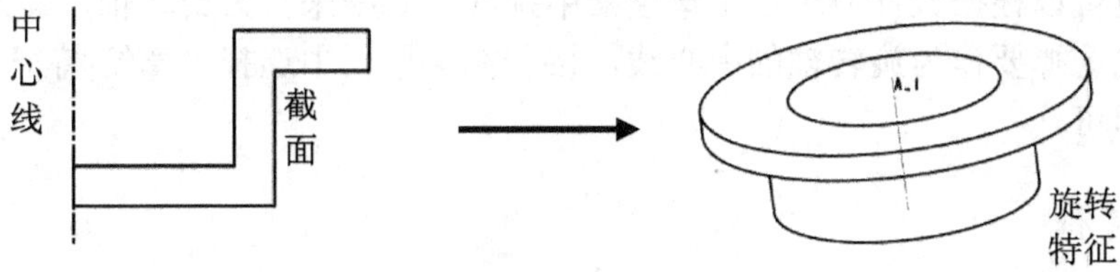

图 3-30　旋转特征创建示例

步骤 2　在位于右工具箱的“基础特征”工具栏中单击“旋转”按钮，或者在菜单栏中选择“插入|旋转”命令，打开如图 3-31 所示的旋转操控板。

图 3-31　旋转操控板

- **“位置”上滑面板**：用来创建和编辑草绘截面，以及设置旋转中心轴。
- **“选项”上滑面板**：用来指定草绘截面两侧的旋转方式和旋转角度。
- **“属性”上滑面板**：用来指定旋转特征的名称，默认为“旋转_1”。
- ：创建实体形式的旋转特征。
- ：创建曲面形式的旋转特征。
- ：旋转轴收集器，用来显示旋转轴的定义状态，也可用其选取旋转轴。
- ：旋转方式列表框，为草绘截面提供多种旋转方式。
- 360.00：旋转角度输入框，取值范围是 0°～360°。
- ：单击该按钮，可以反转旋转角度的方向。
- ：去除材料按钮，用来从已有特征上旋转切除材料。
- ：加厚草绘按钮，用来创建旋转薄壁实体，需指定薄壁的厚度和加厚方向。

步骤 3　在旋转操控板中单击“放置”选项标签，从而打开“放置”滑出面板。在该滑出面板中单击“定义”按钮，弹出“草绘”对话框。选择“FRONT”基准平面作为草绘平面，单击“草绘”按钮，进入草绘模式。

步骤 4　在草绘模式中绘制图 3-30 左图所示的几何中心线和截面图像，单击“完成”按钮，完成草绘并退出草绘模式。

步骤 5　在拉伸操控板中单击“应用并保存”按钮，完成拉伸实体特征的创建，如图 3-30 右图所示。

在创建旋转特征时需要注意以下几点。

- 草绘截面必须完全位于旋转中心线的一侧。
- 草绘截面中不能出现图元交叉的情形。
- 如果创建旋转实体，则草绘截面必须是封闭图形。
- 如果创建旋转曲面或旋转薄壁实体，草绘截面可以不封闭。
- 如果同时绘制了多条几何中心线，系统默认将第 1 条几何中心线作为旋转轴。

> 用户也可以根据设计要求指定草绘器中别的中心线来作为旋转轴，其方法是在草绘器中先选择要作为旋转轴的中心线，接着在菜单栏中选择“草绘|特征工具|旋转轴”命令即可。

3. 扫描特征

扫描特征是将某个草绘截面沿着一条轨迹线进行扫描而生成的特征，如图 3-32 所示。与拉伸、旋转等特征相比，创建扫描特征时除了要定义截面图形外，还必须定义轨迹线。

用于创建扫描特征的相关命令位于如图 3-33 所示的“插入|扫描”级联菜单，分别用于创建扫描伸出项、扫描薄板伸出项、扫描切口、扫描薄板切口、扫描曲面、扫描曲面修剪和扫描薄曲面修剪。

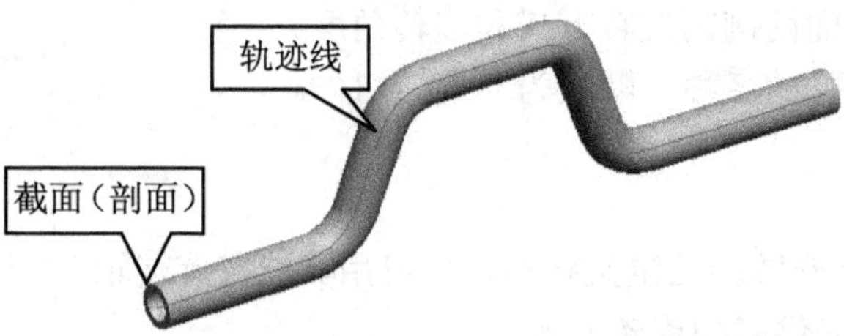

图 3-32　创建扫描特征的典型示例

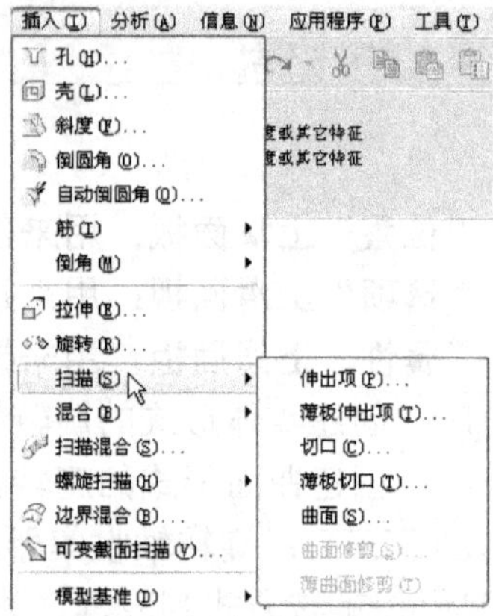

图 3-33　“插入|扫描”级联菜单

下面以一个简单范例介绍如何创建扫描特征。

步骤 1　在菜单栏中选择“插入|扫描|伸出项”命令，弹出如图 3-34 所示的“伸出项：扫描”对话框和菜单管理器。

步骤 2　在菜单管理器的“扫描轨迹”菜单中选择“草绘轨迹”命令，接着选择“TOP”基准平面作为草绘平面，并在菜单管理器出现的“方向”菜单中选择“确定”命令以接受默认草绘视图方向，如图 3-35 所示。

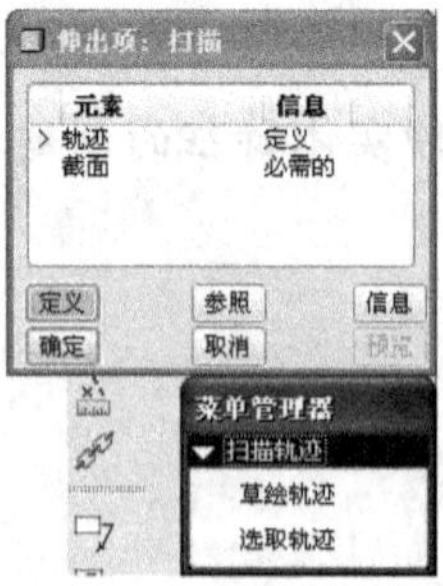

图 3-34　“伸出项：扫描”对话框和菜单管理器

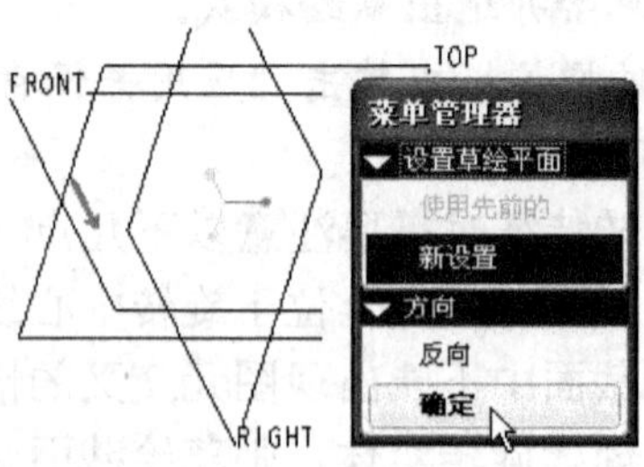

图 3-35　指定草绘视图的方向

步骤 3 在菜单管理器出现的如图 3-36 所示的“草绘视图”菜单中选择“缺省”命令，进入草绘模式，绘制如图 3-37 所示的扫描轨迹，单击“完成”按钮✔。

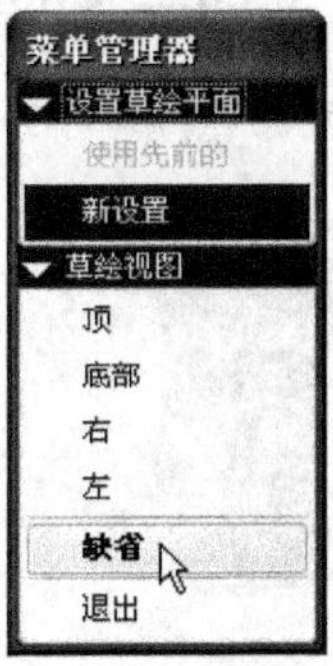

图 3-36 “草绘视图”菜单

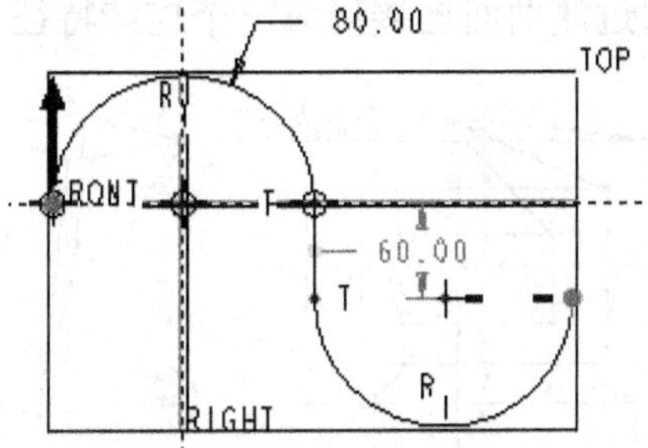

图 3-37 扫描轨迹

小技巧 在绘制轨迹曲线的过程中，如果发现用于指示起点的箭头不在所需的位置上，那么可以先使用鼠标选择要作为轨迹起点的曲线端点，然后右击并从弹出的快捷菜单中选择“起点”命令即可；或者在选择要作为轨迹起点的曲线端点之后，选择“草绘|特征工具|起点”命令。

步骤 4 绘制扫描截面，如图 3-38 所示，然后单击“完成”按钮✔。

步骤 5 在“伸出项：扫描”对话框中单击“确定”按钮，创建的扫描实体如图 3-39 所示。

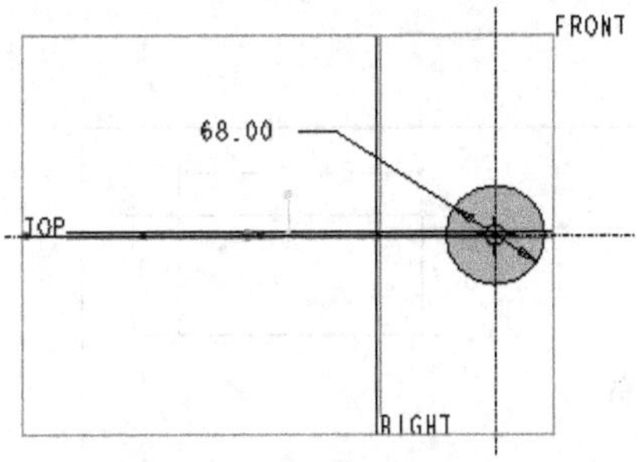

图 3-38 绘制扫描剖面

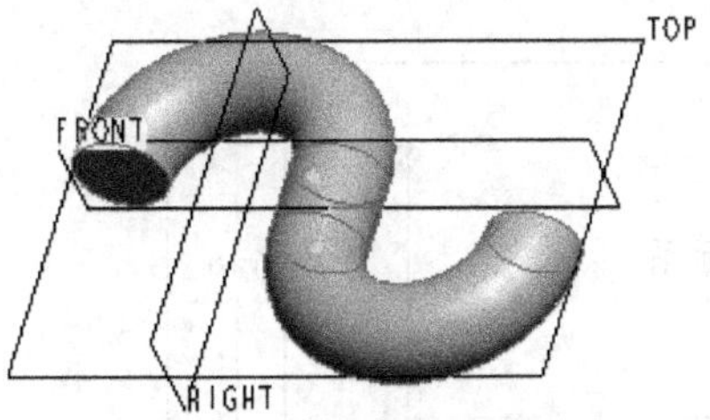

图 3-39 扫描实体特征

提示 拉伸特征和旋转特征都可看作扫描特征的特例：当轨迹线为直线并垂直于截面时，就是拉伸特征；当轨迹线为一个圆时，就是旋转特征。

绘制或选取扫描轨迹线时，需要注意以下两点。

- 轨迹线可以是开放的，也可以是封闭的。
- 轨迹线自身不能出现相交的情况。

绘制扫描截面时，需要注意以下三点。

- 如果轨迹线是开放的，则截面图形必须封闭。
- 相对于轨迹线中圆弧或曲线的半径，截面图形的尺寸不能太大。
- 扫描截面的中心应尽量与轨迹线起点在当前平面上的投影（十）相对齐。

4. 混合特征

一个混合特征由一系列的（至少两个）平面截面组成，Pro/E Wildfire 5.0 将这些平面截面在其外边处用过渡曲面连接形成一个连续特征，如图 3-40 所示。

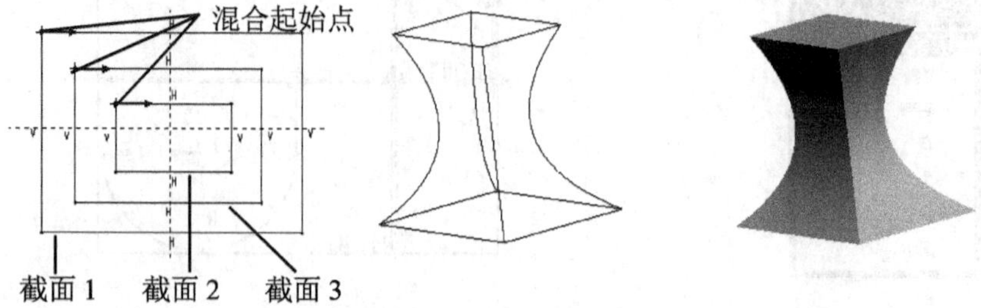

图 3-40　混合特征效果

混合特征的混合类型分为 3 种：平行混合特征、旋转混合特征和一般混合特征。这 3 种典型混合特征的特点如下。

- **平行混合特征**：所有混合截面都位于截面草绘中的多个平行平面上，如图 3-40 所示。
- **旋转混合特征**：混合截面绕 y 轴旋转，最大角度可达 120°。每个截面都单独草绘并用截面坐标系对齐，如图 3-41 所示。此外，创建旋转混合特征时，绘制每个截面图形之前必须先创建一个坐标系，其中，第 1 个截面图形的坐标系被作为基准坐标系，其他截面图形的坐标系要与之对齐。

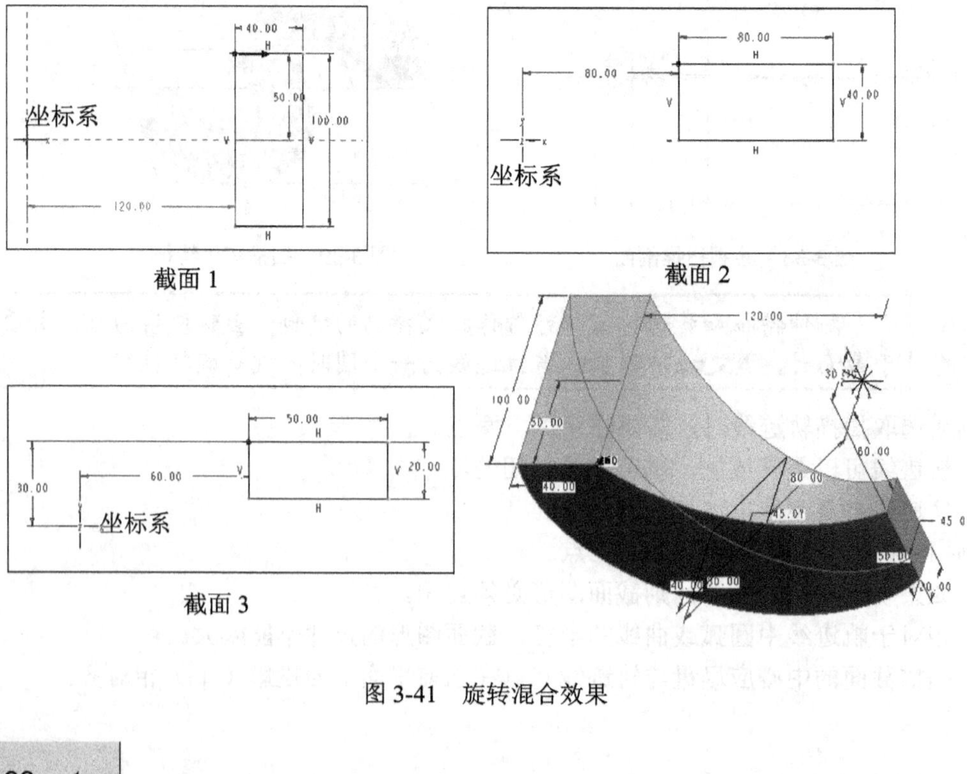

图 3-41　旋转混合效果

- **一般混合特征**：一般混合特征的截面可以绕 x 轴、y 轴和 z 轴旋转，也可以沿这 3 个轴平移。每个截面都单独草绘，并用截面坐标系对齐。

下面以一个简单范例介绍如何创建混合特征。

步骤 1 在菜单栏的“插入|混合”级联菜单中（如图 3-42 左图所示）选择所需的一个命令选项。例如，选择“伸出项”命令选项，打开一个菜单管理器，如图 3-42 右图所示，该菜单管理器提供“混合选项”菜单，这里我们选择“平行|规则截面|草绘截面|完成”命令。“混合选项”菜单中部分选项的功能含义如下。

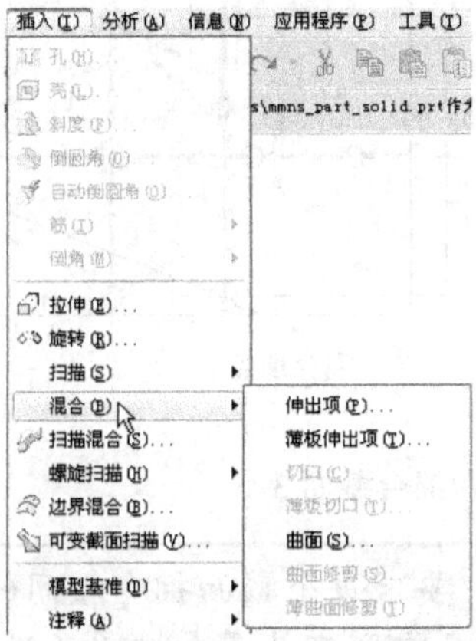

图 3-42 “插入|混合”级联菜单 和“混合选项”菜单

- **“平行”、“旋转的”和“一般”**：要创建的混合特征类型。
- **规则截面**：特征使用规则的草绘平面，将在该指定的草绘平面内绘制所需的截面。
- **投影截面**：特征使用选定曲面上的截面投影，该选项只用于平行混合。
- **选取截面**：选取截面图元，该选项对平行混合无效。

步骤 2 系统弹出“伸出项：混合，平行，规则截面”对话框和一个菜单管理器，如图 3-43 所示，在菜单管理器的“属性”菜单中选择“光滑|完成”命令。

步骤 3 选择 FRONT 基准平面作为草绘平面，接着在菜单管理器出现的菜单中依次选择“确定|缺省”命令，进入草绘模式。

步骤 4 绘制如图 3-44 所示的截面 1。

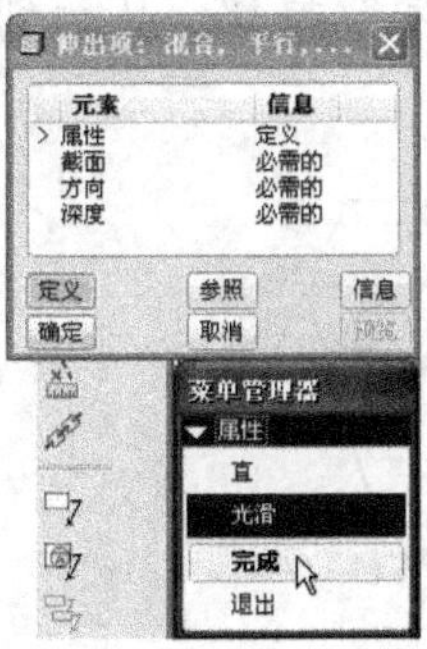

图 3-43 对话框和“属性”菜单

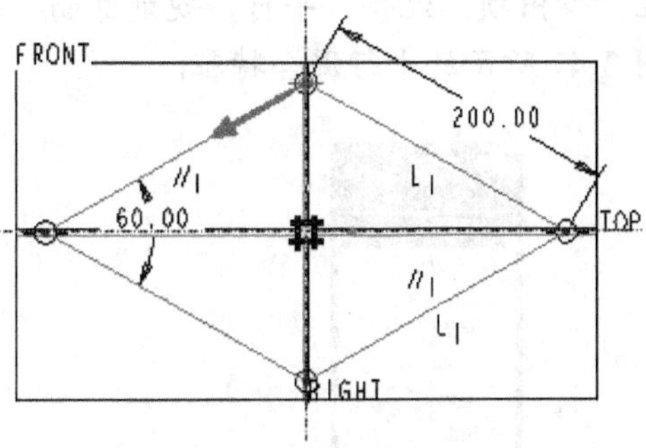

图 3-44 绘制混合截面 1

步骤 5 在菜单栏中选择“草绘|特征工具|切换截面”命令，则第 1 个截面变为灰色，此时可绘制截面 2，如图 3-45 左图所示。

步骤 6 在菜单栏中选择“草绘|特征工具|切换截面”命令，则第 2 个截面也变为灰色，此时绘制第 3 个混合截面，其中添加了一个混合顶点，如图 3-45 右图所示。注意：在封闭截面的起点处不能有混合顶点。

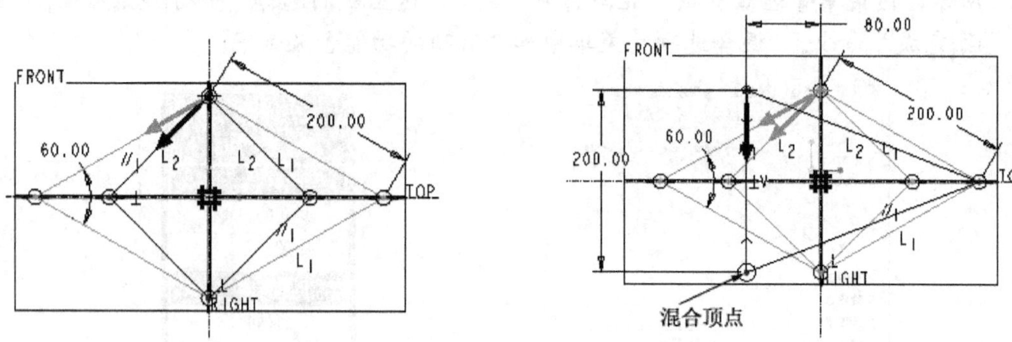

图 3-45　绘制混合截面 2 和混合截面 3

> **提示**
>
> 无论是旋转混合，还是平行混合，要求每个截面拥有相同的图元数，即各截面拥有相同的混合顶点(如果各截面图形都是圆或椭圆的话，则无所谓)。
>
> 如果某个截面的混合顶点数不足，可先选择要定义为混合顶点的一个点，接着在菜单栏中选择“草绘|特征工具|混合顶点”命令即可，也可以在选择要作为混合顶点的一个点后在草绘区域中右击并从弹出的快捷菜单中选择“混合顶点”命令。
>
> 当然也可以采用其他图形编辑方法使几何图元数一致。另外，在“帽状”的平行混合特征中，允许第一个截面或最后一个截面只由一个草绘点构成。

步骤 7 单击“完成”按钮✔，完成草绘并退出草绘模式。

步骤 8 在菜单管理器出现的如图 3-46 所示的“深度”菜单中选择“盲孔|完成”命令，接着输入截面 2 的深度（即截面 2 和截面 1 的距离）为 100 并单击“接受”按钮☑，输入截面 3 的深度（即截面 3 和截面 2 的距离）为 150 并单击“接受”按钮☑。

步骤 9 在“伸出项：混合，平行，规则截面”对话框中单击“确定”按钮，从而创建出如图 3-47 所示的平行混合特征。

图 3-46　“深度”菜单

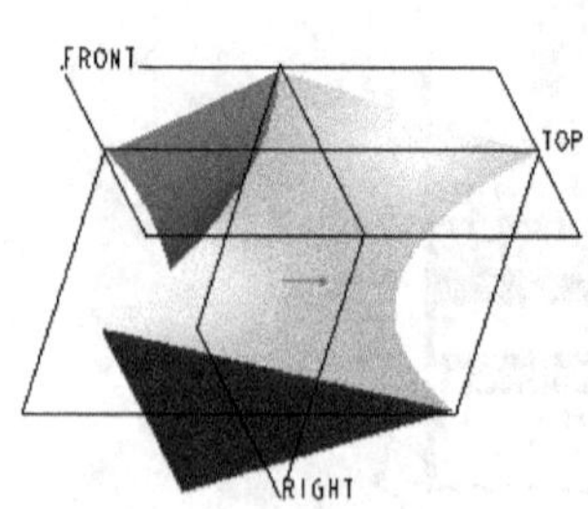

图 3-47　完成的混合特征

5. 可变剖面扫描特征

使用“可变剖面扫描”按钮可以创建实体或曲面特征，具体方法是在沿一个或多个选定轨迹扫描剖面（截面）时通过控制剖面的方向，或旋转剖面来添加或移除材料。创建可变剖面扫描特征的典型示例如图 3-48 所示。

创建可变剖面扫描特征的一般步骤如下。

步骤 1 打开本书配套素材“范例素材\CH3\bc-3-kbsm.prt”。在可变剖面扫描中，轨迹线可以是多条，其中一条作为原点轨迹线，一条作为 X 轨迹线，其他为一般轨迹线，在素材中提供了本例需要的轨迹线，如图 3-49 所示。

- **原点轨迹线**：截面的原点在任何时刻均落在这条轨迹线上，因此该轨迹线决定了扫描的方向。原点轨迹线可以由多条相切的线段组成。
- **X 轨迹线**：决定了截面的水平矢量，即定义了截面的 X 轴方向。
- **其他轨迹线**：决定了截面的几何形状。

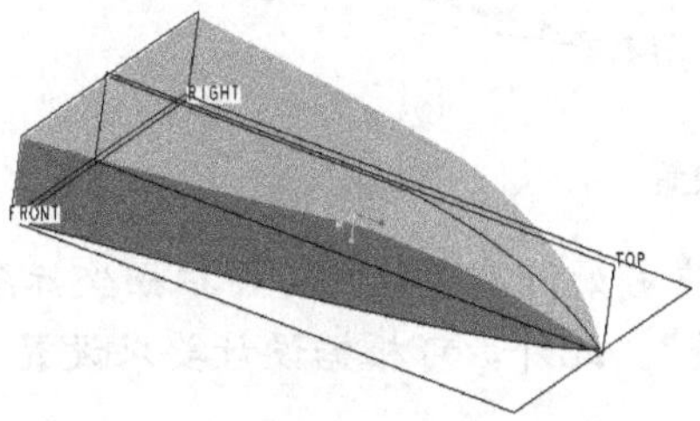

图 3-48　创建可变剖面扫描特征的典型示例

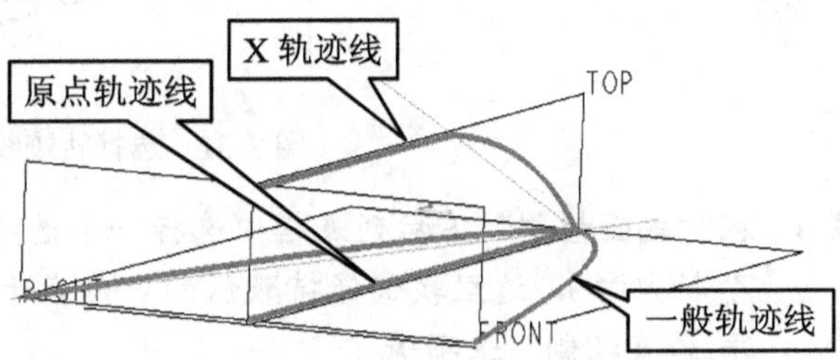

图 3-49　绘制轨迹线

> **提示** 在使用“可变截面扫描”命令之前，可使用“草绘”按钮绘制扫描轨迹线，然后选择“草绘|完成”命令退出草绘模式。本例在素材中已提供了绘制好的轨迹线，否则，需单击右工具箱“基准”工具栏中的“草绘”按钮，分别以“TOP”为绘图平面，“FRONT”为参照平面，以及“FRONT”为绘图平面，“TOP”为参照平面绘制图 3-49 所示的图形。

步骤 2 在“基础特征”工具栏中单击“可变剖面扫描”按钮，或者在菜单栏中选择“插入|可变截面扫描”命令，打开如图 3-50 所示的可变截面扫描操控板。

图 3-50　可变截面扫描操控板

步骤 3 单击按下“实体”按钮，表示创建实体特征。若按下“曲面”按钮，表示创建曲面特征。

步骤 4 单击“参照”按钮，打开“参照”滑出面板，然后按住【Ctrl】键依次选择图 3-49 所示的原点轨迹线、X 轨迹线和一般轨迹线，被选轨迹线将以红色加亮显示；接着在“参照”滑出面板中设置原点轨迹和 X 轨迹，如图 3-51 所示。

> **小技巧** 使用【Ctrl】键单击可选择多个轨迹，而使用【Shift】键单击则可以选择一条链中的多个图元。此外，单击“细节”按钮，可在打开的对话框中进行更精确的选择。

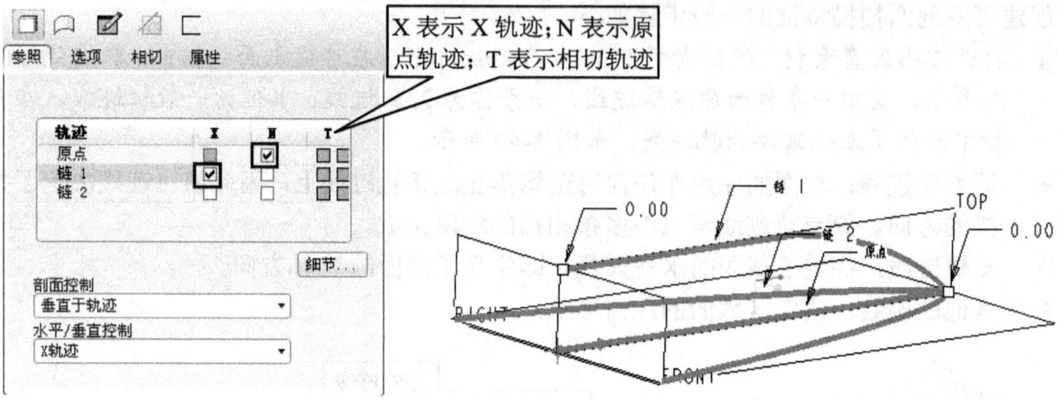

图 3-51　选择轨迹线并设置

步骤 5　在“剖面控制”下拉列表框中选择一个选项来决定如何定向截面（即扫描坐标系的 Z 轴方向），这里我们保持默认的“垂直于轨迹”。此外，可根据设计要求设置“水平/垂直控制”选项等。

- **垂直于轨迹**：截面垂直于选定轨迹。
- **垂直于投影**：截面沿着指定的方向参照垂直于原点轨迹的投影。
- **恒定法向**：截面法向量平行于选定的方向参照。

步骤 6　在操控板中打开“选项”滑出面板，选择“可变截面”单选按钮，如图 3-52 所示。

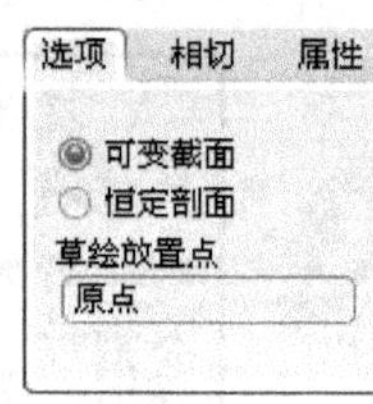

图 3-52　“选项”滑出面板

- **可变截面**：用于指定沿轨迹扫描时截面形状可变。
- **恒定截面**：用于指定沿轨迹扫描时截面形状不变。
- **草绘放置点**：在该框内单击，然后可选取原点轨迹上的一点（即想在该处草绘剖面的点，其不影响扫描的起始点）。如果该框为空，则将扫描的起始点用作草绘剖面的默认位置。

> **提示** 若要创建的是曲面，那么该滑出面板还会出现“封闭端点”复选框以供用户定义是否使用封闭端曲面创建扫描几何。

步骤 7　在操控板中单击“创建或编辑扫描剖面”按钮，打开草绘器，沿选定轨迹草绘扫描截面，本例绘制一个矩形截面（注意：截面与各轨迹的起始点要对齐），如图 3-53 左图所示，旋转视图后的效果如图 3-53 右图所示。单击“完成”按钮，完成扫描截面草绘并退出草绘模式。

步骤 8 在可变截面扫描操控板中单击“特征预览”按钮以预览特征几何效果。如果不显示预览特征几何效果，则意味着不能构建该特征几何体。预览成功后，单击“应用并保存”按钮，从而完成创建可变截面扫描特征，效果如图 3-54 所示。

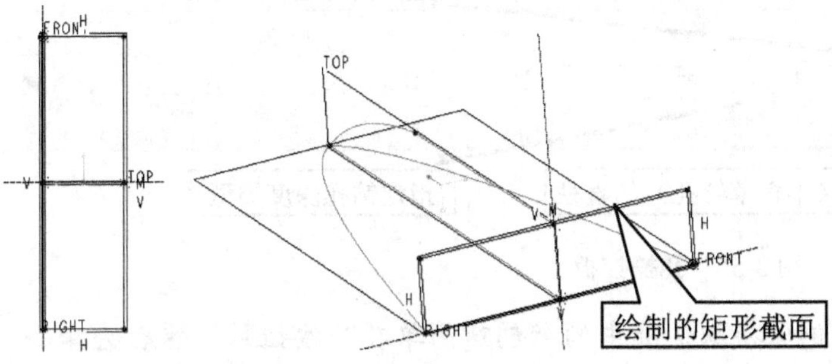

图 3-53 绘制截面图形

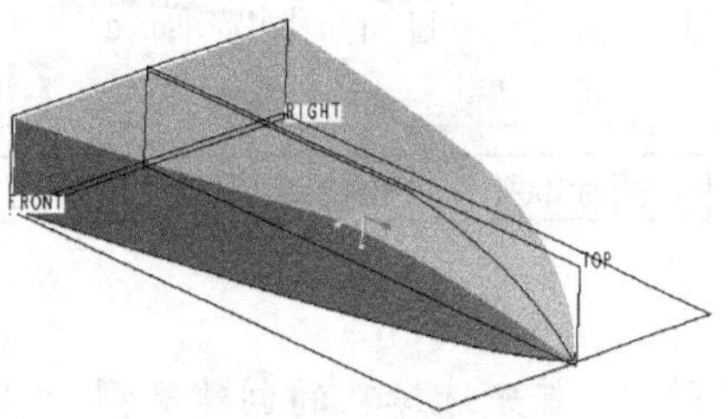

图 3-54 最终效果

（四）工程特征

在 Pro/E Wildfire 5.0 中，工程特征包括孔特征、壳特征、筋特征、拔模特征、倒圆角特征、自动到圆角特征和倒角特征。

1. 孔特征

孔特征是比较常用的一种特征，它通过在基础特征之上去除材料而生成孔。孔特征包括简单孔和标准孔这两种类型。其中，标准孔是利用系统预置的符合工业标准规格的孔型创建的孔特征；而简单孔又可以分为使用预定义的矩形作为孔轮廓、使用草绘定义孔轮廓（草绘孔）、使用标准孔作为孔轮廓 3 种类型，如图 3-55 所示。

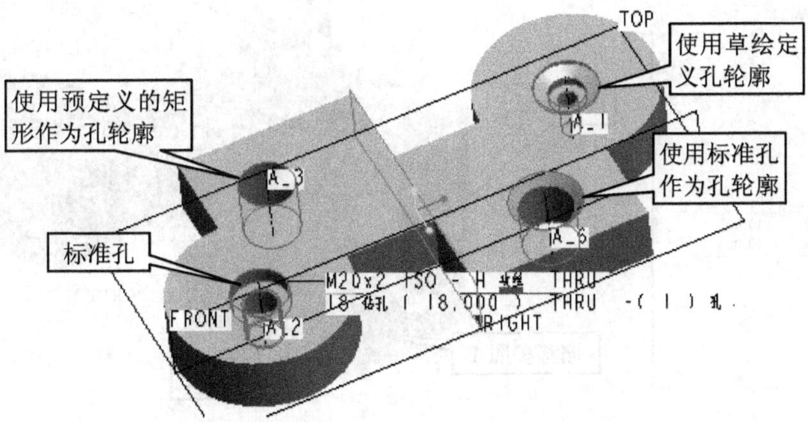

图 3-55 几种典型的孔特征

下面以一个范例说明创建孔特征的步骤。

步骤 1 打开本书配套素材“范例素材\CH3\bc_3_4a.prt”。在位于右工具箱的“工程特征”工

具栏中单击“孔”按钮，或者在菜单栏中选择“插入|孔”命令，打开如图 3-56 所示的孔操控板。

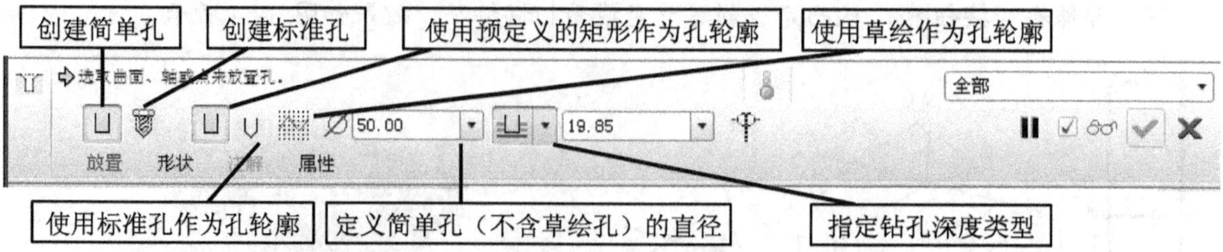

图 3-56　孔操控板

步骤 2　首先选择孔的创建类型，本例保持默认选中的“创建简单孔”按钮，然后选择一种简单孔创建类型，本例选择“使用标准孔作为孔轮廓”按钮，接着输入孔的直径，这里输入 10 。

步骤 3　选择“使用标准孔作为孔轮廓”按钮后，在操控板右侧会出现几个用来选择要创建的孔类型的按钮，本例同时按下“钻孔肩膀深度”和“添加埋头孔”按钮。

步骤 4　在“指定钻孔深度类型”下拉列表中定义孔的钻孔方式，其意义与前面所学的拉伸实体时的拉伸深度方式相同。本例选择“盲孔”选项，并在右侧的编辑框中输入孔的深度值 7。

步骤 5　接下来设置孔的放置位置和方向。打开“放置”滑出面板，在模型上选择放置孔的曲面参照，接着单击“偏移参照”列表框将其激活，然后按住【Ctrl】键在模型中单击选择两个参照以定位孔的位置。选择参照后，可设置约束方式（偏移或对齐），若选择“偏移”，还可在其后的文本框中输入孔相对于参照的偏移值，如图 3-57 所示。

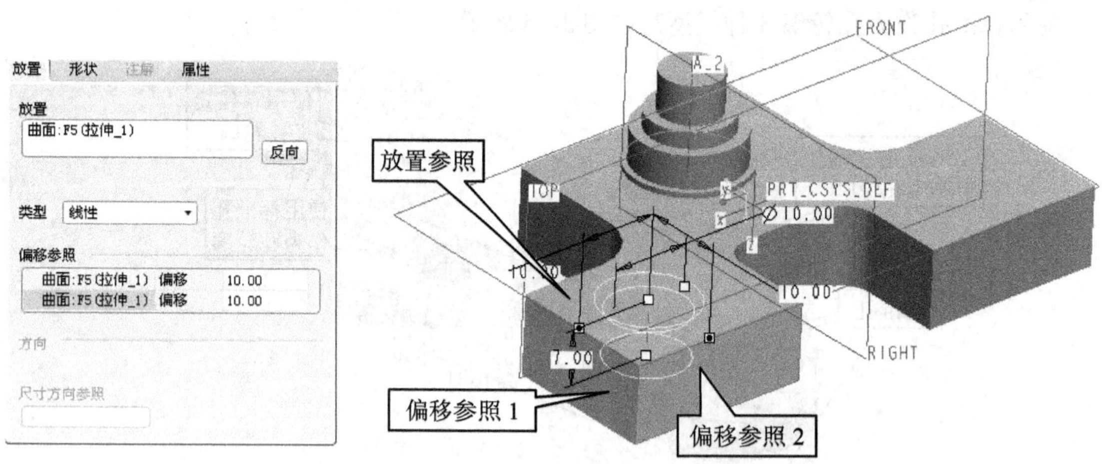

图 3-57　设置孔的放置位置和方向

选择孔放置参照后，“类型”下拉列表框被激活，在此可选择偏移参照的类型以对孔进行定位，各选项的意义如下。

➢　**线性**：使用两个线性尺寸在曲面上定位孔的位置，偏移参照可以是两条边、两个平面或一条边一个平面。

> **径向**：使用一个半径尺寸和一个角度尺寸，并绕半径参照旋转来定位孔的位置，偏移参照可以是轴线、实体平面或基准平面。

> **直径**：与径向方式类似，使用一个直径尺寸和一个角度尺寸，并绕直径参照旋转来定位孔的位置。两个次参照中必须有一条轴线。

步骤 6　根据需要在“形状”滑出面板定义孔几何，本例保持默认设置，最后单击“应用并保存”按钮，完成孔特征的创建。

> **提示**
>
> 草绘孔指的是绘制出孔的截面，并将其绕中心轴旋转 360° 得到的孔特征。要创建草绘孔，可单击“使用草绘作为孔轮廓”按钮，然后单击“激活草绘器以创建剖面”按钮，打开草绘器以绘制孔特征的截面轮廓和旋转轴；还可单击“打开现有的草绘轮廓”按钮，打开外部草绘图形进行操作。
>
> 其他几类孔的创建都比较简单，都是使用孔操控板设置孔的类型及相关参数，并根据设计要求指定孔的放置参照和放置类型等，即可在模型中创建一个所需的孔特征。

2. 壳特征

创建壳特征就好比将实体内部掏空，而只留一个特定壁厚的壳。可以为壳特征指定开口面（即指定要从壳移除的一个或多个曲面），还可以在壳特征中为不同的曲面设定不同的厚度，以及指定从壳中排除的曲面（不被壳化）。壳特征的示例如图 3-58 所示，具体创建步骤如下。

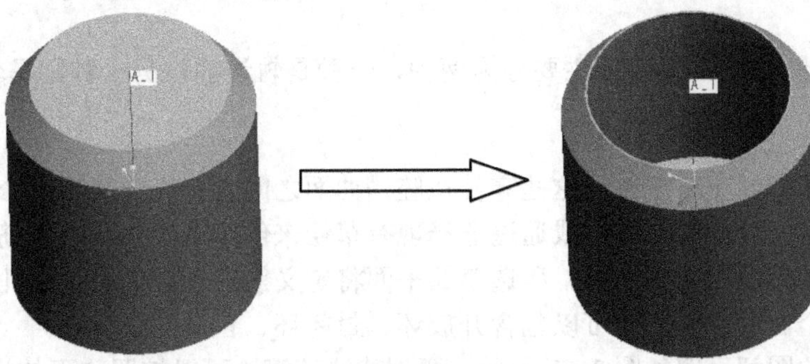

图 3-58　壳特征的创建示例

步骤 1　打开本书配套素材“范例素材\CH3\bc_3_4b.prt”，在“工程特征”工具栏中单击“壳”按钮，或者在菜单栏中选择“插入|壳”命令，打开图 3-59 所示的壳操控板。

图 3-59　壳操控板

步骤 2 在“厚度”文本框中更改壳的缺省厚度值，本例输入 1。如果单击按钮，可以切换壳特征的厚度生成方向。

步骤 3 打开“参照”滑出面板，其中“移除的曲面”收集器用于选择要移除的曲面以指定壳特征的开口，本例单击模型的上表面；“非缺省厚度”收集器用于选择不使用缺省厚度的曲面，并可以单独设置其厚度值，本例单击该收集器将其激活，然后选择模型下表面，并指定厚度值为 5，如图 3-60 左图和中图所示。

步骤 4 打开“选项”滑出面板，其包含一个“排除的曲面”收集器，当激活它时，可从模型中选取一个或多个不希望被壳化曲面，如图 3-60 右图所示。本例保持默认设置。

步骤 5 最后单击“应用并保存”按钮，完成壳特征的创建，效果如图 3-58 右图所示。

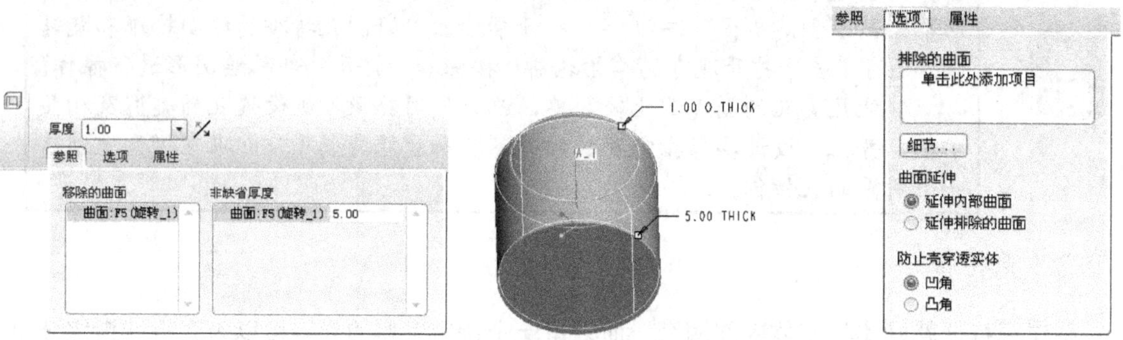

图 3-60 “参照”和“选项”滑出面板

3. 筋特征

Pro/E Wildfire 5.0 中的筋特征主要分为两种，一种是轨迹筋，另一种则是轮廓筋。

（1）轨迹筋

轨迹筋常用来加固塑料零件，这些零件在腔槽曲面之间含有壳或其它空心区域。用户可通过在腔槽曲面之间草绘筋轨迹，或通过选择现有草绘来创建轨迹筋。轨迹筋具有顶部和底部，底部是与零件曲面相交的一端。所选草绘平面将定义筋的顶部曲面，筋几何的侧曲面延伸至遇到的下一个曲面。筋草绘可以包含开放环、封闭环、自交环或多环。

创建轨迹筋的图解示例如图 3-61 所示。要创建轨迹筋，可以按照如下的步骤来进行。

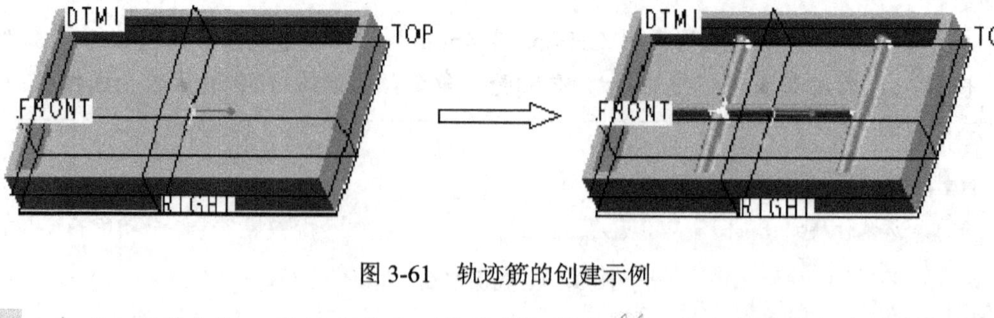

图 3-61 轨迹筋的创建示例

步骤 1 在“工程特征”工具栏中单击“轨迹筋”按钮，或者在菜单栏中选择“插入|筋|

轨迹筋”命令，打开如图 3-62 所示的轨迹筋操控板。

图 3-62　轨迹筋操控板

步骤 2　在轨迹筋操控板中打开“放置”滑出面板，单击“定义”按钮，弹出“草绘”对话框。选择平整曲面或基准平面作为草绘平面，并接受默认参照和方向，或定义新的参照和方向，从而进入草绘模式。

步骤 3　草绘一条或多条线、样条或弧以定义筋特征轨迹，然后单击“完成”按钮。

步骤 4　定义一个或多个筋属性，如“筋宽度”、“拔模”、倒圆角（“在内部边上添加倒圆角”和“在暴露边上添加圆角”）等，注意可使用“形状”滑出面板来形象地定义倒圆角和拔模角度，以及预览筋的剖面。

步骤 5　在轨迹筋操控板中单击“应用并保存”按钮，完成创建轨迹筋特征。

（2）轮廓筋

轮廓筋特征是连接到实体曲面的薄翼或腹板伸出项。通常设计轮廓筋来加固零件，也用来防止出现不需要的折弯。

设计轮廓筋特征要求执行如下操作。

- 通过从模型树中选择草绘特征（草绘基准曲线）来创建从属截面，或草绘一个新的独立截面。有效的筋特征草绘必须是单一的开放环、连续的非相交草绘图元，其草绘端点必须与形成封闭区域的连接曲面对齐。
- 确定相对于草绘平面和所需筋几何的筋材料侧。

根据筋连接几何来分类，可以将轮廓筋分为两种主要类型，即直的轮廓筋和旋转轮廓筋，见表 3-2。

表 3-2　轮廓筋特征的两种典型类型

类型	简要描述	形状生成说明	图例
直的	连接到直曲面	向一侧拉伸或基于草绘平面对称拉伸	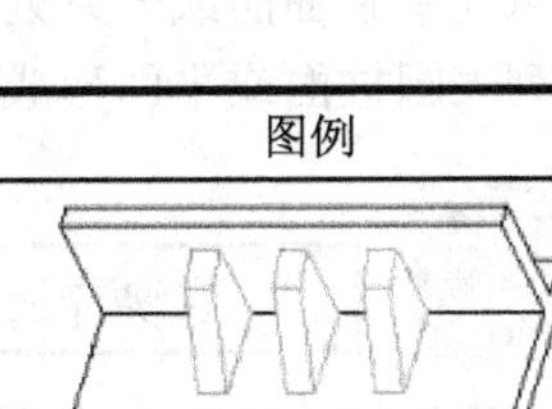
旋转	连接到旋转曲面	筋的角形曲面是锥状的，而不是平面的；绕父项的轴旋转剖面，在草绘平面的一侧生成楔，或绕草绘平面对称地生成楔，然后用两个平行于草绘曲面的平面修剪该楔，两个平面间的距离与筋和连接几何的厚度相等	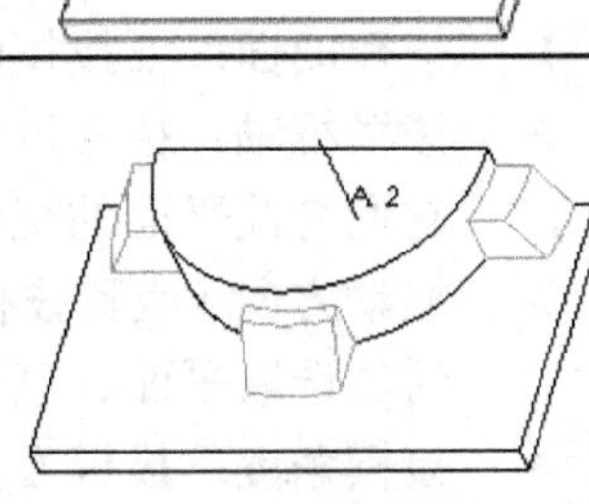

下面是创建轮廓筋特征的一般步骤。

步骤 1 在“工程特征”工具栏中单击“轮廓筋”按钮，或者在菜单栏中选择“插入|筋|轮廓筋”命令，打开如图 3-63 所示的轮廓筋操控板。

图 3-63　轮廓筋操控板

步骤 2 在操控板中单击“参照”标签以打开“参照”滑出面板，接着在该滑出面板中单击“定义”按钮，弹出“草绘”对话框。指定草绘平面及草绘方向后进入内部草绘器。

步骤 3 草绘所需的侧截面，单击“完成”按钮，关闭草绘器并恢复筋工具，此时预览几何显示在图形窗口中，且方向箭头指向要填充的草绘侧。

步骤 4 如果想要更改填充侧，那么可以在图形窗口中单击方向箭头，或者可以从“参照”滑出面板中单击“反向”按钮。

步骤 5 指定筋的厚度及厚度生成方向（厚度侧）。默认情况下，筋厚度的生成相对于草绘平面对称。要更改筋特征的厚度侧，那么在轮廓筋操控板中单击“厚度侧”按钮，以使厚度侧在一侧、另一侧和关于草绘平面对称这 3 种状况下切换。

步骤 6 在操控板中单击“应用并保存”按钮，或者单击鼠标中键，完成创建轮廓筋特征。

4. 拔模特征

在工业生产中，为了能够让注塑件和铸件顺利从模具腔中脱离出来，我们需要在模型上设计出一些斜面，这样在模型和模具之间就会形成 1°~5° 甚至更大的斜角（具体视产品的类型和制造材质而定），这就是拔模处理。

从实质上讲，拔模特征就是带有斜度的曲面。在 Pro/E Wildfire 5.0 中，使用“拔模”工具可以向单独曲面或一系列曲面中添加一个介于-30°和 30°之间的拔模角度。注意：仅当曲面是由列表圆柱面或平面形成时，才可拔模，而曲面边的边界周围有圆角时不能拔模。

提示　在实际设计中，用户可先进行拔模操作，再对边进行倒圆角过渡操作。

对于拔模，初学者需要理解如下与拔模相关的专业术语（可以结合图 3-64 来理解）。

- **拔模曲面**：要拔模的曲面。
- **拔模枢轴**：拔模过程中的旋转参照。可以通过选取平面（在此情况下拔模曲面围绕它们与此平面的交线旋转）或选取拔模曲面上的单个曲线链等来定义拔模枢轴。
- **拖动方向（也称拔模方向）**：用于测量拔模角度的方向，通常为模具开模的方向。可通过选取平面、直边、基准轴、坐标系的轴来定义。
- **拔模角度**：拔模方向与生成的拔模曲面之间的角度。如果拔模曲面被分割，则可为拔模曲面的每一侧分别定义独立的拔模角度。拔模角度必须在-30°～30°的范围内。

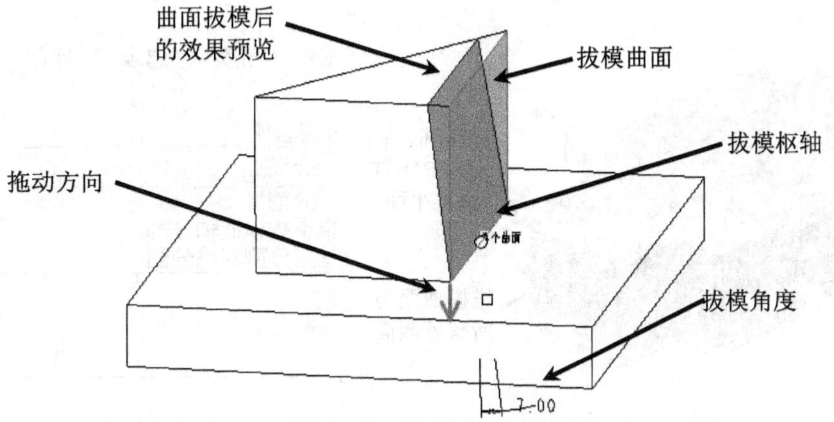

图 3-64　拔模特征图解示例

创建拔模特征的一般步骤如下：

步骤 1　打开本书配套素材“范例素材\CH3\bc_3_4d.prt”，在“工程特征”工具栏中单击“拔模”按钮，或者在菜单栏中选择“插入|斜度”命令，打开如图 3-65 所示的拔模操控板，选取欲进行拔模的实体曲面作为拔模曲面，本例选取模型的所有外侧面作为拔模曲面。

图 3-65　拔模操控板

步骤 2　单击 ● 单击此处添加项目 （拔模枢轴）收集器将其激活，然后定义拔模枢轴，本例选取“FRONT”基准平面来定义拔模枢轴。

步骤 3　利用 ● 单击此处添加项目 （拖动方向）收集器定义拔模方向，本例保持默认的拔模方向不变。到此，模型效果如图 3-66 左图所示。

> **提示**　“参照”滑出面板也包含拔模特征中所使用的参照收集器，包括“拔模曲面”收集器、“拔模枢轴”收集器和“拖动方向”收集器等。

步骤 4　利用“分割”滑出面板设置是否分割拔模曲面，如图 3-66 右图所示。本例在“分割选项”下拉列表中选择“根据拔模枢轴分割”项，并在“侧选项”下拉列表中选择“独立拔模侧面”项。“分割选项”下拉列表中各选项的意义如下。

- **不分割**：不分割拔模曲面，将其整体绕拔模枢轴旋转。
- **根据拔模枢轴分割**：沿着拔模枢轴分割拔模曲面，然后将分割出来的每一部分绕拔模枢轴各旋转一定角度。

➢ **根据分割对象分割**：通过选取一个草绘、平面或曲面来分割拔模曲面，然后将各个分割出来的部分绕拔模枢轴各旋转一定角度。

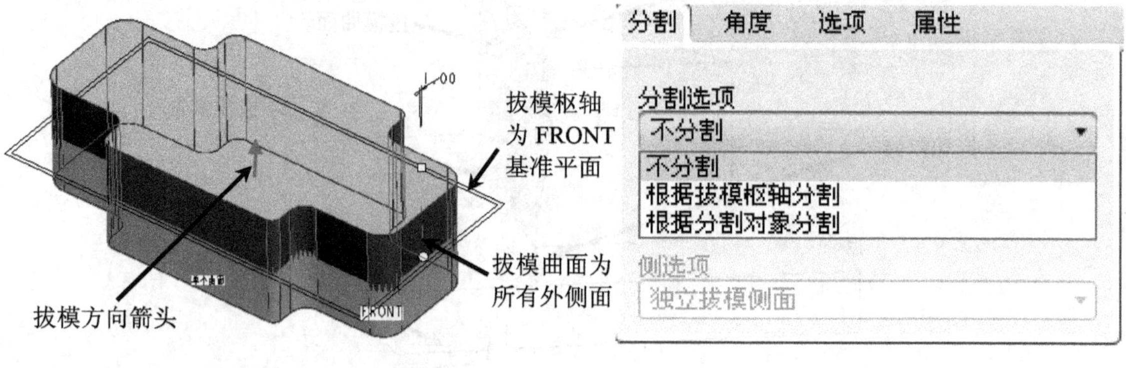

图 3-66　设置拔模平面、拔模枢轴、拔模方向和分割选项

步骤 5　在拔模操控板中，将拔模角度 1 的值设置为 7，并单击其右侧的“反转角度以添加或去除材料”按钮，然后将拔模角度 2 的值设置为“6”，如图 3-67 左图所示。

步骤 6　在拔模操控板中单击“应用并保存”按钮，即可创建分割拔模特征，如图 3-67 右图所示。

图 3-67　设置拔模角度及拔模效果

> **知识库**
> 按照拔模特征的生成特点和结构特点，拔模特征可以分为基本拔模特征、可变拔模特征和分割拔模特征等。其中分割拔模特征又可以分为根据拔模枢轴分割和根据分割对象分割两种，而可变拔模特征是指借助于“角度”滑出面板，为拔模曲面添加数个新的拔模角度控制点，并设定不同的角度值。

5. 倒圆角特征

在零件设计的过程中，通常要在模型的棱边处添加平滑的圆曲面，称作倒圆角特征。

可以将倒圆角看做是由集和过渡两个项目组成。其中前者是指创建的属于放置参照的倒圆角段（几何），所述的倒圆角段由几何参照以及一个或多个半径组成；后者则是指连接倒圆角段的填充几何，它位于倒圆角段相交或终止处（在最初创建倒圆角时将使用默认过渡，但是也可使用其它的过渡类型）。倒圆角集和过渡的图例剖析见表 3-3。

表 3-3　倒圆角图例剖析

显示模式	模式说明	图例	图例说明
集模式显示	为倒圆角集选取两个边参照，显示两个倒圆角段的预览几何和半径值	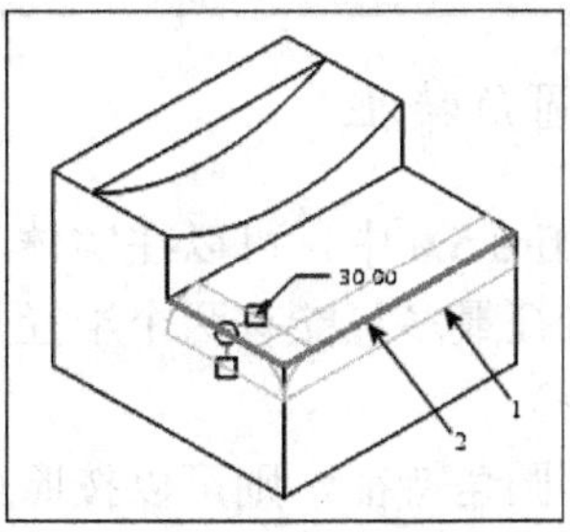	1．倒圆角段 2．边参照
过渡显示	显示该倒圆角特征的所有过渡，并显示两个倒圆角段	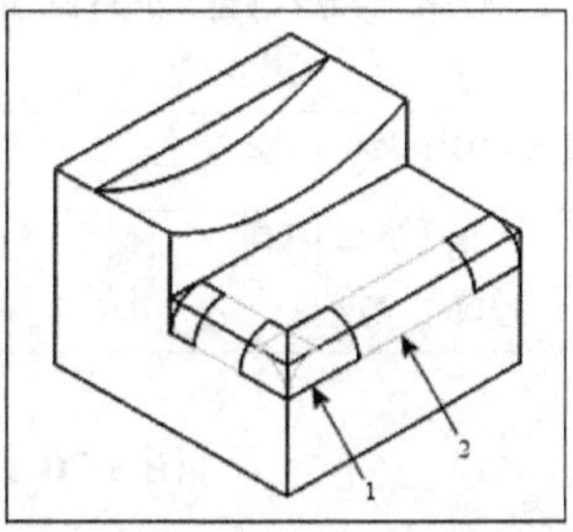	1．过渡 2．倒圆角段

倒圆角特征包括恒定圆角、可变圆角、完全倒圆角和由曲线驱动（通过曲线）的倒圆角等几种类型，如图 3-68 所示。

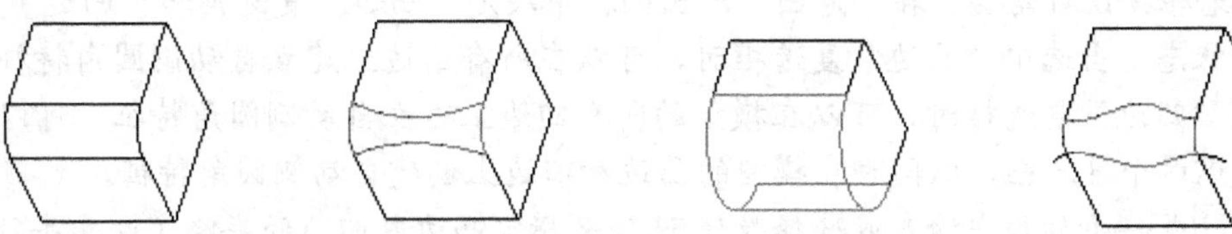

（a）恒定圆角　（b）可变圆角　（c）完全倒圆角　（d）由曲线驱动的倒圆角

图 3-68　倒圆角的几种常见类型

例如，要创建恒定倒圆角，可在“工程特征”工具栏中单击“倒圆角”按钮，或者在菜单栏中选择“插入|倒圆角”命令，打开如图 3-69 所示的倒圆角操控板，选择要通过其创建倒圆角的参照，如选择边，并在倒圆角操控板中设置圆角半径，然后单击“应用并保存”按钮即可。

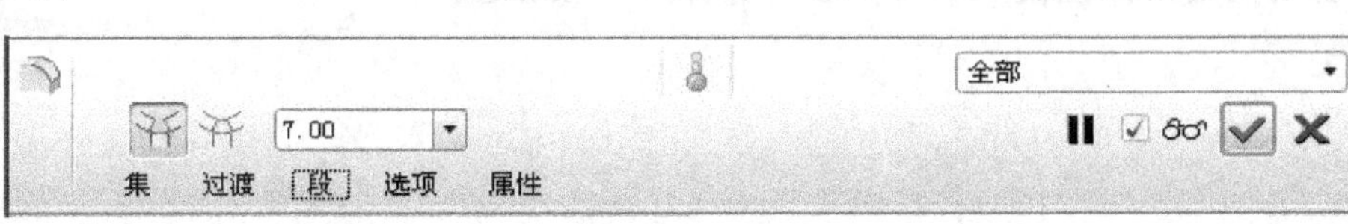

图 3-69　倒圆角操控板

> 知识库
> 如果要创建可变圆角，那么可以在倒圆角操控板中打开“集”滑出面板，在其中的半径表中右击并从弹出的快捷菜单中选择“添加半径”命令来实现。而对于其他类型的倒圆角，亦可利用“集”滑出面板中的“完全倒圆角”按钮或“通过曲线”按钮等来实现。

6. 自动倒圆角特征

在 Pro/E Wildfire 5.0 中，可以在实体零件或组件的面组上自动创建指定半径的倒圆角特征。自动倒圆角特征最多只能有两个半径尺寸，即凸边处的圆角半径（凸半径）和凹边处的圆角半径（凹半径）。

要创建自动倒圆角特征，则可以按照如下的步骤进行。

步骤 1 在菜单栏中选择“插入|自动倒圆角”命令，打开如图 3-70 所示的自动倒圆角操控板。

图 3-70 自动倒圆角操控板

步骤 2 在自动倒圆角操控板中打开“范围”滑出面板，如图 3-71 左图所示。在该滑出面板中，勾选“实体几何”单选按钮、“面组”单选按钮或“选取的边”单选按钮，并根据相应提示在绘图区选择对象。

步骤 3 接着根据设计需要，在“范围”滑出面板中决定“凸边”复选框和“凹边”复选框的状态。当选中“凸边”复选框时，可以在所有凸边上建立自动倒圆角特征；当选中“凹边”复选框时，可以在模型的所有凹边上建立自动倒圆角特征。可以同时选中这两个复选框，以同时在模型的凸边和凹边上创建自动倒圆角特征。

步骤 4 在或旁的框中输入或选择数值/选项来指定凸边或凹边的半径（曲率半径）。

步骤 5 如果不想对某些边执行自动倒圆角操作，那么在自动倒圆角操控板中打开“排除”滑出面板，如图 3-71 中图所示，激活“排除的边”收集器，然后从模型中选择要从自动倒圆角特征中排除的边。

步骤 6 如果要创建一组常规的倒圆角特征，而非一个自动倒圆角特征，那么在自动倒圆角操控板中打开“选项”滑出面板，然后选中“创建常规倒圆角特征组”复选框。当设置要创建常规倒圆角特征组时，还可以继续设置相关选项，如图 3-71 右图所示。

步骤 7 在自动倒圆角操控板中单击“应用并保存”按钮。

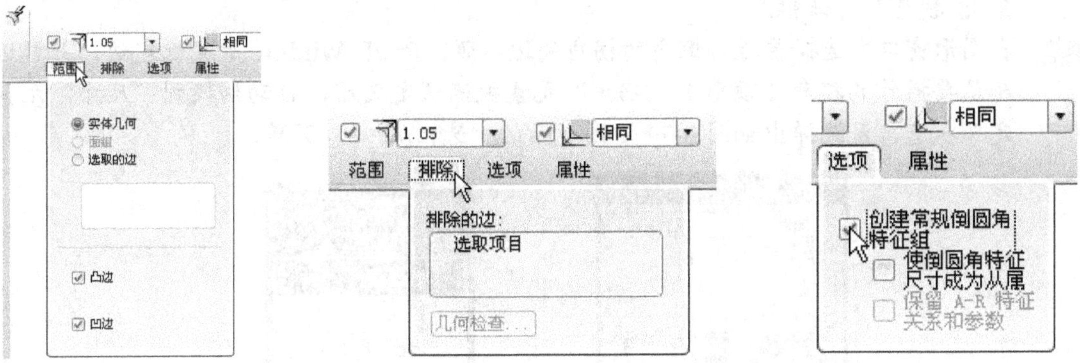

图 3-71　“范围”、“排除”和“选项”滑出面板

7. 倒角特征

倒角特征是一类对边或拐角进行斜切削的特征。在 Pro/E Wildfire 5.0 可以创建两种类型的倒角：边倒角和拐角倒角，如图 3-72 所示。

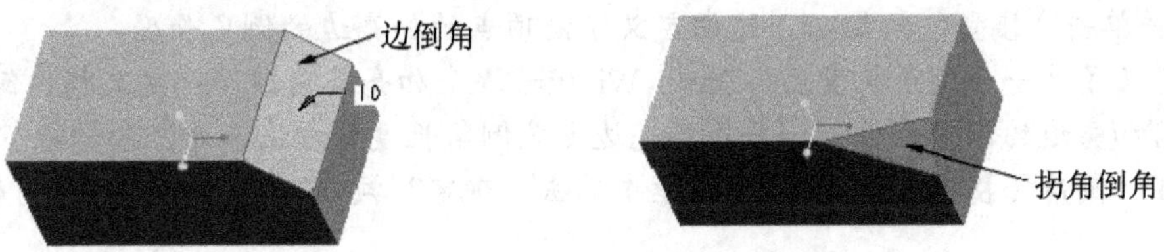

图 3-72　示例：边倒角和拐角倒角

（1）边倒角

创建边倒角的方法步骤和创建倒圆角的方法步骤较为类似。要创建边倒角，可在“工程特征”工具栏中单击“倒角”按钮，或者在菜单栏中选择“插入|倒角|边倒角”命令，打开如图 3-73 所示的边倒角操控板。

在边倒角操控板的“标注形式”下拉列表框中为倒角集设定当前标注形式（如“D×D”、“D1×D2”、“角度×D”、“45×D”、“O×O”或“O1×O2”），并设置相应的标注尺寸参数，确定好倒角集的参照后，单击“应用并保存”按钮即可创建边倒角特征。

图 3-73　边倒角操控板

（2）拐角倒角

拐角倒角可从零件的拐角处移除材料。创建拐角倒角的步骤如下。

步骤 1　在菜单栏中选择“插入|倒角|拐角倒角”命令，弹出如图 3-74 左图所示的“倒角（拐

角）：拐角”对话框。

步骤 2 在图形窗口中选择要进行倒角的拐角的边参照，Pro/E Wildfire 加亮选定边，并就近确认要操作的拐角（顶角）。“拐角”元素被确认定义后，自动切换到“尺寸”元素定义状态，系统弹出如图 3-74 右图所示的“选出/输入”菜单。

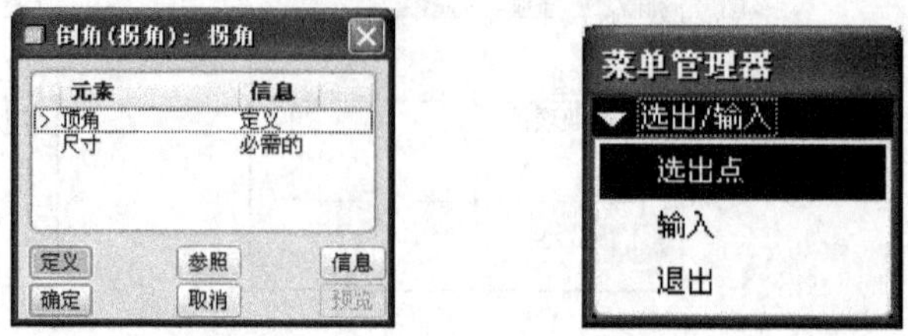

图 3-74 “倒角（拐角）：拐角”对话框和“选出/输入”菜单

步骤 3 执行如下操作之一。

- 在“选出/输入”菜单中选择“选出点”选项，并在加亮边上选择一个点，定义沿顶点的边的倒角长度。
- 在“选出/倒角”菜单中选择“输入”选项，在出现的尺寸框中输入倒角长度尺寸值，并单击“接受”按钮☑，这便定义了沿顶点的加亮边的倒角长度。

步骤 4 定义了第一个倒角长度后，Pro/E Wildfire 逐个加亮其它边，以定义拐角倒角的其他沿加亮边的倒角长度。为每条加亮边定义倒角长度的方法 3 介绍的一样。

步骤 5 在“倒角（拐角）：拐角”对话框中单击“确定”按钮，完成创建拐角倒角。

三、任务实践

在学习了建模的一些基本理论知识（包括建模概述、基准特征、基础形状特征和工程特征）后，接下来通过几个案例来更深入地学习这些理论知识在实践中的应用，并掌握在 Pro/E Wildfire 5.0 中创建简单零件的方法和技巧，以及了解建模思路。

任务一　设计工作台小底座零件

本任务将通过创建如图 3-75 所示的工作台小底座零件来学习简单零件建模的设计思路和方法，并练习创建拉伸特征、基准平面、基准轴、孔特征和倒角特征等操作。案例最终效果请参考本书配套素材“范例素材\CH3\bc_3_r1_finish.prt”文件。

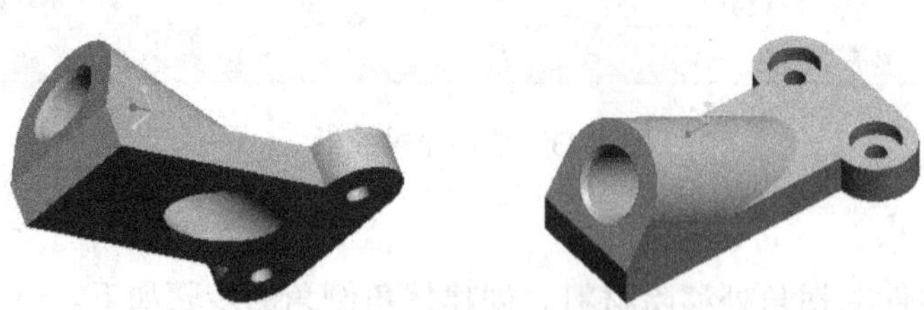

图 3-75　工作台小底座零件

任务分析

该零件结构相对简单，先创建一个拉伸特征作为基础坯体，接着在该坯体的基础上创建基准平面和基准轴以作为后续特征的放置参照，最后创建其他的拉伸特征，以及孔特征和倒角特征等。

任务实施

（1）新建实体零件文件

步骤 1　在“文件”工具栏中单击“新建”按钮，或者按【Ctrl+N】快捷键，弹出“新建”对话框。

步骤 2　从“类型”选项组中选择“零件”单选按钮，从“子类型”选项组中选择“实体”单选按钮，在“名称”文本框中输入“bc_3_r1”，接着取消选中“使用缺省模板”复选框，单击“确定”按钮。

步骤 3　系统弹出“新文件选项”对话框，选择“mmns_part_solid”公制模板，单击“确定”按钮，从而创建一个使用公制模板的实体零件文件。

（2）创建一个拉伸特征作为基础坯体

步骤 1　在右工具箱的“基础特征”工具栏中单击“拉伸”按钮，打开拉伸操控板，默认时该操控板中的“实体”按钮处于被选中的状态。

步骤 2　在拉伸操控板中打开“放置”滑出面板，单击“定义”按钮，弹出“草绘”对话框。选择“TOP”基准平面作为草绘平面，草绘方向采用默认设置，单击对话框中的“草绘”按钮，进入草绘模式。

步骤 3　绘制如图 3-76 左图所示的拉伸剖面，单击“完成”按钮✔，完成草绘并退出草绘模式。

步骤 4　在拉伸操控板的深度选项下拉列表框中默认选择“盲孔”选项，设置侧 1 的拉伸深度值为 50。

步骤 5　在拉伸操控板中单击“应用并保存”按钮，完成该拉伸特征，得到的基础坯件如图 3-76 右图所示。

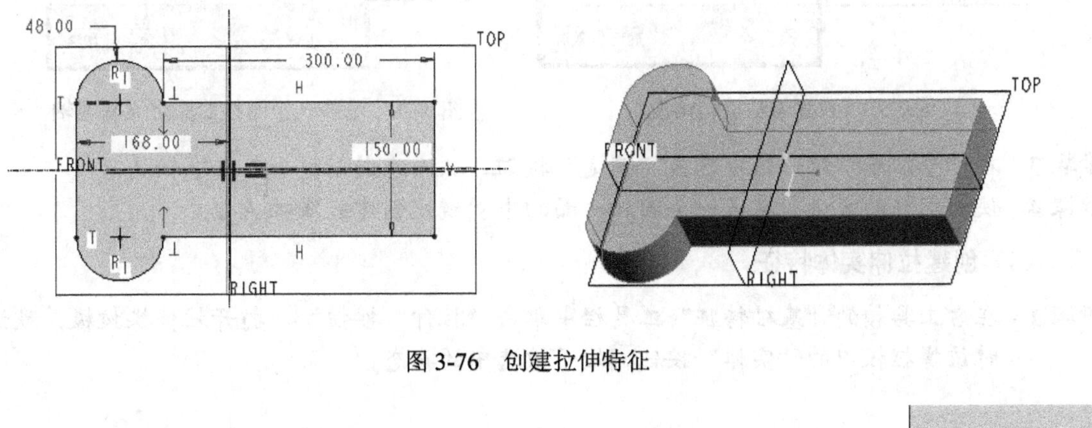

图 3-76　创建拉伸特征

（3）创建一个基准平面

步骤 1 在右工具箱的“基准”工具栏中单击“基准平面”按钮，或者在菜单栏中选择“插入|模型基准|平面”命令，弹出“基准平面”对话框。

步骤 2 选择图 3-77 左图所示的边线，按住【Ctrl】键的同时选择如图 3-77 右图所示的实体平整曲面。

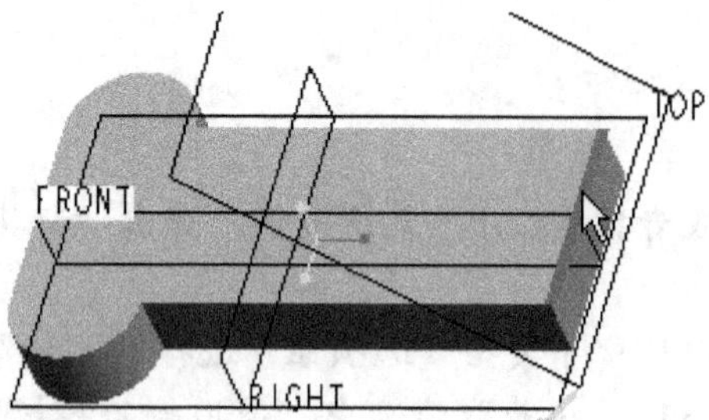

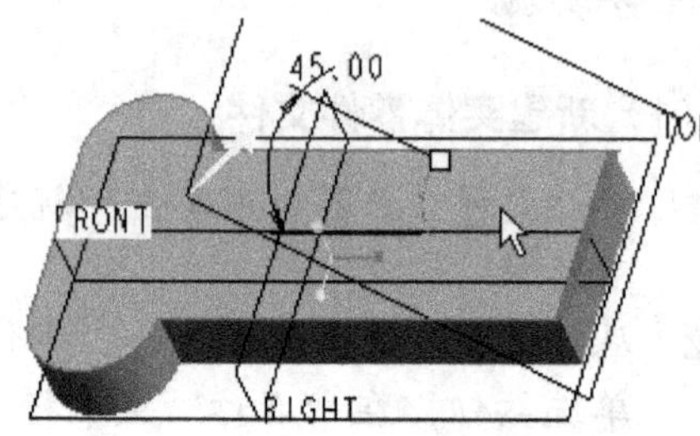

图 3-77 选择边线平整面

步骤 3 参考图 3-78 所示设置所选参照的约束类型，并设置偏移旋转角度为“60”，然后单击“确定”按钮，从而完成创建一个 DTM1 基准平面。

（4）创建两条基准轴

步骤 1 在右工具箱的“基准”工具栏中单击“基准轴”按钮，或者在菜单栏中选择“插入|模型基准|轴”命令，系统弹出“基准轴”对话框。

步骤 2 选择如图 3-79 所示的一个圆柱曲面，默认其约束类型选项为“穿过”。

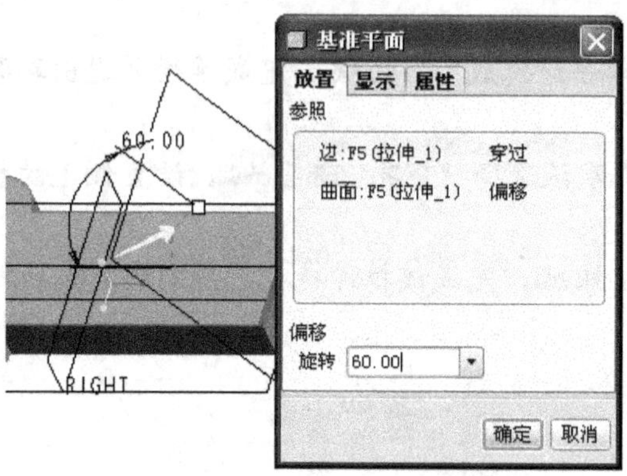

图 3-78 设置偏移旋转角度

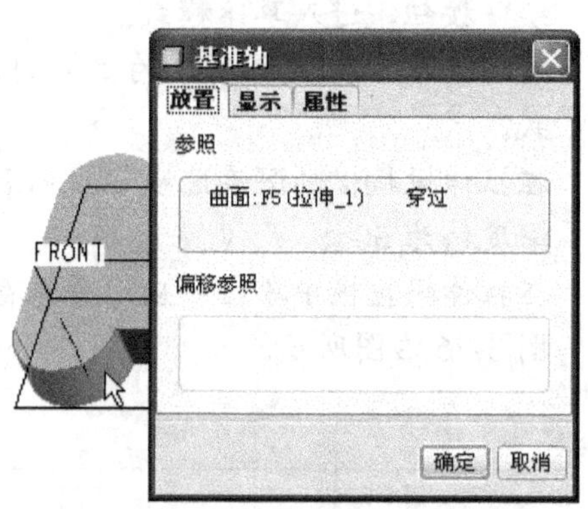

图 3-79 选择一个圆柱曲面定义基准轴

步骤 3 在“基准轴”对话框中单击“确定”按钮，从而完成创建一条基准轴 A_1。

步骤 4 使用同样的方法，在另一个圆柱曲面的中心线处创建基准轴 A_2。

（5）创建拉伸实体特征

步骤 1 在右工具箱的“基础特征”工具栏中单击“拉伸”按钮，打开拉伸操控板，默认时该操控板中的“实体”按钮处于被选中的状态。

步骤 2　在拉伸操控板中打开“放置”滑出面板，单击“定义”按钮，弹出“草绘”对话框。选择之前创建的“DTM1”基准平面作为草绘平面，以“FRONT”基准平面作为“底部”方向参照，如图 3-80 所示，然后单击“草绘”对话框中的“草绘”按钮，进入草绘模式。

步骤 3　在菜单栏中选择“草绘|参照”命令，利用弹出来的“参照”对话框来指定新绘图参考，如图 3-81 所示，然后在“参照”对话框中单击“关闭”按钮。

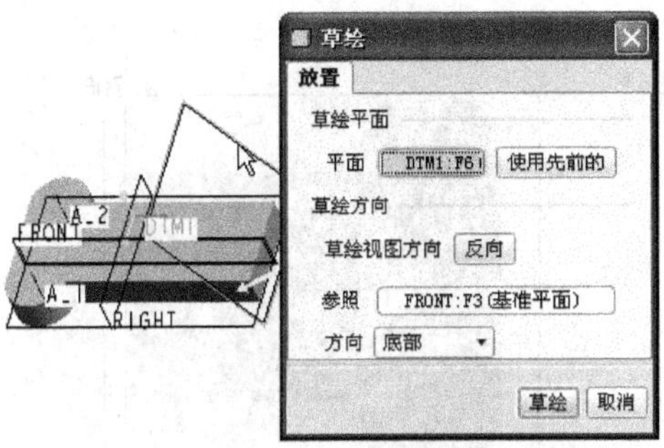

图 3-80　指定草绘平面及草绘方向

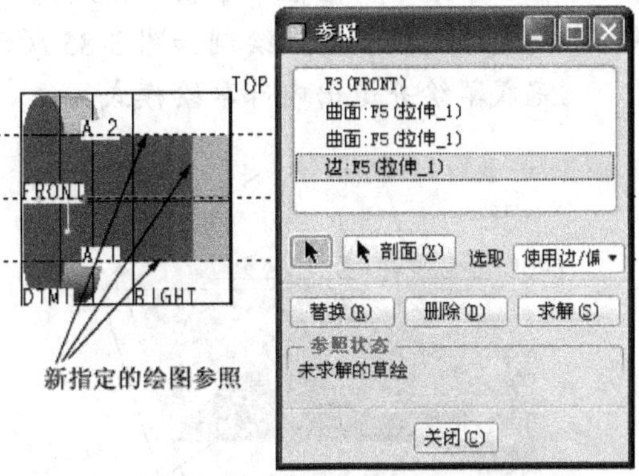

图 3-81　指定新绘图参照

> **提示**　在进行某些特征的创建过程中，有时需要利用“参照”对话框指定绘图参照以辅助草绘。若系统没有自动弹出“参照”对话框，而用户又想指定绘图参照，那么用户可以在菜单栏中选择“草绘|参照”命令来打开“参照”对话框，然后选择几何对象定义绘图参照即可。

步骤 4　绘制如图 3-82 所示的拉伸剖面，单击“完成”按钮✔。

步骤 5　在拉伸操控板中单击“将拉伸的深度方向更改为草绘的另一侧”按钮，以设置拉伸的深度方向由草绘平面垂直指向实体模型，然后从侧 1 的深度选项下拉列表框中选择“拉伸至下一曲面”选项（表示拉伸特征到达第一个曲面时将其终止），如图 3-83 所示。

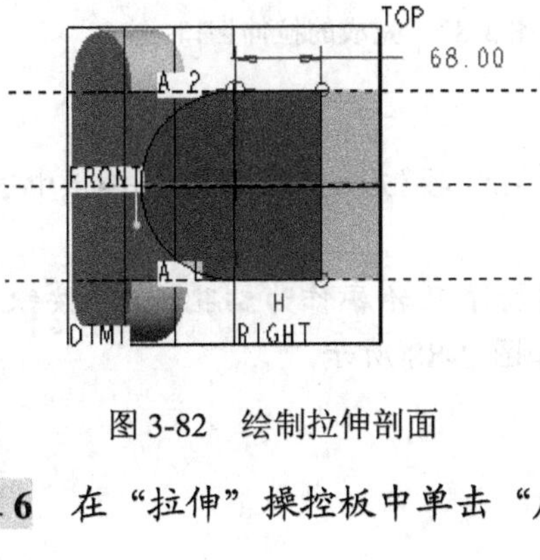

图 3-82　绘制拉伸剖面

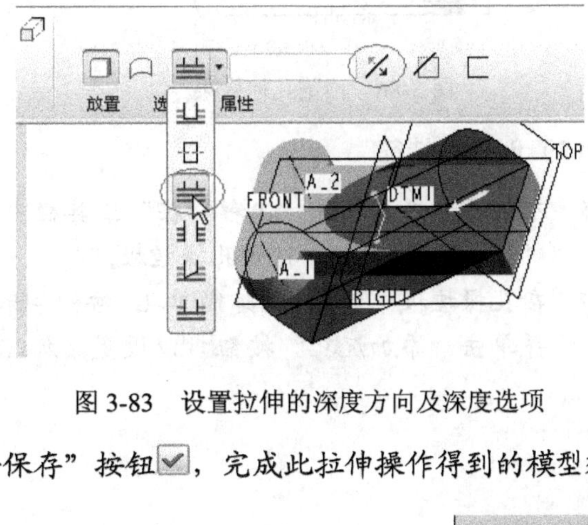

图 3-83　设置拉伸的深度方向及深度选项

步骤 6　在“拉伸”操控板中单击“应用并保存”按钮✔，完成此拉伸操作得到的模型效果如图 3-84 所示。

（6）以拉伸的方式切除材料，即创建拉伸切口

步骤 1 在右工具箱的“基础特征”工具栏中单击“拉伸”按钮，打开拉伸操控板，默认时该操控板中的“实体”按钮处于被选中的状态，单击按下“移除材料”按钮。

步骤 2 在拉伸操控板中打开“放置”滑出面板，单击“定义”按钮，弹出“草绘”对话框。在“草绘”对话框中单击“使用先前的”按钮，进入草绘模式。

步骤 3 指定绘图参照后，绘制如图 3-85 所示的拉伸切口剖面，然后单击“完成”按钮✔，完成草绘并退出内部草绘模式。

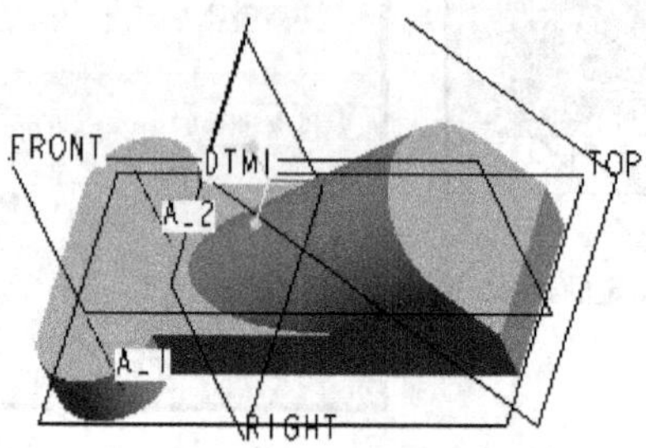

图 3-84　完成此拉伸操作

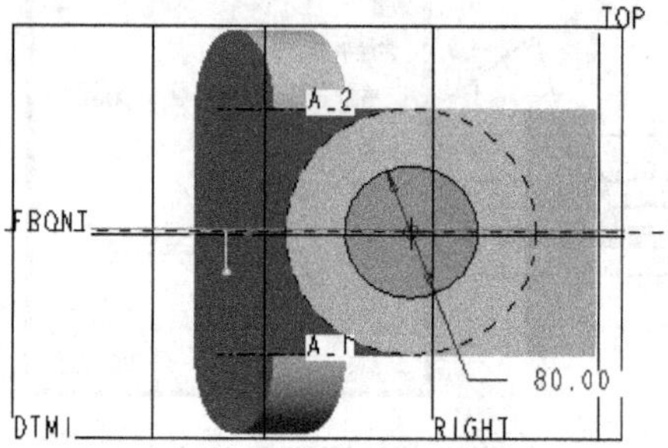

图 3-85　绘制拉伸切口剖面

步骤 4 在拉伸操控板的侧 1 深度选项下拉列表框中选择“穿透”选项（表示沿草绘截面的垂直方向进行拉伸，在特征到达最后一个曲面时将其终止），此时应确保预览几何效果如图 3-86 所示。

步骤 5 在拉伸操控板中单击“应用并保存”按钮，完成的拉伸切口如图 3-87 所示。

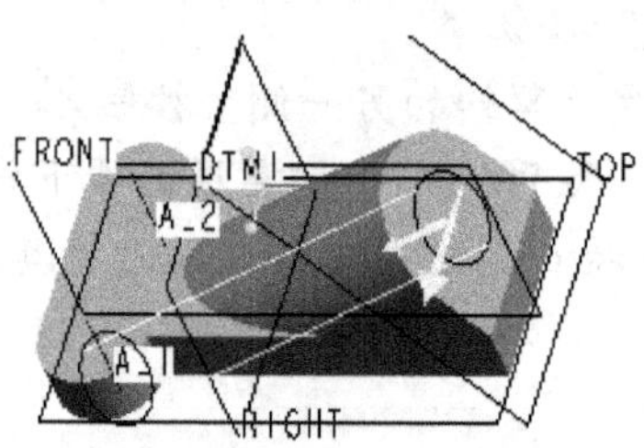

图 3-86　预览几何效果

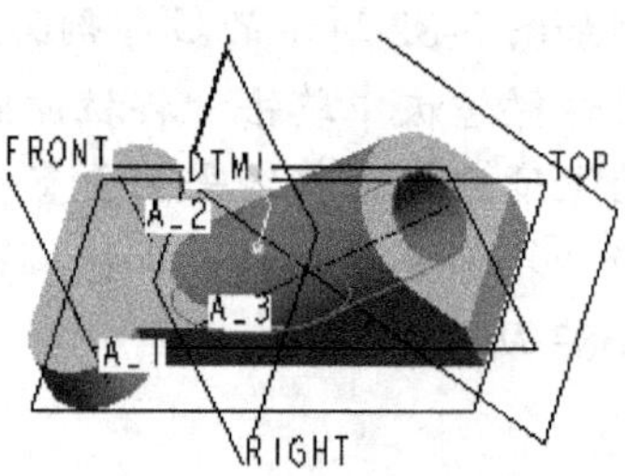

图 3-87　完成的拉伸切口

（7）创建孔特征

步骤 1 在位于右工具箱的“工程特征”工具栏中单击“孔”按钮，或者在菜单栏中选择“插入|孔”命令，打开孔操控板。

步骤 2 在孔操控板中单击“创建简单孔”按钮和“使用标准孔轮廓作为钻孔轮廓”按钮，并单击“添加沉孔”按钮以设置添加沉孔，如图 3-88 所示。

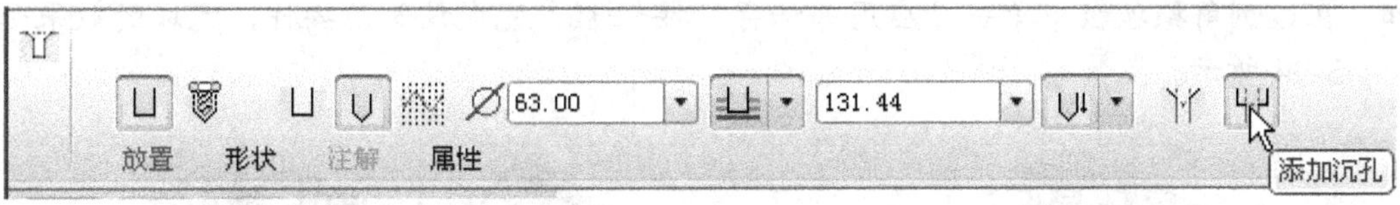

图 3-88　在孔操控板中进行设置

步骤 3　打开“形状”滑出面板，设置如图 3-89 所示的孔形状参数。

步骤 4　打开“放置”滑出面板，在模型中选择前面创建的 A_1 基准轴作为主放置的第一参照，按住【Ctrl】键的同时在模型中单击一个平整面作为主放置的第二参照，如图 3-90 所示。

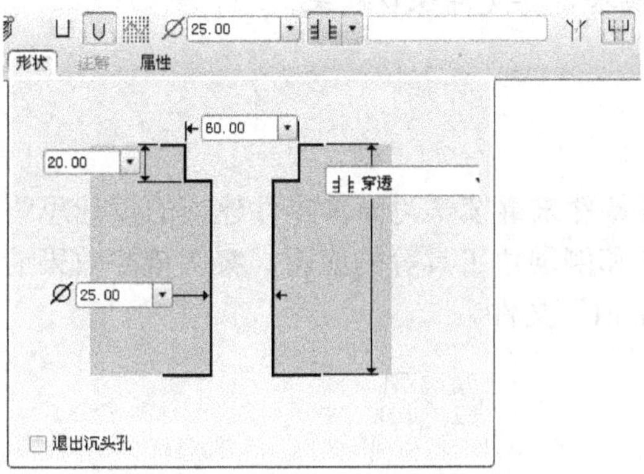

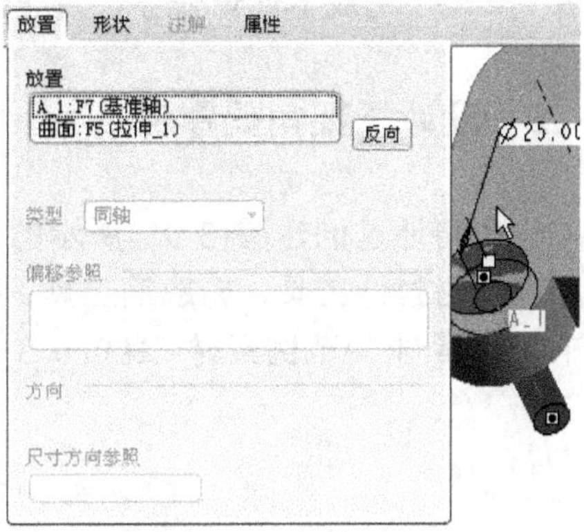

图 3-89　设置孔特征的形状参数　　　　图 3-90　指定主放置参照

步骤 5　在孔操控板中单击“应用并保存”按钮☑，完成如图 3-91 所示的第一个孔特征。

步骤 6　使用相同的方法，在模型中创建规格相同的另一个孔特征，如图 3-92 所示。

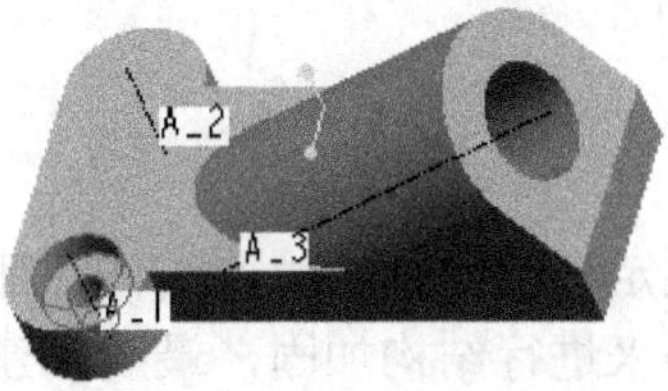

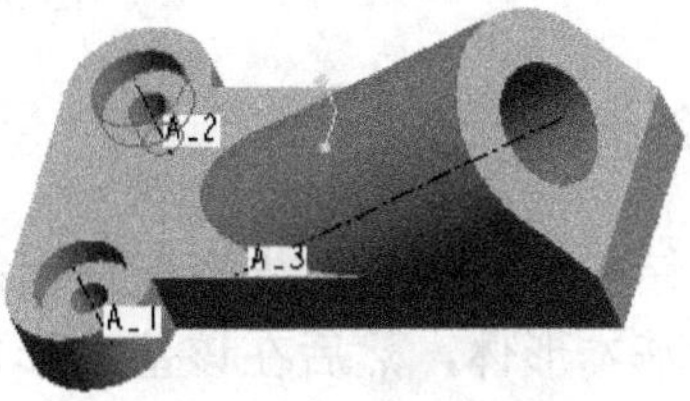

图 3-91　创建第一个孔特征　　　　图 3-92　创建第二个孔特征

（8）创建倒角特征

步骤 1　在“工程特征”工具栏中单击“倒角”按钮，或者在菜单栏中选择“插入|倒角|边倒角”命令，打开边倒角操控板。

步骤 2　在边倒角操控板的“标注形式”下拉列表框中选择“45 × D”标注形式选项，并在“D”框中设置其值为 5。

步骤 3　选择要倒角的边参照，如图 3-93 所示。

步骤 4 在边倒角操控板中单击“应用并保存”按钮，完成该倒角操作，完成的效果如图 3-94 所示。

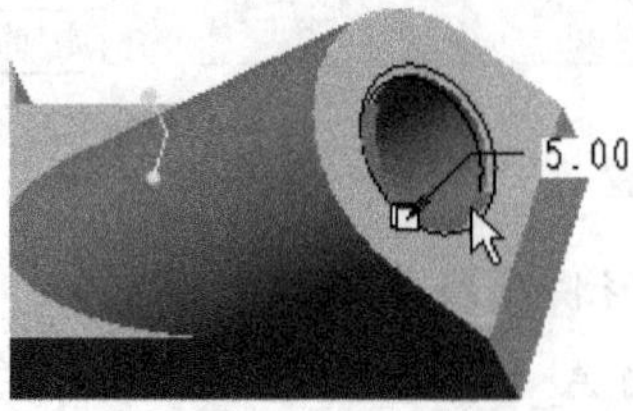

图 3-93 选择要倒角的边参照

图 3-94 完成边倒角操作

步骤 5 至此，完成本设计任务，按【Ctrl+S】快捷键将文件保存起来。

任务二 设计托架角码零件

本任务将通过创建图 3-95 所示的托架角码零件来继续学习简单零件建模的设计思路和方法，并练习拉伸工具、轮廓筋工具、倒角工具和倒圆角工具等的应用。案例最终效果请参考本书配套素材“\范例素材\CH3\bc_3_r2_finish.prt”文件。

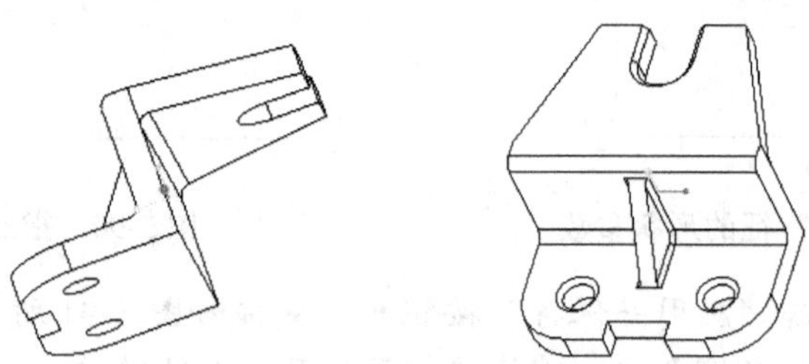

图 3-95 托架角码零件

任务分析

该零件结构相对简单，先多次使用拉伸工具按照预定顺序来创建拉伸实体特征，以构建托架角码的基本形体，然后在该基本形体上创建轮廓筋来进行结构加固，最后创建倒角特征和倒圆角特征。

任务实施

（1）新建实体零件文件

步骤 1 打开“新建”对话框，从“类型”选项组中选择“零件”单选按钮，从“子类型”选项组中选择“实体”单选按钮，在“名称”文本框中输入“bc_3_r2”，接着取消选中“使用缺省模板”复选框，单击“确定”按钮。

步骤 2 弹出“新文件选项”对话框，选择“mmns_part_solid”公制模板，单击“确定”按钮，从而创建一个使用指定公制模板的实体零件文件。

（2）创建基本体 1

步骤 1 在右工具箱的“基础特征”工具栏中单击“拉伸”按钮，打开拉伸操控板，默认时该操控板中的“实体”按钮处于被选中的状态。

步骤 2 在拉伸操控板中打开“放置”滑出面板，单击“定义”按钮，弹出“草绘”对话框。选择“TOP”基准平面作为草绘平面，默认以“RIGHT”基准平面为“右”方向参照，单击“草绘”对话框中的“草绘”按钮，进入草绘模式。

步骤 3 绘制如图 3-96 所示的拉伸剖面，单击“完成”按钮。

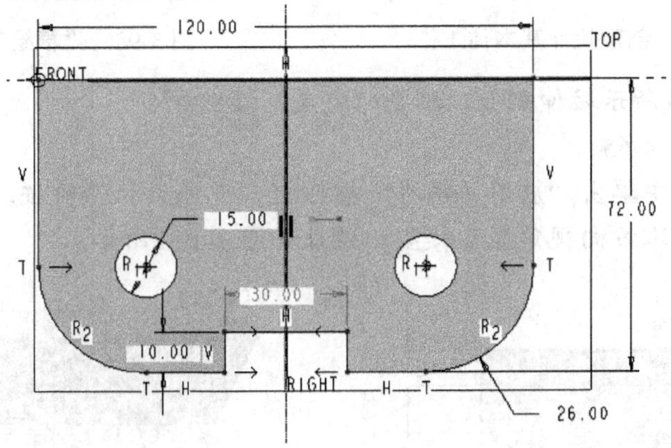

图 3-96 绘制拉伸剖面

步骤 5 在拉伸操控板的深度选项下拉列表框中选择默认的“盲孔”选项（从草绘平面以指定的深度值拉伸草绘截面），设置侧 1 的拉伸深度值为 12.5，接受默认的拉伸深度方向。

步骤 6 在拉伸操控板中单击“应用并保存”按钮，完成该拉伸特征，按【Ctrl+D】快捷键以默认的标准方向视角显示模型，效果如图 3-97 所示。

（3）创建基本体 2

步骤 1 单击“拉伸”按钮，打开拉伸操控板，默认时该操控板中的“实体”按钮处于被选中的状态。

步骤 2 打开拉伸操控板的“放置”滑出面板，接着在“放置”滑出面板中单击“定义”按钮，弹出“草绘”对话框。

步骤 3 在“草绘”对话框中单击“使用先前的”按钮（如图 3-98 所示），从而使用先前的草绘平面及草绘方向来进入草绘模式。

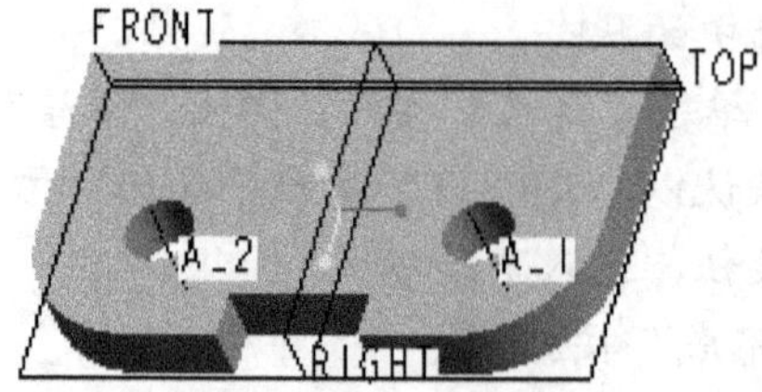

图 3-97　创建拉伸基本体 1

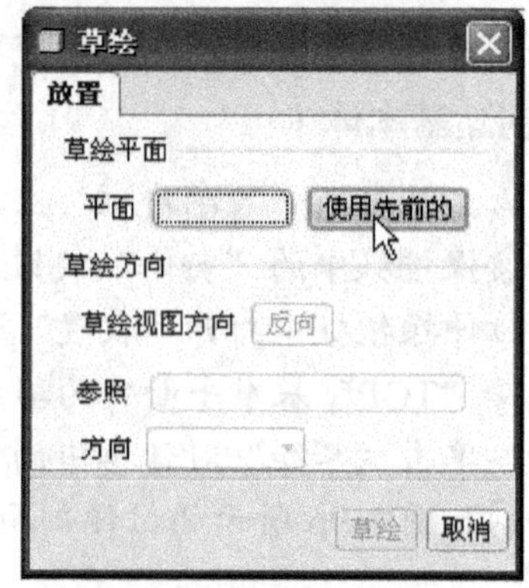

图 3-98　“草绘”对话框

步骤 4　绘制如图 3-99 所示拉伸剖面，单击“完成”按钮✔。

步骤 5　设置拉伸深度为 65。

步骤 6　在拉伸操控板中单击“应用并保存”按钮☑，完成该拉伸特征，按【Ctrl+D】快捷键以默认的标准方向视角显示模型，效果如图 3-100 所示。

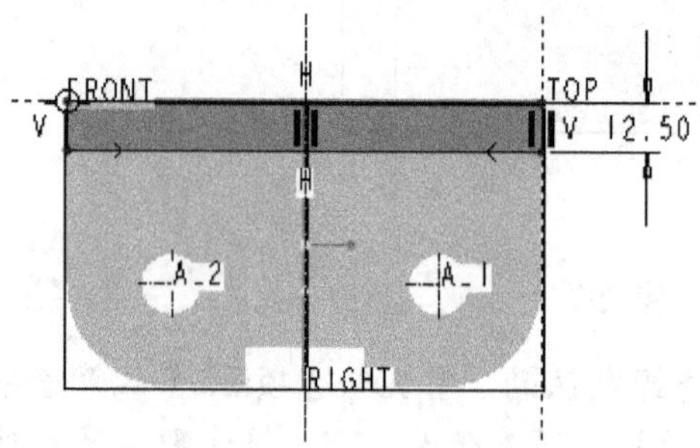

图 3-99　草绘拉伸剖面

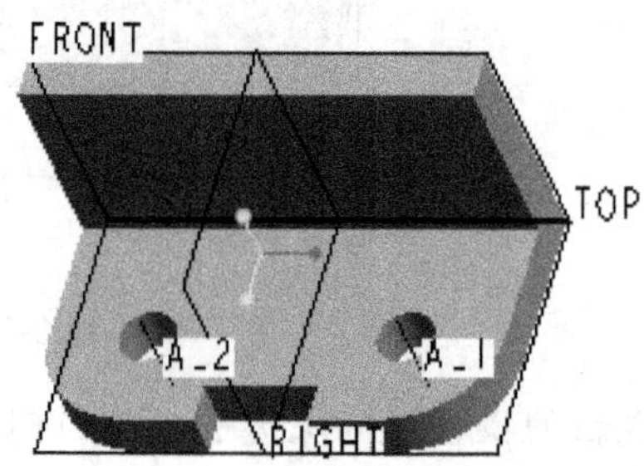

图 3-100　创建基本体 2

（4）创建基本体 3

步骤 1　单击“拉伸”按钮，打开拉伸操控板，默认时该操控板中的“实体”按钮□处于被选中的状态。

步骤 2　打开拉伸操控板的“放置”滑出面板，接着在“放置”滑出面板中单击“定义”按钮，弹出“草绘”对话框。

步骤 3　选择如图 3-101 所示的零件平整表面定义草绘平面，默认以“RIGHT”基准平面为“右”方向参照，单击“草绘”按钮进入草绘模式。

步骤 4　在菜单栏中选择“草绘|参照”命令，打开“参照”对话框，指定如图 3-102 所示的绘图参照，然后在“参照”对话框中单击“关闭”按钮。使用相关的草绘工具绘制如图 3-103 所示的剖面，单击“完成”按钮✔。

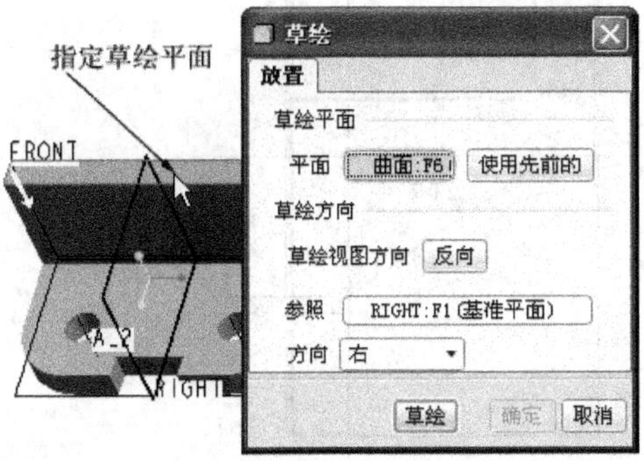

图 3-101　指定草绘平面

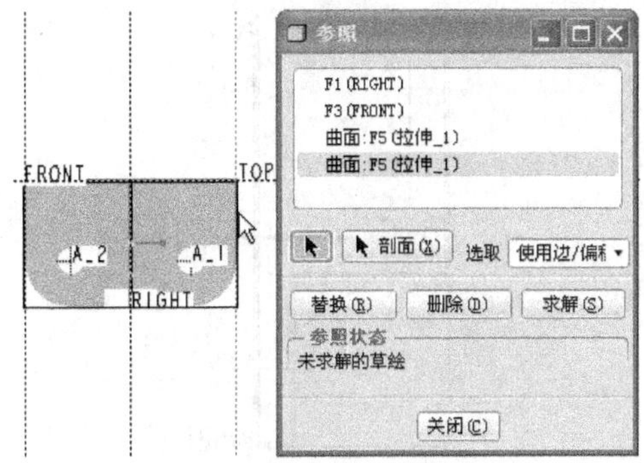

图 3-102　指定绘图参照

步骤 5　设置拉伸深度为 12.5，并单击“将拉伸的深度方向更改为草绘的另一侧”按钮，确保使深度方向如图 3-104 所示。

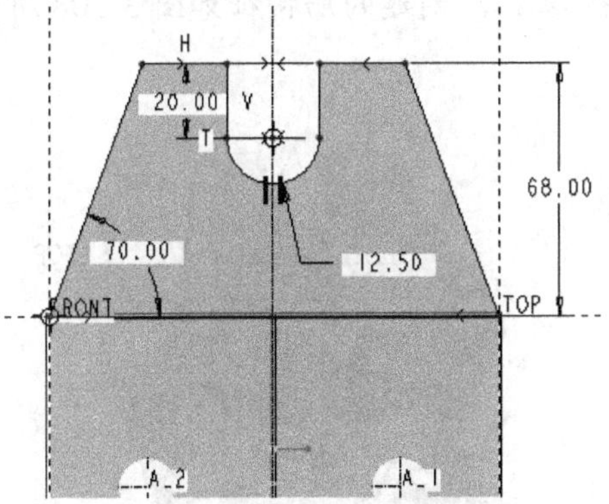

图 3-103　绘制拉伸剖面

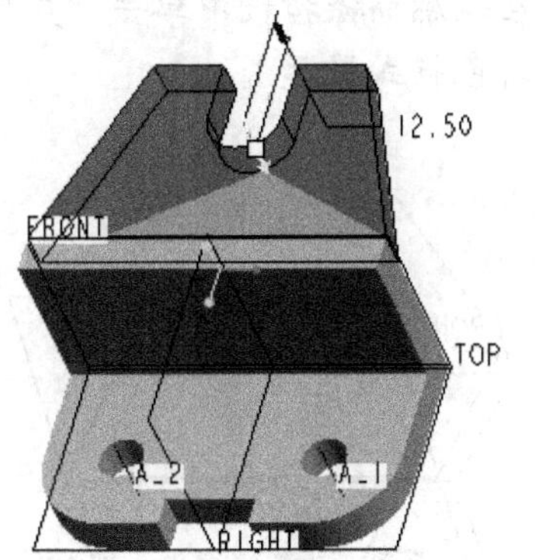

图 3-104　设置拉伸的深度方向

步骤 6　在拉伸操控板中单击“应用并保存”按钮，完成该拉伸特征。

（5）创建轮廓筋特征来加强零件

步骤 1　在“工程特征”工具栏中单击“轮廓筋”按钮，或者在菜单栏中选择“插入|筋|轮廓筋”命令，打开轮廓筋操控板。

步骤 2　在轮廓筋操控板中打开“参照”滑出面板，单击其上的“定义”按钮，弹出“草绘”对话框。

步骤 3　选择“RIGHT”基准平面作为草绘平面，以“TOP”基准平面为“左”方向参照，单击“草绘”对话框中的“草绘”按钮，进入草绘模式中。

步骤 4　单击“线”按钮，绘制如图 3-105 所示的一条直线。单击“重合”约束按钮，将直线的两个端点分别约束到要连接的轮廓投影边上，并修改直线的相关尺寸，如图 3-106 所示。然后单击“完成”按钮，完成草绘并退出草绘模式。

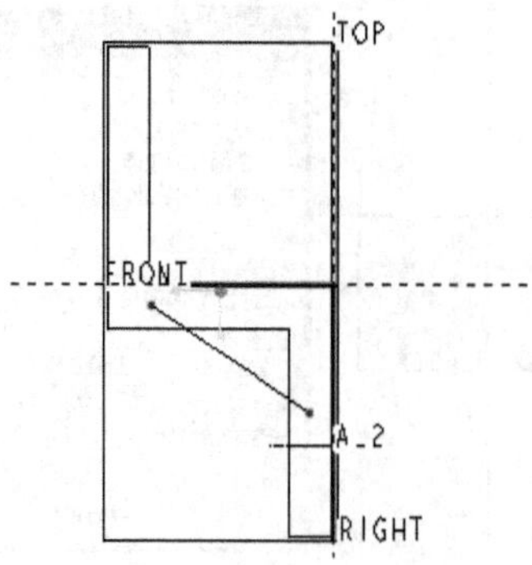

图 3-105　绘制一条直线

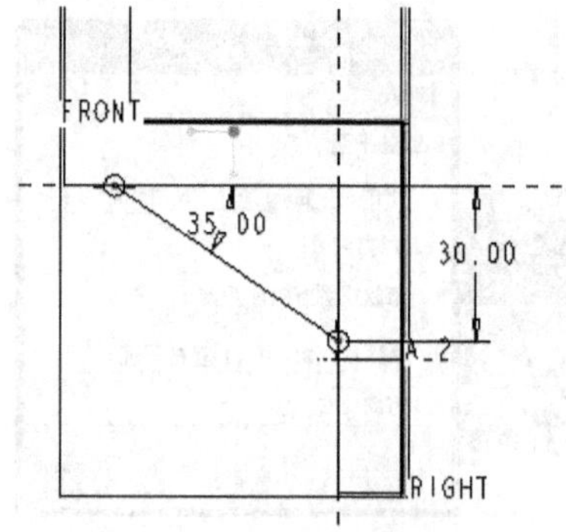

图 3-106　完成草绘

步骤 5　在轮廓筋操控板的（厚度）文本框中输入筋厚度值为 8。此时，若按【Ctrl+D】快捷键，则可以观察到如图 3-107 所示的筋几何预览效果。

步骤 6　在轮廓筋操控板中单击“应用并保存”按钮，创建的筋特征如图 3-108 所示（以着色样式显示）。

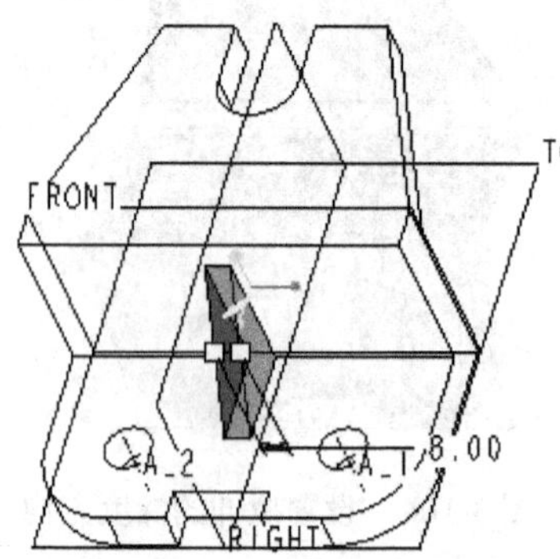

图 3-107　筋几何预览效果

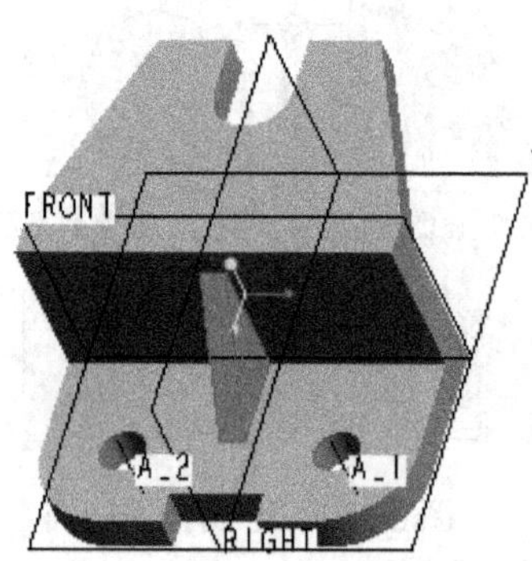

图 3-108　创建的筋特征

（6）创建倒角特征

步骤 1　在“工程特征”工具栏中单击“倒角”按钮，或者在菜单栏中选择“插入|倒角|边倒角”命令，打开边倒角操控板。

步骤 2　在边倒角操控板的“标注形式”下拉列表框中选择“45 × D”标注形式选项，并在“D”框中设置其值为 2.5。

步骤 3　选择要倒角的边参照（按住【Ctrl】键的同时实现多选），如图 3-109 所示。

步骤 4　在边倒角操控板中单击“应用并保存”按钮，完成该倒角操作。

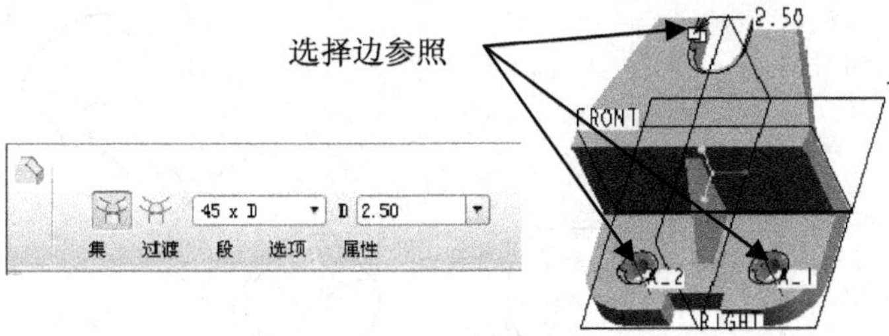

图 3-109　选择要倒角的边参照

（7）创建倒圆角特征

步骤 1　在“工程特征”工具栏中单击“倒圆角”按钮，或者在菜单栏中选择“插入|倒圆角”命令，打开倒圆角操控板。

步骤 2　在倒圆角操控板中输入当前倒圆角集的圆角半径为 5。

步骤 3　按住【Ctrl】键的同时选择如图 3-110 所示的 4 段边线。

步骤 4　在倒圆角操控板中单击“应用并保存”按钮，从而完成一个倒圆角特征。

步骤 5　使用同样的方法，单击“倒圆角”按钮，输入圆角半径为 2，按住【Ctrl】键的同时分别选择如图 3-111 所示的要倒圆角的边参照，单击“应用并保存”按钮。

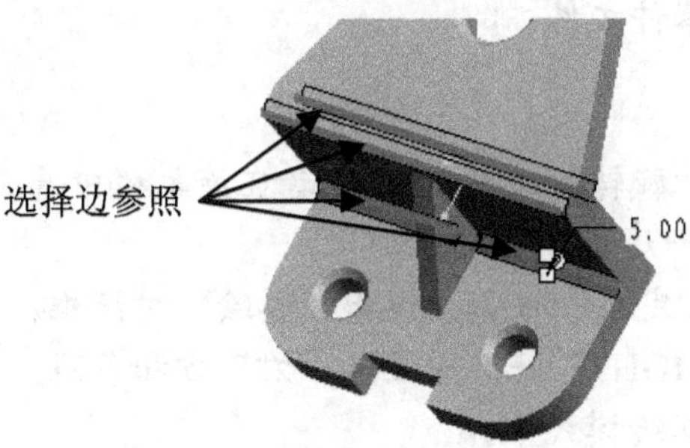

图 3-110　倒圆角操作 1

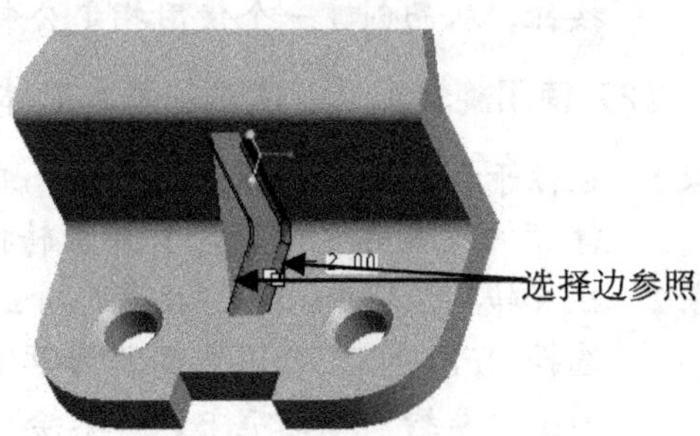

图 3-111　倒圆角操作 2

步骤 6　至此，完成本设计任务，按【Ctrl+S】快捷键将文件保存起来。

任务三　设计轴零件

本任务中，将应用旋转工具、基准平面工具、拉伸工具和倒角工具等创建如图 3-112 所示的轴零件。案例最终效果请参考本书提供的配套素材“\范例素材\CH3\bc_3_r3_finish.prt”文件。

任务分析

考虑到轴零件具有回转性质，因此可以先使用旋转工具来创建轴的基本形体，然后在该基本形体上创建出键槽，最后进行倒角操作即可。

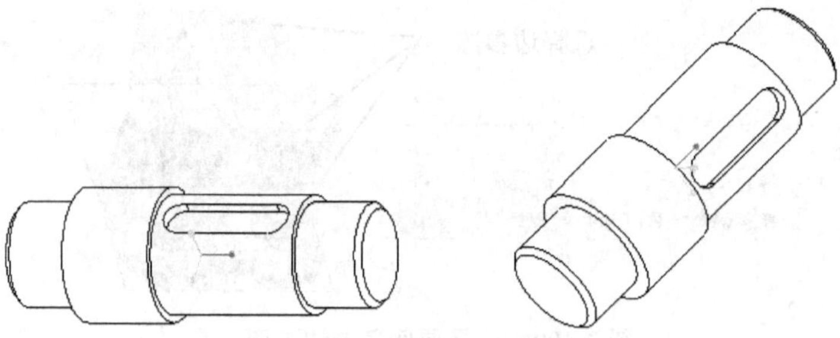

图 3-112　轴零件

任务实施

（1）新建实体零件文件

步骤 1　打开“新建”对话框，从“类型”选项组中选择“零件”单选按钮，从“子类型”选项组中选择“实体”单选按钮，在“名称”文本框中输入“bc_3_r3”，接着取消选中“使用缺省模板”复选框，单击“确定”按钮。

步骤 2　系统弹出“新文件选项”对话框，选择“mmns_part_solid”公制模板，单击“确定”按钮，从而创建一个使用指定公制模板的实体零件文件。

（2）使用旋转工具创建轴的基本形体

步骤 1　在位于右工具箱的“基础特征”工具栏中单击“旋转”按钮，或者在菜单栏中选择“插入|旋转”命令，打开旋转操控板。默认创建实体。

步骤 2　在旋转操控板中打开“放置”滑出面板，单击“定义”按钮，弹出“草绘”对话框。选择“FRONT”基准平面作为草绘平面，以“RIGHT”基准平面为“右”方向参照，单击“草绘”对话框中的“草绘”按钮，进入草绘模式中。

步骤 3　单击“几何中心线”按钮，先绘制一条水平的几何中心线作为旋转轴，接着单击“线”按钮，在几何中心线的上方一侧绘制封闭的旋转剖面，如图 3-113 所示，单击“完成”按钮。

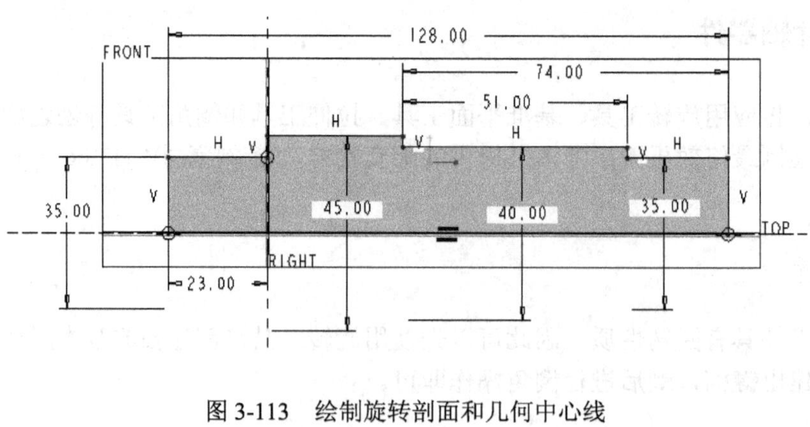

图 3-113　绘制旋转剖面和几何中心线

步骤 4　接受默认的旋转角度为 360°，接着在旋转操控板中单击“应用并保存”按钮☑，创建的轴基本形体如图 3-114 所示。

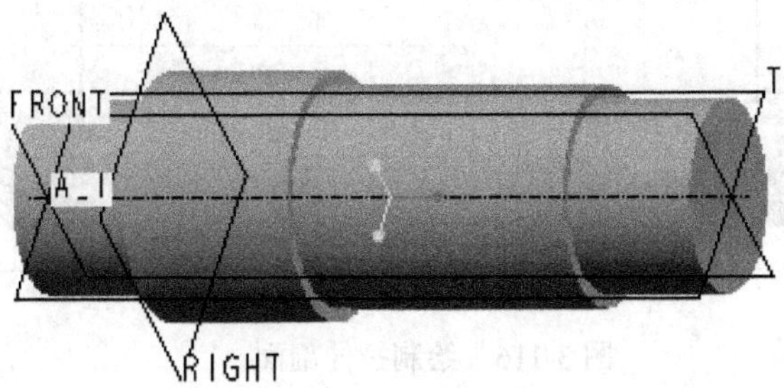

图 3-114　轴的基本形体

（3）创建基础平面 DTM1

步骤 1　在右工具箱的“基准”工具栏中单击“基准平面”按钮▱，或者在菜单栏中选择“插入|模型基准|平面”命令，弹出“基准平面”对话框。

步骤 2　选择“TOP”基准平面作为偏移参照，在“基准平面”对话框的“平移”下拉列表框中输入“15.5”（即设置偏移距离为 15.5），如图 3-115 所示。

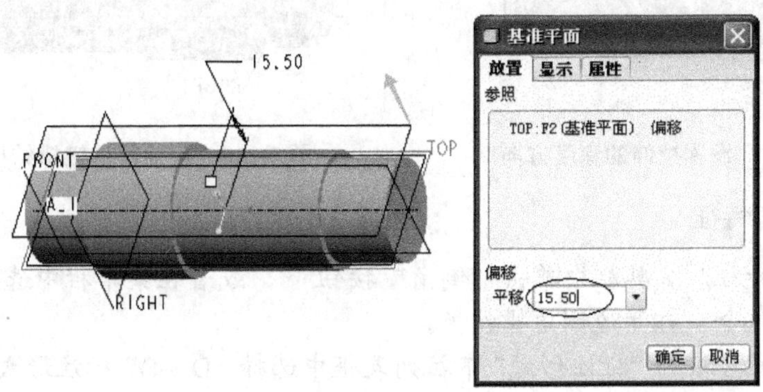

图 3-115　创建基准平面 DTM1

步骤 3　在“基准平面”对话框中单击“确定”按钮，完成创建基准平面 DTM1。

（4）以拉伸的方式切除出键槽结构

步骤 1　在位于右工具箱的“基础特征”工具栏中单击“拉伸”按钮，打开拉伸操控板，默认时该操控板中的“实体”按钮□处于被选中的状态，接着在该操控板中单击“移除材料”按钮。

步骤 2　在拉伸操控板中打开“放置”滑出面板，单击“定义”按钮，弹出“草绘”对话框，选择基准平面“DTM1”作为草绘平面，以“RIGHT”基准平面为“右”方向参照，单击“草绘”按钮，进入草绘模式。

步骤 3　绘制如图 3-116 所示的拉伸剖面，单击“完成”按钮✔。

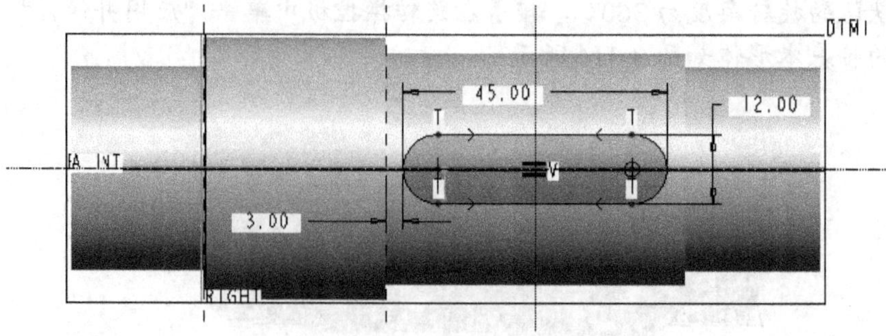

图 3-116　绘制拉伸剖面

步骤 4　在拉伸操控板的侧 1 深度选项下拉列表框中选择“穿透”选项，单击“将拉伸的深度方向更改为草绘的另一侧”按钮，使得拉伸的深度方向如图 3-117 所示。

步骤 5　在拉伸操控板中单击“应用并保存”按钮，创建好的键槽结构效果（拉伸切除的效果）如图 3-118 所示。

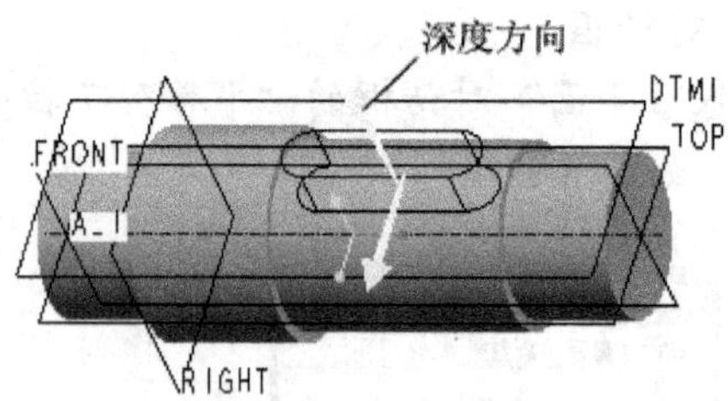

图 3-117　设置拉伸的深度方向

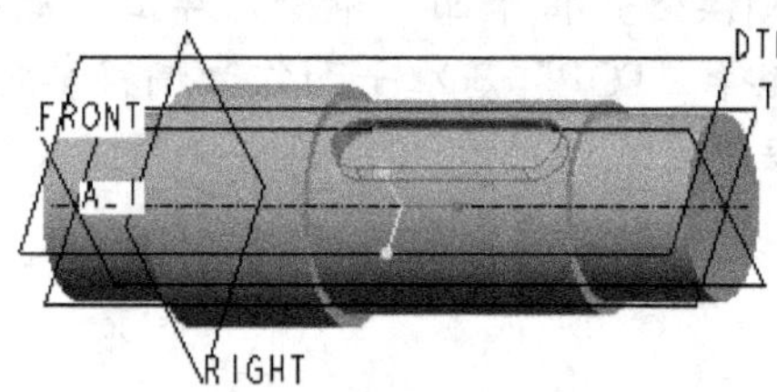

图 3-118　创建好的键槽结构效果

（5）**创建倒角特征**

步骤 1　在“工程特征”工具栏中单击“倒角”按钮，或者在菜单栏中选择“插入|倒角|边倒角”命令，打开边倒角操控板。

步骤 2　在边倒角操控板的“标注形式”下拉列表框中选择“D × D”标注形式选项，并在“D”框中设置 D 值为 2。

步骤 3　按住【Ctrl】键依次单击，选择图 3-119 所示的边作为参照。

步骤 4　在边倒角操控板中单击“应用并保存”按钮，完成该倒角操作，效果如图 3-120 所示。

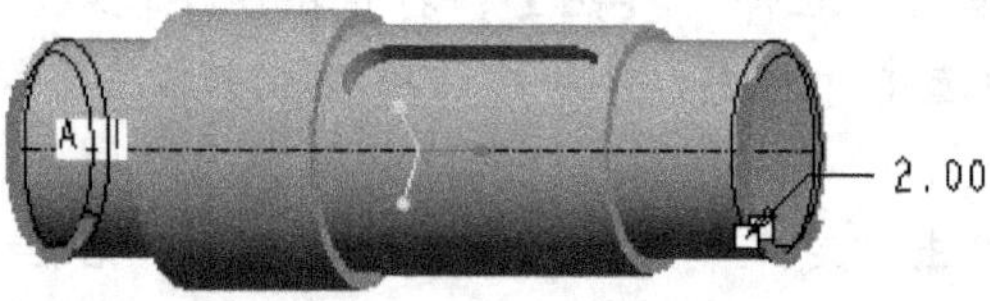

图 3-119　选择要倒角的边参照

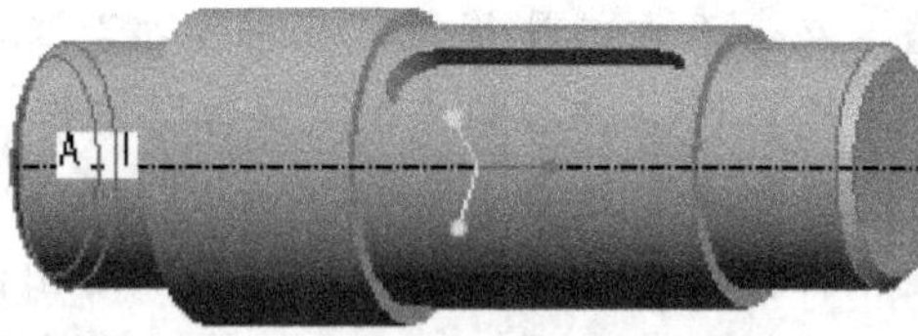

图 3-120　完成边倒角

步骤 5　至此，完成本设计任务，按【Ctrl+S】快捷键将文件保存起来。

任务四　设计支架零件

本任务中，将进行如图 3-121 所示的支架零件设计。在任务中将应用到拉伸工具、扫描命令和孔工具等，重点在于扫描工具的应用，以及在创建拉伸特征的过程中创建内部基准平面。案例最终效果请参考本书提供的配套素材“\范例素材\CH3\bc_3_r4_finish.prt”文件。

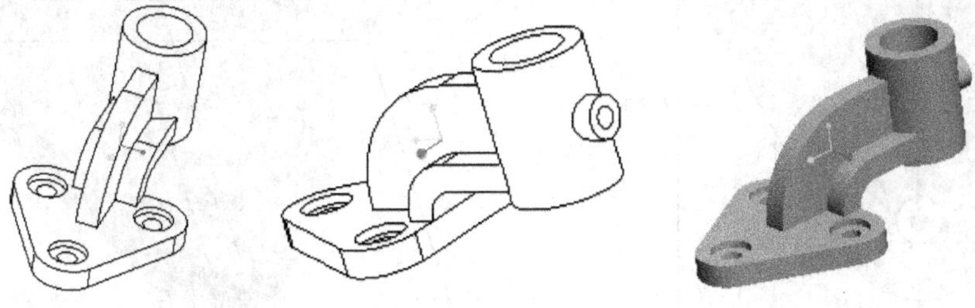

图 3-121　支架零件

任务分析

先使用拉伸工具创建支架的底座和与底座分离的一个圆柱体，接着使用扫描命令创建扫描实体特征来连接合并底座和圆柱体，最后进行支架零件的细节设计，如创建底座上的沉孔，为圆柱体侧面添加小凸台和使用孔工具创建所需的孔特征。

任务实施

（1）新建实体零件文件

步骤 1　打开“新建”对话框，从“类型”选项组中选择“零件”单选按钮，从“子类型”选项组中选择“实体”单选按钮，在“名称”文本框中输入“bc_3_r4”，接着取消选中“使用缺省模板”复选框，单击“确定”按钮，

步骤 2　系统弹出“新文件选项”对话框，选择“mmns_part_solid”公制模板，单击“确定”按钮，从而创建一个使用指定公制模板的实体零件文件。

（2）创建拉伸实体特征作为支架的底座

步骤 1　在右工具箱的“基础特征”工具栏中单击“拉伸”按钮，打开拉伸操控板，默认时该操控板中的“实体”按钮处于被选中的状态。

步骤 2　在拉伸操控板中打开“放置”滑出面板，单击“定义”按钮，弹出“草绘”对话框。选择“TOP”基准平面作为草绘平面，默认以“RIGHT”基准平面为“右”方向参照，单击“草绘”对话框中的“草绘”按钮，进入草绘模式。

步骤 3　绘制如图 3-122 所示的拉伸剖面，单击“完成”按钮✔。

步骤 4　在拉伸操控板的深度选项下拉列表框中选择默认的“盲孔”图标选项，设置侧 1 的拉伸深度值为 8，接受默认的拉伸深度方向。

步骤 5　在拉伸操控板中单击“应用并保存”按钮，完成该拉伸特征，按【Ctrl+D】快捷

键以默认的标准方向视角来显示模型，效果如图 3-123 所示。

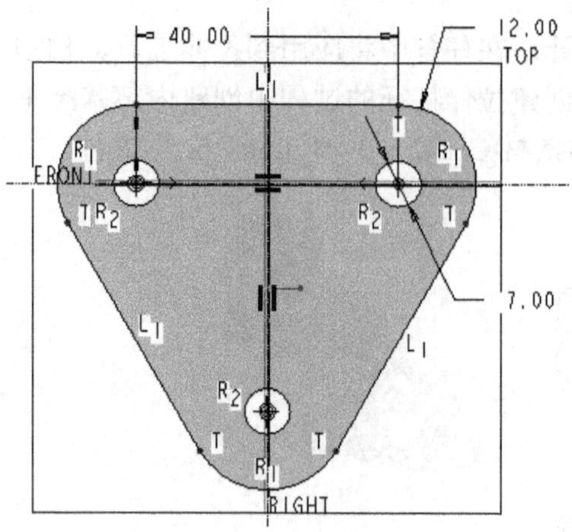

图 3-122　绘制拉伸剖面

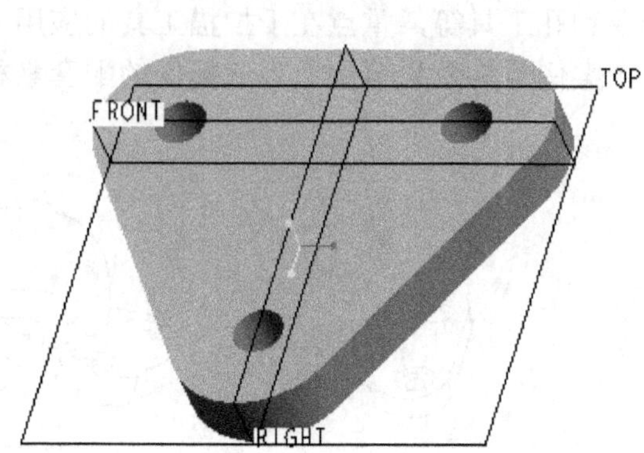

图 3-123　支架的底座

（3）使用拉伸工具创建与底座分离的圆柱体

步骤 1　在右工具箱的“基础特征”工具栏中单击“拉伸”按钮，打开拉伸操控板，默认时该操控板中的“实体”按钮处于被选中的状态。

步骤 2　在拉伸操控板中打开“放置”滑出面板，单击“定义”按钮，弹出“草绘”对话框。

步骤 3　在右工具箱的“基准”工具栏中单击“基准平面”按钮，弹出“基准平面”对话框。选择“TOP”基准平面作为偏移参照，输入偏移距离为 12，如图 3-124 所示，然后单击“确定”按钮，从而创建一个基准平面 DTM1。

步骤 4　用刚创建的基准平面 DTM1 作为草绘平面，以“RIGHT”基准平面为“右”方向参照，如图 3-125 所示，单击“草绘”按钮，进入草绘模式。

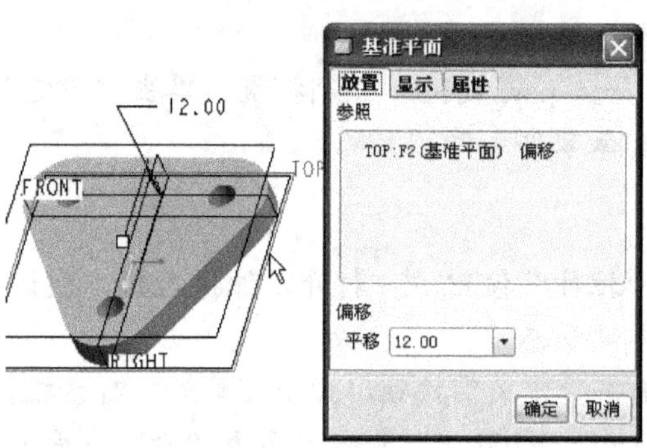

图 3-124　创建基准平面

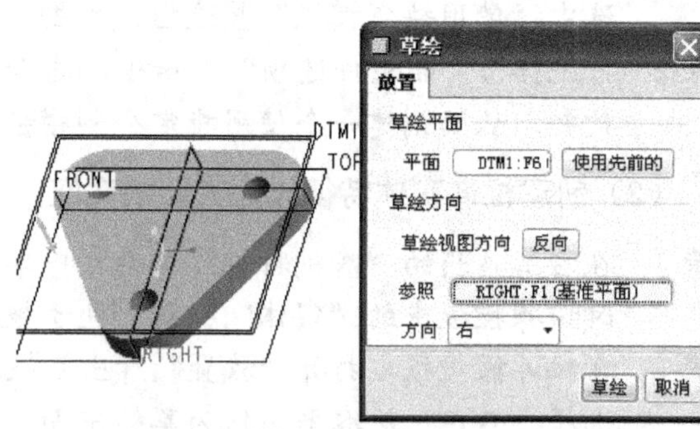

图 3-125　定义草绘平面

步骤 5　绘制如图 3-126 所示的拉伸剖面，单击“完成”按钮✔。

步骤 6　设置指定方向的拉伸深度（长度）为 40，按【Ctrl+D】快捷键以默认的标准方向视角来显示模型，动态几何预览效果如图 3-127 所示。

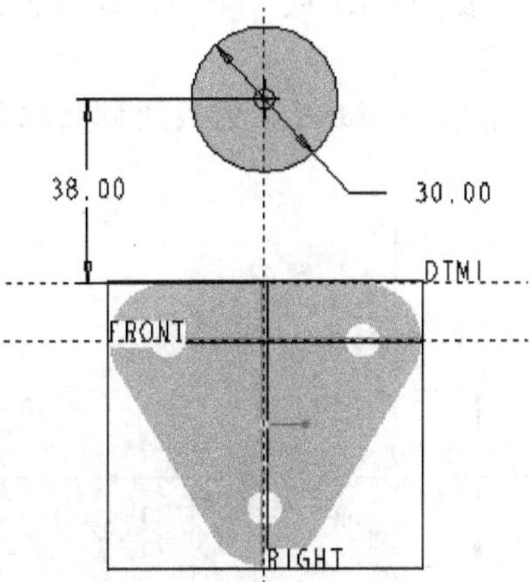

图 3-126　绘制拉伸剖面

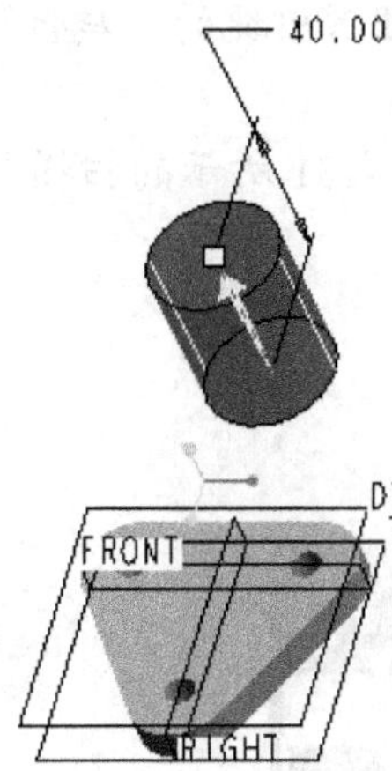

图 3-127　动态几何预览效果

步骤 7　在拉伸操控板中单击“应用并保存”按钮，完成创建一个与底座暂时分离的圆柱体。

（4）创建扫描特征

步骤 1　在菜单栏中选择“插入|扫描|伸出项”命令，弹出“伸出项：扫描”对话框和菜单管理器，如图 3-128 所示。

步骤 2　在菜单管理器的“扫描轨迹”菜单中选择“草绘轨迹”命令，在图形窗口中选择“RIGHT”基准平面作为草绘平面，接着在菜单管理器出现的菜单中选择“确定|缺省”命令，进入草绘模式。

步骤 3　使用“草绘|参照”命令来指定所需的绘图参照，接着使用相关的草绘工具绘制如图 3-129 所示的扫描轨迹，注意轨迹起点位置（图中有箭头的位置），单击“完成”按钮。

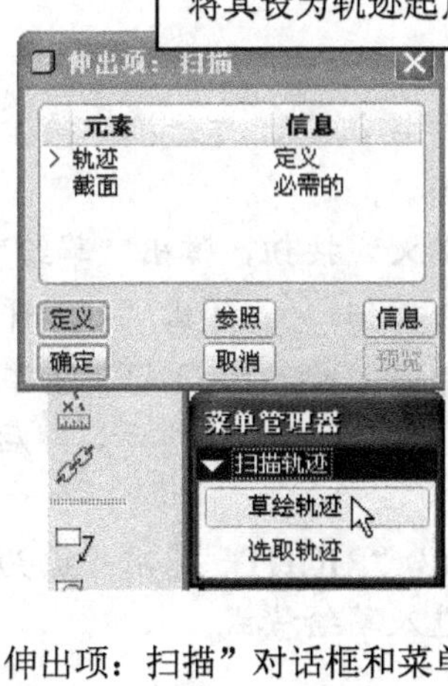

图 3-128　“伸出项：扫描”对话框和菜单管理器

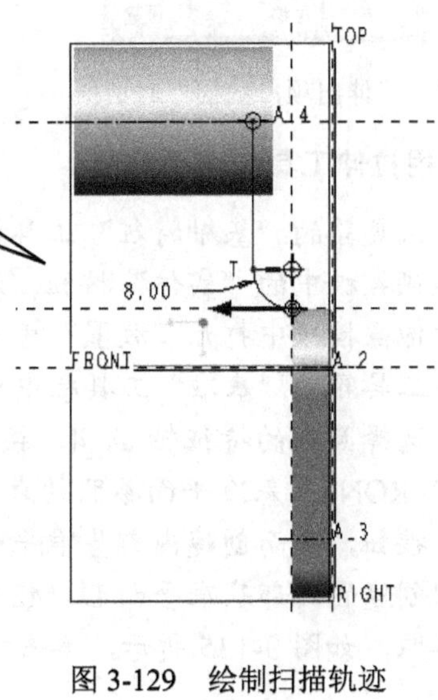

图 3-129　绘制扫描轨迹

步骤 4 在菜单管理器出现的“属性”菜单中选择“自由端|完成”命令，如图 3-130 所示。

步骤 5 绘制如图 3-131 所示的扫描剖面，单击“完成”按钮✔，完成绘制扫描剖面并退出草绘模式。

图 3-130 定义属性

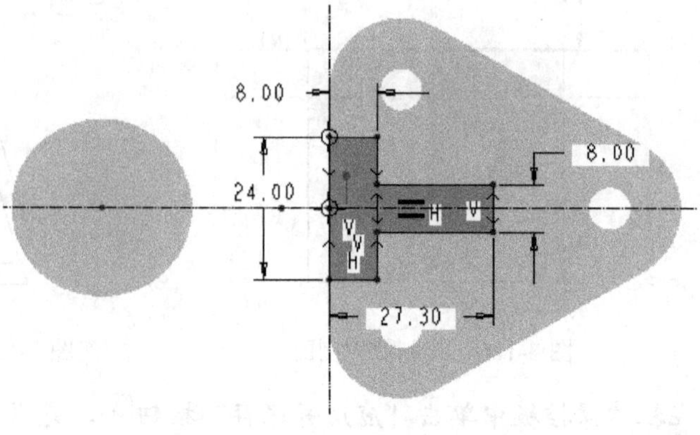

图 3-131 绘制扫描剖面

步骤 6 在如图 3-132 所示的“伸出项：扫描”对话框中单击“确定”按钮，完成创建如图 3-133 所示的扫描特征。

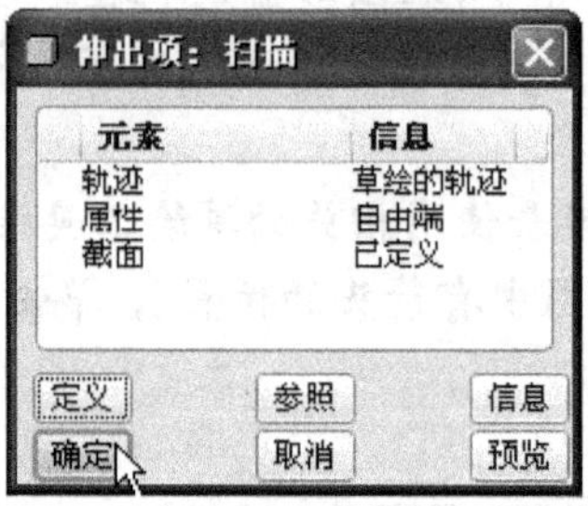

图 3-132 “伸出项：扫描”对话框

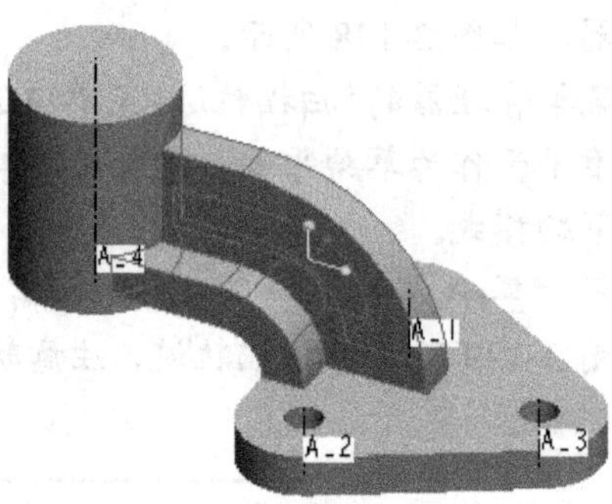

图 3-133 完成创建扫描特征

(5) 使用拉伸工具创建小凸台

步骤 1 在右工具箱的“基础特征”工具栏中单击“拉伸”按钮，打开拉伸操控板，默认时该操控板中的“实体”按钮处于被选中的状态。

步骤 2 在拉伸操控板中打开“放置”滑出面板，单击“定义”按钮，弹出“草绘”对话框。

步骤 3 在右工具箱的“基准”工具栏中单击“基准平面”按钮，弹出“基准平面”对话框。选择圆柱的特征轴 A_4，按住【Ctrl】键的同时选择“FRONT”基准平面，并将“FRONT”基准平面参照约束类型改为“平行”，如图 3-134 所示，然后单击“确定”按钮，从而创建内部基准平面 DTM2。

步骤 4 以刚创建的内部基准平面 DTM2 作为草绘平面，以“RIGHT”基准平面为“右”方向参照，如图 3-135 所示，单击“草绘”按钮，进入草绘模式。

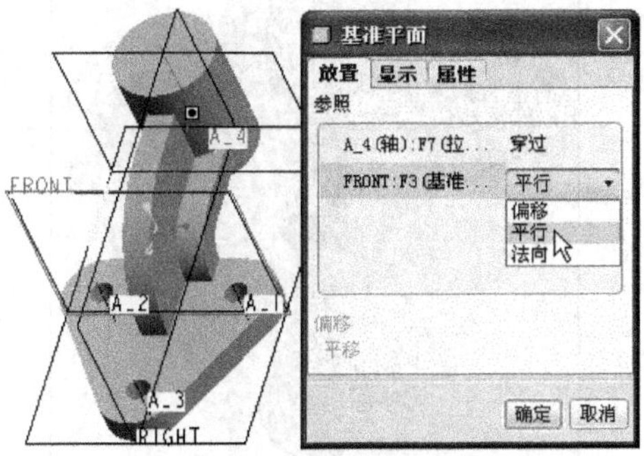

图 3-134　创建内部基准平面

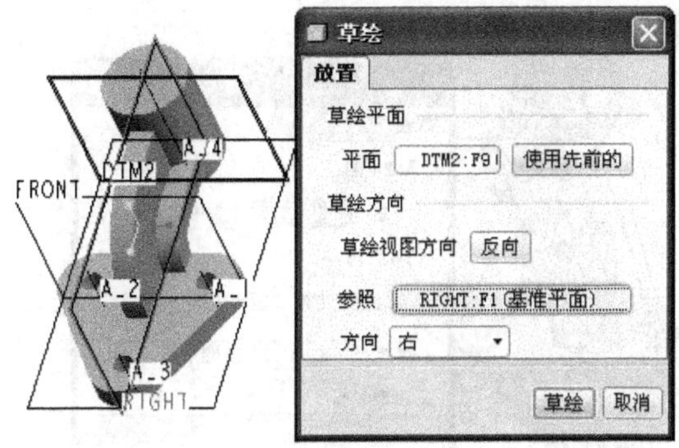

图 3-135　定义草绘平面

步骤 5　绘制如图 3-136 所示的圆作为拉伸剖面，单击“完成”按钮✔，完成草绘拉伸剖面并退出草绘模式。

步骤 6　设置侧 1 的拉伸深度为 20，单击“将拉伸的深度方向更改为草绘的另一侧”按钮，以设置拉伸的深度方向，如图 3-137 所示。

步骤 7　在拉伸操控板中单击“应用并保存”按钮，完成该拉伸实体特征创建。

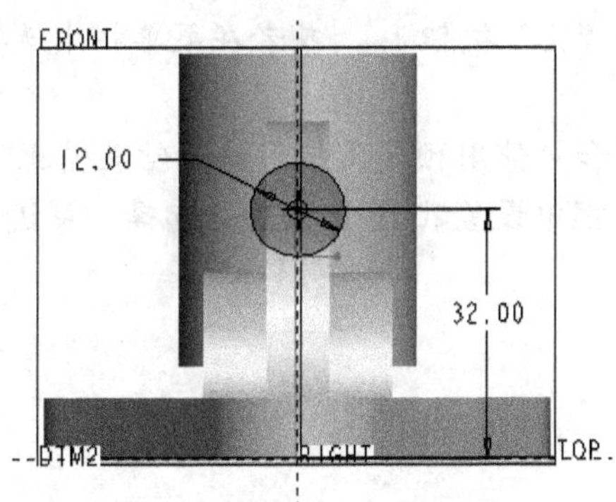

图 3-136　绘制拉伸剖面

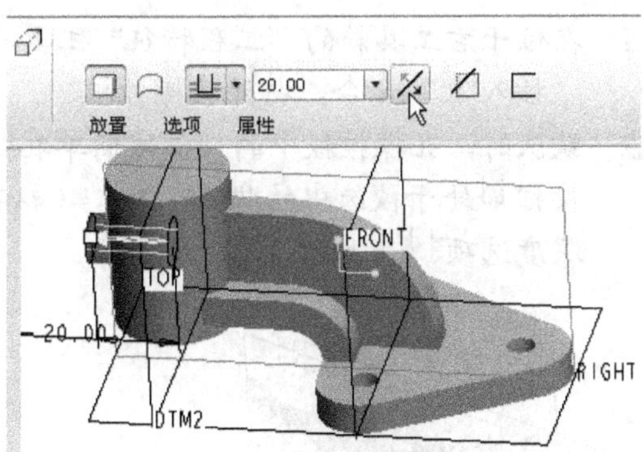

图 3-137　设置拉伸的深度方向

（6）以拉伸的方式一次切除出 3 个沉孔

步骤 1　在位于右工具箱的“基础特征”工具栏中单击“拉伸”按钮，打开拉伸操控板，默认时该操控板中的“实体”按钮处于被选中的状态，接着在该操控板中单击“移除材料”按钮。

步骤 2　在拉伸操控板中打开“放置”滑出面板，单击“定义”按钮，弹出“草绘”对话框，在模型中单击如图 3-138 所示的实体平整表面作为草绘平面，以“RIGHT”基准平面为“右”方向参照，单击“草绘”对话框中的“草绘”按钮，进入草绘模式。

步骤 3　单击“圆：同心”按钮◎，绘制如图 3-139 所示的其中一个与所选参照圆同心的圆，单击鼠标中键结束命令。使用同样的方法再绘制另外两个圆，然后单击“完成”按钮✔。

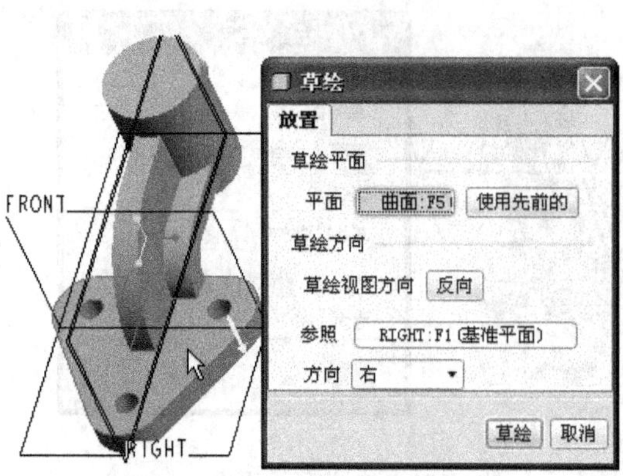

图 3-138　指定草绘平面

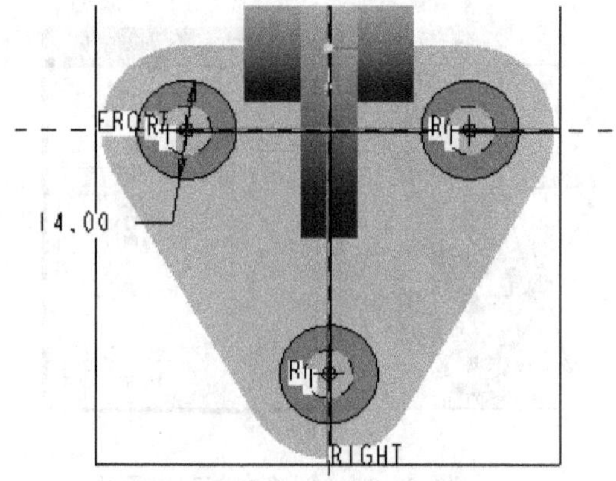

图 3-139　绘制拉伸切口的剖面

步骤 4　输入拉伸切除的深度为 2.5。

步骤 5　在拉伸操控板中单击“应用并保存”按钮，从而一次拉伸切除出 3 个沉孔，效果如图 3-140 所示。

（7）**创建一个孔特征**

步骤 1　在位于右工具箱的“工程特征”工具栏中单击“孔”按钮，或者在菜单栏中选择“插入|孔”命令，打开孔操控板。

步骤 2　默认时，孔操控板中的“创建简单孔”按钮和“使用预定义矩形作为钻孔轮廓”按钮处于被选中的状态，在∅（钻孔直径）框中设置孔直径为 20，选择“穿透”深度选项，如图 3-141 所示。

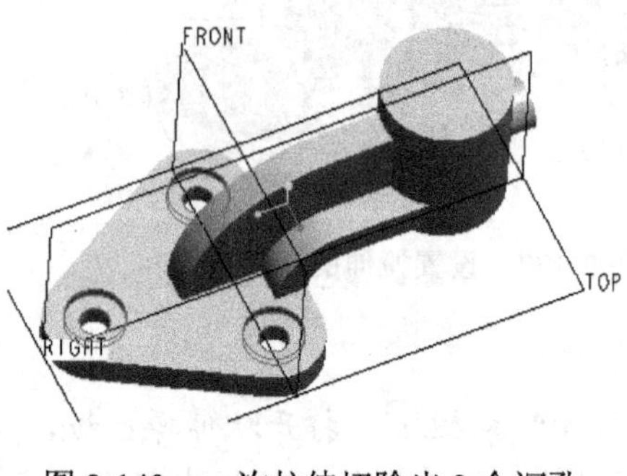

图 3-140　一次拉伸切除出 3 个沉孔

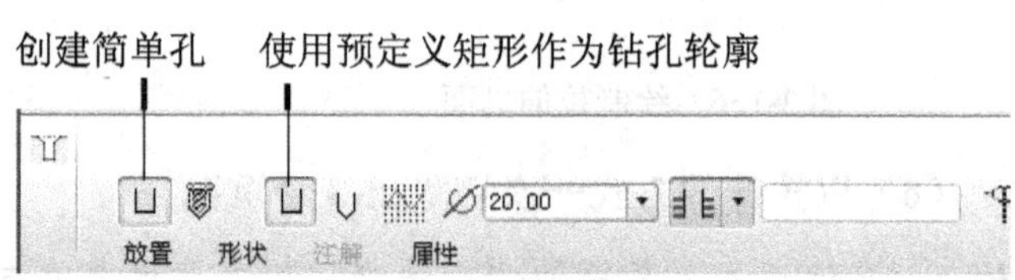

图 3-141　在孔操控板中进行设置

步骤 3　选择拉伸圆柱体的特征轴 A_4，接着按住【Ctrl】键的同时选择圆柱体的上端面，如图 3-142 所示。所选的这两个放置参照被收集到“放置”滑出面板的“放置”收集器中。

步骤 4　在孔操控板中单击“应用并保存”按钮，从而创建一个直径为 20 的孔特征，效果如图 3-143 所示。

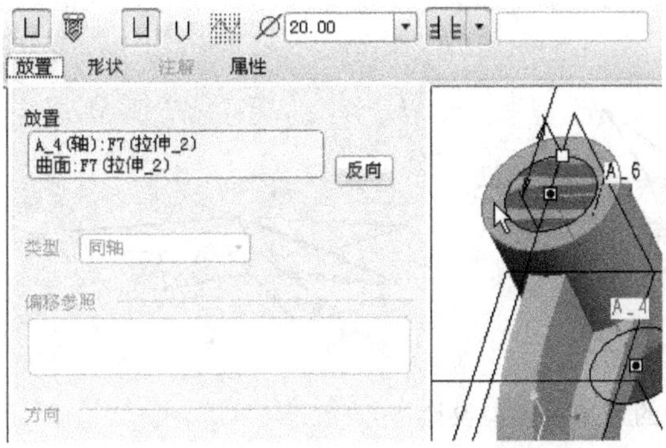

图 3-142　指定同轴放置参照

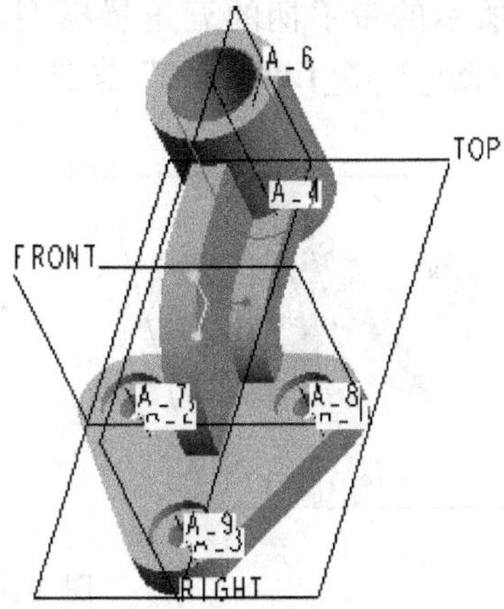

图 3-143　创建孔特征

（8）在小凸台中心处再创建一个孔特征

步骤 1　在位于右工具箱的“工程特征”工具栏中单击“孔”按钮，打开孔操控板。

步骤 2　保持“创建简单孔”按钮和“使用预定义矩形作为钻孔轮廓”按钮的选中状态，在∅（钻孔直径）框中设置孔直径为 6，选择“从放置参照以指定的深度值钻孔”深度选项，并输入钻孔深度值为 20。

步骤 3　选择小凸台的特征轴 A_6，按住【Ctrl】键的同时选择小凸台的外端面，如图 3-144 所示，从而默认以同轴放置方式放置该孔特征。

步骤 4　在孔操控板中单击“应用并保存”按钮，完成小凸台中心处的孔特征，效果如图 3-145 所示。

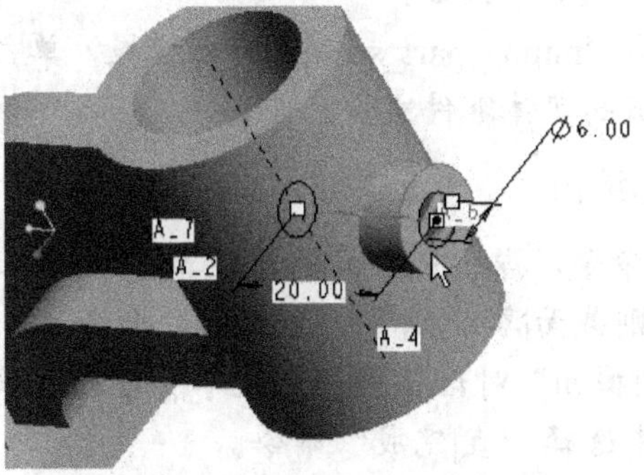

图 3-144　同轴放置孔特征

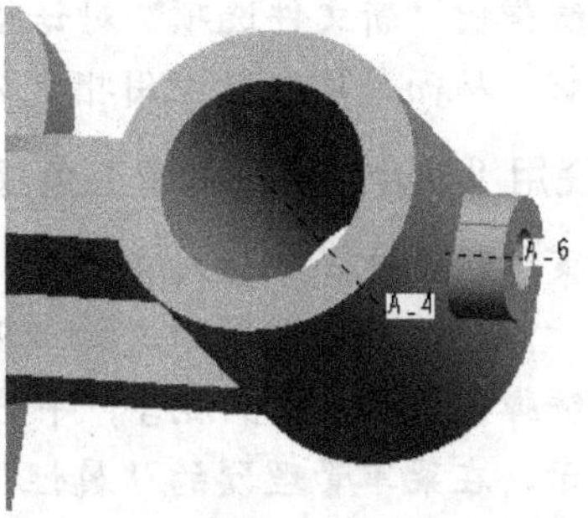

图 3-145　小凸台中心处的孔特征

步骤 5　至此，完成本任务设计，按【Ctrl+S】快捷键将文件保存起来。

任务五　设计五角星模型

本任务中，将应用“混合”命令、“草绘”命令、“可变截面扫描”等命令设计如图

3-146 所示的带手柄的五角星模型。案例最终效果请参考本书提供的配套素材“\范例素材\CH3\bc_3_r5_finish.prt”文件。

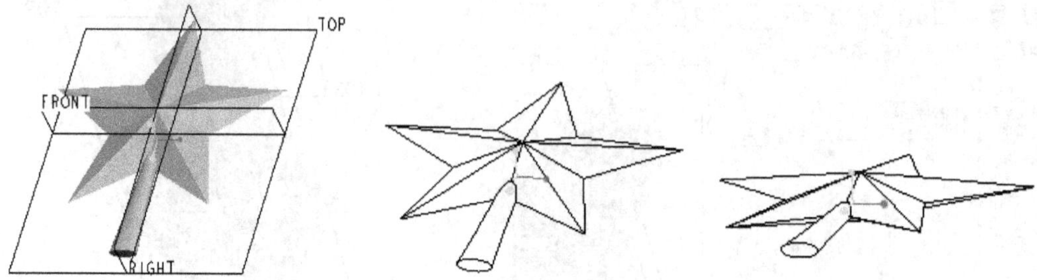

图 3-146　带手柄的五角星模型设计

任务分析

先使用“混合”命令创建五角星主体结构，接着使用“草绘”命令在指定的平面内创建两条曲线，然后以这两条曲线作为轨迹创建可变截面扫描特征作为五角星主体结构的手柄，最后通过“层”工具来隐藏曲线层。

任务实施

（1）新建实体零件文件

步骤 1　打开“新建”对话框，从“类型”选项组中选择“零件”单选按钮，从“子类型”选项组中选择“实体”单选按钮，在“名称”文本框中输入“bc_3_r5”，接着取消选中“使用缺省模板”复选框，单击“确定”按钮。

步骤 2　系统弹出“新文件选项”对话框，选择“mmns_part_solid”公制模板，单击“确定”按钮，从而创建一个使用指定公制模板的实体零件文件。

（2）使用“混合”命令构建五角星的主体结构

步骤 1　在菜单栏中选择“插入|混合|伸出项”命令，弹出一个菜单管理器，在该菜单管理器的“混合选项”菜单中选择“平行|规则截面|草绘截面”|“完成”命令。

步骤 2　系统弹出“伸出项：混合，平行，规则截面”对话框和一个菜单管理器，如图 3-147 所示，在菜单管理器的“属性”菜单中选择“直|完成”命令。

步骤 3　选择“TOP”基准平面作为草绘平面，接着在菜单管理器出现的菜单中依次选择“确定|缺省”命令，进入草绘模式。

步骤 4　开始绘制第 1 个混合剖面。单击“点”按钮 ×，在如图 3-148 所示的位置处绘制一个点。第 1 个混合剖面只由一个点组成。

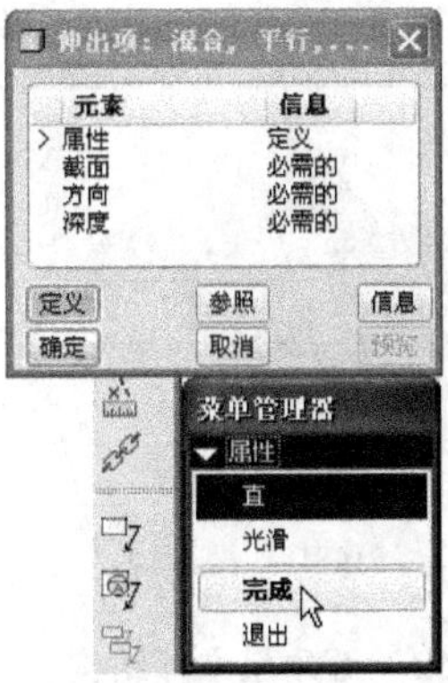

图 3-147　弹出的对话框和菜单管理器

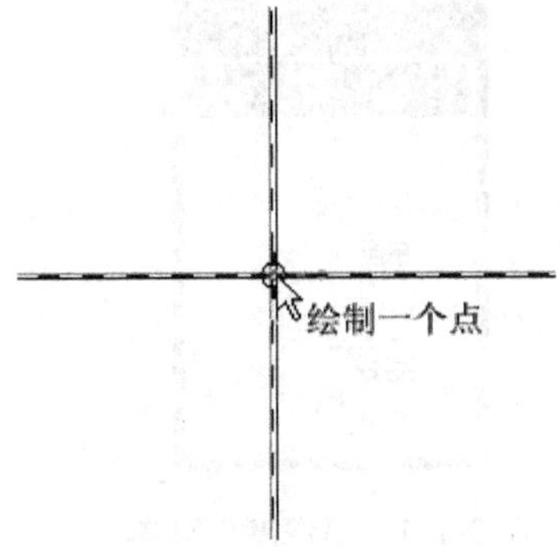

图 3-148　绘制一个点

步骤 5　在菜单栏中选择“草绘|特征工具|切换截面”命令，然后绘制第 2 个混合剖面，如图 3-149 所示。

步骤 6　在菜单栏中选择“草绘|特征工具|切换截面”命令。此时，单击“点”按钮，在如图 3-150 所示的中心位置处绘制一个点，即第 3 个混合剖面由一个点组成。

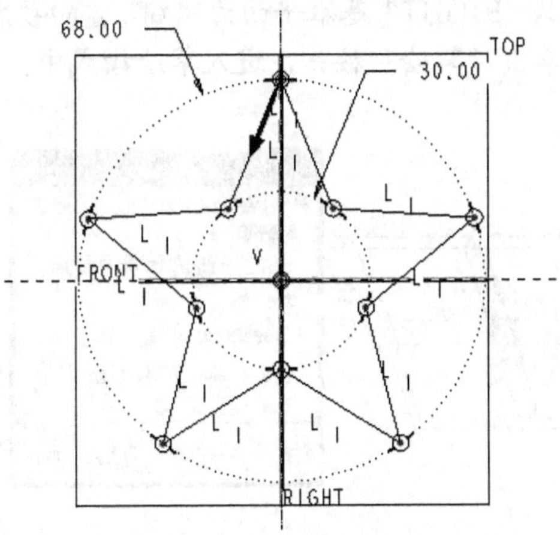

图 3-149　绘制第 2 个混合剖面

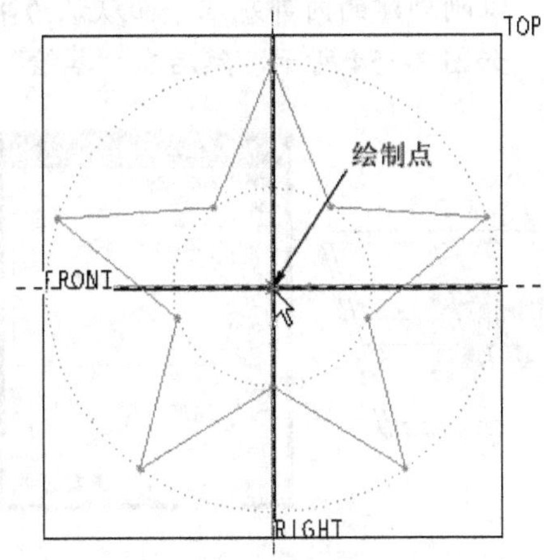

图 3-150　绘制第 3 个混合剖面

步骤 7　单击“完成”按钮✔。

步骤 8　在菜单管理器出现的如图 3-151 所示的“深度”菜单中选择“盲孔|完成”命令；接着输入截面 2 的深度（即截面 2 到截面 1 的距离）为 10，按【Enter】键确认；输入截面 3 的深度（即截面 3 到截面 2 的距离）为 10，按【Enter】键确认。

步骤 9　在“伸出项：混合，平行，规则截面”对话框中单击“确定”按钮，完成创建一个平行混合特征，按【Ctrl+D】快捷键以默认的标准方向视角来显示模型，效果如图 3-152 所示。

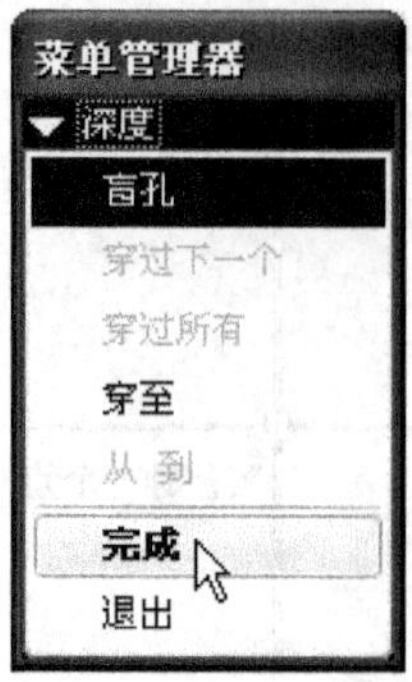

图 3-151 “深度”菜单

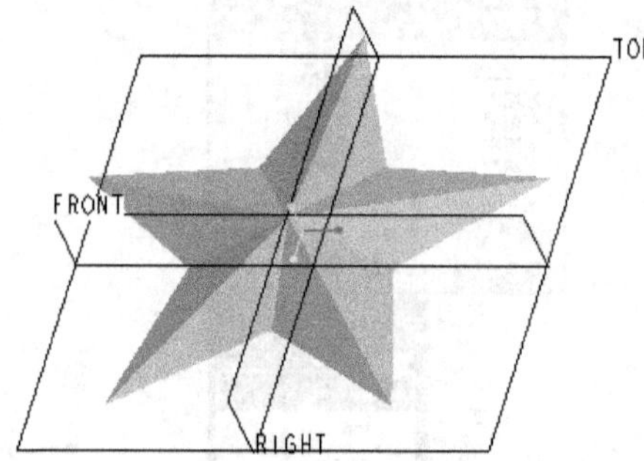

图 3-152 五角星主体结构

（3）使用“草绘”命令创建两条草绘曲线

步骤 1 单击“草绘”按钮，弹出“草绘”对话框。

步骤 2 单击“基准平面”按钮，弹出“基准平面”对话框，选择“TOP”基准平面作为偏移参照，输入偏移距离为 10，如图 3-153 所示，然后在“基准平面”对话框中单击“确定”按钮，从而为将要继续操作的草绘特征创建一个内部基准平面 DTM1。

步骤 3 以刚创建的内部基准平面默认为草绘平面，以“RIGHT”基准平面为“右”方向参照，如图 3-154 所示，然后在“草绘”对话框中单击“草绘”按钮，进入草绘模式中。

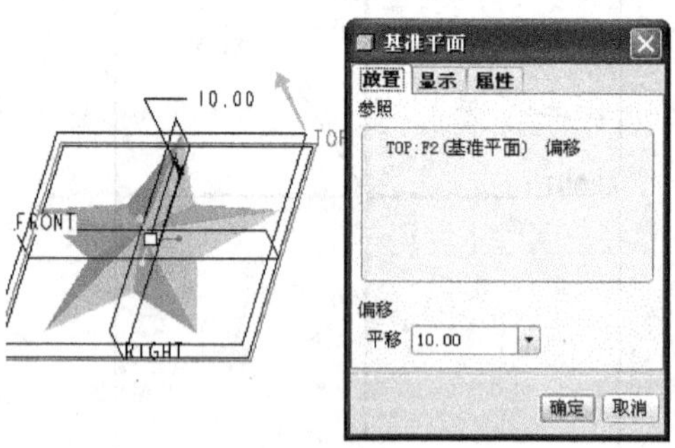

图 3-153 创建内部基准平面 DTM1

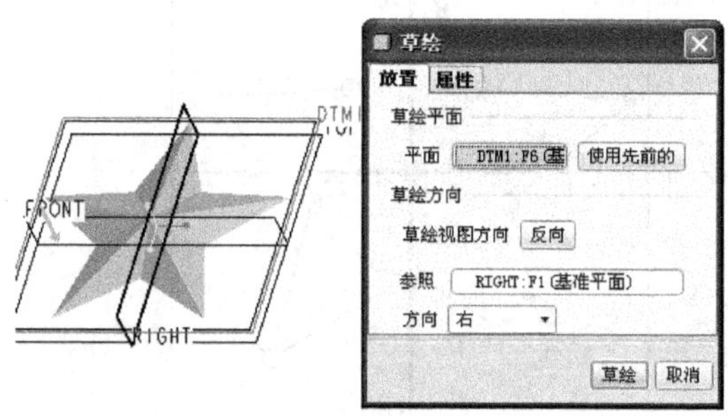

图 3-154 内部基准平面作为草绘平面

步骤 4 在草绘平面内绘制如图 3-155 所示的两条曲线，其中一条曲线为圆弧（其在一个端点处垂直于水平参考线），另一条曲线为竖直的直线。

步骤 5 单击“完成”按钮✔。

（4）创建可变截面扫描特征

步骤 1 在“基础特征”工具栏中单击“可变剖面扫描”按钮，或者在菜单栏中选择“插入|可变截面扫描”命令，打开可变截面扫描操控板。

步骤 2 在可变截面扫描操控板中单击“实体”按钮以设置创建实体。

步骤 3 选择绘制的直线作为原点轨迹，按住【Ctrl】键的同时选择圆弧曲线作为辅助链 1，此时若打开“参照”滑出面板，可以看到默认的剖面控制选项为“垂直于轨迹”，如图 3-156 所示。

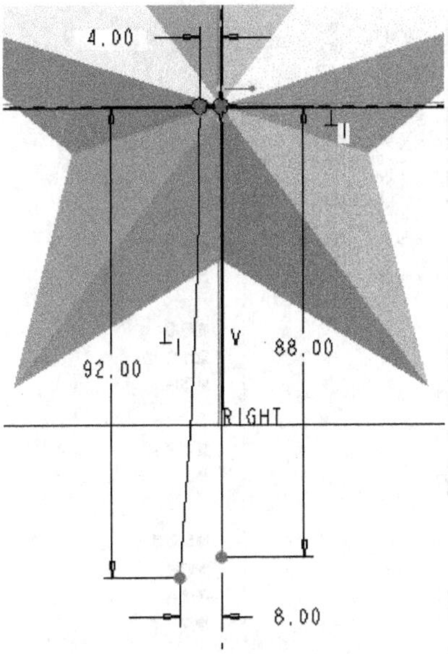

图 3-156　绘制两条曲线

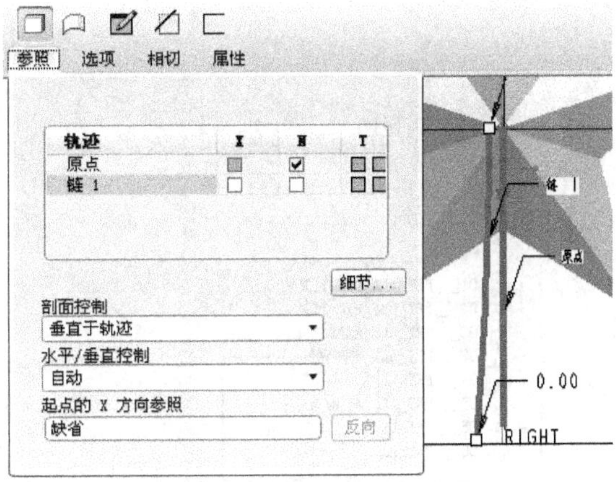

图 3-156　指定原点轨迹和链 1

步骤 4　在可变截面扫描操控板中单击“创建和编辑扫描剖面”按钮，进入草绘器中。

步骤 5　在“草绘器工具”工具栏中单击“中心和轴椭圆”按钮，绘制如图 3-157 所示的扫描剖面，然后单击“完成”按钮。

步骤 6　在可变截面扫描操控板中单击“应用并保存”按钮，完成创建的可变截面扫描特征如图 3-158 所示。

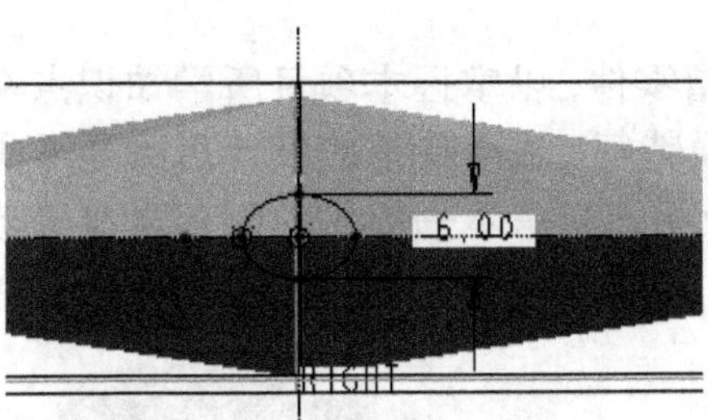

图 3-157　绘制扫描剖面

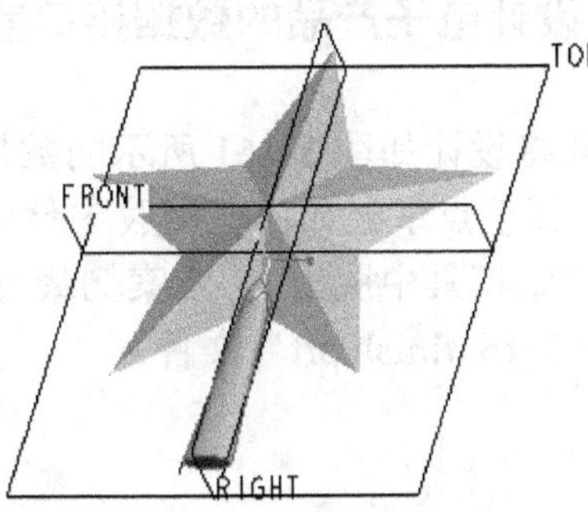

图 3-158　创建可变截面扫描特征

（5）隐藏曲线层

步骤 1　在位于上工具箱的“视图”工具栏中单击“层”按钮，打开层树。

步骤 2　在层树中选择曲线层“03___PRT_ALL_CURVES”并右击，如图 3-159 所示，接着从弹出的快捷菜单中选择“隐藏”命令，从而将该曲线层设置处于隐藏状态。

步骤 3　在层树的列表框适当位置处右击，弹出一个快捷菜单，如图 3-160 所示，从该快捷菜单中选择“保存状态”命令。

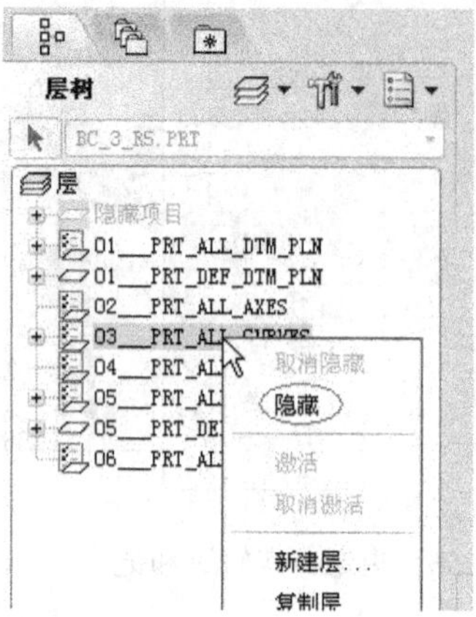

图 3-159　右击曲线层并选择“隐藏”命令

图 3-160　设置保存层树状态

步骤 4　在“视图”工具栏中再次单击“层”按钮，以关闭层树。至此，完成本设计任务，按【Ctrl+S】快捷键将文件保存起来。

任务六　设计电子产品的数据接口盖帽零件

本任务将设计如图 3-161 所示的数据接口盖帽零件，以掌握本项目所学知识点在实践中的应用，并重点掌握如何在塑胶零件中创建拔模特征（拔模特征的设计思路是考虑使零件便于从注塑模具中脱出）。本案例最终的模型效果请参考本书提供的配套素材“范例素材\CH3\bc_3_r6_finish.prt”文件。

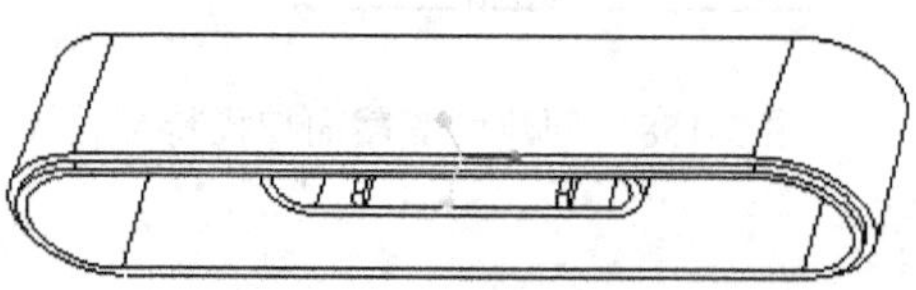

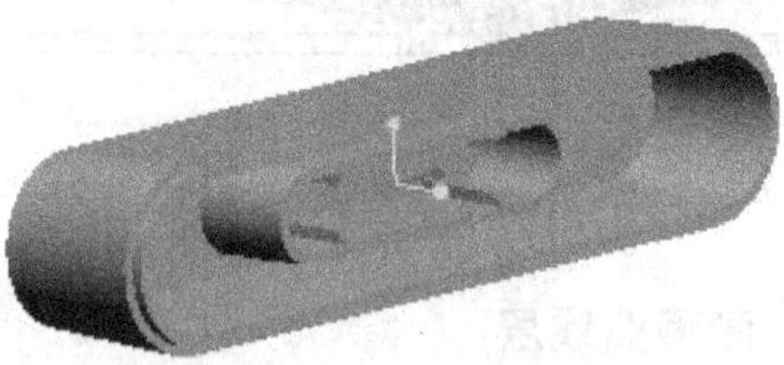

图 3-161　电子产品的数据接口盖帽零件设计

任务分析

考虑到本零件为塑料制品，其壁厚需要基本一致以避免注塑时产生缩水等不良现象，我们先使用拉伸工具创建一个拉伸实体作为本零件的坯体，接着在外面四周创建拔模特征，并进行抽壳处理，然后在壳内创建卡紧结构等，并对相关的面进行拔模处理。

任务实施

（1）新建实体零件文件

步骤 1 打开“新建”对话框，从“类型”选项组中选择“零件”单选按钮，从“子类型”选项组中选择“实体”单选按钮，在“名称”文本框中输入“bc_3_r6”，接着取消选中“使用缺省模板”复选框，单击“确定”按钮。

步骤 2 系统弹出“新文件选项”对话框，选择“mmns_part_solid”公制模板，单击“确定”按钮，从而创建一个使用指定公制模板的实体零件文件。

（2）使用拉伸工具创建拉伸实体作为零件的坯体

步骤 1 在右工具箱的“基础特征”工具栏中单击“拉伸”按钮，打开拉伸操控板，默认时该操控板中的“实体”按钮处于被选中的状态。

步骤 2 在拉伸操控板中打开“放置”滑出面板，单击“定义”按钮，弹出“草绘”对话框。选择“FRONT”基准平面作为草绘平面，默认以“RIGHT”基准平面为“右”方向参照，单击“草绘”对话框中的“草绘”按钮，进入草绘模式。

步骤 3 绘制如图 3-162 所示的拉伸剖面，单击“完成”按钮✔。

步骤 4 在拉伸操控板的深度选项下拉列表框中选择默认的“盲孔”选项，设置侧 1 的拉伸深度值为 9.68，接受默认的拉伸深度方向。

步骤 5 在拉伸操控板中单击“应用并保存”按钮，完成该拉伸特征，按【Ctrl+D】快捷键以默认的标准方向视角来显示模型，效果如图 3-163 所示。

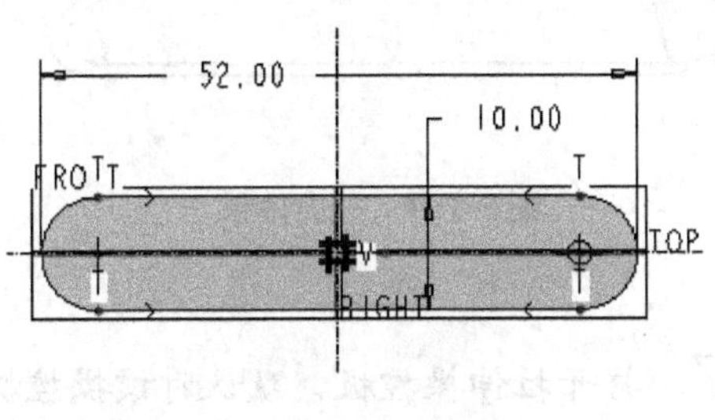

图 3-162　绘制拉伸剖面

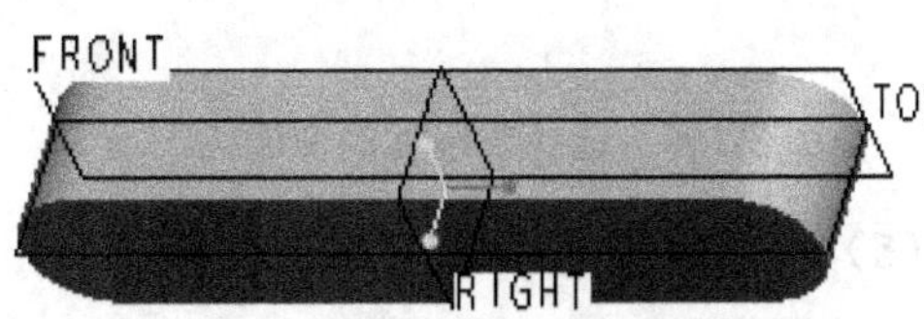

图 3-163　创建拉伸实体为零件坯体

（3）在外面四周创建拔模特征

步骤 1 在“工程特征”工具栏中单击“拔模”按钮，或者在菜单栏中选择“插入|斜度”命令，打开拔模操控板。

步骤 2 选择要拔模的曲面，如图 3-164 所示。系统会自动将与所选曲面相切的曲面默认为整个要拔模的曲面。

步骤 3 在拔模操控板中的“拔模枢轴”收集器的框中单击，从而将该收集器激活，选择“FRONT”基准平面来定义拔模枢轴。接着在拔模操控板的“拔模角度 1”的框中输入 3，此时动态几何预览效果如图 3-165 所示。

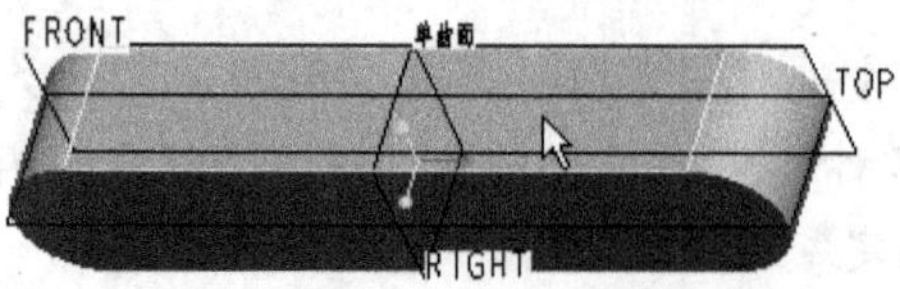

图 3-164 选择要拔模的曲面

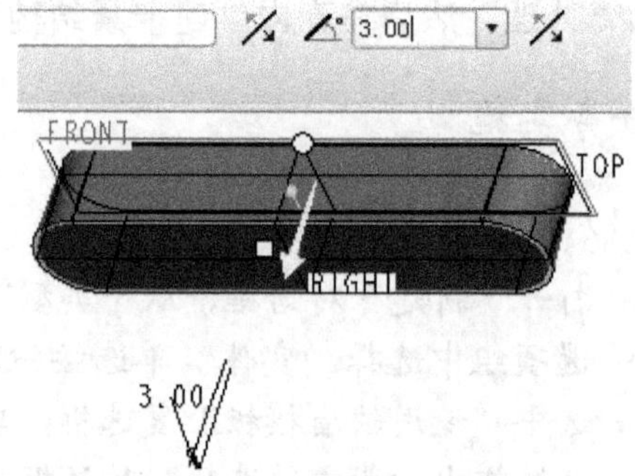

图 3-165 动态几何预览效果

步骤 4 在拔模操控板中单击“应用并保存”按钮，完成该拔模操作。

（4）抽壳操作

步骤 1 在“工程特征”工具栏中单击“壳”按钮，或者在菜单栏中选择“插入|壳”命令，打开壳操控板。

步骤 2 在壳操控板的“厚度”下拉列表框中输入“1.25”，即设置壳厚度为 1.25。

步骤 3 选择要从壳中移除的曲面，如图 3-166 所示。

步骤 4 在壳操控板中单击“应用并保存”按钮，完成抽壳操作得到的模型效果如图 3-167 所示。

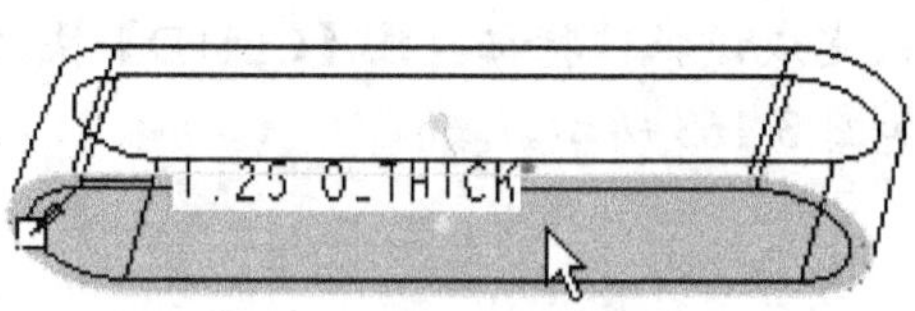

图 3-166 选择要移除的曲面

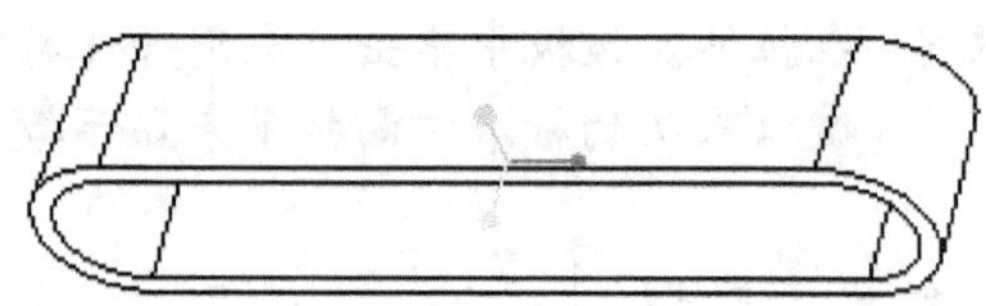

图 3-167 抽壳效果

（5）创建拉伸薄壁（加厚）特征

步骤 1 在“基础特征”工具栏中单击“拉伸”按钮，打开拉伸操控板，默认时该操控板中的“实体”按钮处于被选中的状态。

步骤 2 在拉伸操控板中打开“放置”滑出面板，单击“定义”按钮，弹出“草绘”对话框。选择“FRONT”基准平面作为草绘平面，默认以“RIGHT”基准平面为“右”方向参照，单击“草绘”对话框中的“草绘”按钮，进入草绘模式。

步骤 3 绘制如图 3-168 所示的拉伸剖面，单击“完成”按钮。

步骤 4 输入侧 1 的深度为 7.6，单击“加厚草绘”按钮，并输入加厚的厚度值为 0.7，单击位于“加厚草绘”按钮右侧的“在草绘的一侧、另一侧或两侧间更改拉伸方向”按钮，以设置向草绘外侧加厚，如图 3-169 所示。

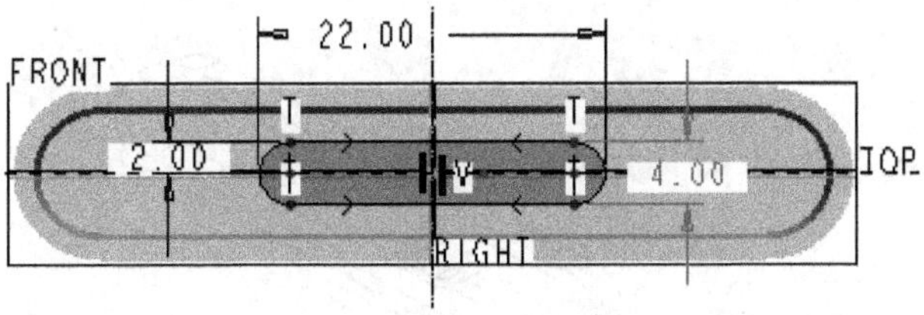

图 3-168　绘制拉伸剖面

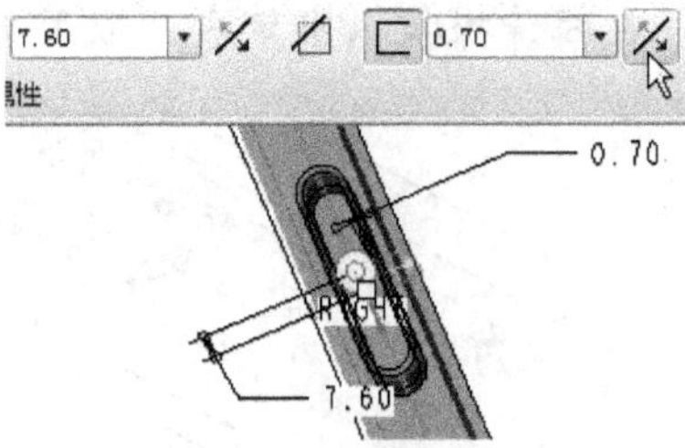

图 3-169　设置拉伸薄壁的相关参数

步骤 5　在拉伸操控板中单击"应用并保存"按钮✔，完成此拉伸操作得到的模型效果如图 3-170 所示。

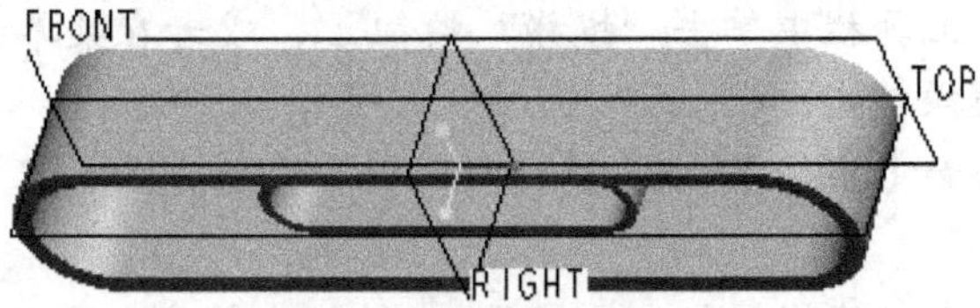

图 3-170　创建拉伸薄壁（加厚草绘）特征

（6）创建拉伸特征来作为数据接口的卡紧结构

步骤 1　在"基础特征"工具栏中单击"拉伸"按钮，打开拉伸操控板，默认时该操控板中的"实体"按钮处于被选中的状态。

步骤 2　在拉伸操控板中打开"放置"滑出面板，单击"定义"按钮，弹出"草绘"对话框。在"草绘"对话框中单击"使用先前的"按钮，进入草绘模式。

步骤 3　绘制如图 3-171 所示的拉伸剖面，单击"完成"按钮✔。

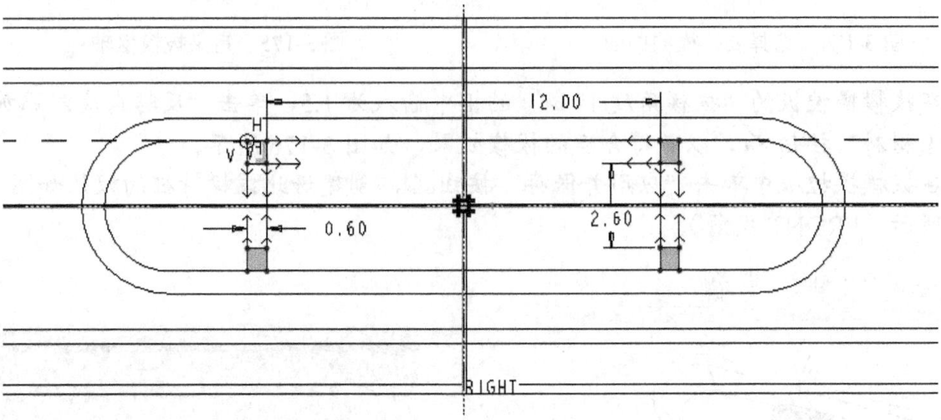

图 3-171　绘制拉伸剖面

步骤 4　从拉伸操控板的深度选项下拉列表框中选择（拉伸至选定的点、曲线、平面或曲面），在模型中选择如图 3-172 所示的平整面。

步骤 5 在拉伸操控板中单击“应用并保存”按钮，创建结果如图 3-173 所示。

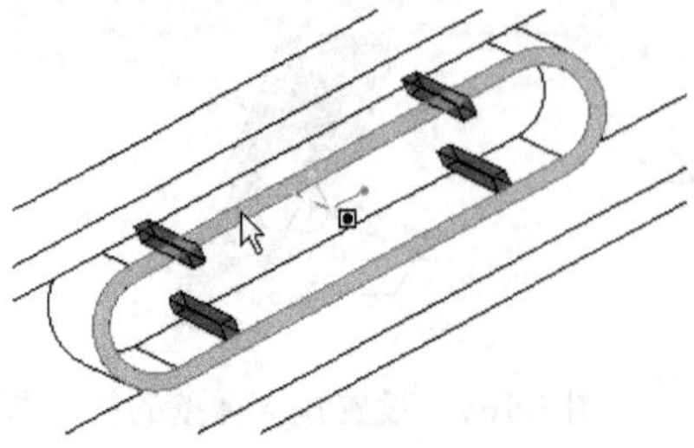

图 3-172 选择要拉伸的平整面

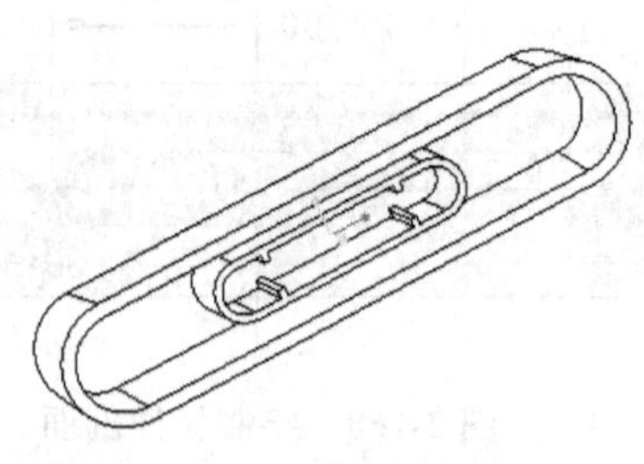

图 3-173 构建卡紧结构

（7）创建拔模特征

步骤 1 在“工程特征”工具栏中单击“拔模”按钮，或者在菜单栏中选择“插入|斜度”命令，打开拔模操控板。

步骤 2 选择要拔模的曲面（按住【Ctrl】键的同时并单击所需曲面可实现多选），如图 3-174 所示。

步骤 3 在拔模操控板中的“拔模枢轴”收集器的框中单击，从而将该收集器激活，选择如图 3-175 所示的环面来定义拔模枢轴。

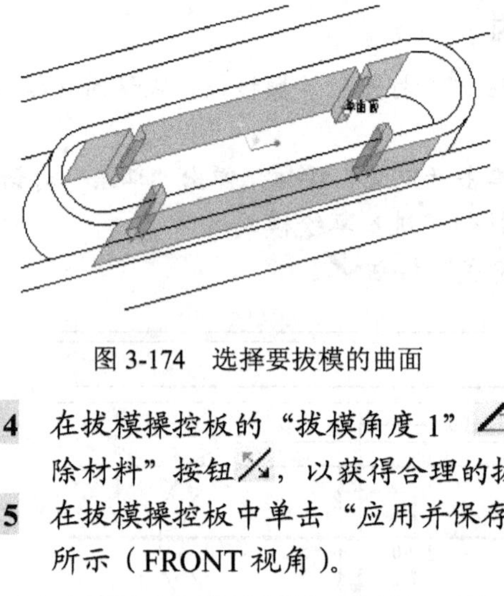

图 3-174 选择要拔模的曲面

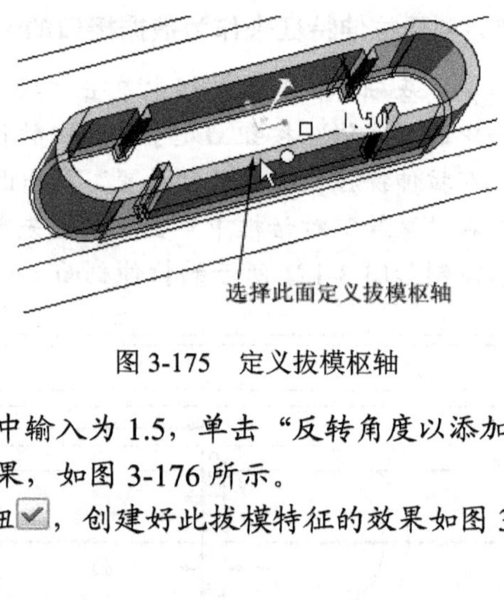

图 3-175 定义拔模枢轴

步骤 4 在拔模操控板的“拔模角度 1”的框中输入为 1.5，单击“反转角度以添加或移除材料”按钮，以获得合理的拔模效果，如图 3-176 所示。

步骤 5 在拔模操控板中单击“应用并保存”按钮，创建好此拔模特征的效果如图 3-177 所示（FRONT 视角）。

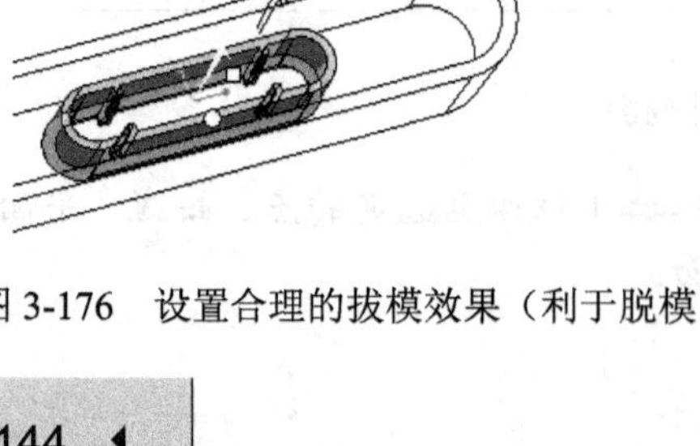

图 3-176 设置合理的拔模效果（利于脱模）

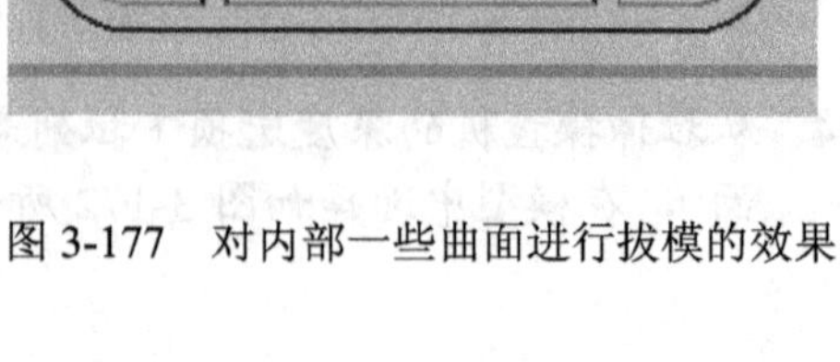

图 3-177 对内部一些曲面进行拔模的效果

（8）创建倒角特征

步骤 1　在“工程特征”工具栏中单击“倒角”按钮，或者在菜单栏中选择“插入|倒角|边倒角”命令，打开边倒角操控板。

步骤 2　在边倒角操控板的“标注形式”下拉列表框中选择“D×D”，设置 D 值为 0.5。

步骤 3　选择如图 3-178 所示的 4 处短边来进行倒角。

步骤 4　在边倒角操控板中单击“应用并保存”按钮。

（9）以拉伸的方式切除材料

步骤 1　在“基础特征”工具栏中单击“拉伸”按钮，或者在菜单栏中选择“插入|拉伸”命令，打开拉伸操控板，默认时该操控板中的“实体”按钮处于被选中的状态，接着在该操控板中单击“移除材料”按钮。

步骤 2　在拉伸操控板中打开“放置”滑出面板，单击“定义”按钮，弹出“草绘”对话框，在模型中单击如图 3-179 所示的实体平整表面作为草绘平面，以“RIGHT”基准平面为“右”方向参照，单击“草绘”对话框中的“草绘”按钮，进入草绘模式。

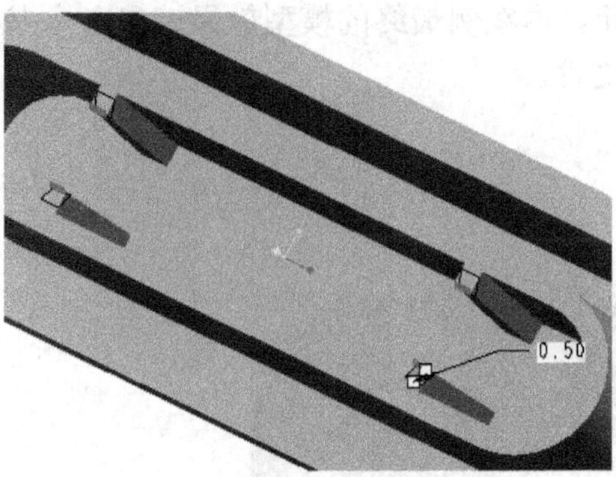

图 3-178　倒角操作

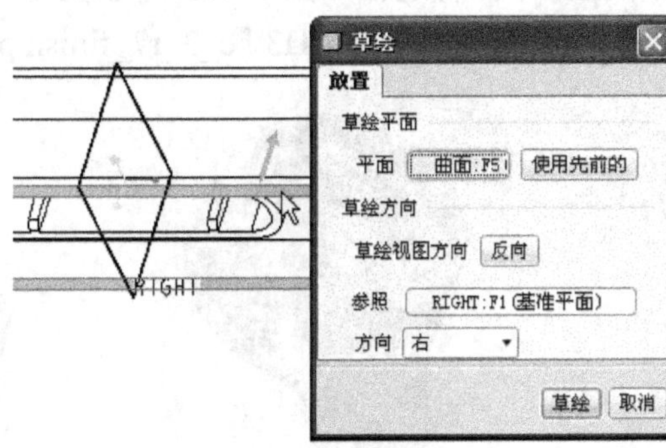

图 3-179　指定草绘平面

步骤 3　绘制拉伸切除的剖面，如图 3-180 所示，单击“完成”按钮。

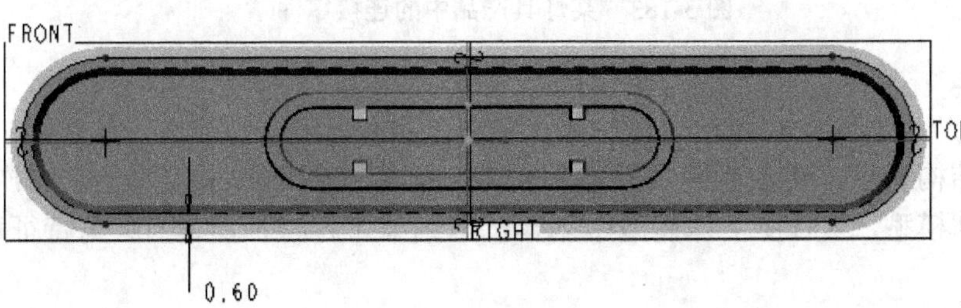

图 3-180　绘制拉伸切除的剖面

> **提示**　要绘制该剖面，可以在“草绘器工具”工具栏中单击“偏移”，接着在弹出的“类型”对话框中选中“环”单选按钮，选择参照定义所需的内环并输入偏移距离即可完成该剖面。

步骤 4 在拉伸操控板中设置拉伸的深度值为 0.6，并单击“将材料的拉伸方向更改为草绘的另一侧”按钮，此时动态几何预览效果如图 3-181 所示。

步骤 5 在拉伸操控板中单击“应用并保存”按钮，完成效果如图 3-182 所示。

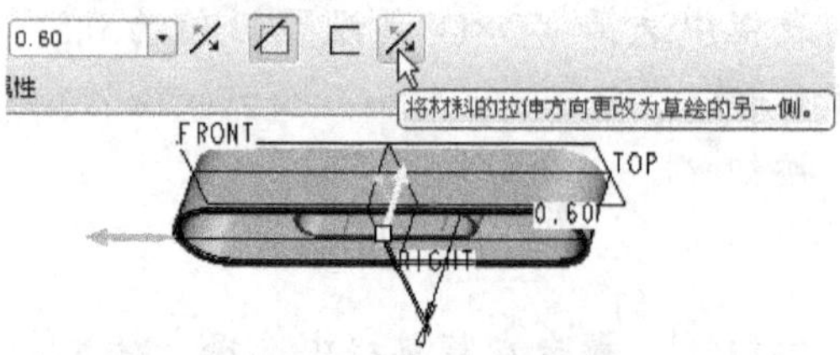

图 3-181 动态的几何预览效果

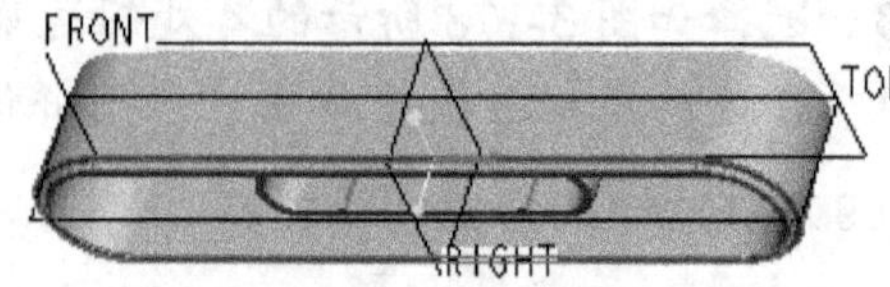

图 3-182 完成效果

步骤 6 至此，完成本任务设计，按【Ctrl+S】快捷键将文件保存起来。

任务七 设计灯具产品中的连接零件

在本任务中，将进行如图 3-183 所示的零件设计。本案例最终的模型效果请参考本书提供的配套素材“\范例素材\CH3\bc_3_r7_finish.prt”文件。

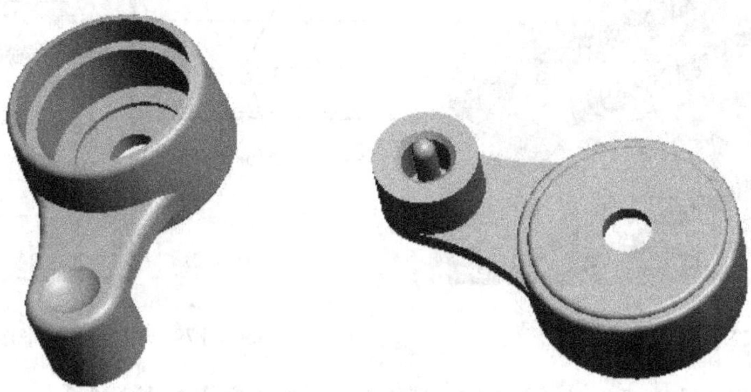

图 3-183 某灯具产品中的连接零件

任务分析

根据零件结构特点，初步判断主要使用拉伸工具和旋转工具来按照一定的次序来创建此连接零件的主体模型，然后在主体模型中创建一些细节工程特征，如倒圆角特征和倒角特征。

任务实施

（1）新建实体零件文件

步骤 1 打开“新建”对话框，从“类型”选项组中选择“零件”单选按钮，从“子类型”选项组中选择“实体”单选按钮，在“名称”文本框中输入“bc_3_r7”，接着取消选中“使用缺省模板”复选框，单击“确定”按钮。

步骤 2　系统弹出“新文件选项”对话框，选择“mmns_part_solid”公制模板，单击“确定”按钮，从而创建一个使用指定公制模板的实体零件文件。

（2）使用旋转工具创建一个旋转基本体

步骤 1　在“基础特征”工具栏中单击“旋转”按钮，或者在菜单栏中选择“插入|旋转”命令，打开旋转操控板。默认时该操控板中的“实体”按钮处于被选中状态。

步骤 2　打开旋转操控板的“放置”滑出面板，单击“定义”按钮，弹出“草绘”对话框。选择“RIGHT”基准平面作为草绘平面，选择“TOP”基准平面为“顶”方向参照，如图 3-184 所示，单击“草绘”按钮，进入草绘模式。

步骤 3　绘制如图 3-185 所示的封闭的旋转剖面，务必添加一根竖直的几何中心线来作为旋转轴，注意将半径为 32.5 的一段小圆弧的圆心设置重合约束于几何中心线（旋转轴）上。单击“完成”按钮✔。

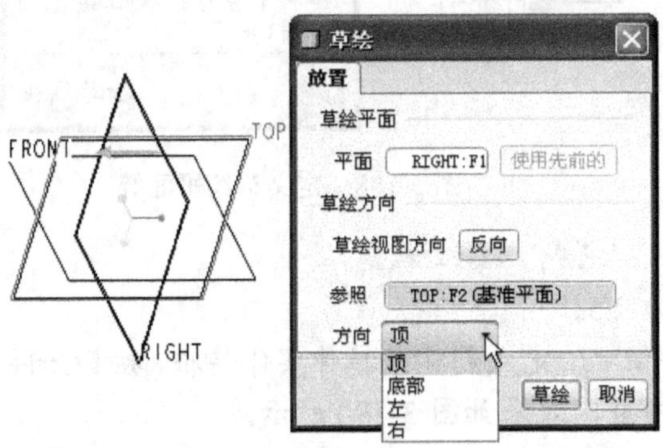

图 3-184　指定草绘平面及草绘方向

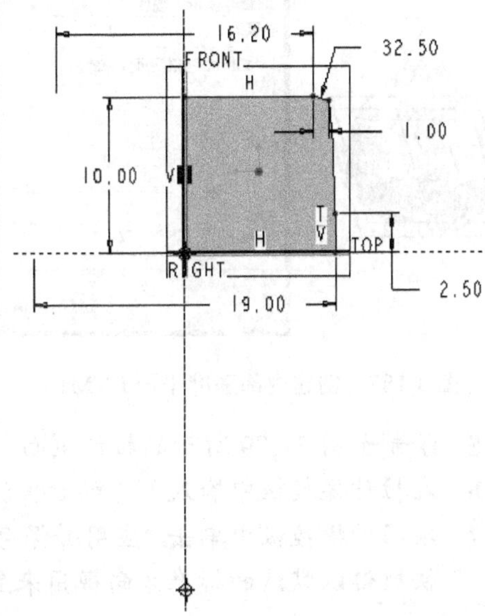

图 3-185　绘制旋转剖面和几何中心线

步骤 4　接受默认的旋转角度为 360°，接着在旋转操控板中单击“应用并保存”按钮，创建的旋转实体特征如图 3-186 所示。

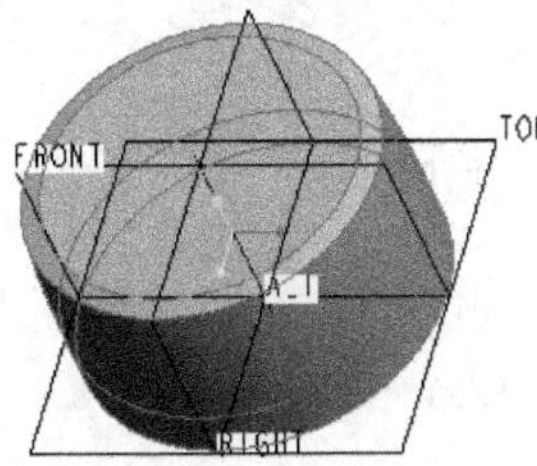

图 3-186　创建的旋转实体特征

（3）创建拉伸实体特征

步骤 1 在“基础特征”工具栏中单击“拉伸”按钮，打开拉伸操控板，默认时该操控板中的“实体”按钮□处于被选中的状态。

步骤 2 在拉伸操控板中打开“放置”滑出面板，单击“定义”按钮，弹出“草绘”对话框。此时需要创建一个内部基准平面来作为草绘平面。

步骤 3 在“基准”工具栏中单击“基准平面”按钮，弹出“基准平面”对话框，选择“TOP”基准平面作为偏移参照，设置偏移距离为 2.5，如图 3-187 所示，然后单击“确定”按钮，创建默认名称为 DTM1 的基准平面。

步骤 4 此时，系统自动将“DTM1”基准平面作为草绘平面，草绘方向采用默认设置，如图 3-188 所示，然后在“草绘”对话框中单击“草绘”按钮，进入草绘模式。

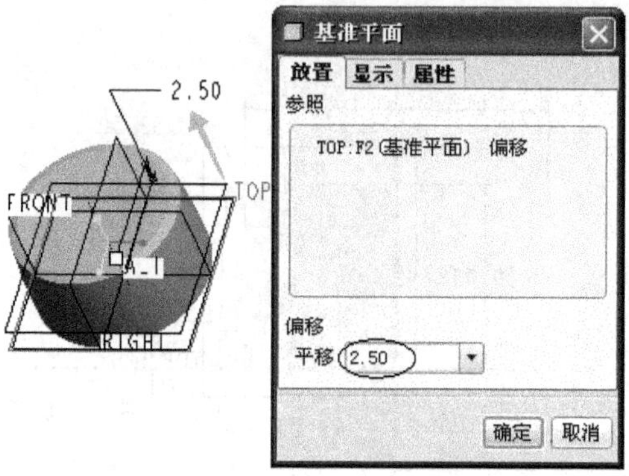

图 3-187 创建内部基准平面 DTM1

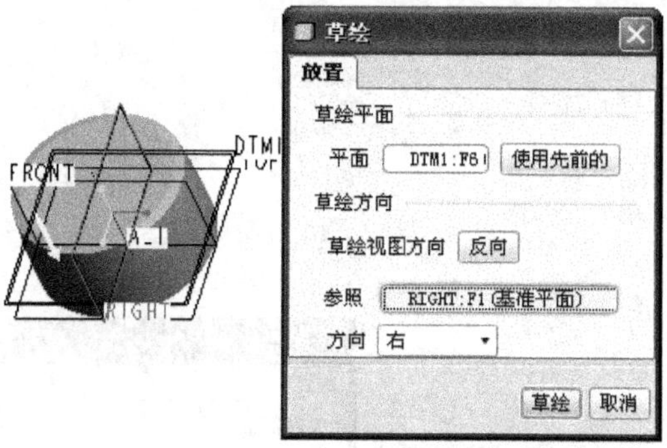

图 3-188 定义草绘平面等

步骤 5 绘制如图 3-189 所示的拉伸剖面，单击“完成”按钮✔。

步骤 6 在拉伸操控板中输入侧 1 的拉伸深度为 2.5。

步骤 7 在拉伸操控板中单击“应用并保存”按钮，完成创建该拉伸实体特征，按【Ctrl+D】快捷键以默认的标准方向视角来显示模型，效果如图 3-190 所示。

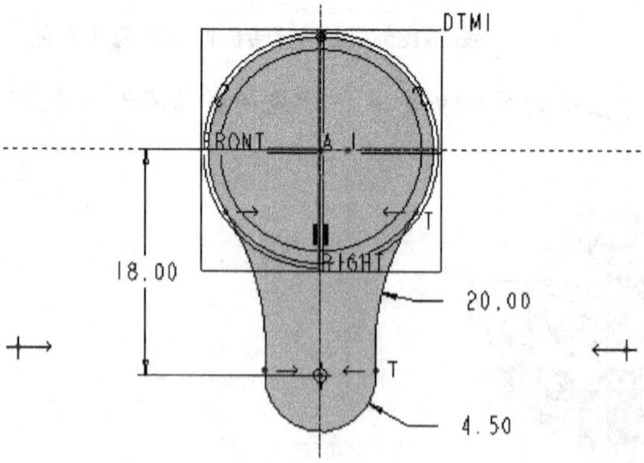

图 3-189 绘制拉伸剖面

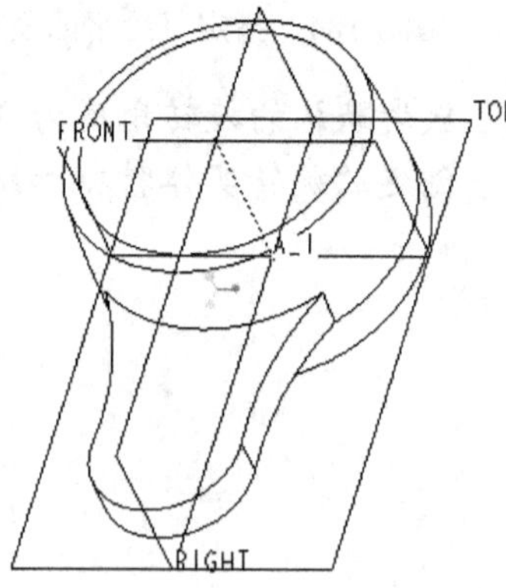

图 3-190 创建拉伸实体特征

（4）创建倒圆角特征 1

步骤 1 在“工程特征”工具栏中单击“倒圆角”按钮，打开倒圆角操控板。

步骤 2 在倒圆角操控板中设置当前倒圆角集的半径为 8。

步骤 3 按住【Ctrl】键的同时选择如图 3-191 所示的两条边线。

步骤 4 在倒圆角操控板中单击“应用并保存”按钮。

（5）创建倒圆角特征 2

步骤 1 在“工程特征”工具栏中单击“倒圆角”按钮，打开倒圆角操控板。

步骤 2 在倒圆角操控板中设置当前倒圆角集的半径为 1。

步骤 3 在模型中选择如图 3-192 所示的一条边链。

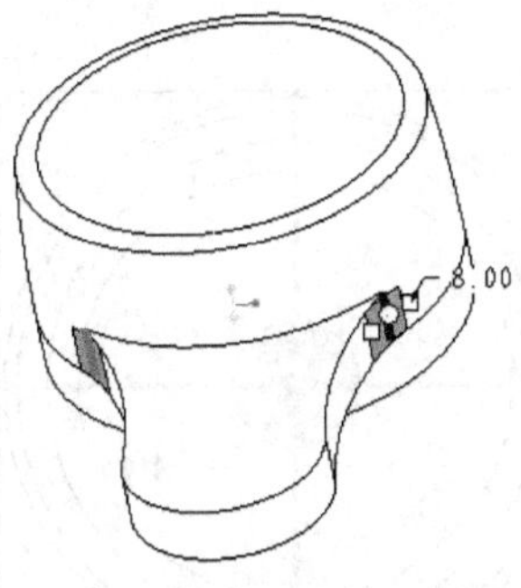

图 3-191　倒圆角 1

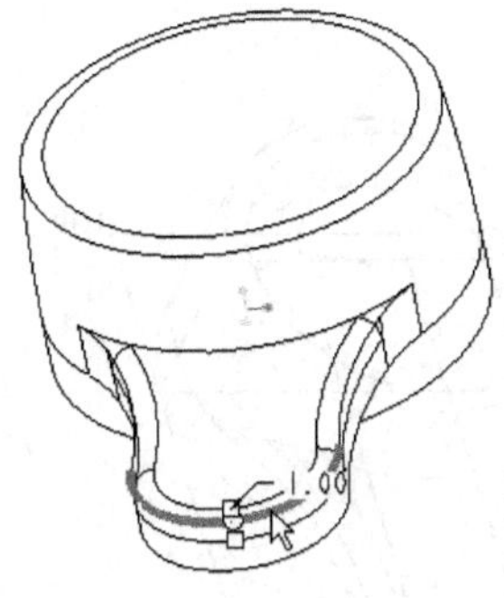

图 3-192　倒圆角 2

步骤 4 在倒圆角操控板中单击“应用并保存”按钮。

（6）以旋转的方式切除材料

步骤 1 在“基础特征”工具栏中单击“旋转”按钮，打开旋转操控板。默认时该操控板中的“实体”按钮处于被选中的状态，在操控板中单击“移除材料”按钮。

步骤 2 在旋转操控板中打开“放置”滑出面板，接着在该滑出面板中单击“定义”按钮，弹出“草绘”对话框。选择“RIGHT”基准平面作为草绘平面，以“TOP”基准平面为“顶”方向参照，单击“草绘”按钮，进入草绘模式。

步骤 3 绘制一条将自动默认为旋转轴的几何中心线和一个封闭的旋转剖面，如图 3-193 所示，然后单击“完成”按钮。

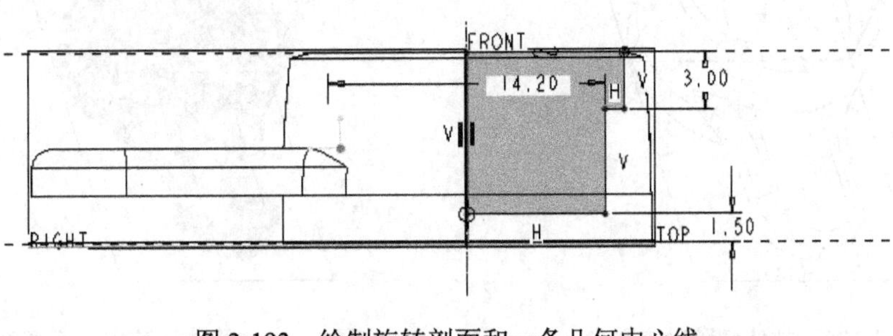

图 3-193　绘制旋转剖面和一条几何中心线

步骤 4 接受默认的旋转角度为 360°，接着在旋转操控板中单击“应用并保存”按钮✓，完成此旋转切除操作。此时按【Ctrl+D】快捷键以默认的标准方向视角来显示模型，效果如图 3-194 所示。

（7）以拉伸的方式切除出一个通孔

步骤 1 在“基础特征”工具栏中单击“拉伸”按钮，打开拉伸操控板，默认时该操控板中的“实体”按钮□处于被选中的状态，在该操控板中单击“移除材料”按钮。

步骤 2 在拉伸操控板中打开“放置”滑出面板，单击“定义”按钮，弹出“草绘”对话框，选择“TOP”基准平面作为草绘平面，默认以“RIGHT”基准平面为“右”方向参照，单击“草绘”按钮，进入草绘模式。

步骤 3 绘制如图 3-195 所示的截面圆，单击“完成”按钮✔。

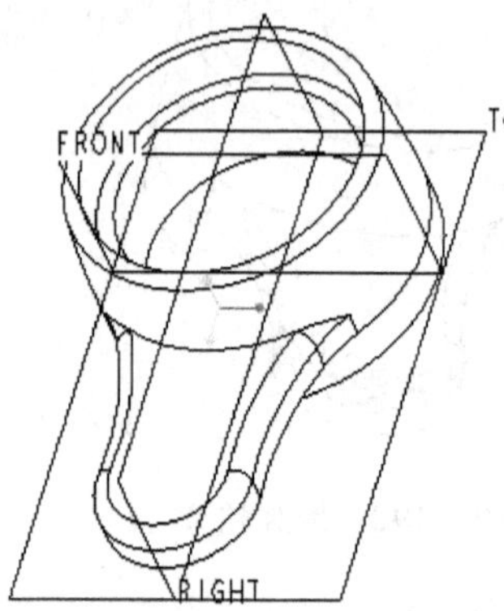

图 3-194 旋转切除的效果

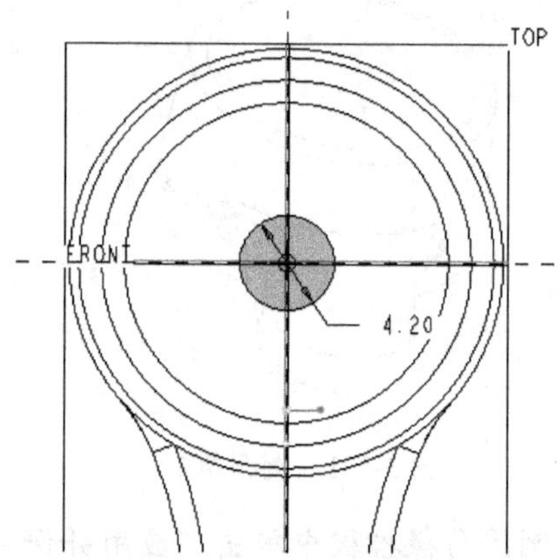

图 3-195 绘制拉伸切除的截面

步骤 4 在拉伸操控板中单击“将拉伸的深度方向更改为草绘的另一侧”按钮（以后将此按钮简称为“深度方向”按钮），选择深度选项为（拉伸至下一个曲面），此时模型动态预览效果如图 3-196 所示。

步骤 5 在拉伸操控板中单击“应用并保存”按钮✓，拉伸切除的效果如图 3-197 所示。

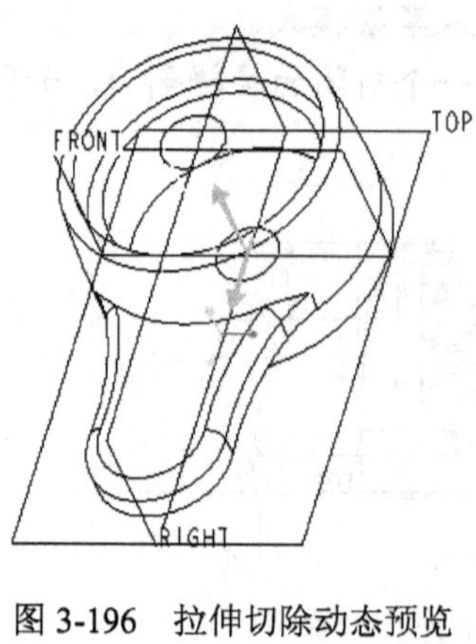

图 3-196 拉伸切除动态预览

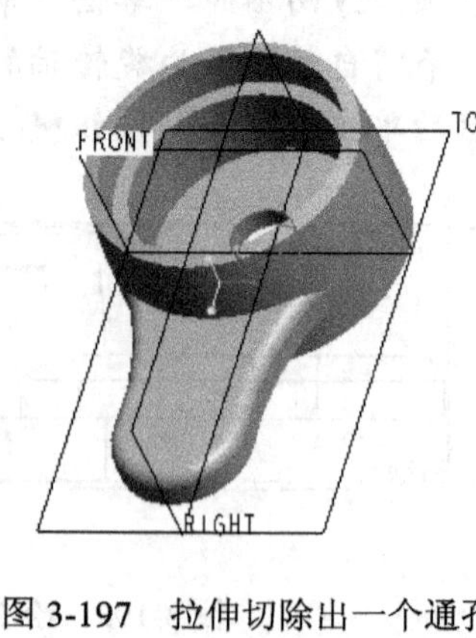

图 3-197 拉伸切除出一个通孔

（8）以拉伸的方式添加材料

步骤 1　在“基础特征”工具栏中单击“拉伸”按钮，打开拉伸操控板，默认时该操控板中的“实体”按钮处于被选中的状态。

步骤 2　在拉伸操控板中打开“放置”滑出面板，单击“定义”按钮，弹出“草绘”对话框，选择如图 3-198 所示的鼠标指针所指的内表面作为草绘平面，单击“草绘”按钮，进入内部草绘模式。

步骤 3　指定绘图参照，绘制如图 3-199 所示的图形，单击“完成”按钮✔。

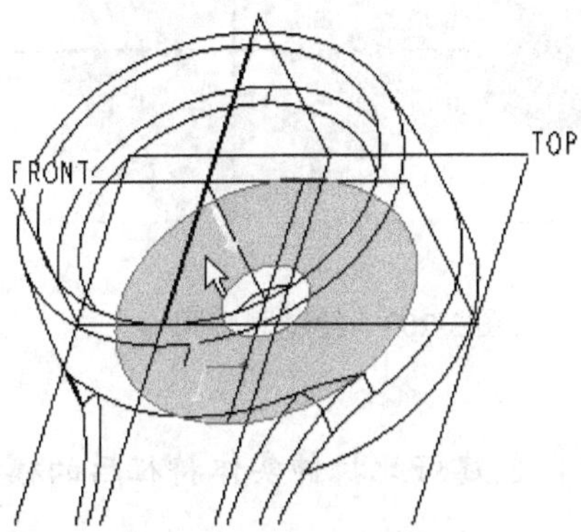

图 3-198　指定草绘平面

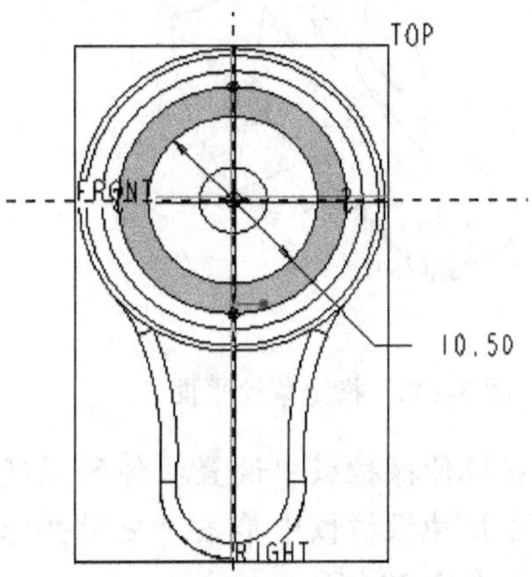

图 3-199　绘制拉伸剖面

步骤 4　在拉伸操控板中输入拉伸的深度值为 0.5，此时模型显示如图 3-200 所示。

步骤 5　在拉伸操控板中单击“应用并保存”按钮，创建好此拉伸特征的模型效果如图 3-201 所示（着色效果）。

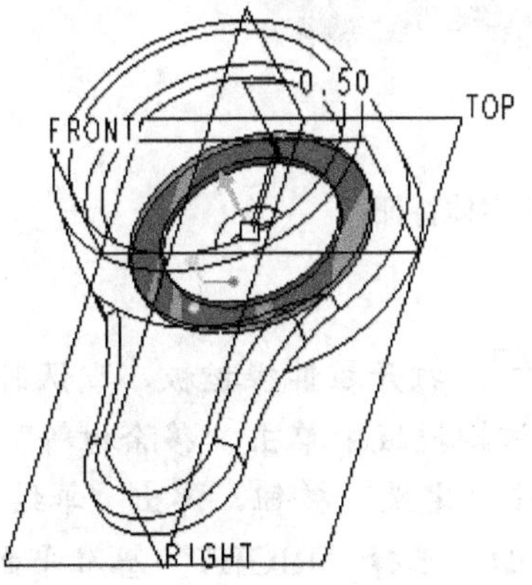

图 3-200　模型预览显示

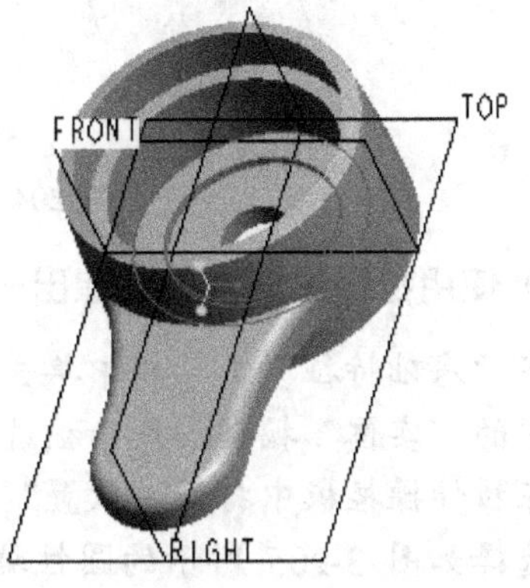

图 3-201　创建拉伸实体特征

（9）继续创建拉伸特征

步骤 1　在“基础特征”工具栏中单击“拉伸”按钮，打开拉伸操控板，默认时该操控板中的“实体”按钮处于被选中的状态。

步骤 2 在拉伸操控板中打开“放置”滑出面板，单击“定义”按钮，弹出“草绘”对话框，选择如图 3-202 所示的鼠标指针所指的零件平整面作为草绘平面，采用默认的草绘方向设置，在“草绘”对话框中单击“草绘”按钮，进入草绘模式。

步骤 3 在“草绘器工具”工具栏中单击“同心圆”按钮◎，绘制如图 3-203 所示的一个与所选参照同心的圆。然后单击“完成”按钮✔，完成草绘并退出草绘模式。

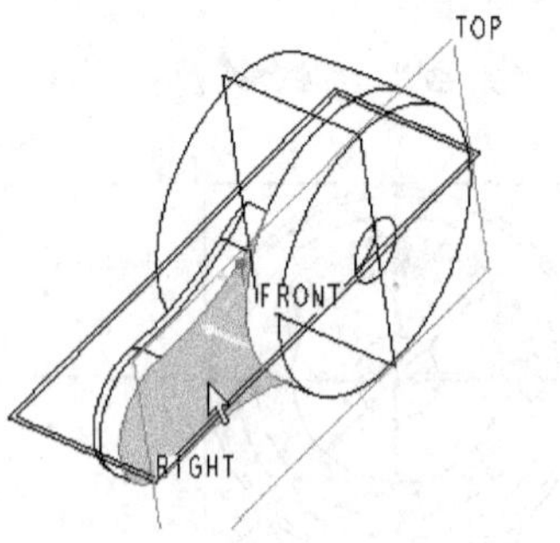

图 3-202　指定草绘平面

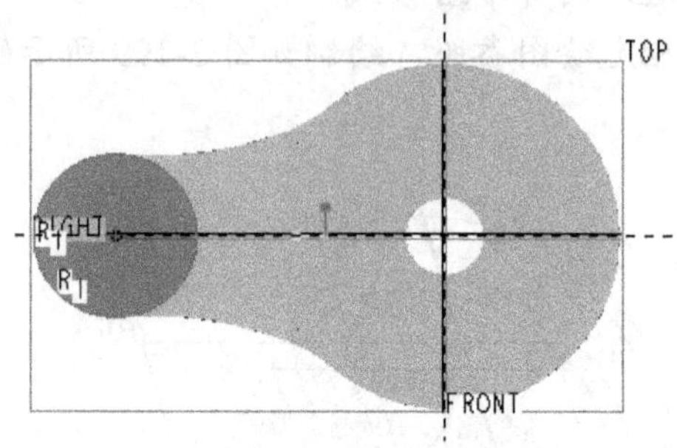

图 3-203　绘制同心圆

步骤 4 在拉伸操控板中设置拉伸的深度值为 5.3。

步骤 5 在拉伸操控板中单击“应用并保存”按钮☑，创建好此拉伸实体特征后的模型效果如图 3-204 所示。

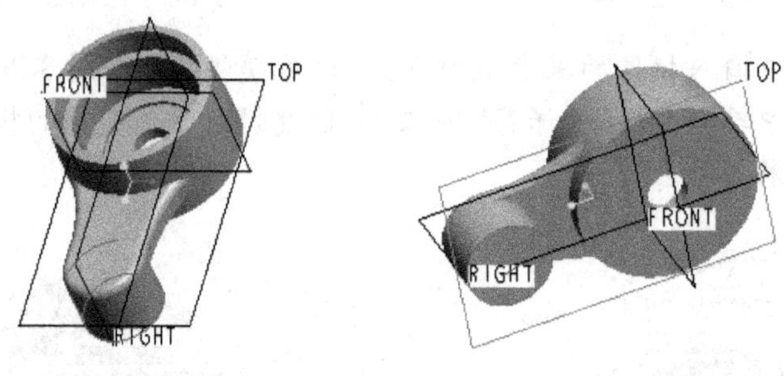

图 3-204　创建好一个拉伸实体特征

（10）**使用拉伸工具拉伸切除出一个圆孔**

步骤 1 在“基础特征”工具栏中单击“拉伸”按钮，打开拉伸操控板，默认时该操控板中的“实体”按钮□处于被选中的状态，在该操控板中单击“移除材料”按钮。

步骤 2 在拉伸操控板中打开“放置”滑出面板，单击“定义”按钮，弹出“草绘”对话框，选择如图 3-205 所示的圆柱端面作为草绘平面，选择“RIGHT”基准平面为“顶”方向参照，单击“草绘”按钮，进入草绘模式。

步骤 3 单击“同心圆”按钮◎，绘制如图 3-206 所示的拉伸切除的剖面（该剖面由一个圆组成），单击“完成”按钮✔。

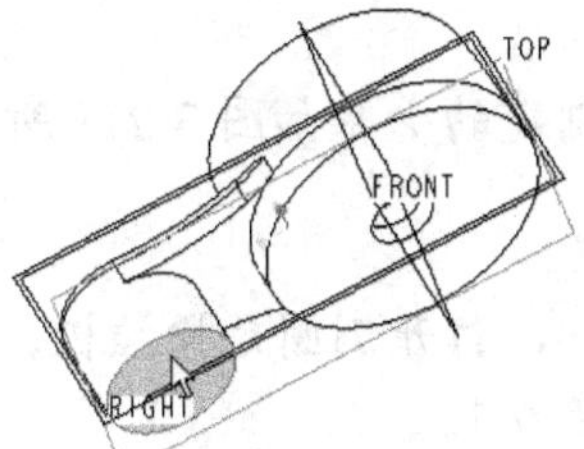

图 3-205　指定草绘平面

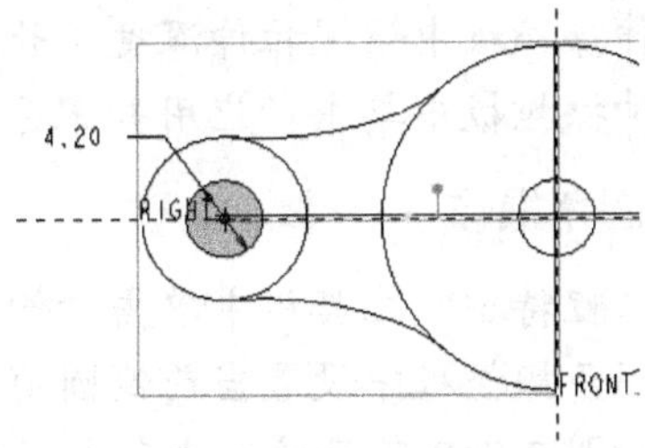

图 3-206　绘制拉伸切除的剖面

步骤 4　在拉伸操控板中选择侧 1 的深度选项为（拉伸至选定的点、曲线、平面或曲面），接着选择如图 3-207 所示的零件平整表面。

步骤 5　在拉伸操控板中单击“应用并保存”按钮，拉伸切除的效果如图 3-208 所示。

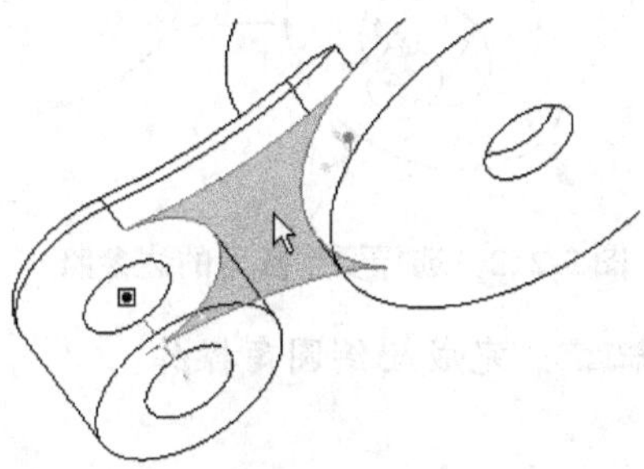

图 3-207　选择要拉伸切除到的零件平整面

图 3-208　拉伸切除的效果

（11）使用拉伸工具拉伸截面生成一根定位轴

步骤 1　在“基础特征”工具栏中单击“拉伸”按钮，打开拉伸操控板，默认时该操控板中的“实体”按钮处于被选中的状态。

步骤 2　在拉伸操控板中单击“放置”滑出面板，单击“定义”按钮，弹出“草绘”对话框。选择如图 3-209 所示的零件平整面作为草绘平面，以“RIGHT”基准平面为“顶”方向参照，单击“草绘”对话框中的“草绘”按钮，进入草绘模式。

步骤 3　单击“同心圆”按钮，绘制如图 3-210 所示的一个截面圆，单击“完成”按钮。

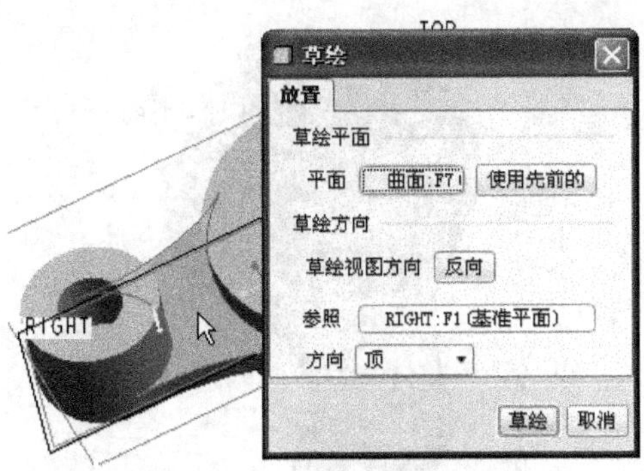

图 3-209　指定草绘平面

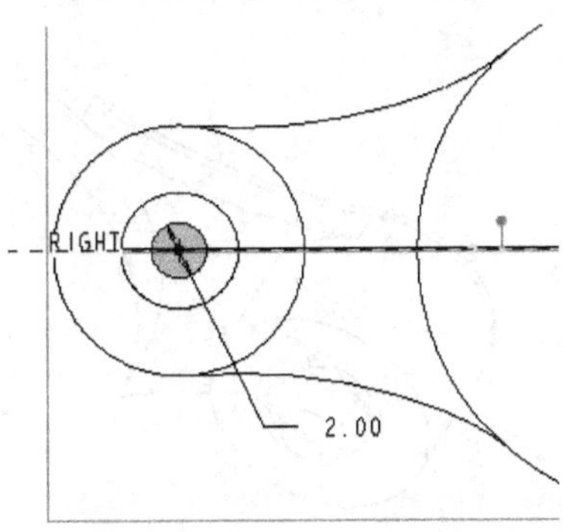

图 3-210　绘制一个截面圆

步骤 4 在拉伸操控板中设置拉伸深度（长度）为 7.5。

步骤 5 在拉伸操控板中单击“应用并保存”按钮，创建的小轴如图 3-211 所示。

（12）倒圆角操作

步骤 1 在“工程特征”工具栏中单击“倒圆角”按钮，打开倒圆角操控板。

步骤 2 在倒圆角操控板中设置当前倒圆角集的圆角半径为 1。

步骤 3 选择如图 3-212 所示的边线来进行倒圆角。

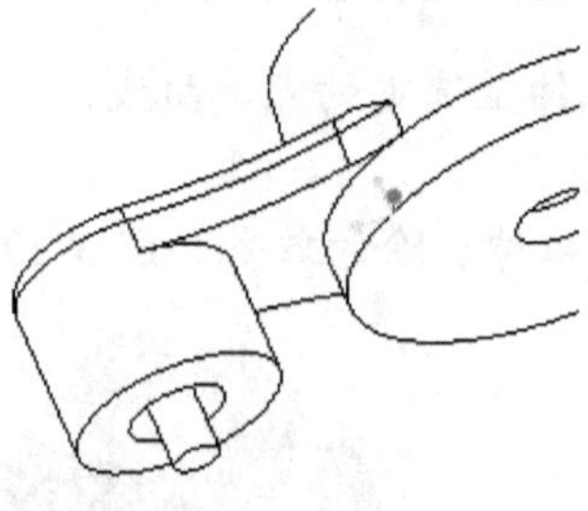

图 3-211 创建小轴

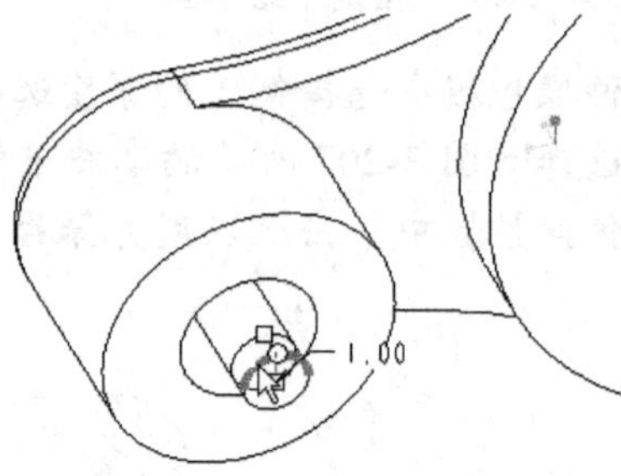

图 3-212 选择要倒圆角的边参照

步骤 4 在倒圆角操控板中单击“应用并保存”按钮，完成此倒圆角操作。

（13）倒角操作

步骤 1 在“工程特征”工具栏中单击“倒角”按钮，打开边倒角操控板。

步骤 2 在边倒角操控板的“标注形式”下拉列表框中选择“45×D”，输入 D 值为 0.5。

步骤 3 选择要倒角的边参照，如图 3-213 所示。

步骤 4 在边倒角操控板中单击“应用并保存”按钮，完成此倒角操作。

（14）再进行倒圆角操作

步骤 1 在“工程特征”工具栏中单击“倒圆角”按钮，打开倒圆角操控板。

步骤 2 在倒圆角操控板中设置当前倒圆角集的圆角半径为 0.8。

步骤 3 选择如图 3-214 所示的边线来进行倒圆角。

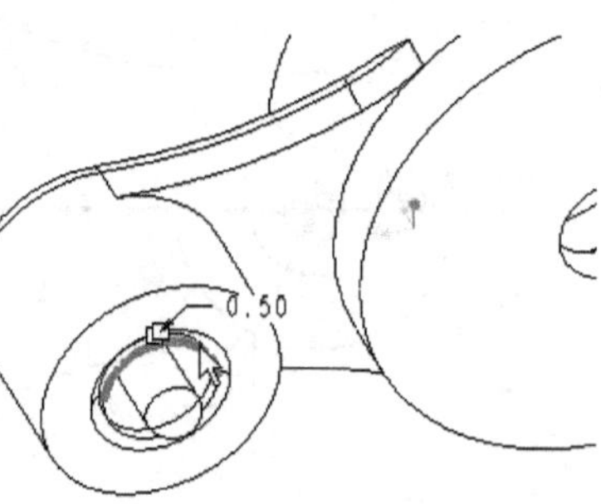

图 3-213 选择要倒角的边参照

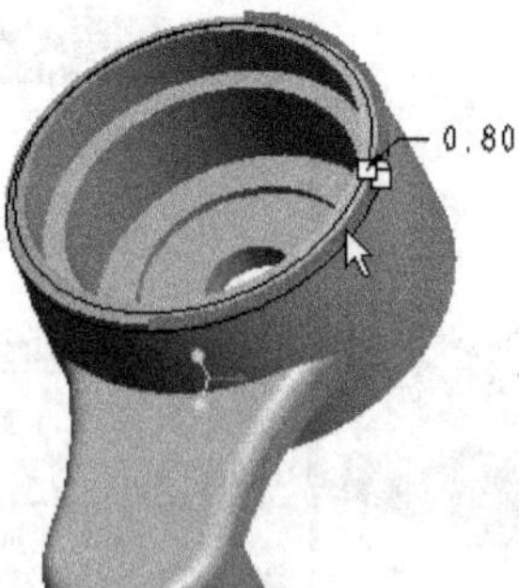

图 3-214 选择要倒圆角的边

步骤 4 在倒圆角操控板中单击“应用并保存”按钮，完成此倒圆角操作。

（15）以旋转的方式切除材料

步骤 1 在“基础特征”工具栏中单击“旋转”按钮，打开旋转操控板。默认时该操控板中的“实体”按钮处于被选中的状态，单击“移除材料”按钮。

步骤 2 打开旋转操控板的“放置”滑出面板，从中单击“定义”按钮，弹出“草绘”对话框，选择“RIGHT”基准平面作为草绘平面，以“TOP”基准平面为“顶”方向参照，单击“草绘”对话框中的“草绘”按钮，进入草绘模式。

步骤 3 在菜单栏中选择“草绘|参照”命令，弹出“参照”对话框，选择如图 3-215 所示的参照，然后单击“参照”对话框中的“关闭”按钮。

步骤 4 绘制如图 3-216 所示的开放旋转剖面和相应的一条几何中心线，然后单击“完成”按钮。

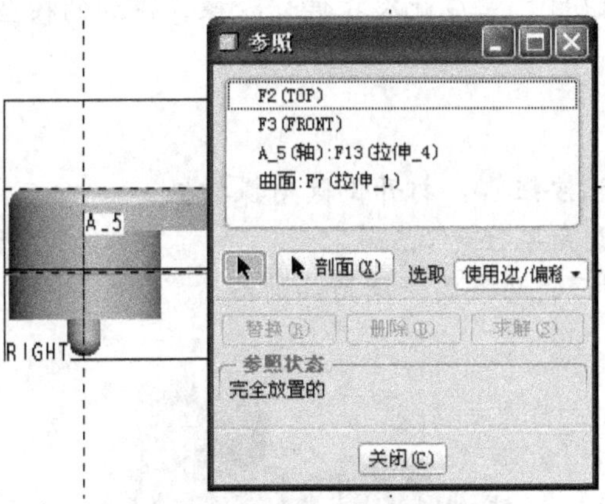

图 3-215 选定草绘参照

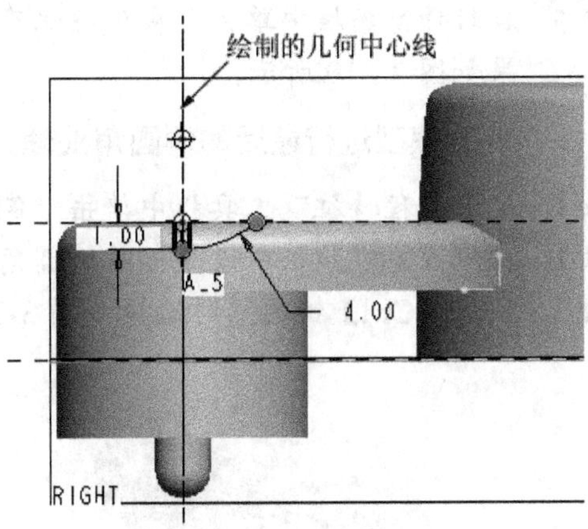

图 3-216 绘制图形

步骤 5 在旋转操控板中接受默认的旋转角度为 360°，单击“应用并保存”按钮，完成此旋转切除操作得到的模型效果如图 3-217 所示。

（16）以拉伸的方式切除材料

步骤 1 在“基础特征”工具栏中单击“拉伸”按钮，打开拉伸操控板，默认时该操控板中的“实体”按钮处于被选中的状态，在该操控板中单击“移除材料”按钮。

步骤 2 在拉伸操控板中打开“放置”滑出面板，单击“定义”按钮，弹出“草绘”对话框，选择“TOP”基准平面作为草绘平面，以“RIGHT”基准平面为“右”方向参照，在“草绘”对话框单击“反向”按钮，然后单击“草绘”按钮，进入草绘模式。

步骤 3 绘制如图 3-218 所示的剖面，单击“完成”按钮。

步骤 4 在拉伸操控板中输入拉伸的深度值为 0.5，注意观察拉伸的深度方向。

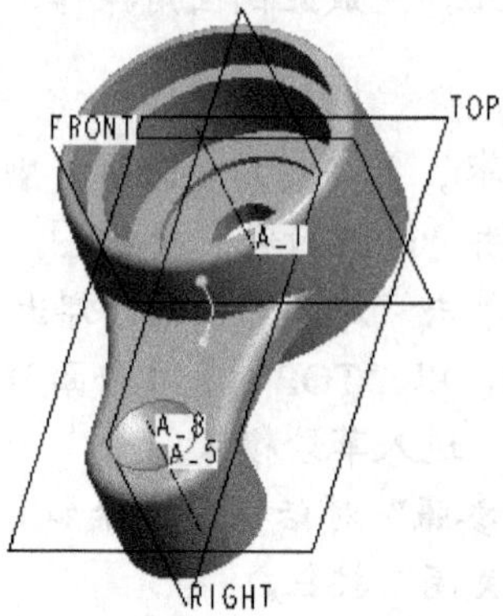

图 3-217 旋转切除的效果

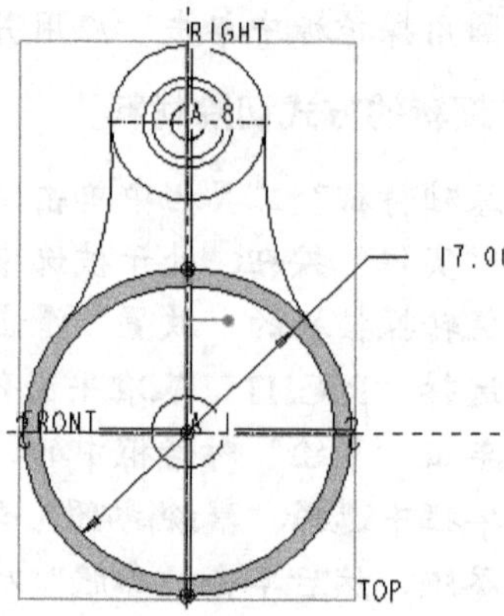

图 3-218 绘制用于拉伸切除的剖面

步骤 5 在拉伸操控板中单击“应用并保存”按钮，完成此次拉伸切除操作得到的模型效果如图 3-219 所示。

（17）对模型进行最后的倒圆角处理

步骤 1 在“工程特征”工具栏中单击“倒圆角”按钮，打开倒圆角操控板。

步骤 2 在倒圆角操控板中设置当前倒圆角集的圆角半径为 0.5。

步骤 3 按住【Ctrl】键的同时选择如图 3-220 所示的两条要倒圆角的边线。

图 3-219 拉伸切除的效果

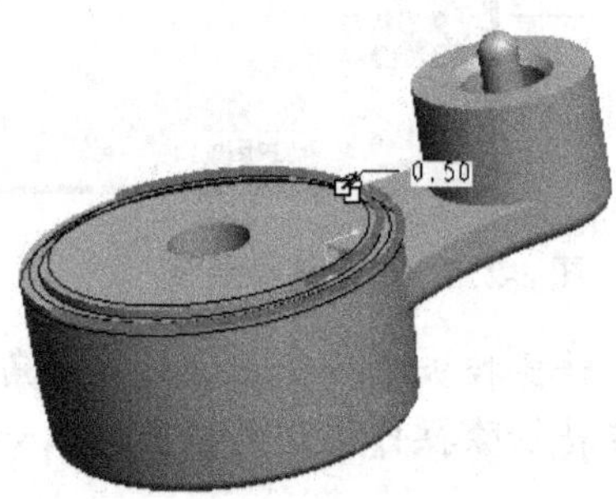

图 3-220 选择要倒圆角的边线

步骤 4 在倒圆角操控板中单击“应用并保存”按钮，得到的模型效果如图 3-221 所示。

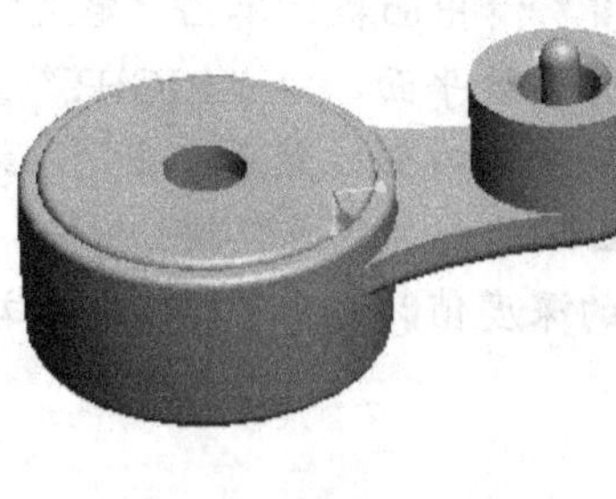

图 3-221 完成后的效果

步骤 5 至此，完成本任务设计，按【Ctrl+S】快捷键将文件保存起来。

四、项目总结

本项目学习了关于简单零件设计的实用知识，其中在理论指导方面，主要学习了建模概述、基准特征、基础形状特征和工程特征等。

- 基准特征主要用作其他特征的创建参照，它包括基准平面、基准轴、基准点、基准曲线和基准坐标系等。基准特征主要是利用右工具箱“基准”工具栏中的相应按钮创建。
- 基础形状特征可以作为零件的第一个实体特征，相当于作为零件的一个坯件，如拉伸特征、旋转特征、扫描特征等。基础形状特征主要是利用右工具箱“基础特征”工具栏中的相应按钮创建。
- 在基础形状特征的基础上可以创建工程特征，如孔特征、倒圆角特征、倒角特征、拔模特征、筋特征和壳特征等。工程特征主要是利用右工具箱“工程特征”工具栏中的相应按钮创建。
- 创建基础形状特征和工程特征时，一般都会打开一个操控板，用户可利用该操控板设置相关参数，以及进入草绘器绘制特征的截面图形。在进入草绘器时，用户要注意的是草绘平面和参照平面的选择。

此外，在本项目的任务实践中，主要安排了 7 个案例。通过学习这些案例，读者应掌握基准特征、基础形状特征和工程特征在实践中的应用，以及掌握在 Pro/E Wildfire 5.0 中创建简单零件的方法和技巧，并了解建模思路。

五、项目考核

一、选择题（多选题，每题 2 分，共 16 分）

1．单击“曲线”按钮后，可以采用（　　）曲线选项来插入基准曲线。
A．通过点　　B．自文件　　C．使用剖截面　　D．从方程

2．下列属于 Pro/E Wildfire 5.0 工程特征的是（　　）。
A．孔特征　　B．倒角特征　　C．旋转特征　　D．扫描特征

3．下列属于拔模特征主要术语的是（　　）。
A．拔模曲面　　B．拔模枢轴　　C．拖动方向　　D．拔模角度

4．混合特征的混合类型分为下列哪几种？（　　）
A．平行混合特征　　B．旋转混合特征
C．一般混合特征　　D．相交混合特征

5．Pro/E Wildfire 5.0 中的筋特征主要分为（　　）。
A．轨迹筋　　B．矢量筋　　C．轮廓筋　　D．环状筋

6．倒角特征是一类对边或拐角进行斜切削的特征。在 Pro/E Wildfire 5.0 可以创建（　　）两种类型的倒角。

A．拐角倒角　　B．边倒角　　C．圆形倒角　　D．直角倒角

7．通常情况下要选择基准平面，下面哪些操作（　　）是正确的。

A．在图形窗口中拾取它的名称

B．在图形窗口中单击它的一条边界

C．从模型树中进行选择

D．将鼠标指针移至图形窗口中基准平面显示边界内并单击

8．在创建旋转特征时，如果想使用草绘器中心线定义旋转轴，那么如下哪些方法可行？（　　）

A．在草绘器中绘制一条几何中心线，而旋转剖面位于该几何中心线的同一侧

B．在草绘器中绘制一条构造中心线，而旋转剖面位于该构造中心线的同一侧

C．使用“草绘|特征工具|旋转轴”命令来将所选的草绘器中心线定义为旋转轴

D．如果剖面中包含一条以上的几何中心线，则旋转轴默认是创建的第一条几何中心线

二、简答题（每题6分，共24分）

1．谈谈在 Pro/E Wildfire 5.0 建模的一些思想。

2．基准平面有什么作用？如何创建？

3．创建拉伸特征时，若希望设置拉伸形式和深度，该如何操作？

4．在创建旋转特征时需要注意什么？

三、操作题（每题15分，共60分）

1．看图建模：请参照如图 3-222 所示的轴承盖零件模型效果，在 Pro/E Wildfire 5.0 零件模式中建立其三维模型，具体尺寸自行决定。

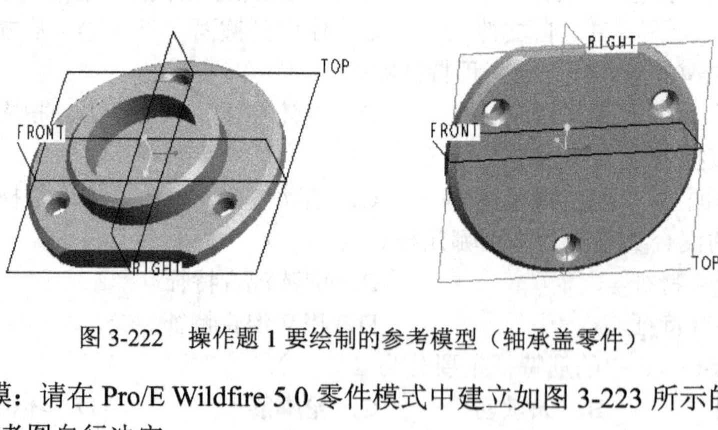

图 3-222　操作题 1 要绘制的参考模型（轴承盖零件）

2．看图建模：请在 Pro/E Wildfire 5.0 零件模式中建立如图 3-223 所示的轴的三维模型，具体尺寸根据参考图自行决定。

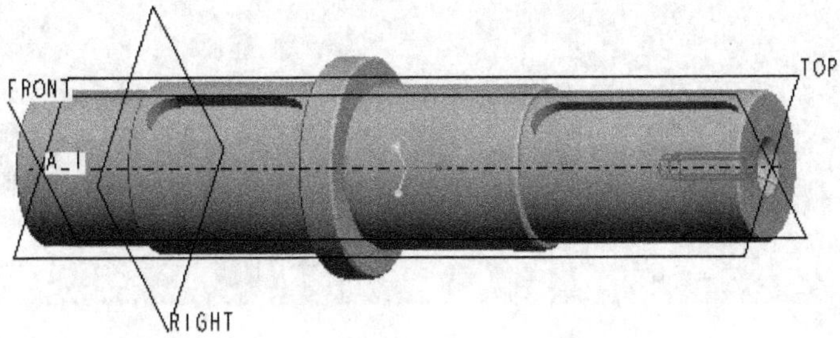

图 3-223　操作题 2 绘制的图形

3．看图建模：请在 Pro/E Wildfire 5.0 零件模式中建立如图 3-224 所示的水晶样式的三维模型，具体尺寸根据参考图自行决定。

4．看图建模：请在 Pro/E Wildfire 5.0 零件模式中建立如图 3-225 所示的六角扳手零件的三维模型，具体尺寸根据参考图自行决定。

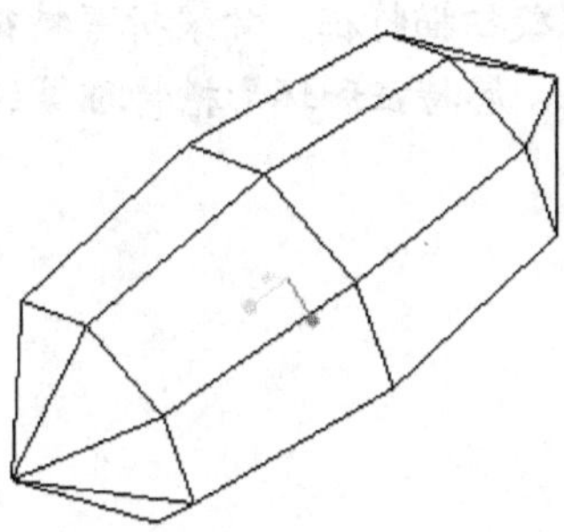

图 3-224　操作题 3 绘制的图形

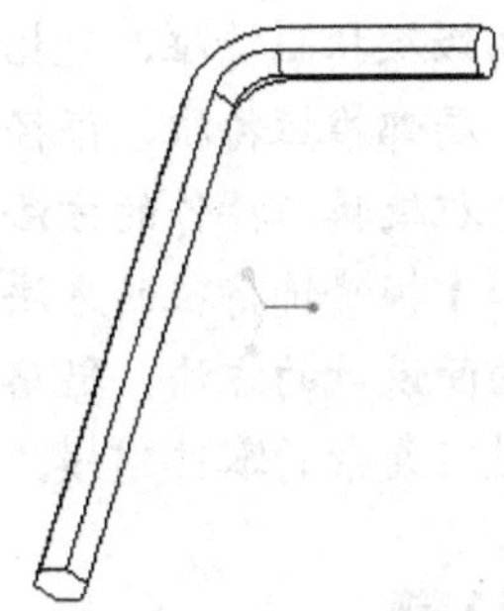

图 3-225　操作题 4 绘制的图形

项目四　复杂零件建模

Pro/E Wildfire 5.0 还为用户提供了其他强大的建模功能，让用户能更好地设计复杂零件。在本项目中将结合理论指导和任务实践来学习复杂零件的建模知识，在理论指导方面的实用知识包括高级特征应用、特征编辑与操作、修饰特征和曲面设计。

一、学习目标

- 掌握高级及扭曲特征，包括扫描混合特征、螺旋扫描特征、骨架折弯特征、环形折弯特征、局部推拉特征、半径圆顶特征、耳特征、唇特征和环形槽特征等的应用方法。
- 掌握特征编辑与操作的方法。
- 了解和掌握修饰特征的方法。
- 掌握曲面设计的方法、思路和技巧。
- 能够进行复杂的零件建模。

二、理论指导

本部分介绍的理论知识包括高级特征应用、特征编辑与操作、修饰特征和曲面设计基础。

（一）高级及扭曲特征

本书所指的高级及扭曲特征包括螺旋扫描特征、边界混合特征、骨架折弯特征、环形折弯特征、局部推拉特征、半径圆顶特征、耳特征、唇特征和环形槽特征。

1. 螺旋扫描

在 Pro/E Wildfire 5.0 中，可以沿着螺旋轨迹扫描截面来创建螺旋扫描特征。轨迹是通过旋转曲面的轮廓（定义从螺旋特征的截面原点到其旋转轴之间的距离）和螺距（螺旋线之间的距离）这两者定义的。常见的圆柱螺旋弹簧、内外螺纹结构等均可以采用螺纹扫描的方法来创建。

“螺旋扫描”命令对于实体和曲面均可用。在创建螺旋扫描特征的过程中，会弹出如图 4-1 所示的“属性”菜单，此时用户可从该菜单中选择成对出现的选项（只能二选一）来定义螺旋扫描特征。

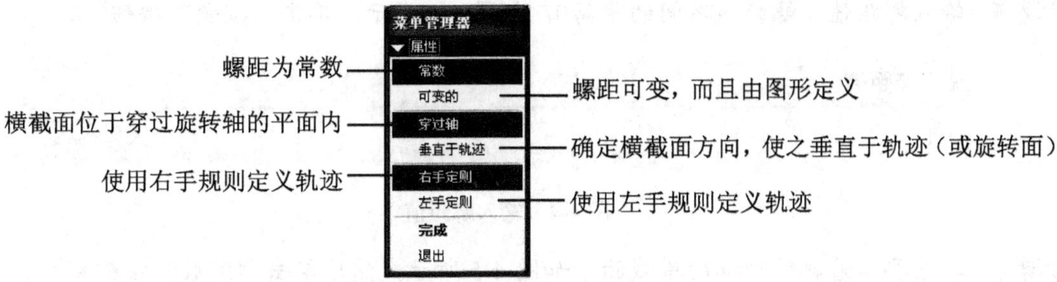

图 4-1 菜单管理器提供的“属性”菜单

（1）用恒定螺距值创建螺旋扫描特征

以如下一个典型范例介绍用恒定螺距值创建螺旋扫描特征的操作步骤。

步骤 1 新建一个使用“mmns_part_solid”公制模板的实体零件文件，可以将此文件名设置为“bc_4_1a”。

步骤 2 在菜单栏中选择“插入|螺旋扫描|伸出项”命令，系统弹出如图 4-2 所示的“伸出项：螺旋扫描”对话框和一个菜单管理器。在菜单管理器的“属性”菜单中选择“常数|穿过轴|右手定则|完成”命令。

步骤 3 选择“FRONT”基准平面作为定义旋转曲面轮廓的草绘平面，接着在菜单管理器出现的菜单中依次选择“确定”和“缺省”命令，进入草绘模式。

步骤 4 绘制如图 4-3 所示的旋转曲面轮廓和旋转轴，单击“完成”按钮✔，完成草绘并退出草绘模式。

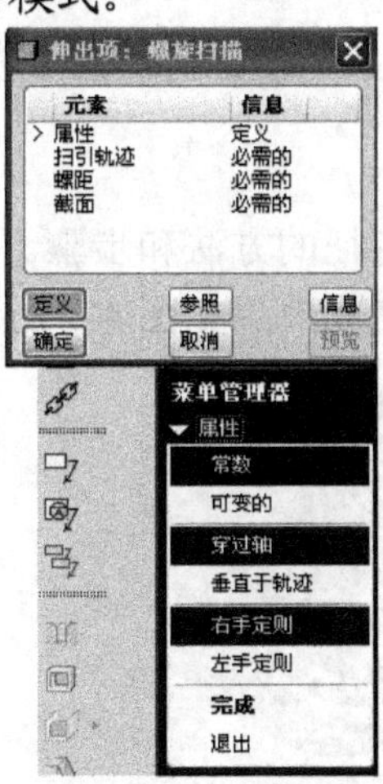

图 4-2 “伸出项：螺旋扫描”对话框和菜单管理器

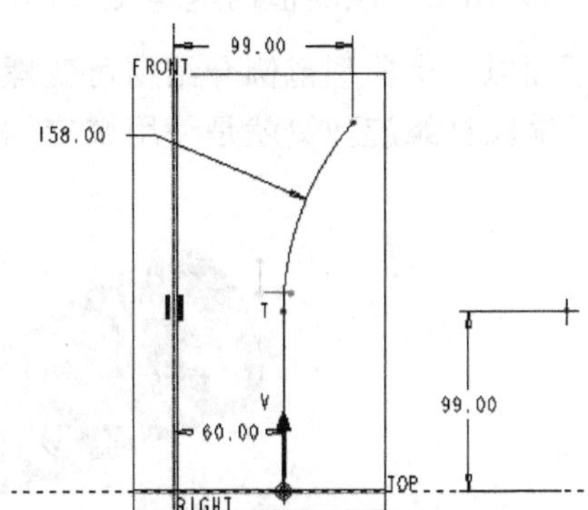

图 4-3 草绘旋转曲面轮廓和旋转轴

> **知识库** 草绘旋转曲面轮廓时，需要遵循一些规则：草绘图元必须形成一个开放环，必须草绘几何中心线以定义旋转轴；轮廓图元不必有在任何点都垂直于中心线的切线；如果之前选择了“垂直于轨迹”选项，那么轮廓图元一定是相切的（C1 连续）；轮廓的起点定义了螺旋扫描轨迹的起点，使用菜单栏中的“草绘|特征工具|起点”命令可以修改起点。

步骤 5 输入螺距值（螺旋线之间的距离），如图 4-4 所示，单击“接受”按钮☑。

图 4-4 输入螺距值

步骤 6 草绘要沿着轨迹扫描的横截面，如图 4-5 所示，然后单击“完成”按钮✔。

步骤 7 在“伸出项：螺旋扫描”对话框中单击“确定”按钮，完成的螺旋扫描特征如图 4-6 所示。

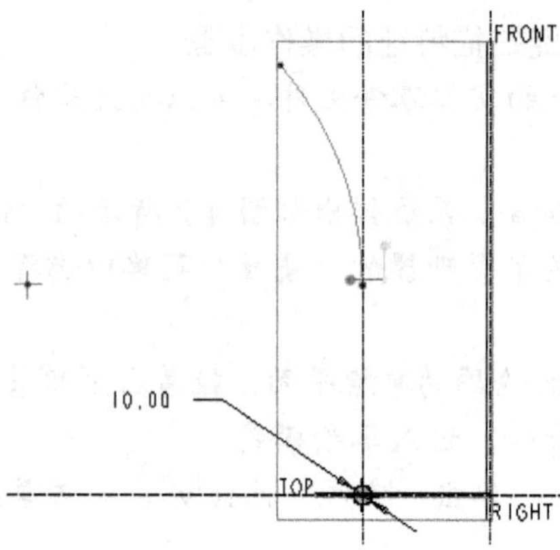

图 4-5 草绘横截面

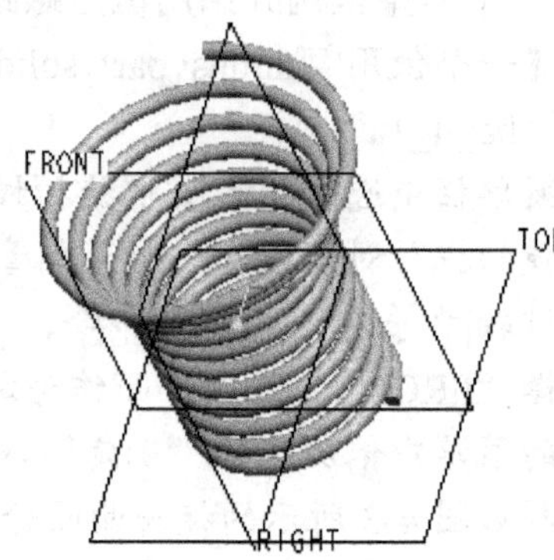

图 4-6 完成的恒定螺距的螺旋扫描特征

（2）用可变螺距值创建螺旋扫描特征

下面以一个典型范例介绍用可变螺距值创建螺旋扫描特征的方法和步骤。该实例完成的一个压缩圆柱螺旋弹簧就是使用螺旋扫描方法来操作的，完成效果如图 4-7 所示。

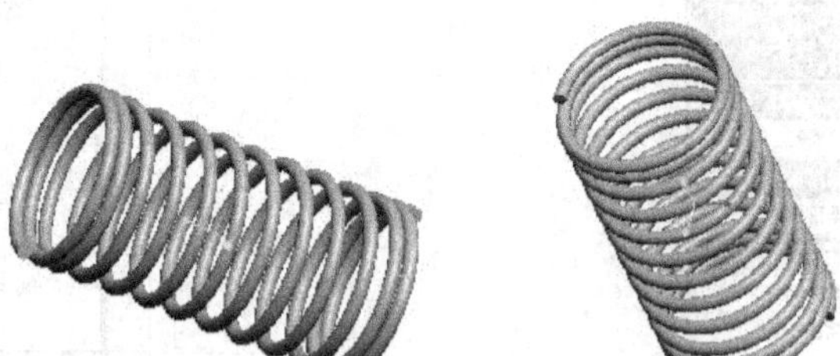

图 4-7 完成的压缩圆柱螺旋弹簧

步骤 1 新建一个使用“mmns_part_solid”公制模板的实体零件文件，可以将此文件名设置为“bc_4_1b”。

步骤 2 在菜单栏中选择“插入|螺旋扫描|伸出项”命令，弹出“伸出项：螺旋扫描”对话框和一个菜单管理器。

步骤 3 在菜单管理器的“属性”菜单中选择“可变的|穿过轴|右手定则|完成”命令。

步骤 4　选择“FRONT”基准平面为草绘平面，接着在菜单管理器中选择“确定|缺省”命令，进入草绘模式。绘制一条几何中心线作为旋转轴和如图 4-8 所示的旋转曲面轮廓截面。该旋转曲面轮廓由 5 段直线段组成（即相当于在旋转曲面轮廓上提供若干控制点，这些控制点将被用来定义沿螺距图的螺距值），然后单击“完成”按钮✔。

步骤 5　输入轨迹起始点处的螺距值为 6，单击“接受”按钮或者按【Enter】键确认。

步骤 6　输入轨迹终止点处的螺距值为 6，单击“接受”按钮或者按【Enter】键确认。

步骤 7　当前轮廓面显示在先前窗口中，而系统弹出一个带有初始螺距图的子窗口和弹出一个菜单管理器，如图 4-9 所示。在菜单管理器的“定义控制曲线”菜单中确保选择“添加点”命令，以通过选择轮廓截面上的一个点，或是起点和终点来将参照点添加到图形中，并输入指定点处所需的螺距值。

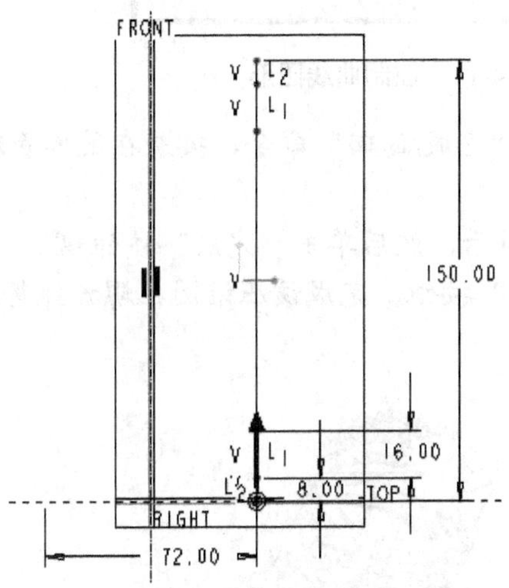

图 4-8　绘制中心线与旋转曲面轮廓

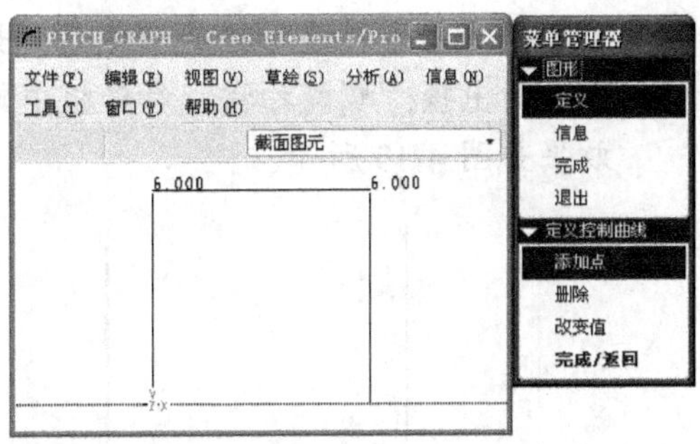

图 4-9　带有初始螺距图的子窗口和菜单管理器

> **知识库**
>
> 在菜单管理器的“定义控制曲线”菜单中，还提供了实用的另外两个命令，即“删除”命令和“改变值”命令。“删除”命令用于选取轮廓截面中的螺距控制点，然后将其删除；“改变值”命令则用于更改所选的任何控制点，包括起点和终点处的螺距值，执行“改变值”命令后需要在轮廓截面中选取要改变螺距值的点，并为其输入新值。

步骤 8　开始添加点，在轮廓截面上单击如图 4-10 所示的第 2 点，输入第 2 点处的螺距值为 6，单击“接受”按钮；在轮廓截面上单击第 3 点，输入第 3 点处的螺距值为 15，单击“接受”按钮；在轮廓截面上单击第 4 点，输入第 4 点处的螺距值为 15，单击“接受”按钮；在轮廓截面上单击第 5 点，输入第 5 点处的螺距值为 6，单击“接受”按钮。此时，窗口中显示的控制曲线图形如图 4-11 所示。

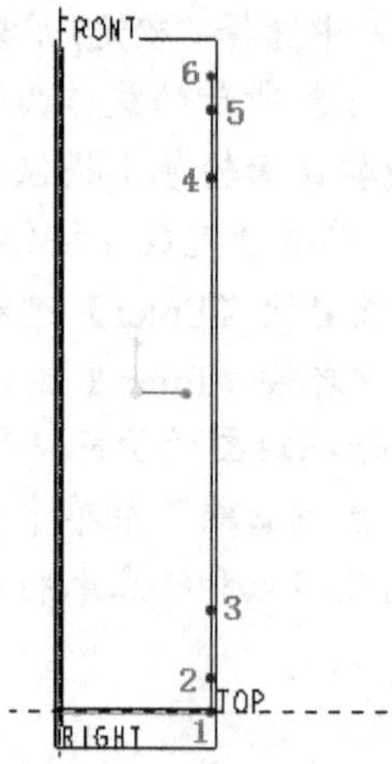

图 4-10　轮廓截面上的控制点

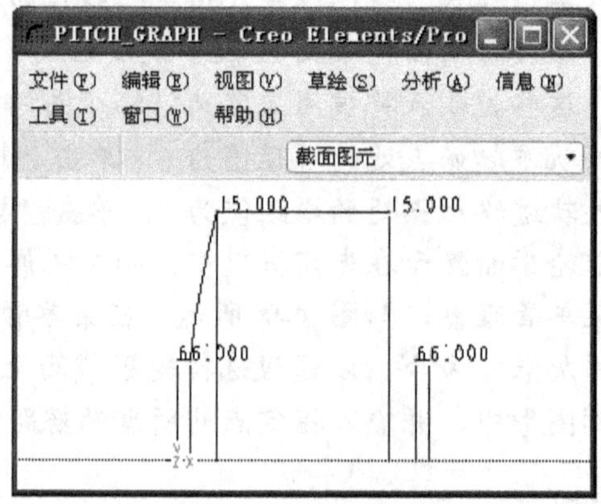

图 4-11　控制曲线图形

步骤 9　在菜单管理器的“定义控制曲线”菜单中选择“完成/返回”命令，接着在菜单管理器的“图形”菜单中选择“完成”命令。

步骤 10　草绘将要沿着轨迹扫描的横截面，如图 4-12 所示，然后单击“完成”按钮✔。

步骤 11　在“伸出项：螺旋扫描”对话框中单击“确定”按钮，完成该压缩圆柱螺旋弹簧，效果如图 4-13 所示。

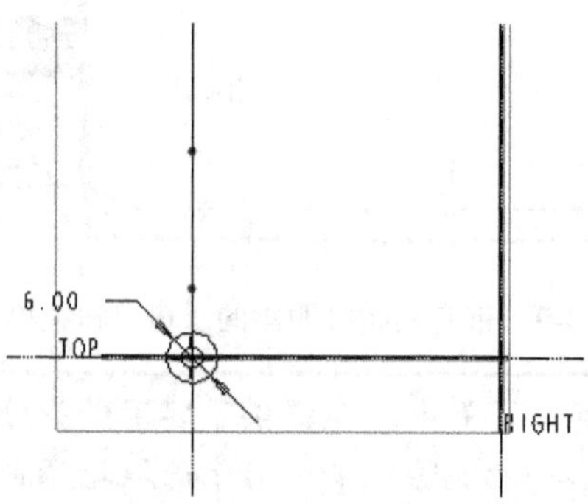

图 4-12　草绘横截面

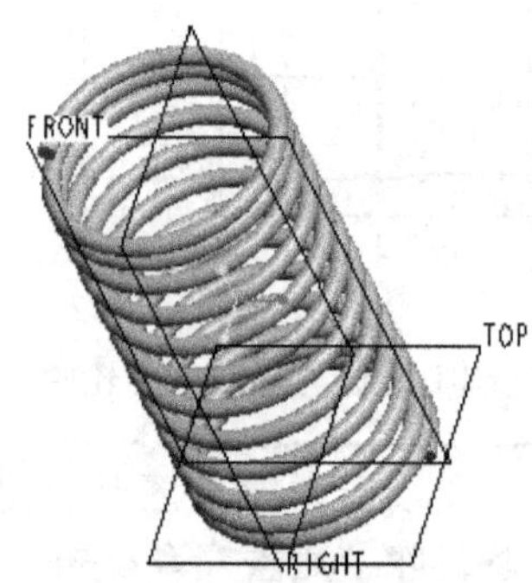

图 4-13　完成的螺旋弹簧效果

2. 扫描混合

顾名思义，扫描混合融合了扫描和混合两种建模的特点，它可以具有两种轨迹：原点轨迹（必需）和第二轨迹（可选），注意每次只有一个轨迹是活动的。每个扫描混合特征必须至少有两个剖面，且可在这两个剖面间添加剖面。要定义扫描混合的轨迹，可以根据实际设计情况选择一条草绘曲线、基准曲线或边的链。

创建扫描混合特征的一般过程如下：

① 启动扫描混合工具。

② 选取轨迹线。

③ 设置剖面控制和水平/垂直控制等选项。

④ 绘制截面或选择截面。

⑤ 设置相切条件和混合控制等选项。

⑥ 保存设置并生成特征。

图 4-14 所示的实体模型就是使用“扫描混合”工具命令来创建的，创建步骤如下。

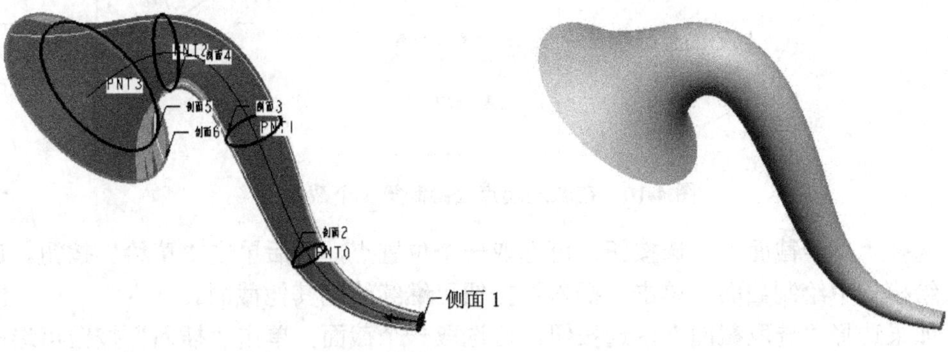

图 4-14　使用“扫描混合”工具命令创建的实体模型

步骤 1　打开配书素材“\范例素材\CH4\bc-4-1c.prt.1”文件。

步骤 2　在菜单栏中选择“插入|扫描混合”命令，打开扫描混合特征操控面板，单击“创建一个实体”按钮▢，以创建实体特征。

步骤 3　单击“参照”按钮，打开“参照”滑出面板，然后选取工作区中的草绘曲线作为轨迹，如图 4-15 所示，并保持“参照”滑出面板中的默认设置不变。

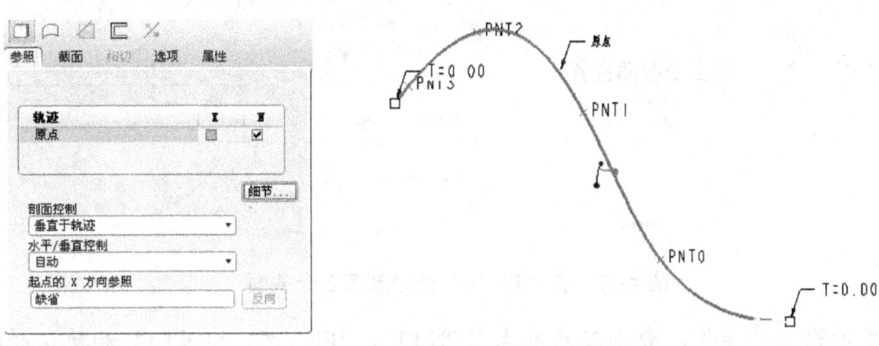

图 4-15　选取轨迹

- **垂直于轨迹**：截面平面在整个长度上保持与原点轨迹垂直。此为默认设置。
- **垂直于投影**：Z 轴与指定方向上的原点轨迹的投影相切。选择此选项，需要指定方向参照。
- **恒定法向**：Z 轴平行于指定方向参照向量。选择此选项，需要指定方向参照。
- **细节**：单击该按钮可打开一个对话框，以对轨迹进行更多选择。

步骤 4　单击“截面”按钮，打开“截面”滑出面板，如图 4-16 所示，选取轨迹的起始端点作为第 1 个截面的位置，单击“草绘”按钮，进入草绘模式，绘制出如图 4-16 右图所示的截面，然后单击草绘工具栏中的“完成”按钮✓，完成第 1 个截面的绘制。

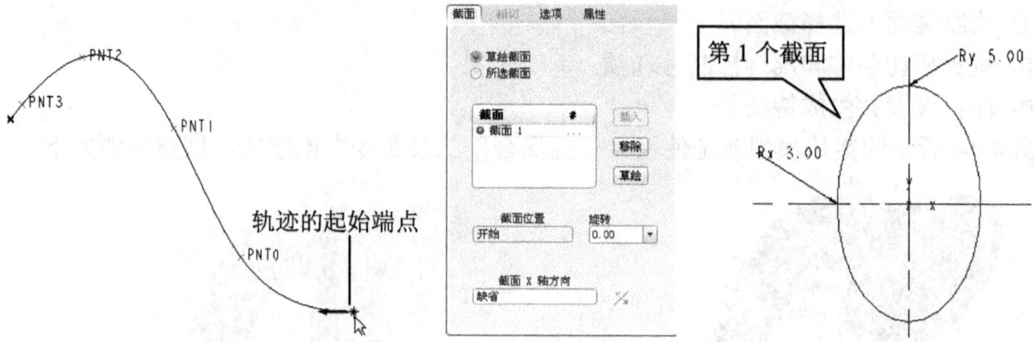

图 4-16　在轨迹起点处绘制第 1 个截面

- 选择“草绘截面”单选按钮，可选取一个位置点，然后单击“草绘”按钮，进入草绘模式中绘制截面。单击“插入”按钮可继续绘制其他截面。
- 如果选择“选取截面”单选按钮，可选取一个截面；单击“插入”按钮可选取一个附加截面。必须至少定义两个横截面。

步骤 5　在“剖面”滑出面板中单击“插入”按钮，然后选取轨迹上的基准点“PNT0”作为第 2 个截面的位置，如图 4-17 所示，单击“草绘”按钮，进入草绘模式，绘制出如图 4-17 右图所示的截面，然后单击草绘工具栏中的“完成”按钮✔。

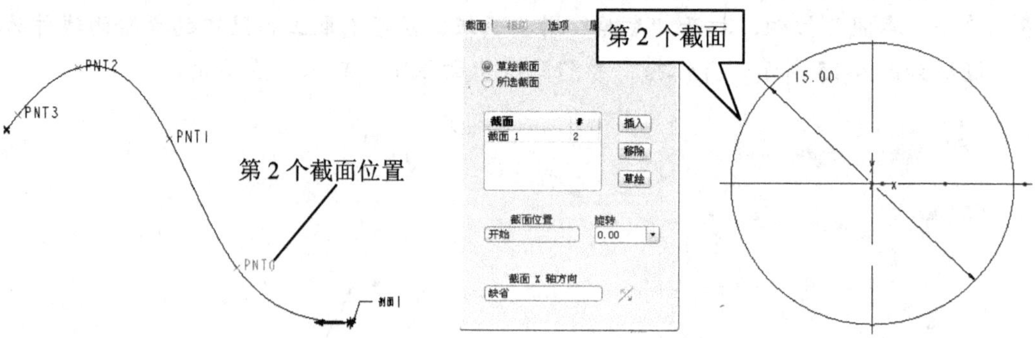

图 4-17　在“PNT0”处绘制第 2 个截面

步骤 6　重复步骤 5 的操作，分别在基准点“PNT1”、“PNT2”、“PNT3”和轨迹的终点处绘制出第 3~6 个截面，分别如图 4-18 所示（从左至右分别是第 3，4，5，6 个截面）。

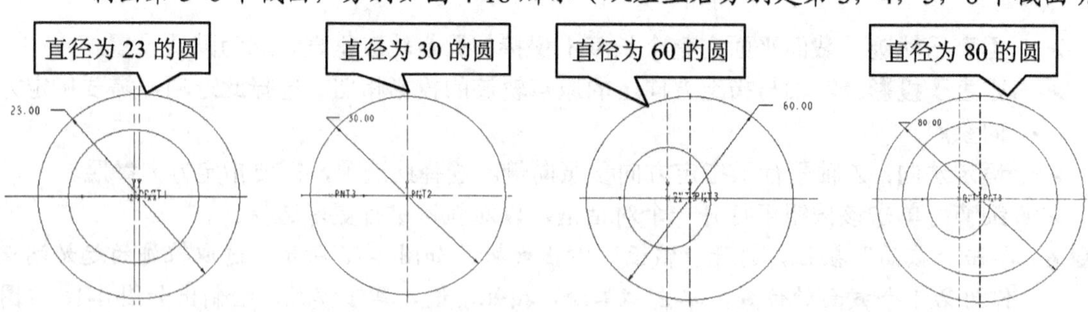

图 4-18　绘制第 3~6 个截面

步骤 7 单击扫描混合特征操控板中的"应用并保存"按钮☑，生成扫描混合特征。

在创建扫描混合特征时要特别注意以下限制条件。

- 对于闭合轨迹轮廓，在起始点和其它位置必须至少各有一个截面。
- 轨迹的链起点和终点处的截面参照是动态的，并且在修剪轨迹时会更新。
- 截面位置可以参照模型几何（例如一条曲线），但修改轨迹会使参照无效。在此情况下，扫描混合特征会失败。
- 所有截面必须包含相同的图元数。

3. 骨架折弯

使用 Pro/E Wildfire 5.0 提供的"骨架折弯"命令，可以通过沿骨架轨迹线连续重新放置截面来折弯实体或面组，其所有的压缩或变形都是沿着轨迹纵向进行的。骨架折弯的典型示例如图 4-19 所示，下面介绍该典型示例的操作过程。

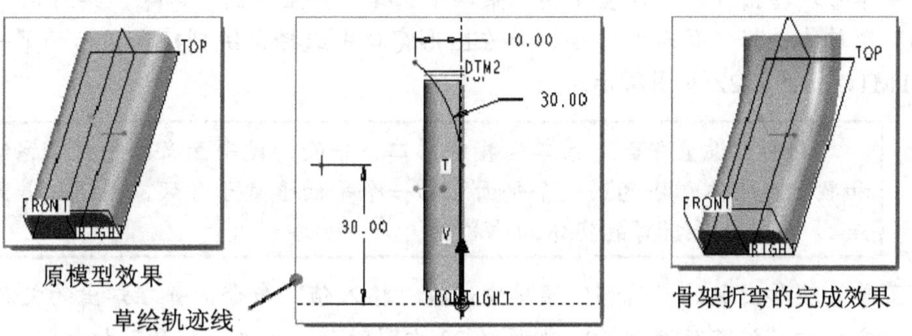

图 4-19 骨架折弯的典型示例

步骤 1 打开配书素材"\范例素材\CH4\bc-4-1d.prt.1"文件。在菜单栏中选择"插入|高级|骨架折弯"命令，弹出一个如图 4-20 所示的菜单管理器。

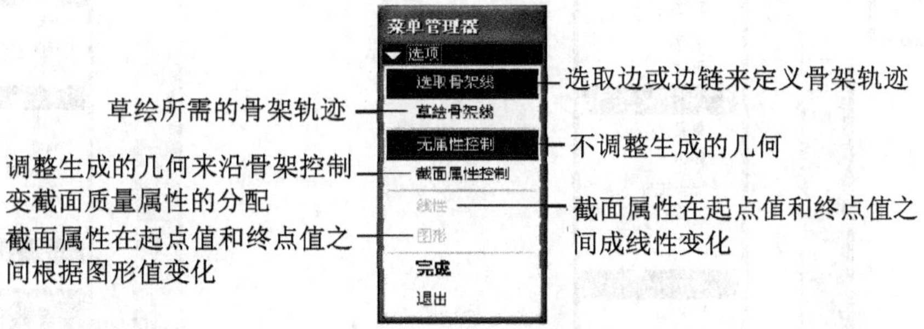

图 4-20 用于定义骨架折弯特征的"选项"菜单

步骤 2 在菜单管理器的"选项"菜单中选择"草绘骨架线|无属性控制|完成"命令。

步骤 3 此时系统提示选取要折弯的面组或实体，在图形窗口中单击原始模型。

步骤 4 选择"RIGHT"基准平面作为草绘平面，接着在菜单管理器出现的如图 4-21 左图所示的"草绘视图"菜单中选择"缺省"命令，进入草绘模式。

步骤 5 绘制如图 4-21 右图所示的曲线作为骨架折弯的轨迹线，该曲线为 C1 连续（相切）的。然后单击“完成”按钮✔。

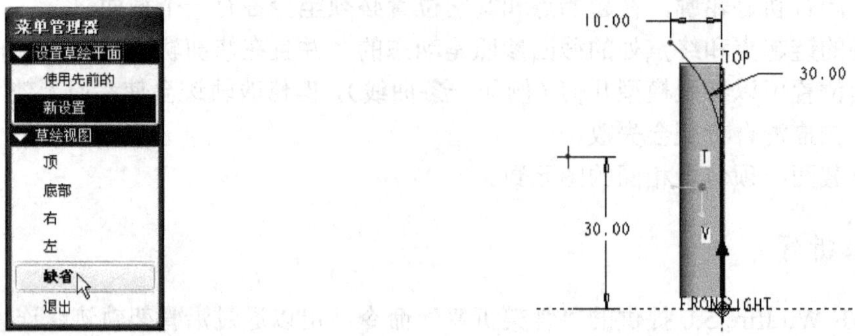

图 4-21　使用缺省模式进入草绘模式绘制骨架线

步骤 6 在菜单管理器出现的“设置平面”菜单中选择“产生平面”命令，接着在“基准平面”菜单中选择“偏移”命令，再在图形窗口中选择系统创建和显示的第一个平面 DTM1，如图 4-22 左图所示。

> **提示** 利用“设置平面”菜单来指定第二个平面，该平面必须平行于系统创建和显示定义体积块的第一个平面（第一个平面垂直于骨架，并通过骨架的起点），以定义要折弯的实体的体积块。

步骤 7 在菜单管理器出现的“偏移”菜单中选择“输入值”命令，并在弹出的文本框中输入指定方向的偏移距离为 50，如图 4-22 右图所示，单击“接受”按钮☑。

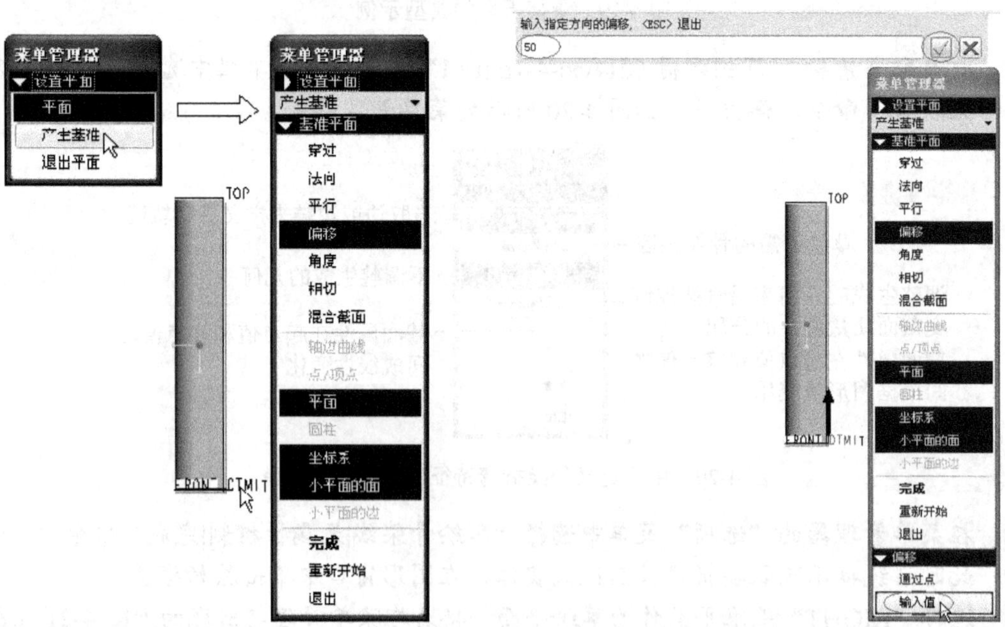

图 4-22　产生基准操作与定义第二个平面

步骤 8 在菜单管理器的“基准平面”菜单中选择“完成”命令，从而完成创建该骨架折弯特征。

4. 环形折弯

使用“环形折弯”命令可以将实体、非实体曲面或基准曲线转换成环形（旋转）形状，例如，可以使用此命令从平整几何体创建汽车轮胎（如图 4-23 所示），或绕旋转几何（如瓶子）包络徽标。

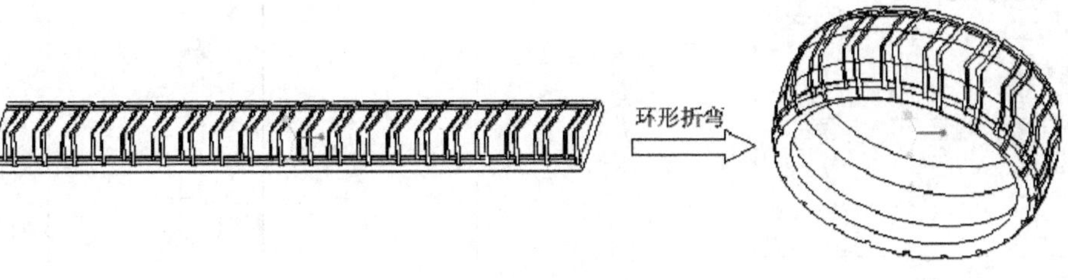

图 4-23 环形折弯示例

在创建环形折弯特征时，用于定义环形折弯特征的强制参数有截面轮廓、中性平面的折弯半径以及折弯几何，可选参数有法向曲线截面和非标准曲线折弯选项。如下几个概念需要用户了解。

- **轮廓截面**：定义旋转几何的轮廓截面。
- **折弯半径**：设置坐标系原点到折弯轴之间的距离。
- **法向参照截面**：定义垂直于中性平面的曲面的折弯后方向。平整状态下垂直于中性平面的所有曲面在折弯后都会垂直于轮廓曲面。
- **曲线折弯**：设置曲线上的点到具有弯曲轮廓的折弯的轮廓截面平面的距离。

下面以图 4-23 所示为例，介绍创建环形折弯特征的步骤。

步骤 1 打开本书配套素材“配套素材\bc-4-1e.prt.1”文件。

步骤 2 在菜单栏中选择“插入|高级|环形折弯”命令，打开环形折弯操控板。

步骤 3 在环形折弯操控板中单击“参照”滑出面板，选中“实体几何”复选框以定义折弯实体几何，如图 4-24 所示。

> 知识库
>
> 在环形折弯操控板的“参照”滑出面板中还提供了“面组”收集器和“曲线”收集器。如果要折弯曲面或面组，则在“面组”收集器的框中单击，接着选择要折弯的曲面或面组，所选的参照曲面加亮显示。如果要将折弯特征延伸到其他对象，则单击激活“曲线”收集器，然后选择曲线或复合曲线。

步骤 4 在环形折弯操控板的“参照”滑出面板中单击位于“轮廓截面”收集器右侧的“定义”按钮，弹出“草绘”对话框，选择“RIGHT”基准平面作为草绘平面，设置以“TOP”基准平面为“顶”方向参照，单击“草绘”对话框中的“草绘”按钮，进入内部草绘模式。

步骤 5 绘制如图 4-25 所示的轮廓截面，注意务必单击“几何坐标系”按钮，然后在指定位置处绘制一个几何坐标系，最后单击“完成”按钮✔。

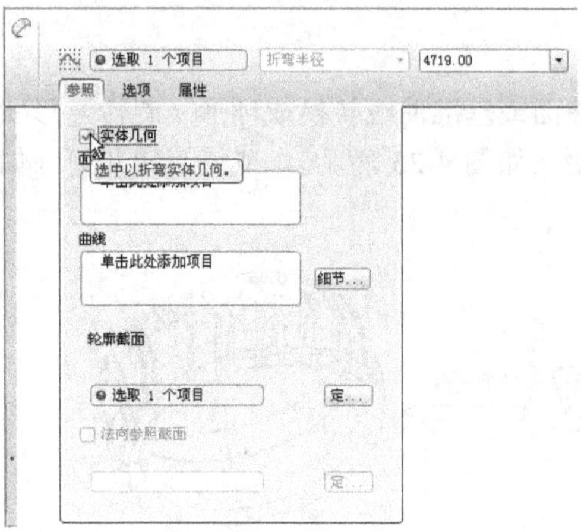

图 4-24 “参照”滑出面板

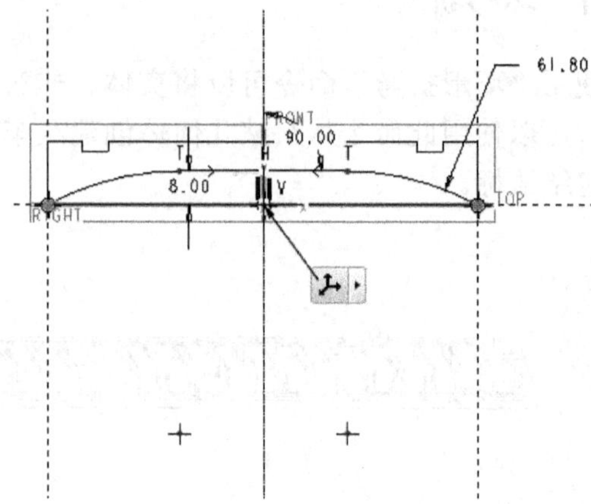

图 4-25 绘制轮廓截面

步骤 6 在环形折弯操控板中打开“选项”滑出面板，从中选择曲线折弯选项，本例选择“标准”单选按钮，如图 4-26 左图所示。

步骤 7 定义折弯半径，可选选项有“折弯半径”、“折弯轴”和“360 度折弯”。当选择“折弯半径”选项时，需要输入折弯半径的值；当选择“折弯轴”选项时，需要选择折弯几何所围绕的轴；当选择“360 度折弯”选项时，需要选择两个平面以定义几何。在本例中选择“360 度折弯”选项，如图 4-26 右图所示。

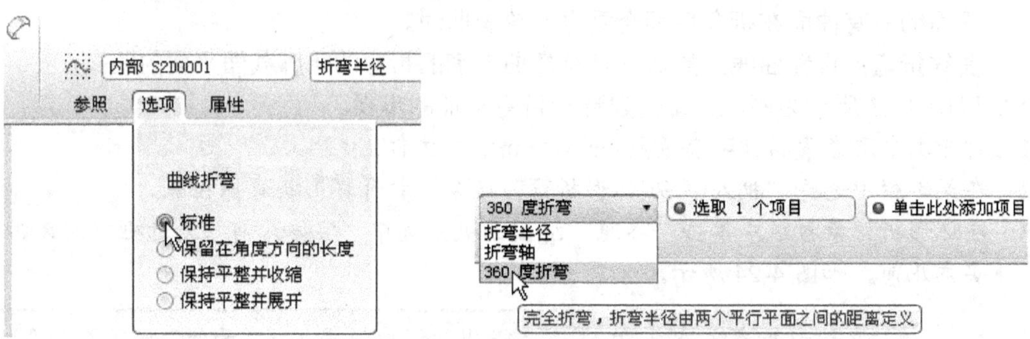

图 4-26 选择曲线折弯选项和定义折弯半径

步骤 8 在图形窗口中分别选择如图 4-27 所示的两个平行端面。

步骤 9 在环形折弯操控板中单击“应用并保存”按钮✔，效果如图 4-28 所示。

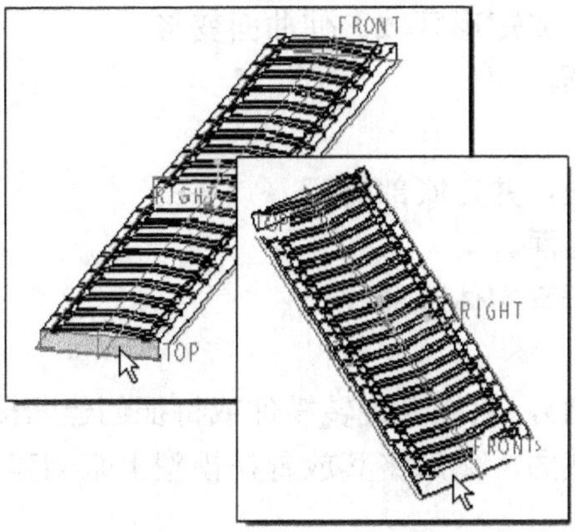

图 4-27　拾取两个平行端面

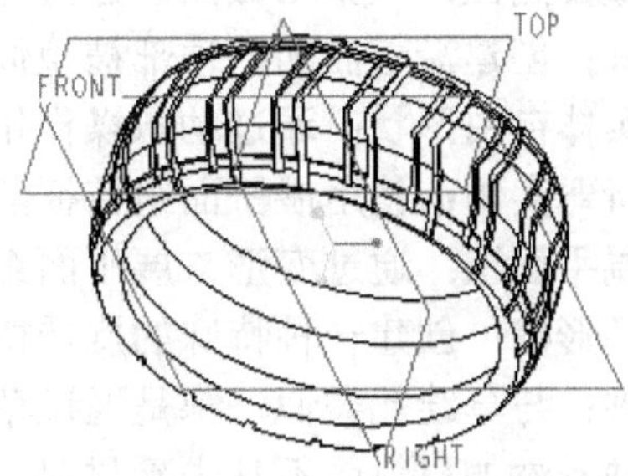

图 4-28　环形折弯的效果

5. 其他高级及扭曲特征

除了“螺旋扫描”、“扫描混合”、“骨架折弯”和“环形折弯”之外，Pro/E Wildfire 5.0 还提供了如下几个高级特征来变形或改变（“扭曲”）零件的曲面，或创建其他形体结构。这些高级特征的创建命令位于菜单栏的“插入|高级”级联菜单中。

> **提示**
>
> 需要用户注意的是，有些高级命令，如“局部推拉”、“半径圆顶”、“耳”、“唇”、“环形槽”等，需要将配置选项“allow_anatomic_features”的选项值设置为“yes”（其默认值为“no*”）时才会出现在“插入”|“高级”级联菜单中（表示才可用）。
>
> 要将配置选项“allow_anatomic_features”的选项值设置为“yes”，需在菜单栏中选择“工具|选项”命令，弹出“选项”对话框，在“选项”文本框中输入“allow_anatomic_features”，接着在“值”下拉列表框中选择“yes”，如图 4-29 所示，单击“添加/更改”按钮，然后单击“确定”按钮。

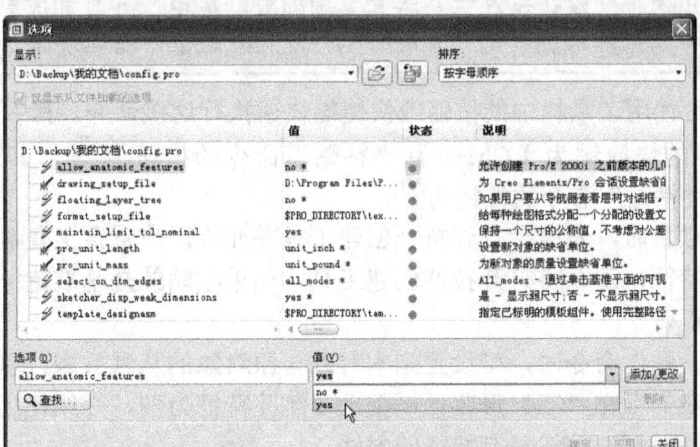

图 4-29　“选项”对话框

- **局部推拉**：通过拉伸或拖移曲面上的圆形或矩形区域，使曲面变形。
- **半径圆顶**：在曲面的有限区域内创建圆顶。
- **截面圆盖**：从草绘截面创建圆盖。
- **耳**：创建沿着曲面的顶部被拉伸的伸出项，并在底部折弯。
- **实体自由形状**：通过动态操作扭曲一个曲面。
- **折弯实体**：使用展平面组特征的参照来折弯实体或曲线。
- **展平面组**：通过变形来展平面组。
- **环形槽**：创建一种特殊的旋转槽（退刀槽），它绕着旋转零件或特征创建凹槽。
- **轴**：与草绘孔类似，都是通过草绘旋转截面，然后将其放置在模型上来创建，不过轴是添加材料而不是去除材料。
- **法兰**：法兰和退刀槽类似，不同之处在于它对旋转实体添加材料，在创建法兰特征的过程中，需要在零件之外草绘截面。

上述高级命令在实际设计中使用较少，而且使用别的命令也可以设计出同样的或相似的模型效果，鉴于篇幅有限和内容侧重点，因此本书只要求初学者了解它们的功能含义即可。

（二）特征编辑与操作

特征编辑与操作主要包括复制和粘贴、镜像、阵列、缩放和修改特征等。

1. 复制和粘贴

在 Pro/E Wildfire 5.0 中，可以使用“复制”、“粘贴”和“选择性粘贴”命令在同一个模型内或跨模型复制并放置特征或特征集、几何、曲线和边链。“复制”、“粘贴”和“选择性粘贴”命令均可从 Pro/E Wildfire 5.0 菜单栏的“编辑”菜单中访问到。

> **提示**　注意仅当剪贴板中有可用于粘贴的特征时（当执行“复制”命令复制特征或几何时，默认情况下会将其复制到剪贴板中，并且可连同其参照、设置和尺寸一起进行粘贴），“粘贴”和“选择性粘贴”命令才可用。

另外，用户也可使用工具栏中的按钮或快捷键快速执行这些命令。其中，“复制”命令的按钮为，其对应的快捷键为【Ctrl+C】；“粘贴”命令的按钮为，其对应的快捷键为【Ctrl+V】；“选择性粘贴”命令的按钮为。

在粘贴复制的项目时，系统会打开特征创建工具并允许用户重定义复制的特征。例如，如果粘贴的是拉伸特征，那么将打开拉伸创建工具；如果粘贴的是基准特征，那么将打开相应的基准创建对话框。

执行“选择性粘贴”命令时，可设置副本对象与原对象的从属关系，以及平移、旋转副本对象等。下面，我们以在“工”形零件模型上复制孔特征为例，介绍使用工具栏中的“复制”按钮和“选择性粘贴”按钮复制特征的方法。

步骤 1　打开本书配套素材“CH4\bc-4-2a.prt.1”文件，如图 4-30 所示，然后按住【Ctrl】键，单击选中上表面中两个等大的圆孔。

步骤 2　单击工具栏中的“复制”按钮，然后单击“选择性粘贴”按钮，弹出“选择性粘贴”对话框，选中“对副本应用移动/旋转变换”复选框，其余保持系统默认，单击确定(O)按钮，如图 4-31 所示。

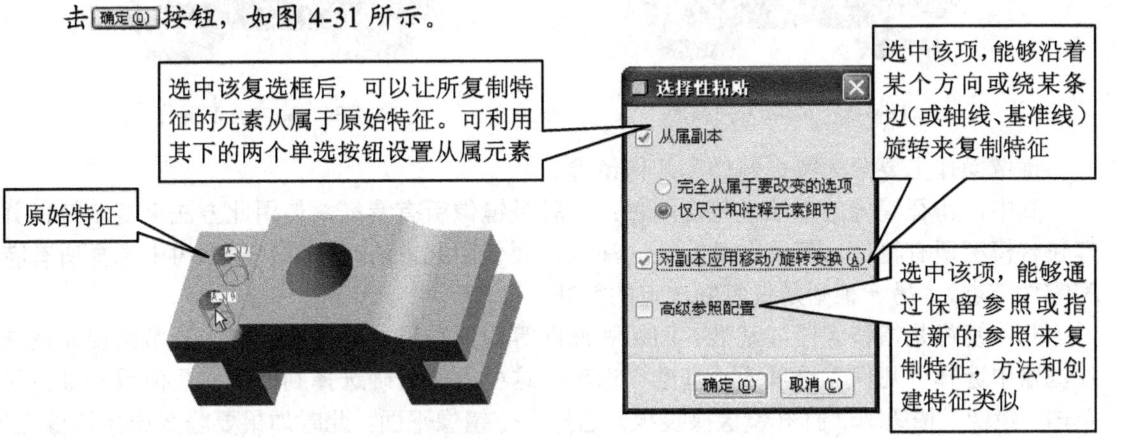

图 4-30　选取要复制的特征　　　图 4-31　“选择性粘贴”对话框

步骤 3　如图 4-32 所示，在打开的“复制特征”控制面板中，保持“沿选定参照平移特征”按钮处于选中状态。此时，系统提示选取一个方向参照。

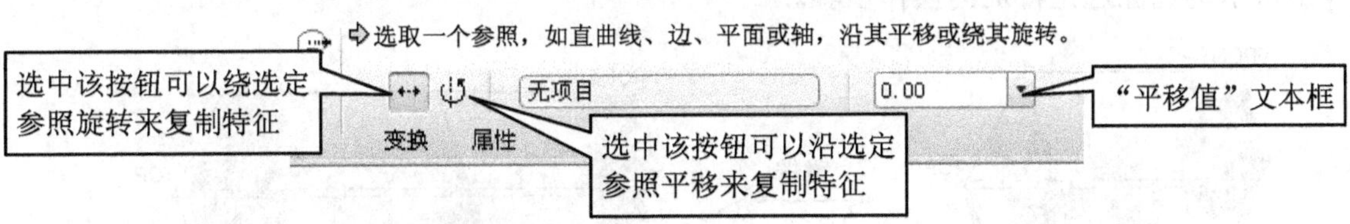

图 4-32　“复制特征”控制面板

> **知识库**
>
> “平移”复制方式的参照可以是直线、边、平面或轴等，平移方向沿着线或垂直于平面；“旋转”复制方式的参照可以是边、直线或轴，将参照作为旋转轴。此外，在“复制特征”控制面板中，单击“变换”标签可以打开“变换”滑出面板，它用来设置复制方式，选取方向参照，指定平移值或旋转值等。

步骤 4　单击模型的右上侧面，将其作为方向参照（随后，系统会沿着所选平面的垂直方向来复制特征），如图 4-33 所示。

步骤 5　在“复制特征”控制面板的“平移值”文本框中输入平移距离“28.5”，然后单击“应用并保存”按钮，完成复制特征的操作，效果如图 4-34 所示。

2. 镜像

镜像特征是指根据指定的平面创建特征和几何的镜像副本，镜像副本可以是独立镜像或从属镜像。镜像特征的命令为“编辑|镜像”，其对应着的工具图标为“镜像”按钮。

图 4-33 选取方向参照

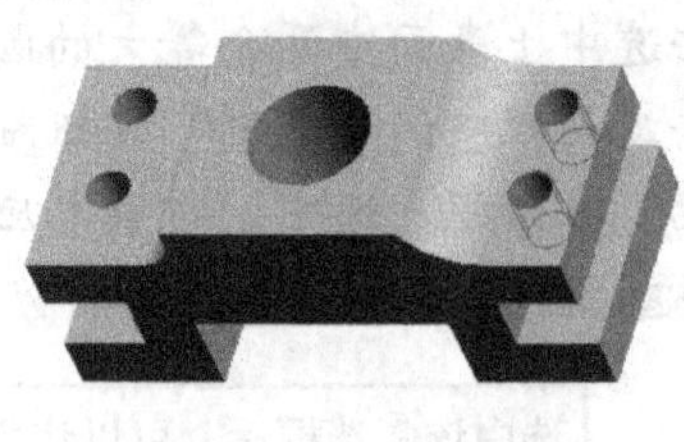

图 4-34 完成复制操作

镜像操作主要分为特征镜像和几何镜像。

其中，特征镜像的方法又包含两种：一种是镜像所有特征，使用此方法可复制特征并创建包含模型所有特征几何的合并特征（注意：要使用此方法，必须在模型树中选择所有特征和零件节点）；另一种则是仅复制选定的特征。

几何镜像是指镜像诸如基准、面组和曲面等几何项目。要镜像几何，通常需要先在选择过滤器中选择“几何”选项或“基准”选项，这样方便正确选择到所需的几何或基准；接着单击“镜像”按钮，打开镜像操控板，选择一个镜像平面，此时如果要隐藏原始镜像几何，则打开镜像操控板的“选项”滑出面板，选中“隐藏原始几何”复选框，然后单击“应用并保存”按钮即可。

图 4-35 显示的是镜像选定特征的例子。镜像选定特征的操作在实际工作中应用最多。下面介绍该示例镜像选定特征的操作步骤。

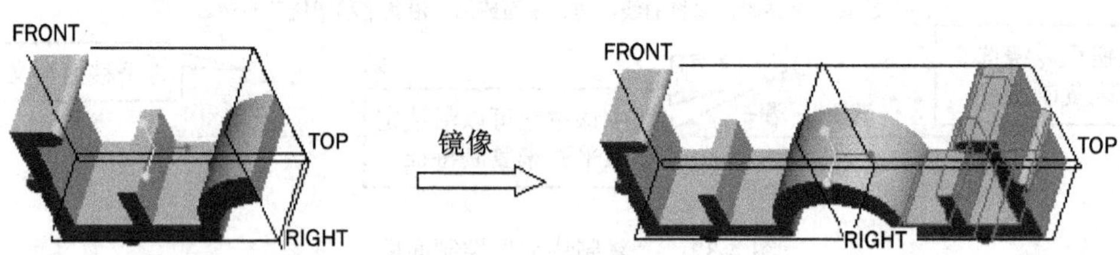

图 4-35 镜像特征示例

步骤 1 打开本书配套素材“CH4\bc-4-2b.prt.1”文件，在模型树中选择要镜像的实体特征。

步骤 2 在“编辑特征”工具栏中单击“镜像”按钮，或者在菜单栏中选择“编辑|镜像”命令，打开镜像操控板，此时可以打开镜像操控板的“选项”滑出面板，根据设计需要来决定“复制为从属项”复选框的状态，如图 4-36 所示，例如，选中“复制为从属项”复选框。

图 4-36 镜像操控板

步骤 3 选择“RIGHT”基准平面作为镜像平面。

步骤 4 在镜像操控板中单击“应用并保存”按钮，完成此镜像操作。

3. 阵列

阵列特征是以某个原始特征为参照，复制出来的多个相同或相似的，并且按照一定的阵列进行排序的特征，图 4-37 所示为常见的阵列特征。

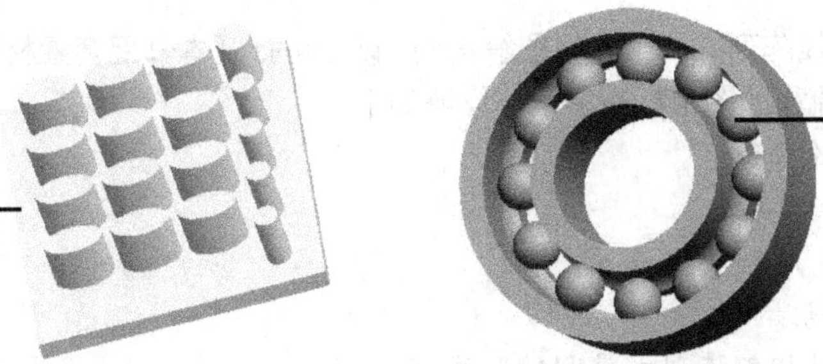

图 4-37　阵列特征

> **提示**
>
> 阵列特征具有很多优点，例如：① 可以快捷地重新生成特征；② 阵列是受参数控制的，通过改变阵列参数可修改阵列；③ 在多数情况下修改阵列比分别修改特征更为有效，在阵列中修改原始特征尺寸时，整个阵列都会被更新；④ 对包含在一个阵列中的多个特征同时执行操作比操作单独特征更为方便和高效，如隐含特征或将其添加到层。

在 Pro/E Wildfire 5.0 中，可以创建如表 4-1 所示的多种类型的阵列特征。各种阵列创建方法都不相同，这取决于阵列类型。

表 4-1　阵列特征的类型一览表

序号	阵列类型	阵列操作简要说明
1	尺寸	通过使用驱动尺寸并指定阵列的增量变化来控制阵列
2	方向	通过指定方向并设置阵列增长的方向和增量来创建自由形式阵列
3	轴	通过设置阵列的角增量和径向增量来创建自由形式径向阵列，可将阵列设置为螺旋形
4	表	通过使用阵列表并为每一阵列实例指定尺寸值来控制阵列
5	参照	通过参照另一阵列来控制阵列
6	填充	通过根据选定栅格用实例填充区域来控制阵列
7	曲线	通过指定沿着曲线的阵列成员间的距离或阵列成员的数目来控制阵列
8	点	将阵列成员放置在几何草绘点、几何草绘坐标系或基准点上

创建阵列特征的一般方法是先选择要阵列的特征，接着在“编辑特征”工具栏中单击“阵列”按钮，或者在菜单栏中选择“编辑|阵列”命令，打开如图 4-38 所示的阵列操控板，选择阵列类型并定义尺寸、放置点或填充区域和形状以放置阵列成员，必要时可在操控板的相应滑出面板中设置其他一些选项，最后单击“应用并保存”按钮即可。

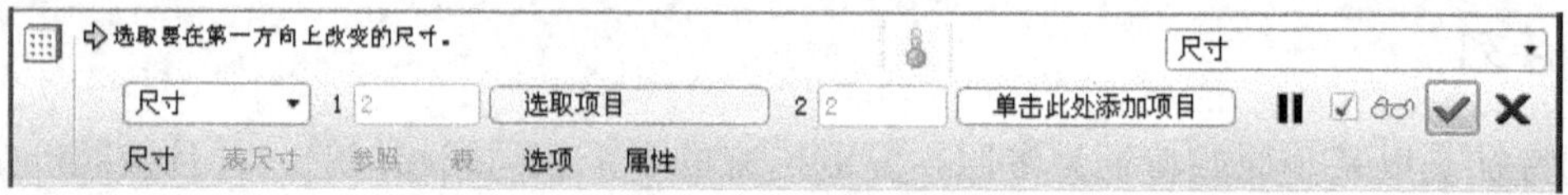

图 4-38　阵列操控板

图 4-39 为创建曲线阵列的一个典型图解案例，读者可打开本书配套素材“CH4\bc-4-2c.prt.1”文件进行操作，操作流程如图中标注所示，详解如下。

步骤 1　选择要阵列的特征。

步骤 2　单击“阵列”按钮。

步骤 3　选择“曲线”阵列类型选项。

步骤 4　选择草绘曲线。

步骤 5　设置沿曲线的相邻阵列成员间的距离值。

步骤 6　设置要排除的阵列成员（即单击标识该阵列成员的黑点，使黑点变为白点，表示此阵列成员已被排除，若要重新包含阵列成员则再次单击白点使其恢复为黑点）。

步骤 7　单击“应用并保存”按钮。

步骤 8　完成创建曲线阵列的效果。

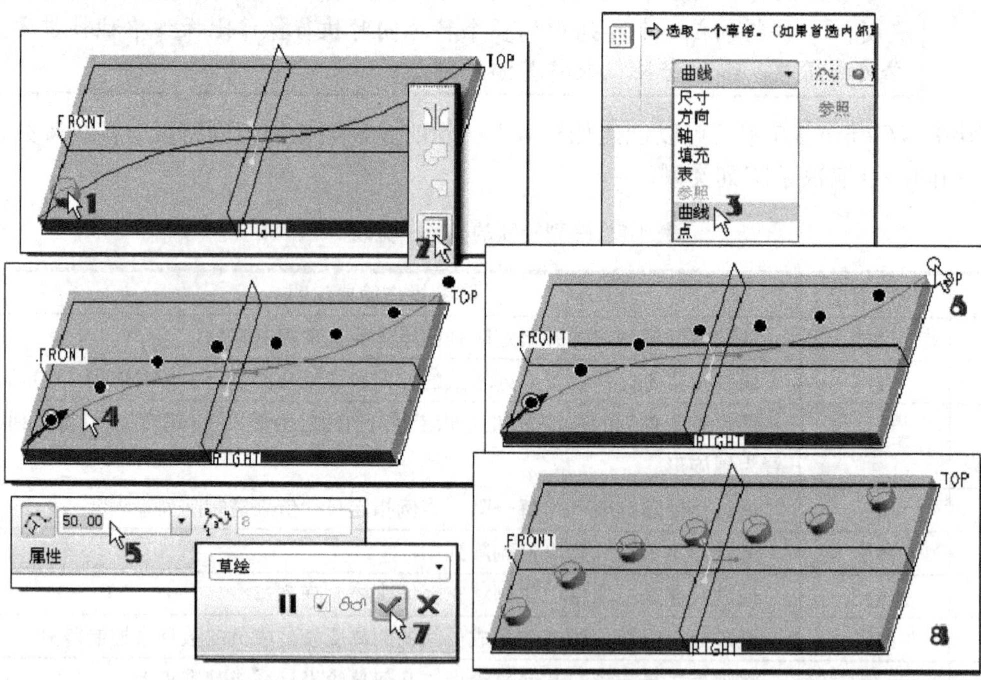

图 4-39　创建曲线阵列的图解案例

> **提示**　在 Pro/E Wildfire 5.0 中，只能阵列单个特征。如果要阵列多个特征，那么可以先把这些特征创建为一个局部组，然后阵列这个组。

4. 模型缩放

在零件或组件模式下工作时，可以通过指定的因子缩放模型的尺寸标注值，其方法是在菜单栏中选择“编辑|缩放模型”命令，在出现的如图 4-40 左图所示的文本框中输入比例因子（默认的缩放比例因子为 1），单击“接受”按钮或按【Enter】键确认，系统弹出如图 4-40 右图所示的“确认”对话框，单击“是”按钮，缩放模型尺寸并再生。

如果要终止更改和再生模型尺寸，那么在“确认”对话框中单击“否”按钮。

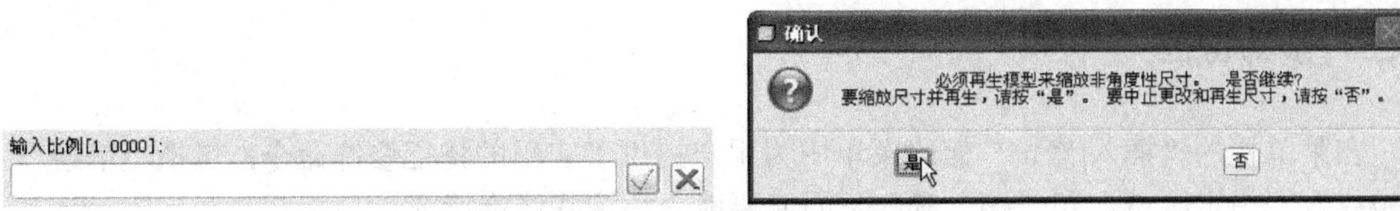

图 4-40 输入比例因子并确认

5. 修改特征

如果创建的模型不符合设计要求，可以使用 Pro/E 的编辑功能对特征进行修改，比如重命名特征、重定义特征、插入新特征以及对特征进行排序等，这些操作大多数可通过模型树或模型树的右键快捷菜单进行，如图 4-41 所示。

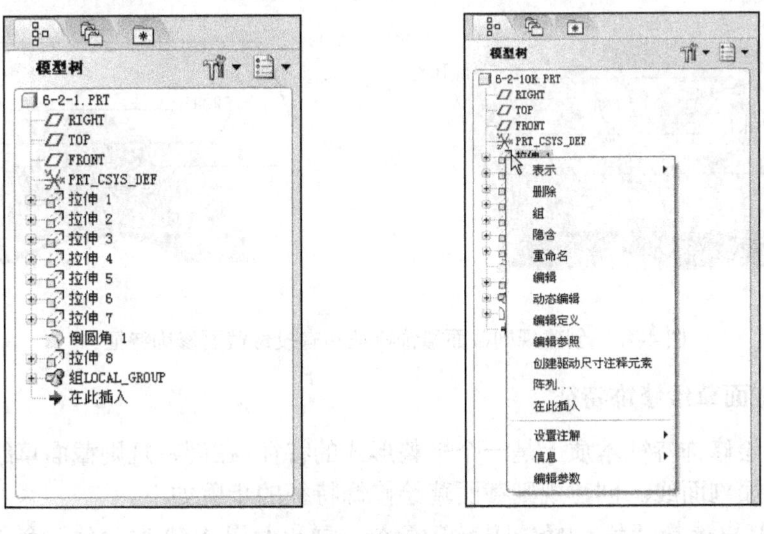

图 4-41 模型树

- **重定义特征**：在快捷菜单中选择“编辑定义命令”，可对已经完成的特征重新进行定义。例如，可以通过修改旋转特征的截面或旋转轴，来重新定义特征的形状。
- **插入新特征**：通过模型树可知，新特征都是在已有特征的基础上进行创建的，特征由上而下进行排列。若希望在某个指定特征的后面插入新的特征，只需将“在此插入”拖到该特征后即可。特征建立完毕，再将“在此插入”拖至模型树的底部。

> **提示** 改变“在此插入”的位置后，模型的形状也会发生改变，这是因为在模型树列表中，“在此插入”后面的特征总是自动隐藏的。若要重新显示某个隐藏的特征，右击后，选择“恢复”即可。

➢ **特征排序**：在模型树中，通过对特征进行排序，可以改变特征的生成顺序，从而改变模型的形状。要对特征进行排序，只需在模型树中将要移动的特征拖到相应的位置即可。注意：子特征必须位于父特征之后，不能调换。

（三）修饰特征

在菜单栏的“插入|修饰”级联菜单中为用户提供了实用的特征修饰命令，包括“草绘”、“螺纹”、“指定区域”和“槽”等。下面简要地介绍这些修饰特征。

1. 草绘修饰特征

草绘修饰特征如同被“绘制”在零件的曲面上，可用来表示要印制到对象上的公司徽标或序列号等内容，也可用于定义“有限元”局部负荷区域的边界。

草绘修饰特征可以分为两种类型，一种是规则截面修饰特征，如图 4-42 左图所示，另一种则是投影截面修饰特征，如图 4-42 右图所示。

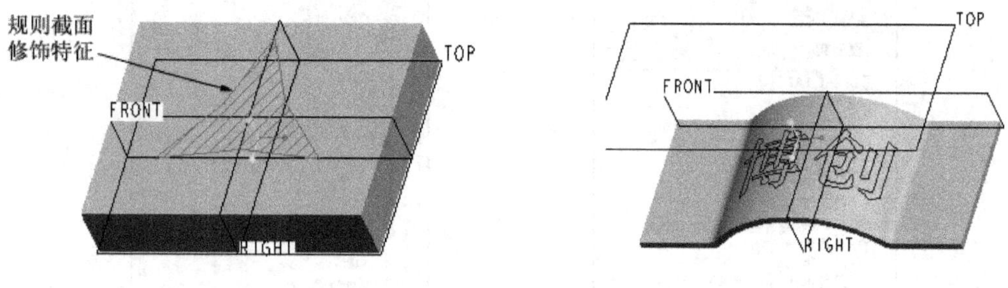

图 4-42 创建规则截面修饰特征和有投影截面修饰特征

（1）规则截面草绘修饰特征

规则截面草绘修饰特征本质上是一个平整形式的特征。在创建规则截面草绘修饰特征时，可以为它设置添加剖面线。创建规则截面草绘修饰特征的步骤如下。

步骤 1 在菜单栏中选择“插入|修饰|草绘”命令，弹出如图 4-43 所示的一个菜单管理器。

步骤 2 在该菜单管理器的“选项”菜单中选择“规则截面”命令，并选择“剖面线”或“无剖面线”命令，接着选择“完成”命令。

步骤 3 设置草绘参照并进入草绘器，绘制好草绘修饰特征后，单击“完成”按钮✔，Pro/E Wildfire 5.0 会显示修饰特征。

（2）投影截面草绘修饰特征

投影截面草绘修饰特征被投影到单个零件曲面上，不能跨越零件曲面，不能被添加剖面线。下面以一个简单范例来介绍创建投影截面草绘修饰特征的操作步骤。

步骤 1 打开本书配套素材“CH4/bc_4_3a2.prt”，在菜单栏中选择“插入|修饰|草绘”命令，打开一个菜单管理器。

步骤 2 在菜单管理器的“选项”菜单中选择“投影截面|无剖面线|完成”命令。

步骤 3 选择特征要投影到的目标曲面，如图 4-44 左图所示，在“选取”对话框中单击“确定”按钮，接着在如图 4-44 右图所示的“特征参考”菜单中选择“完成参考”命令。

图 4-43 “选项”菜单

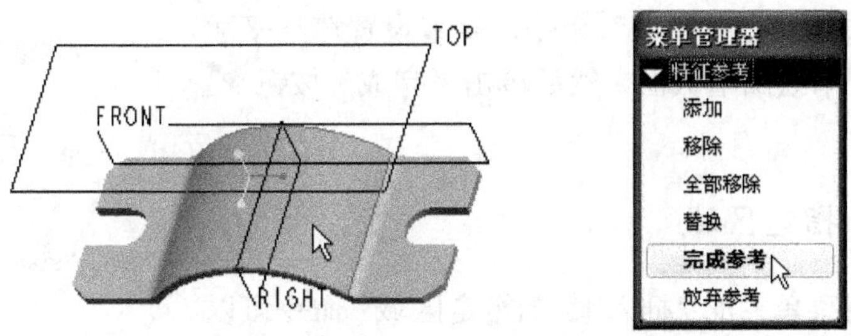

图 4-44 选择要投影到的目标曲面并选择“完成参考”命令

步骤 4 选择“TOP”基准平面作为草绘平面，接着在菜单管理器出现的菜单中选择“确定|缺省”命令进入草绘模式。

步骤 5 草绘截面。在本例中，单击“文本”按钮，绘制如图 4-45 左图所示的“博创”两个文本，然后单击“完成”按钮，即可完成创建该投影截面草绘修饰特征。按【Ctrl+D】快捷键以默认的标准方向视角来显示模型，效果如图 4-45 右图所示。

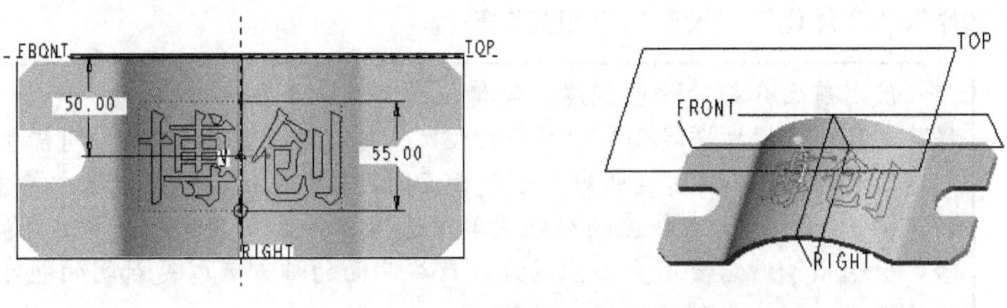

图 4-45 草绘文本及完成投影截面草绘修饰特征的效果

2. 修饰螺纹

修饰螺纹是表示螺纹直径的修饰特征，默认以紫色显示，如图 4-46 所示。与其他修饰特征不同，修饰螺纹的线造型不能被修改。修饰螺纹可以表示外螺纹或内螺纹（无论是盲的还是贯通的）。

使用圆柱曲面创建修饰螺纹特征时，需要指定螺纹内径或外径（分别对于外螺纹和内螺纹）、起始曲面和螺纹长度或终止边。

3. 凹槽

凹槽实际上是一种投影的修饰特征，它的创建思路是通过制作草绘并将其投影到曲面上。在制造过程中使用凹槽特征，可指示此处刀具沿着凹槽轨迹走刀。

凹槽的创建步骤也比较简单，即在菜单栏中选择“插入|修饰|槽”命令，出现“特征参考”菜单，在“选取槽的一个面组或一组曲面”的提示下选择要在其上投影特征的曲面，在“特征参考”菜单中选择“完成参考”命令，接着设置草绘平面和参照，草绘凹槽截面，然后单击“完成”按钮✔即可。

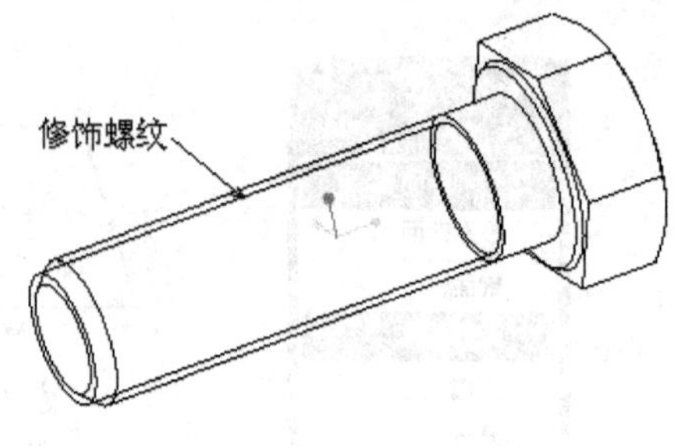

图 4-46　创建修饰螺纹

4. 指定区域

使用菜单栏的“插入|修饰|指定区域”命令可以创建一类指定区域特征，该类特征用于指明区域以进行仔细检查或特殊处理的面组。

（四）曲面设计基础

曲面设计在现代产品设计中具有重要的地位。Pro/E Wildfire 5.0 用户提供了一些重要的曲面创建命令（如“填充”、“边界混合”、“造型”等）和曲面编辑命令（如“修剪”、“偏移”、“合并”、“加厚”、“实体化”、“投影”、“相交”等）。

> **提示** 使用前面介绍的一些创建实体特征的工具命令（如“拉伸”、“旋转”、“扫描”、“混合”、“扫描混合”、“螺旋扫描”、“可变截面扫描”等），同样也可以创建曲面特征。在使用这些命令创建曲面时，需要在相应的操控板中单击“曲面”按钮，或者在相应的级联菜单中选择“曲面”、“曲面修剪”、“薄曲面修剪”选项等。需要用户注意的是，有些曲面的端部可以是封闭的也可以是开放的，这需要在创建过程中设置。

1. 填充曲面

填充特征是通过边界定义的一种平整曲面封闭环特征，它的创建命令为“编辑|填充”。下面结合一个简单范例介绍创建填充特征的一般步骤。

步骤 1　在菜单栏中选择“编辑|填充”命令，打开如图 4-47 所示的填充操控板。

图 4-47　填充操控板

步骤 2　在填充操控板中打开“参照”滑出面板，接着在该滑出面板中单击“定义”按钮，弹出“草绘”对话框。

步骤 3　选择“TOP”基准平面作为草绘平面，默认以“RIGHT”基准平面为“右”方向参照，单击“草绘”对话框中的“草绘”按钮，进入草绘模式。

步骤 4　草绘一个平整的封闭环截面，如图 4-48 左图所示。单击“完成”按钮✔，完成草绘并退出草绘模式。

步骤 5　在填充操控板中单击“应用并保存”按钮，完成创建填充曲面，结果如图 4-48 右图所示。

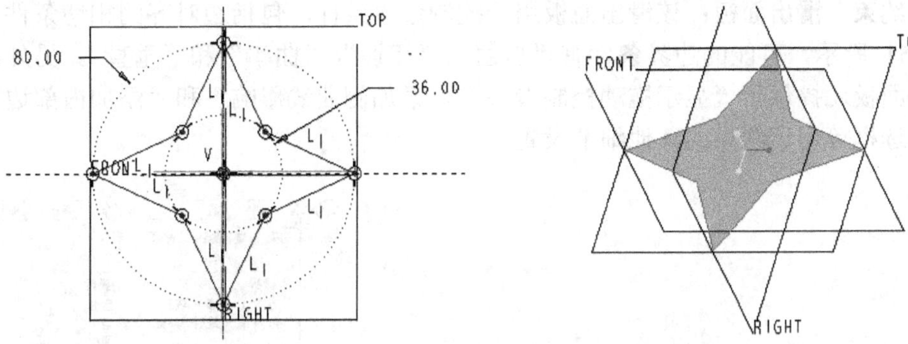

图 4-48　绘制封闭环截面及完成创建填充曲面的效果

2. 边界混合曲面

使用系统提供的“边界混合”工具，可以在参照对象（它们在一个或两个方向上定义曲面）之间创建边界混合曲面特征，其中在每个方向上选定的第一个和最后一个图元定义曲面的边界，如果需要，还可以添加更多的参照图元（如控制点和边界条件）来更完整地定义曲面形状。

> **提示**　对于在两个方向上定义的边界混合曲面而言，其外部边界必须形成一个封闭的环，也就是说其外部边界必须相交，若边界不终止于相交点，则系统将自动修剪这些边界。

在介绍创建边界混合曲面特征的具体方法步骤之前，先简要地介绍一下边界混合操控板。

在“基础特征”工具栏中单击“边界混合”按钮，或者在菜单栏中选择“插入|边界混合”命令，打开如图 4-49 所示的边界混合操控板，各主要组成元素说明如下。

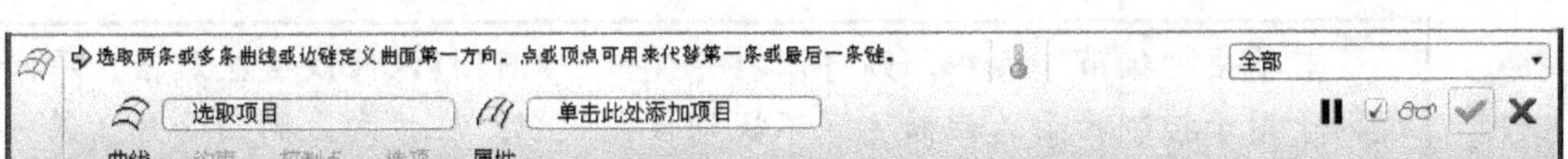

图 4-49　边界混合操控板

- ：第一方向链收集器。在该收集器的框中单击，可激活并选择该方向的曲线。

- ：第二方向链收集器。在该收集器的框中单击，可激活并选择该方向的曲线。
- **“曲线”滑出面板**：包含“第一方向”收集器（第一方向链收集器）和“第二方向”收集器（第二方向链收集器），如图 4-50 所示，分别用于在第一方向和第二方向上选择曲线来创建边界混合曲面，并可以控制曲线选取顺序。

> **知识库** “封闭混合”复选框只适用于其他收集器为空的单向曲线，其作用是设置通过将最后一条曲线与第一条曲线混合来形成封闭环曲面。“细节”按钮用于打开“链”对话框，以便能够修改相应的链和曲面集属性。

- **“约束”滑出面板**：该滑出面板用于控制边界条件，包括边对齐的相切条件，如图 4-51 所示，可能的边界条件有“自由”、“相切”、“曲率”和“垂直”。另外，该滑出面板还提供了“显示拖动控制滑块”、“添加侧曲线影响”和“添加内部边相切”复选框等用于约束的其他细节设置。

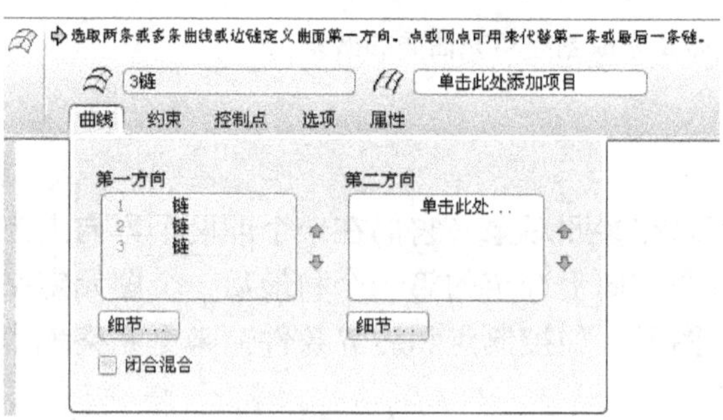

图 4-50 “曲线”滑出面板

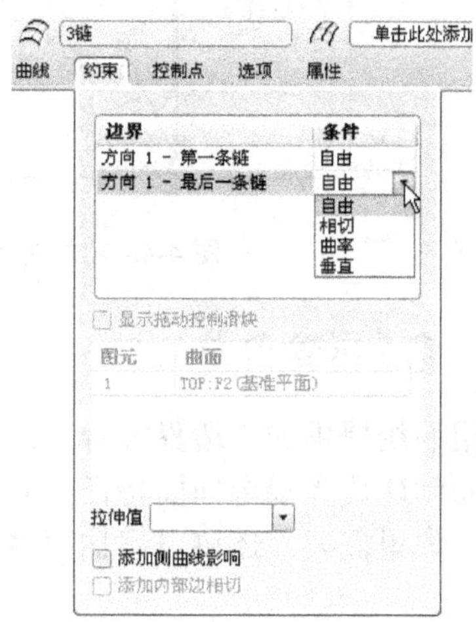

图 4-51 “约束”滑出面板

- **“控制点”滑出面板**：该滑出面板如图 4-52 所示，主要通过在输入曲线上映射位置来添加控制点并形成曲面。
- **“选项”滑出面板**：该滑出面板如图 4-53 所示，主要用来选取曲线链来影响用户界面中混合曲面的形状或逼近方向。在“影响曲线”收集器的框中单击可以将该收集器激活，然后选取所需的曲线作为影响曲线。

> **知识库** 若单击“细节”按钮，则可以打开“链”对话框以修改链组属性。平滑度因子用于控制曲面的粗糙度、不规则性或投影；在方向上的曲面片（第一个方向和第二个方向）则控制用于形成结果曲面的沿 U 和 V 方向的曲面片数。

- **“属性”滑出面板**：在该滑出面板中可以重命名此边界混合特征，或者单击“显示此特征的信息”按钮以在开启的 Pro/E Wildfire 5.0 浏览器中查看关于此边界混合特征的详细信息。

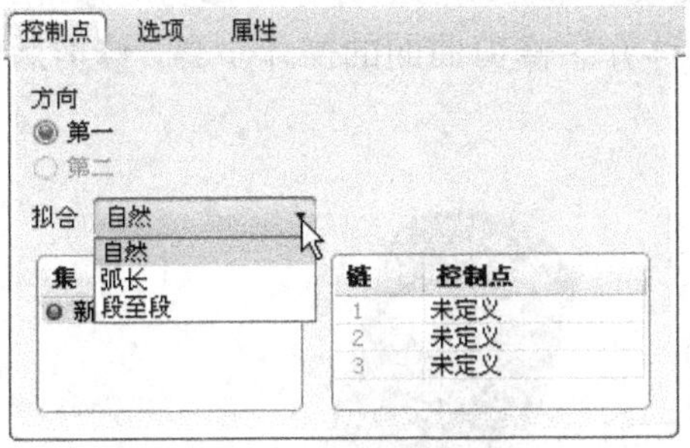

图 4-52　“控制点”滑出面板

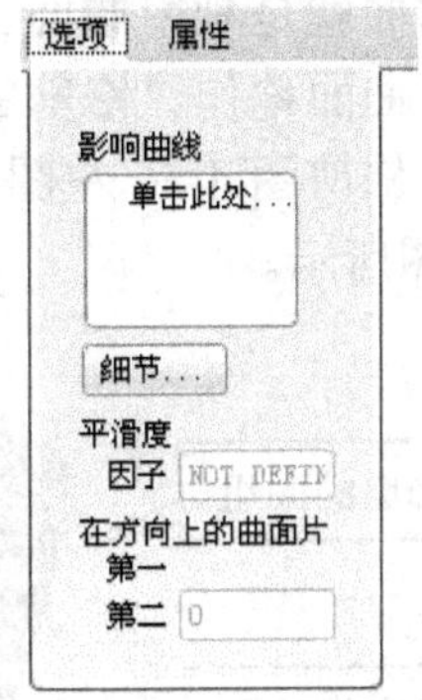

图 4-53　“选项”滑出面板

下面介绍以范例形式介绍如何在一个方向上创建边界混合曲面。

步骤 1　打开本书配套素材“/CH4/bc_4_4b.prt”)，在“基础特征”工具栏中单击“边界混合”按钮，或者在菜单栏中选择“插入|边界混合”命令，打开边界混合操控板。

步骤 2　此时第一方向链收集器处于活动状态，选择如图 4-54 所示的曲线 1，按住【Ctrl】键的同时选择曲线 2 和曲线 3。

步骤 3　在边界混合操控板中单击“应用并保存”按钮，完成单向的边界混合曲面，效果如图 4-55 所示。

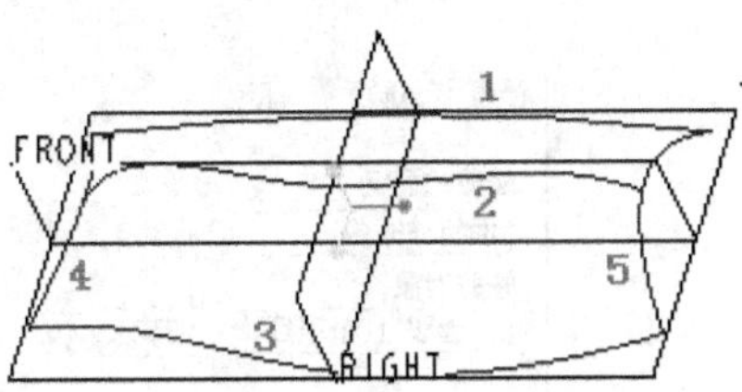

图 4-54　原始曲线

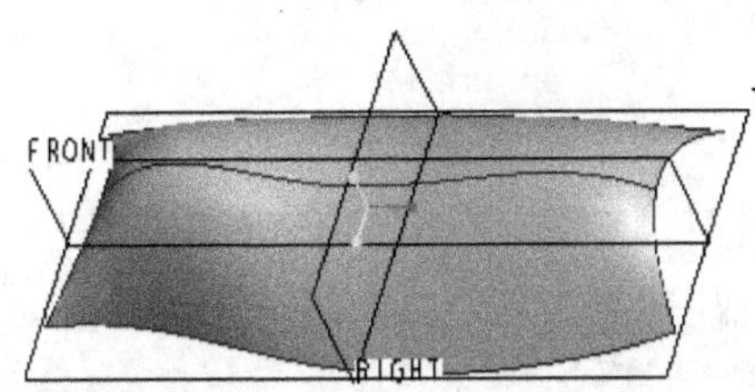

图 4-55　创建单向的边界混合曲面

如果要在两个方向上创建边界混合曲面，那么需要在执行“边界混合”命令的过程中定义好第一方向曲线链之后，激活第二方向链收集器，然后在曲面的第二个方向上选择曲线（要选择多条曲线，可以按【Ctrl】键配合选择）。

例如，在刚才的范例中，完成步骤 2 后，在（第二方向链收集器）的框内单击激活，接着选择曲线 4 并按住【Ctrl】键的同时选择曲线 5，然后单击“应用并保存”按钮，即可创建双向的边界混合曲面。

3. 编辑曲面

复杂曲面设计离不开曲面编辑，曲面编辑的内容包括修剪曲面、复制及粘贴曲面、偏移曲面、合并曲面、加厚曲面、实体化曲面等，另外可以在曲面上创建投影曲线，以及由相交曲面在相交处生成曲线等。

（1）修剪曲面

修剪曲面就是利用曲面上的曲线、与曲面相交的其他平面或曲面对曲面自身进行修剪的操作。自身曲面称作“修剪的面组”，选取的曲线、平面或曲面称作“修剪对象”。

下面以修剪图 4-56 左图中的曲面为例，具体介绍修剪曲面的操作步骤，修剪后的效果如图 4-56 右图所示。

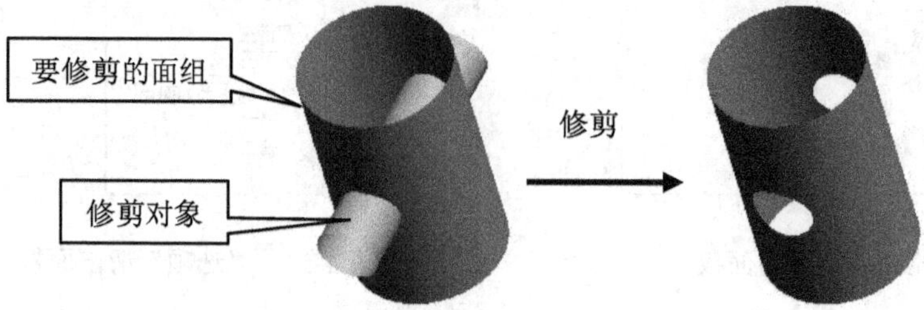

图 4-56　修剪曲面特征

步骤 1　使用“拉伸”工具创建如图 4-56 左图所示的两个相交曲面，然后单击选中要修剪的面组。

步骤 2　单击右工具栏中的“修剪工具”按钮，打开“修剪工具”滑出面板，如图 4-57 所示。此时，“参照”上滑面板中显示了要修剪的面组“面组:F5”，并且“修剪对象”收集器处于激活状态。

图 4-57　“修剪工具”控制面板和“参照”滑出面板

步骤 3　单击图 4-58 所示的曲面，将其作为修剪对象，然后可单击图中出现的箭头，指定需要在面组上保留的一侧。接着在“修剪工具”控制面板中单击“选项”标签，打开“选项”滑出面板，去掉“保留修剪曲面”复选框的勾选，如图 4-59 所示。

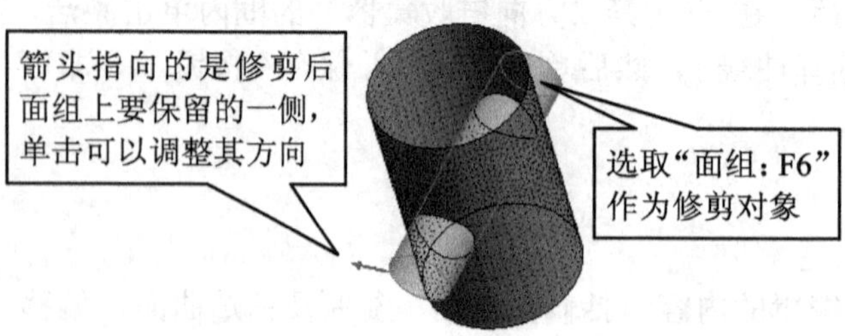

图 4-58　选取修剪对象

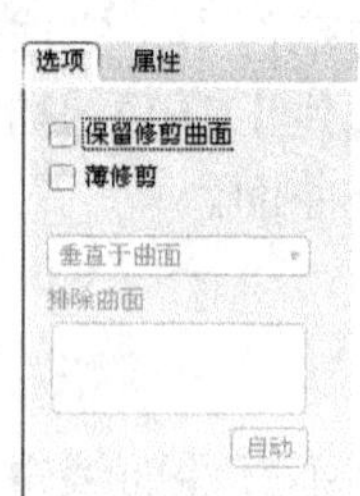

图 4-59　“选项”滑出面板

步骤 4　单击“修剪”控制面板中的“应用并保存”按钮✓，完成曲面特征的修剪操作，效果如图 4-56 右图所示。

在执行修剪曲面的操作过程中，当使用其他面组修剪曲面时，如果需要可以在修剪操控板中打开“选项”滑出面板，选中“薄修剪”复选框，并指定修剪厚度尺寸及曲面拟合要求，还可以利用“排除曲面”收集器从修剪对象中选定要排除的曲面部分，如图 4-60 所示。

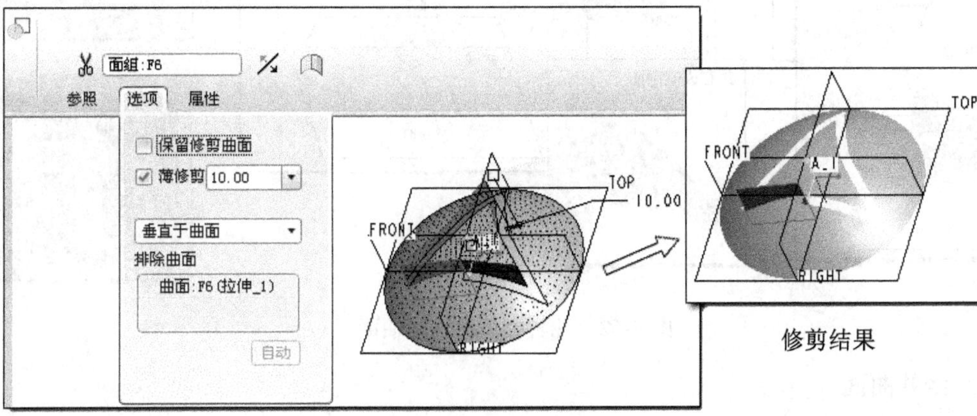

图 4-60　设置“薄修剪”

（2）偏移曲面

使用“偏移”工具，可以将一个曲面或一条曲线偏移恒定的或可变的距离，从而创建一个新的特征。在这里主要介绍偏移曲面的实用知识。

选择要操作的曲面后，在菜单栏中选择“编辑|偏移”命令，打开偏移曲面操控板，如图 4-61 所示，在该操控板中可以根据实际设计需求来设置面偏移的类型，包括“标准偏移特征”、“具有拔模特征”、“展开特征”和“替换曲面特征”，然后进行相应设置即可创建创建一个偏移特征。

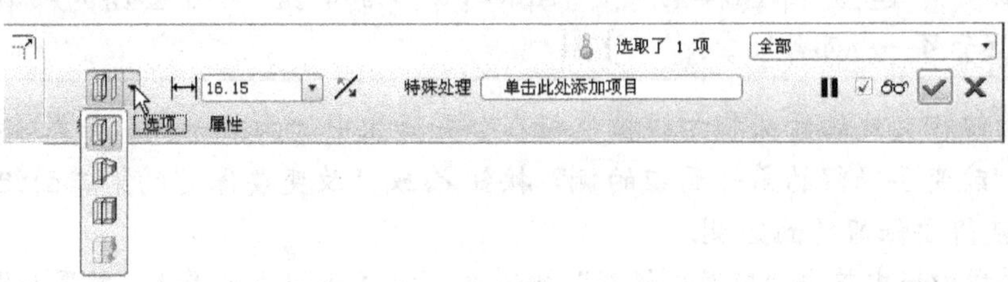

图 4-61　偏移曲面操控板

- **标准偏移特征**：将某个曲面按指定的方向和距离进行偏移，生成一个新曲面。
- **具有拔模特征**：偏移包括在草绘内部的面组或曲面区域，并拔模侧曲面。还可使用此选项来创建直的或相切侧曲面轮廓。
- **展开特征**：在封闭面组或实体选定面之间创建一个连续体积块。当使用“草绘区域”选项时，将在开放面组或实体曲面的选定面之间创建连续体积块。
- **替换曲面特征**：使用一个曲面替换实体特征上的曲面。

图 4-62 给出了几种偏移曲面的操作图解示意。

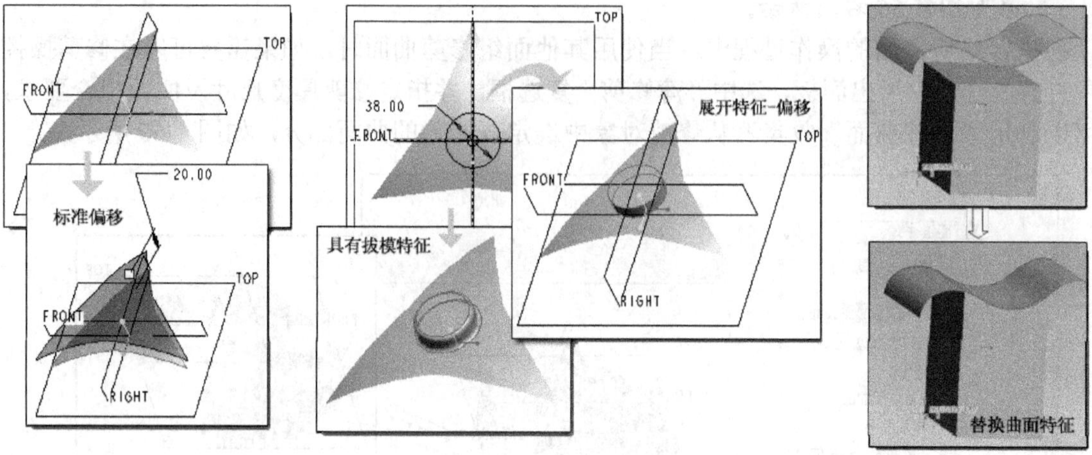

图 4-62 几种类型的偏移曲面

（4）合并曲面

使用“合并”按钮，可以通过“相交”或“连接”的方式来合并两个面组。如果删除合并的特征，原始面组仍然保留。

如果要合并两个面组，那么可以按照如下步骤来执行。

步骤 1 选择要操作的两个面组，接着在“编辑特征”工具栏中单击“合并”按钮，或者在菜单栏中选择“编辑|合并”命令，打开合并操控板。

步骤 2 如果要更改默认的合并方法，那么在合并操控板中打开“选项”滑出面板，如图 4-63 所示，从中选择“相交”单选按钮或“连接”单选按钮。

提示：“相交”单选按钮用于在相交处合并两个面组，并保留原始面组指定的部分；“连接”单选按钮用于合并两个相邻的面组，一个面组的一个侧边必须位于另一个面组上。

步骤 3 两个面组相交处的箭头指向将被包括在合并面组中的面组一侧。如果需要，可通过单击“改变要保留的第一面组的侧”按钮或“改变要保留的第二面组的侧”按钮来获得要保留的面组侧。

步骤 4 在合并操控板中单击“应用并保存”按钮，完成合并面组操作，效果如图 4-64 所示。

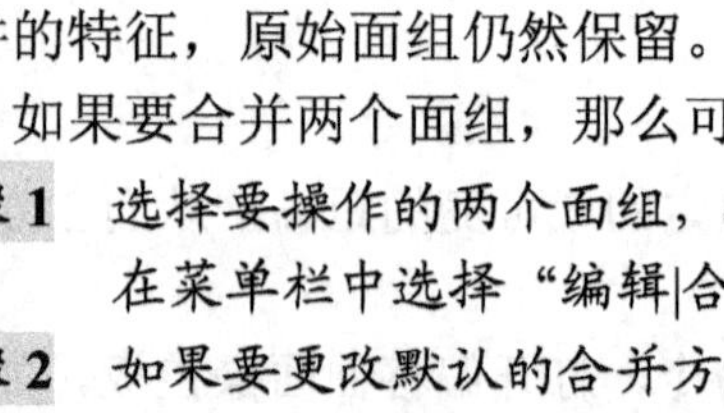

图 4-63 设置合并方法

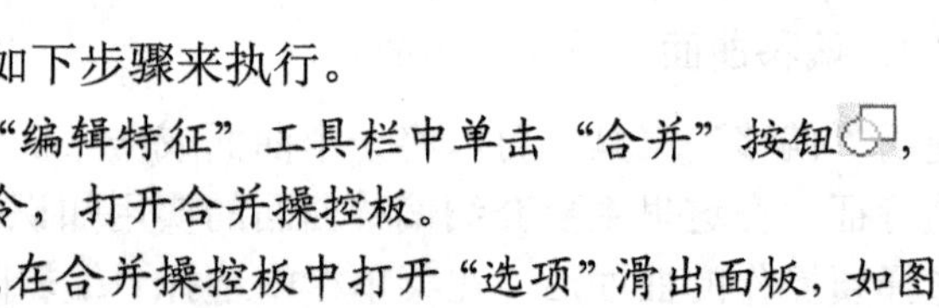

图 4-64 合并两个面组示例

可以在执行一次合并命令中合并两个以上的面组，但是这些要合并的面组的单侧边应彼此邻接且不重迭。

（5）加厚曲面

使用“编辑|加厚”命令，可以使选定曲面通过加厚的方式来生成薄壁实体，如图 4-65a 所示，也可以使用曲面特征或面组几何作为边界移除实体材料的薄部分（生成切口），如图 4-65b 所示。

a）伸出项　　　　b）切口

图 4-65　加厚曲面操作

要对曲面面组进行加厚操作，那么要先选择要加厚的曲面面组，接着在菜单栏中选择“编辑|加厚”命令，打开如图 4-66 所示的曲面加厚操控板。下面对曲面加厚操控板中的相关工具进行简要说明。

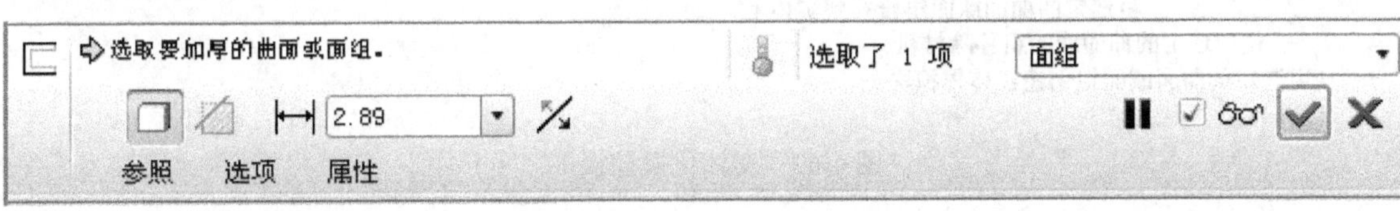

图 4-66　曲面加厚操控板

- 按钮：用实体材料填充加厚的面组，即使用选定的曲面或面组创建实体体积块。
- 按钮：使用选定的曲面或面组移除材料。
- 尺寸框：在该尺寸框中控制厚度特征的材料厚度。
- 按钮：改变曲面加厚的材料方向。
- **“参照”滑出面板**：该滑出面板如图 4-67 所示，包含一个“面组”收集器，该收集器用于收集所选择的要加厚的曲面或面组。
- **“选项”滑出面板**：该滑出面板包含相对于坐标系、轴和曲面来创建和缩放“加厚”特征的控制，如图 4-68 所示，在该滑出面板的一个下拉列表框中可以选择“垂直于曲面”、“自动拟合”或“控制拟合”选项来定义曲面加厚的形式，其中，“垂直于曲面”最为常用。在该滑出面板中还可提供一个“排除曲面”收集器，在该收集器的框中单击即可激活该收集器，然后可选取面组中要禁止加厚操作的曲面。

（6）实体化

实体化特征使用预定的曲面特征或面组几何并将其转换为实体几何。在设计中，可以根据设计要求来使用“实体化”特征添加、移除或替换实体材料。

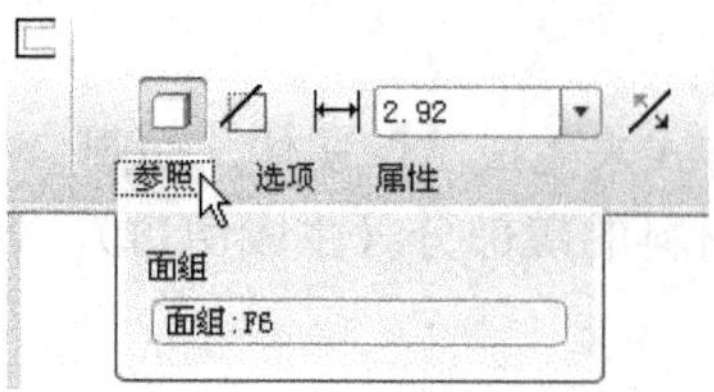

图 4-67 “参照”滑出面板

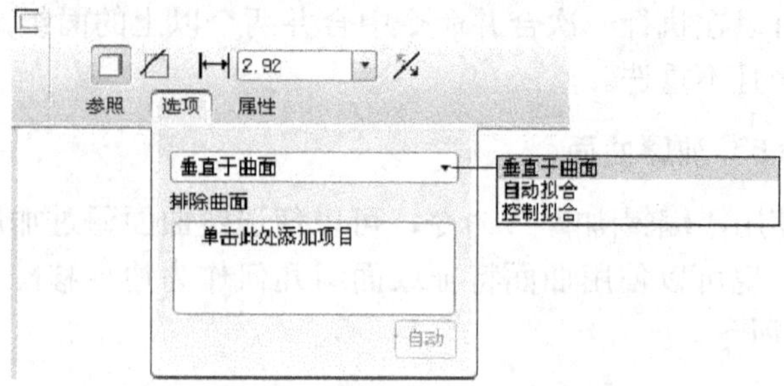

图 4-68 “选项”滑出面板

设计实体化特征要求执行这些操作：① 选择一个曲面特征或面组作为参照；② 确定使用参照几何的方法，如添加实体材料、移除实体材料或修补曲面；③ 定义几何的材料方向。

只有当选择了一个有效的曲面特征或面组，菜单栏中的“编辑|实体化”命令才可用。选择“编辑|实体化”命令，将打开如图 4-69 所示的实体化操控板。

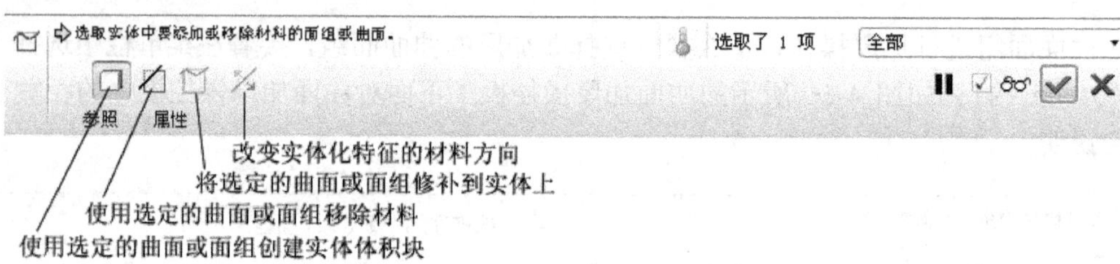

图 4-69 实体化操控板

可创建如表 4-2 所示的 3 种类型的实体化特征。

表 4-2 3 种实体化特征

按钮	类型名称	功能说明	图例
	伸出项	使用曲面特征或面组几何作为边界来添加实体材料	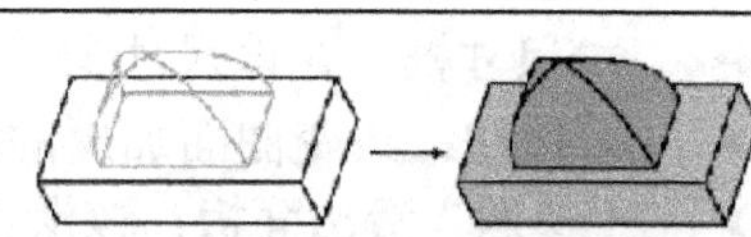
	切口	使用曲面特征或面组几何作为边界来移除实体材料	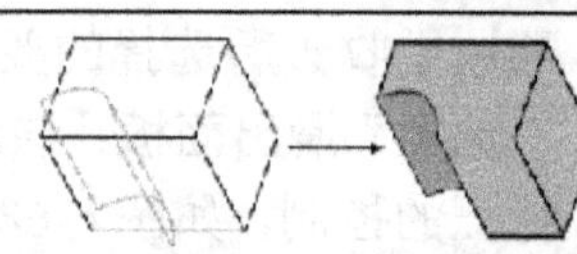
	曲面片	使用曲面特征或面组几何替换指定的曲面部分，注意只有当选定的曲面或面组边界位于实体几何上时才可用	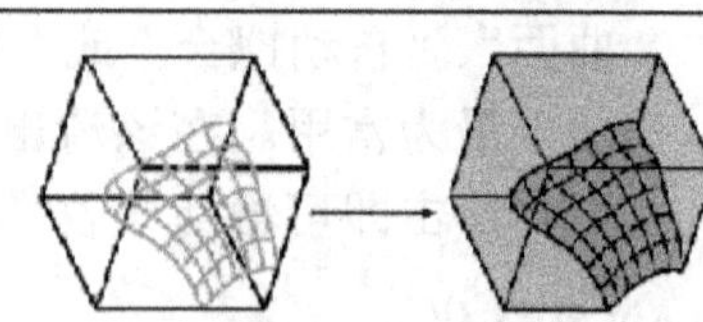

（7）在曲面上创建投影曲线

使用“编辑|投影”命令，可以在实体上或非实体曲面、面组或基准平面上创建投影基准

曲线。通常可以利用生成的投影基准曲线来修剪曲面，或者将投影基准曲线作为扫描轨迹等。

在 Pro/E Wildfire 5.0 中，投影曲线的方法有以下两种（具体操作步骤类似）。

➢ **投影草绘**：创建草绘或将现有草绘复制到模型中以进行投影。

➢ **投影链**：选取要投影的曲线或链。

下面以通过草绘创建投影基准曲线为例介绍其操作步骤。

步骤 1　在菜单栏中选择“编辑|投影”命令，打开如图 4-70 所示的投影操控板。

图 4-70　投影操控板

步骤 2　在投影操控板中打开“参照”滑出面板，从其中的一个下拉列表框中选择“投影草绘”选项，如图 4-71 所示，然后在图形窗口中选择草绘曲线，或者单击“定义”按钮，弹出“草绘”对话框，指定草绘平面后进入草绘模式创建要投影的草绘曲线，如图 4-72 上图所示。

步骤 3　定义好要投影的草绘曲线后，确保“曲面”收集器处于被激活的状态，接着在图形窗口中选择要向其中投影草绘曲线的曲面。

步骤 4　通常在“方向”下拉列表框中默认选择“沿方向”选项，并在“方向”下拉列表框右侧的“方向参照”收集器中单击以激活它，然后选择一个平面、轴、坐标系轴或直图元用作投影方向参照。

步骤 5　在投影操控板中单击“应用并保存”按钮✔，完成创建投影基准曲线的操作，如图 4-72 下图所示。

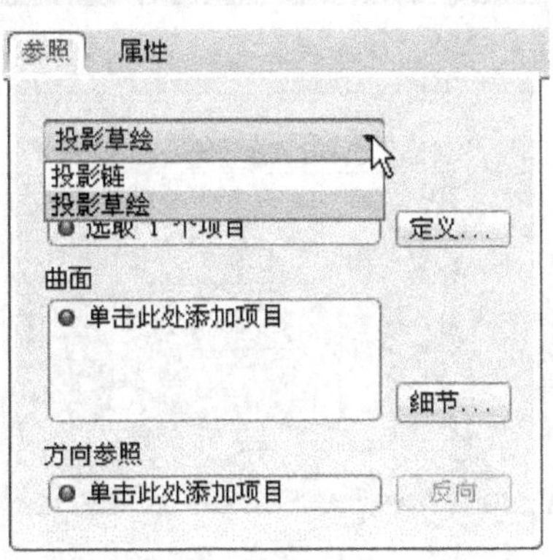

图 4-71　“参照”滑出面板

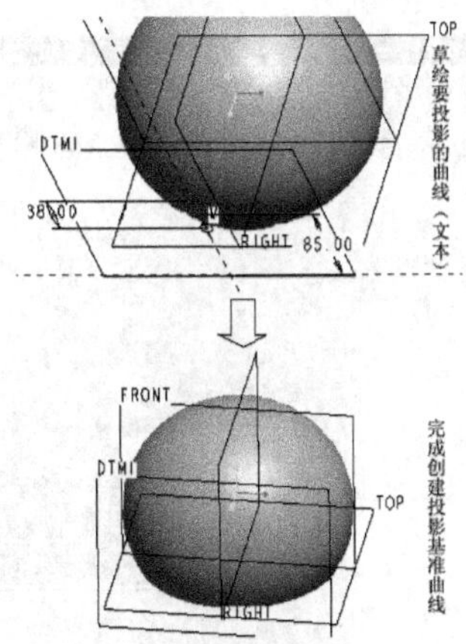

图 4-72　投影操作典型示例

（8）创建相交曲线

使用菜单栏中的“编辑|相交”命令，可以利用曲面与其他曲面或基准平面相交来创建曲线，所创建的曲线被形象地称为“相交曲线”。相交曲线通常可用于其他特征（如扫描轨迹）的三维曲线。

创建相交曲线的方法步骤较为简单，先选择曲面，接着按住【Ctrl】键的同时选择要相交的其他曲面或基准平面并使其保留在所选项目中，然后在菜单栏中选择“编辑|相交”命令即可。

另外，使用“相交”命令也可以在两个选定草绘（相当于将草绘拉伸成曲面）的投射相交位置处创建曲线，如图 4-73 所示。

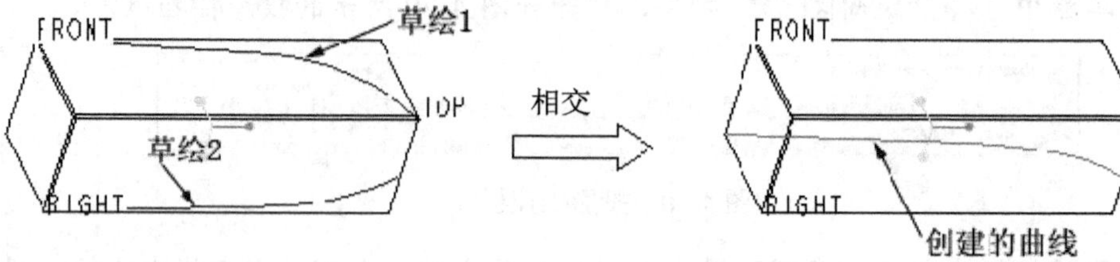

图 4-73　创建相交曲线

4. 造型

Pro/E Wildfire 5.0 提供了一个功能齐全、直观的“自由形式曲面”设计环境（即造型设计环境），在该设计环境中可以方便而迅速地创建自由形式的曲线和曲面，并能将多个元素组合成超级特征（因为它们可以包含无限数量的曲线和曲面）。通常将在该设计环境中创建的特征称为“造型”特征或“自由形式曲面”特征。

在零件模式下要启用“自由形式曲面”设计环境，可以在菜单栏中选择“插入|造型”命令，或者在“基础特征”工具栏中单击“造型”按钮。图 4-74 所示为“自由形式曲面”设计环境的工作界面，图中图形窗口使用多视图模式。

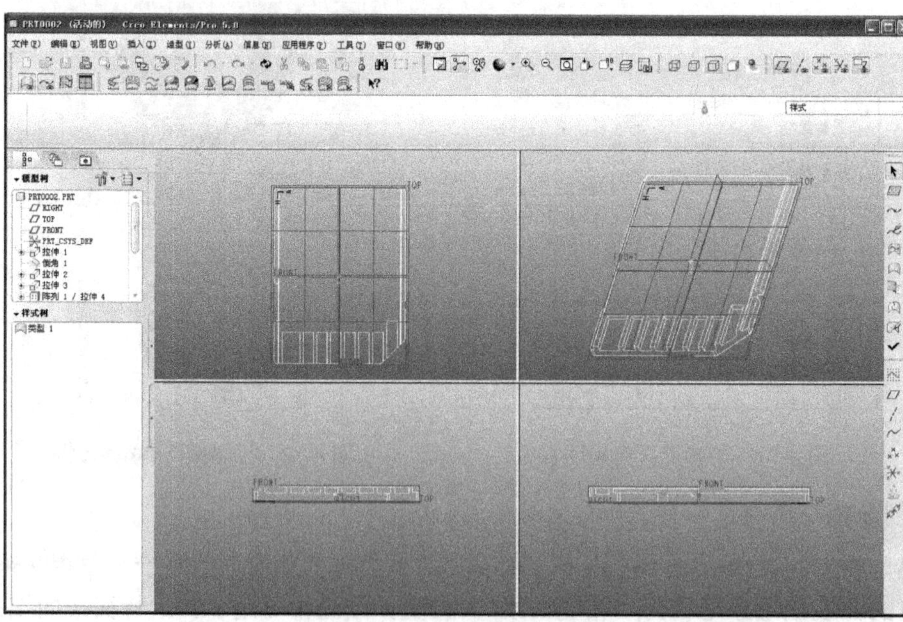

图 4-74　启用“自由形式曲面”设计环境

在“自由形式曲面”设计环境中，提供了 3 个重要的工具栏，即“样式”工具栏、“分析工具”工具栏和“造型工具”工具栏，如图 4-75 所示。在初始默认情况下，“样式”工具栏和“分析工具”工具栏位于图形窗口的顶端，而“造型工具”工具栏位于图形窗口的右侧。其中，“造型工具”工具栏中的工具命令对应着菜单栏的“造型”菜单中的相关命令。

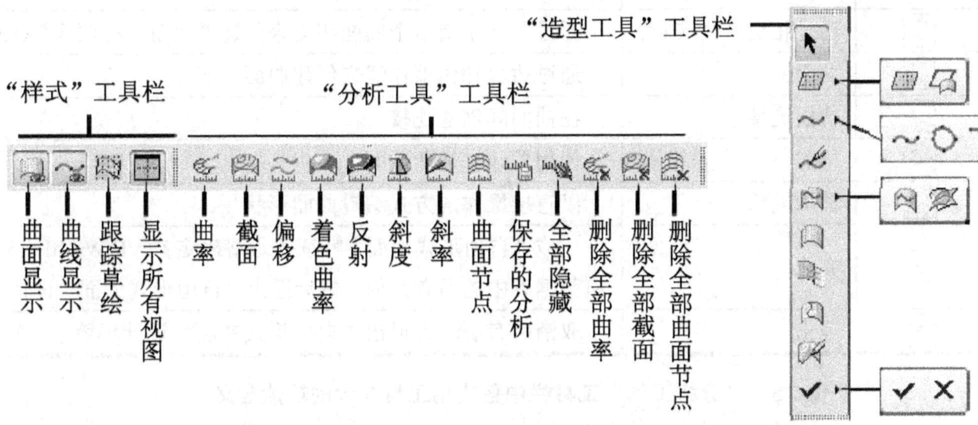

图 4-75　“自由形式曲面”设计环境的 3 个重要的工具栏

“自由形式曲面”设计环境中各实用工具命令的功能含义见表 4-3、表 4-4 和表 4-5。用户除了要认真掌握造型工具的功能含义与使用方法之外，还要了解分析工具的用途。用好曲线和曲面分析对曲面建模是有利的，因为可以有效地检查曲面质量。

表 4-3　“样式”工具栏中各实用工具命令的功能含义

序号	图标	命令	功能含义
1		曲面显示	切换打开或关闭当前造型曲面的显示
2		曲线显示	切换打开或关闭当前造型曲线的显示
3		跟踪草绘	设置用于追踪的草图
4		显示所有视图	在显示四个视图或一个全屏视图间切换

表 4-4　“造型工具”工具栏中各实用工具命令的功能含义

序号	图标	命令	功能含义
1		选取	选取“自由形状曲面”几何
2		设置活动平面	为创建几何设置当前基准平面，然后编辑
3		内部平面	将基准平面创建到“自由形状曲面特征”内部
4		曲线	创建造型曲线，包括平面曲线、自由曲线和曲面上的曲线（COS）
5		圆	创建造型圆
6		弧	创建造型弧
7		曲线编辑	设置曲线编辑选项、参数及相关的相切条件

续表

序号	图标	命令	功能含义
8		下落曲线	在操控板中显示曲线投影选项，利用它可通过向曲面投影来创建 COS（曲面上的曲线）
9		通过相交产生 COS	通过与一个或多个曲面相交来创建“曲面上的曲线”（COS）
10		曲面	通过边界和内部曲线来创建曲面
11		曲面连接	在曲面间创建连接
12		修剪	使用曲线来修剪曲面
13		曲面编辑	以直接操作的方式编辑曲面形状
14	✔	完成	完成“自由形式曲面”特征并最终确定 Pro/E Wildfire 5.0 几何数据库中的所有几何，然后退出“自由形式曲面”设计环境
15	✕	退出	取消所有更改并退出“自由形式曲面”设计环境

表 4-5　“分析工具”工具栏中各实用工具命令的功能含义

序号	图标	命令	功能含义
1		曲率	计算并显示曲线、边或曲面的曲率，从数学的角度来说，曲率等于“1/半径”
2		截面	计算曲面连续性，特别是在共用边界上的连续性；允许加亮曲面上的剖面曲线或显示平行于选定参照平面的剖面
3		偏移	计算并显示一组所选曲线、边或曲面的偏移
4		着色曲率	计算并显示曲面上每点处的最小和最大法向曲率值
5		反射	显示代表从指定方向观察时在曲面上来自线性光源的反射的曲线
6		斜度	分析零件设计以确定要在模型中使用的零件是否需要拔模，可显示草图的彩色出图
7		斜率	彩色显示相对于零件上的参照平面、坐标系、曲线、边或基准轴的曲面的斜率
8		曲面节点	启用曲面节点分析
9		保存的分析	显示“保存的分析”对话框
10		全部隐藏	隐藏所有保存的分析
11		删除全部曲率	删除所有保存的曲率分析
12		删除全部截面	删除所有保存的截面分析
13		删除全部曲面节点	删除所有保存的曲面节点分析

三、任务实践

在了解学习目标和学习了相应的理论知识后，接下来通过几个案例来更深入地掌握各种复杂零件建模的方法及技巧。

任务一 设计阀盖

本任务将设计如图 4-76 所示的阀盖零件。在任务中主要应用到本项目介绍的“螺旋扫描”命令和“阵列”工具。案例最终效果请参考本书配套素材“CH4\bc_4_r1_finish.prt”文件。

图 4-76 阀盖零件

任务分析

先使用“旋转”工具创建一个旋转实体作为阀盖的基本体，再使用“旋转”工具和“拉伸”工具切除材料以构建阀盖的一个“法兰”台阶，接着以拉伸的方式在“法兰”台阶上切除出一个圆孔，使用“阵列”工具阵列出具有圆周阵列排布（轴阵列）的其他圆孔，使用“螺旋扫描”命令在阀盖零件中构建外螺纹结构，最后创建圆角等。

任务实施

（1）新建实体零件文件

步骤 1 在“文件”工具栏中单击“新建”按钮，或者按【Ctrl+N】快捷键，弹出“新建”对话框。

步骤 2 从“类型”选项组中选择“零件”单选按钮，从“子类型”选项组中选择“实体”单选按钮，在“名称”文本框中输入“bc_4_r1”，接着取消选中“使用缺省模板”复选框，单击“确定”按钮。

步骤 3 系统弹出“新文件选项”对话框，选择“mmns_part_solid”公制模板，单击“确定”按钮，从而创建一个使用公制模板的实体零件文件。

（2）使用旋转工具创建轴的基本形体

步骤 1 在"基础特征"工具栏中单击"旋转"按钮，打开旋转操控板，保持默认的创建实体状态。

步骤 2 在旋转操控板中打开"放置"滑出面板，单击"定义"按钮，弹出"草绘"对话框。选择"FRONT"基准平面作为草绘平面，默认以"RIGHT"基准平面为"右"方向参照，单击"草绘"对话框中的"草绘"按钮，进入草绘模式中。

步骤 3 单击"几何中心线"按钮，先绘制一条竖直的几何中心线作为旋转轴。单击"线"按钮，在几何中心线右侧绘制旋转剖面，如图 4-77 所示，单击"完成"按钮。

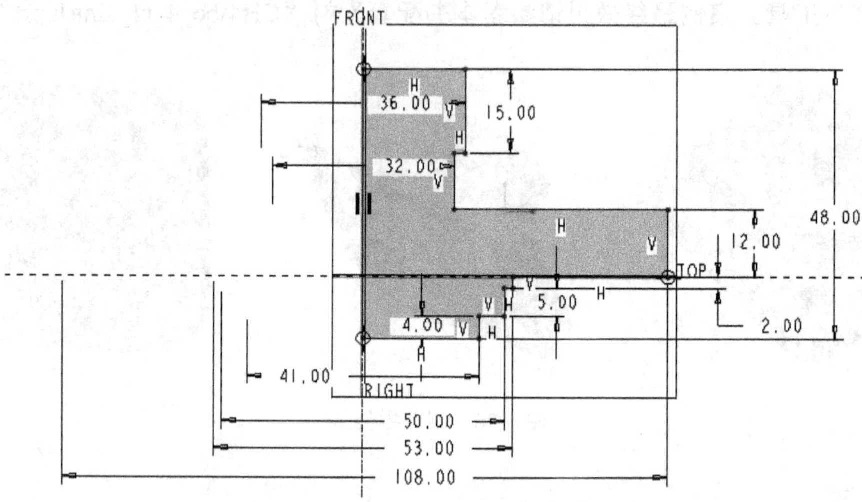

图 4-77　绘制旋转剖面和几何中心线

步骤 4 接受默认的旋转角度为 360°，接着在旋转操控板中单击"应用并保存"按钮，创建的阀盖基本形体如图 4-78 所示。

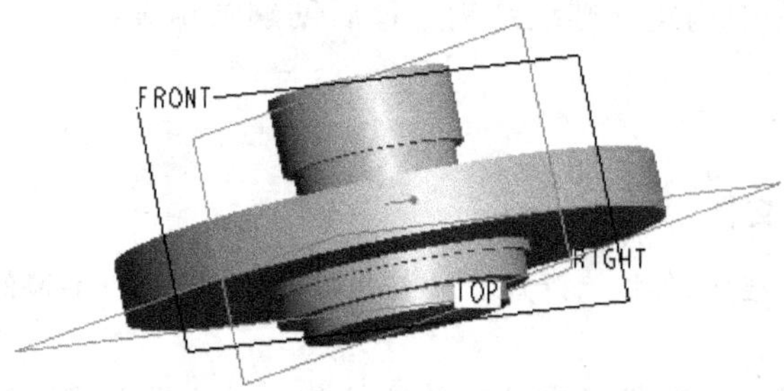

图 4-78　阀盖的基本形体

（3）以旋转的方式切除材料

步骤 1 在"基础特征"工具栏中单击"旋转"按钮，打开旋转操控板，保持默认的创建实体状态，单击"移除材料"按钮。

步骤 2 在旋转操控板中打开"放置"滑出面板，单击"定义"按钮，弹出"草绘"对话框。

接着在“草绘”对话框中单击“使用先前的”按钮，进入草绘模式。

步骤 3　在菜单栏中选择“草绘|参照”命令，弹出“参照”对话框，指定所需绘图参照，单击“关闭”按钮。接着绘制定义旋转轴的几何中心线和旋转剖面，如图 4-79 左图所示，单击“完成”按钮✔。

步骤 4　接受默认的旋转角度为 360°，接着在旋转操控板中单击“应用并保存”按钮☑，完成该旋转切除操作得到的模型效果如图 4-79 右图所示。

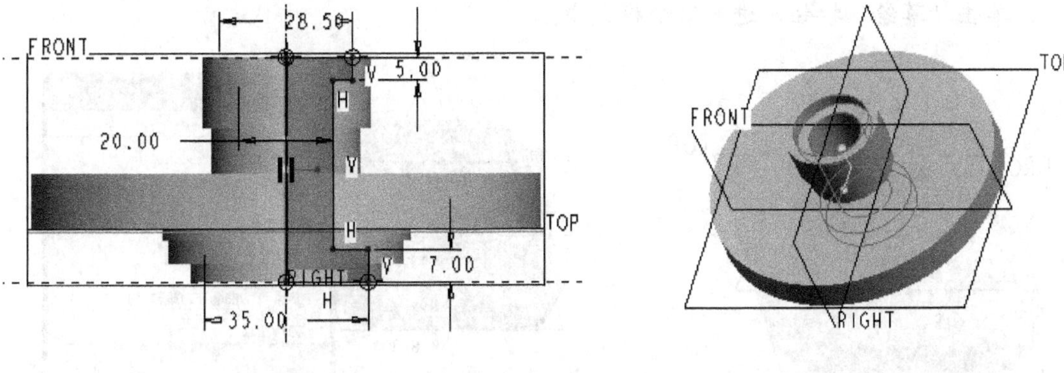

图 4-79　绘制几何中心线和旋转剖面及旋转切除的效果

（4）以拉伸的方式切除材料以构建阀盖的“法兰”台阶

步骤 1　在“基础特征”工具栏中单击“拉伸”按钮，打开拉伸操控板，保持默认的创建实体状态，单击“移除材料”按钮。

步骤 2　在拉伸操控板中打开“放置”滑出面板，单击“定义”按钮，弹出“草绘”对话框。选择“TOP”基准平面作为草绘平面，以“RIGHT”基准平面为“右”方向参照，单击“草绘”对话框中的“草绘”按钮，进入草绘模式。

步骤 3　绘制如图 4-80 左图所示的拉伸剖面，单击“完成”按钮✔。

步骤 4　在拉伸操控板中单击“将拉伸的深度方向更改为草绘的另一侧”按钮，并单击右侧的“将材料的拉伸方向更改为草绘另一侧”按钮，设置深度选项为（穿透），此时注意模型中显示的两个箭头方向应如图 4-80 右图所示。

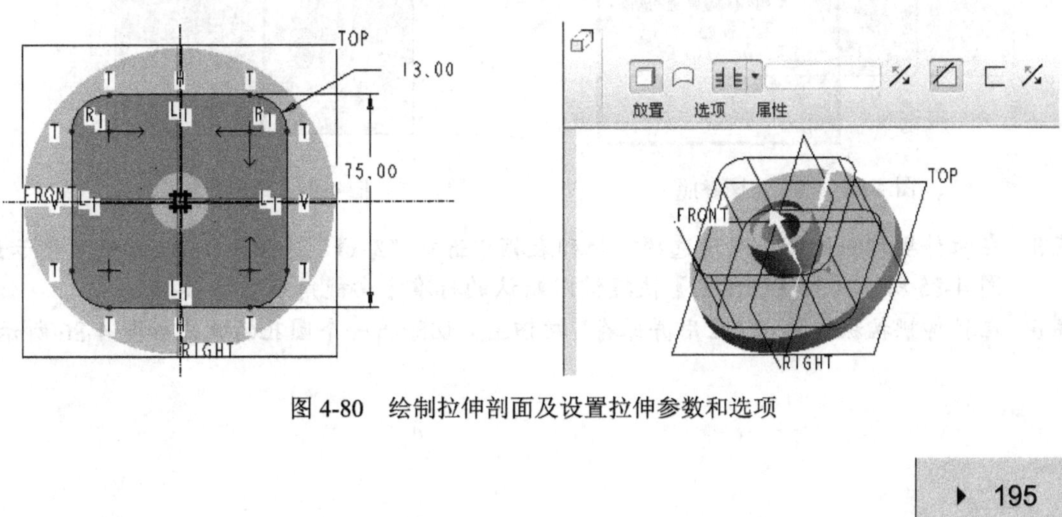

图 4-80　绘制拉伸剖面及设置拉伸参数和选项

步骤 5 在拉伸操控板中单击“应用并保存”按钮，拉伸切除的完成效果如图 4-81 所示。

（5）以拉伸的方式切除材料切除出一个圆孔

步骤 1 在“基础特征”工具栏中单击“拉伸”按钮，打开拉伸操控板，保持默认的创建实体状态，单击“移除材料”按钮。

步骤 2 在拉伸操控板中打开“放置”滑出面板，单击“定义”按钮，弹出“草绘”对话框。在模型中单击如图 4-82 所示的平整实体面作为草绘平面，接受默认的草绘方向设置，单击“草绘”按钮，进入草绘模式中。

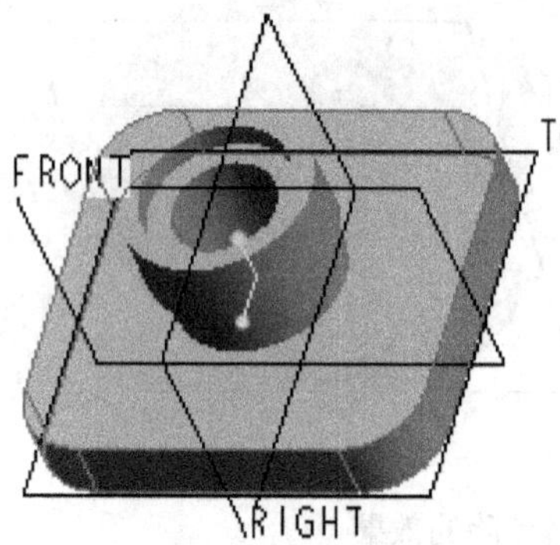

图 4-81　拉伸切除的效果

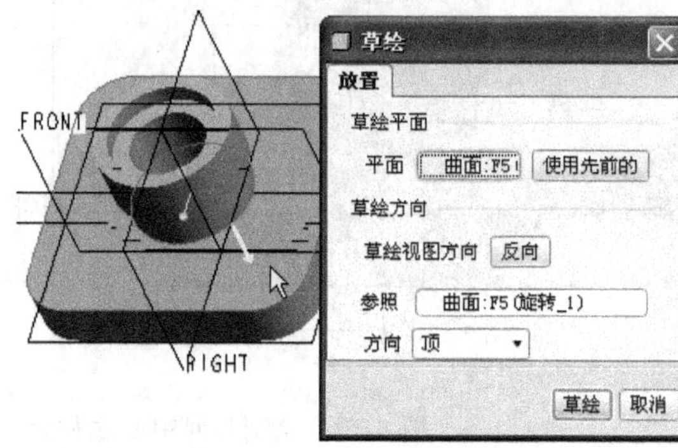

图 4-82　指定草绘平面

步骤 3 利用“参照”对话框指定如图 4-83 所示的绘图参照，然后单击“参照”对话框中的“关闭”按钮。

步骤 4 单击“圆：圆心和点”按钮，绘制如图 4-84 所示的一个圆。编辑好尺寸后单击“完成”按钮。

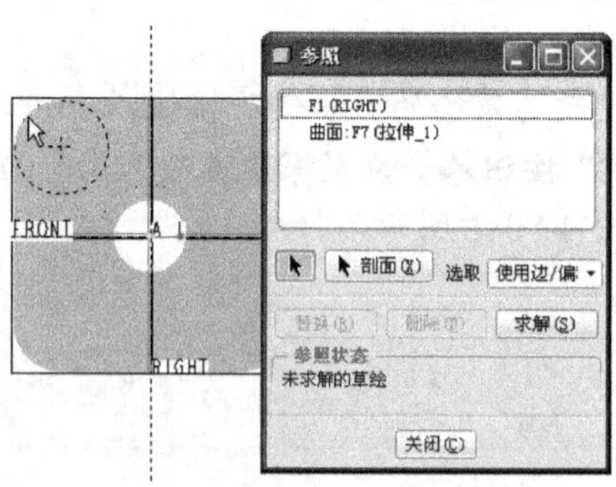

图 4-83　指定绘图参照

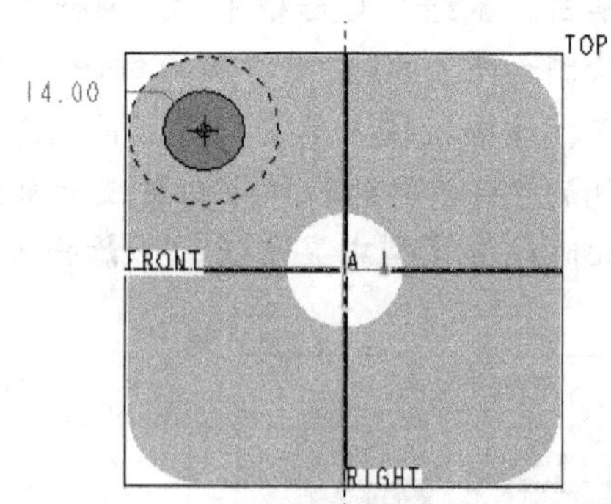

图 4-84　绘制剖面

步骤 5 在拉伸操控板的侧 1 深度选项下拉列表框中选择“穿透”选项，此时模型显示如图 4-85 所示（按【Ctrl+D】快捷键以默认的标准方向视角来显示模型）。

步骤 6 在拉伸操控板中单击“应用并保存”按钮，切除出一个圆孔的效果如图 4-86 所示。

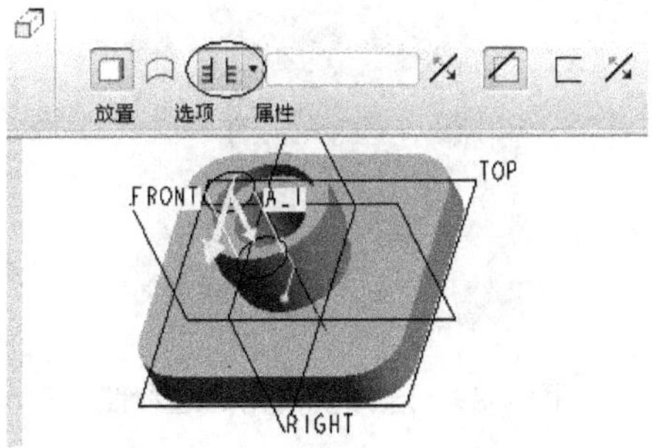

图 4-85　设置深度选项

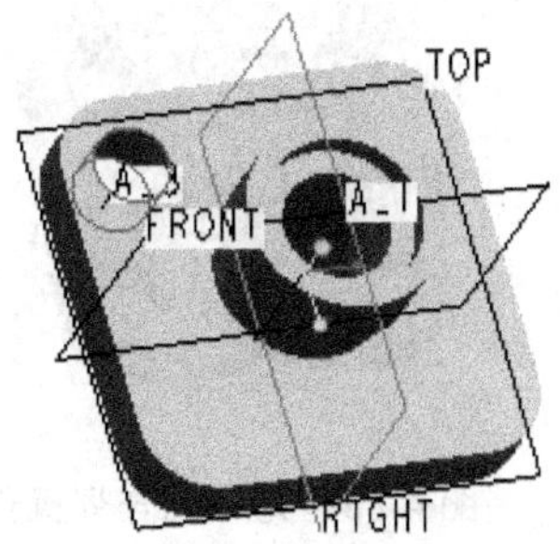

图 4-86　切除出一个圆孔

（6）创建轴阵列

步骤 1　确保刚创建的拉伸切口特征处于被选中的状态，在"编辑特征"工具栏中单击"阵列"按钮，或者在菜单栏中选择"编辑|阵列"命令，打开阵列操控板。

步骤 2　在阵列操控板的阵列类型下拉列表框中选择"轴"选项，接着在模型中选择特征轴 A_1 定义轴阵列中心，再设置第一方向的阵列成员数为 4，相邻阵列成员间的角度为 90°，如图 4-87 所示。

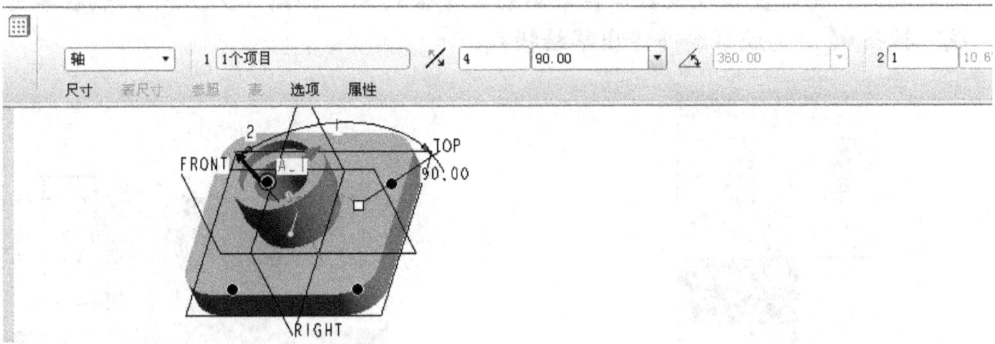

图 4-87　设置轴阵列参数

步骤 3　在阵列操控板中单击"应用并保存"按钮，完成轴阵列操作得到的模型效果如图 4-88 所示。

（7）创建倒角特征

步骤 1　在"工程特征"工具栏中单击"倒角"按钮，打开边倒角操控板。

步骤 2　在边倒角操控板的"标注形式"下拉列表框中选择"D × D"标注形式选项，并在"D"框中设置 D 值为 1.5。

步骤 3　选择如图 4-89 所示的其中一条边作为要倒角的边参照。

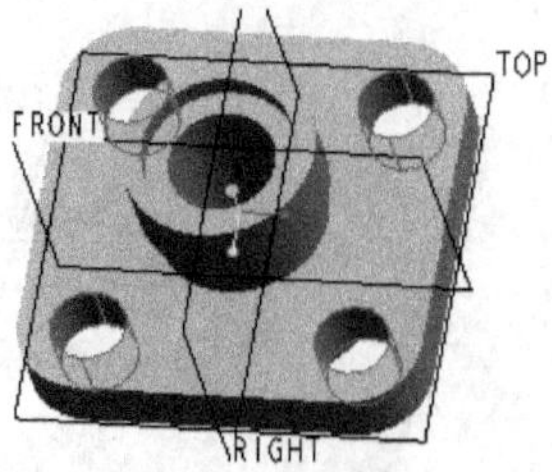

图 4-88　完成轴阵列操作

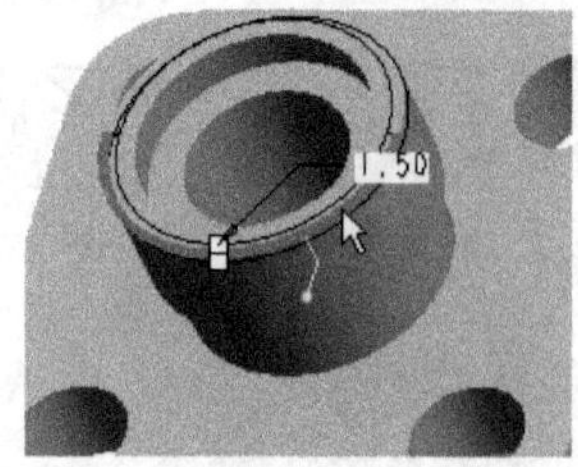

图 4-89　选择要倒角的边参照

步骤 4　在边倒角操控板中单击“应用并保存”按钮☑，完成该倒角操作。

（8）构建外螺纹结构

步骤 1　在菜单栏中选择“插入|螺旋扫描|切口”命令，弹出“切剪：螺旋扫描”对话框和“属性”菜单，如图 4-90 所示。接着在“属性”菜单中选择“常数|穿过轴|右手定则|完成”命令。

步骤 2　选择 FRONT 基准平面作为轨迹的草绘平面，在菜单管理器中依次选择“确定”命令和“缺省”命令，进入草绘模式。

步骤 3　单击“中心线”按钮┆草绘一条中心线定义旋转轴，单击“线”按钮╲绘制一条直线段，并将该直线段设置与轮廓影射边重合约束，如图 4-91 所示，然后单击“完成”按钮✔，完成草绘并退出草绘模式。

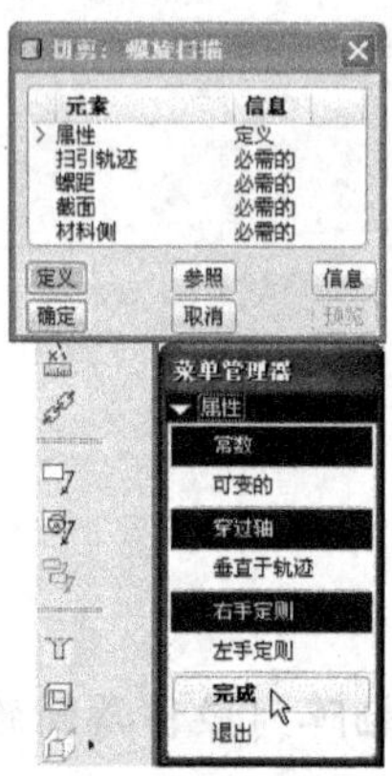

图 4-90　“切剪：螺旋扫描”对话框和“属性”菜单

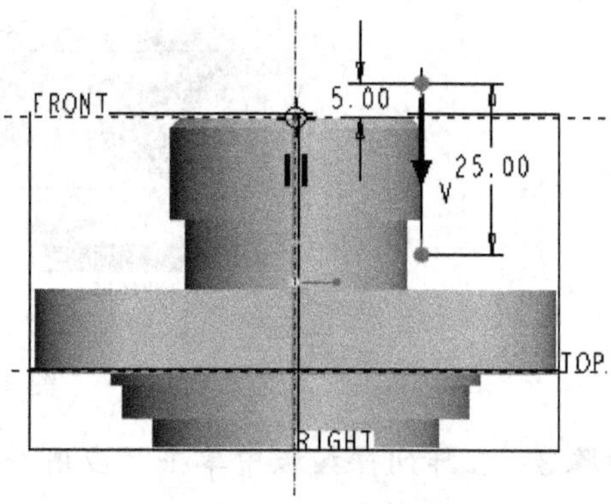

图 4-91　草绘定义扫引轨迹

步骤 4　在如图 4-92 所示的文本框中输入螺距为 2，单击“接受”按钮☑，或者按【Enter】键确认。

图 4-92　输入螺距值

步骤 5　系统提示现在草绘横截面，绘制如图 4-93 所示的横截面（螺纹的牙型截面），然后单击“完成”按钮✔。

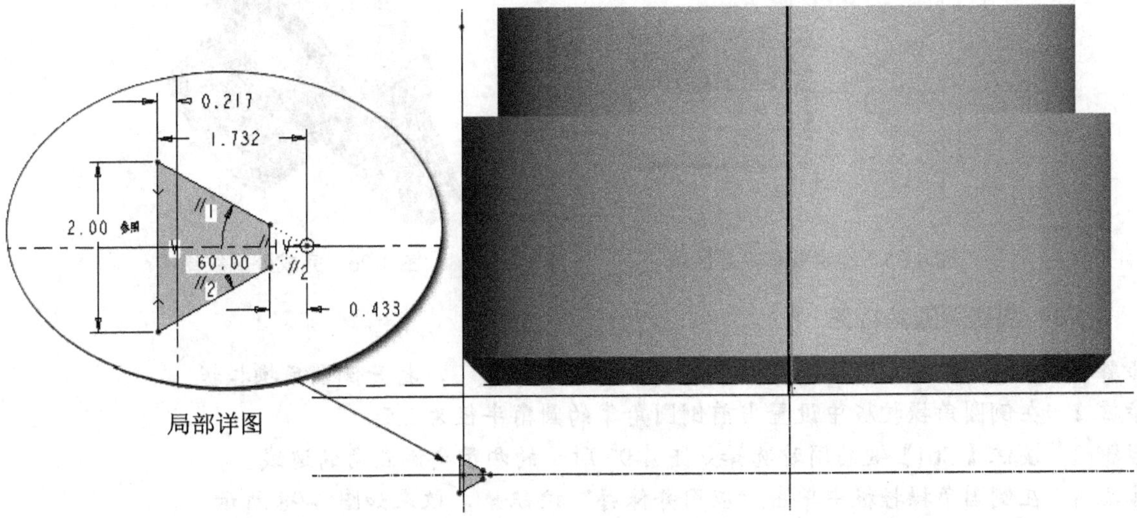

图 4-93　绘制螺纹的牙形截面

知识库

普通螺纹的牙型角为 60º，其横截面严格来说绘制成如图 4-94a 所示，其中 H≈ 0.866*P（P 为螺距）。在实际设计中也常将普通螺纹的牙型横截面简化绘制成如图 4-94b 所示的等边三角形。

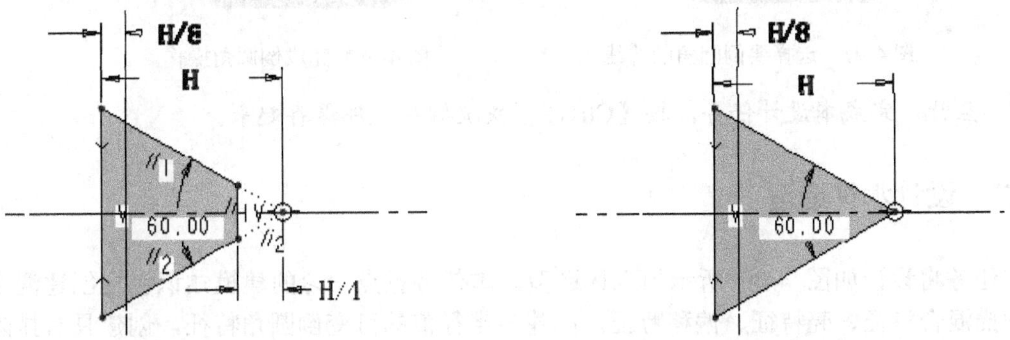

a）普通螺纹的牙型截面　　b）牙型截面简化

图 4-94　普通螺纹的牙型截面及其简化截面

步骤 6　箭头方向指向要移除的区域，如图 4-95 所示，在菜单管理器的“方向”菜单中选择“确定”命令。

步骤 7　在“切剪：螺旋扫描”对话框中单击“确定”按钮，从而完成创建如图 4-96 所示的外螺纹结构。

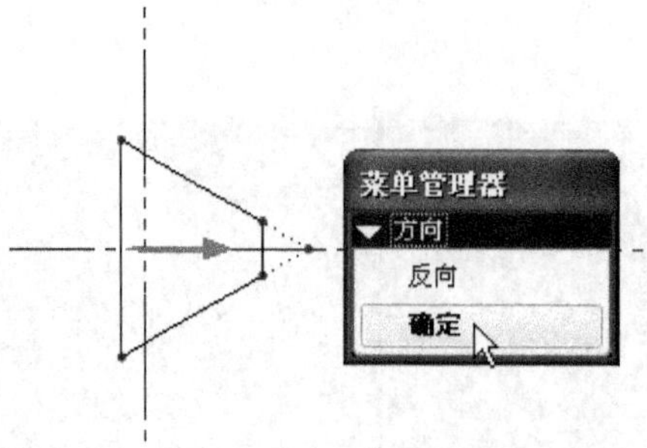

图 4-95　确定要移除的区域

图 4-96　完成外螺纹结构

（9）创建倒圆角特征

步骤 1　在“工程特征”工具栏中单击“倒圆角”按钮，打开倒圆角操控板。

步骤 2　在倒圆角操控板中设置当前倒圆角集的圆角半径为 2.5。

步骤 3　按住【Ctrl】键的同时选择如图 4-97 所示的两条要倒圆角的边线。

步骤 4　在倒圆角操控板中单击“应用并保存”按钮，效果如图 4-98 所示。

图 4-97　选择要倒圆角的边线

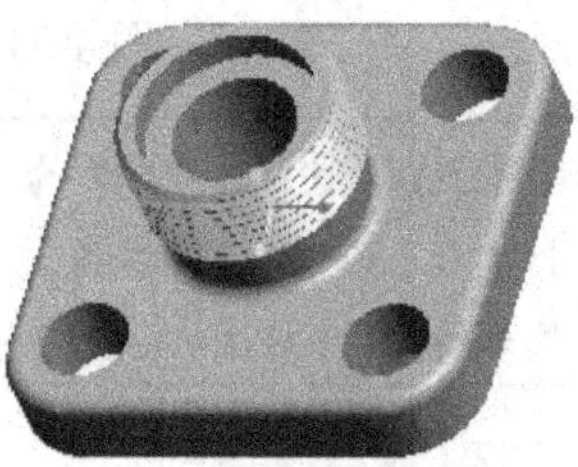

图 4-98　完成倒圆角操作

步骤 5　至此，完成本设计任务，按【Ctrl+S】快捷键将文件保存起来。

任务二　设计水杯造型

本任务将设计如图 4-99 所示的水杯造型。本任务重点学习的建模知识包括创建混合特征、扫描混合特征、壳特征、偏移特征，创建多半径值的可变倒圆角特征，创建具有排除曲面的壳特征，以及在曲面上创建偏移特征等。案例最终效果请参考本书配套素材“CH4\bc_4_r2_finish.prt”文件。

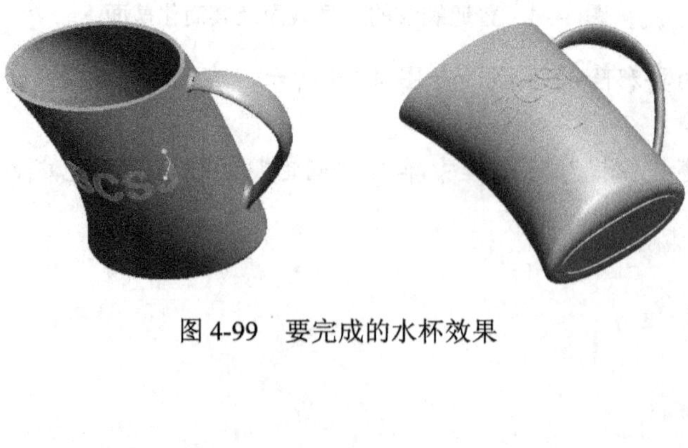

图 4-99　要完成的水杯效果

任务分析

根据模型结构的特点，可大体按照这样的步骤来制作完成本任务的水杯造型设计：先以混合的方式创建水杯主体，接着设计把手，进行抽壳处理，设计底部细节，最后在水杯外侧表面上创建偏移特征。

任务实施

（1）新建实体零件文件

新建一个“类型”为“零件”，“子类型”为“实体”，“名称”为“bc_4_r2”，模板为“mmns_part_solid”公制模板的实体零件文件。

（2）以混合的方式创建水杯主体

步骤 1 在菜单栏中选择“插入|混合|伸出项”命令。

步骤 2 在菜单管理器的“混合选项”菜单中选择“平行|规则截面|草绘截面|完成”命令，如图 4-100 所示，系统弹出如图 4-101 所示的“伸出项：混合，平行，规则截面”对话框和“属性”菜单。

图 4-100 “混合选项”菜单

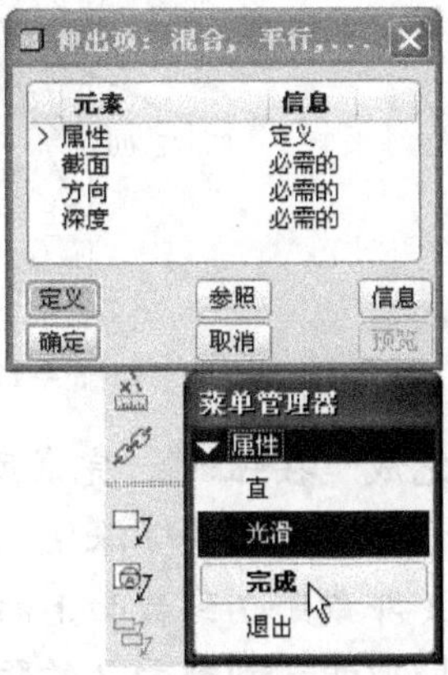

图 4-101 弹出的对话框和“属性”菜单

步骤 3 在菜单管理器的“属性”菜单中选择“光滑|完成”命令。

步骤 4 选择 TOP 基准平面作为草绘平面，接着在菜单管理器的菜单中分别选择“确定”命令和“缺省”命令，进入草绘模式。

步骤 5 单击“中心和轴椭圆”按钮，绘制一个椭圆作为第 1 个混合剖面，如图 4-102 所示。

步骤 6 在菜单栏中选择“草绘|特征工具|切换截面”命令，此时进入第 2 个混合剖面绘制状态，第 1 个混合剖面以浅灰色显示。绘制第 2 个混合剖面，如图 4-103 所示。

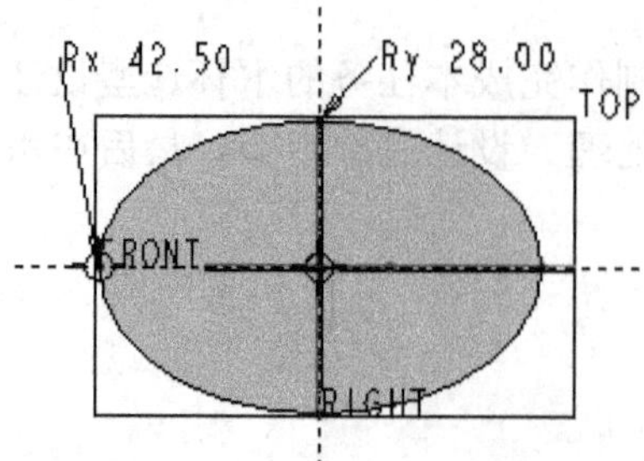

图 4-102　绘制第 1 个混合剖面

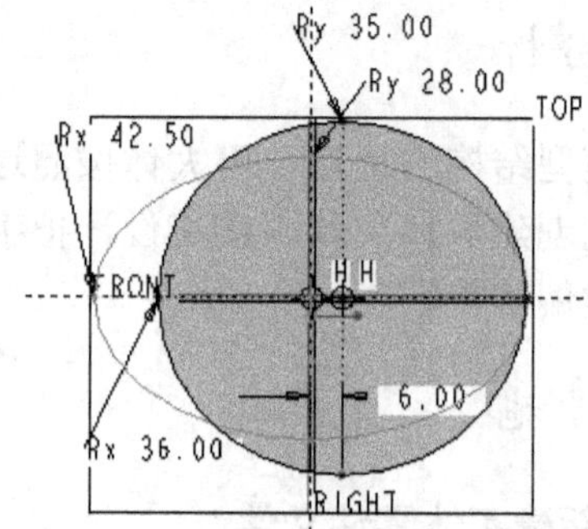

图 4-103　绘制第 2 个混合剖面

步骤 7　在菜单栏中选择“草绘|特征工具|切换截面”命令，此时进入第 3 个混合剖面绘制状态，第 2 个混合剖面也以浅灰色显示。绘制第 3 个混合剖面，如图 4-104 所示。

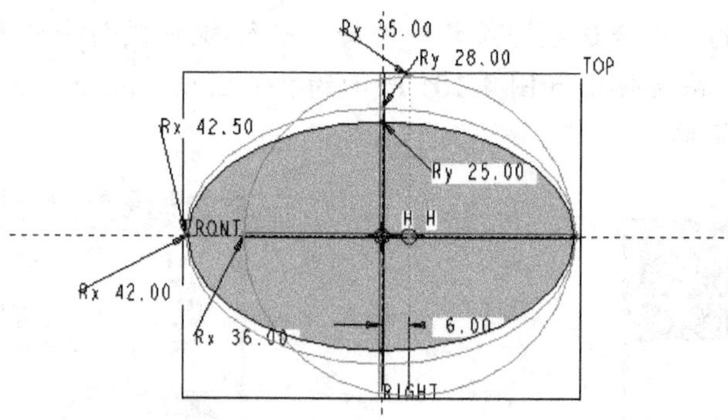

图 4-104　绘制第 3 个混合剖面

步骤 8　单击“完成”按钮✔，完成所有混合剖面绘制并退出草绘模式。

步骤 9　在菜单管理器出现的“深度”菜单中选择“盲孔|完成”命令，接着输入截面 2 的深度（即截面 2 到截面 1 的距离）为 50，并单击“接受”按钮☑，输入截面 3 的深度（即截面 3 到截面 2 的距离）为 68，按【Enter】键确认。

步骤 10　在如图 4-105 所示的“伸出项：混合，平行，规则截面”对话框中单击“确定”按钮，完成创建如图 4-106 所示的混合特征。

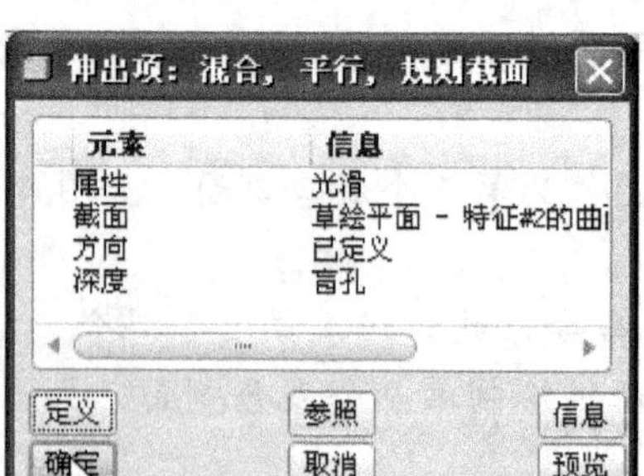

图 4-105　“伸出项：混合，平行，规则截面”对话框

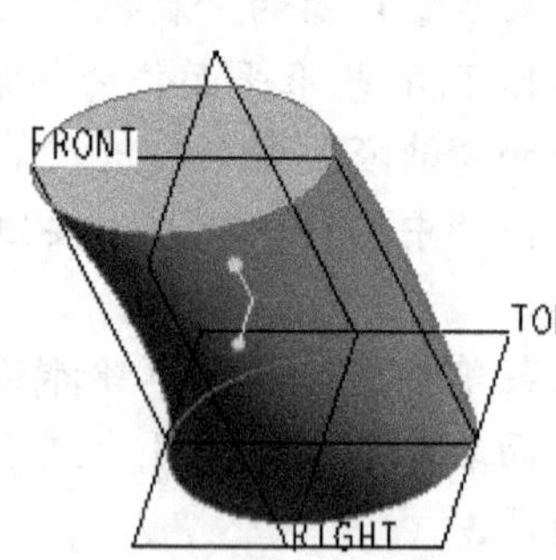

图 4-106　创建的混合特征

> **提示** 如果在完成上述步骤操作后得到的混合特征不是所需要的，那可能是在绘制各混合截面时各剖面的默认起点不一致。因此，在定义各剖面时特别注意椭圆的中心点和轴位置要保持一致。

（3）创建可变倒圆角特征

步骤 1 在“工程特征”工具栏中单击“倒圆角”按钮，打开倒圆角操控板。

步骤 2 在倒圆角操控板中设置当前倒圆角集的圆角半径为 3。

步骤 3 选择如图 4-107 所示的一条要倒圆角的边线。

步骤 4 在倒圆角操控板中打开“集”滑出面板，在如图 4-108 所示的半径框内右击，接着从弹出的快捷菜单中选择“添加半径”命令，重复此操作一共新添加 3 个半径。

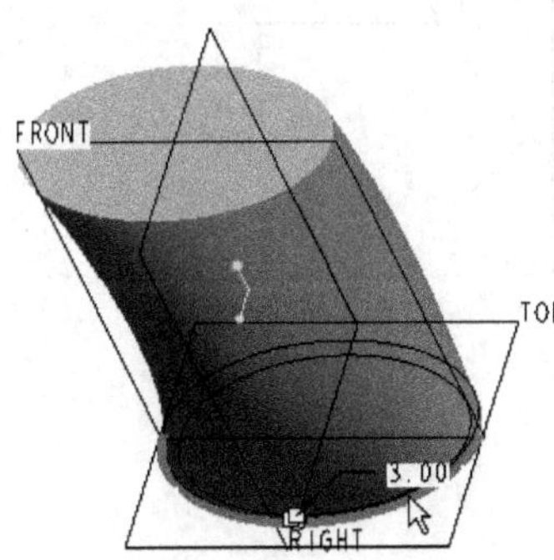

图 4-107 选择要倒圆角的边线

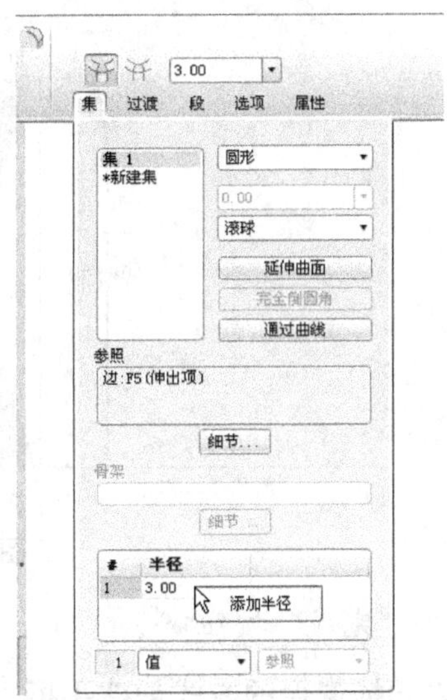

图 4-108 添加半径操作

步骤 5 通过“参照”或“比率”的方式来指定 4 个半径的控制点，如图 4-109 所示，图中第 2 个和第 4 个控制点的半径值设置为 12。

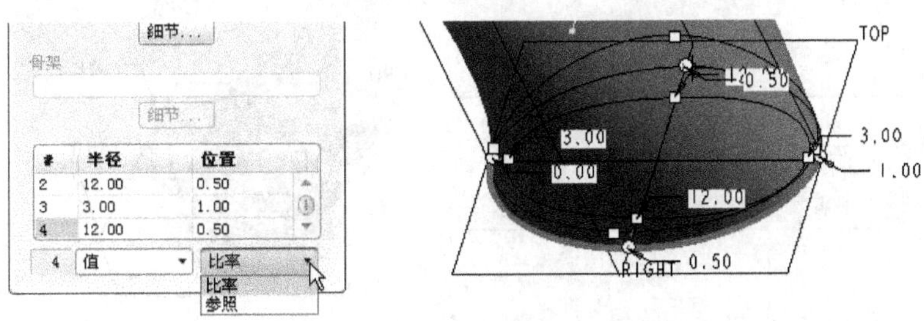

图 4-109 指定半径控制点和相应的半径值

> **提示** 定义半径控制点的方式选项有“比率”和“参照”两种，其中“比率”选项是默认项。选择“比率”选项时，可以在半径框中对应点的“位置”列

中，输入长度比率值来驱动控制点位置；而选择“参照”选项时，则可以通过鼠标指针在模型中选择参照来驱动控制点位置。

步骤 6 在倒圆角操控板中单击“应用并保存”按钮。

（4）草绘曲线

步骤 1 在右工具箱的“基准”工具栏中单击“草绘”按钮，弹出“草绘”对话框。

步骤 2 选择“FRONT”基准平面作为草绘平面，接受默认草绘方向设置，在“草绘”对话框中单击“草绘”按钮，进入草绘模式。

步骤 3 绘制如图 4-110 所示的曲线。

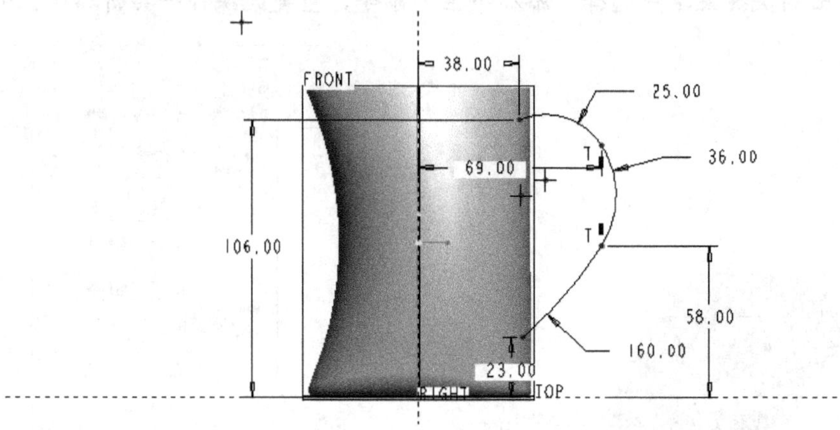

图 4-110 草绘曲线

步骤 4 单击“完成”按钮。

（5）以扫描混合的方式创建手柄

步骤 1 在菜单栏中选择“插入|扫描混合”命令，打开扫描混合操控板。在扫描混合操控板中单击“实体”按钮，选中刚创建的曲线作为扫描混合特征的轨迹线，如图 4-111 所示。

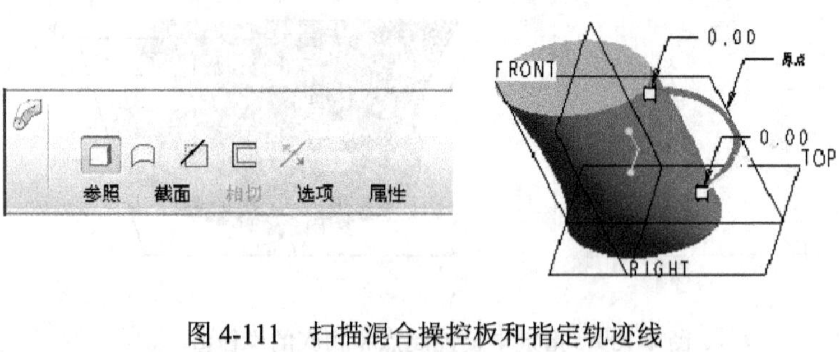

图 4-111 扫描混合操控板和指定轨迹线

步骤 2 在扫描混合操控板中单击“截面”标签以打开“截面”滑出面板，默认选择“草绘截面”单选按钮。在图形窗口中单击轨迹线的起点（附有箭头的一端端点处），此时，

“截面”滑出面板上的“草绘”按钮处于可用状态，如图 4-112 所示，单击该按钮。

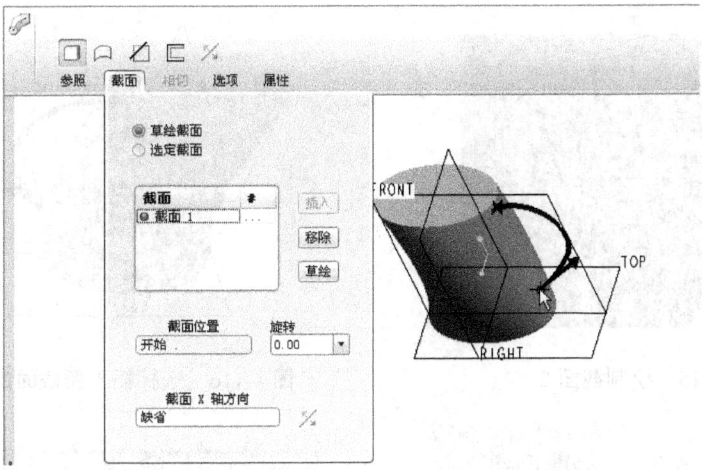

图 4-112　打开“截面”滑出面板与指定开始截面位置

步骤 3　绘制如图 4-113 所示的开始截面，单击“完成”按钮✔。

步骤 4　在“截面”滑出面板中单击“插入”按钮，按【Ctrl+D】快捷键以默认的标准方向视角来显示模型，在模型中使用鼠标指针选择插入截面的第 2 点（轨迹曲线中的一个中间节点），如图 4-114 所示。

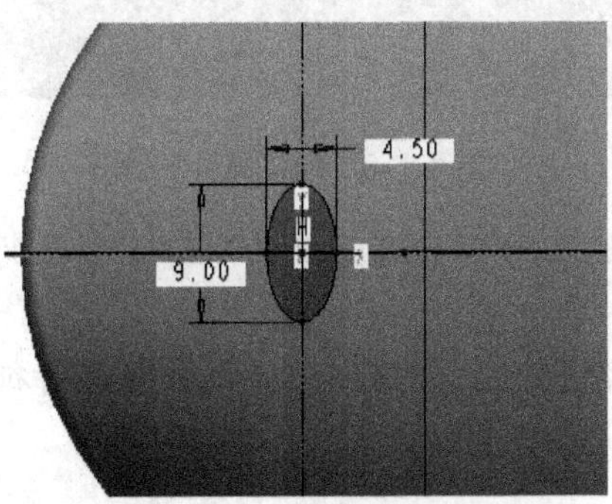

图 4-113　绘制开始截面（截面 1）

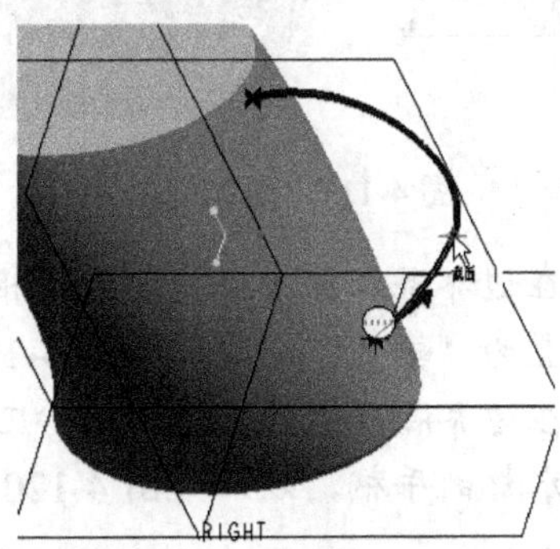

图 4-114　选择插入截面的第 2 点

步骤 5　在“截面”滑出面板中单击“草绘”按钮，进入草绘模式，绘制如图 4-115 所示的截面，单击“完成”按钮✔。

步骤 6　在“截面”滑出面板中单击“插入”按钮，接着按【Ctrl+D】快捷键以标准方向视角来显示模型，在模型中使用鼠标指针选择插入新截面的第 3 点，如图 4-116 所示。

步骤 7　在“截面”滑出面板中单击“草绘”按钮，进入草绘模式，绘制如图 4-117 所示的截面，单击“完成”按钮✔。

步骤 8　在“截面”滑出面板中单击“插入”按钮，接着按【Ctrl+D】快捷键以标准方向视角来显示模型，在模型中使用鼠标指针单击轨迹曲线的终点。

步骤 9　在“截面”滑出面板中单击“草绘”按钮，进入草绘模式，绘制结束截面（终止截面)，如图 4-118 所示，然后单击“完成”按钮✔。

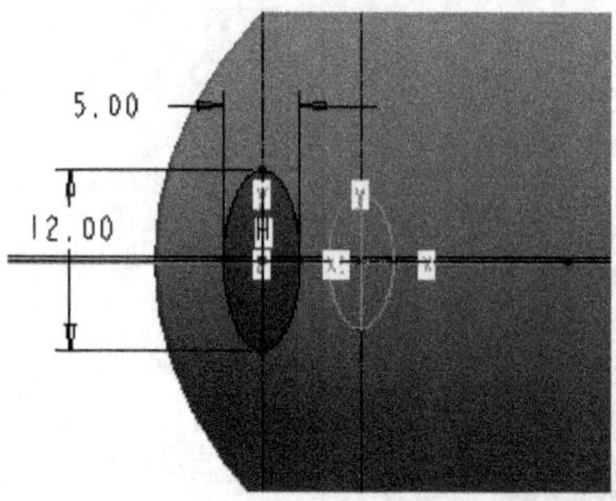

图 4-115　绘制截面 2

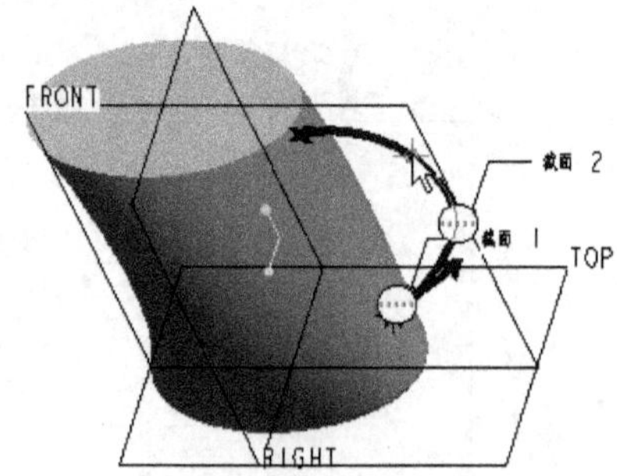

图 4-116　选择插入新截面的第 3 点

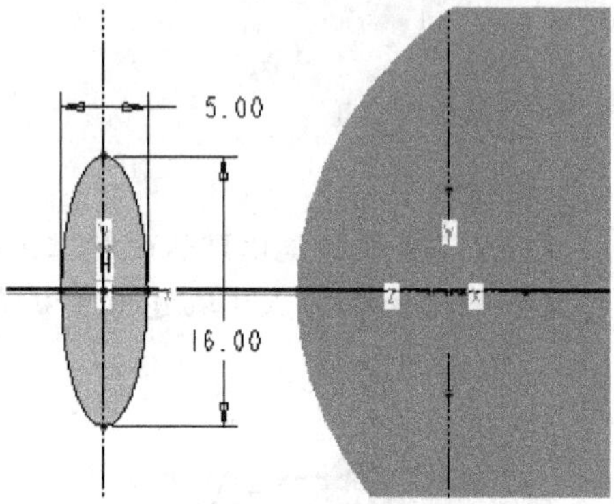

图 4-117　绘制剖面 3

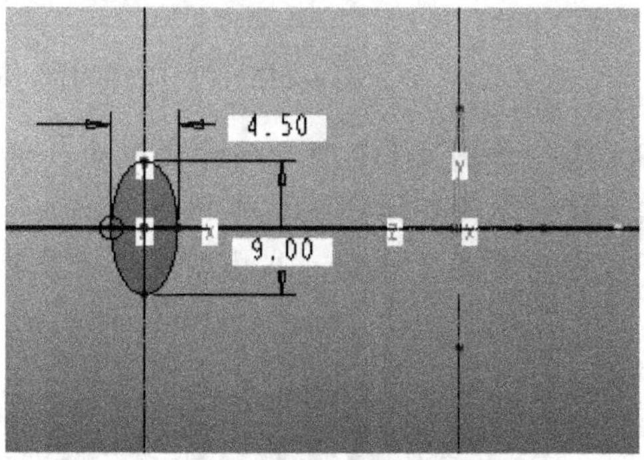

图 4-118　绘制终止剖面

步骤 10　在边界混合操控板中打开“相切”滑出面板，分别将开始截面和终止截面的条件设置为“垂直”选项，如图 4-119 所示。

步骤 11　在边界混合操控板中单击“应用并保存”按钮☑，创建的边界混合实体特征构成了水杯的手柄，效果如图 4-120 所示。

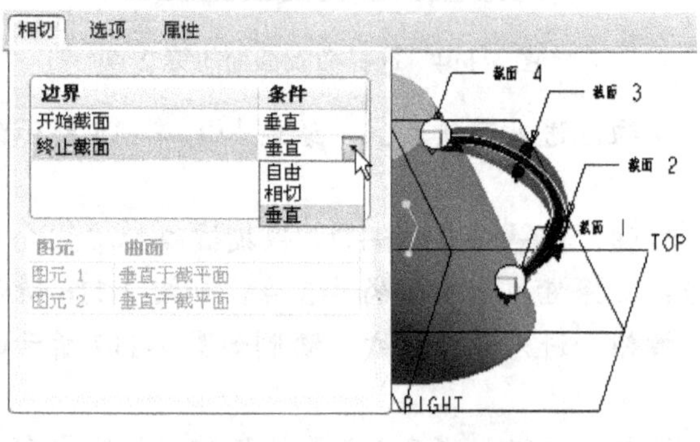

图 4-119　设置开始截面和终止截面的相切条件

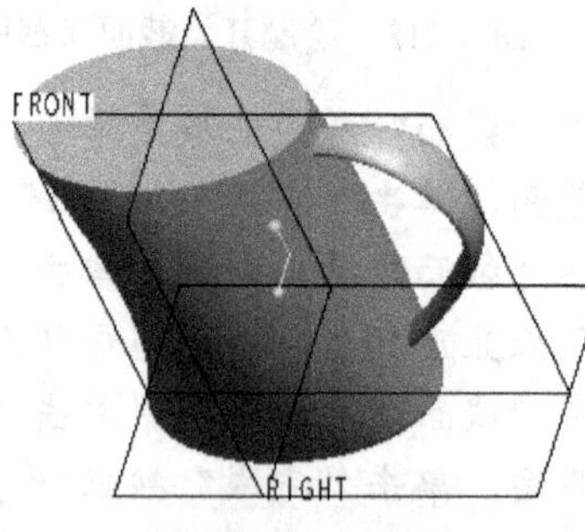

图 4-120　完成手柄效果

（6）创建倒圆角特征

步骤 1　在“工程特征”工具栏中单击“倒圆角”按钮，打开倒圆角操控板。

步骤 2　在倒圆角操控板中设置当前倒圆角集的圆角半径为 2。

步骤 3　按住【Ctrl】键的同时依次选择如图 4-121 所示的边。

步骤 4　在倒圆角操控板中单击“应用并保存”按钮，完成该倒圆角操作。

（7）创建壳特征

步骤 1　在“工程特征”工具栏中单击“壳”按钮，打开壳操控板。

步骤 2　在壳操控板中设置壳的厚度值为 2.1。

步骤 3　选择水杯主体的上端面作为要移除的曲面。

步骤 4　打开“选项”滑出面板，在“排除的曲面”收集器的框内单击以激活“排除的曲面”收集器，然后选择手柄处的任意一处曲面，并按住【Ctrl】键的同时分别选择手柄处的其他曲面，如图 4-122 所示。

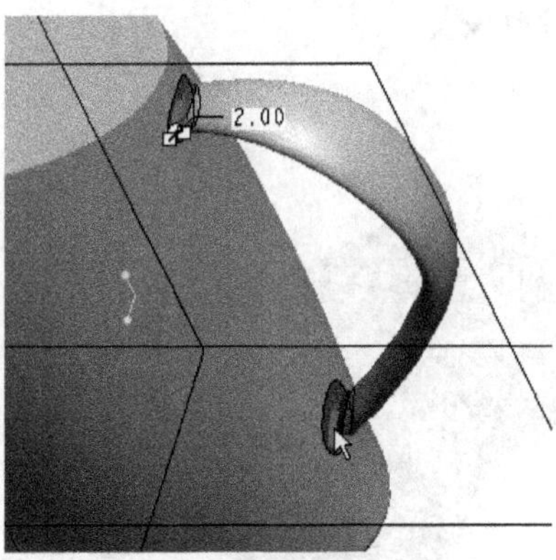

图 4-121　选择要倒圆角的边

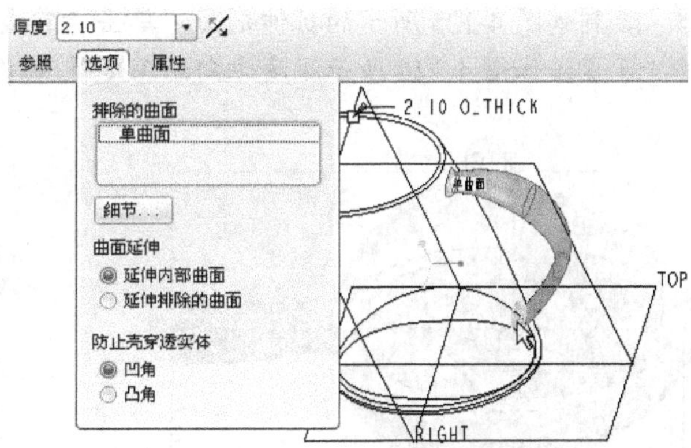

图 4-122　指定排除的曲面

步骤 5　在壳操控板中单击“应用并保存”按钮，完成的抽壳效果如图 4-123 所示。

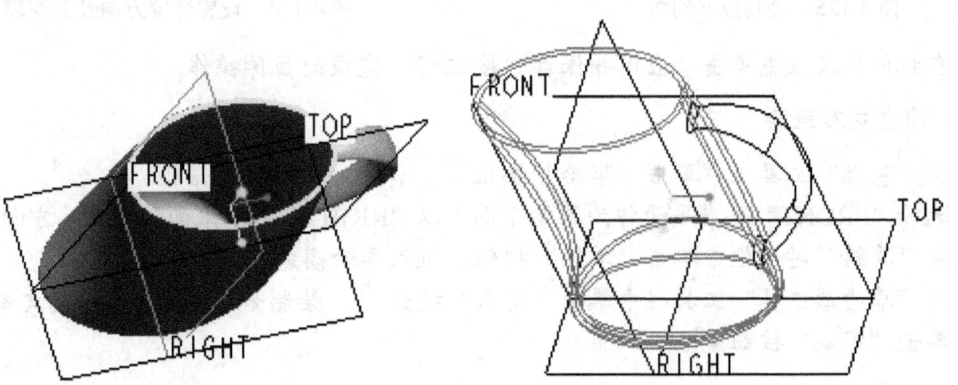

图 4-123　抽壳效果

（8）以拉伸的方式创建水杯底座

步骤 1 在“基础特征”工具栏中单击“拉伸”按钮，打开拉伸操控板，保持默认的创建实体状态。

步骤 2 在拉伸操控板中单击“加厚草绘”按钮，输入加厚的厚度值 2，如图 4-124 所示。

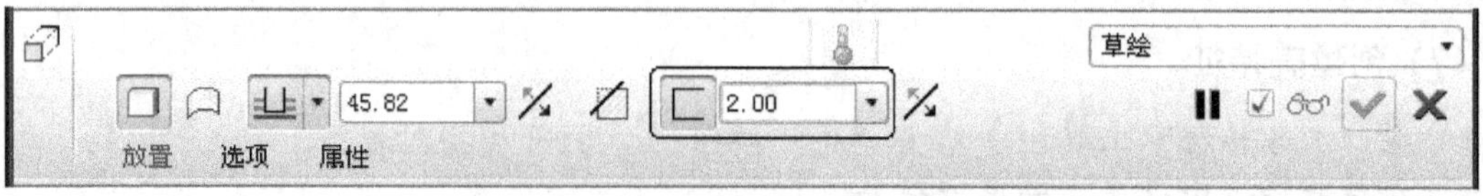

图 4-124 设置拉伸中的加厚草绘参数

步骤 3 在拉伸操控板中打开“放置”滑出面板，单击其上的“定义”按钮，弹出“草绘”对话框。选择“TOP”基准平面作为草绘平面，以“RIGHT”基准平面为“右”方向参照，单击“反向”按钮，接着单击“草绘”按钮，进入草绘模式。

步骤 4 绘制如图 4-125 所示的拉伸剖面，单击“完成”按钮✔。

步骤 5 设置沿如图 4-126 所示深度方向的深度值为 1。

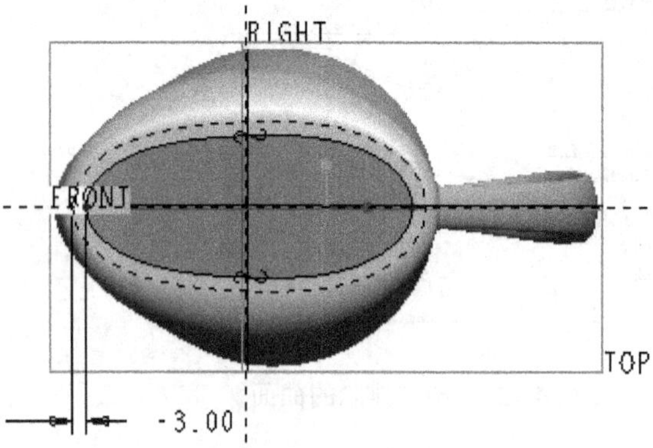

图 4-125 绘制拉伸剖面

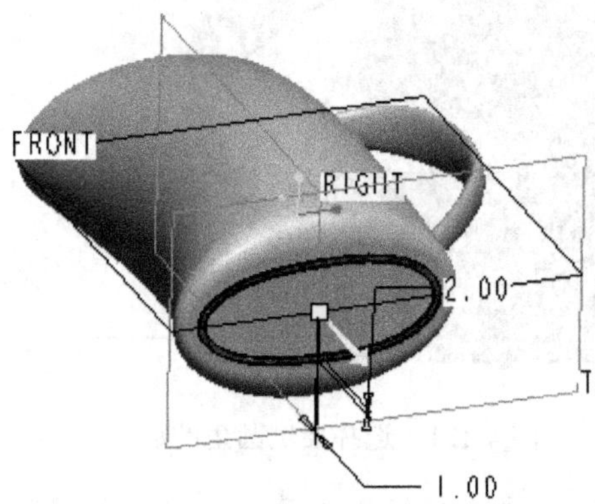

图 4-126 设置深度方向及其深度值

步骤 6 在拉伸操控板中单击“应用并保存”按钮，完成此拉伸操作。

（9）建立文本草绘

步骤 1 在“基准”工具栏中单击“草绘”按钮，弹出“草绘”对话框。

步骤 2 选择“FRONT”基准平面作为草绘平面，以“RIGHT”基准平面为“右”方向参照，在“草绘”对话框中单击“草绘”按钮，进入草绘模式。

步骤 3 在“草绘器工具”工具栏中单击“文本”按钮，绘制如图 4-127 所示的文本。

步骤 4 单击“完成”按钮✔。

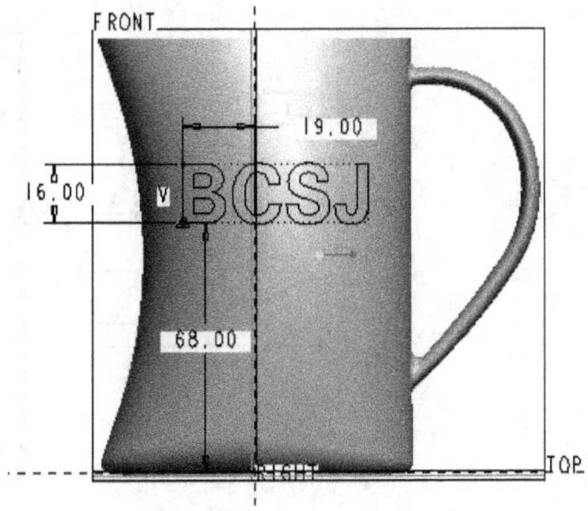

图 4-127　草绘文本

（10）创建偏移特征

步骤 1　按【Ctrl+D】快捷键以标准方向视角来显示模型，接着在图形窗口中选择如图 4-128 所示的曲面几何。

> **小技巧**　为了容易选择所需的曲面几何，可以临时将选择过滤器的选项设置为“几何”，接着将鼠标指针置于要选择的曲面几何处单击，即可快速选择到该目标曲面几何。

步骤 2　在菜单栏中选择“编辑|偏移”命令，打开曲面偏移操控板，从曲面偏移操控板的偏移类型下拉列表框中选择“具有拔模特征”选项。

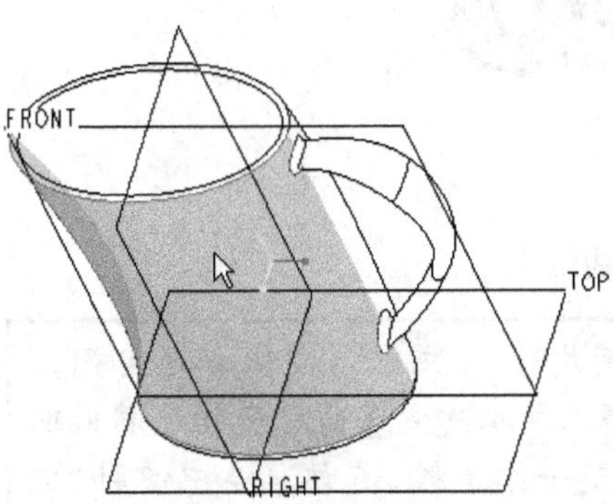

图 4-128　选择曲面几何

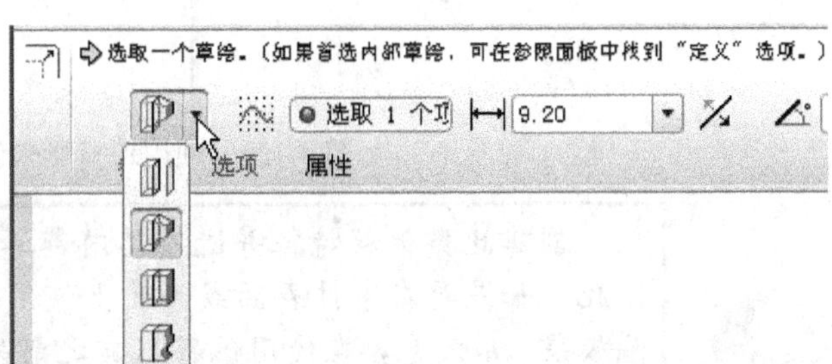

图 4-129　选择偏移类型

步骤 3　在操控板中打开“参照”滑出面板，如图 4-130 所示，单击“定义”按钮，弹出“草绘”对话框。

步骤 4　在“基准”工具栏中单击“基准平面”按钮，弹出“基准平面”对话框，选择“FRONT”基准平面为偏移参照，输入偏移距离为 50，如图 4-131 所示，然后单击“确定”按钮，创建默认名为“DTM1”的新基准平面。

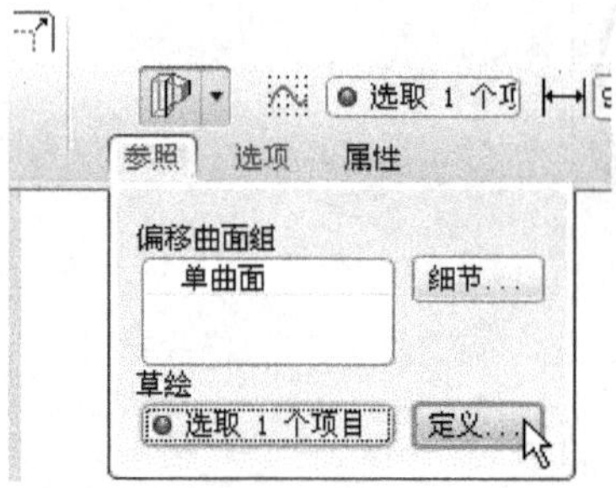

图 4-130 “参照”滑出面板

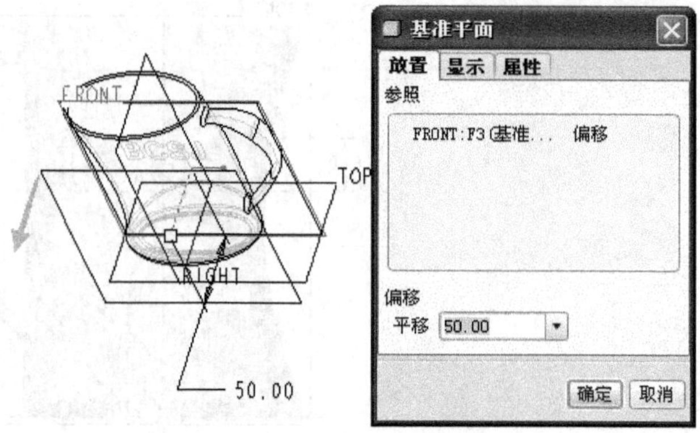

图 4-131 新建基准平面

步骤 5 系统自动将新创建的 DTM1 基准平面作为草绘平面，以“RIGHT”基准平面为“右”方向参照，单击“草绘”对话框中的“草绘”按钮，进入内部草绘模式。

步骤 6 在“模型显示”工具栏中单击“隐藏线”按钮以启用该显示模式，使隐藏线以约定的颜色显示。在“草绘器工具”工具栏中单击“使用边—投影”按钮，接着在弹出的“类型”对话框中选择“环”单选按钮，然后在图形窗口中分别单击文本线条环来创建曲线，如图 4-132 所示。创建好所需的文本曲线后，单击“完成”按钮。

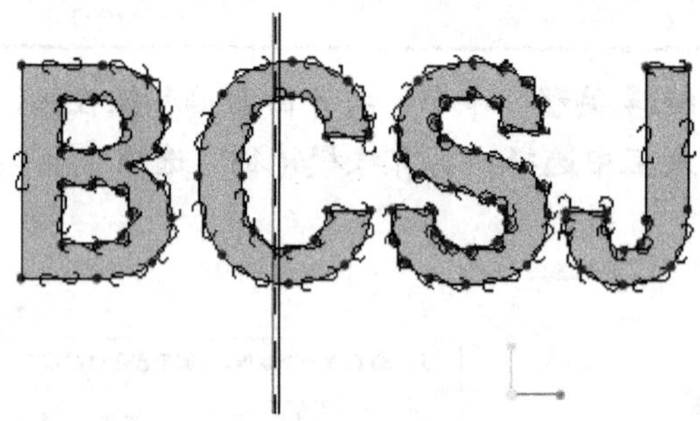

图 4-132 使用边投影来创建曲线

> **提示** 创建此类偏移特征并进入其内部草绘模式时，“文本”按钮不可用，因此，如果要在零件表面或曲面上使用偏移工具构建文字商标类的浮雕或凹陷效果，那么需要在使用偏移工具之前先创建一个草绘，在该草绘中使用“文本”按钮创建所需的文本，之后在创建偏移特征的过程中便可以通过先前创建的文本草绘生成所需的曲线，来作为偏移特征的草绘。

步骤 7 在“模型显示”工具栏中单击“着色”按钮，使模型以着色形式显示，按【Ctrl+D】快捷键快速自动调整视角。

步骤 8 在操控板中设置偏移距离为 0.3，拔模角度为 2，接着打开“选项”滑出面板，默认选择“垂直于曲面”选项，这里在“侧曲面垂直于”选项组中选择“曲面”单选按钮，在“侧面轮廓”选项组中选择“相切”单选按钮，如图 4-133 所示。

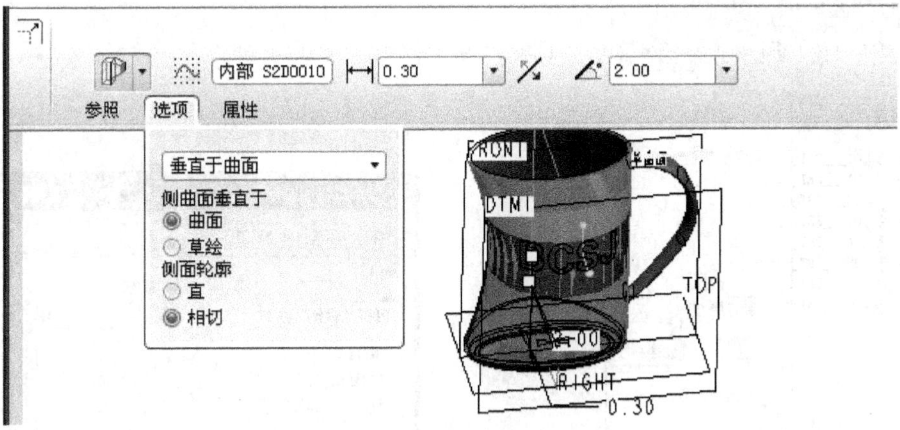

图 4-133　设置偏移选项及参数

步骤 9　在操控板中单击“应用并保存”按钮，完成创建的偏移特征如图 4-134 所示。

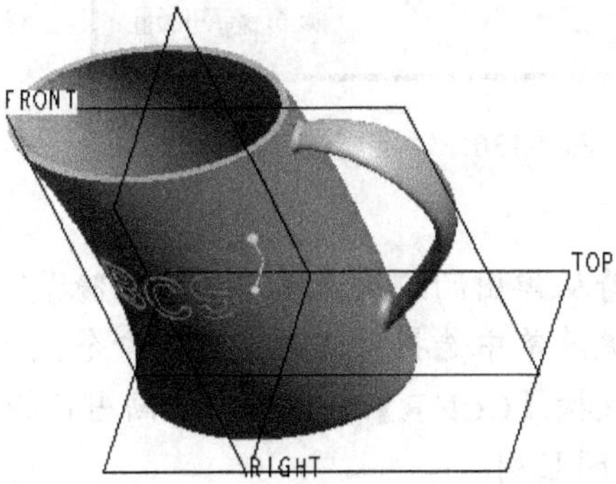

图 4-134　创建偏移特征

（11）**新建层来管理曲线和文本剖面（可用来隐藏曲线和文本剖面）**

步骤 1　在位于上工具箱的“视图”工具栏中单击“层”按钮，打开层树。

步骤 2　在层树的上方工具栏中单击“层”按钮，接着从打开的如图 4-135 所示的下拉菜单中选择“新建层”命令，弹出“层属性”对话框。

步骤 3　在“层属性”对话框中输入层的名字为“CURVE__AND_TEXT”，然后在模型中分别选择先前创建的曲线和文本，此时“层属性”对话框如图 4-136 所示。

> **小技巧**　在模型中直接选择先前创建的曲线和文本，需要将视角调整到适当的方位。其实可以巧用鼠标右键来进行切换对象和选择对象，方法是将鼠标指针放置在要选择的特征位置处，系统会自动查询到该位置处最近的特征，每次单击鼠标右键，可以查询到该位置处的另一特征/几何，当查询到需要的特征/几何时，单击鼠标左键即可完成选择操作，也可以在模型树上进行选择。

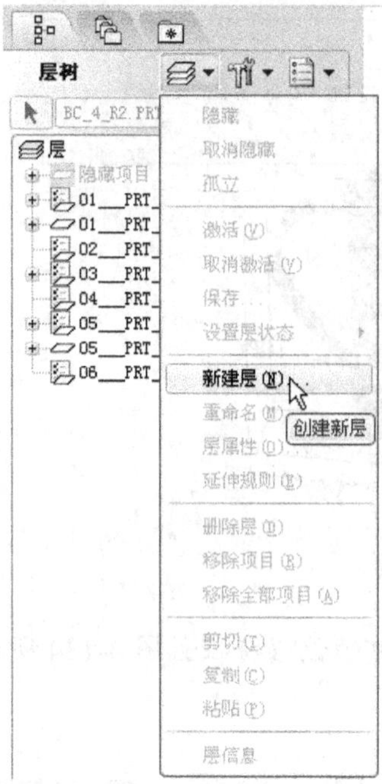

图 4-135　选择“新建层”命令

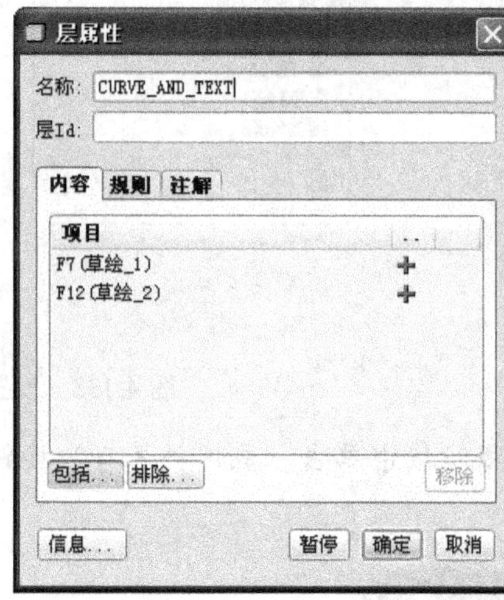

图 4-136　“层属性”对话框

步骤 4　在“层属性”对话框中单击“确定”按钮。

步骤 5　在层树中右击“CURVE__AND_TEXT”，接着从弹出的快捷菜单中选择“隐藏”命令。在层树其他空白区域右击，并从弹出快捷菜单中选择“保存状态”命令。

步骤 6　在“视图”工具栏中单击“重画”按钮，或按【Ctrl+R】快捷键，重画当前视图。

步骤 7　在“视图”工具栏中单击“层”按钮，关闭层树。

步骤 8　至此，完成本设计任务，按【Ctrl+S】快捷键将文件保存起来。

任务三　设计密封件

本任务将设计如图 4-137 所示的密封件。本任务重点学习的建模知识包括综合应用旋转工具、拉伸工具、镜像工具、倒圆角工具等来构建特征；掌握如何创建扫描特征，以及通过平移复制的方法来创建重复性特征。案例最终效果请参考本书配套素材“CH4\bc_4_r3_finish.prt”文件。

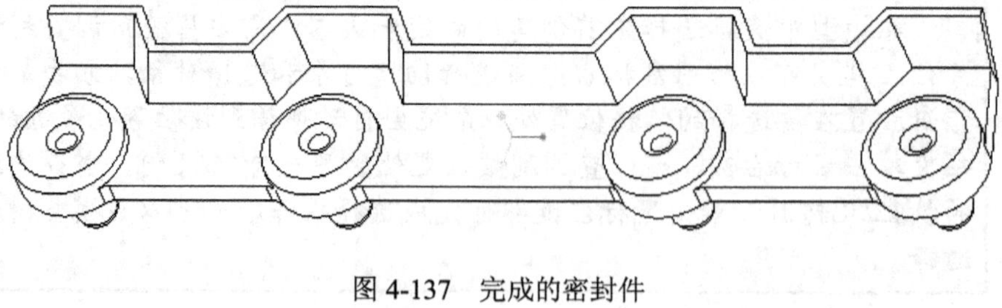

图 4-137　完成的密封件

任务分析

根据最终要完成的密封件的外形及结构特点，初步拟定如下的制作思路：先使用拉伸工具、旋转工具创建其中一半的模型基本形体，并应用平移复制的方式巧妙地在该基本形体中的指定距离处获得所需的重复性特征，接着使用镜像工具生成模型的整个基本形体，然后创建扫描特征和倒圆角特征等，从而完成密封件的其他细节设计。

任务实施

（1）新建实体零件文件

新建一个“类型”为“零件”，“子类型”为“实体”，“名称”为“bc_4_r3”，模板为“mmns_part_solid”公制模板的实体零件文件。

（2）以拉伸的方式创建其中一半的基本体

步骤 1　在“基础特征”工具栏中单击“拉伸”按钮，打开拉伸操控板，保持默认的创建实体状态。

步骤 2　在拉伸操控板中打开“放置”滑出面板，单击“定义”按钮，弹出“草绘”对话框。选择“TOP”基准平面作为草绘平面，以“RIGHT”基准平面为“右”方向参照，单击“草绘”按钮，进入草绘模式。

步骤 3　绘制如图 4-138 所示的拉伸剖面，单击“完成”按钮✔。

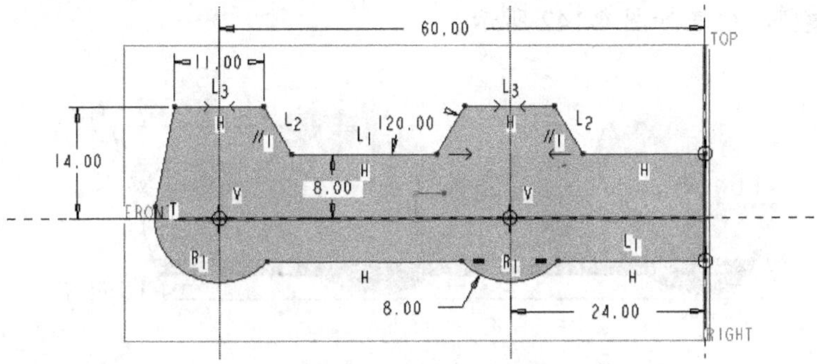

图 4-138　绘制拉伸剖面

步骤 4　在拉伸操控板中输入侧 1 的拉伸深度（长度）为 3。

步骤 5　单击“应用并保存”按钮，完成创建密封件的一半基本体，如图 4-139 所示。

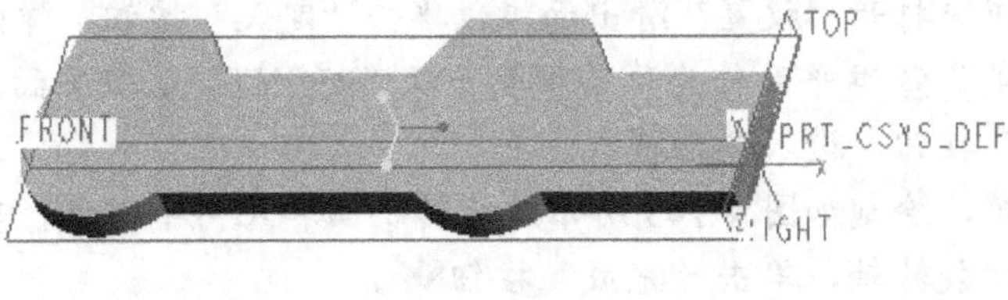

图 4-139　一半的基本体

（3）以拉伸的方式创建两个圆柱体凸台

步骤 1 在“基础特征”工具栏中单击“拉伸”按钮，打开拉伸操控板，保持默认的创建实体状态。

步骤 2 在拉伸操控板中打开“放置”滑出面板，单击“定义”按钮，弹出“草绘”对话框。选择如图 4-140 所示的基本体上表面作为草绘平面，以“RIGHT”基准平面为“右”方向参照，单击“草绘”按钮，进入草绘模式。

步骤 3 在“草绘器工具”工具栏中重复单击“同心圆”按钮◎，完成绘制如图 4-141 所示的两个圆，然后单击“完成”按钮✔。

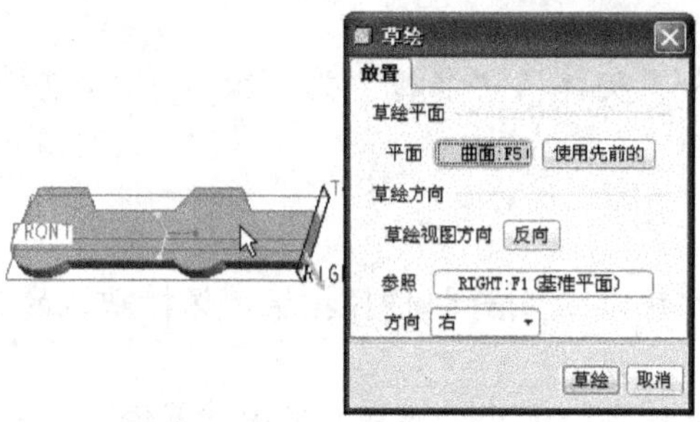

图 4-140 指定草绘平面

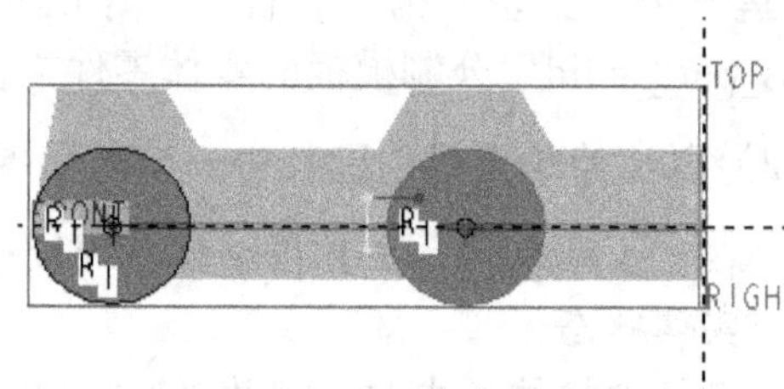

图 4-141 绘制拉伸剖面

步骤 4 在拉伸操控板中输入默认侧的拉伸深度（长度）为 3。

步骤 5 在拉伸操控板中单击“应用并保存”按钮，按【Ctrl+D】快捷键以标准方向视角来显示模型，效果如图 4-142 所示。

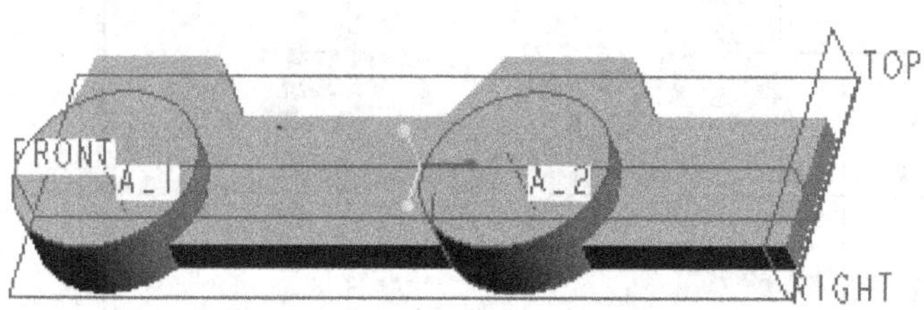

图 4-142 创建两个圆柱形的凸台

（4）以旋转的方式创建第 1 个定位柱

步骤 1 在“基础特征”工具栏中单击“旋转”按钮，打开旋转操控板，保持默认的创建实体状态。

步骤 2 在旋转操控板中打开“放置”滑出面板，单击“定义”按钮，弹出“草绘”对话框。选择“FRONT”基准平面作为草绘平面，以“RIGHT”基准平面为“右”方向参照，单击“草绘”按钮，进入草绘模式。

步骤 3 指定绘图参照，绘制如图 4-143 所示的旋转剖面和几何中心线，其中几何中心线将默认被定义为旋转轴，单击“完成”按钮✔。

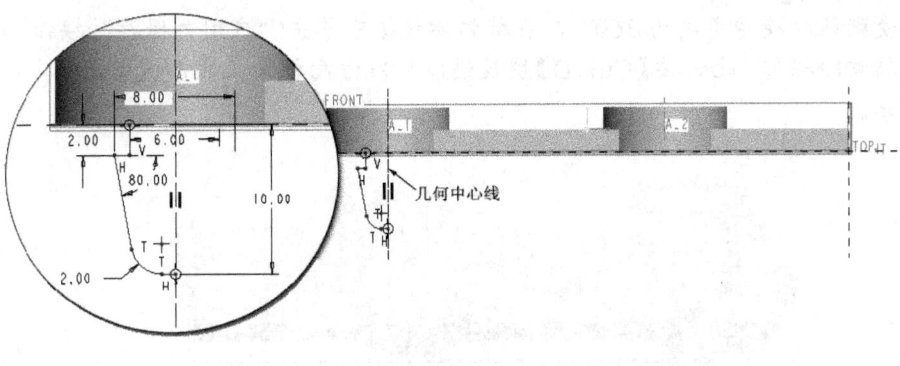

图 4-143　绘制旋转剖面和一条几何中心线

步骤 4　接受默认的旋转角度 360°，单击“应用并保存”按钮，创建的旋转特征如图 4-144 所示。

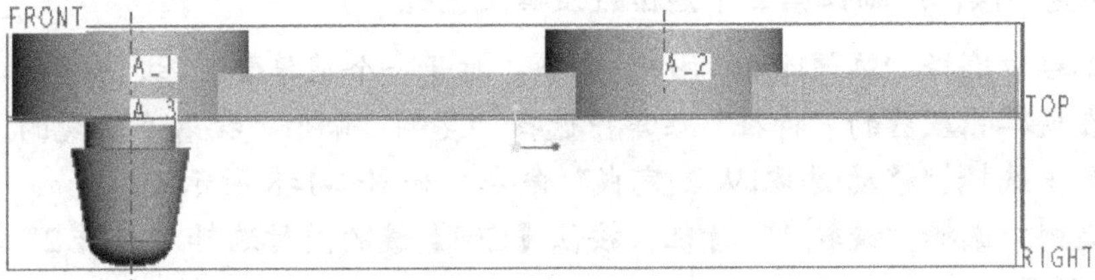

图 4-144　完成第 1 个定位柱结构

（5）以旋转的方式在第 1 个定位柱中切出一个工艺孔（防止注塑成型时缩水）

步骤 1　在“基础特征”工具栏中单击“旋转”按钮，打开旋转操控板，保持默认的创建实体状态，单击“移除材料”按钮。

步骤 2　在旋转操控板中打开“放置”滑出面板，单击“定义”按钮，弹出“草绘”对话框，单击“使用先前的”按钮，进入草绘模式。

步骤 3　在“草绘”菜单中选择“参照”命令，在弹出的“参照”对话框中指定所需的绘图参照。关闭“参照”对话框后，绘制如图 4-145 所示的旋转剖面和几何中心线，单击“完成”按钮✔。

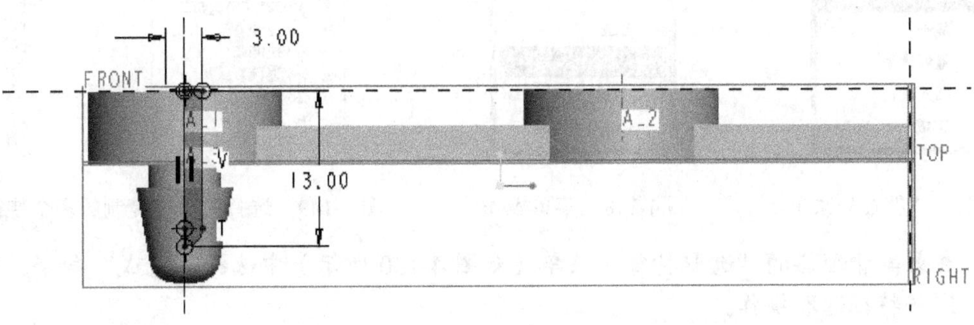

图 4-145　绘制旋转剖面和几何中心线

步骤 4 接受默认的旋转角度为 360°，在旋转操控板中单击“应用并保存”按钮✔，完成旋转切除操作。此时按【Ctrl+D】快捷键以标准方向视角来显示模型，效果如图 4-146 所示。

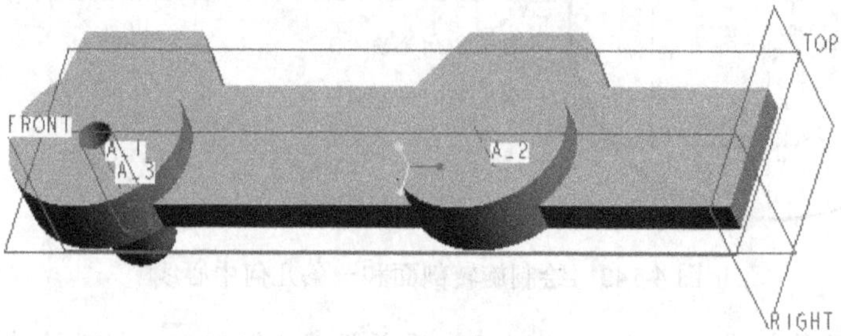

图 4-146　旋转切除的效果

（6）平移复制操作：制作第 2 个定位柱及其工艺孔

步骤 1 在菜单栏中选择“编辑|特征操作”命令，打开一个菜单管理器，如图 4-147 所示。在菜单管理器的“特征”菜单中选择“复制”命令，接着在出现的“复制特征”子菜单中选择“移动|选取|从属|完成”命令，如图 4-148 所示。

步骤 2 在模型树中选择“旋转 1”特征，按住【Ctrl】键的同时选择“旋转 2”特征，如图 4-149 所示。

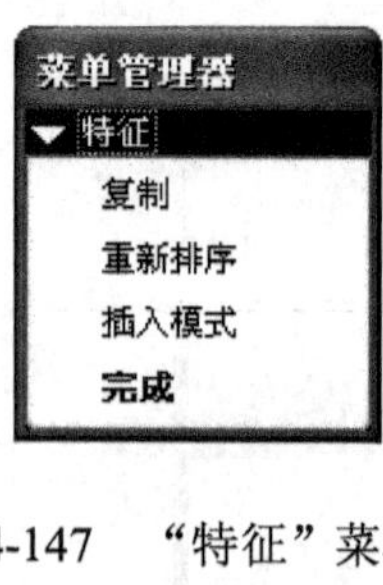

图 4-147　“特征”菜单

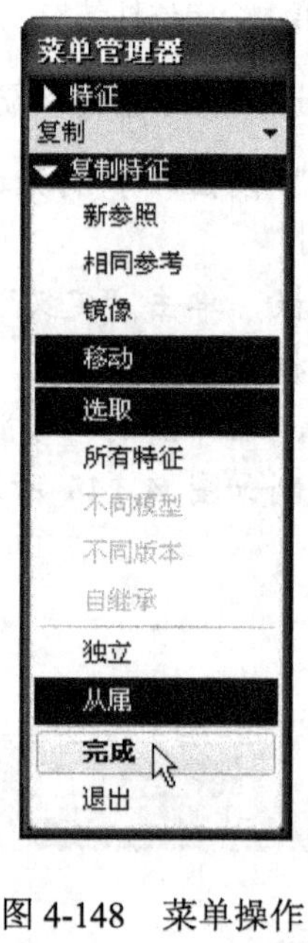

图 4-148　菜单操作

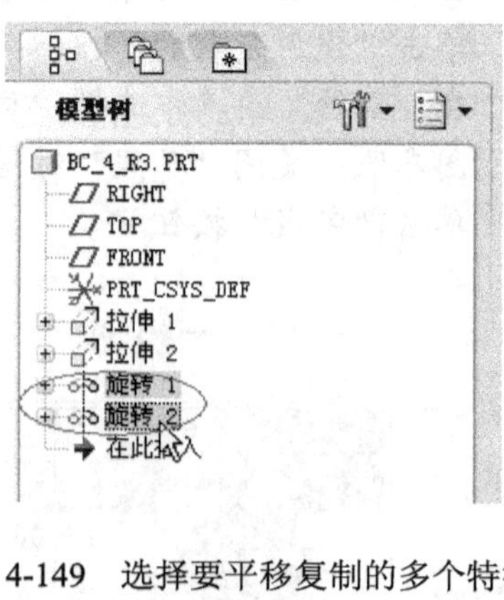

图 4-149　选择要平移复制的多个特征

步骤 3 在菜单管理器的“选取特征”菜单（如图 4-150 所示）中选择“完成”命令，从而完成特征选取操作。

步骤 4 菜单管理器出现“移动特征”菜单，从中选择“平移”命令，此时出现“一般选取方向”子菜单，保持默认选择的“平面”选项，如图 4-151 所示。

图 4-150 “选取特征”菜单

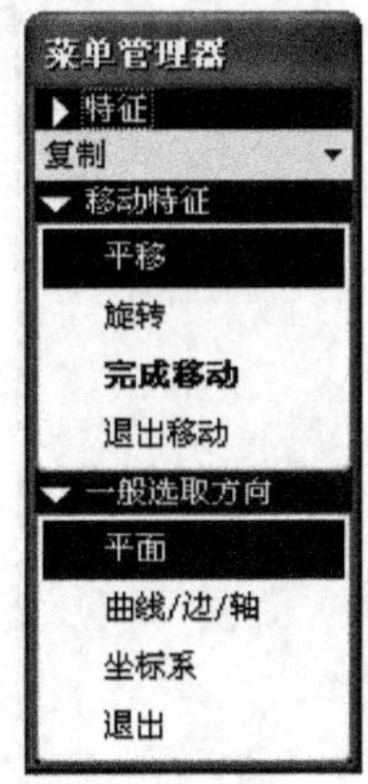

图 4-151 定义移动特征

步骤 5 在图形窗口中选择“RIGHT”基准平面，接着在菜单管理器出现的“方向”子菜单中选择“确定”命令，从而接受如图 4-152 所示的箭头方向为特征移动复制的操作方向。

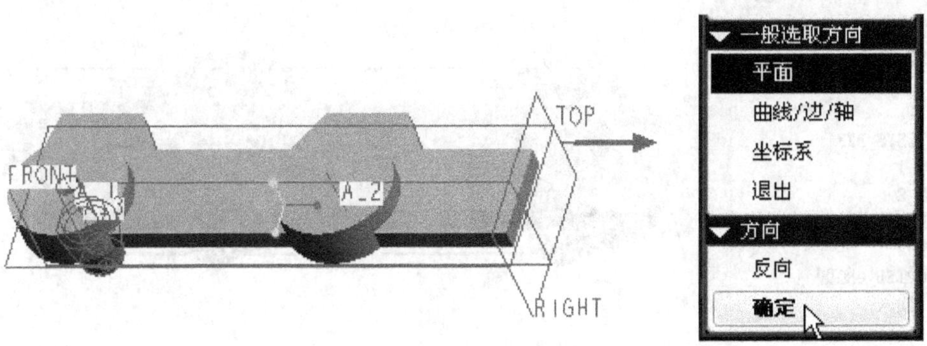

图 4-152 接受箭头方向为移动复制的操作方向

步骤 6 在如图 4-153 所示的文本框中输入平移距离为 36，单击“接受”按钮，或按【Enter】键确认。

图 4-153 输入偏移距离（平移距离）

步骤 7 在如图 4-154 所示的菜单管理器的“移动特征”菜单中选择“完成移动”命令。

步骤 8 在弹出的如图 4-155 所示的“组可变尺寸”菜单中直接选择“完成”命令，接着在如图 4-156 所示的“组元素”对话框中单击“确定”按钮。

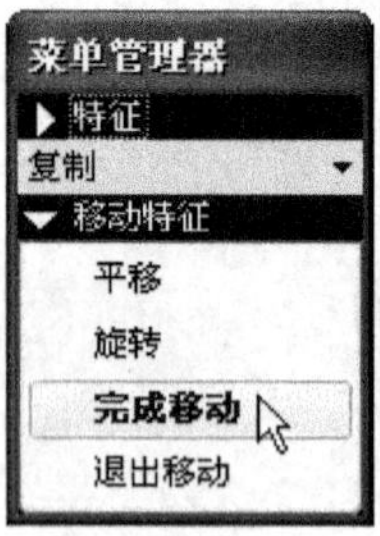

图 4-154　选择“完成移动”

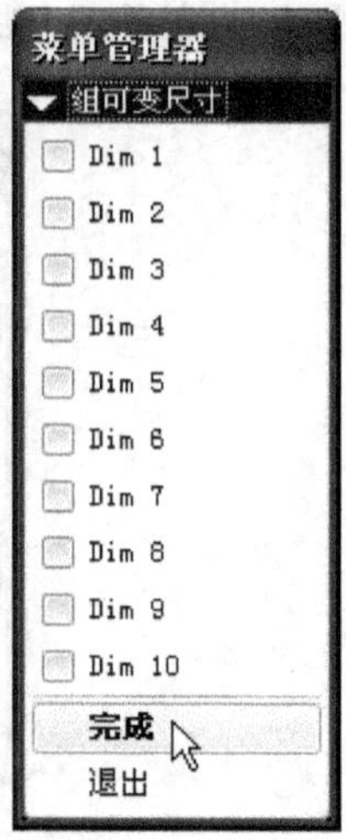

图 4-155　“组可变尺寸”菜单

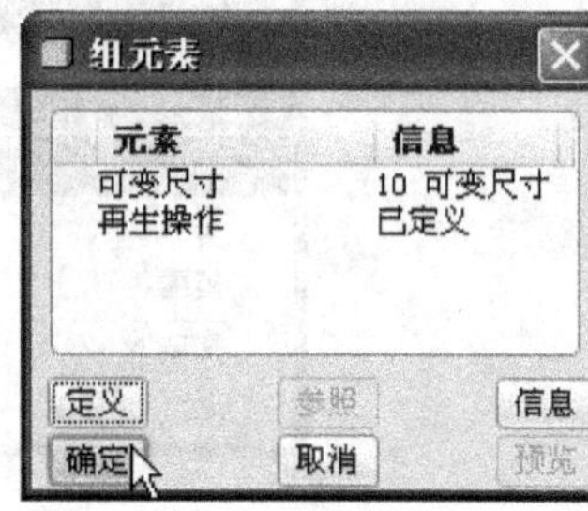

图 4-156　“组元素”对话框

步骤 9　此时，通过平移复制操作生成第 2 个定位柱及其工艺孔，如图 4-157 所示。

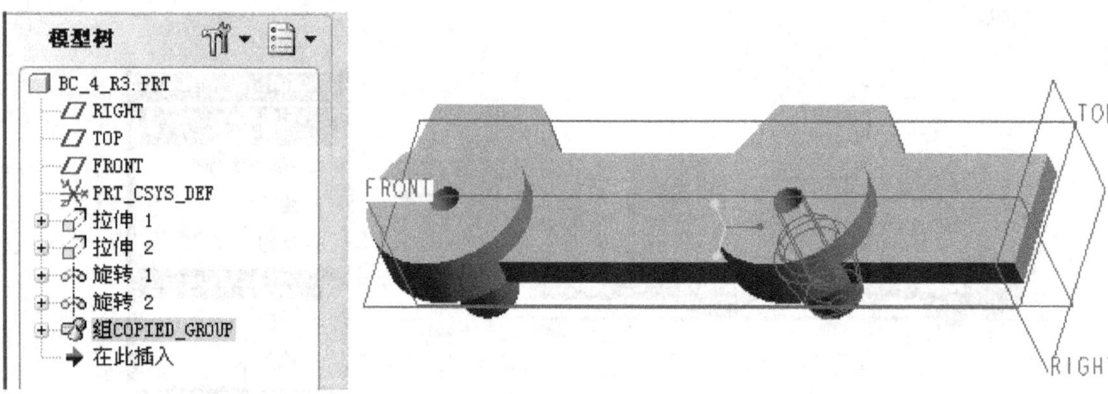

图 4-157　生成第 2 个定位柱及其工艺孔

步骤 10　在菜单管理器的“特征”菜单中选择“完成”命令。

（7）镜像操作

步骤 1　确保上步骤创建的“组 COPIED_GROUP”特征处于被选中的状态，按住【Ctrl】键的同时在模型树中选择之前创建的其他所有实体特征，如图 4-158 所示。

步骤 2　在“编辑特征”工具栏中单击“镜像”按钮，打开镜像操控板。

步骤 3　选择 RIGHT 基准平面作为镜像平面。

步骤 4　在镜像操控板中单击“应用并保存”按钮，得到的镜像效果如图 4-159 所示。

图 4-158　选择要镜像的所有实体特征

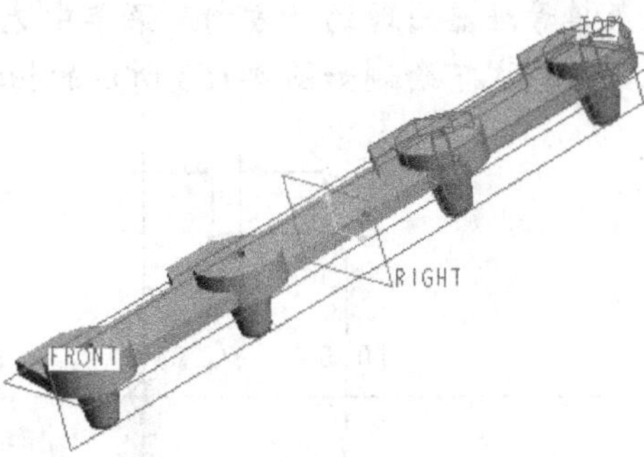

图 4-159　镜像效果

（8）以扫描的方式生成“密封带”结构

步骤 1　在菜单栏中选择“插入|扫描|伸出项”命令，系统弹出如图 4-160 所示的“伸出项：扫描”对话框和一个菜单管理器。

步骤 2　在菜单管理器的“扫描轨迹”菜单中选择“选取轨迹”命令，此时菜单管理器出现“链”菜单，如图 4-161 所示，“依次”和“选取”命令默认时处于被选择的状态。

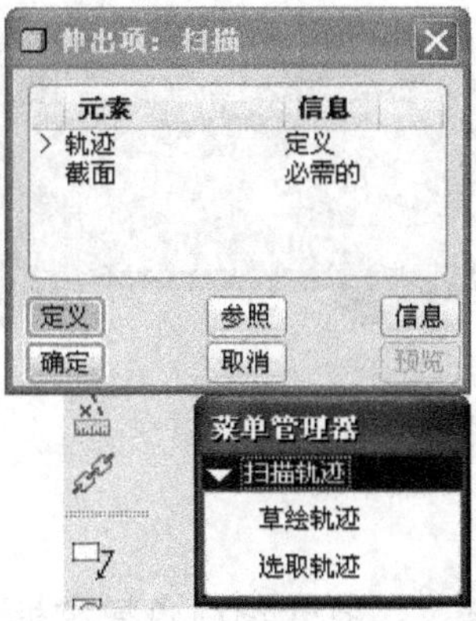

图 4-160　“伸出项：扫描”对话框和菜单管理器

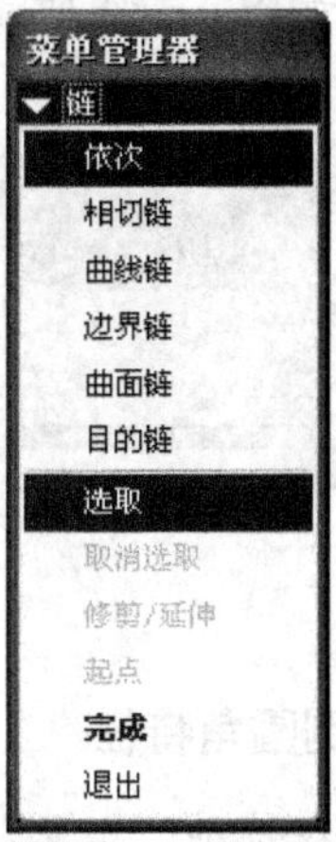

图 4-161　“链”菜单

步骤 3　按住【Ctrl】键的同时从左到右依次选择如图 4-162 所示的边链，接着在菜单管理器的“链”菜单中选择“完成”命令，并在出现的“选取”菜单中选择“接受”命令。

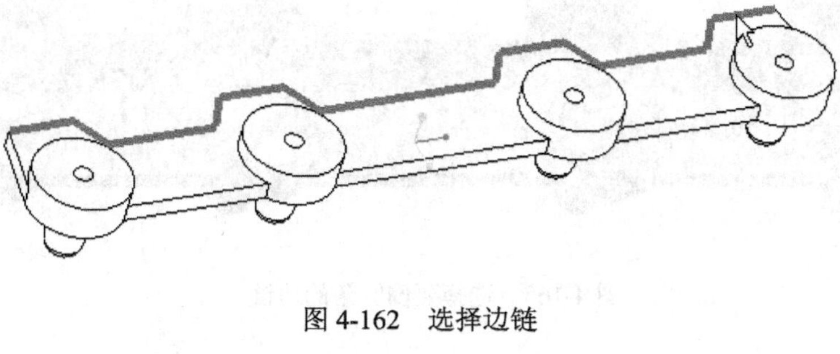

图 4-162　选择边链

步骤 4 在菜单管理器出现的“方向”菜单中选择“确定”按钮。

步骤 5 在草绘模式下绘制如图 4-163 所示的扫描剖面，单击“完成”按钮✔。

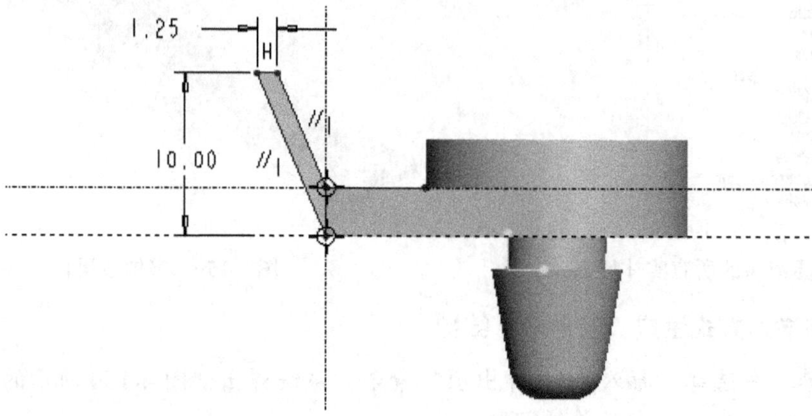

图 4-163　绘制扫描剖面

步骤 6 在“伸出项：扫描”对话框中单击“确定”按钮，从而完成创建此扫描特征，完成的效果如图 4-164 所示。

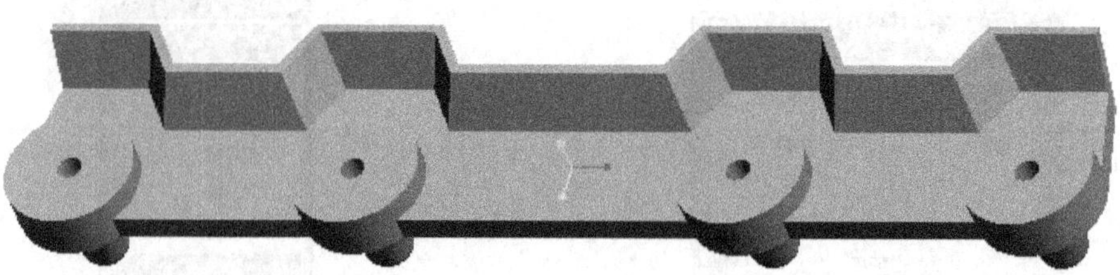

图 4-164　完成扫描特征的效果

（9）创建倒圆角特征

步骤 1 在“工程特征”工具栏中单击“倒圆角”按钮，打开倒圆角操控板。

步骤 2 在倒圆角操控板中输入倒圆角集 1 的圆角半径为 1.5。

步骤 3 选择其中一处要倒圆角的边链，按住【Ctrl】键的同时选择其他 3 处要倒圆角的边链，如图 4-165 所示，所选的这些边链均被收集到倒圆角集 1 中。

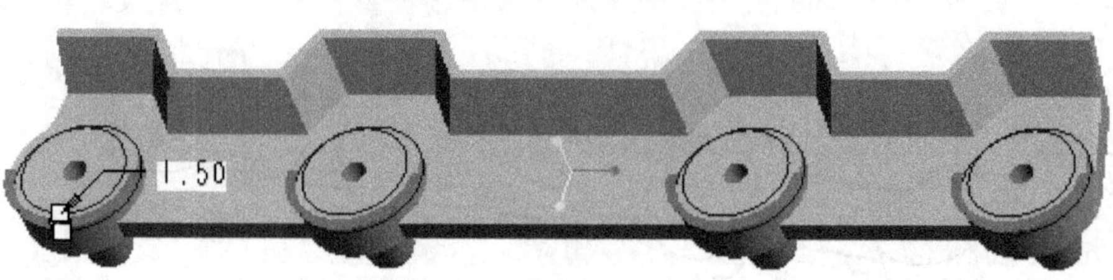

图 4-165　选择要倒圆角的边链

步骤 4 在倒圆角操控板中单击“应用并保存”按钮☑。

（10）继续创建倒圆角特征

步骤 1 在“工程特征”工具栏中单击“倒圆角”按钮，打开倒圆角操控板。

步骤 2 在倒圆角操控板中输入此次操作的倒圆角集 1 的圆角半径为 2。

步骤 3 选择其中一处要倒圆角的边线，按住【Ctrl】键的同时选择其他几处要倒圆角的边线，如图 4-166 所示，所选的这些边链均被收集到当前倒圆角集 1 中。

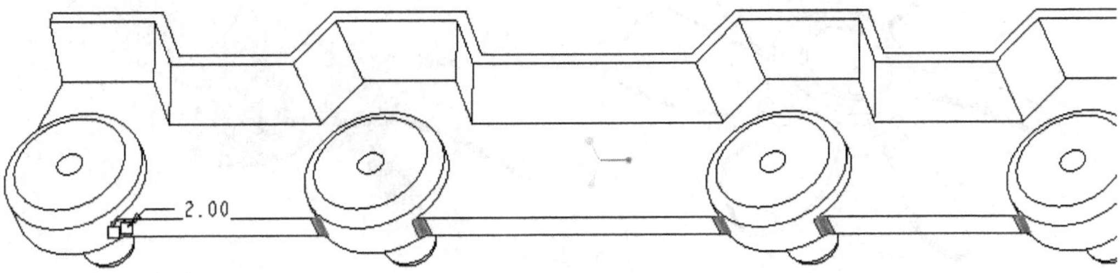

图 4-166 倒圆角（集 1）

步骤 4 选择如图 4-167 所示的边参照 1，接着按住【Ctrl】键的同时分别选择其他 3 处边参照（边 2、边 3 和边 4），并设置倒圆角 2 的半径为 1。

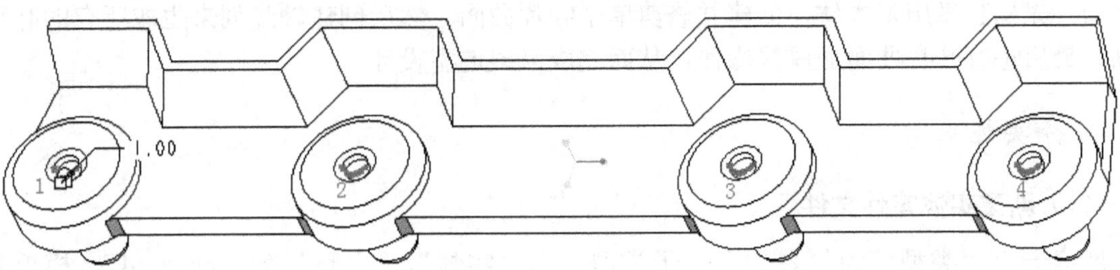

图 4-167 倒圆角（集 2）

步骤 5 在倒圆角操控板中单击“应用并保存”按钮☑。

步骤 6 至此，完成本设计任务，效果如图 4-168 所示。最后按【Ctrl+S】快捷键保存文件。

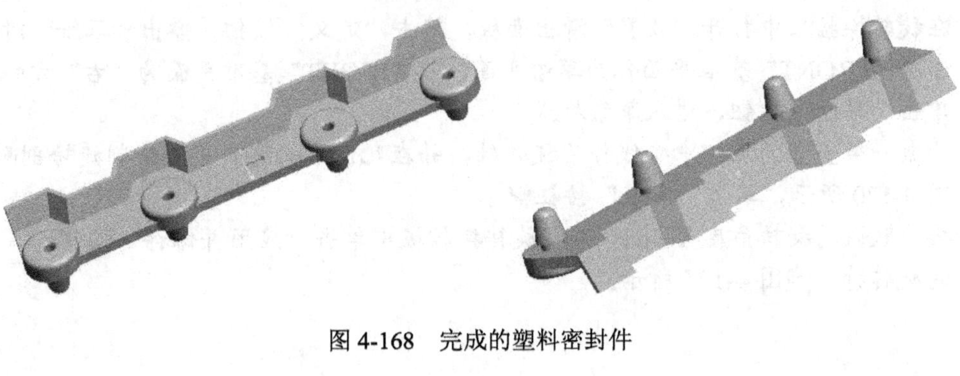

图 4-168 完成的塑料密封件

任务四　设计风扇造型

本任务将设计如图 4-169 所示的风扇造型。本任务重点学习的建模知识包括利用旋转工具、扫描工具、修剪工具、加厚工具等创建或编辑曲面；利用阵列工具复制特征。案例最终效果请参考本书配套素材“CH4\bc_4_r4_finish.prt”文件。

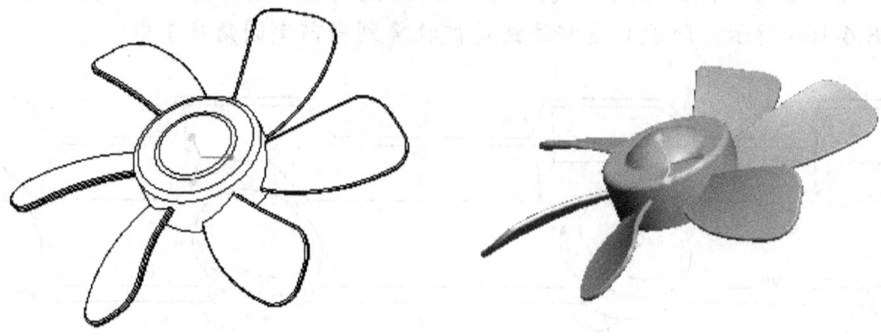

图 4-169　完成的风扇造型

任务分析

风扇的叶片曲面形状及其具有的轴阵列分布规律是本任务制作要考虑的关键所在。制作思路为：先构建风扇基本体，创建并修剪单个叶片曲面，然后创建轴阵列来生成所有的叶片曲面，最后进行叶片曲面加厚等操作，从而完成风扇造型设计。

任务实施

（1）新建实体零件文件

新建一个“类型”为“零件”，“子类型”为“实体”，“名称”为“bc_4_r4”，模板为“mmns_part_solid”公制模板的实体零件文件。

（2）构建风扇基本主体

步骤 1　在“基础特征”工具栏中单击“旋转”按钮，打开旋转操控板，保持默认的创建实体状态。

步骤 2　在旋转操控板中打开“放置”滑出面板，单击“定义”按钮，弹出“草绘”对话框。选择“FRONT”基准平面作为草绘平面，以“RIGHT”基准平面为“右”方向参照，单击“草绘”按钮，进入草绘模式。

步骤 3　绘制一条竖直的几何中心线作为旋转轴，并在几何中心线的一侧绘制旋转剖面，如图 4-170 所示，单击“完成”按钮✔。

步骤 4　接受默认的旋转角度为 360°，在旋转操控板中单击“应用并保存”按钮，完成的旋转特征如图 4-171 所示。

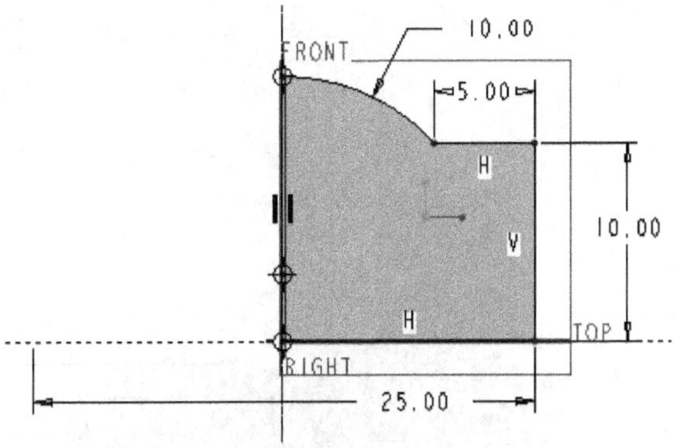

图 4-170 绘制旋转剖面及几何中心线

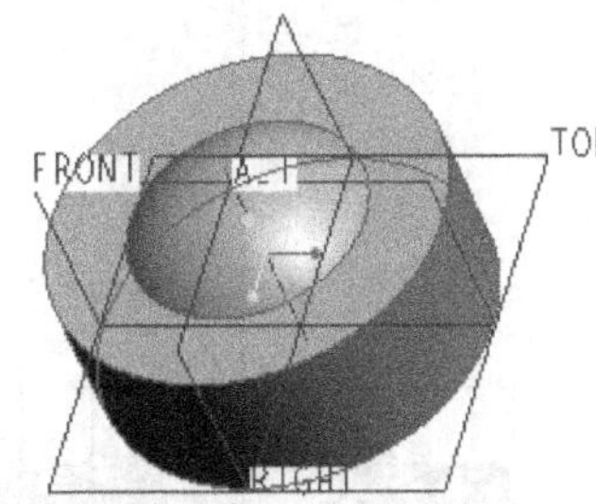

图 4-171 创建旋转特征

（3）以扫描的方式创建单个叶片曲面

步骤 1 在菜单栏中选择“插入|扫描|曲面”命令，打开“曲面：扫描”对话框和一个菜单管理器。

步骤 2 在菜单管理器的“扫描轨迹”菜单中选择“草绘轨迹”命令，接着在图形窗口中选择“TOP”基准平面作为轨迹的草绘平面，并选择“确定|缺省”命令，进入内部草绘模式中。

步骤 3 草绘如图 4-172 所示的扫描轨迹线，单击“完成”按钮✔。

步骤 4 在菜单管理器出现的图 4-173 所示的“属性”菜单中选择“开放端|完成”命令。

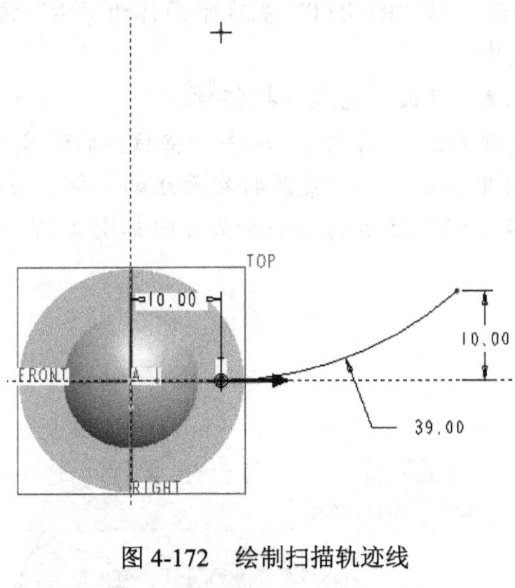

图 4-172 绘制扫描轨迹线

图 4-173 “属性”菜单

步骤 5 绘制如图 4-174 所示的扫描剖面，该剖面由一段圆弧组成，然后单击“完成”按钮✔，完成草绘并退出草绘模式。

步骤 6 在“曲面：扫描”对话框中单击“确定”按钮，从而创建如图 4-175 所示的扫描曲面特征，该曲面特征将作为风扇单个叶片的形状。

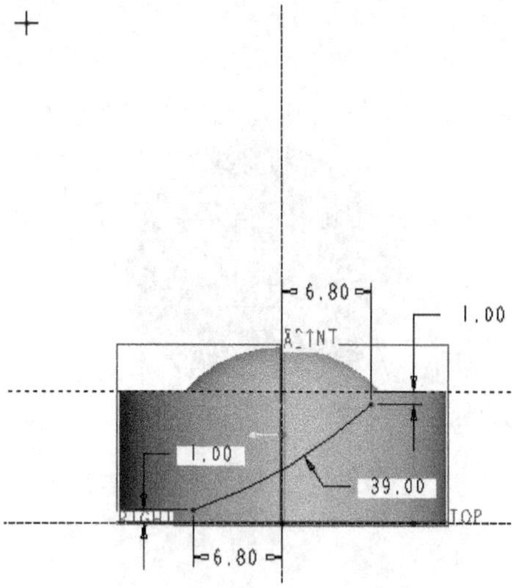

图 4-174　绘制扫描剖面

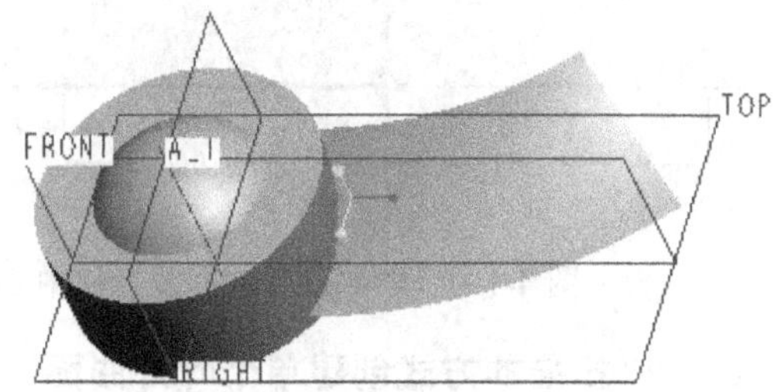

图 4-175　构建单个叶片

（4）修剪出单个叶片外形

步骤 1　在“基础特征”工具栏中单击“拉伸”按钮，打开拉伸操控板。在拉伸操控板中单击“曲面”按钮及“移除材料”按钮，然后在图形窗口中单击第一个叶片作为要被修剪的面组。

步骤 2　在拉伸操控板中打开“放置”滑出面板，单击“定义”按钮，弹出“草绘”对话框。选择“TOP”基准平面作为草绘平面，以“RIGHT”基准平面作为“右”方向参照，单击“草绘”按钮，进入草绘模式中。

步骤 3　绘制如图 4-176 所示的拉伸剖面曲线，单击“完成”按钮。

步骤 4　在拉伸操控板中设置侧 1 的深度选项为（穿透），单击“将拉伸的深度方向更改为草绘的另一侧”按钮，并两次单击右侧的“更改将在面组的一侧、另一侧或两侧间移除的侧面”，使图形窗口中模型显示的两个箭头方向如图 4-177 所示。

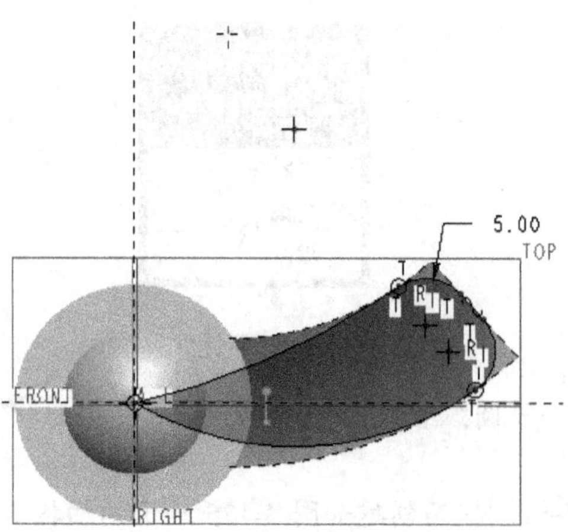

图 4-176　绘制拉伸剖面

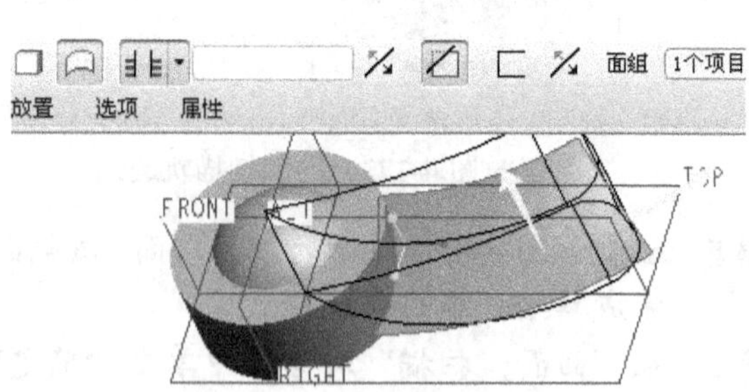

图 4-177　设置两个箭头方向

步骤 5 在拉伸操控板中单击“应用并保存”按钮☑，修剪好的单个叶片如图 4-178 所示。

（5）使用阵列工具创建其他叶片

步骤 1 在模型树中选择刚创建的拉伸切口特征（即“拉伸 1”特征），按住【Ctrl】键的同时选择扫描曲面特征，接着右击并从弹出的快捷菜单中选择“组”命令，如图 4-179 所示，从而创建一个局部组。

> **提示** 由于“阵列”工具不能直接用于阵列两个特征，而只能阵列单个对象，因此，需要先将要阵列的两个特征组合成一个组对象，即为两个特征创建一个局部组，然后对局部组执行阵列操作。

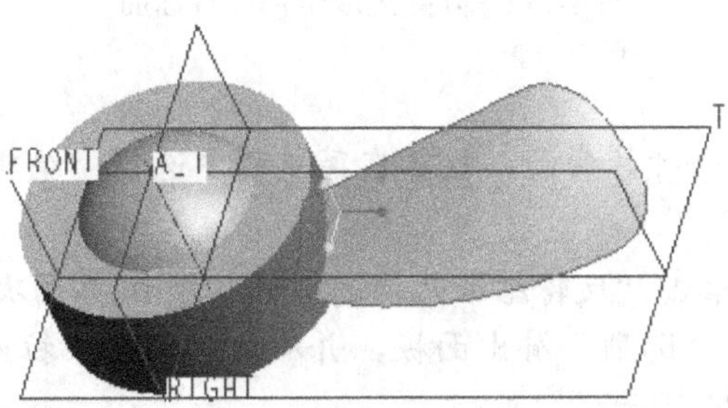

图 4-178 修剪好的单个叶片

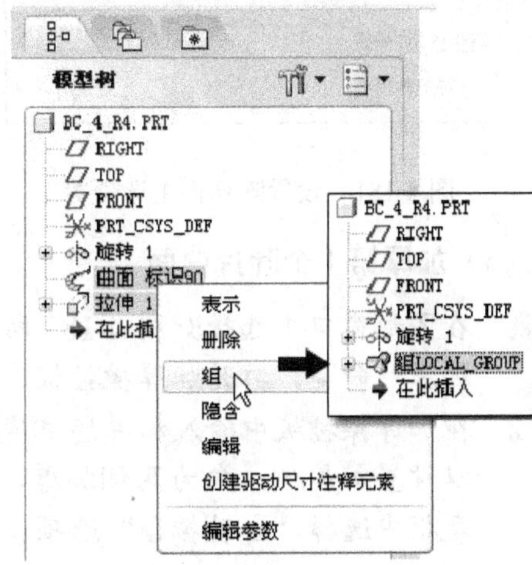

图 4-179 创建局部组

步骤 2 在“编辑特征”工具栏中单击“阵列”按钮▦，打开阵列操控板。

步骤 3 在阵列操控板的阵列类型下拉列表框中选择“轴”选项，接着在图形窗口中选择模型旋转特征的特征轴 A_1。在阵列操控板中单击“设置阵列的角度范围”按钮△，并设置该阵列的角度范围为 360°，输入第一方向的阵列成员数 6，如图 4-180 所示。

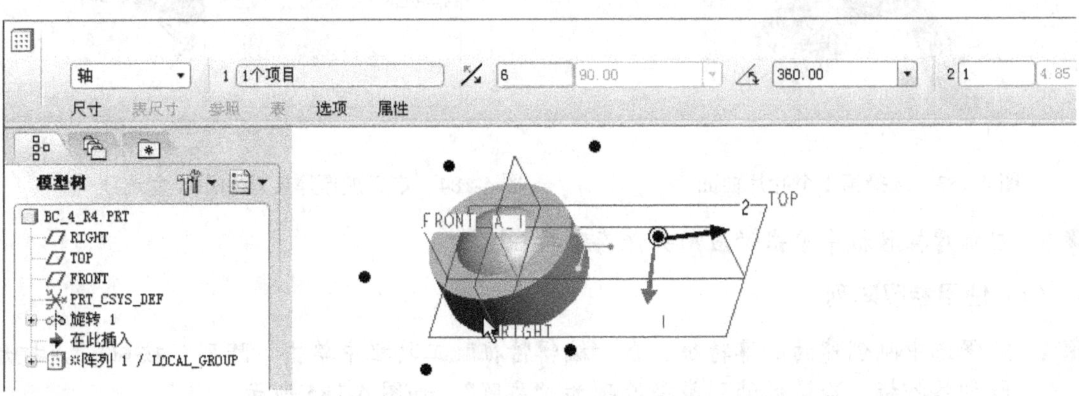

图 4-180 设置轴阵列参数和选项

步骤 4 在阵列操控板中打开“选项”滑出面板，从中可设置阵列再生选项，以及设置跟随轴旋转。在本例中接受“选项”滑出面板中如图 4-181 所示的默认设置。

步骤 5 在阵列操控板中单击“应用并保存”按钮☑，创建好此阵列后的模型效果如图 4-182 所示。

图 4-181 设置阵列再生选项等

图 4-182 阵列生成全部叶片曲面

（6）加厚第 1 个叶片曲面

步骤 1 在图形窗口中选择如图 4-183 所示的第 1 个叶片曲面，接着在菜单栏中选择“编辑|加厚”命令，打开加厚操控板。

步骤 2 在加厚操控板中输入加厚的厚度值为 1，单击“反转结果几何的方向”按钮两次以设置加厚侧方向为两侧加厚，接着打开“选项”滑出面板，并从加厚类型下拉列表框中选择“自动拟合”选项，如图 4-184 所示。

图 4-183 选择第 1 个叶片曲面

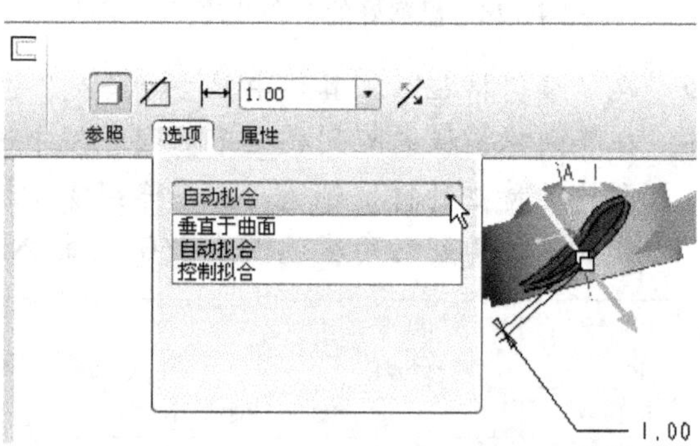

图 4-184 定义加厚厚度及加厚类型选项

步骤 3 在加厚操控板中单击“应用并保存”按钮☑。

（7）使用参照阵列

步骤 1 确保选中刚创建的加厚特征，在“编辑特征”工具栏中单击“阵列”按钮，打开阵列操控板，默认的阵列类型选项为“参照”，如图 4-185 所示。

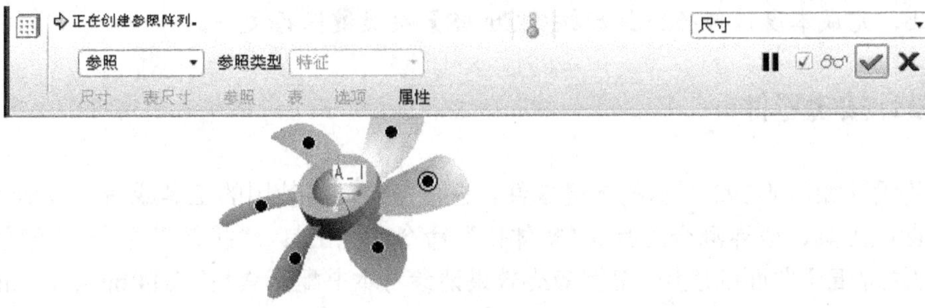

图 4-185　默认的阵列类型为参照

步骤 2　在阵列操控板中单击“应用并保存”按钮，操作结果如图 4-186 所示。

（8）倒圆角操作

步骤 1　在“工程特征”工具栏中单击“倒圆角”按钮，打开倒圆角操控板。
步骤 2　在倒圆角操控板中输入倒圆角集 1 的圆角半径为 1.2。
步骤 3　按住【Ctrl】键的同时分别单击如图 4-187 所示的边链。

图 4-186　创建参照阵列后的效果

图 4-187　选择要倒圆角的边

步骤 4　在倒圆角操控板中单击“应用并保存”按钮，完成此次倒圆角操作得到的模型效果如图 4-188 所示。可以再对叶片的边链进行倒圆角处理，效果如图 4-189 所示。

图 4-188　倒圆角操作的效果

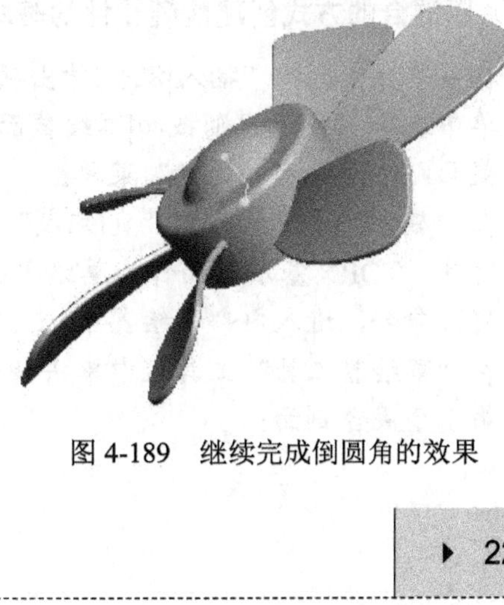

图 4-189　继续完成倒圆角的效果

步骤 5 至此，完成本设计任务，最后按【Ctrl+S】快捷键保存文件。

任务五 设计按键零件

本任务将设计如图 4-190 所示的按键零件。在任务中，将使用的工具或命令包括“混合”命令、草绘曲线工具、边界混合工具、“实体化”命令、壳工具、“投影”命令、“偏移”命令等，重点学习边界混合曲面的应用。案例最终效果请参考本书配套素材“CH4\bc_4_r5_finish.prt”文件。

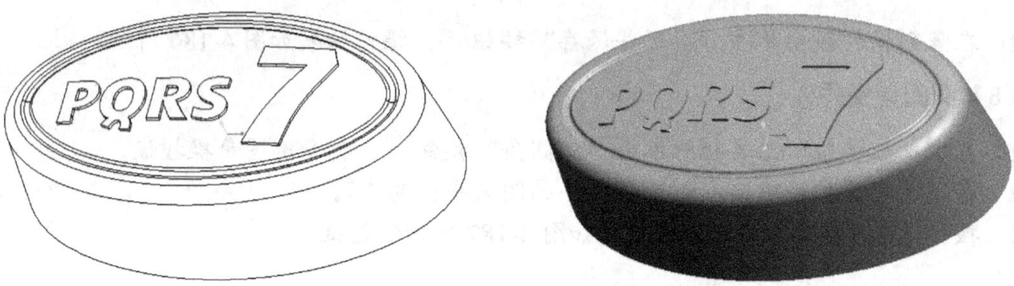

图 4-190 完成的按键零件

任务分析

先以混合方式创建按键基本体，在基本体顶部创建边界混合曲面并进行实体化操作，接着对实体模型进行抽壳处理，然后对按键顶部进行细节设计，顶部细节包括美工槽和凸起的文字浮雕。

任务实施

（1）新建实体零件文件

新建一个“类型”为“零件”，“子类型”为“实体”，“名称”为“bc_4_r5”，模板为“mmns_part_solid”公制模板的实体零件文件。

（2）以混合的方式创建按键零件的基本体

步骤 1 在菜单栏中选择“插入|混合|伸出项”命令，接着在弹出的菜单管理器的“选项”菜单中选择“平行|规则截面|草绘截面|完成”命令，弹出“伸出项：混合，平行，规则截面”对话框和“属性”菜单。

步骤 2 在“属性”菜单中选择“直|完成”命令。

步骤 3 选择“TOP”基准平面作为草绘平面，并在菜单管理器出现的菜单中选择“确定|缺省”命令，进入内部草绘器中。

步骤 4 在“草绘器工具”工具栏中单击“中心和轴椭圆”按钮，绘制如图 4-191 所示的第 1 个混合剖面。

步骤 5　在菜单栏中选择“草绘|特征工具|切换截面”命令，从而切换到第 2 个混合剖面的绘制状态，此时第 1 个混合剖面以淡灰色显示。

步骤 6　在“草绘器工具”工具栏中单击“中心和轴椭圆”按钮，绘制如图 4-192 所示的第 2 个混合剖面（注意：起点位置和第 1 个混合剖面要相一致），单击“完成”按钮。

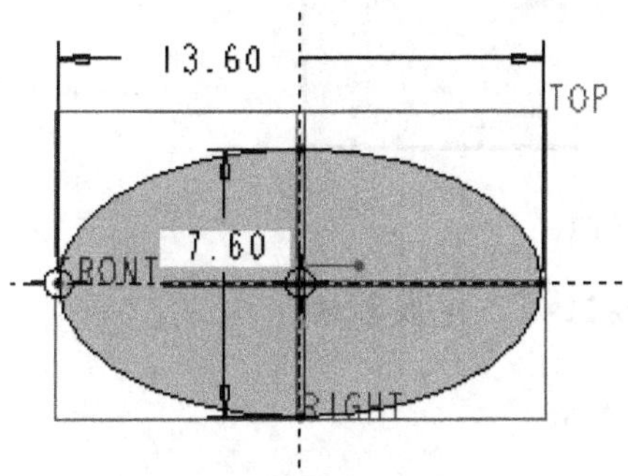

图 4-191　绘制第 1 个混合剖面

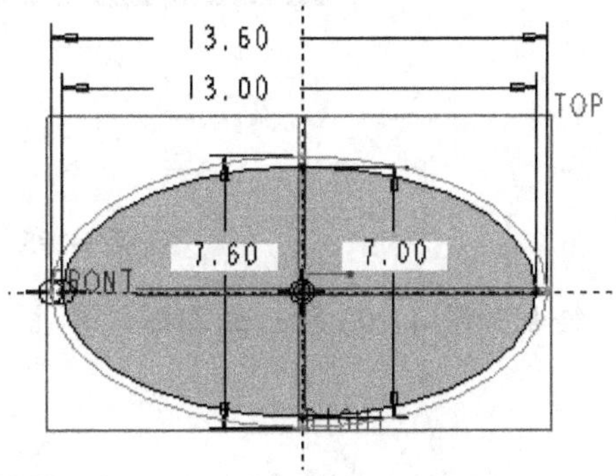

图 4-192　绘制第 2 个混合剖面

步骤 7　在菜单管理器的“深度”菜单中选择选择“盲孔|完成”命令，输入截面 2 的深度（两个剖面之间的距离）为 3.5，单击“接受”按钮，或者按【Enter】键确认。

步骤 8　此时，“伸出项：混合，平行，规则截面”对话框如图 4-193 所示，单击“确定”按钮完成创建混合特征，按【Ctrl+D】快捷键以标准方向视角来显示模型，效果如图 4-194 所示。

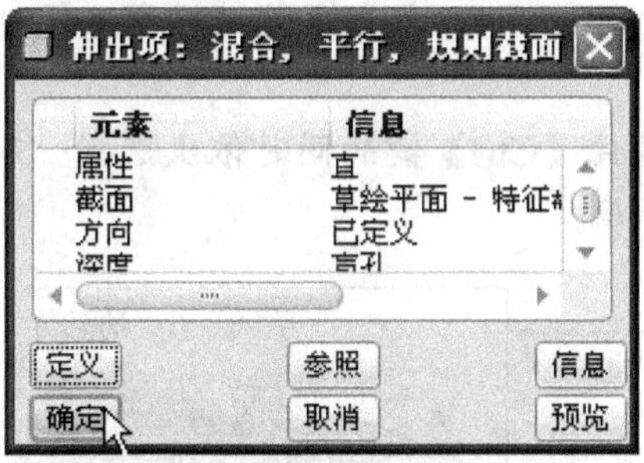

图 4-193　“伸出项：混合，平行，规则截面”对话框

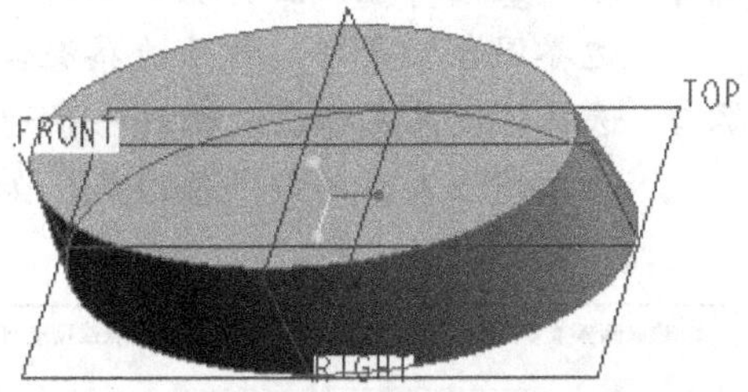

图 4-194　创建混合特征作为按键基本体

（3）建立“草绘 1”特征

步骤 1　在“基准”工具栏中单击“草绘”按钮，弹出“草绘”对话框。

步骤 2　选择“FRONT”基准平面作为草绘平面，默认以“RIGHT”基准平面为“右”方向参照，在“草绘”对话框中单击“草绘”按钮，进入草绘模式。

步骤 3　在菜单栏中选择“草绘|参照”命令，打开“参照”对话框，指定如图 4-195 所示的绘图参照，然后在“参照”对话框中单击“关闭”按钮。

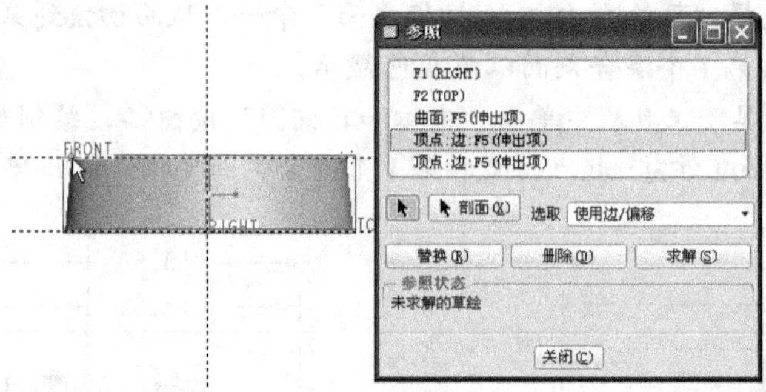

图 4-195　指定绘图参照

步骤 4　绘制如图 4-196 所示的圆弧，单击“完成”按钮✔，完成草绘。

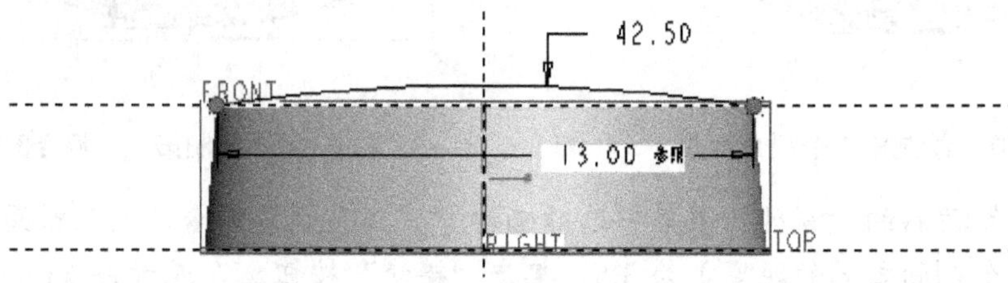

图 4-196　草绘 1：绘制一段圆弧

（4）创建边界混合曲面

步骤 1　在“基础特征”工具栏中单击“边界混合”按钮，或者在菜单栏中选择“插入|边界混合”命令，打开边界混合操控板。

步骤 2　选择按键基本体上表面的一条边线，接着按住【Ctrl】键的同时依次选择“草绘 1”和按键上表面的另一条边线，如图 4-197 所示。

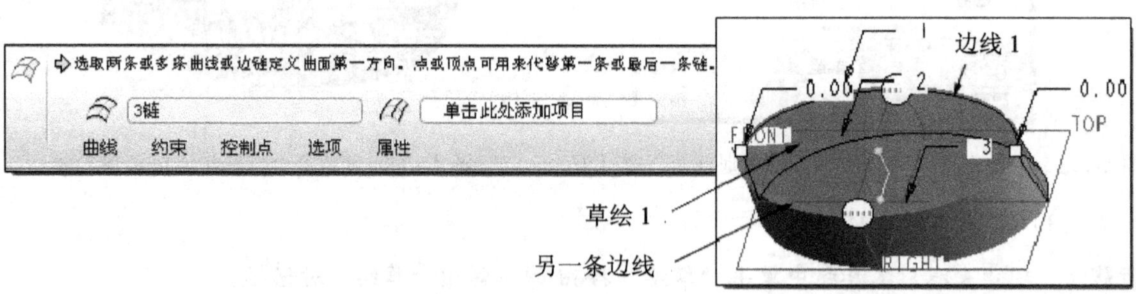

图 4-197　创建边界混合曲面

步骤 3　在边界混合操控板中单击“应用并保存”按钮，完成该边界混合曲面的创建。

（5）实体化操作

步骤 1　选中刚创建的边界混合曲面，从菜单栏中选择“编辑|实体化”命令，打开实体化工具操控板，如图 4-198 所示。

图 4-198　实体化工具操控板

步骤 2　在实体化工具操控板中单击“更改刀具操作方向”按钮，使实体化特征的材料方向如图 4-199 所示。在实体化工具操控板中单击“应用并保存”按钮。

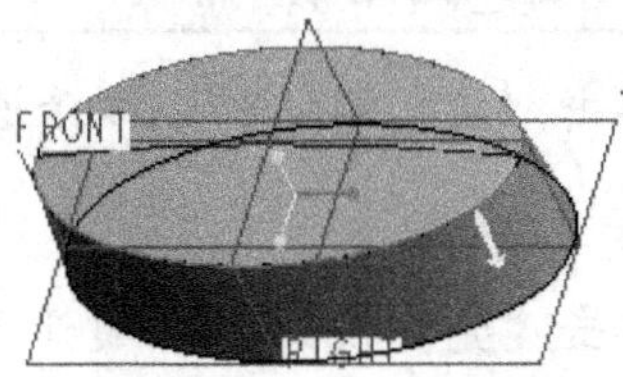

图 4-199　更改实体化特征的材料方向

（6）倒圆角操作

步骤 1　在“工程特征”工具栏中单击“倒圆角”按钮，打开倒圆角操控板。

步骤 2　在倒圆角操控板中设置当前倒圆角集的圆角半径为 0.5。

步骤 3　选择如图 4-200 所示的边线。

步骤 4　在倒圆角操控板中单击“应用并保存”按钮。

（7）为曲线和相应的曲面建立层

步骤 1　在“视图”工具栏中单击“层”按钮，打开层树。

步骤 2　在层树上方单击“层”按钮，接着从打开的下拉菜单中选择“新建层”命令，弹出“层属性”对话框。

步骤 3　在“层属性”对话框中输入层的名称为“CURVE_SURF”，接着在模型中分别选择之前创建的草绘曲线和边界混合曲面，所选项目将被收集到“层属性”对话框的包括项目收集器中，如图 4-201 所示，然后单击“确定”按钮。

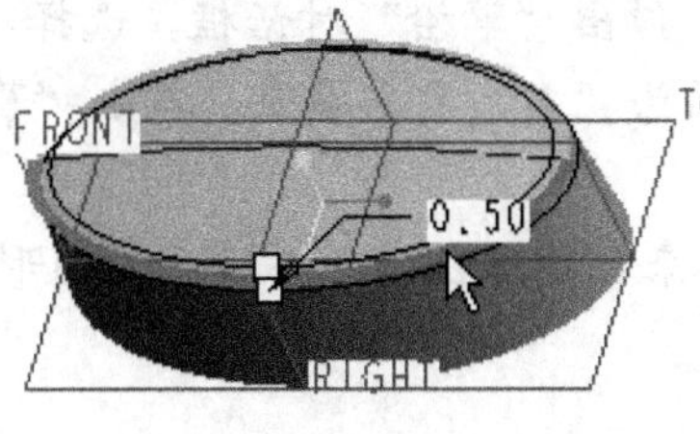

图 4-200　选择要倒圆角的边链

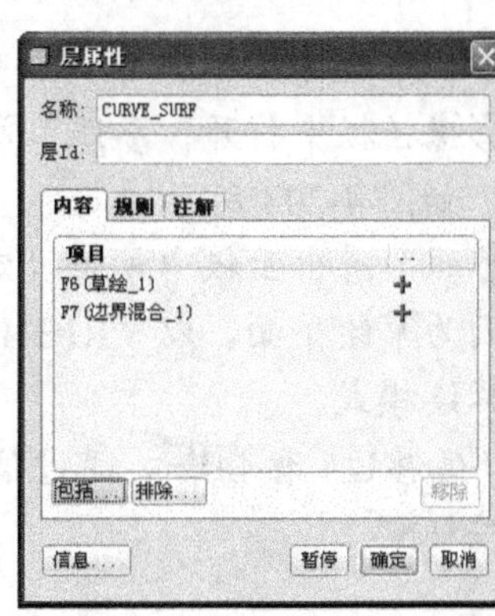

图 4-201　“层属性”对话框

步骤 4 在层树中右击“CURVE_SURF”层，从弹出的快捷菜单中选择“隐藏”命令，然后在层树的合适位置处右击，并从弹出的快捷菜单中选择“保存状态”命令。

> **提示** 在层树中，Pro/E Wildfire 5.0 也为模型文档提供专门的曲线层“03___PRT_ALL_CURVES”和曲面层“06___PRT_ALL_SURFS”等，系统会自动将创建的特征放入相应的默认层中。因此，要隐藏模型中的全部曲线或曲面特征，那么也可在层树中设置将曲线层“03___PRT_ALL_CURVES”或曲面层“06___PRT_ALL_SURFS”隐藏。

步骤 5 在“视图”工具栏中再次单击“层”按钮以取消选中此按钮，从而关闭层树。

（8）抽壳处理

步骤 1 在“工程特征”工具栏中单击“壳”按钮，打开壳操控板。

步骤 2 设置壳厚度值为 1，并在模型中选择要移除的曲面，如图 4-202 所示。

图 4-202 指定壳厚度和要移除的曲面

步骤 3 在壳操控板中单击“应用并保存”按钮。

（9）利用“投影”命令在曲面上创建曲线

步骤 1 在菜单栏中选择“编辑|投影”命令，打开投影操控板。

步骤 2 在投影操控板中打开“参照”滑出面板，从第一个下拉列表框中选择“投影草绘”选项，如图 4-203 所示。

步骤 3 在“参照”滑出面板中单击“定义”按钮，弹出“草绘”对话框，选择“TOP”基准平面为草绘平面，以“RIGHT”基准平面为“右”方向参照，单击“草绘”按钮，进入草绘模式。

步骤 4 单击“偏移边”按钮，通过偏移选定边环来创建如图 4-204 所示的图形，单击“完成”按钮。

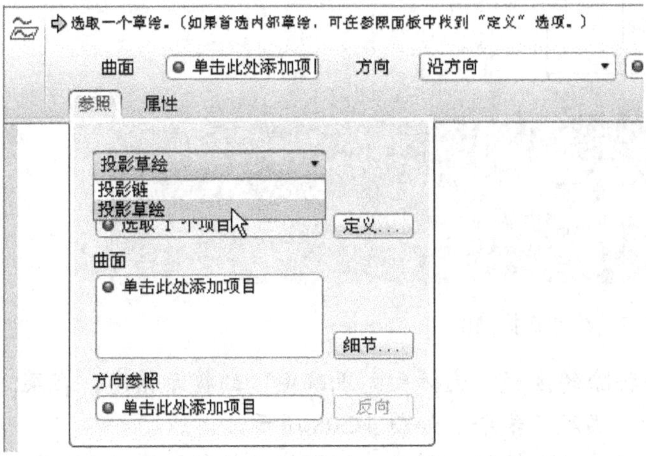

图 4-203　选择"投影草绘"选项

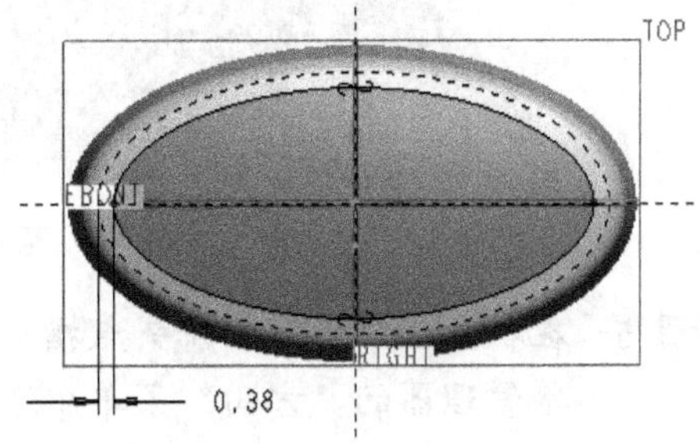

图 4-204　偏移边

步骤 5　选择如图 4-205 所示的一组曲面，以将曲线投影到其上。

步骤 6　接受默认的"沿方向"选项，接着在投影操控板中单击"方向参照"收集器的框以激活"方向参照"收集器，选择 TOP 基准平面。

步骤 7　在投影操控板中单击"应用并保存"按钮✓，创建的投影曲线如图 4-206 所示。

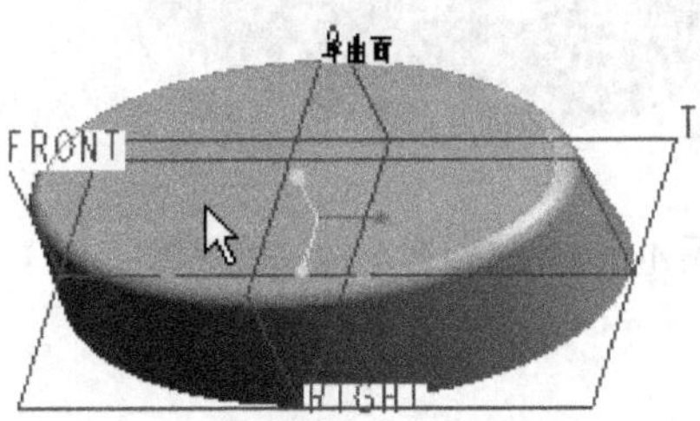

图 4-205　选择曲面

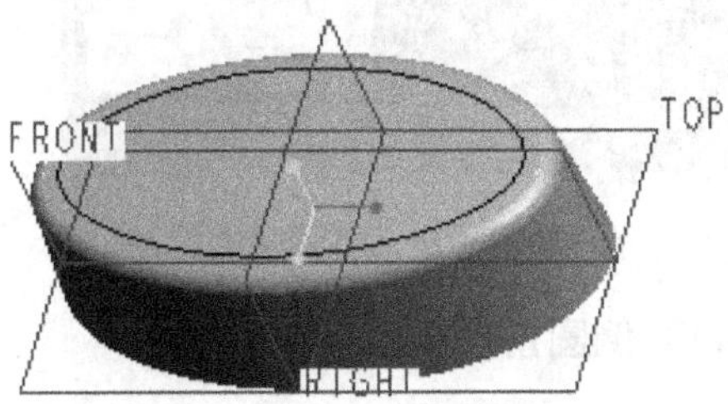

图 4-206　创建投影曲线

（10）以扫描的方式切除出美观槽

步骤 1　在菜单栏中选择"插入|扫描|切口"命令，弹出"切剪：扫描"对话框和一个菜单管理器。

步骤 2　在菜单管理器的"扫描轨迹"菜单中选择"选取轨迹"命令，接着在菜单管理器出现的"链"菜单中选择"曲线链|选取"命令，并在模型中单击投影生成的曲线，然后在出现的"链选项"菜单中选择"全选"命令，以及在"链"菜单中选择"完成"命令。

步骤 3　在菜单管理器出现的"方向"菜单中选择"确定"命令，进入内部草绘模式。

步骤 4　绘制如图 4-207 所示的扫描剖面，单击"完成"按钮✔。

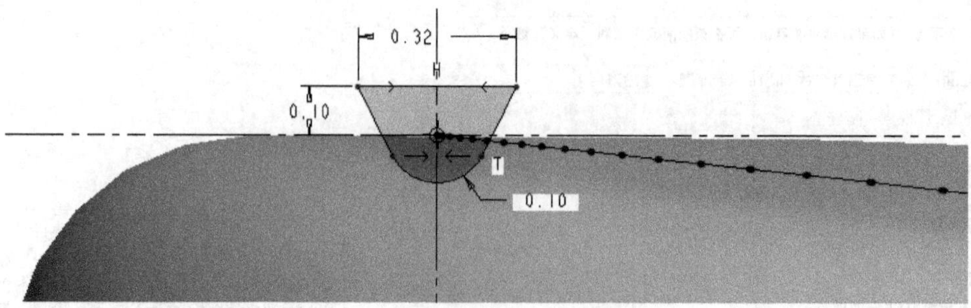

图 4-207 绘制扫描剖面

步骤 5 在状态栏中出现“箭头点指向要移除的区域。选择反向或确定”的提示信息。在菜单管理器的“方向”菜单中选择“确定”命令，如图 4-208 所示。

步骤 6 在“切剪：扫描”对话框中单击“确定”按钮，创建的扫描切口特征如图 4-209 所示。

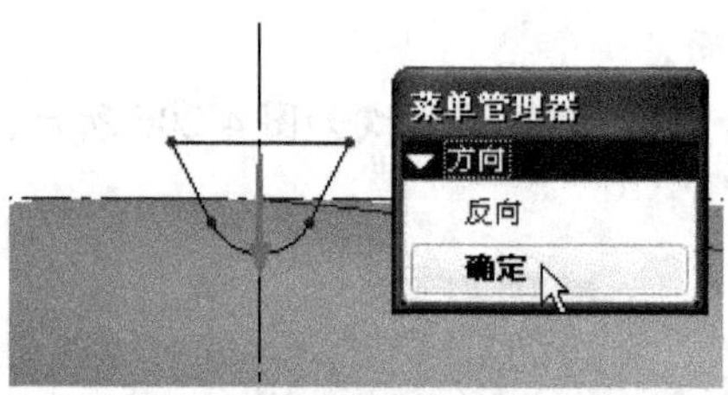

图 4-208 定义要移除的区域

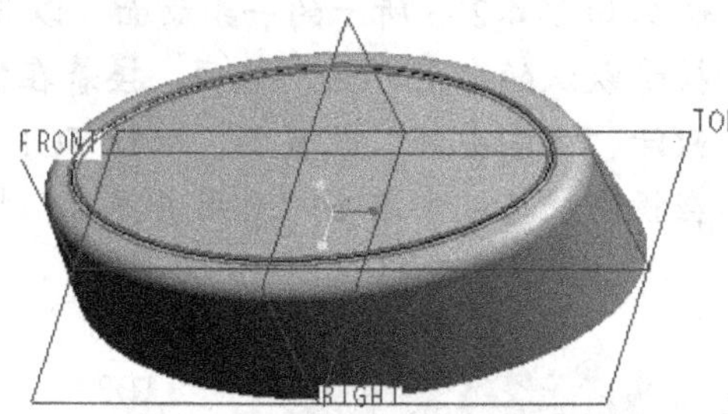

图 4-209 扫描切口构成美观槽

（11）倒圆角操作

步骤 1 在“工程特征”工具栏中单击“倒圆角”按钮，打开倒圆角操控板。

步骤 2 在倒圆角操控板中输入倒圆角集 1 的圆角半径为 0.1。

步骤 3 选择如图 4-210 所示的美观槽的两条边线。

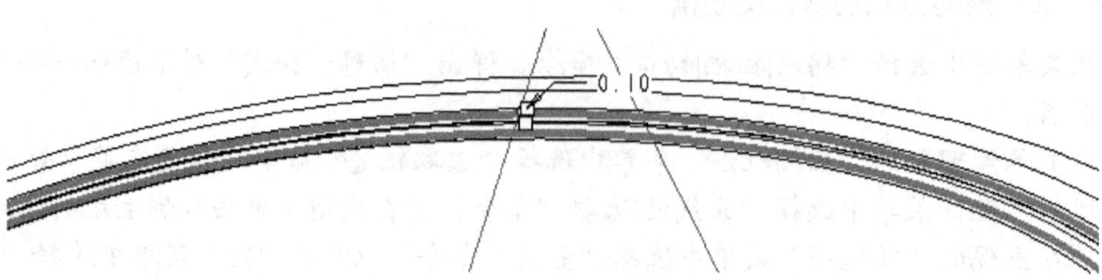

图 4-210 倒圆角

步骤 4 在倒圆角操控板中单击“应用并保存”按钮。

（12）建立按键所需的文本

步骤 1 在“基准”工具栏中单击“草绘”按钮，弹出“草绘”对话框。

步骤 2　选择"TOP"基准平面作为草绘平面，以"RIGHT"基准平面为"右"方向参照，单击"草绘"按钮，进入草绘模式。

步骤 3　在"草绘器工具"工具栏中单击"文本"按钮，绘制如图 4-211 所示的文本，两组文本均采用"Shannon Extra Bold"字体。

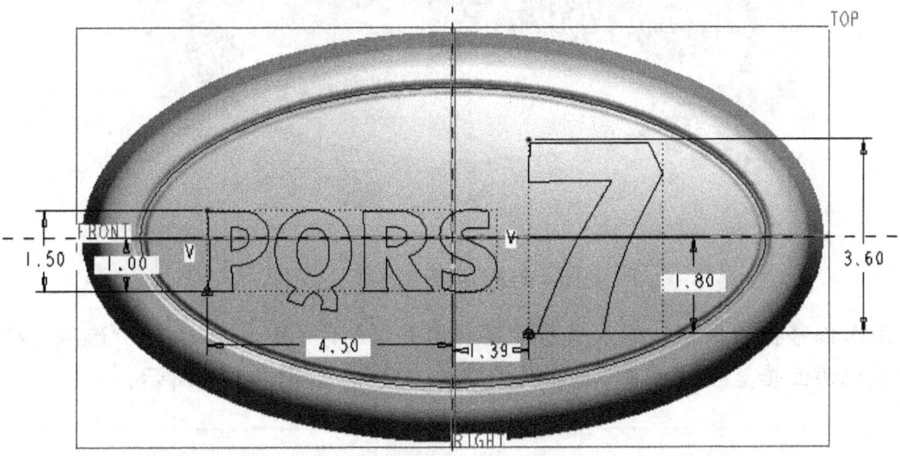

图 4-211　绘制文本

步骤 4　单击"完成"按钮，完成草绘并退出草绘模式。

（13）使用"偏移"命令完成凸雕标识

步骤 1　选择按键的上表面曲面。

步骤 2　在菜单栏中选择"编辑|偏移"命令，打开曲面偏移操控板，从偏移类型下拉列表框中选择"具有拔模特征"选项。

步骤 3　在曲面偏移操控板中打开"参照"滑出面板，如图 4-212 所示，然后在该滑出面板中单击"定义"按钮，弹出"草绘"对话框。

图 4-212　在曲面偏移操控板中打开"参照"滑出面板

步骤 4　选择"TOP"基准平面作为草绘平面，以"RIGHT"基准平面为"右"方向参照，在"草绘"对话框中单击"反向"按钮，然后单击"草绘"按钮，进入草绘模式。

步骤 5　在"草绘器工具"工具栏中单击"使用边—投影"按钮，以"环"的方式分别选择之前建立的文本线环来创建如图 4-213 所示的图形，然后单击"完成"按钮。

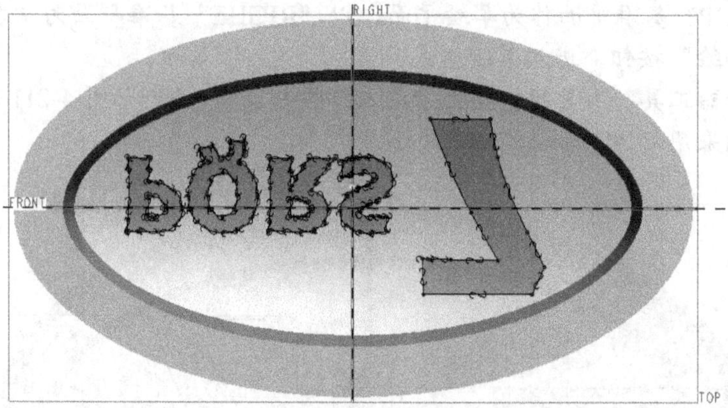

图 4-213　投影文本线

步骤 6　在曲面偏移操控板中，输入偏移距离为 0.1，拔模角度为 3；打开"选项"滑出面板，设置侧曲面垂直于"曲面"，侧面轮廓为"直"，如图 4-214 所示。

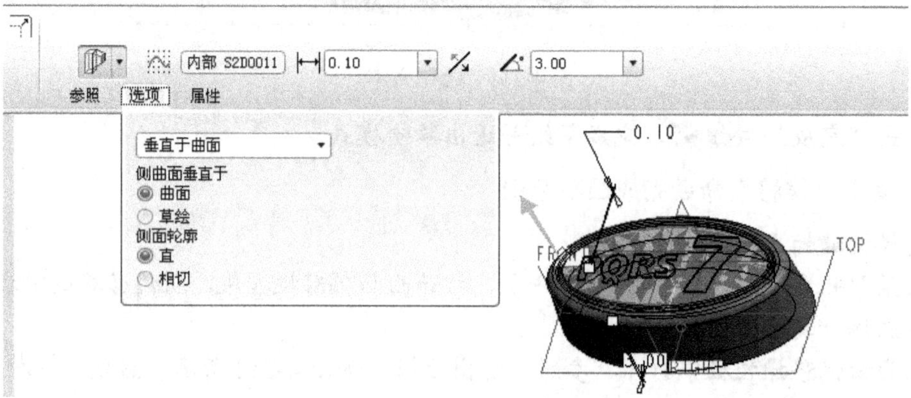

图 4-214　在"选项"滑出面板中进行设置

步骤 7　在曲面偏移操控板中单击"应用并保存"按钮☑，完成的凸雕立体感的偏移特征如图 4-215 所示。

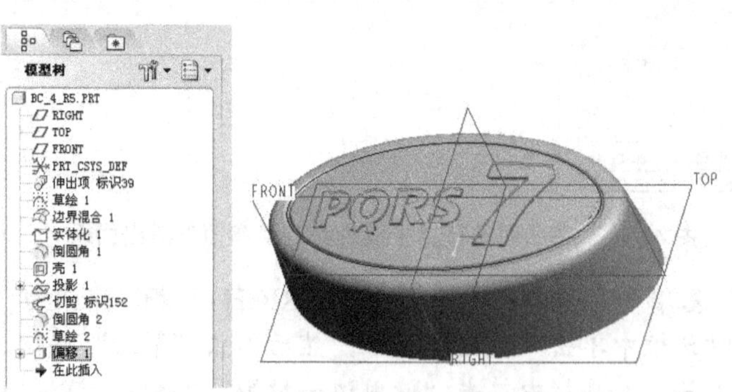

图 4-215　创建凸雕标识

> **提示** 如果在创建偏移特征的过程中输入的偏移距离不是0.1，而是-0.1，那么创建的偏移特征将是凹陷雕刻形式的，如图4-216所示。

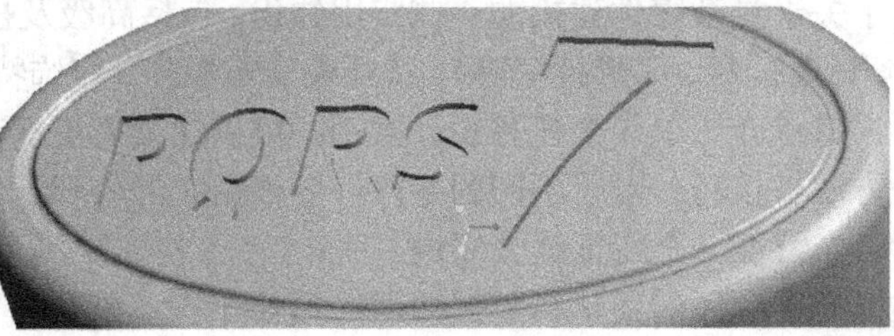

图4-216 凹陷雕刻效果

（14）修改“CURVE_SURF”属性

步骤1 在“视图”工具栏中单击“层”按钮，打开层树。

步骤2 在层树中右击“CURVE_SURF”层，并从弹出的快捷菜单中选择“层属性”命令，打开“层属性”对话框。

步骤3 增加在模型中选择投影在曲面上的曲线和位于TOP基准平面上的草绘文本，此时“层属性”对话框如图4-217所示。然后在“层属性”对话框中单击“确定”按钮。

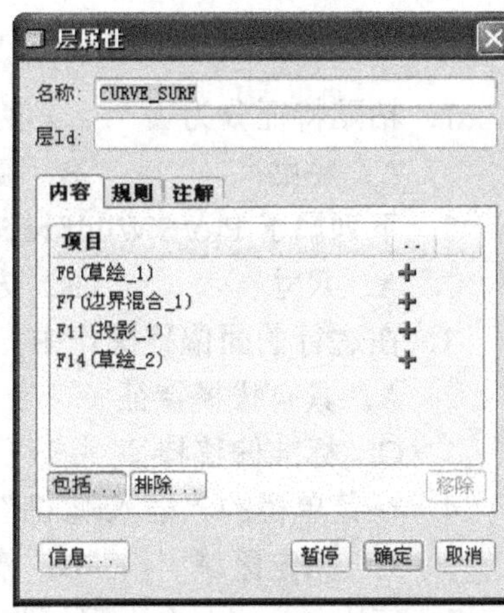

图4-217 “层属性”对话框

步骤4 单击“重画”按钮，或者按【Ctrl+R】快捷键，以重画当前视图。

步骤5 在“视图”工具栏中再次单击“层”按钮以取消选中它，从而关闭层树。

步骤6 至此，完成椭圆形按键的建模，最终的效果如图4-218所示。最后按【Ctrl+S】快捷键保存文件。

图4-218 椭圆形按键

四、项目总结

本项目主要学习了关于复杂零件建模的一些实用知识，包括高级及扭曲特征应用（例如，螺旋扫描、扫描混合、骨架折弯、环形折弯等）、特征编辑与操作、修饰特征和曲面设计基础。

在任务实践方面，重点介绍了5个任务设计案例，可以让读者更深刻地理解各类复杂零件建模的设计思路、方法与技巧。对于不同的零件，要根据它的外形、结构特点具体分析，定下设计意图，然后一个特征一个特征地去完成。

此外，要成为建模高手，还需要认真掌握曲面的相关知识。只要在平时的学习、工作中多思考，多练习，多积累，就能做到学以致用，在实战中得心应手。

五、项目考核

一、选择题（多选题，每题2分，共20分）

1. 粘贴特征分为（　　）两种粘贴方式。

A．粘贴　　B．复制　　C．选择性粘贴　　D．剪切

2. 下列属于 Pro/E Wildfire 5.0 中阵列类型的是（　　）。

A．尺寸　　B．方向　　C．表　　D．曲线

3. 在进行曲面偏移操作中，可供选择的面偏移类型选项有（　　）。

A．具有拔模特征　　B．替换曲面特征

C．标准偏移特征　　D．展开特征

4. 在菜单栏的“插入|修饰”级联菜单中为用户提供了实用的修饰命令，包括（　　）。

A．指定区域　　B．槽　　C．草绘　　D．螺纹

5. 使用（　　）命令可以将实体、非实体曲面或基准曲线转换成环形（旋转）形状，例如可以使用此命令从平整几何体创建汽车轮胎，或绕旋转几何（如瓶子）包络徽标。

A．螺旋扫描　　B．环形折弯　　C．扫描混合　　D．环形折弯

6. 下面哪些高级扭曲命令在配置选项“allow_anatomic_features”的选项值默认为“no*”时不可用？（　　）

A．骨架折弯　　B．局部推拉　　C．半径圆顶　　D．唇

7. 以下工具/命令中，（　　）可以用来创建或表示内螺纹结构。

A．螺纹扫描　　B．扫描混合　　C．修饰螺纹　　D．孔

8. 以下工具/命令中，（　　）可以用来创建对象的副本。

A．复制、粘贴　　B．镜像　　C．阵列　　D．剪切、复制

9. （　　）特征如同被“绘制”在零件的曲面上，可用来表示要印制到对象上的公司徽标或序列号等内容。

A．草绘修饰　　B．修饰螺纹　　C．凹槽　　D．指定区域

10. 以下工具/命令中，（　　）可以用来创建曲面。

A．拉伸　　B．旋转　　C．扫描　　D．混合

二、简答题（每题 5 分，共 20 分）

1．请简述在两个方向上创建边界混合曲面特征的一般步骤。

2．如果要阵列多个特征，那么应该如何操作？

3．可以在执行一次合并命令中合并两个以上的面组，但是这些要合并的面组必须要满足哪些条件？

4．在创建扫描混合特征时要特别注意哪些限制条件？

四、操作题（每题 20 分，共 60 分）

1．看图建模：请参照如图 4-219 所示的回形针模型效果，在 Pro/E Wildfire 5.0 零件模式中建立其三维模型，具体尺寸自行决定。

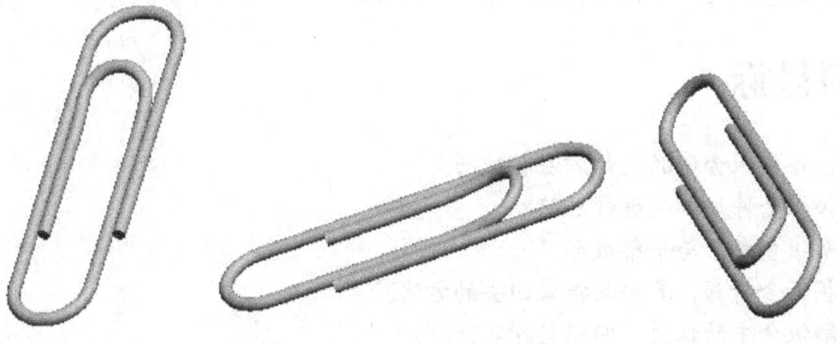

图 4-219　操作题 1 要绘制的参考模型（回形针零件）

2．看图建模：请参照如图 4-220 所示的皮带轮零件效果，在 Pro/E Wildfire 5.0 零件模式中建立其三维模型，具体尺寸自行决定。

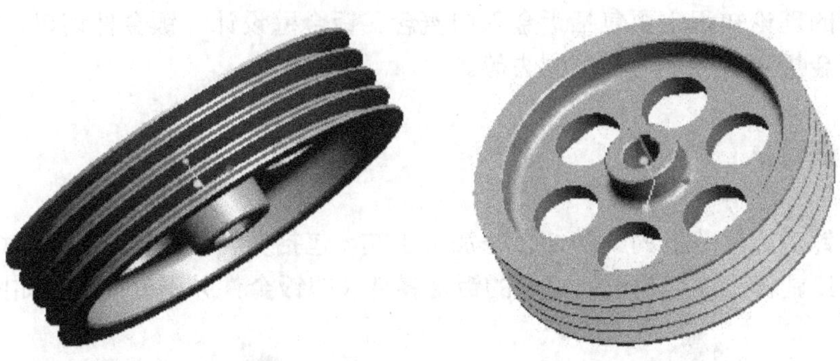

图 4-220　操作题 1 要绘制的参考模型（皮带轮零件）

3．请参照本项目任务实践中任务四的思路和方法，自行设计一款 CPU 风扇整体外形。

项目五　钣金件设计

钣金件是一类特殊的实体零件，它具有均匀的厚度，可以通过添加诸如壁、切口、裂缝、折弯、展平、折弯回去、成形、凹槽、冲孔和止裂槽等特征来设计。

Pro/E Wildfire 5.0 为用户提供了专门的钣金件设计模块，本项目将结合理论指导和典型项目范例来学习钣金件设计的实用知识。

一、学习目标

- 掌握各类钣金壁的设计方法和技巧。
- 掌握钣金件切口的设计思路。
- 了解钣金成形与平整成形。
- 掌握钣金折弯、展平与折弯回去的方法。
- 了解钣金中的扯裂、凹槽与冲孔。
- 能够设计出符合实际应用需要的钣金件。

二、理论指导

本部分介绍的理论知识主要包括钣金入门概念、钣金壁设计、钣金件切口、成形与平整成形、扯裂、钣金折弯、展平与折弯回去等。

（一）钣金件设计入门

钣金主要是针对金属薄板的一种综合冷加工工艺，包括剪切、冲压、折弯、焊接、铆接、拼接、成型等，其显著的特点是设计出来的钣金零件（即钣金件）厚度均匀，如图 5-1 所示。

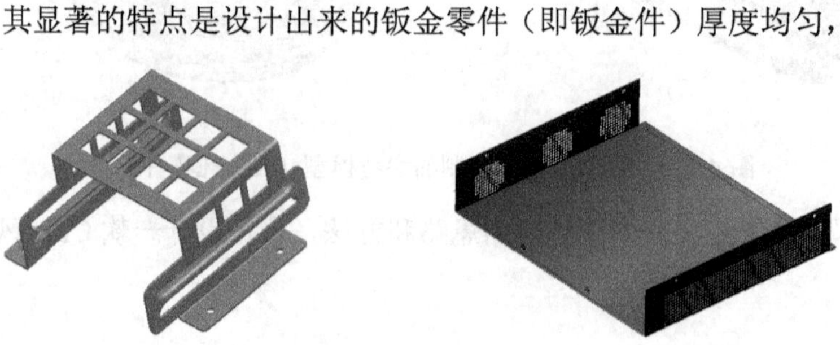

图 5-1　钣金件示意图

钣金件设计是产品开发过程中较为重要的一环，设计师必须要掌握钣金件的设计技巧，使得设计出来的钣金件既能满足产品的功能和外观等要求，又能使冲压模具制造简单且成本低廉。

1. 进入钣金模块

Pro/E Wildfire 5.0 提供了专门用于钣金设计的模块。下面是新建一个钣金件文件并进入钣金模块的操作步骤。

步骤 1　在“文件”工具栏中单击“新建”按钮，弹出“新建”对话框。

步骤 2　在“类型”选项组中选择“零件”单选按钮，在“子类型”选项组中选择“钣金件”单选按钮，在“名称”文本框中接受默认的钣金文件名称或输入新的名称，取消选中“使用缺省模板”复选框，如图 5-2 左图所示，然后单击“确定”按钮。

步骤 3　系统弹出“新文件选项”对话框，从“模板”列表中选择“mmns_part_sheetmetal”公制模板（适合钣金件设计），如图 5-2 右图所示，然后单击“确定”按钮，从而进入钣金设计模式的窗口界面。

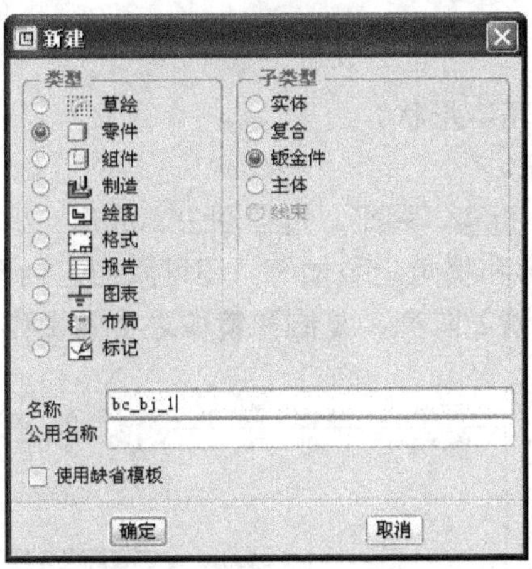

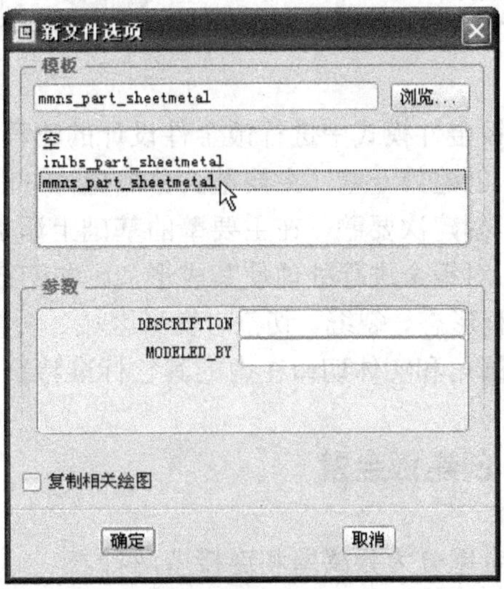

图 5-2　新建钣金件文件

2. 钣金设计概述

在 Pro/E Wildfire 5.0 中，钣金件具有驱动曲面和偏移曲面，默认情况下系统以绿色加亮驱动侧，以白色加亮偏移侧（表示深度）。

创建钣金件的方式主要有 3 种，第一种是钣金件模式（使用专门的钣金件设计环境），第二种是组件模式（使用自上向下方式），第三种则是转换方式（将实体零件转换为钣金件）。在本项目中重点介绍第一种方式——钣金件模式。

提示

要将实体零件转换为钣金件，可打开要转换的实体零件，在菜单栏中选择“应用程序|钣金件”命令，在弹出的“钣金件转换”菜单栏中选择“驱动曲面”菜单，然后从模型上选取一个曲面，并在弹出的文本框中指定钣金件的厚度，系统将按照驱动曲面的形状生成钣金件，如图 5-3 所示。

若在弹出的“钣金件转换”菜单栏中选择“壳”菜单，选中要移除的曲面，然后在“特征参考”菜单栏中选择“完成参考”菜单，并在弹出的文本框中输入钣金件的厚度，系统将按照创建壳特征的方法生成壳类钣金件。

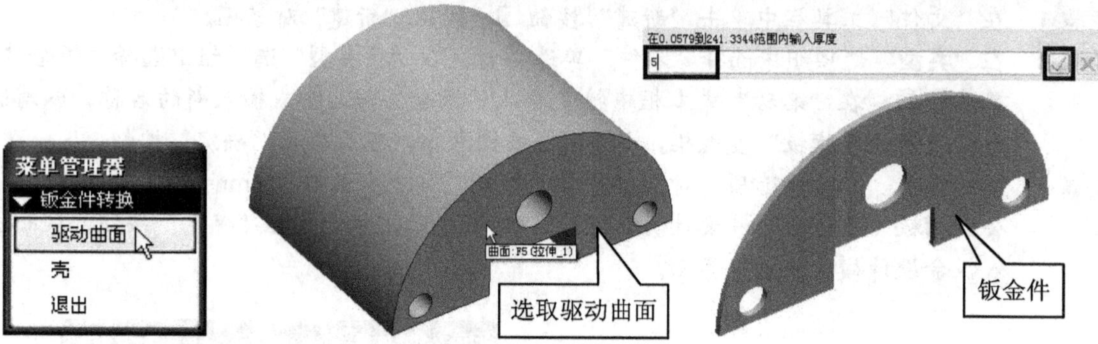

图 5-3　加厚驱动曲面生成钣金件

在钣金件模式中进行钣金件设计的流程通常如下。

① 创建第一壁（主要壁、分离壁），此为钣金的基本形状。

② 创建次要壁，在主要壁的基础上添加的钣金壁。

③ 对钣金进行处理使其成形，比如凹槽、冲孔、折弯、展平、折弯回去、成形、平整成形、平整形态、裂缝、切割、变形区域、转换、边折弯和拐角止裂槽等。还可添加包括倒角、孔、倒圆角和实体切口在内的其它标准特征，并执行诸如阵列、复制和镜像之类的操作。

（二）创建钣金壁

钣金壁分为分离壁和连接壁两种。

1. 创建分离壁

分离壁是指不需要其它壁便可以存在的独立壁。在钣金件中创建的第一个分离壁被称为第一壁，第一壁决定了钣金件的厚度，后续创建的所有钣金件特征（除了其他分离壁）都是第一壁的子项。

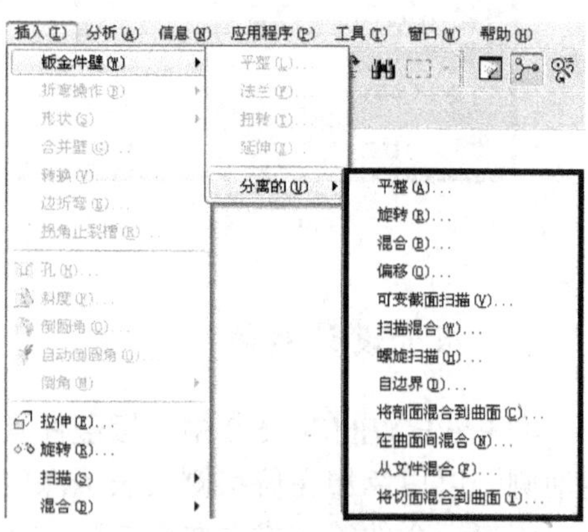

图 5-4　创建分离壁的命令

在钣金模式菜单栏的“插入|钣金件壁|分离的”级联菜单中提供了用于创建分离壁的命令，包括“平整”、“旋转”、“偏移”、“混合”、“可变截面扫描”等，如图 5-4 所示。在右工具箱的“钣金件”工具栏中也提供一些相应的可创建分离壁的工具按钮。

下面介绍常见的分离壁的创建方法。

（1）分离的平整壁（简称“平面壁”）

创建平面壁需要绘制壁的封闭外形线，定义钣金厚度值等。下面以一个简单范例介绍如何创建平面壁，具体方法及步骤如下。

步骤 1 在“钣金件”工具栏中单击“平面壁”按钮，或者在菜单栏中选择“插入|钣金件壁|分离的|平整”命令，打开如图 5-5 所示的平面壁操控板。

图 5-5 平面壁操控板

步骤 2 在平面壁操控板中单击“参照”标签，打开“参照”滑出面板，接着在该滑出面板中单击“定义”按钮，弹出“草绘”对话框。选择“TOP”基准平面为草绘平面，默认以“RIGHT”基准平面为“右”方向参照，单击“草绘”按钮，进入草绘模式。

步骤 3 绘制一个封闭环（薄壁的外形线），如图 5-6 左图所示，单击“完成”按钮✔。

步骤 4 在平面壁操控板中输入厚度值为 3。如果要使壁厚反向，则单击“改变厚度方向”按钮。

步骤 5 在平面壁操控板中单击“应用并保存”按钮，创建的平面壁如图 5-6 右图所示（该平面壁作为钣金第一壁）。

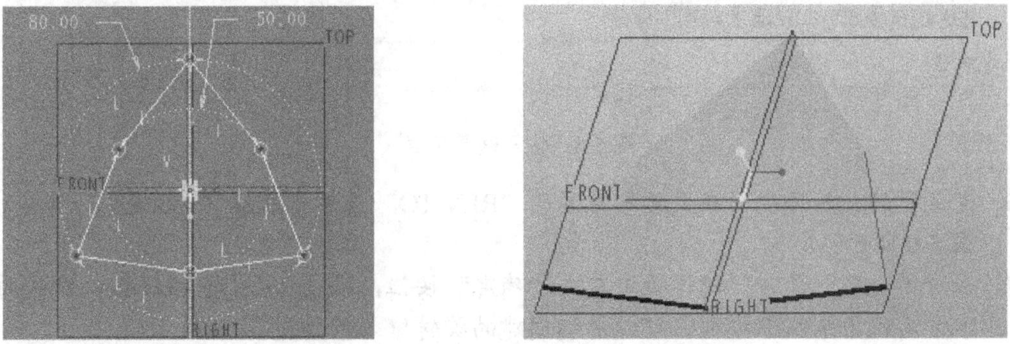

图 5-6 绘制一个封闭环及完成的平面壁效果

（2）分离的旋转壁

分离的旋转壁的基本设计思路是先草绘壁的侧截面，然后将其绕草绘的中心线旋转来生成的壁。分离的旋转壁除了可以作为钣金第一壁之外，还可以是次要壁。

下面结合一个简单范例来介绍创建分离旋转壁的一般方法和步骤。

步骤 1 在“钣金件”工具栏中单击“旋转壁”按钮，或者在菜单栏中选择“插入|钣金件壁|分离的|旋转”命令，打开如图 5-7 左图所示的“第一壁：旋转”对话框和一个菜

单管理器。

步骤 2 在菜单管理器的“属性”菜单中选择“单侧|完成”命令。

步骤 3 选择 FRONT 基准平面作为草绘平面，接着在菜单管理器出现的菜单中选择“确定|缺省”命令，进入草绘模式。草绘壁图形，如图 5-7 右图所示，注意：需要在草绘中添加一条中心线或几何中心线定义旋转轴。单击“完成”按钮✔。

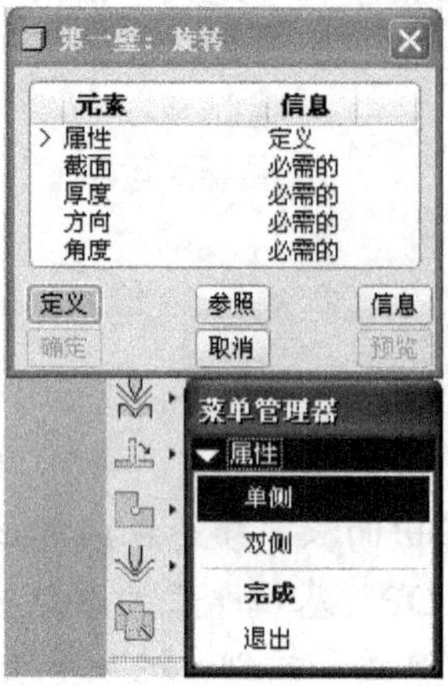

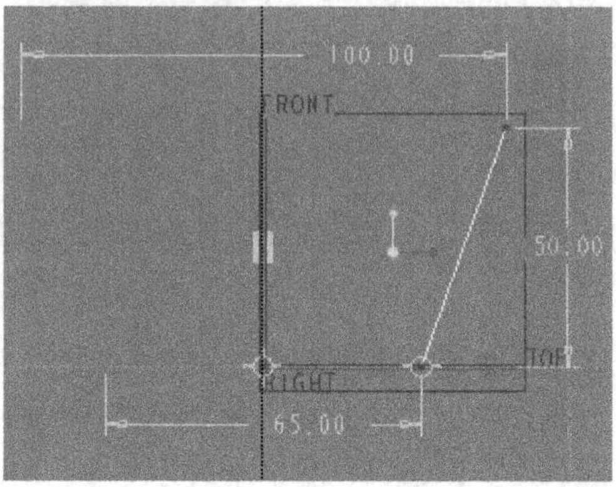

图 5-7 “第一壁：旋转”对话框和菜单管理器和草绘旋转壁图形（含中心线）

步骤 4 设置加厚壁的方向。在菜单管理器出现的“方向”菜单中选择“确定”命令以接受默认的加厚壁方向。

步骤 5 输入壁厚度值，如图 5-8 所示，单击“接受”按钮☑。

图 5-8 输入壁厚度值

步骤 6 定义壁的旋转角度。在菜单管理器的“REV TO”菜单中选择“180|完成”命令，如图 5-9 所示。

步骤 7 在“第一壁：旋转”对话框中单击“确定”按钮，按【Ctrl+D】快捷键以默认的标准方向视角来显示模型，可以看到创建的旋转壁效果如图 5-10 所示。

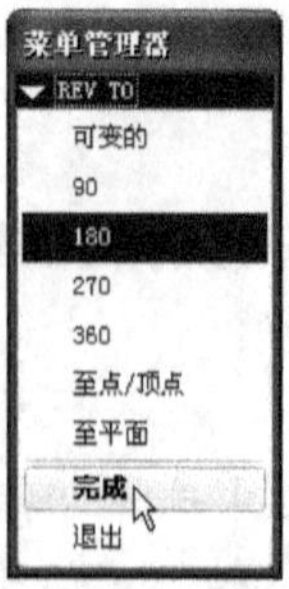

图 5-9 “REV TO”菜单

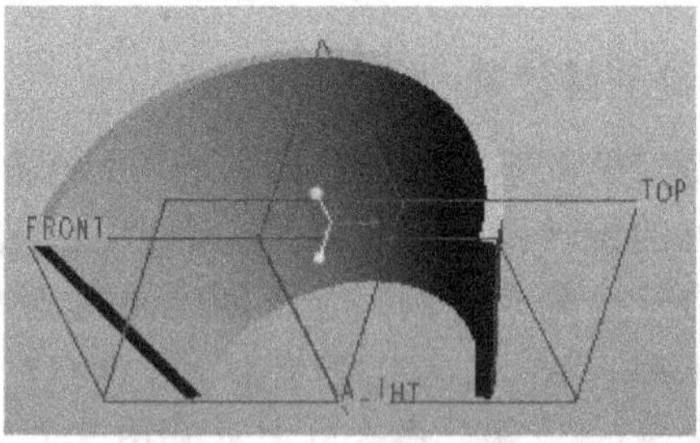

图 5-10 创建的旋转壁效果

（3）拉伸壁

在钣金件设计环境中，使用“拉伸”工具可以创建分离的拉伸壁，以生成钣金件切口等。下面结合一个简单范例介绍如何创建分离的拉伸壁特征。

步骤 1 在“钣金件”工具栏中单击“拉伸”按钮，或者在菜单栏中选择“插入|拉伸”命令，打开拉伸操控板。

步骤 2 打开“放置”滑出面板，接着在该滑出面板中单击“定义”按钮，弹出“草绘”对话框。选择“FRONT”基准平面作为草绘平面，以“RIGHT”基准平面为“右”方向参照，单击“草绘”按钮，进入草绘模式。

步骤 3 绘制拉伸壁图形，如图 5-11 所示，然后单击“完成”按钮✔。

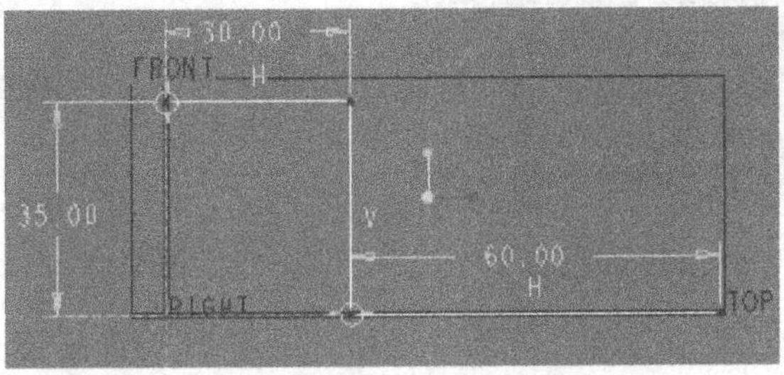

图 5-11　绘制拉伸壁的拉伸草绘

步骤 4 在拉伸操控板中设置钣金件厚度为 3.5，并接受默认的材料厚度方向。

步骤 5 打开“选项”滑出面板，设置深度选项及深度值，并在“钣金件选项”选项组中选中“在锐边上添加折弯”复选框（用来在拉伸壁的所有锐边处添加圆形折弯，形成平滑过渡曲面，可在下方设置折弯半径和类型），如图 5-12 所示。

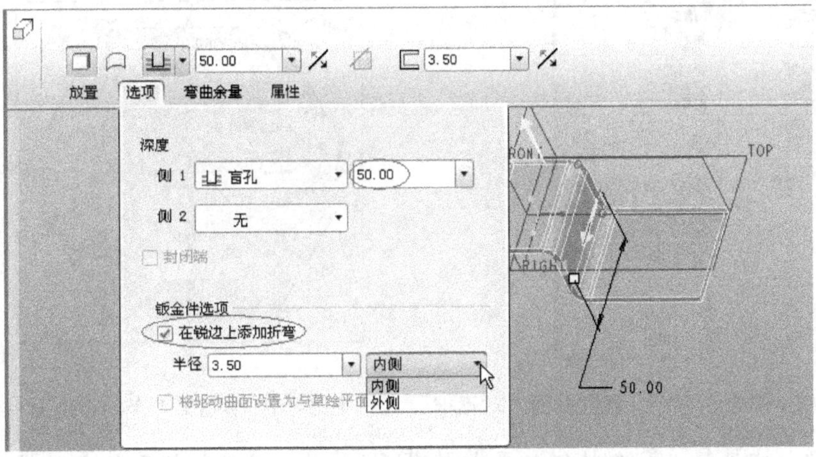

图 5-12　设置钣金件选项

步骤 6 在拉伸操控板中单击“应用并保存”按钮，完成创建的拉伸壁作为钣金第一壁，效果如图 5-13 所示。

（4）混合壁

创建混合壁需要至少定义两个截面。混合壁的创建方法与在实体零件模式中“混合”命令的使用方法类似。在这里以一个简单范例介绍平行混合壁的创建过程。

步骤 1 在“钣金件”工具栏中单击“混合”按钮，或者在菜单栏中选择“插入|钣金件壁|分离的|混合”命令，弹出如图 5-14 所示的菜单管理器。

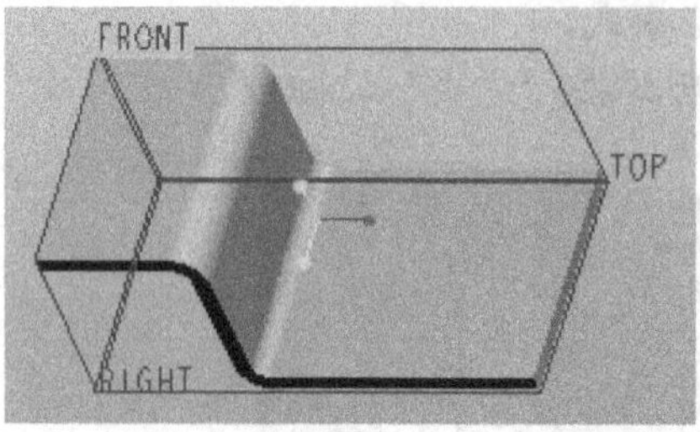

图 5-13 创建分离的拉伸壁

图 5-14 “混合选项”菜单

步骤 2 在菜单管理器的“混合选项”菜单中选择“平行|规则截面|草绘截面|完成”命令。

步骤 3 系统弹出如图 5-15 所示的“第一壁：混合，平行，规则截面”对话框和“属性”菜单，选择“直|完成”命令。

步骤 4 选择 TOP 基准平面为草绘平面，接着在菜单管理器出现的菜单中选择“确定|缺省”命令，进入草绘模式。

步骤 5 绘制如图 5-16 所示的图形作为第 1 个混合剖面。

图 5-15 “第一壁：混合，平行，规则截面”对话框

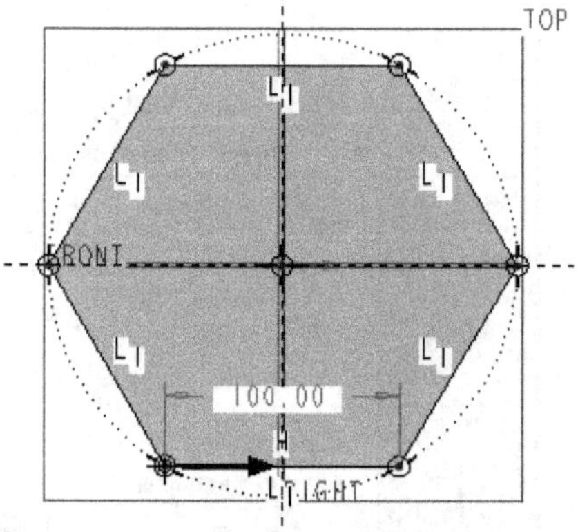

图 5-16 绘制第 1 个混合剖面

步骤 6 在菜单栏中选择“草绘|特征工具|切换截面”命令，从而切换到第 2 个截面绘制状态，绘制如图 5-17 所示的第 2 个混合截面。

步骤 7 单击“完成”按钮✔。

步骤 8 在菜单管理器出现的“方向”菜单中选择“确定”命令，以接受默认的加厚方向，接着输入厚度为 3.5，单击“接受”按钮☑。

步骤 9 在菜单管理器出现的“深度”菜单中选择“盲孔|完成”命令，接着输入两个截面之间的距离为 50，单击“接受”按钮☑。

步骤 10 在“第一壁：混合，平行，规则截面”对话框中单击“确定”按钮，创建的平行混合壁如图 5-18 所示。

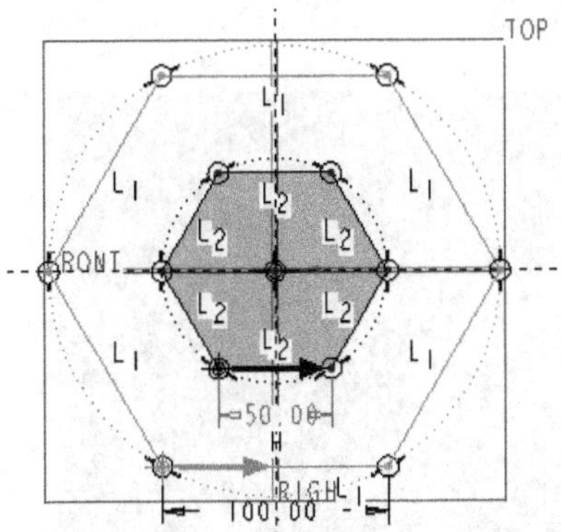

图 5-17 绘制第 2 个混合剖面

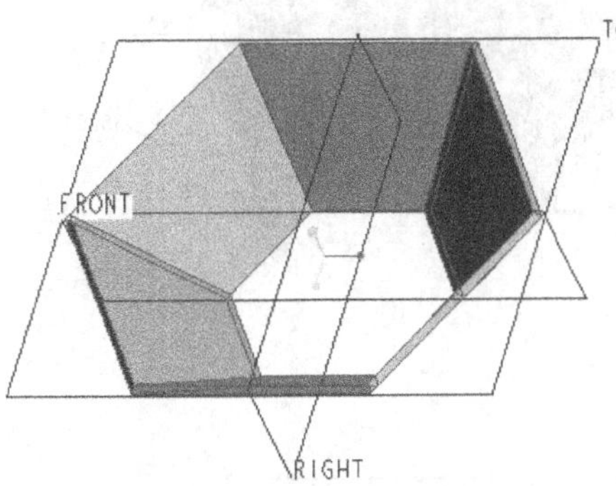

图 5-18 创建的平行混合壁

2. 创建连接壁

连接壁是指在第一壁的基础上创建的薄板特征，此特征通常连接在第一壁上，又称连附加壁或次要壁。常见的连接壁包括平整壁、法兰壁、扭转壁和延伸壁等。

（1）平整壁

平整壁，即连接平整壁，是指通过加厚某种形状的截面（可以使用预定义的图形，也可以草绘），并将其连接到第一壁某条边上而创建的薄板特征，默认情况下，平整壁带有折弯。

下面先以一个简单范例来介绍创建平整壁的典型方法步骤。

步骤 1 打开本书配套素材“CH5\bc_5_22a.prt”，在“钣金件”工具栏中单击“平整”按钮，或者在菜单栏中选择“插入|钣金件壁|平整”命令，打开平整壁操控板，如图 5-19 所示。

图 5-19 平整壁操控板

步骤 2 选择一条连接边，如图 5-20 上图所示。默认情况下，系统使用预定义的“矩形”标准壁形状选项来定义新平整壁形状，这里我们在平整壁操控板最左边的“形状”下拉列表框中选择“T”形状选项，如图 5-20 下图所示。

步骤 3 打开“形状”滑出面板，使用面板中的草绘小窗口来编辑平整壁截面尺寸（编辑方法是双击要编辑的尺寸，接着在出现的尺寸框内输入一个新值并按【Enter】键），本例设置的尺寸如图 5-21 所示。

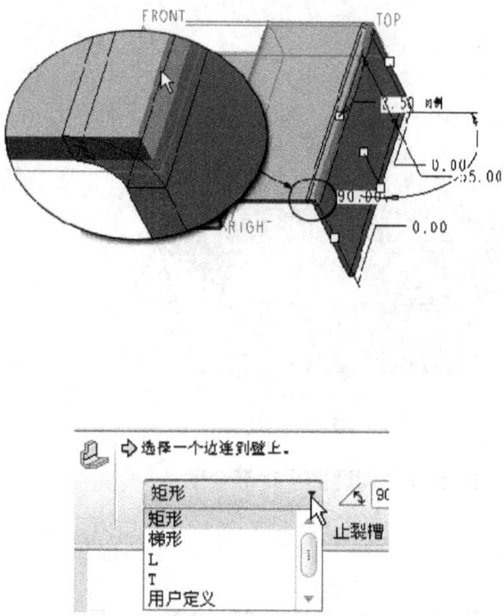

图 5-20　选择一条连接边和截面

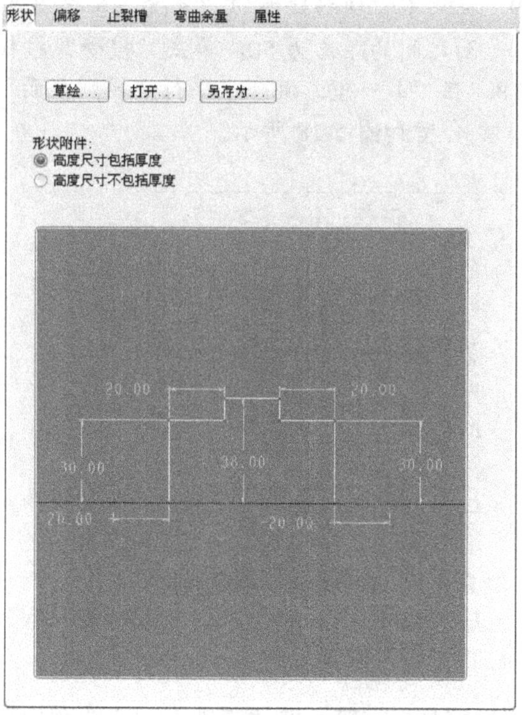

图 5-21　设置形状尺寸

> **知识库**　在“形状”滑出面板中单击“草绘”按钮可进入草绘器，绘制平整壁截面形状（当在“形状”下拉列表框中选择“用户定义”选项时，可全新绘制平整壁截面形状）；单击“打开”按钮，可导入预定义的平整壁截面形状。

步骤 4　在平整壁操控板中打开“止裂槽”滑出面板，从“类型”下拉列表框中选择“长圆形”选项，并设置其形状尺寸参数，如图 5-22 所示。

> **知识库**　壁止裂槽有助于控制钣金件材料并防止发生不希望的变形。在“类型”下拉列表框中可以设置的壁止裂槽类型有“扯裂”、“无止裂槽”、“拉伸”、“矩形”和“长圆形”。用户可以单独定义每一侧的止裂槽选项。

步骤 5　其他参数和选项采用默认设置，在平整壁操控板中单击“应用并保存”按钮，创建的平整壁效果如图 5-23 所示。

下面简单介绍一下平整壁操控板中其他一些常用选项的作用。

- **“薄壁角”文本框** 90.00，用来输入平整壁绕连接边旋转的角度，该数值从水平位置开始计算，如图 5-24 所示。
- **“在连接边上添加折弯”按钮**：按下该按钮，可在连接边处为平整壁创建折弯。当按钮被按下时，右侧将出现“折弯半径”文本框 2.00 和“半径类型”下拉按钮，用来输入折弯半径值和选择半径类型。

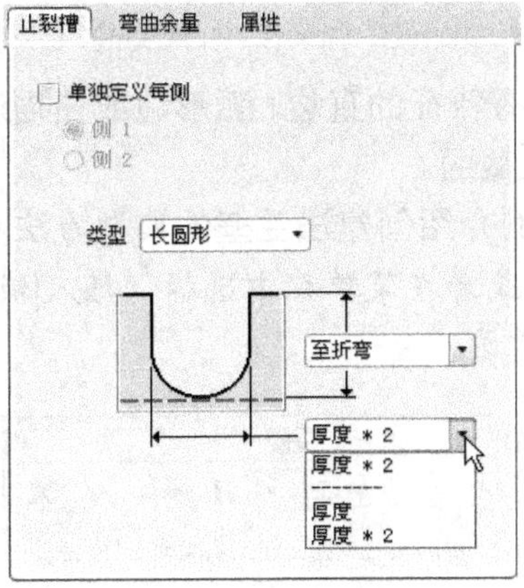

图 5-22　设置止裂槽类型

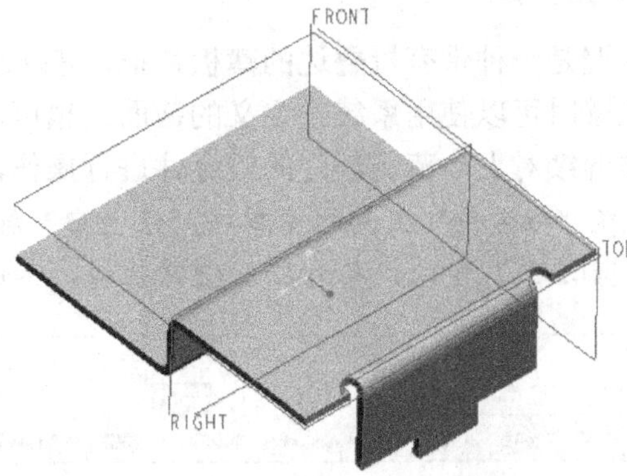

图 5-23　完成平整壁创建

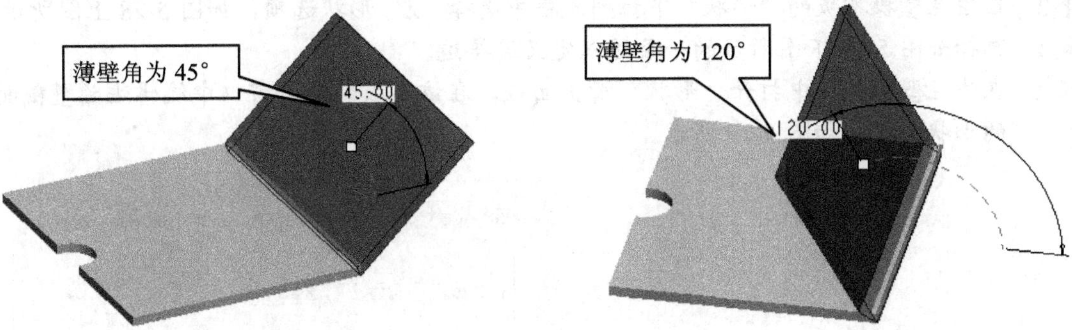

图 5-24　设置薄壁角

➢ **“偏移”滑出面板**：用于设置相对连接边来偏移壁，如图 5-25 所示。当选中“相对连接边偏移壁”复选框时，可激活下方的几个单选按钮。其中，“添加到零件边”单选按钮用于将壁添加到连接边，而不修剪连接边的长度；“自动”单选按钮用于偏移新壁，使其不超过连接壁的初始高度；“按值”单选按钮用于将壁偏移指定的有效值。

➢ **“弯曲余量”滑出面板**：在该面板中选中“特征专用设置”复选框后，可以选择按 K 因子、Y 因子或折弯表来计算钣金件壁的展开长度或弯曲余量，如图 5-26 所示。

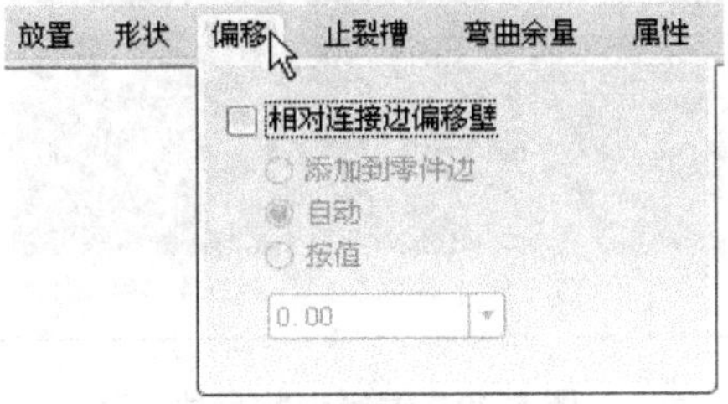

图 5-25　“偏移”滑出面板

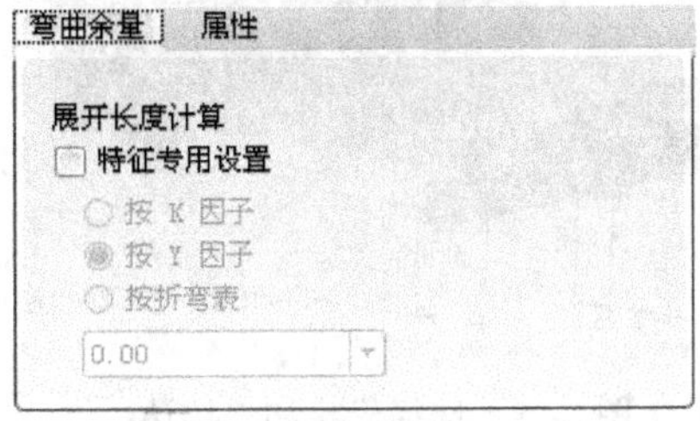

图 5-26　“弯曲余量”滑出面板

（2）法兰壁

法兰壁是一种带有折叠边的薄板特征，可以连接到已有特征的直边、弧形边或扫描边上。创建法兰壁时可以使用系统预定义的截面，也可以自定义截面。

下面继续对上一范例创建的钣金件进行操作，以此为例介绍创建法兰壁的典型方法步骤。

步骤 1 在“钣金件”工具栏中单击“法兰壁”按钮，或者在菜单栏中选择“插入|钣金件壁|法兰”命令，打开法兰壁操控板，如图 5-27 所示。

图 5-27　法兰壁操控板

步骤 2 在法兰壁操控板的“形状”下拉列表框中选择“Z”形状选项，如图 5-28 上图所示。

步骤 3 选择如图 5-28 下图所示的一条边以定义连接边。

步骤 4 在法兰壁操控板中打开“形状”滑出面板，在该面板的草绘窗口中编辑法兰壁截面的形状尺寸，如图 5-29 所示。

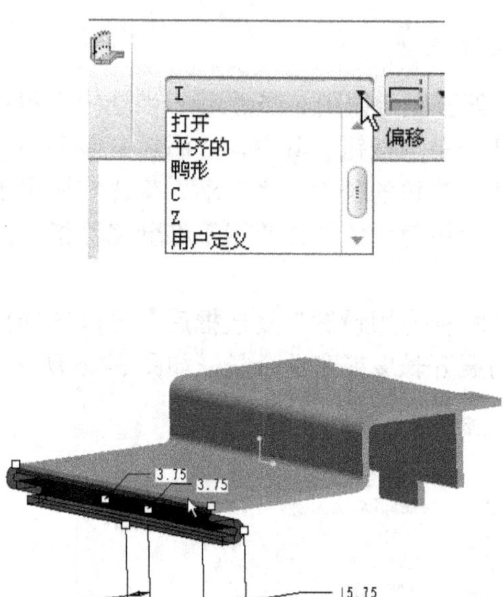

图 5-28　选择形状和连接边

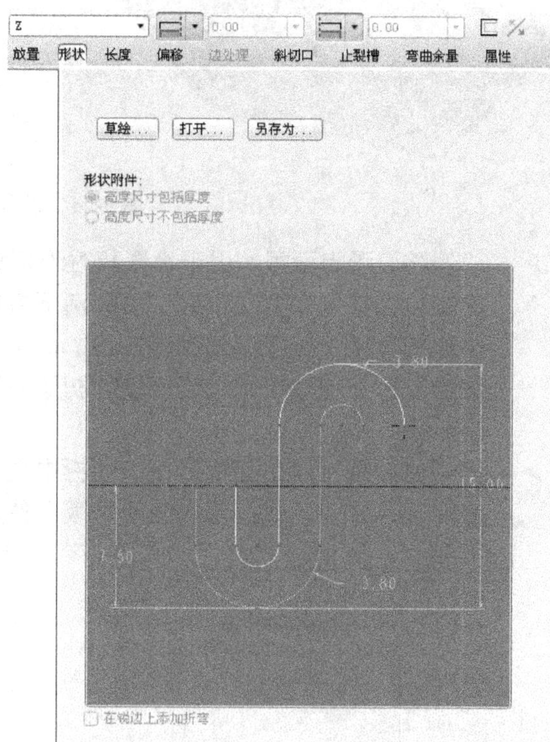

图 5-29　编辑形状尺寸

步骤 5 在法兰壁操控板中设置法兰壁每一侧的长度，如图 5-30 所示。

步骤 6 其他采用默认设置，单击“应用并保存”按钮，完成创建的法兰壁如图 5-31 所示。

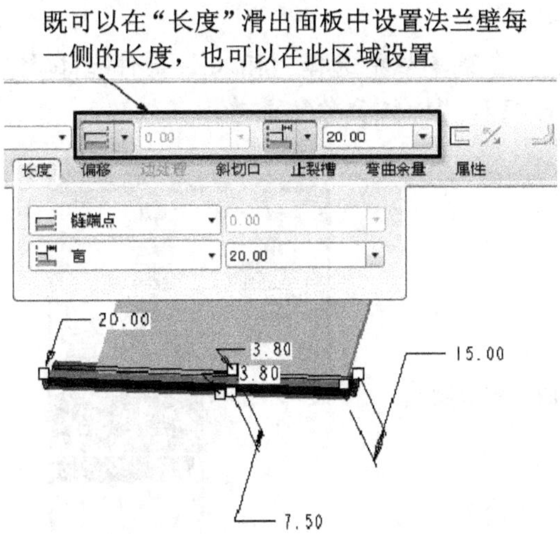

图 5-30　设置法兰壁每侧的长度

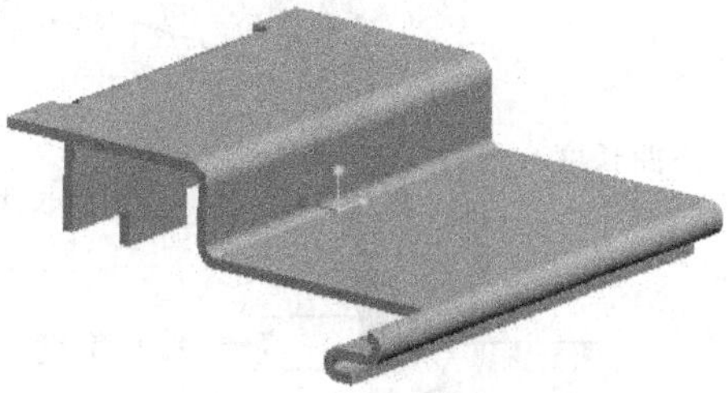

图 5-31　完成创建法兰壁

下面简单介绍一下法兰壁操控板中一些常用选项的作用。

- **"长度"滑出面板**：该面板用来设置法兰壁以连接边的两个端点为界向两侧延伸的距离，系统为每个端点提供了三种延伸方式，其中，"链端点"是指在连接边的端点处终止，不再向外延伸，此为缺省设置；"盲"是指从连接边的端点处向外延伸指定的距离；"至选定的"是指将法兰壁延伸到某个点、边、平面或曲面。
- **"斜切口"滑出面板**：当用相切边链创建法兰壁时，可以用该上滑面板在相交的相切壁段之间添加斜切口，如图 5-32 所示。选中"添加斜切口"复选框，表示在相交壁段创建斜切口，并且可以设置斜切口的截面尺寸和偏移距离。

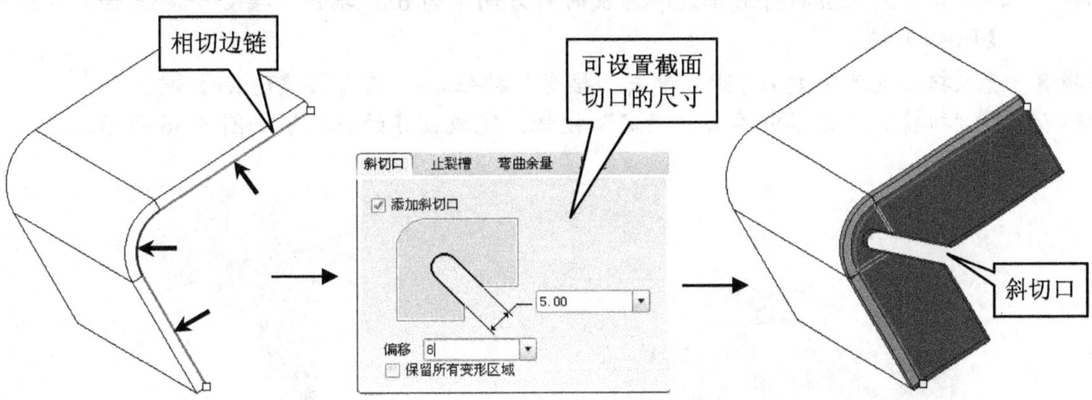

图 5-32　创建斜切口

（3）扭转壁

扭转壁是指将连接在某条直边上的薄板特征绕指定中心线旋转一定角度而得到的壁特征，主要由起始宽度、终止宽度、扭曲长度、扭转角度和延伸长度等 5 个关键尺寸构成，如图 5-33 所示，常用于创建钣金件的螺旋部分。

下面以一个简单范例来介绍如何创建扭转壁。

步骤 1 打开本书配套素材“CH5\bc_5_22c.prt”，在菜单栏中选择“插入|钣金件壁|扭转”命令，弹出如图 5-34 所示的“扭转”对话框和“特征参考”菜单。

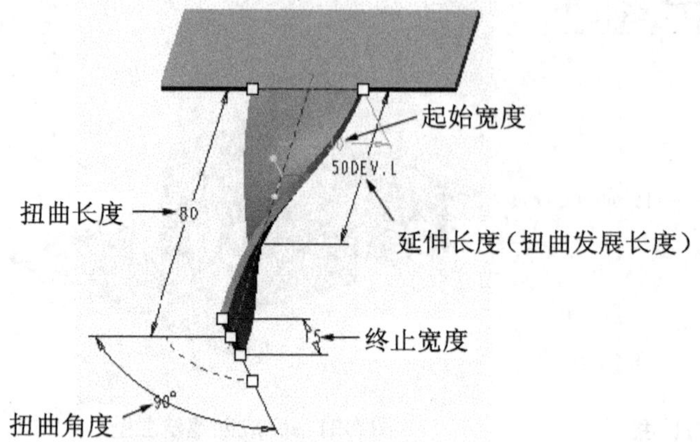

图 5-33　扭转壁示意

图 5-34　“扭曲”对话框和“特征参考”菜单

步骤 2 选择扭曲壁要连接到的直边，如图 5-35 所示。

步骤 3 在菜单管理器出现的“扭转轴点”菜单中选择“使用中点”命令，从而定义扭转轴通过选定附属边的中点。

步骤 4 输入起始宽度为 50，单击“接受”按钮☑，或者按【Enter】键。

步骤 5 输入终止宽度为 25，单击“接受”按钮☑，或者按【Enter】键。

步骤 6 输入扭曲长度为 120，单击“接受”按钮☑，或者按【Enter】键。

步骤 7 输入扭曲角（当面对附属边时为反时针方向）为 68，单击“接受”按钮☑，或者按【Enter】键。

步骤 8 输入扭曲发展长度为 120，单击“接受”按钮☑，或者按【Enter】键。

步骤 9 在“扭转”对话框中单击“确定”按钮，完成创建的扭转壁如图 5-36 所示。

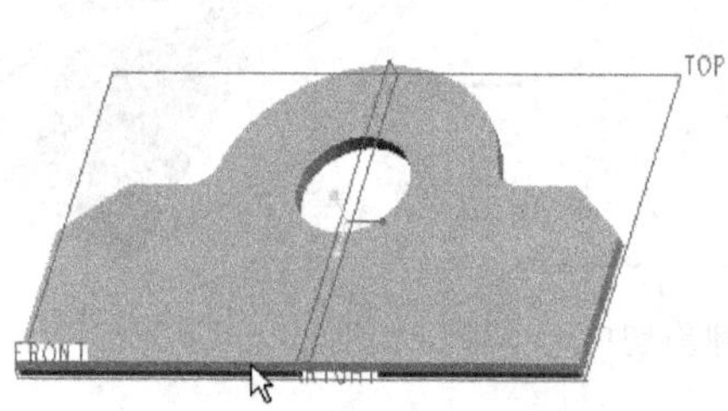

图 5-35　选择扭曲壁要连接到的直边

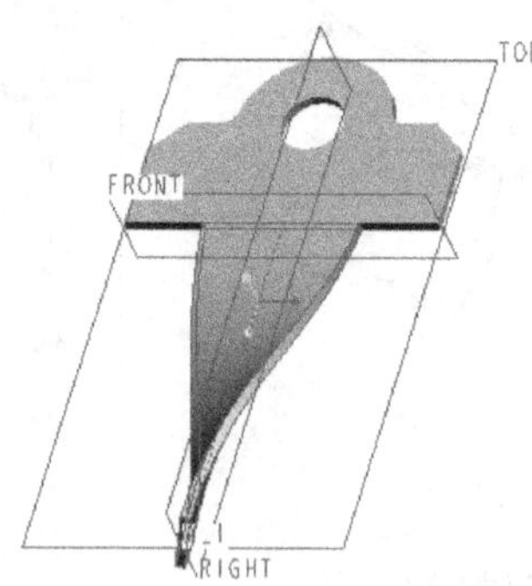

图 5-36　创建扭转壁

（4）延伸壁

延伸壁是指将现有壁延伸至某个平面或者延伸指定的距离而得到的薄板特征，如图 5-37

所示。延伸壁通常用于钣金的拐角处。

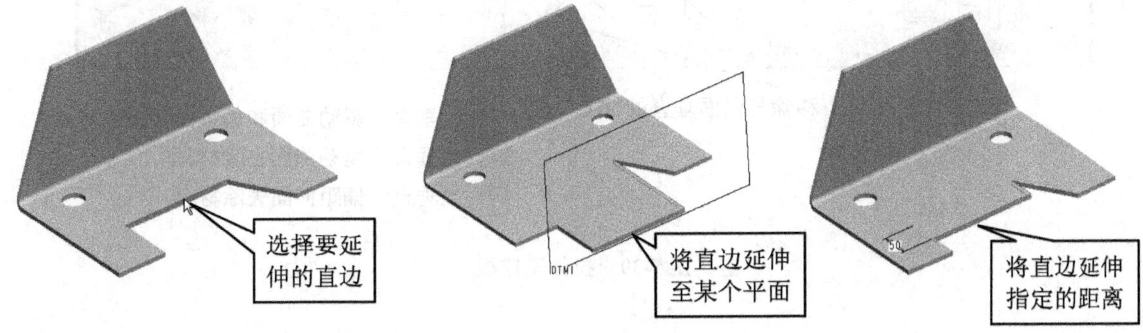

图 5-37　延伸壁示意图

创建延伸壁的操作很简单，单击“延伸壁”按钮，或在菜单栏中选择“插入|钣金件壁|延伸”命令，打开“壁选项：延伸”对话框，选择要延伸的边，在出现的菜单管理器中选择是延伸至指定平面（向上至平面）还是指定距离（延伸值），然后选择平面或输入延伸距离并确认，最后在对话框中单击“确定”按钮即可。

（5）合并壁

使用“合并壁”按钮（其对应的菜单命令为“插入|合并壁”命令），可以将一个或多个分离的平面壁与基础壁合并，从而构成单个钣金零件。注意：要合并的壁之间必须相切，并且各壁的驱动侧必须匹配。合并壁的典型示例如图 5-38 所示。

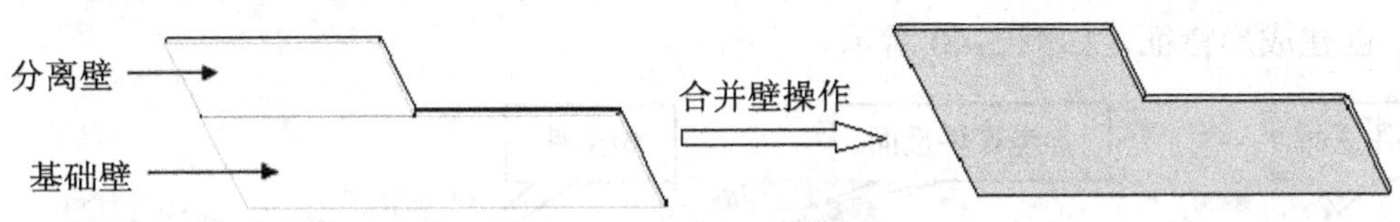

图 5-38　合并壁的典型示例

（三）创建钣金件切口

在钣金件设计模式下，单击“拉伸”按钮，可以在钣金件中创建切口。另外也可以使用冲孔、凹槽等功能创建一些设定形状的钣金切口。

在创建第一壁及相关的连接壁后，单击“拉伸”按钮，打开如图 5-39 所示的拉伸操控板，默认时“移除材料”按钮处于被自动选中的状态，从而显示切口选项，其中，“移除与曲面垂直的材料”按钮用于在钣金件切口与实体切口之间切换，当选中该按钮（使该按钮处于下凹状态）时，其他 3 个钣金件切口选项才可用。

在拉伸操控板中设置好钣金件切口选项后，接着指定放置参照以在草绘平面上草绘切口，确认后以设定的方式移除钣金件的材料，从而在钣金件中创建切口。

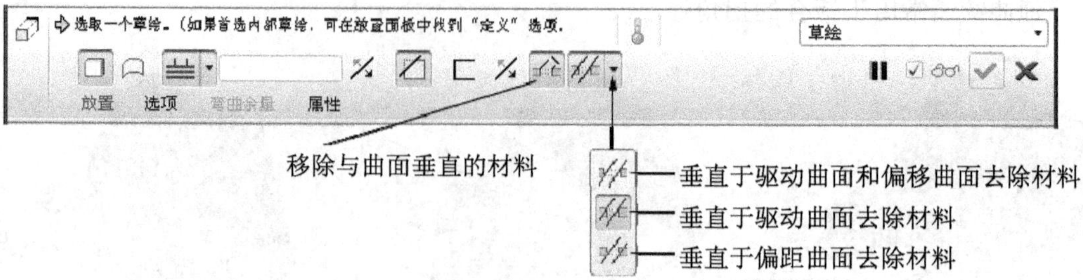

图 5-39　拉伸操控板

（四）创建成形与平整成形

成形特征是用参照零件以模压或冲孔的方式在钣金件上创建的印贴特征，钣金成形特征分两种主要类型，即凸模和凹模；而平整成形则是指展平凸模和凹模，将其返回到原始平整状态。

1. 创建成形

在 Pro/E Wildfire 5.0 中，使用“凸模工具”按钮和“凹模”按钮都可以创建相同的成形特征，二者的区别如下。

➢ **凹模**：指创建一个模具印贴。将参考零件放置到钣金件上后，需在参考零件上指定边界平面和种子曲面，系统用边界曲面和种子曲面之间的几何（不包括边界平面）创建成形特征，如图 5-40 所示。

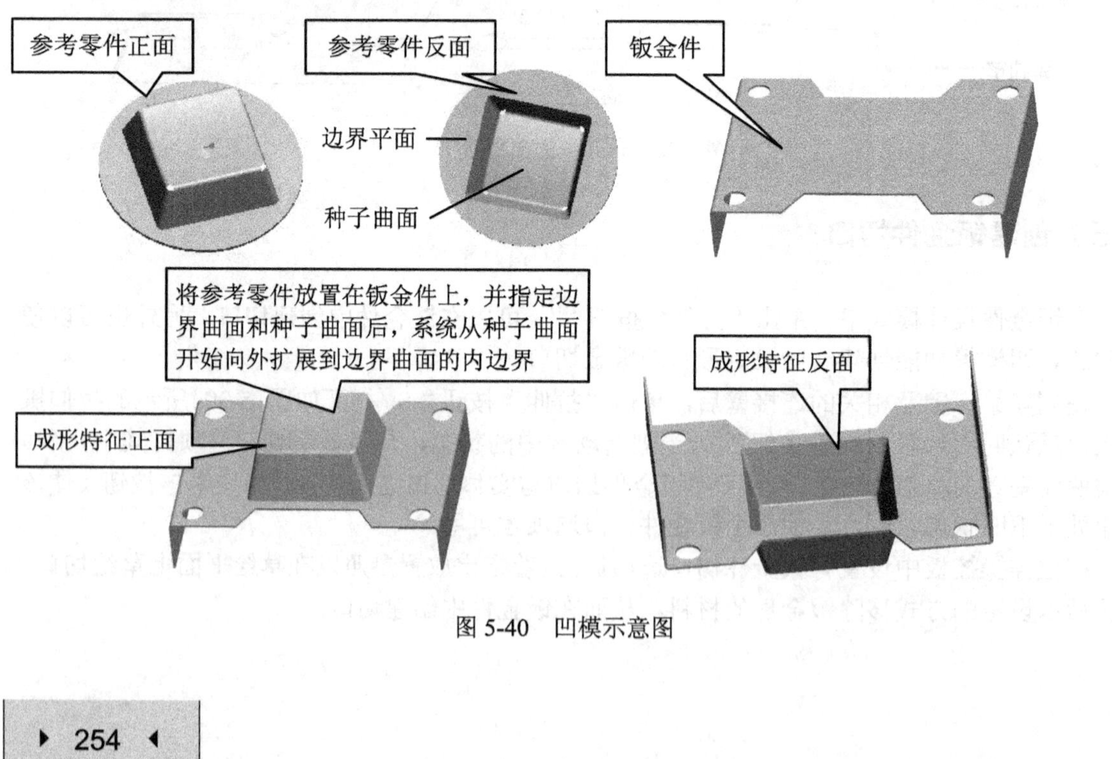

图 5-40　凹模示意图

- **凸模**：指创建一个冲孔印贴。将参考零件放置到钣金件上后，指定一个冲压方向，系统将用这个参考零件在冲压箭头指向的一侧创建成形特征，如图 5-41 所示。如果参考模型两侧的形状不同，切换冲压方向，将得到不同的成形特征。

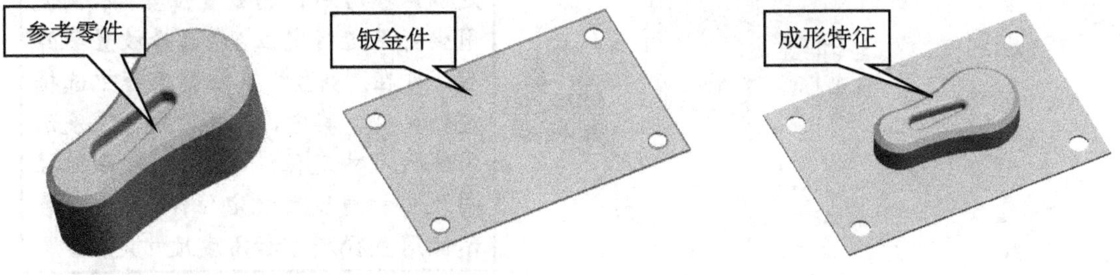

图 5-41　凸模示意图

（1）创建凸模

要在钣金件中创建凸模成形特征，可在“钣金件”工具栏中单击“凸模工具”按钮，打开如图 5-42 所示的凸模操控板进行操作。

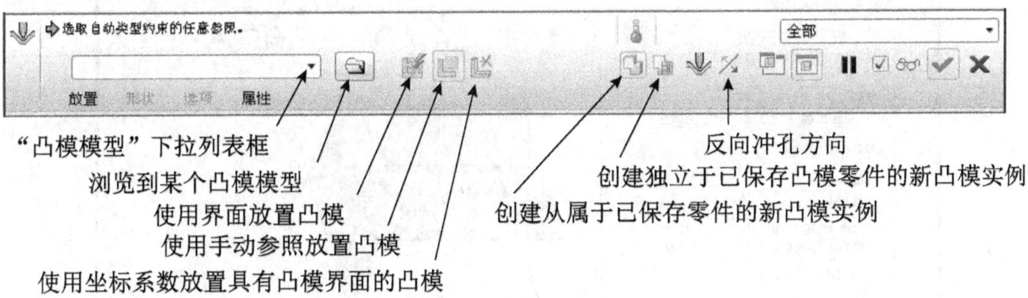

图 5-42　凸模操控板

下面是创建凸模的一个简单范例。

步骤 1　打开本书配套素材“CH5\bc_5_41a.prt”，在“钣金件”工具栏中单击“凸模工具”按钮，打开凸模操控板。

步骤 2　从“凸模模型”下拉列表框中选择预定义的 CLOSE_FLAT_LOUVER_FORM_MM 凸模模型（参考零件），并确保选中“使用坐标系放置”按钮，接着选择凸模复制选项，本例单击选择“创建从属于已保存零件的新凸模实例”按钮。

> **知识库**
>
> 也可单击“凸模模型”下拉列表框右侧的按钮，从打开的对话框中选择自己设计的零件作为凸模模型（参考零件）。
>
> 当选择按钮时，表示成形特征从属于参考零件，当更改参考零件时，所做的更改将更新到成形特征；当选择按钮时，表示成形特征独立于参考零件，更改参考零件不会影响成形特征。
>
> 此外，选择不同的放置按钮，在“放置”滑出面板中出现的选项会不同。

步骤 3　打开“放置”滑出面板，在原始钣金件中单击如图 5-43 所示的一个钣金面作为放置参照（表示将参考零件放置在其上），接受默认的放置类型为“线性”。

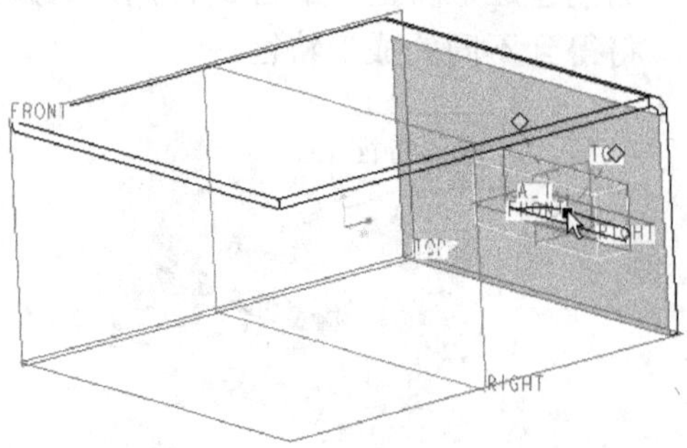

图 5-43　选择放置参照

> **提示** 创建成型特征时，很关键的一点是确认参考零件的放置位置。本例使用坐标系进行定位，在选择放置参照后，可在“类型”下拉列表框中选择定位类型。其中，选择“线性”表示用线性尺寸定位；“径向”表示用径向尺寸和角度尺寸定位；“尺寸”表示使用直径尺寸和角度尺寸定位。

步骤 4　在“偏移参照”收集器的框中单击以激活该收集器，接着选择 TOP 基准平面，按住【Ctrl】键的同时选择 FRONT 基准平面，并在“偏移参照”收集器中修改它们相应的偏移距离，从而完成参考零件的定位，如图 5-44 所示。

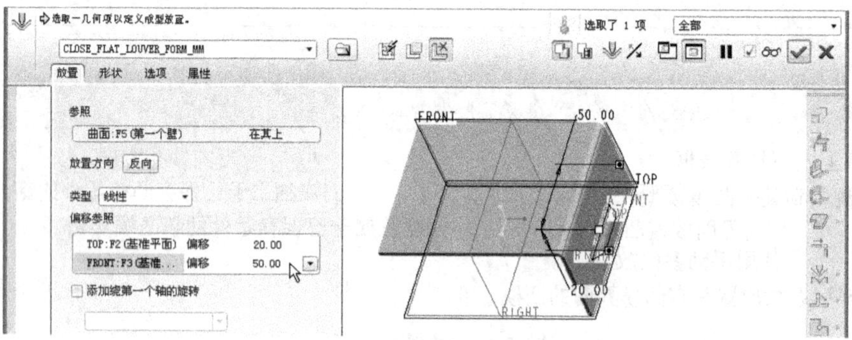

图 5-44　定义放置偏移参照等

步骤 5　在凸模操控板中单击“应用并保存”按钮✔，完成凸模成形特征的创建，如图 5-45 所示。

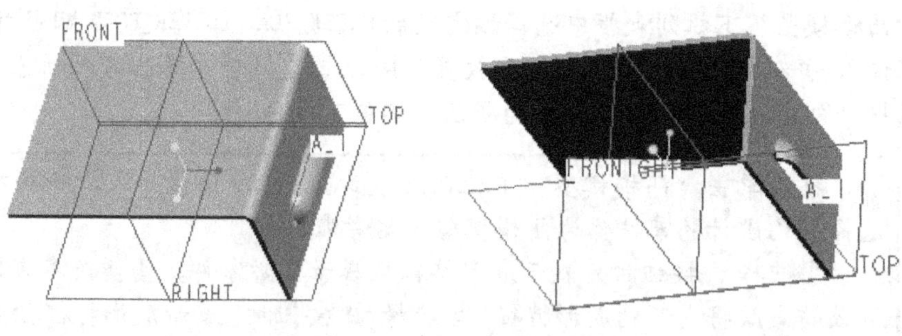

图 5-45　完成凸模成形特征

> **提示** 利用凸模操控板的“选项”滑出面板可以对凸模成形特征上的锐边（放置边或非放置边）进行圆角处理，还可以排除成形特征上不需要的曲面。

（2）创建凹模

凹模的创建方法与创建凸模相似，也需要定位参考零件在钣金件上的位置，不同的是，在创建凹模时需要在参考零件上指定边界平面和种子曲面。下面是创建凹模的一个简单范例。

步骤 1 打开本书配套素材“CH5\bc_5_41b.prt”，在“钣金件”工具栏中单击“凹模”按钮，系统弹出如图 5-46 所示的“选项”菜单。

步骤 2 利用“选项”菜单定义如何使用冲孔参照零件并选择“完成”命令，如图 5-46 所示。

> **提示** 当选择“参照”选项时，成形特征从属于保存的参照零件，再生钣金零件时，对保存的零件所作的任何更改都进行参数化更新，如果保存的零件不能定位，则钣金件成形几何将被冻结；当选择“复制”选项时，成形特征使用复制的几何并独立于保存的参照零件。

步骤 3 利用弹出的“打开”对话框选择冲孔参照零件，这里我们选择本书配套素材“CH5\bc_5_41bck.prt”，所选冲孔参照零件会在一个单独窗口中打开，同时系统弹出两个对话框，如图 5-47 所示。

图 5-46　“选项”菜单

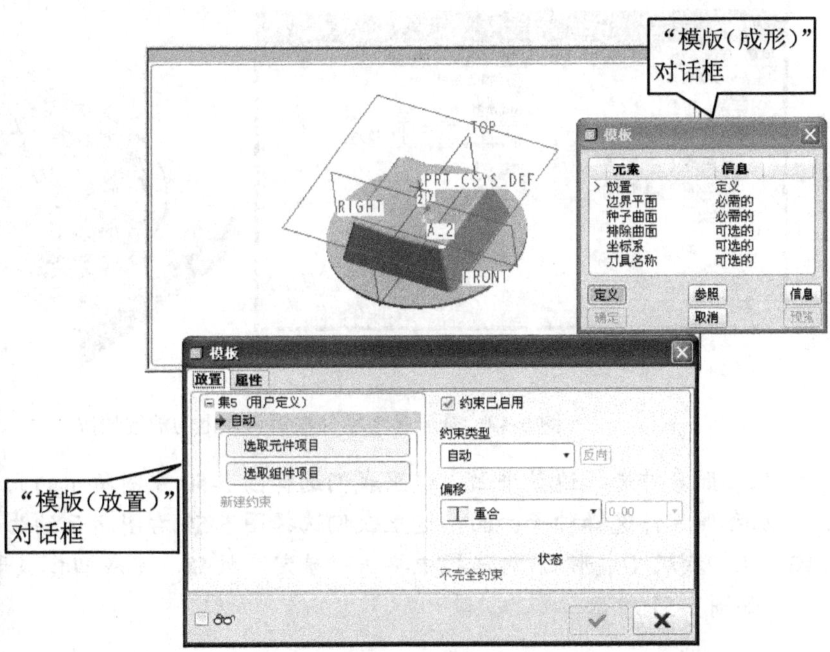

图 5-47　选择冲孔参照零件后弹出的对话框

步骤 4 接下来设置约束，以将参照零件放置在钣金件的指定位置。这里我们在“模版（放置）”对话框的“约束类型”下拉列表框中选择“配对”约束，然后在参照零件和钣金件上分别选取图 5-48 中图和右图所示的两个曲面作为匹配参照（注意选择顺序）。

步骤 5 继续设置约束。单击“模版（放置）”对话框中的“新建约束”选项，添加一个约束，将其约束类型设置为“对齐”，然后在参考零件和钣金件上均选取 TOP 基准平面作为对齐参照。

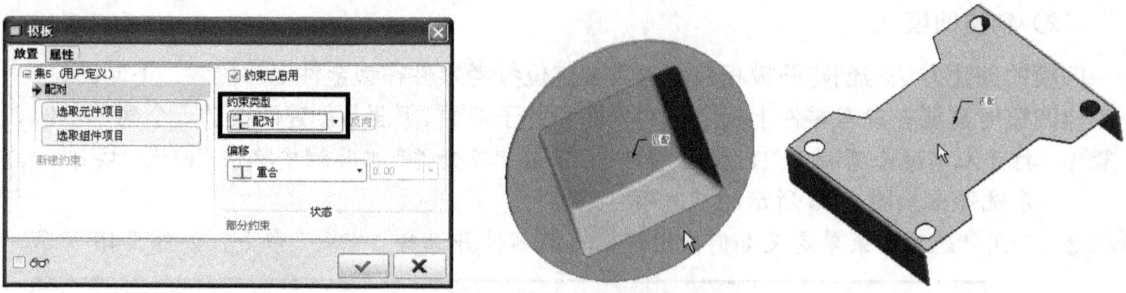

图 5-48　设置配对约束

步骤 6　再次单击“模版（放置）”对话框中的“新建约束”标签，添加一个“对齐”约束，然后在参考零件和钣金件上均选取 RIGHT 基准平面作为对齐参照。

步骤 7　选中“模版（放置）”对话框中的“预览”复选框，查看参考零件在钣金件上的放置情况，如图 5-49 所示，然后单击对话框中的“应用”按钮，完成放置。

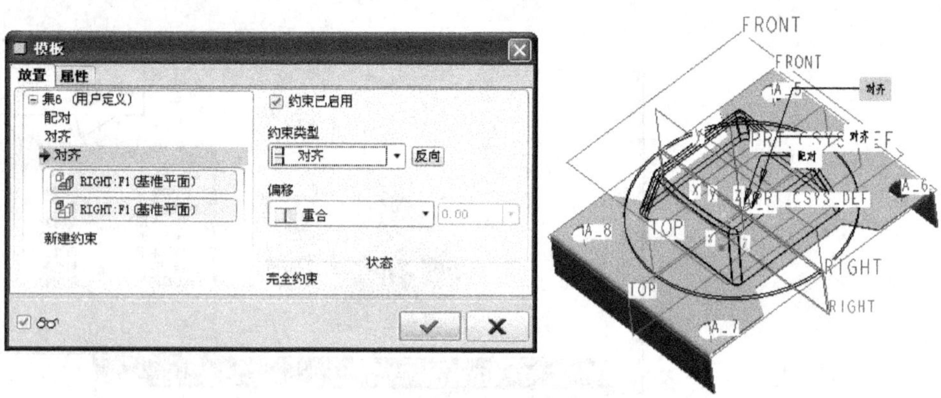

图 5-49　查看参考零件在钣金件上的放置情况

步骤 8　从参照零件选择边界平面，这里我们选择图 5-50 左图所示的曲面。

步骤 9　从参照零件选择种子曲面，这里我们选择图 5-50 右图所示的曲面。

步骤 10　在“模板（成形）”对话框中单击“确定”按钮，完成凹模成形特征的创建，效果如图 5-51 所示。

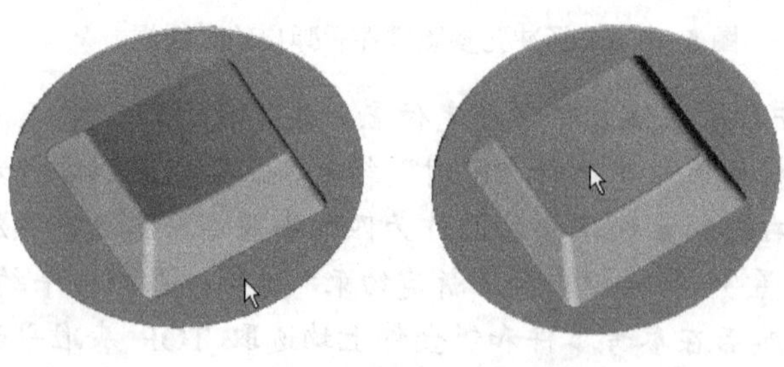

图 5-50　选择边界平面和种子曲面

图 5-51　完成凹模成形特征的创建

> **提示** 如果要排除曲面，可在“模板（成形）”对话框中选择“排除曲面”元素项，单击“定义”按钮，然后在参考零件上选取要排除的曲面即可，如图 5-52 所示。用户还可在该对话框中根据需要来设置其他可选元素。

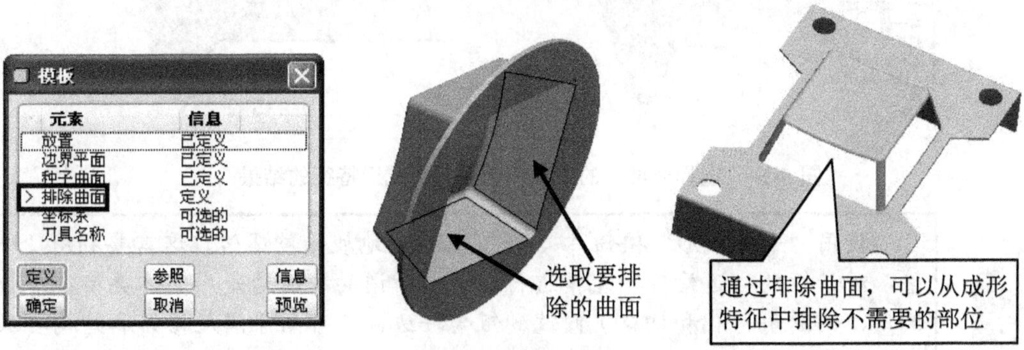

图 5-52　排除曲面

2. 平整成形

在“钣金件”工具栏中单击“平整成形”按钮，可以展平凸模和凹模成形特征。平整成形命令会在平整后调整零件的宽度，使其材料体积在平整前后保持不变。平整成形特征一般创建在设计结束阶段，以分析准备制造时需要的板材等。

下面是创建平整成形特征的一个范例。

步骤 1　打开前面创建的凸模成形零件，在“钣金件”工具栏中单击“平整成形”按钮，或者在菜单栏中选择“插入|形状|平整成形”命令，弹出如图 5-53 左图所示的“平整”对话框。

步骤 2　在“平整”对话框中选择“印贴”元素，然后单击“定义”按钮，弹出如图 5-53 右图所示的“特征参考”菜单。

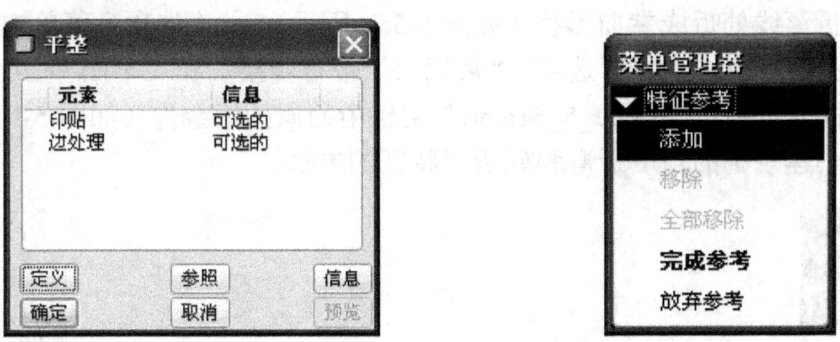

图 5-53　“平整”对话框和“特征参考”菜单

步骤 3　从模型树中选择要展平的成形特征，如图 5-54 左图所示，然后在“特征参考”菜单中选择“完成参考”命令。

步骤 4　在“平整”对话框中单击“确定”按钮，从而展平所选的成形特征，结果如图 5-54 右图所示。

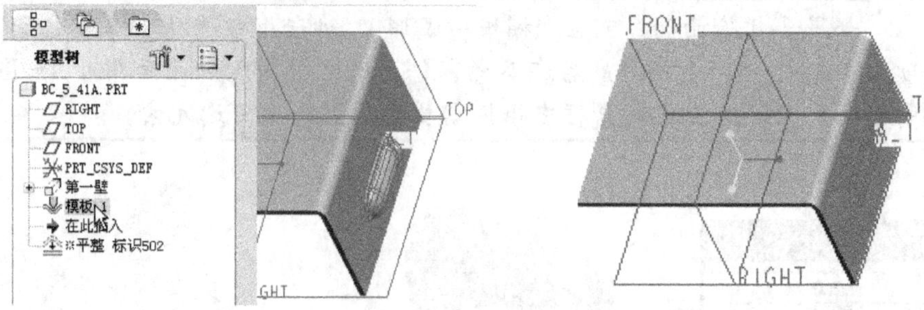

图 5-54　选择要展平的成形特征和展平成形特征的结果

> **提示**　使用“平整成形”按钮，还可以精确地展平冲压边，这需要利用“平整”对话框的“边处理”元素进行定义。所谓的冲压边是用实体类特征（如倒角、倒圆角、孔和切口）修改的钣金件边，它可用于满足修饰和结构要求（壁强度）。

（五）钣金折弯、展平与折弯回去

钣金折弯、展平和折弯回去是钣金设计经常要进行的操作。

1. 折弯

在钣金件设计过程中，只要有壁特征存在，就可以随时添加折弯，以将钣金件壁折弯成为斜形或筒形。需要注意的是，根据折弯在钣金件中的放置位置，可能需要添加折弯止裂槽。

要创建折弯，可在“钣金件”工具栏中单击“折弯”按钮，弹出如图 5-55 所示的一个菜单管理器。该菜单管理器的“选项”菜单中提供了两中折弯类型选项，即“角度”和“轧”，前者用于将钣金件的平面区域在折弯线处折弯成弯角（如图 5-56a 所示），后者则用于将钣金件的平面区域在折弯线处折成卷曲形状（如图 5-56b 所示）。从“选项”菜单中可以看出，每个角度折弯或轧折弯都有 3 个折弯选项（“常规”、“带有转接”和“平面”）可用。

下面以本书配套素材“CH5\bc_5_51a.prt”文档中的原始钣金件（如图 5-57 所示）为例，介绍在钣金件中创建规则的角度折弯和轧折弯特征的方法。

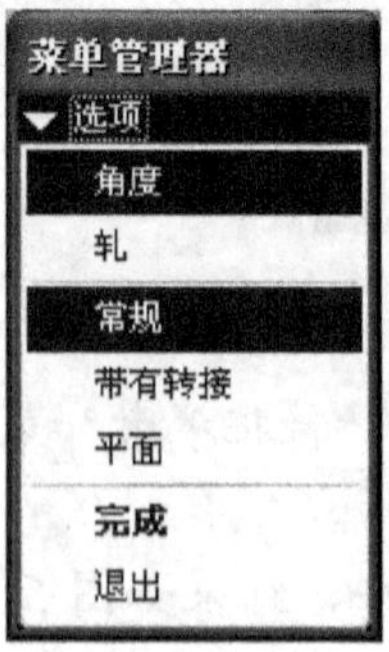

图 5-55　菜单管理器

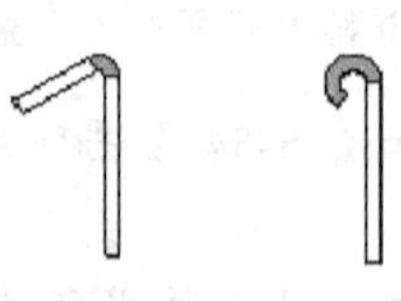

a）“角度”　b）“轧”

图 5-56　两种折弯类型

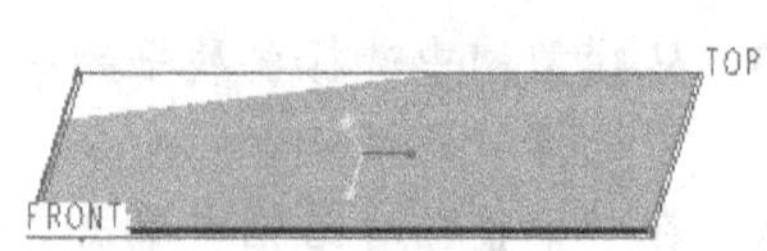

图 5-57　原始钣金件

（1）创建角度规则折弯

步骤 1 在“钣金件”工具栏中单击“折弯”按钮，弹出一个菜单管理器。

步骤 2 在菜单管理器的“选项”菜单中选择“角度|常规|完成”命令，系统打开如图 5-58 左图所示的“折弯选项：角度，常规”对话框和“使用表”菜单。

步骤 3 在“使用表”菜单中选择“零件折弯表|完成/返回”命令。

步骤 4 在菜单管理器出现的如图 5-58 右图所示的“半径所在的侧”菜单中选择“内侧半径|完成/返回”命令。

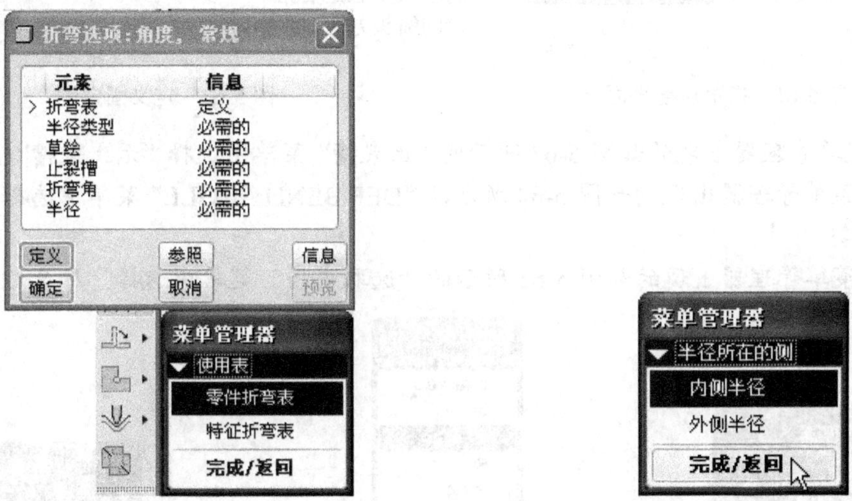

图 5-58　打开的对话框和菜单

步骤 5 选择如图 5-59 所示的钣金件平整曲面作为草绘平面，接着在菜单管理器出现的菜单中依次选择“确定”命令和“缺省”命令，进入草绘模式。

步骤 6 绘制如图 5-60 所示的一条折弯线，单击“完成”按钮。

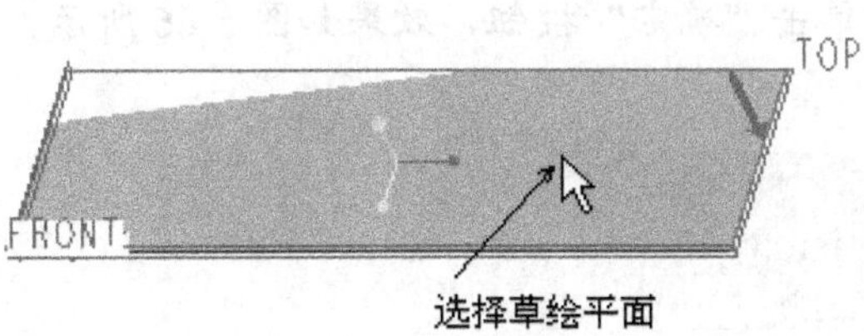

图 5-59　指定草绘平面

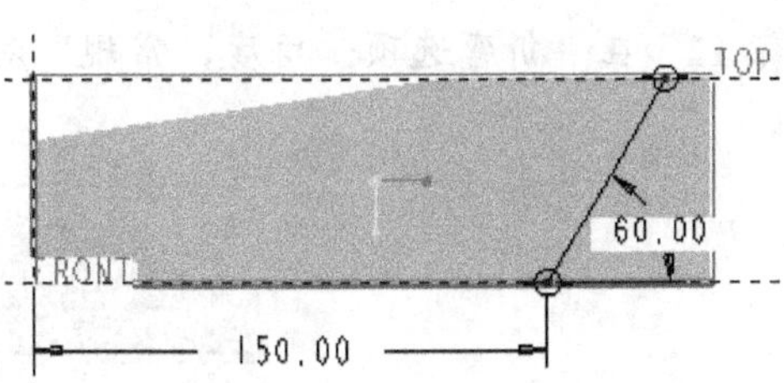

图 5-60　绘制一条折弯线

步骤 7 在菜单管理器出现的如图 5-61 所示的“折弯侧”菜单中选择“确定”命令。

步骤 8 在菜单管理器出现的“方向”菜单中选择“反向”命令，切换箭头方向，然后在“方向”菜单中选择“确定”命令，如图 5-62 所示。

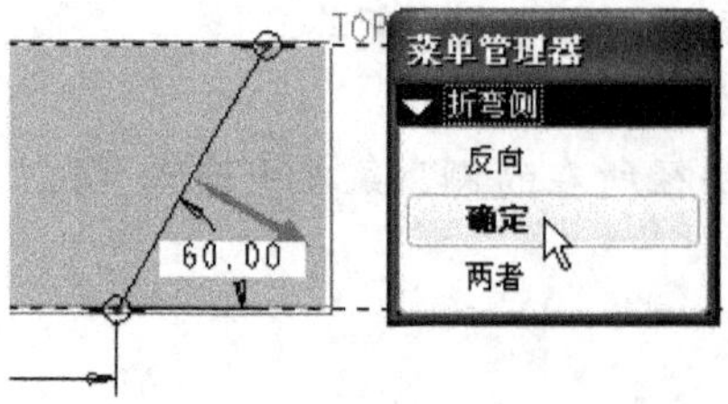

图 5-61　指定草绘平面

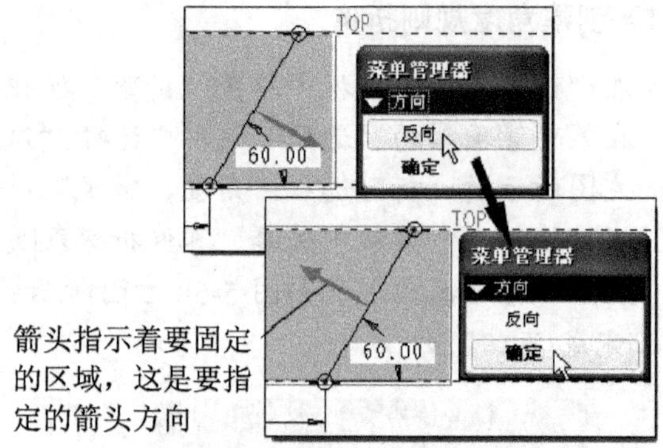

图 5-62　定义固定侧

步骤 9　在菜单管理器出现的如图 5-63 所示的“止裂槽”菜单中选择“无止裂槽|完成”命令。

步骤 10　在菜单管理器出现的如图 5-64 所示的“DEF BEND ANGLE”菜单中选择“45|完成”命令。

步骤 11　在菜单管理器出现的如图 5-65 所示的“选取半径”菜单中选择“厚度*2”命令。

图 5-63　“止裂槽”菜单

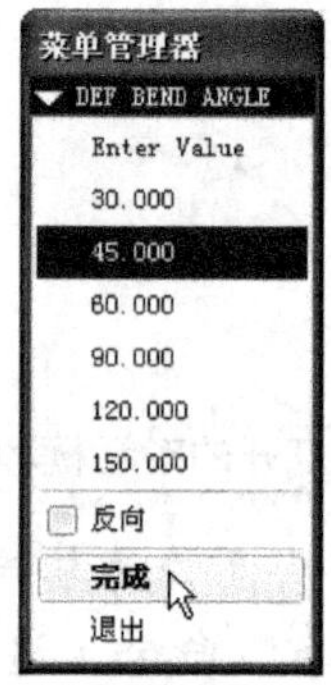

图 5-64　“DEF BEND ANGLE”菜单

图 5-65　“选取半径”菜单

步骤 12　在“折弯选项：角度，常规”对话框中单击“确定”按钮，效果如图 5-66 所示。

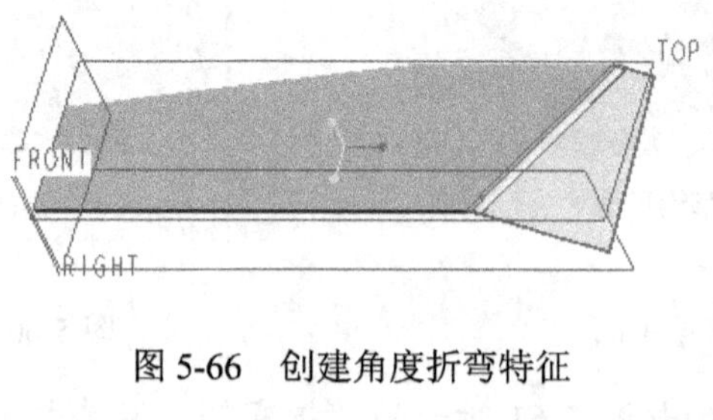

图 5-66　创建角度折弯特征

（2）创建轧规则折弯

步骤 1　在“钣金件”工具栏中单击“折弯”按钮，弹出一个菜单管理器。

步骤 2　在菜单管理器的“选项”菜单中选择“轧|常规|完成”命令，系统打开如图 5-67 所示的“折弯选项：轧，常规”对话框和“使用表”菜单。

步骤 3　在“使用表”菜单中选择“零件折弯表|完成/返回”命令。

步骤 4　指定半径类型，在“半径所在的侧”菜单中选择“内侧半径|完成/返回”命令，如图 5-68 所示。

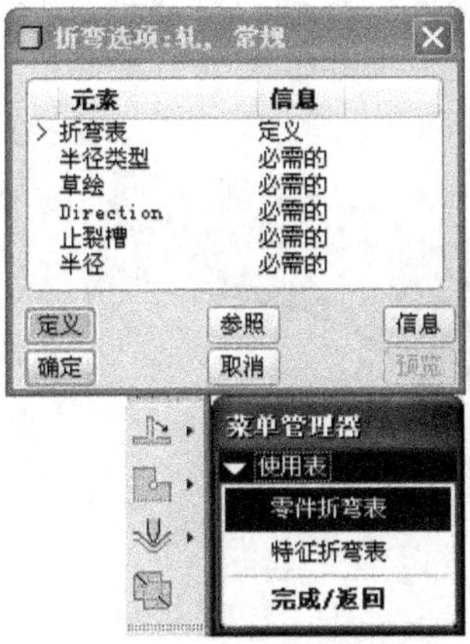

图 5-67　“折弯选项：轧，常规”对话框和“使用表”菜单

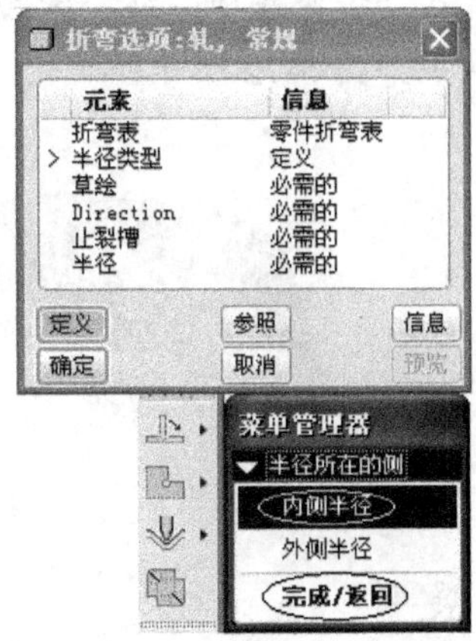

图 5-68　指定半径类型

步骤 5　在菜单管理器出现的“设置草绘平面”菜单中选择“使用先前的”命令；接着在菜单管理器出现的“方向”菜单中选择“确定”命令，进入草绘模式。

步骤 6　绘制如图 5-69 所示的折弯线，单击“完成”按钮✔。

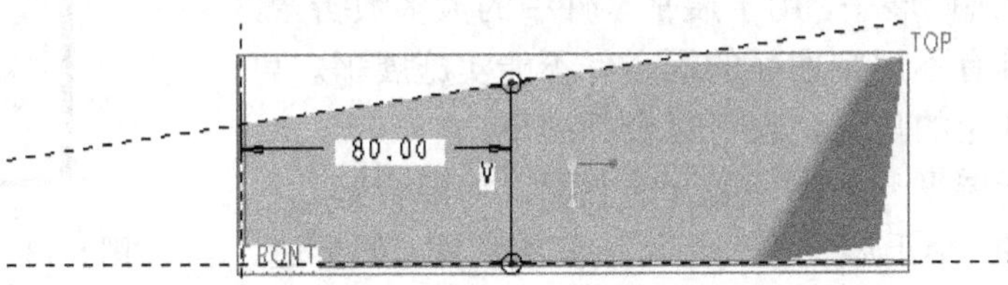

图 5-69　绘制折弯线

步骤 7　出现“指明在图元的哪一侧创建特征”的提示信息，使用菜单管理器的“折弯侧”菜单来设置用于指示折弯侧的箭头方向，如图 5-70 所示，然后选择“确定”命令。

步骤 8　设置指示固定区域的箭头方向，如图 5-71 所示（如果发现默认的固定侧方向不对，则在“方向”菜单中选择“反向”命令来切换），然后选择“确定”命令。

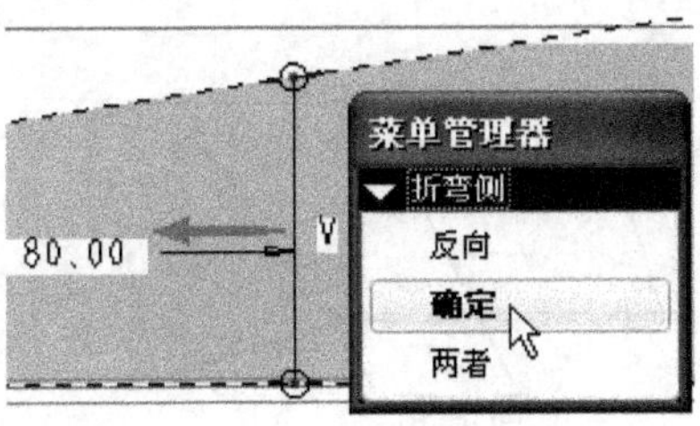

图 5-70　指定最终的折弯侧

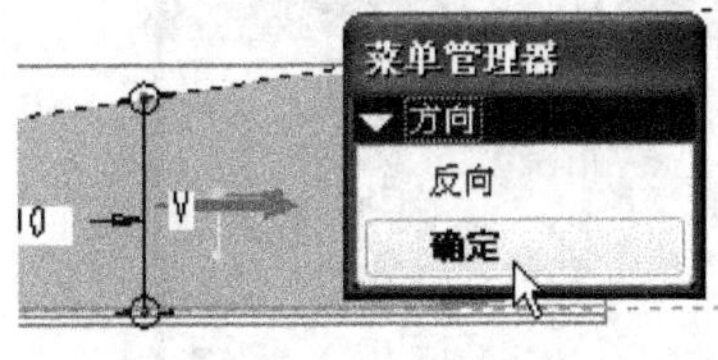

图 5-71　指定要固定的区域

步骤 9 在菜单管理器出现的“止裂槽”菜单中选择“无止裂槽|完成”命令。

步骤 10 在菜单管理器出现的“选取半径”菜单中选择“输入值”命令，并输入折弯率为 50，按【Enter】键确认。

步骤 11 在“折弯选项：轧，常规”对话框中单击“确定”按钮，创建的轧折弯（规则）效果如图 5-72 所示。

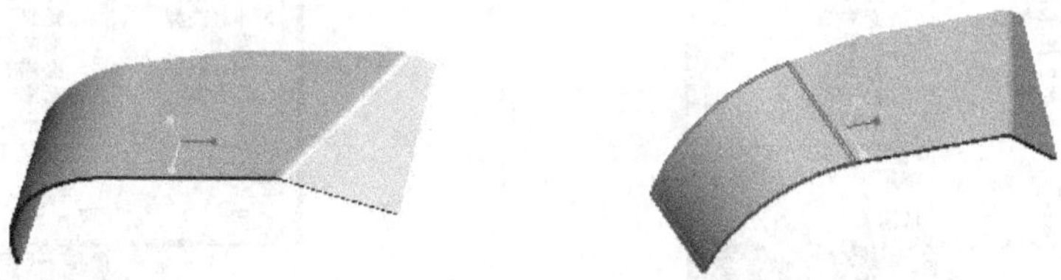

图 5-72　完成创建轧折弯

2. 展平

使用展平功能可以展平钣金件上的任何弯曲曲面，无论它是折弯特征还是弯曲的壁。

单击“展平”按钮，将打开如图 5-73 所示的“展平菜单”，该菜单提供了 3 种类型的展平方式，它们的含义如下。

- **常规**：属于规则展平，用于展平零件中的大多数折弯，但对一些具有不规则曲面的钣金件不能实施展平。可用于展平选定的折弯，也可以全部展平。
- **过渡**：用于展平一些不可展开的曲面，如混合壁。
- **剖截面驱动**：用于展平某些不可展开的曲面，如折边、法兰及在多个方向上游卷曲的壁。

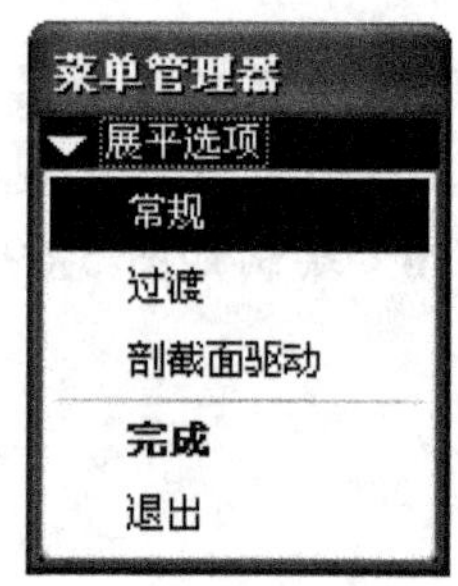

图 5-73　“展平选项”菜单

由于常规展平应用最多，这里重点介绍常规展平，具体操作步骤如下（范例素材使用上一节操作过的素材）。

步骤 1 在“钣金件”工具栏中单击“展平”按钮，在弹出的菜单管理器的“展平选项”菜单中选择“常规|完成”命令，弹出如图 5-74 所示的“(规则类型)”对话框。

步骤 2 在钣金件中选择当展平/折弯回去时保持固定的平面或边，选择如图 5-75 所示的平整零件面，此时弹出图 5-76 所示的“展平选取”菜单，指定要展平的折弯特征等即可。

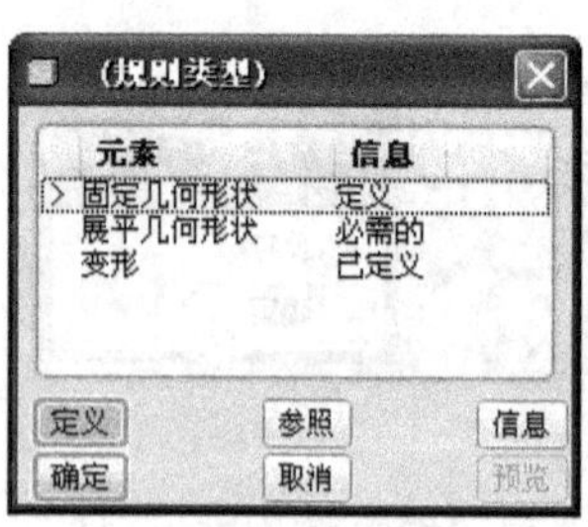

图 5-74　“（规则类型）”对话框

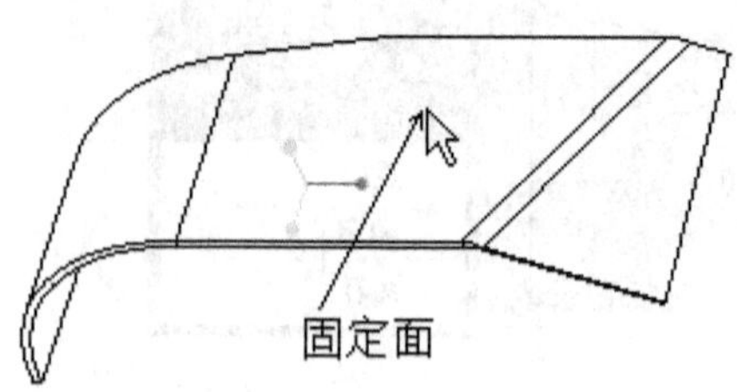

图 5-75　定义固定几何形状

步骤 3　当在“展平选取”菜单选择“展平选取|完成”命令时，弹出“特征参考”菜单，系统提示选择要展平的曲面或边，单击如图 5-77 所示的部位以定义要展平的几何，接着在“特征参考”菜单中选择“完成参考”命令，最后在“(规则类型)”对话框中单击“确定”按钮，完成创建展平特征的效果如图 5-78 所示。

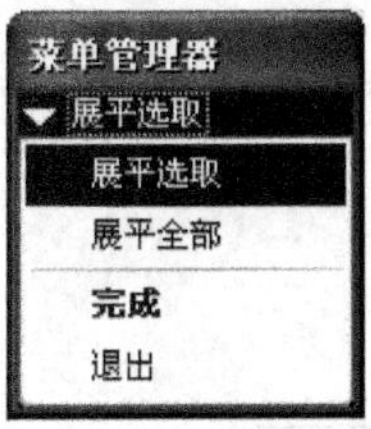

图 5-76　“展平选取”菜单

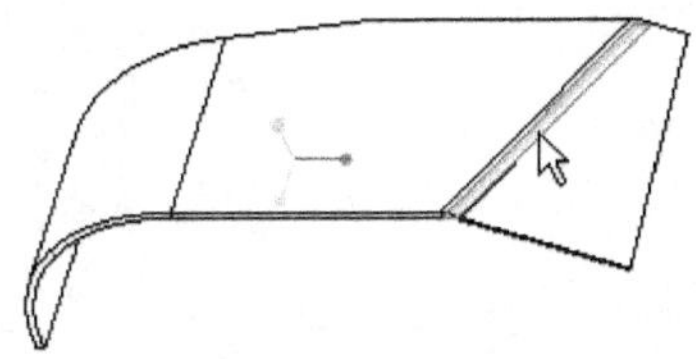

图 5-77　展平选取

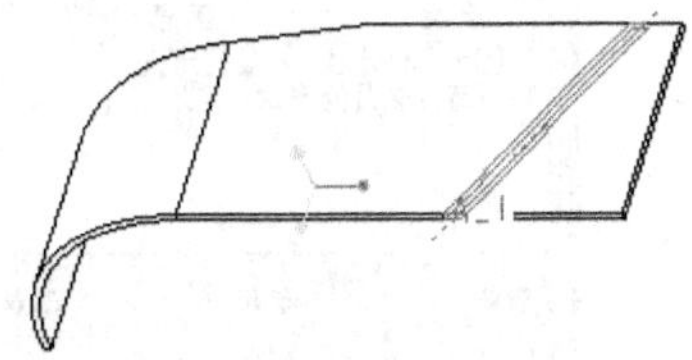

图 5-78　展平效果

步骤 4　当在“展平选取”菜单中选择“展平全部|完成”命令后，“(规则类型)”对话框会在“展平几何形状”元素对应的“信息”单元格中显示“展平全部”，如图 5-79 所示，单击“确定”按钮，展平全部的效果如图 5-80 所示。

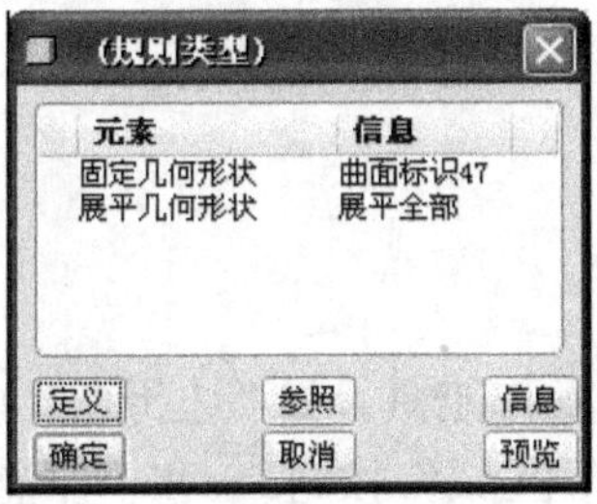

图 5-79　“（规则类型）”对话框

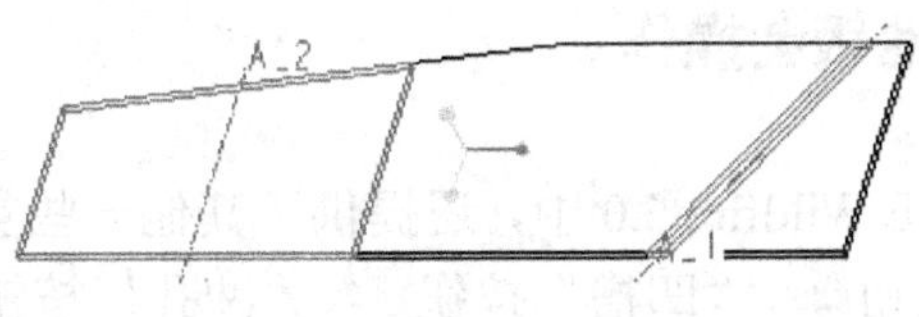

图 5-80　展平全部的效果

3. 折弯回去

使用折弯回去功能可以将展平曲面返回到它们的成形位置，即回到展平之前的形状。用户既可以折弯回去所选的部分，也可以折弯回去所有部分，具体操作如下（范例素材使用上一节操作过的素材）。

步骤 1　在“钣金件”工具栏中单击“折弯回去”按钮，弹出如图 5-81 所示的“折回”对话框。先定义固定几何形状元素，即在钣金件中选择要保持固定的平面或边，例如，选择如图 5-82 所示的钣金件表面作为固定面。

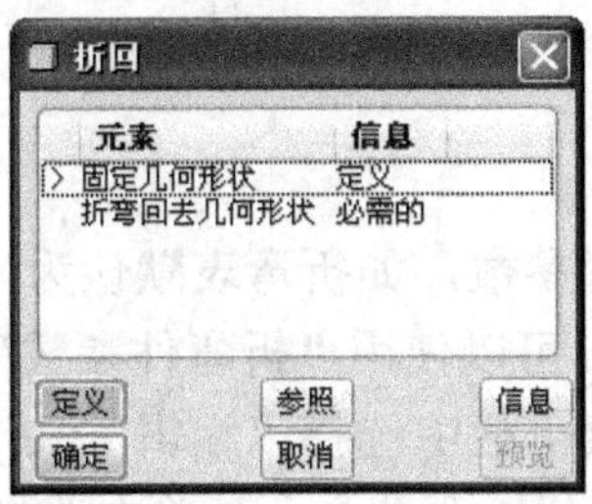

图 5-81　“折回”对话框

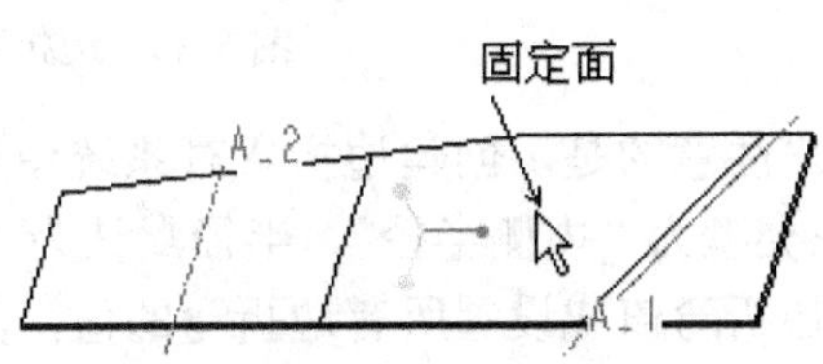

图 5-82　指定固定面

步骤 2 接下来开始定义折弯回去几何形状，在菜单管理器的“折弯回去选取”菜单中选择“折弯回去全部|完成”命令，如图 5-83 所示，然后在“折回”对话框中单击“确定”按钮，完成的折弯回去的效果如图 5-84 所示。

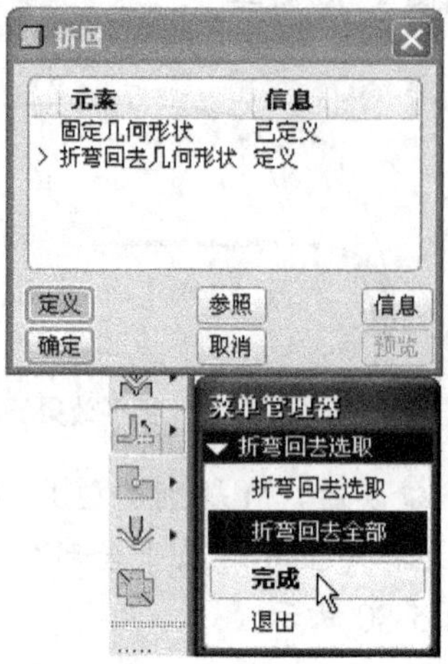

图 5-83 定义折弯回去选取

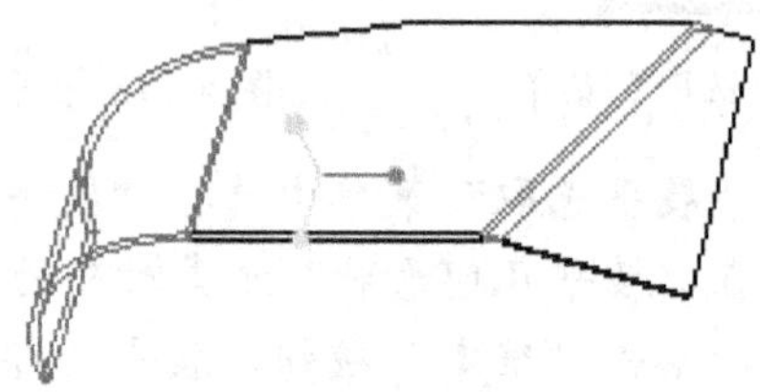

图 5-84 折弯回去全部的效果

（六）其他钣金操作

在 Pro/E Wildfire 5.0 中，还提供了其他一些实用的钣金操作工具，如“边折弯”按钮、“扯裂”按钮、“凹槽”按钮、“冲孔”按钮、“变形区域”按钮和“平整形态”按钮等。下面简要地介绍这些操作的实用功能。

1. 边折弯

在“钣金件”工具栏中单击“边折弯”按钮，在模型中选择现有非相切锐边、箱型边，确认后可以在所选的这些边处添加边折弯，即可以将非相切、箱型边转换为倒圆角边，图解示例如图 5-85 所示。

图 5-85 边折弯的图解示例

需要用户注意的是，创建边折弯时系统使用默认的折弯参数，如折弯表默认为“零件折弯表”，半径类型为“内侧半径”，半径默认为“厚度”。用户可以使用“折弯件参数”表来设置每条边的边折弯值或设置所有边折弯的值，其方法是在菜单栏中选择“编辑|设置”命令，弹出如图 5-86 所示的一个菜单管理器，从该菜单管理器的“钣金件设置”菜单中选择“参数”

命令，打开如图 5-87 所示的“钣金件参数”窗口，从中进行相应的参数编辑即可。

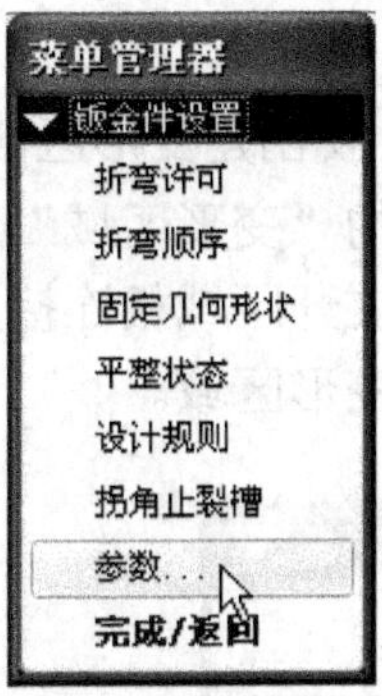

图 5-86 菜单管理器

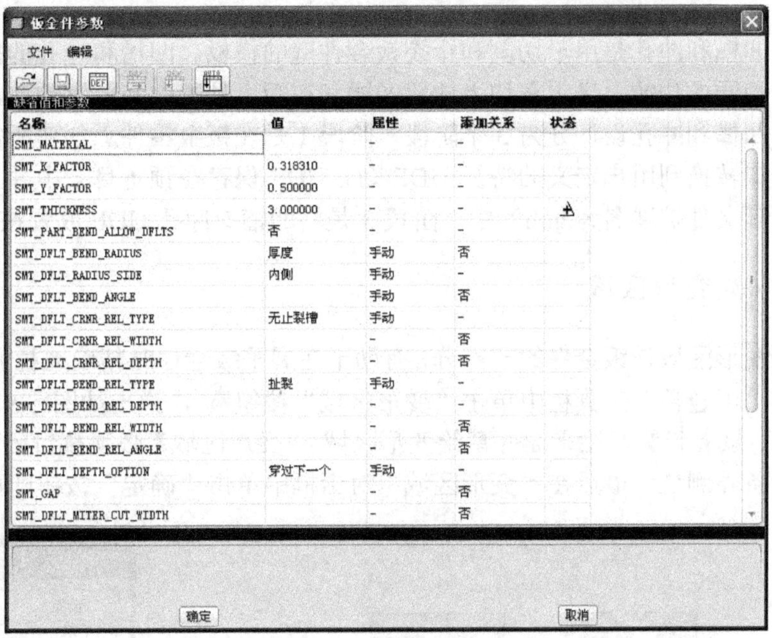

图 5-87 “钣金件参数”窗口

2. 扯裂

扯裂钣金件在某些情况下是很有用的，例如，如果钣金零件是材料的一个连续段，未扯裂钣金时，它就不能被展平，因此在展平之前需要创建一个扯裂特征。

在“钣金件”工具栏中单击“扯裂”按钮，弹出如图 5-88 所示的“选项”菜单，从该菜单可以看出，有如下 3 种类型的钣金件扯裂缝可用。

- **规则缝**：沿草绘的缝线创建锯痕。需要选择曲面并草绘缝线，可以选择边界曲面以避免某些曲面受裂缝影响。
- **曲面缝**：从模型中切除并排除选定的整个曲面片。需要选择要割裂的曲面。
- **边缝**：沿边创建锯缝。需要选择要生成裂缝的边。

图 5-89 给出了 3 种扯裂特征的典型示例。

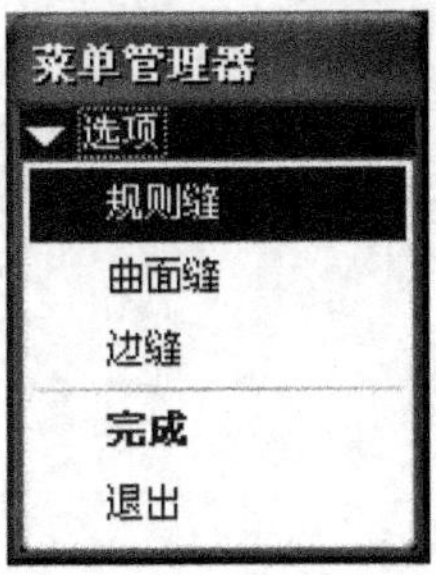

图 5-88 “选项”菜单

图 5-89 3 种扯裂特征的典型示例

3. 凹槽与冲孔

凹槽和冲孔是用于切割和止裂钣金件壁的模板。凹槽和冲孔的操作步骤类似，而且可以执行相同的功能。通常在边上放置凹槽和在钣金件壁中间放置冲孔，如图 5-90 所示。

凹槽和冲孔设计分为 3 个阶段，阶段 1 是在钣金零件上创建所需的切口类型，阶段 2 是将切口转换到用户定义的特征 UDF（此 UDF 保存在预定目录中并且可以被多个设计重复使用，其文件扩展名为.gph）中，阶段 3 是将凹槽或冲孔 UDF 放置在需要的钣金零件上。

4. 变形区域

变形区域是钣金件的一部分，有助于在展平钣金件时精确地拉伸材料。要创建变形区域，可在“钣金件”工具栏中单击“变形区域”按钮，弹出如图 5-91 所示的“变形区域”对话框，接着设置草绘平面并草绘变形区域，“变形区域”必须被封闭，同未展开区域相连接并有一条外侧边，最后在“变形区域”对话框中单击“确定”按钮即可创建变形区域。

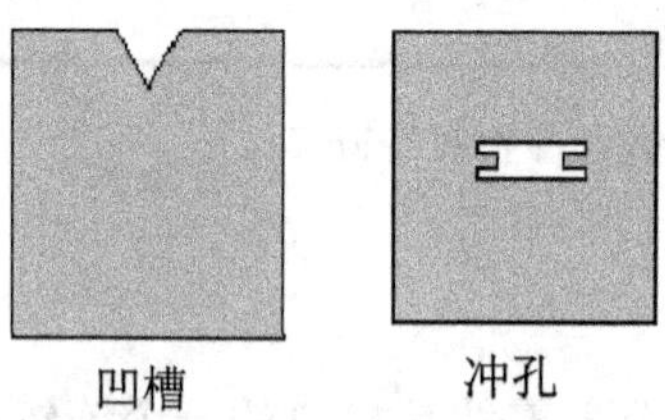

图 5-90 凹槽与冲孔

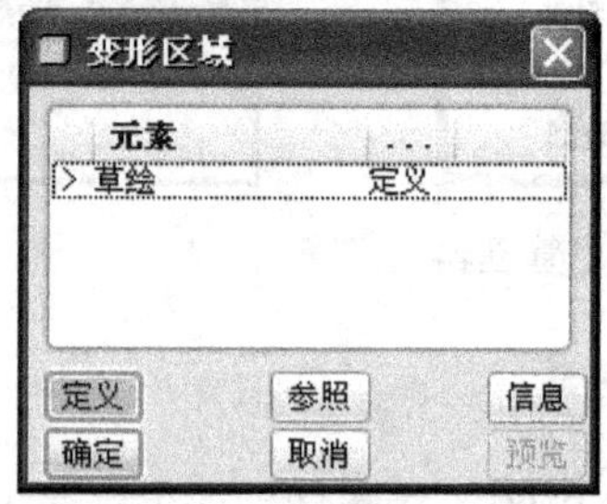

图 5-91 “变形区域”对话框

5. 平整形态

平整形态可以展平任何弯曲曲面，无论它是折弯特征还是弯曲壁。与展平全部不同，平整形态特征自动跳到模型树的结尾，以保持平整模型视图。

要创建平整形态，可在“钣金件”工具栏中单击“平整形态”按钮，接着在选择展平或折弯回去时保持固定的平面或边即可。

三、任务实践

在学习了钣金件设计的理论知识后，接下来通过两个任务案例来更深入地学习钣金件设计的方法和技巧。

任务一　设计计算机机箱盖

本任务将设计一款工控计算机机箱盖，效果如图 5-92 所示，源文件可参考本书配套素材

“CH5\bc_5_r1_finish.prt”文件。该机箱盖主要是利用钣金件设计模式下的“拉伸”按钮、“平整壁”按钮、“法兰壁”按钮等完成设计，也将应用到镜像、阵列等功能。

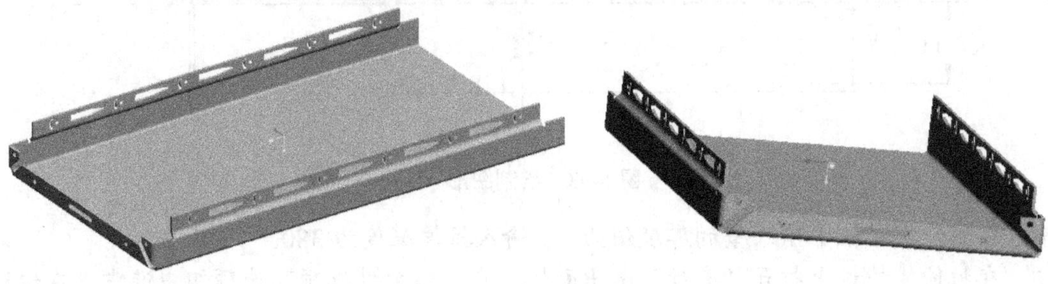

图 5-92　工控计算机箱盖

任务分析

首先建立钣金件文件，在其中使用拉伸工具创建第一壁，接着在第一壁的一侧创建法兰壁并构建法兰壁中的钣金件切口；再通过镜像操作获得另一侧的法兰壁及其切口，然后在指定连接边创建平整壁以及平整壁中的安装定位孔；最后去除弯角处不希望的材料，巧妙地将钣金件全部展平；展平后进行剪切操作，再进行折回处理。

任务实施

（1）新建实体零件文件

步骤 1　在“文件”工具栏中单击“新建”按钮，或者按【Ctrl+N】快捷键，弹出“新建”对话框。

步骤 2　在“类型”选项组中选择“零件”单选按钮，在“子类型”选项组中选择“钣金件”单选按钮，在“名称”文本框中输入“bc_5_r1”，取消选中“使用缺省模板”复选框，然后单击“确定”按钮。

步骤 3　系统弹出“新文件选项”对话框，从“模板”列表中选择“mmns_part_sheetmetal”公制模板（适合钣金件设计），然后单击“确定”按钮。

（2）创建拉伸壁作为第一壁

步骤 1　在“钣金件”工具栏中单击“拉伸”按钮，打开拉伸操控板。

步骤 2　在拉伸操控板中打开“放置”滑出面板，单击“定义”按钮，弹出“草绘”对话框，选择“FRONT”基准平面作为草绘平面，以“RIGHT”基准平面为“右”方向参照，单击“草绘”按钮，进入草绘模式。

步骤 3　绘制如图 5-93 所示的图形，单击“完成”按钮✔。

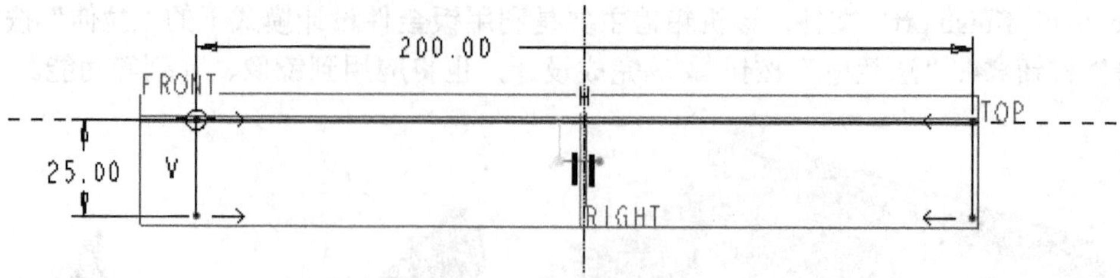

图 5-93　绘制图形

步骤 4　在拉伸操控板中输入壁的厚度值为 2，输入拉伸深度为 380。

步骤 5　在拉伸操控板中打开“选项”滑出面板，在“钣金件选项”选项组中选中“在锐边上添加折弯”复选框，在“半径”下拉列表框中选择“厚度”选项，半径标注位置为“内侧”，如图 5-94 所示。

步骤 6　在拉伸操控板中单击“应用并保存”按钮，按【Ctrl+D】快捷键以标准方向视角来显示模型，可以看到创建的作为第一壁的拉伸壁效果如图 5-95 所示。

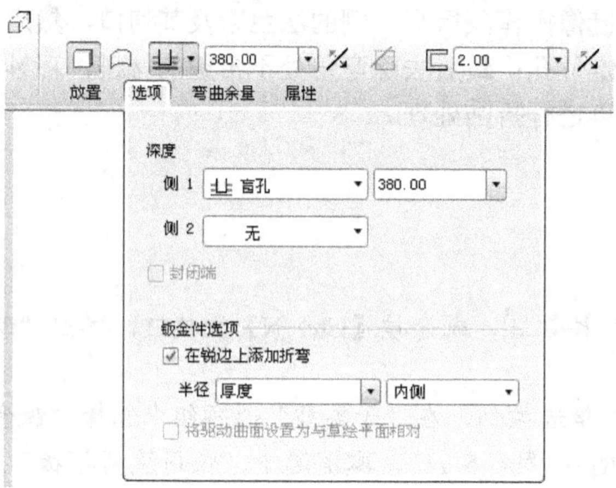

图 5-94　定义钣金件的选项及参数

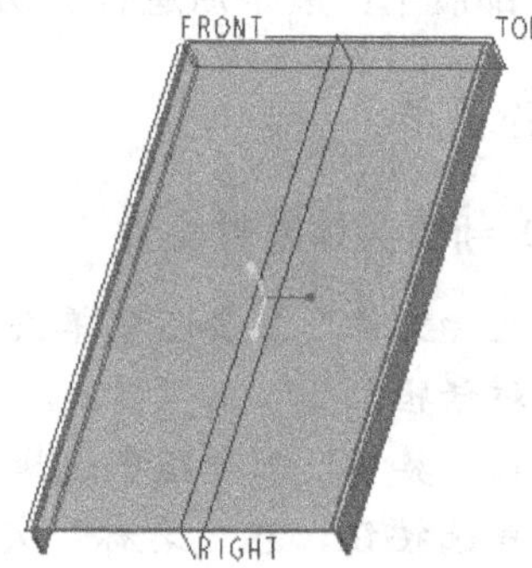

图 5-95　完成创建第一壁

（3）创建法兰壁

步骤 1　在“钣金件”工具栏中单击“法兰壁”按钮，打开法兰壁操控板。

步骤 2　在法兰壁操控板的“形状”下拉列表框中选择“用户定义”形状选项。

步骤 3　选择如图 5-96 所示的一条边以定义连接边。

步骤 4　在法兰壁操控板中打开“形状”滑出面板，接着在该滑出面板中单击“草绘”按钮，弹出如图 5-97 所示的“草绘”对话框。在“草绘”对话框中直接单击“草绘”按钮，进入草绘模式。

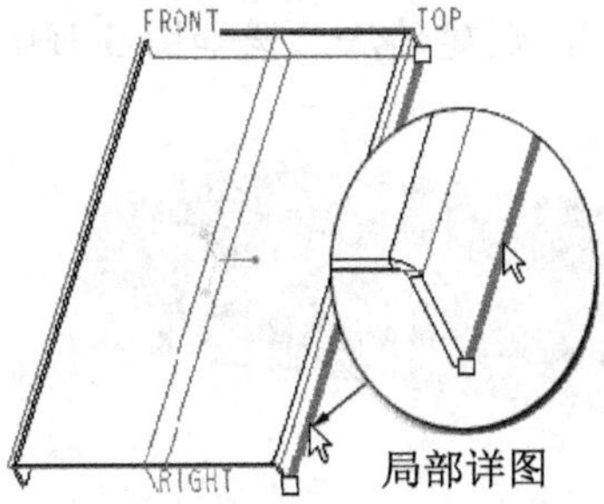

图 5-96　选择用来连接法兰壁的边

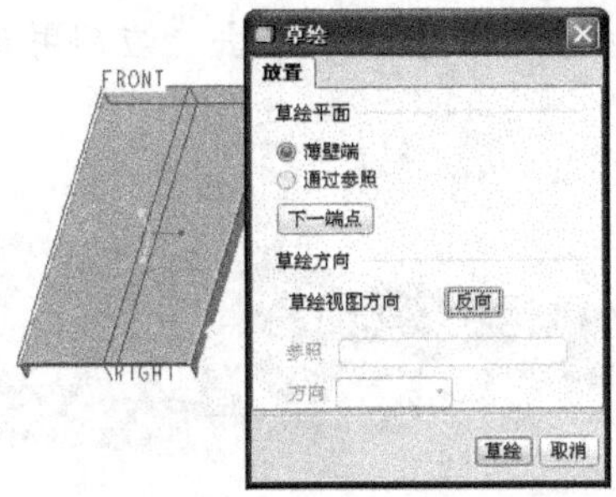

图 5-97　“草绘”对话框

步骤 5　绘制如图 5-98 所示的法兰壁图线，单击“完成”按钮✔。

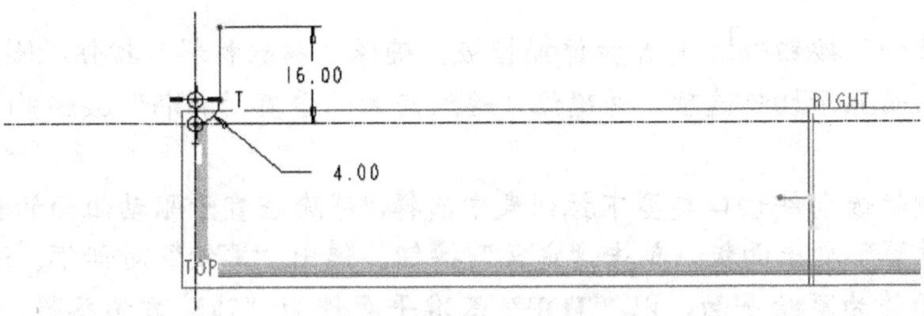

图 5-98　绘制法兰壁图线

步骤 6　在法兰壁操控板中确保“在连接边上添加折弯”按钮处于被选中的状态，输入该折弯的半径为 0.5，保持默认选择的“标注折弯的内部曲面”选项。

步骤 7　在法兰壁操控板中选择“从链端点以指定值在第一方向上修剪或延伸”选项，在其相应的长度尺寸框内输入第一方向的长度值为“-20”，按【Enter】键确定；选择“从链端点以指定值在第二方向上修剪或延伸”选项，并在其相应的长度尺寸框内输入第二方向的长度值为“-20”，按【Enter】键确认。

步骤 8　在法兰壁操控板中单击“止裂槽”标签以打开“止裂槽”滑出面板。选择止裂槽类别为“折弯止裂槽”，从“类型”下拉列表框中选择“长圆形”选项，其他选项参数设置如图 5-99 所示。

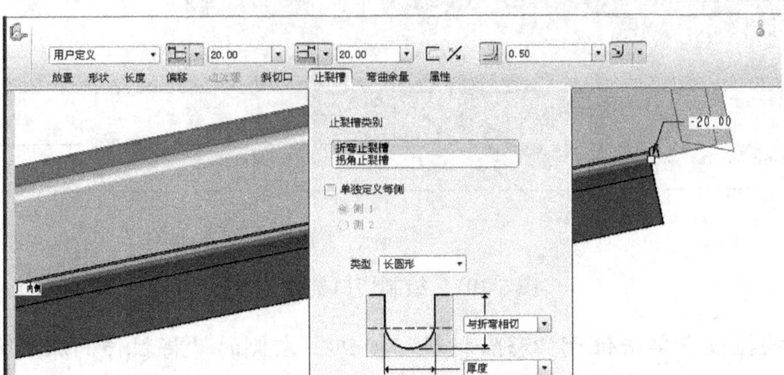

图 5-99　定义折弯止裂槽

步骤 9 在法兰壁操控板中单击“应用并保存”按钮，创建的法兰壁如图 5-100 所示。

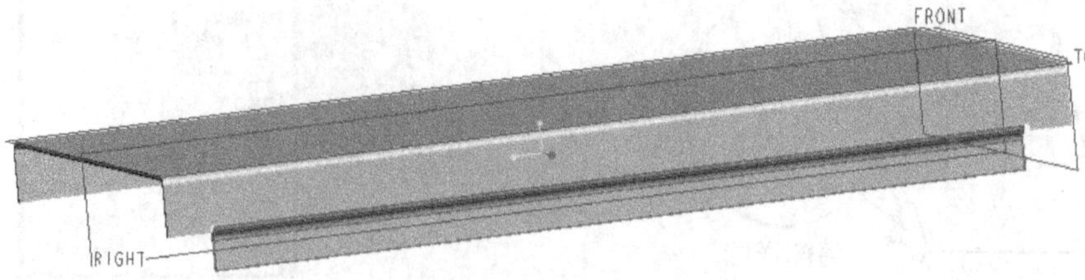

图 5-100 创建的法兰壁

（4）创建法兰壁中的拉伸切口

步骤 1 单击“拉伸”按钮，打开拉伸操控板，确保“移除材料”按钮处于默认的选中状态，从而显示切口选项，并确保“移除与曲面垂直的材料”按钮处于默认选中状态。

步骤 2 从最右侧的钣金件切口类型下拉列表中选择“移除垂直于驱动曲面的材料”按钮。

步骤 3 打开“放置”滑出面板，单击“定义”按钮，弹出“草绘”对话框。选择“RIGHT”基准平面作为草绘平面，以“TOP”基准平面作为“顶”方向参照，在“草绘”对话框中单击“草绘”按钮，进入草绘模式。

步骤 4 绘制如图 5-101 所示的图形，单击“完成”按钮。

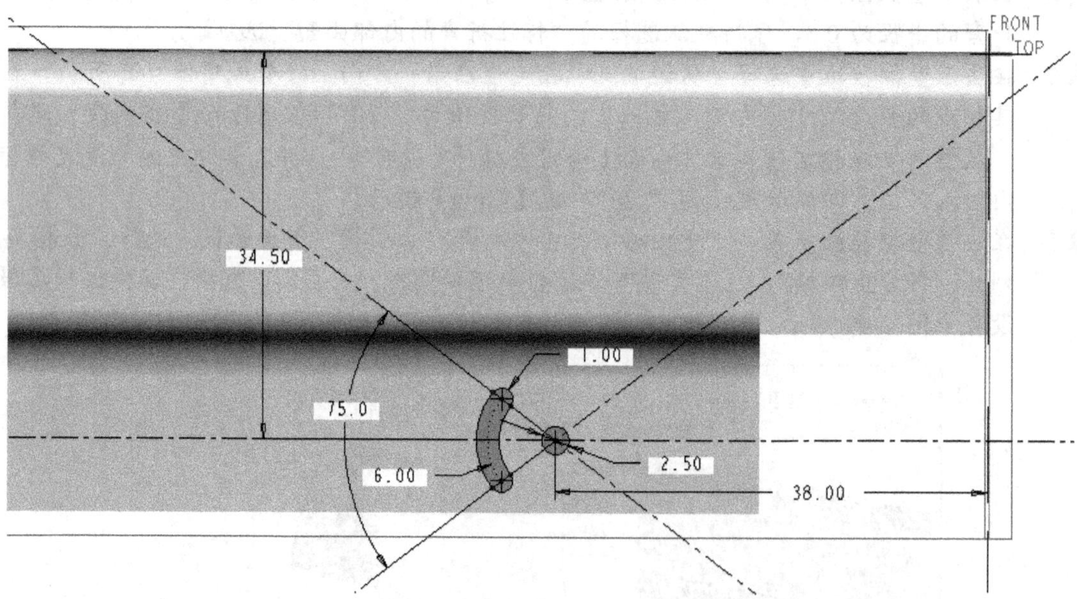

图 5-101 绘制切口剖面

步骤 5 在拉伸操控板中单击位于“移除材料”按钮左侧的“将拉伸的深度方向更改为草绘的另一侧”按钮，此时模型动态几何预览效果如图 5-102 所示。

步骤 6 在拉伸操控板中单击“应用并保存”按钮，创建好的钣金件切口如图 5-103 所示。

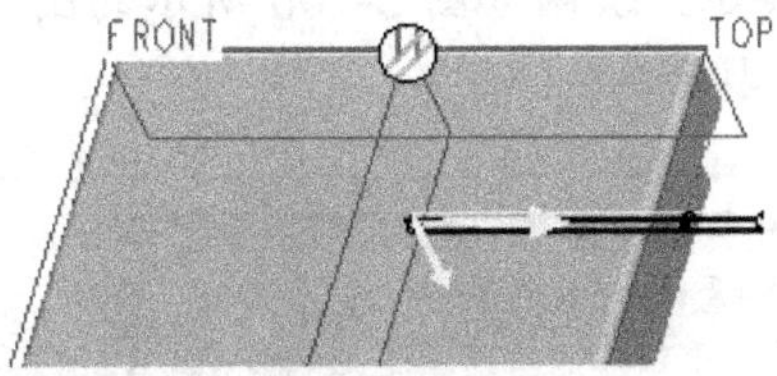

图 5-102　动态几何预览效果

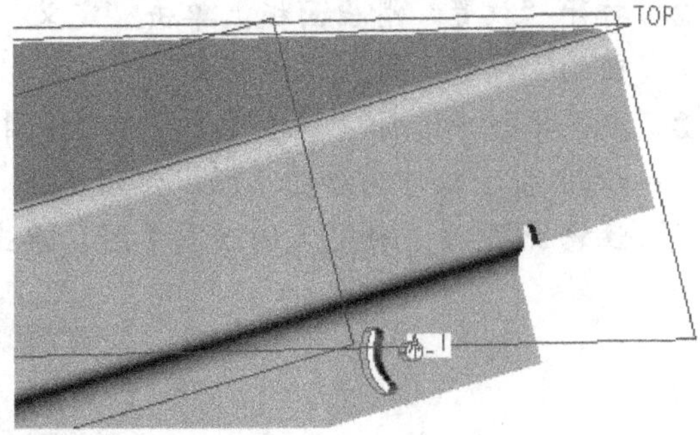

图 5-103　创建法兰壁中的拉伸切口

（5）阵列切口

步骤 1　确保刚完成的钣金件切口处于选中状态，在菜单栏中选择“编辑|阵列”命令，打开阵列操控板。

步骤 2　默认采用“尺寸”阵列类型，选择数值为 38 的尺寸定义为可变尺寸，输入其增量值为“60”，设置第一方向的阵列成员数为 6，如图 5-104 所示。

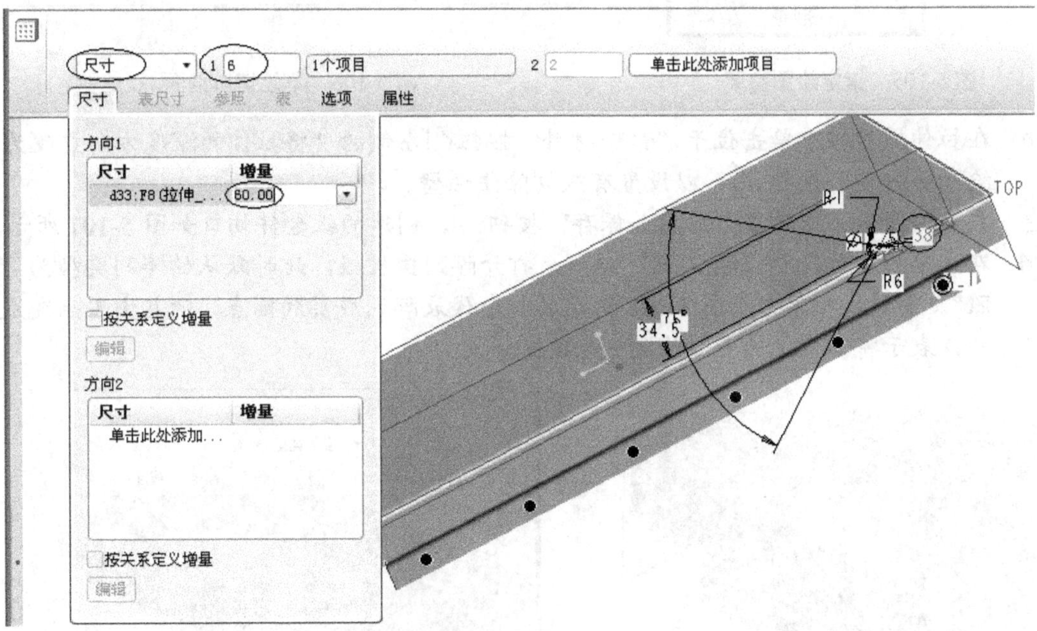

图 5-104　设置阵列参数

步骤 3　在阵列操控板中单击“应用并保存”按钮。

（6）继续在法兰壁上创建钣金件切口并对其进行阵列操作

步骤 1　单击“拉伸”按钮，打开拉伸操控板，确保“移除材料”按钮和“移除与曲面垂直的材料”按钮处于默认的选中状态。从最右侧的钣金件切口类型下拉列表框中选择“移除垂直于驱动曲面的材料”按钮。

步骤 2 打开“放置”滑出面板，单击“定义”按钮，弹出“草绘”对话框，单击“使用先前的”按钮，进入草绘模式。

步骤 3 在菜单栏中选择“草绘|参照”命令，打开“参照”对话框，选择如图 5-105 所示的 A_1 轴作为绘图参照，然后单击“关闭”按钮。绘制如图 5-106 所示的图形，注意使用 A_1 轴定义的绘图参照，单击“完成”按钮✔。

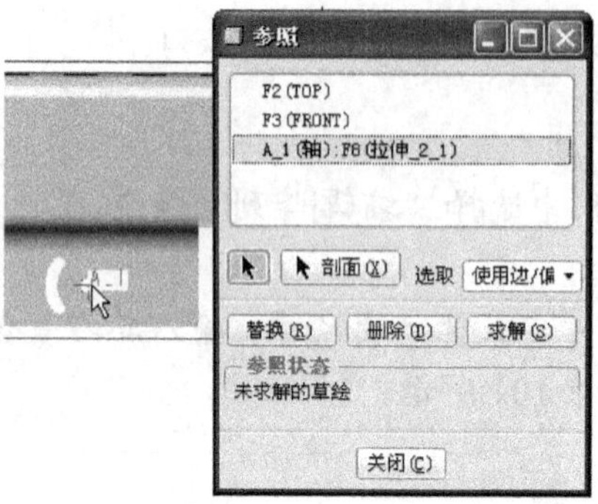

图 5-105　指定绘图参照

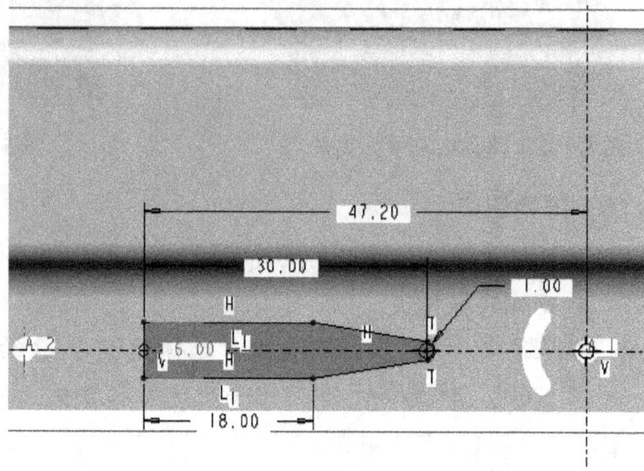

图 5-106　草绘切口剖面

步骤 4 在拉伸操控板中单击位于“移除材料”按钮左侧的“将拉伸的深度方向更改为草绘的另一侧”按钮，以设置有效切除法兰壁。

步骤 5 在拉伸操控板中单击“应用并保存”按钮，创建的钣金件切口如图 5-107 所示。

步骤 6 在菜单栏中选择“编辑|阵列”命令，打开阵列操控板，此时默认的阵列类型为“参照”。使用鼠标单击如图 5-108 所示的一个代表阵列成员的圆点，使其由黑点变成白点，表示将其指定为要排除的一个阵列成员。

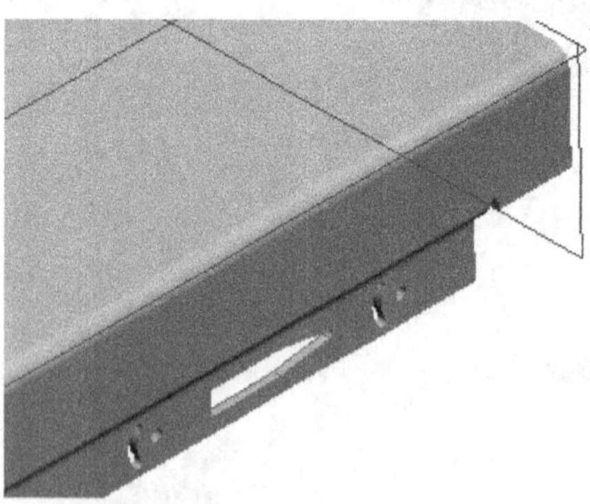

图 5-107　创建钣金件切口

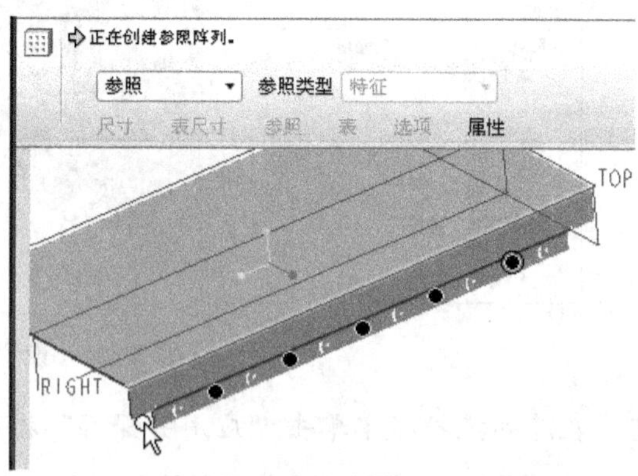

图 5-108　设置要排除的一个阵列成员

步骤 7 在阵列操控板中单击“应用并保存”按钮，完成该参照阵列，此时得到的模型效果如图 5-109 所示。

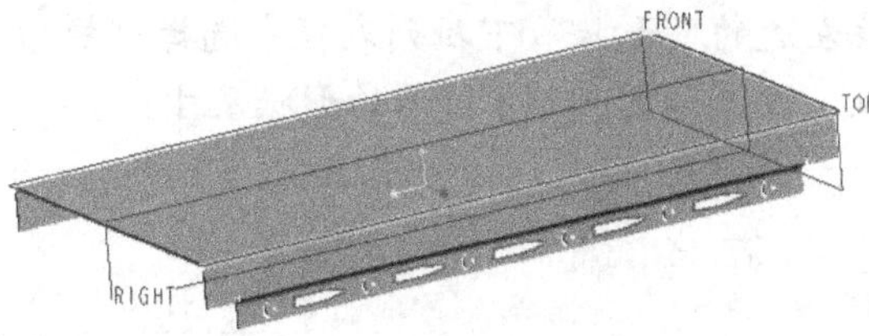

图 5-109　完成参照阵列

（7）**镜像法兰壁及其钣金件切口**

步骤 1　在模型树中选择“凸缘 1”特征，按住【Ctrl】键的同时选择“阵列 1/拉伸 2”和“阵列 2/拉伸 3”特征，如图 5-110 所示。

步骤 2　在菜单栏中选择“编辑|镜像”命令，打开镜像操控板。

步骤 3　选择 RIGHT 基准平面作为镜像平面。

步骤 4　在镜像操控板中单击“应用并保存”按钮，镜像效果如图 5-111 所示。

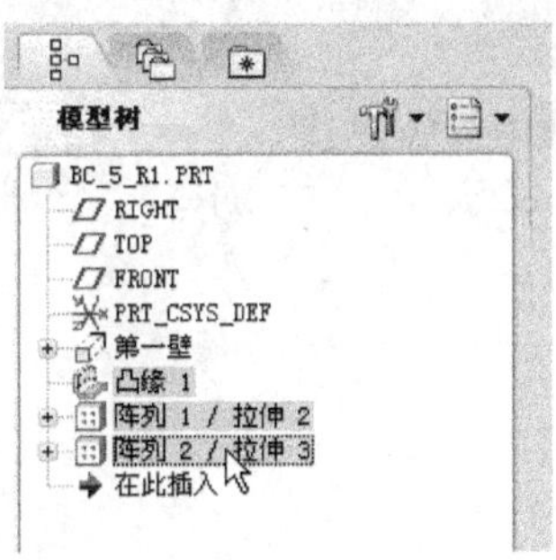

图 5-110　选择要镜像的特征

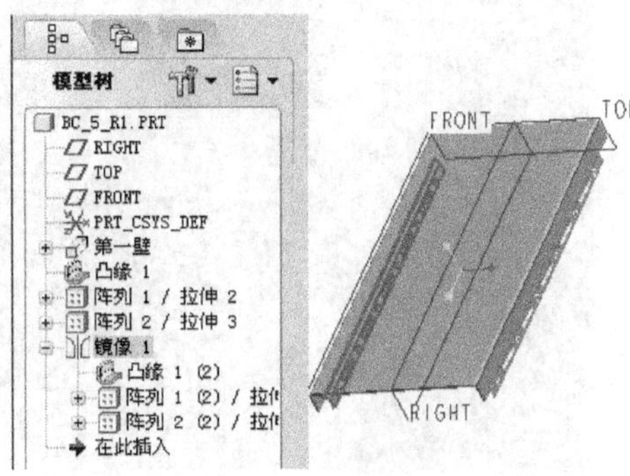

图 5-111　镜像效果

（8）**创建平整壁 1**

步骤 1　在“钣金件”工具栏中单击“平整”按钮，打开平整壁操控板。

步骤 2　选择一条连接边，如图 5-112 所示。

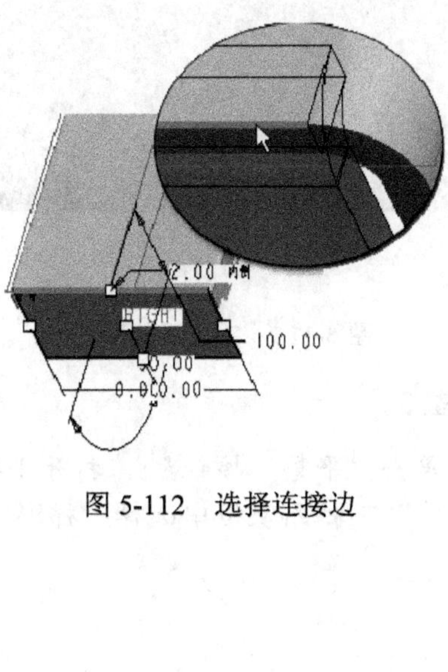

图 5-112　选择连接边

步骤 3 在平整壁操控板最左边的“形状”下拉列表框中选择“梯形”形状选项，接着打开“形状”滑出面板，设置如图 5-113 所示的形状尺寸。

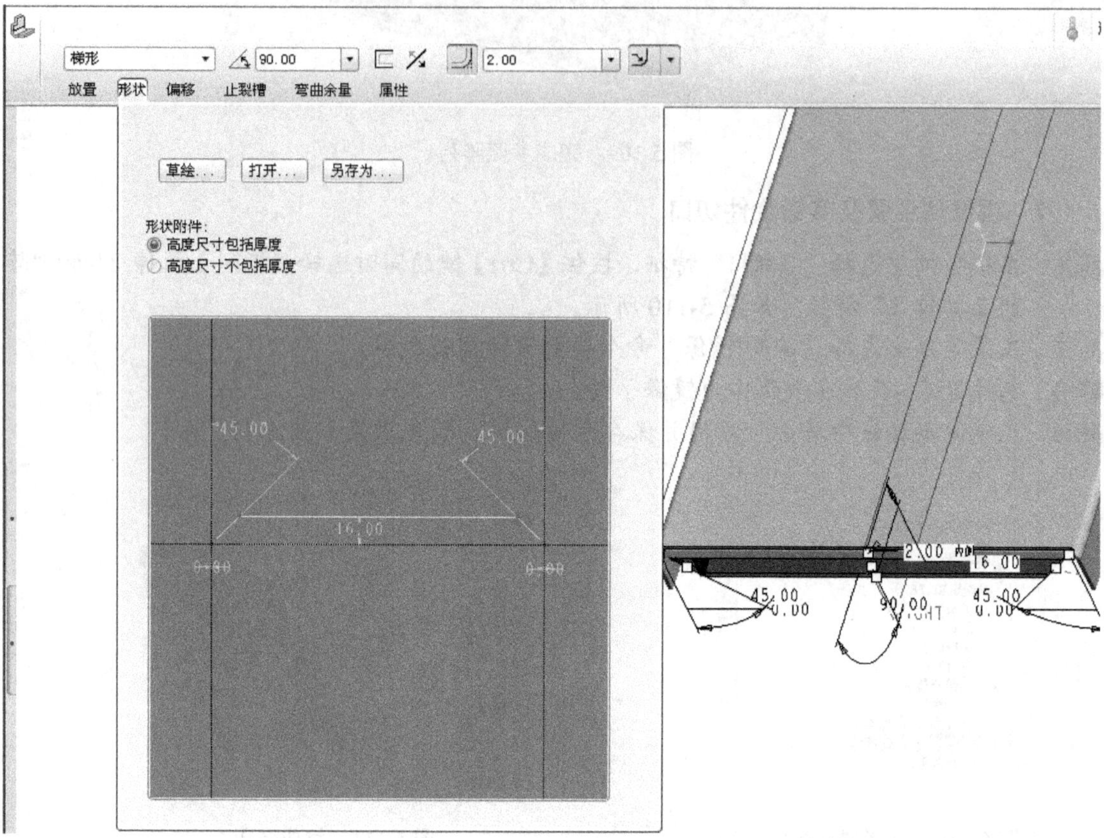

图 5-113 设置形状尺寸参数

步骤 4 其他参数和选项接受默认值或默认选项，然后单击“应用并保存”按钮✓。完成的平整壁如图 5-114 所示。

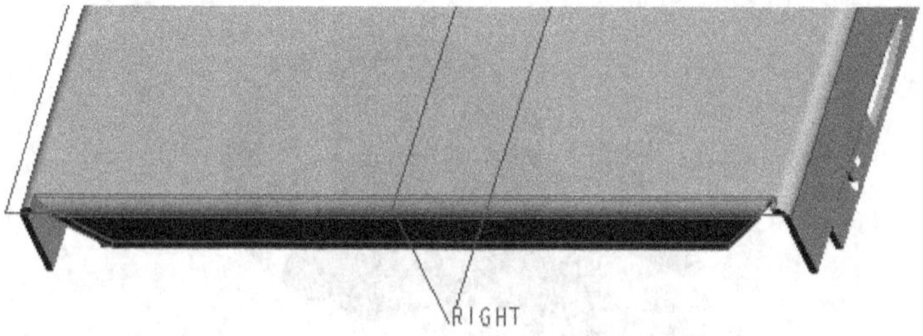

图 5-114 完成平整壁

（9）创建平整壁 2 和平整壁 3

步骤 1 在“钣金件”工具栏中单击“平整”按钮，打开平整壁操控板。

步骤 2 在平整壁操控板的“形状”下拉列表框中选择“梯形”选项。

步骤 3 选择如图 5-115 所示的一条边。

步骤 4 打开“形状”滑出面板，设置如图 5-116 所示的梯形形状尺寸。

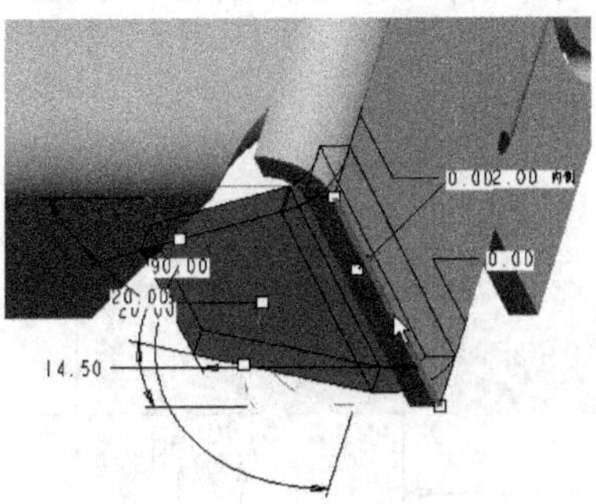

图 5-115 选择连接边

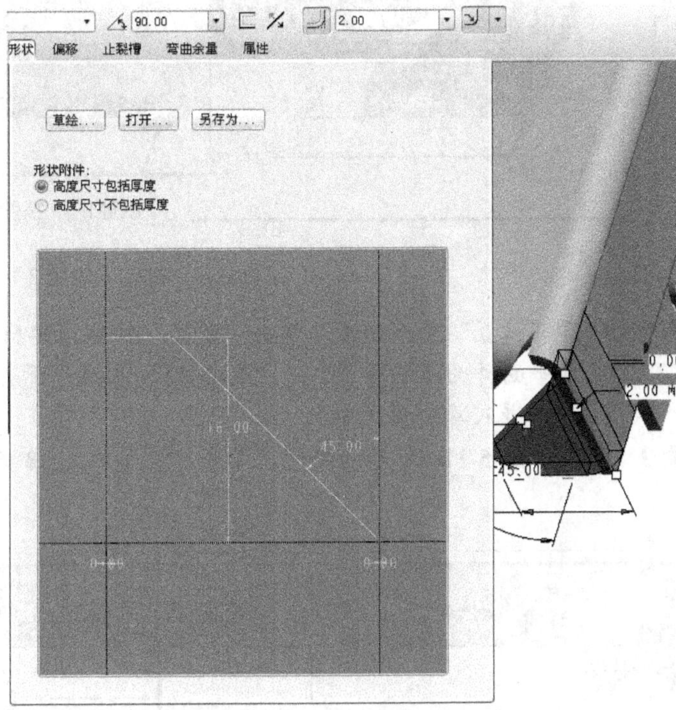

图 5-116 设置梯形形状尺寸

步骤 5 其他参数和选项接受默认值或默认选项，然后单击“应用并保存”按钮，完成创建该平整壁，效果如图 5-117 所示。

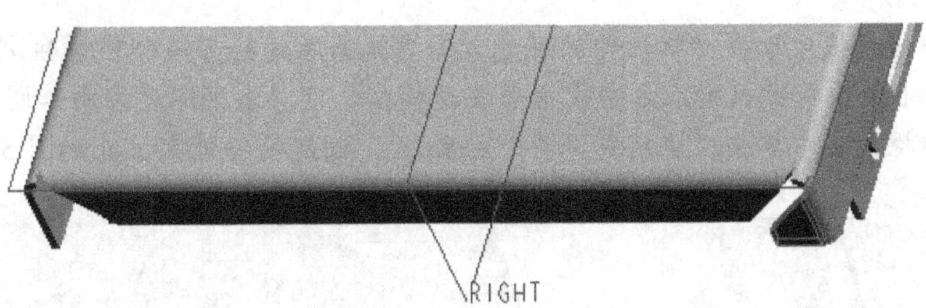

图 5-117 创建平整壁 2

步骤 6 使用和上述一样的方法，创建如图 5-118 所示的平整壁 3。

（10）创建平整壁中的安装定位孔

步骤 1 单击“拉伸”按钮，打开拉伸操控板，保持“移除材料”按钮和“移除与曲面垂直的材料”按钮的默认选中状态，从最右侧的钣金件切口类型下拉列表框中选择“移除垂直于驱动曲面的材料”按钮。

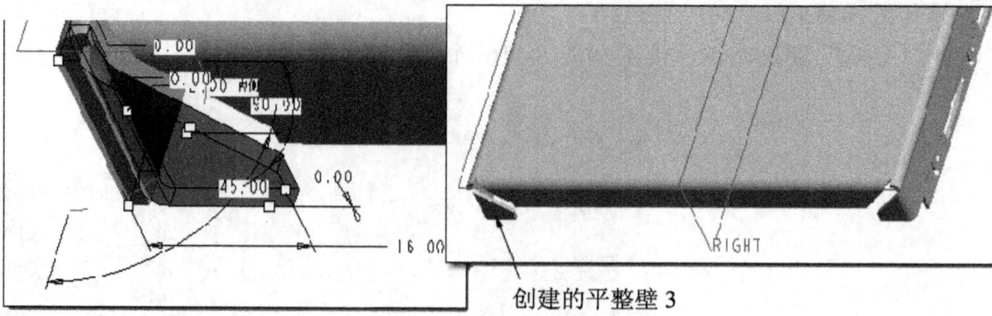

图 5-118　创建平整壁 3

步骤 2　打开“放置”滑出面板，单击“定义”按钮，弹出“草绘”对话框。选择“FRONT”基准平面作为草绘平面，以“RIGHT”基准平面作为“右”方向参照，单击“草绘”按钮，进入草绘模式中。

步骤 3　绘制如图 5-119 所示的图形，单击“完成”按钮✔。

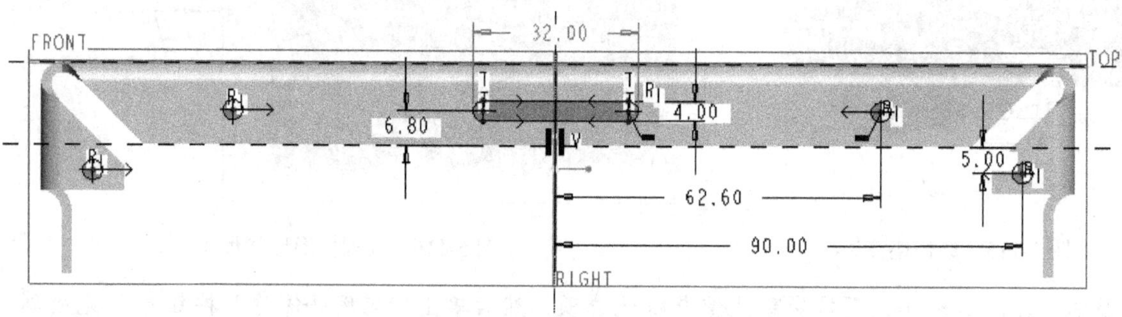

图 5-119　绘制拉伸切口剖面

步骤 4　在拉伸操控板中单击“将拉伸的深度方向更改为草绘的另一侧”按钮，此时按【Ctrl+D】快捷键以标准方向视角来显示模型，可以看到深度方向如图 5-120 所示。

步骤 5　在拉伸操控板中单击“应用并保存”按钮，创建的安装定位孔如图 5-121 所示。

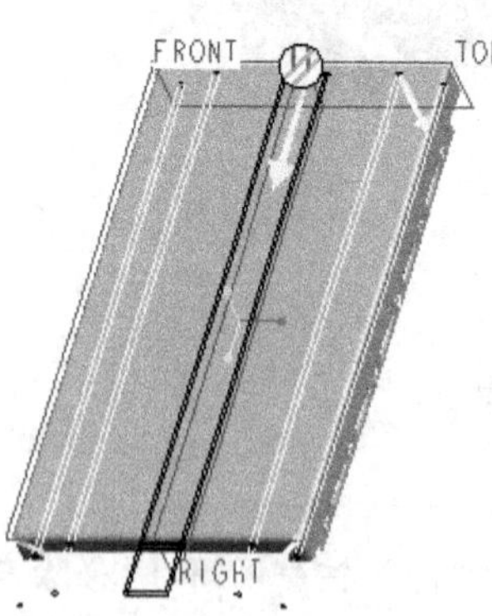

图 5-120　更改深度方向

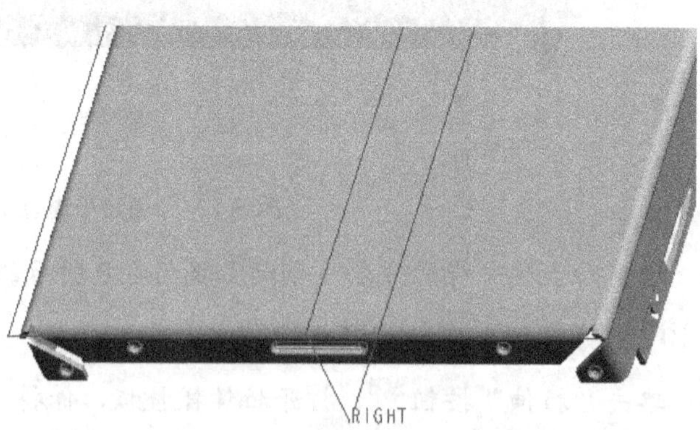

图 5-121　完成平整壁中的安装定位孔

（11）展平钣金以便于处理拐角处的材料

步骤 1　在“钣金件”工具栏中单击“展平”按钮，或者在菜单栏中选择“插入|折弯操作|展平”命令，系统弹出一个菜单管理器。

步骤 2　在如图 5-122 所示的菜单管理器的“展平选项”菜单中选择“常规|完成”命令，弹出“(规则类型)”对话框，如图 5-123 所示。

步骤 3　系统提示选取当展平/折弯回去时保持固定的平面或边，在模型中选择如图 5-124 所示的钣金面作为保持固定的平面。

图 5-122　“展平选项”菜单

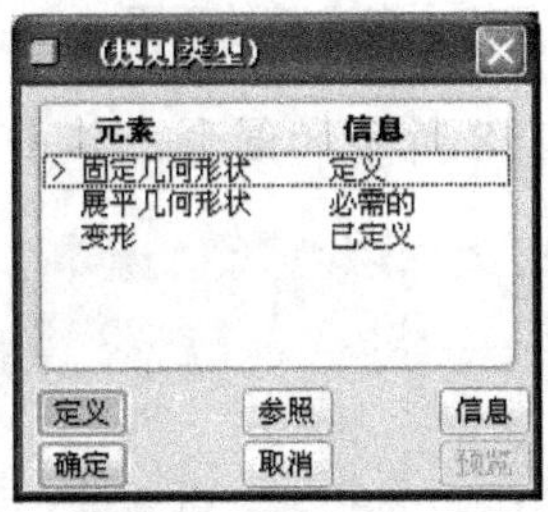

图 5-123　“（规则类型）”对话框

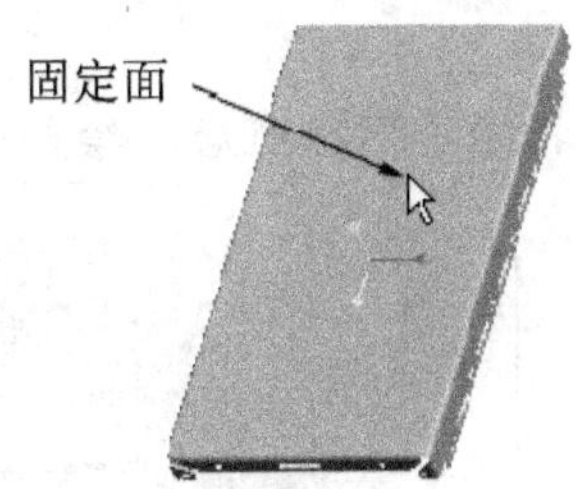

图 5-124　指定固定面

步骤 4　在菜单管理器出现的“展平选取”菜单中选择“展平全部|完成”命令，如图 5-125 所示。

步骤 5　在“(规则展平)”对话框中单击“确定”按钮，展平全部后的效果如图 5-126 所示。

图 5-125　“展平选取”菜单

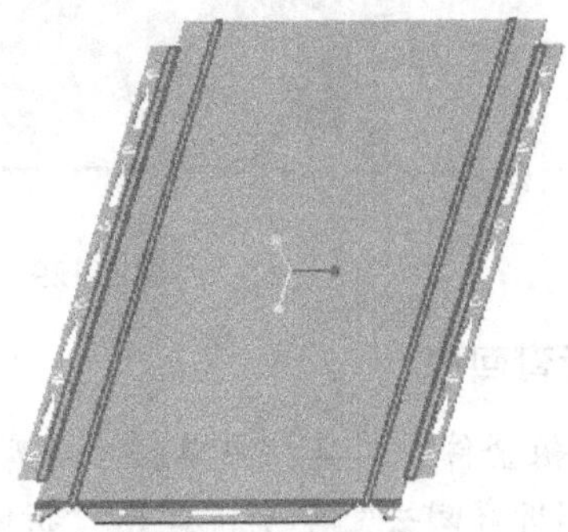

图 5-126　展平全部

（12）拉伸切除材料

步骤 1　单击“拉伸”按钮，打开拉伸操控板，保持“移除材料”按钮和“移除与曲面垂直的材料”按钮的默认选中状态，从最右侧的钣金件切口类型下拉列表框中选择“移除垂直于驱动曲面的材料”按钮。

步骤 2　打开“放置”滑出面板，单击“定义”按钮，弹出“草绘”对话框。选择如图 5-127 所示的钣金平面作为草绘平面，保持默认草绘方向，单击“草绘”按钮，进入草绘模式。

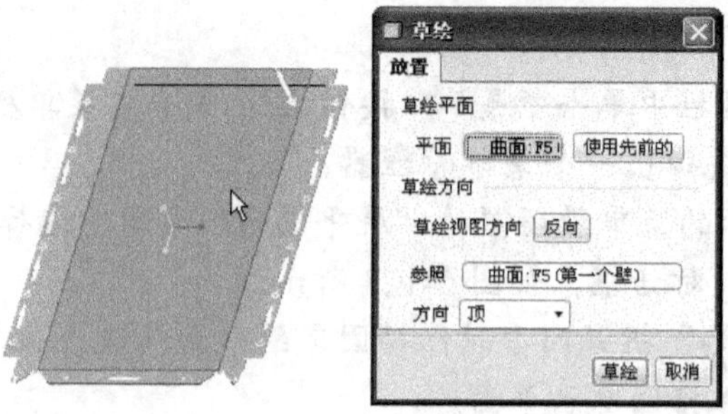

图 5-127　指定草绘平面

步骤 3　指定绘图参照后，绘制如图 5-128 所示的图形，单击“完成”按钮✔。

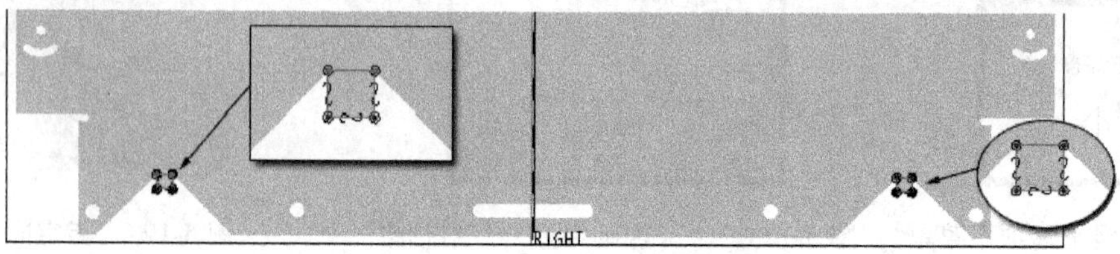

图 5-128　草绘拉伸切口剖面

步骤 4　在拉伸操控板中单击“应用并保存”按钮☑，切除效果如图 5-129 所示。

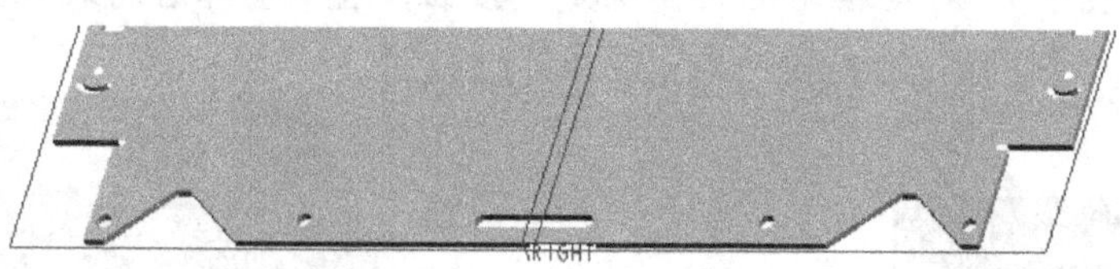

图 5-129　切除效果的局部图

（13）折弯回去

步骤 1　在“钣金件”工具栏中单击“折弯回去”按钮，或者在菜单栏中选择“插入|折弯操作|折弯回去”命令，弹出“折回”对话框。

步骤 2　系统提示选取当展平/折弯回去时保持固定的平面或边，这里我们选取如图 5-131 所示的平面。

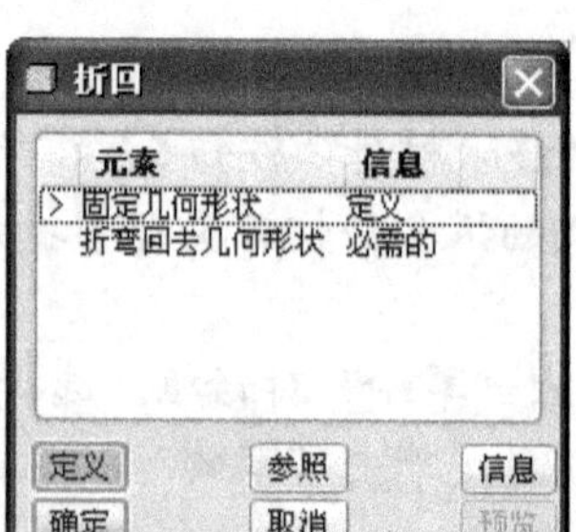

图 5-130　“折回”对话框

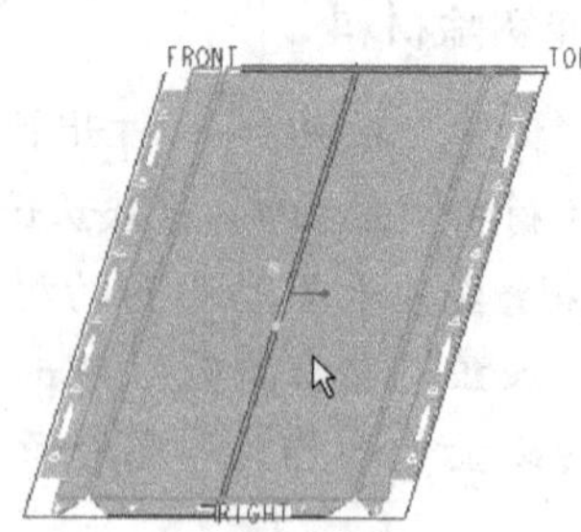

图 5-131　选择保持固定的平面

步骤 3　在菜单管理器出现的如图 5-132 所示的“折弯回去选取”菜单中选择“折弯回去全部|完成”命令。

步骤 4　在“折回”对话框中单击“确定”按钮，完成效果如图 5-133 所示。

图 5-132　“折弯回去选取”菜单

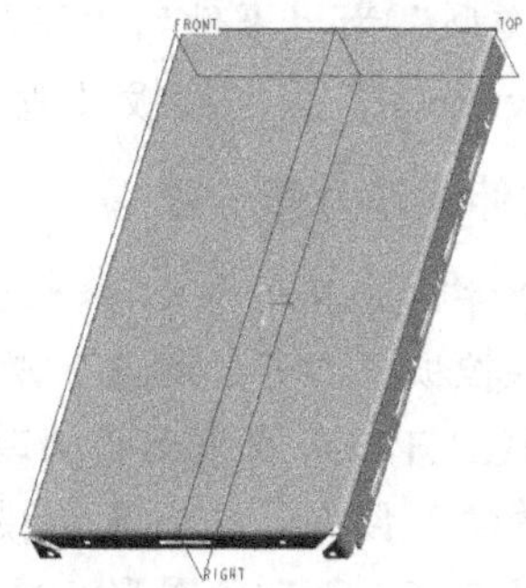

图 5-133　折弯回去效果

步骤 5　至此，完成本设计任务，最后按【Ctrl+S】快捷键保存文件。

任务二　设计硬盘盒上盖

本任务将设计硬盘盒上盖，最终完成的硬盘盒上盖效果如图 5-134 所示，源文件可参考本书配套素材“CH5\bc_5_r2_finish.prt”文件。通过本任务的学习主要掌握综合应用钣金件工具的能力，尤其要掌握凸模工具的应用。

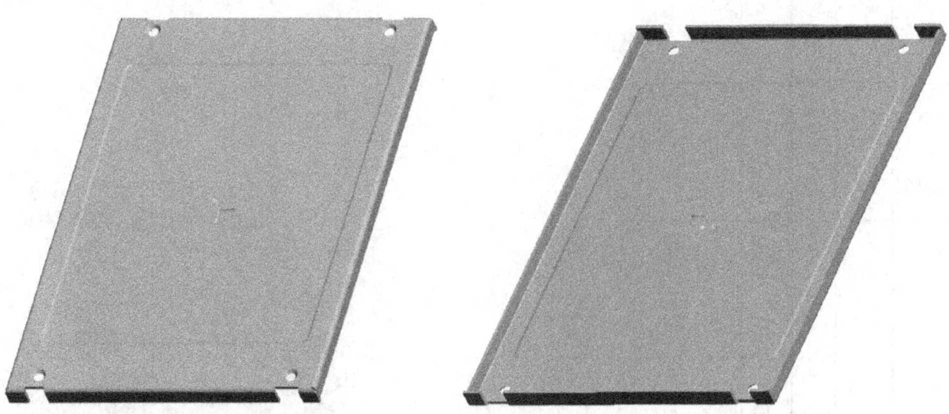

图 5-134　完成的硬盘盒上盖零件

任务分析

首先建立钣金件文件，在其中使用拉伸工具创建第一壁，接着在第一壁基础上创建相关的法兰壁，对拐角地方应用延伸壁使得接缝更美观合理；接着创建钣金件切口，并使用凸模工具在上盖顶面冲压出一个用于粘贴 LOGO 贴纸的凹槽；最后在该上盖零件上创建孔特征。

任务实施

（1）新建实体零件文件

新建一个“类型”为“零件”，“子类型”为“钣金件”，“名称”为“bc_5_r2”，模版为“mmns_part_sheetmetal”公制模板（适合钣金件设计）的文件。

（2）创建拉伸壁作为第一壁

步骤 1 在“钣金件”工具栏中单击“拉伸”按钮，打开拉伸操控板。

步骤 2 在拉伸操控板中打开“放置”滑出面板，单击“定义”按钮，弹出“草绘”对话框，选择“RIGHT”基准平面作为草绘平面，以“TOP”基准平面为“左”方向参照，单击“草绘”按钮，进入草绘模式。

步骤 3 绘制如图 5-135 所示的图形，单击“完成”按钮✔。

步骤 4 在拉伸操控板中输入壁的厚度值为 0.7，输入拉伸深度为 67.85，选择深度选项为（对称）。

步骤 5 在拉伸操控板中打开“选项”滑出面板，在“钣金件选项”选项组中选中“在锐边上添加折弯”复选框，在“半径”下拉列表框中输入“0.3”，半径标注位置选项为“内侧”。

步骤 6 在拉伸操控板中单击“应用并保存”按钮，按【Ctrl+D】快捷键以标准方向视角来显示模型，可以看到拉伸壁的显示效果如图 5-136 所示。

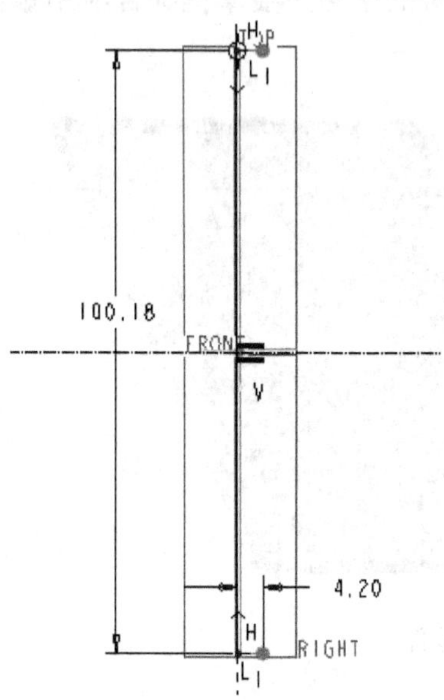

图 5-135　绘制图形

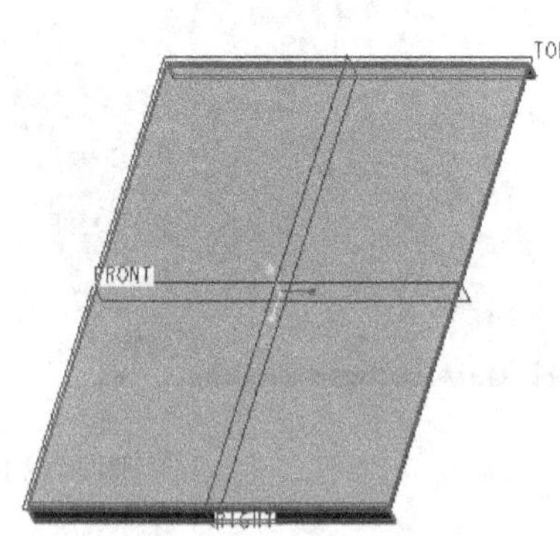

图 5-136　创建拉伸壁作为钣金第一壁

（3）创建法兰壁

步骤 1 在“钣金件”工具栏中单击“法兰壁”按钮，打开法兰壁操控板。

步骤 2 选择如图 5-137 所示的边作为法兰壁的连接边。

步骤 3　在法兰壁操控板的"形状"下拉列表框中选择"I"法兰壁形状选项，接着打开"形状"滑出面板，确保形状附件默认选项为"高度尺寸包括厚度"，然后在草绘窗口中修改形状尺寸，如图 5-138 所示。

步骤 4　确保法兰壁操控板中的"在连接边上添加折弯"按钮处于被选中的状态，输入该折弯半径为 0.3，默认标注折弯的内部曲面。

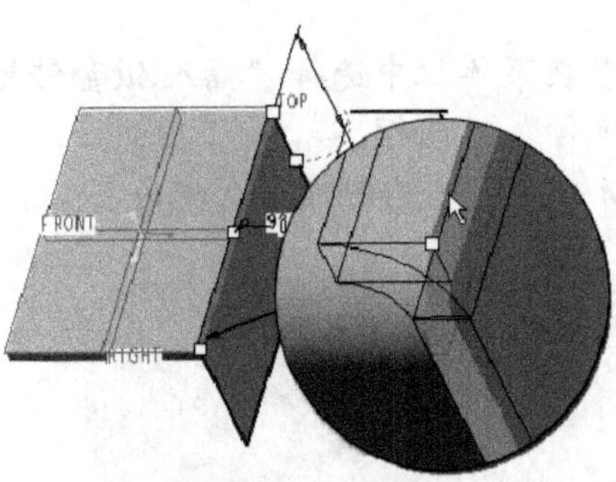

图 5-137　选择连接边

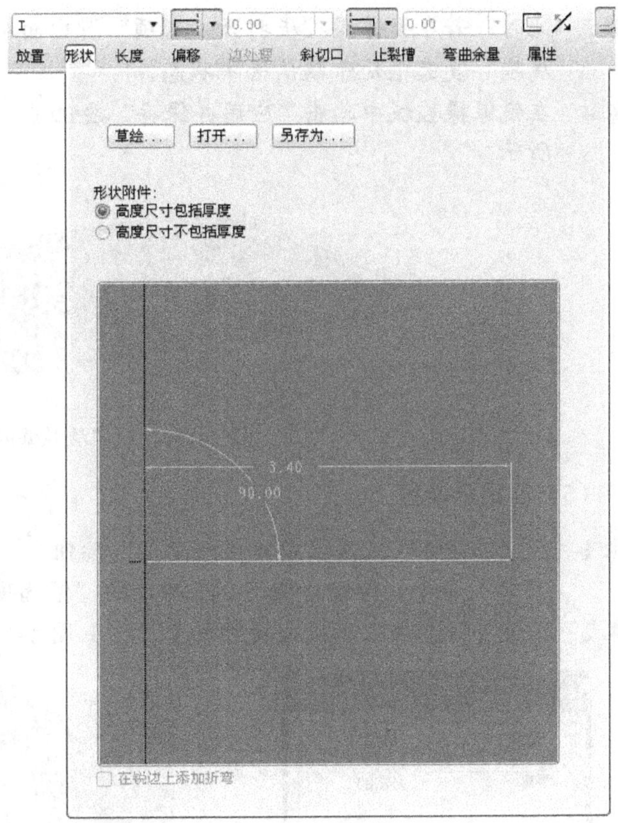

图 5-138　修改法兰壁的形状尺寸

步骤 5　在法兰壁操控板中打开"偏移"滑出面板，选中"相对连接边偏移壁"复选框，接着选择"添加到零件边"单选按钮，如图 5-139 所示。

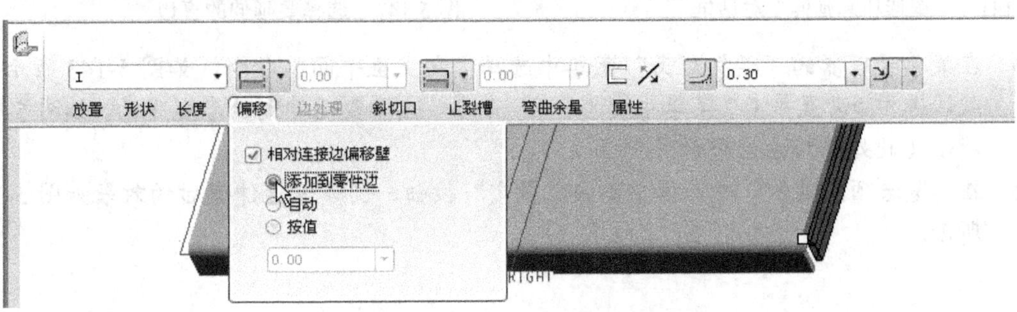

图 5-139　设置添加到零件边

步骤 6 在法兰壁操控板中单击“应用并保存”按钮✔。

（4）以镜像的方式创建法兰壁

步骤 1 确保刚创建的法兰壁处于被选中的状态，在菜单栏中选择“编辑|镜像”命令，打开镜像操控板。

步骤 2 选择 RIGHT 基准平面作为镜像平面。

步骤 3 此时，若在镜像操控板打开“选项”滑出面板，可以发现该滑出面板的“复制为从属项”复选框处于默认选中状态。

步骤 4 在镜像操控板中单击“应用并保存”按钮✔，完成镜像法兰壁操作，结果如图 5-140 所示。

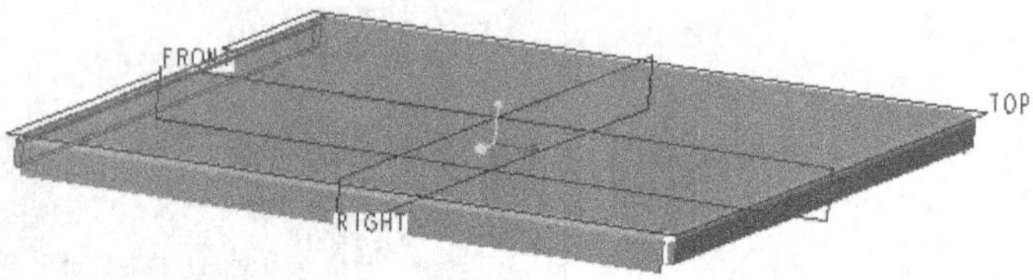

图 5-140 镜像法兰壁的结果

（5）创建延伸壁 1

步骤 1 在“钣金件”工具栏中单击“延伸”按钮，或者在菜单栏中选择“插入|钣金件壁|延伸”命令，弹出如图 5-141 所示的“壁选项：延伸”对话框。

步骤 2 在现有钣金件上选择要延伸的直边，如图 5-142 所示（图示为标准方向视角）。

图 5-141 “壁选项：延伸”对话框

图 5-142 选择要延伸的直边

步骤 3 在菜单管理器的“延拓距离”菜单中选择“向上至平面”命令，如图 5-143 所示，默认选中“设置平面”菜单中的“平面”命令，选择要延伸到的参照平面，如图 5-144 所示（此处选择法兰壁的外侧面）。

步骤 4 在“壁选项：延伸”对话框中单击“确定”按钮，创建该延伸壁后的效果如图 5-145 所示。

图 5-143　菜单管理器

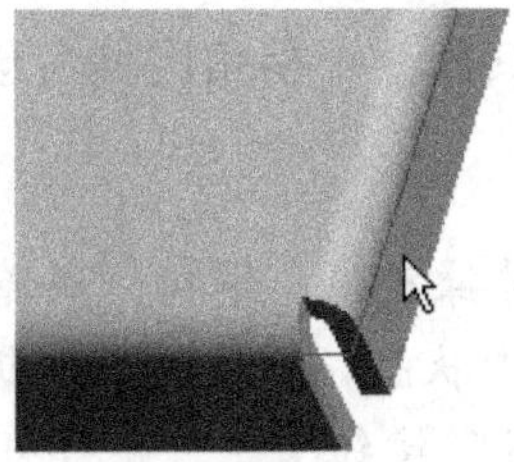

图 5-144　选择要延伸到的参照面

图 5-145　完成延伸壁 1

（6）创建延伸壁 2

步骤 1　在“钣金件”工具栏中单击“延伸”按钮，弹出“壁选项：延伸”对话框。

步骤 2　在现有钣金件上选择要延伸的直边，如图 5-146 所示。

步骤 3　在菜单管理器的“延拓距离”菜单中选择“向上至平面”命令，此时默认选中“设置平面”菜单中的“平面”命令，接着选择如图 5-147 所示的钣金内侧平直面作为延伸壁要延伸到的参照平面。

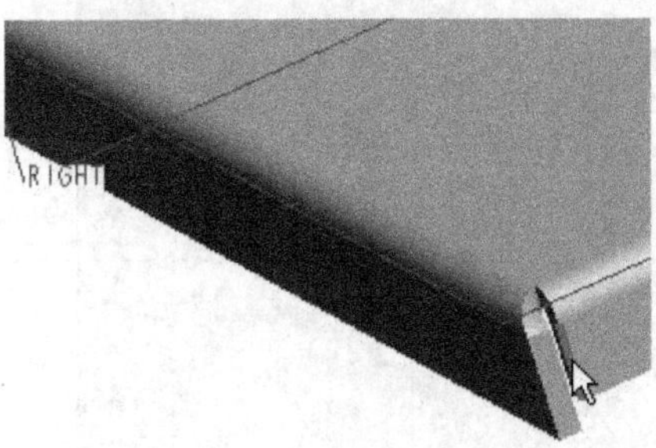

图 5-146　选择要延伸的直边

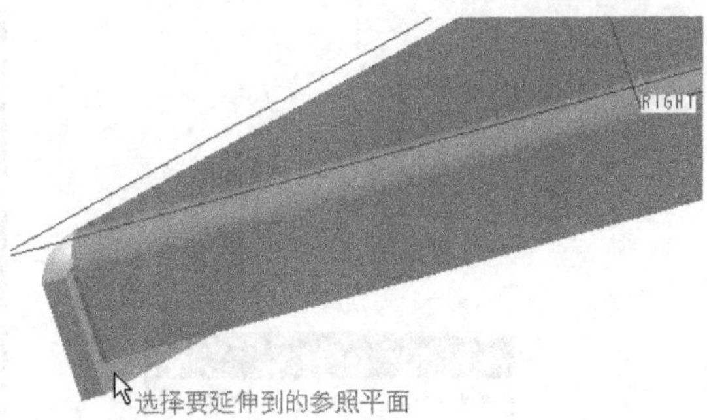

图 5-147　选择要延伸到的参照平面

步骤 4　在“壁选项：延伸”对话框中单击“确定”按钮，创建延伸壁 2 后的效果如图 5-148 所示。

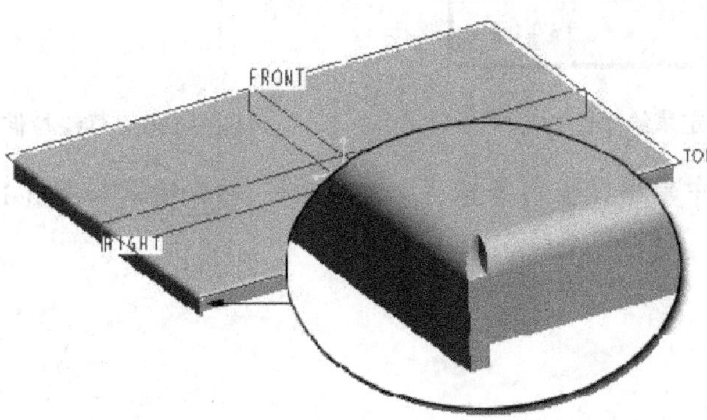

图 5-148　完成延伸壁 2

（7）创建其他延伸壁

使用和上述一样的方法和步骤，在其他 3 个拐角区域各创建一对延伸壁。

（8）创建钣金件切口

步骤 1 单击“拉伸”按钮，打开拉伸操控板，保持“移除材料”按钮和“移除与曲面垂直的材料”按钮的默认选中状态，从最右侧的钣金件切口类型下拉列表框中选择“移除垂直于驱动曲面的材料”按钮。

步骤 2 打开“放置”滑出面板，单击“定义”按钮，弹出“草绘”对话框。选择如图 5-149 所示的钣金件顶面作为草绘平面，保持默认的草绘方向，单击“草绘”按钮，进入草绘模式。

步骤 3 指定绘图参照后，绘制如图 5-150 所示的图形（4 个小长方形），单击“完成”按钮。

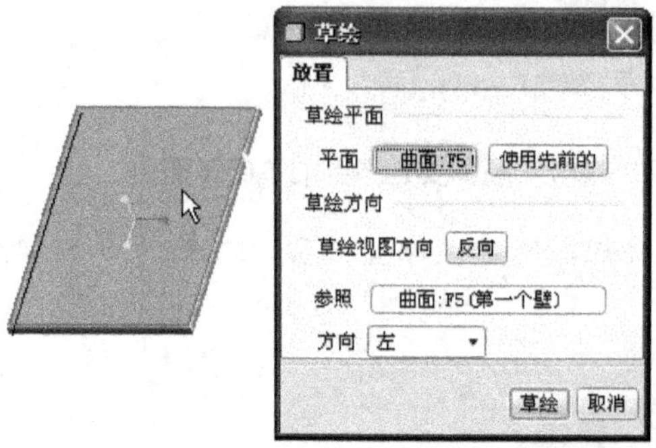

图 5-149 指定草绘平面

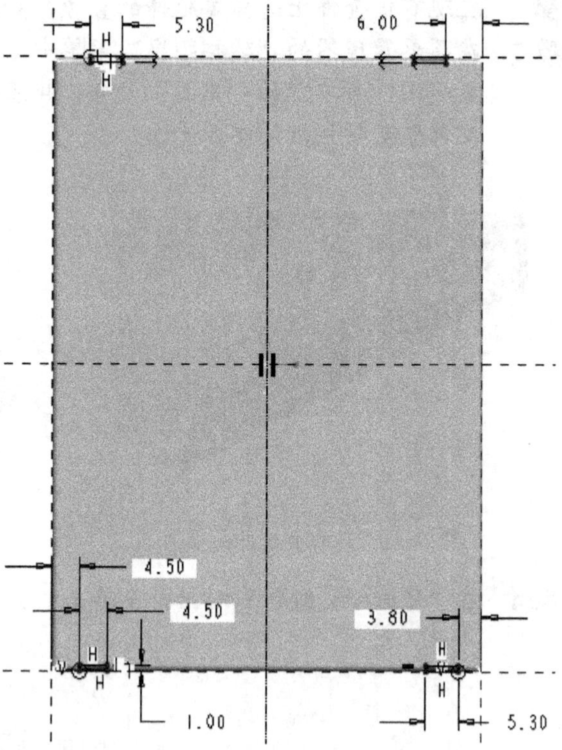

图 5-150 草绘拉伸切口剖面

步骤 4 在拉伸操控板中单击“应用并保存”按钮，切除结果如图 5-151 所示。

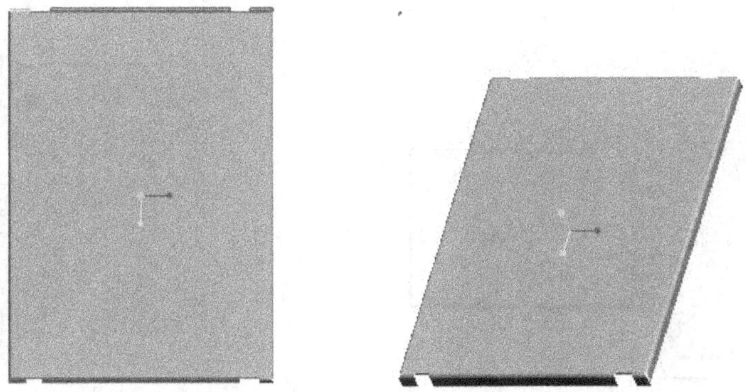

图 5-151　创建钣金件切口的完成效果

（9）创建凸模工具所使用的参照零件

步骤 1　创建一个“类型”为“零件”，“子类型”为“实体”，“名称”为“bc_5_r2_cz”，使用“mmns_part_solid”公制模板的文件。

步骤 2　在“基础特征”工具栏中单击“拉伸”按钮，打开拉伸操控板，打开“放置”滑出面板，单击“定义”按钮，弹出“草绘”对话框，选择“TOP”基准平面作为草绘平面，默认以 RIGHT 基准平面为“右”方向参照，单击“草绘”按钮，进入草绘模式。绘制如图 5-152 所示的拉伸剖面，单击“完成”按钮✔。

步骤 3　在拉伸操控板中设置拉伸深度为 10，单击“应用并保存”按钮，创建的拉伸实体特征如图 5-153 所示。

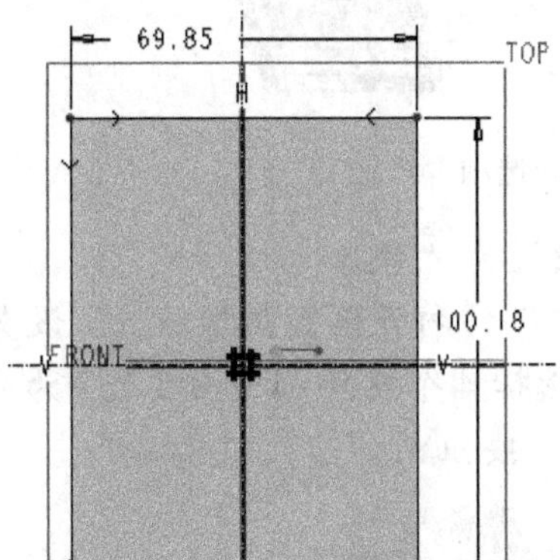

图 5-152　绘制拉伸剖面

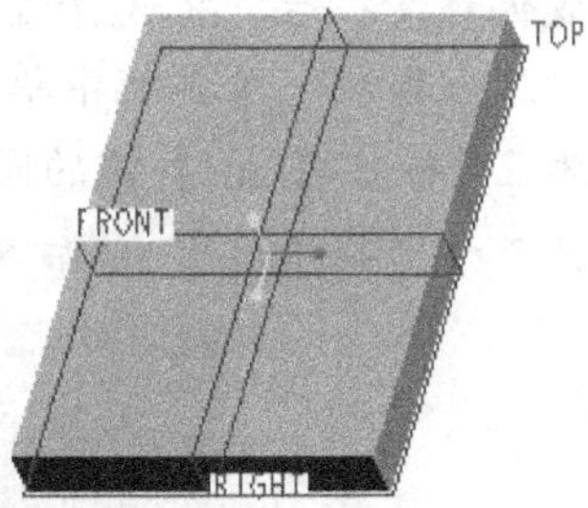

图 5-153　创建拉伸实体特征

步骤 4　在选择过滤器下拉列表框中选择“几何”选项，并在模型中单击如图 5-154 所示的顶面，在菜单栏中选择“编辑|偏移”命令，打开曲面偏移操控板，从偏移类型下拉列表框中选择“具有拔模特征”按钮。

步骤 5　打开“参照”滑出面板，单击“定义”按钮，弹出“草绘”对话框，单击“使用先前的”按钮，进入草绘模式。绘制如图 5-155 所示的图形，单击“完成”按钮✔。

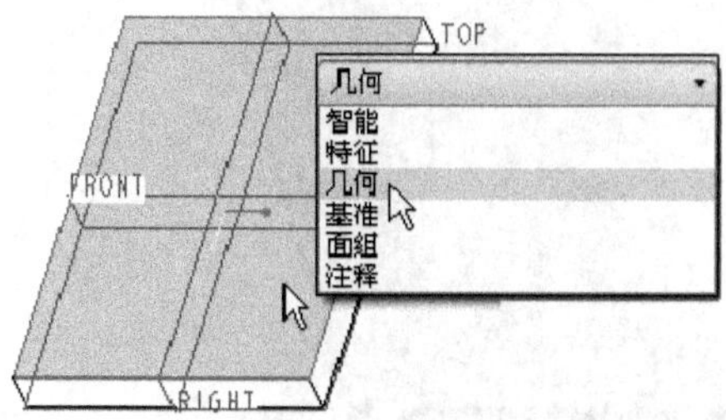

图 5-154　选择要在其上创建偏移特征的曲面

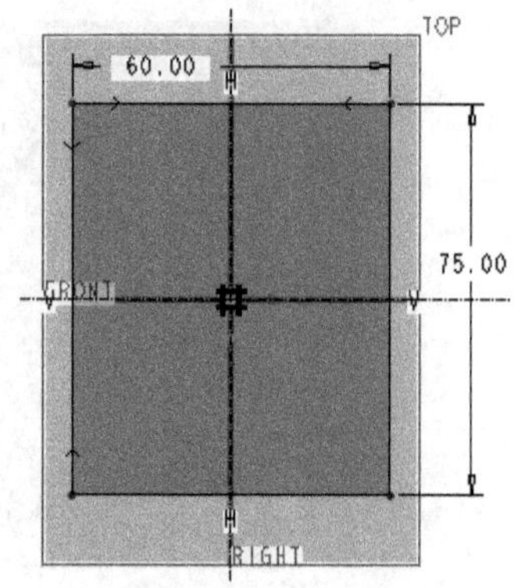

图 5-155　草绘

步骤 6　在操控板中设置偏移距离为 0.2，拔模角度为 5°，并在“选项”滑出面板中选择“垂直于曲面”选项，设置侧曲面垂直于曲面，侧面轮廓为“直”，如图 5-156 所示，然后在操控板中单击“应用并保存”按钮☑。

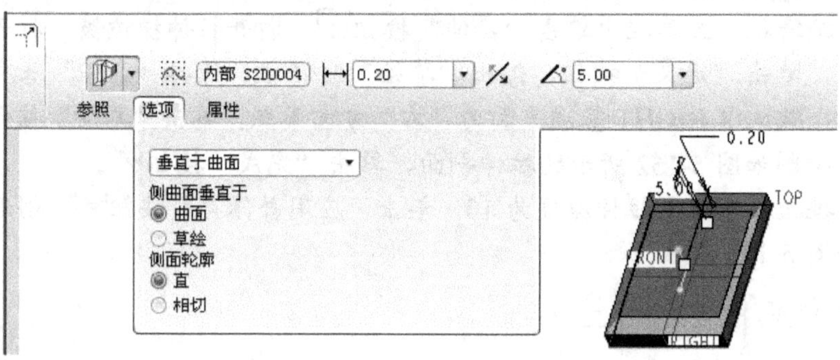

图 5-156　设置相关参数和选项

步骤 7　完成偏移特征后，将选择过滤器的选项重新设置为“智能”。

步骤 8　在“工程特征”工具栏中单击“倒圆角”按钮，打开倒圆角操控板。设置圆角半径为 2，按住【Ctrl】键的同时在偏移特征上选择 4 个拐角边（图 5-157 为显示所选的其中一个拐角边），然后单击“应用并保存”按钮☑。

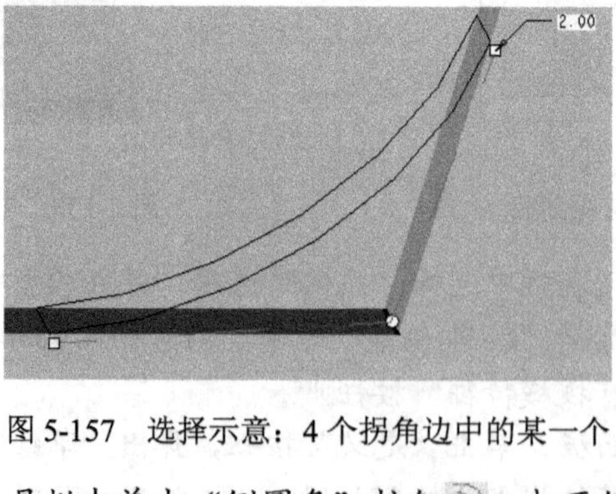

图 5-157　选择示意：4 个拐角边中的某一个

步骤 9　在“工程特征”工具栏中单击“倒圆角”按钮，打开倒圆角操控板。设置圆角半径为 1，选择如图 5-158 所示的偏移特征顶面边链进行倒圆角，单击“应用并保存”按钮。

步骤 10 在“工程特征”工具栏中单击“倒圆角”按钮，保持默认的圆角半径 1，选择偏移特征与拉伸特征的相交边链来倒圆角，如图 5-159 所示，单击“应用并保存”按钮。

图 5-158　选择要倒圆角的两条边链

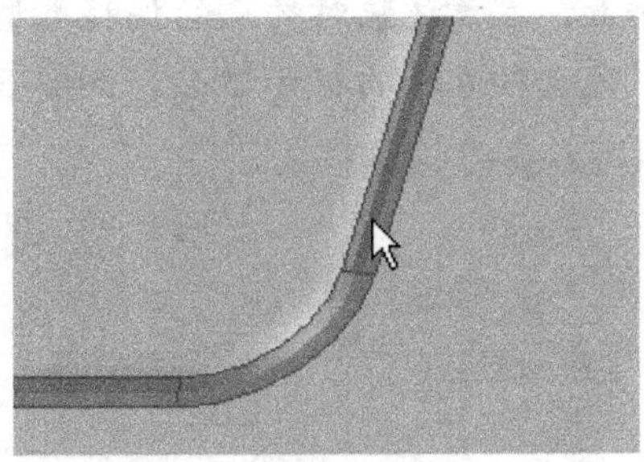

图 5-159　完成倒圆角后模型效果

步骤 11 按【Ctrl+S】快捷键，或者单击“保存”按钮，弹出“保存对象”对话框，将文件保存到所指定的工作目录下。

步骤 12 在菜单栏中选择“窗口|BC_5_R2.PRT”，以激活硬盘盒上盖零件。

（10）使用凸模工具在钣金件上压出贴纸槽

步骤 1 在“钣金件”工具栏中单击“凸模工具”按钮，打开凸模操控板。

步骤 2 在凸模操控板中单击“打开冲孔模型”按钮，弹出“打开”对话框，选择前面创建的“bc_5_r2_cz.prt”文件，单击“打开”按钮。

步骤 3 在凸模操控板中单击“创建从属于已保存零件的新凸模实例”按钮以定义凸模复制属性。注意选中凸模操控板中的“指定约束时在组件窗口中显示元件”按钮。

步骤 4 打开“放置”滑出面板，选择第一个约束的约束类型为“配对”，在硬盘盒上盖零件中选择如图 5-160 所示的顶面，在参照零件中选择偏移特征所在的放置环面，偏移类型为“重合”。

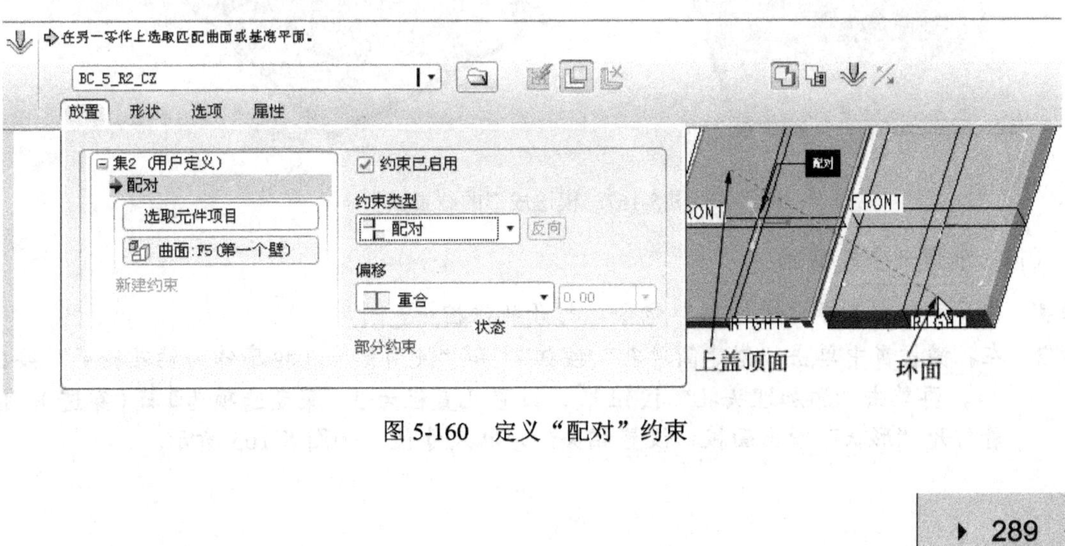

图 5-160　定义“配对”约束

步骤 5 在“放置”滑出面板中单击“新建约束”，新建一个约束，设置该约束类型为“对齐”，在上盖零件中选择“RIGHT”基准平面，在参照零件中选择“RIGHT”基准平面，注意：该对齐约束的偏移类型为“重合”。

步骤 6 在“放置”滑出面板中单击“新建约束”，新建第 3 个约束，设置该约束类型为“配对”，在上盖零件中选择“FRONT”基准平面，在参照零件中选择“FRONT”基准平面，注意该配对约束的偏移类型也为“重合”。此时，在“放置”滑出面板中出现“完全约束”的提示信息，如图 5-161 所示。

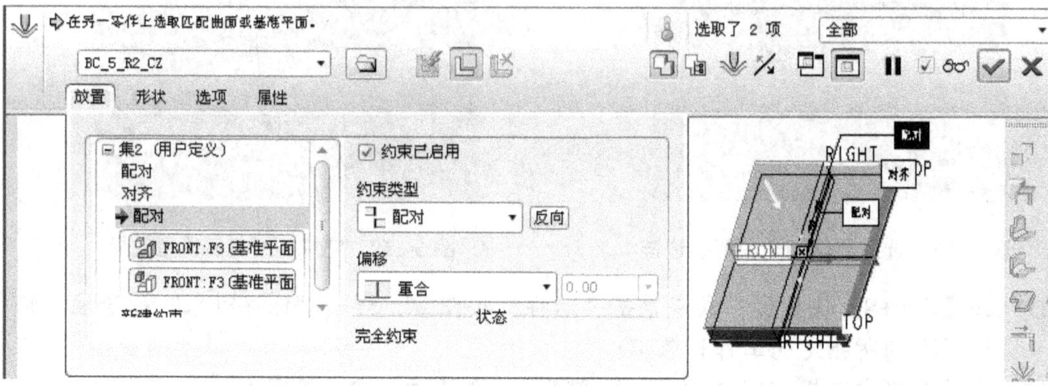

图 5-161　完全约束:

步骤 7 在凸模操控板中单击“应用并保存”按钮，通过凸模操作得到的上盖零件效果如图 5-162 所示。

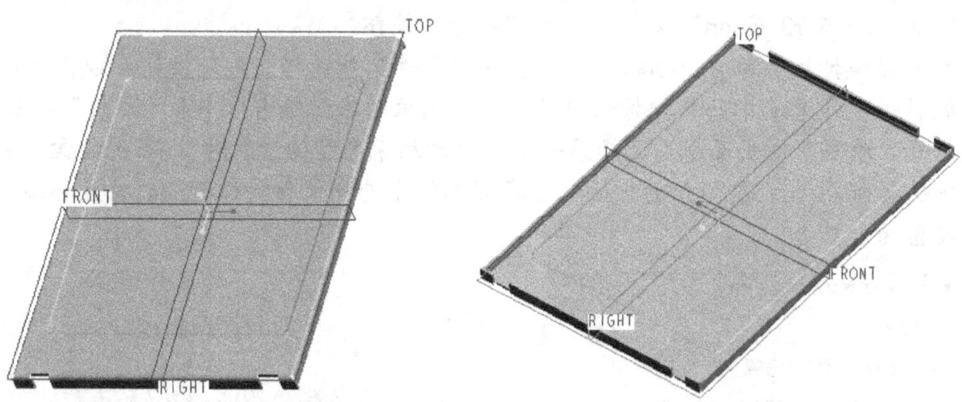

图 5-162　模压成形的结果

（11）创建一个孔特征

步骤 1 在菜单栏中选择“插入|孔”命令，打开孔操控板。

步骤 2 在孔操控板中单击“创建简单孔”按钮和“使用标准孔轮廓作为钻孔轮廓”按钮，再单击“添加埋头孔”按钮，设置孔直径为 2，深度选项为（穿透），接着打开“形状”滑出面板，设置相关的形状尺寸值，如图 5-163 所示。

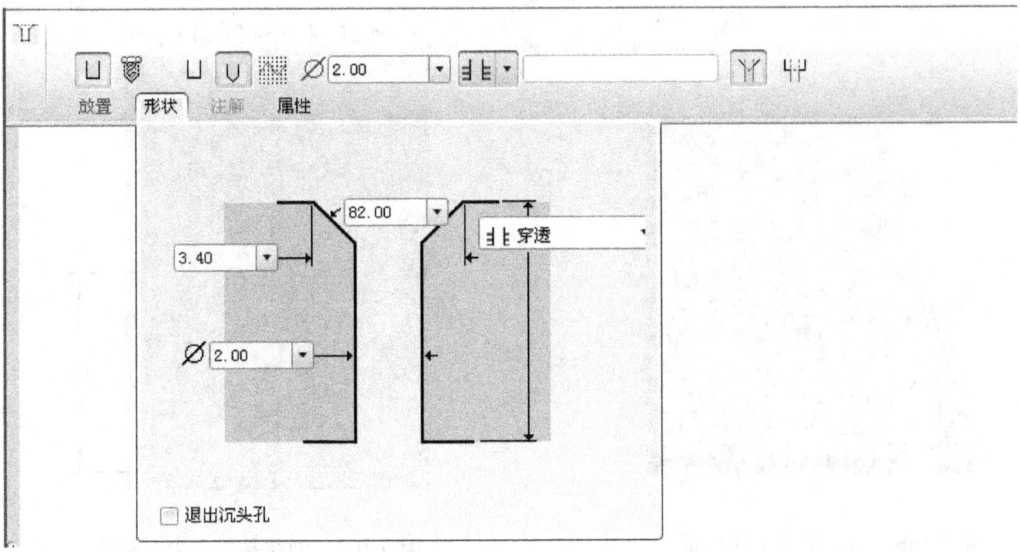

图 5-163　设置孔的参数和选项

步骤 3　在如图 5-164 所示的位置处单击以指定孔特征的主放置参照。在孔操控板中打开“放置”滑出面板，可以看到默认的放置约束类型为“线性”，在“偏移参照”收集器的框内单击以激活该收集器，接着在图形窗口中选择 RIGHT 基准平面，按住【Ctrl】键的同时选择 FRONT 基准平面，然后在“偏移参照”收集器中分别修改所选的这两个偏移参照对应的偏移距离，如图 5-165 所示。

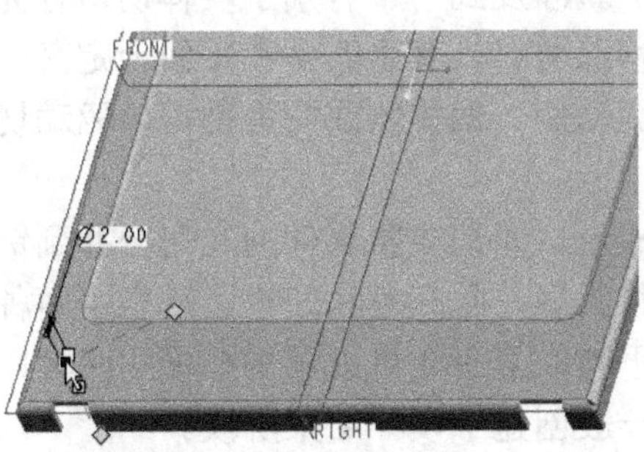

图 5-164　指定孔特征的主放置参照

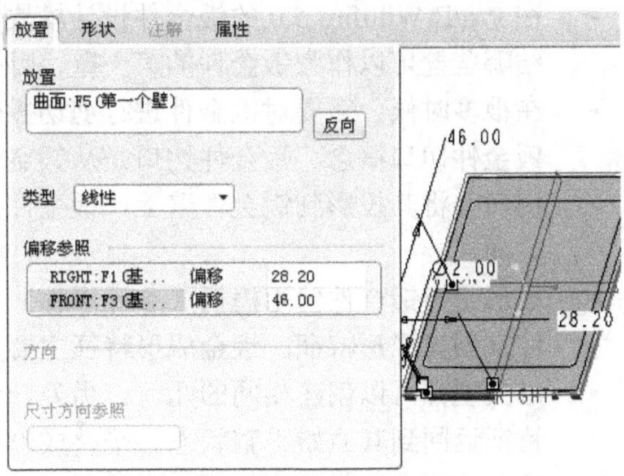

图 5-165　指定偏移参照

步骤 4　在孔操控板中单击“应用并保存”按钮，完成的第一个孔特征如图 5-166 所示。

（12）继续创建其它孔特征

步骤 1　使用相同的方法，继续创建其他 3 个同尺寸规格的孔特征，它们的放置尺寸如图 5-167 所示。

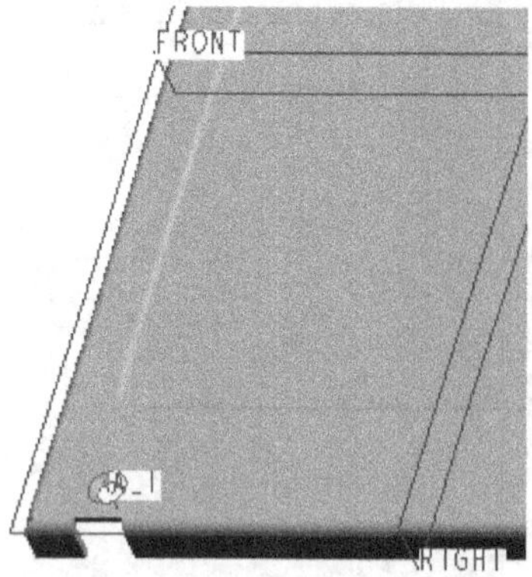

图 5-166 创建第一个孔特征

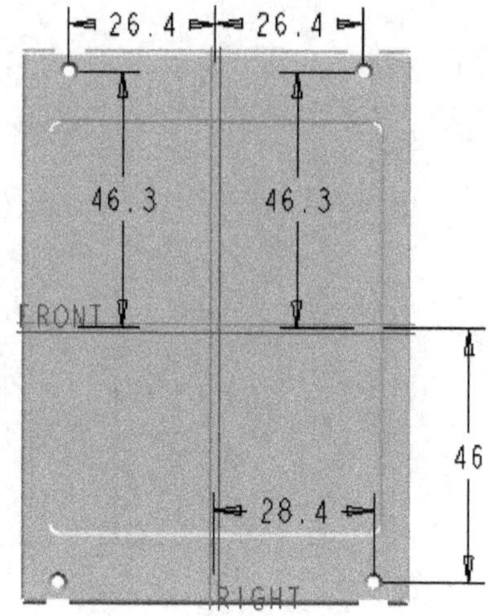

图 5-167 创建其他 3 个孔特征

步骤 3 至此，完成本任务设计，最后按【Ctrl+S】快捷键保存文件。

四、项目总结

本项目主要学习了 Pro/E Wildfire 5.0 钣金件设计的相关基础与实用知识，并重点学习了两个典型的任务实践案例。读者在学完本项目内容后，应该重点掌握以下知识。

- 在 Pro/E Wildfire 5.0 的钣金件设计模块中，可以设计各类钣金件壁。读者应该要总结哪些壁可以作为钣金件的第一壁，哪些壁必须要依赖于现有壁才能生成。
- 在很多时候，需要对钣金件进行剪切操作。这就涉及到一个有别于实体切口行为的钣金件切口概念。钣金件切口是从钣金件中移除材料，其思路是在平面上定义一个切口并将其投影到钣金件壁上，钣金件壁的驱动侧、偏移侧或两者都可以驱动切削方向。
- 成形是指钣金件壁用模板（参照零件）模压成形，即把参照零件的几何合并到钣金件来创建成形特征。钣金成形特征主要分两种类型，即凸模和凹模。注意：两种成形类型都可以创建相同的几何。另外，使用平整成形命令可以展平凸模和凹模，将特征返回到其原始平整状态。平整成形特征一般创建于设计结束阶段。
- 使用“折弯”工具可将折弯添加到钣金件壁，可以将钣金件折弯成斜形或筒形。读者应该要注意折弯类型有哪些；使用“展平”功能，可以展平钣金件上的任何弯曲曲面，无论它是折弯特征还是弯曲的壁；而使用“折弯回去”工具则可以将展平曲面返回到它们的成形位置。

五、项目考核

一、选择题（多选题，每题 2 分，共 20 分）

1．钣金是主要针对金属薄板的一种综合（　　）工艺，包括剪切、冲压、折弯、焊接、铆接、拼接、成型等，其显著的特点就是钣金零件（即钣金件）（　　）。

A．冷加工　　B．热加工　　C．厚度均匀　　D．表面光滑

2．创建钣金件的方式主要有 3 种，它们分别是（　　）。

A．使用钣金件模式　　B．使用组件模式

C．使用转换方式（将实体零件转换为钣金件）　　D．使用零件模式

3．在钣金件中创建的第一个分离壁被称为（　　），它决定了钣金件的厚度，后续创建的所有钣金件特征（除了其他分离壁）都是它的子项。

A．第一壁　　B．第二壁　　C．连接壁　　D．基础壁

4．成形特征是用参照零件以模压或冲孔的方式在钣金件上创建的印贴特征，钣金成形特征分两种主要类型，即（　　）。

A．凸模　　B．凹模　　C．模压　　D．冲孔

5．平整成形特征一般创建在（　　）。

A．设计结束阶段　　B．设计开始阶段

C．设计中间阶段　　D．设计开始之前

6．展平分为（　　）几种类型。

A．剖截面驱动　　B．光滑　　C．常规　　D．过渡

7．钣金折弯主要分（　　）两种类型。

A．角度　　B．常规　　C．轧　　D．带有转接

8．在 Pro/E Wildfire 5.0 中，钣金件扯裂缝的典型类型分为（　　）几种主要类型。

A．规则缝　　B．曲面缝　　C．边缝　　D．角缝

9．下列哪些说法正确？（　　）

A．钣金件具有驱动曲面和偏移曲面

B．壁止裂槽有助于控制钣金件材料并防止发生不希望的变形

C．可以将彼此之间不相切的壁合并

D．可以将非相切、箱型边转换为倒圆角边

10．下列哪些钣金件壁可以作为第一壁？（　　）

A．拉伸壁　　B．法兰壁　　C．平面壁　　D．混合壁

二、简答题（每题 5 分，共 20 分）

1．在钣金件模式中进行钣金件设计的流程是什么？

2．连接壁有哪些作用？常见的连接壁有哪些？

3．平整成形、折弯回去和平整形态的作用是什么？

4．如何创建凸模和凹模？二者有哪些区别？

三、操作题（每题 20 分，共 60 分）

1．看图建模：请参照如图 5-168 所示的钣金零件模型效果，在 Pro/E Wildfire 5.0 钣金件设计模块中建立其三维模型，具体尺寸自行决定。

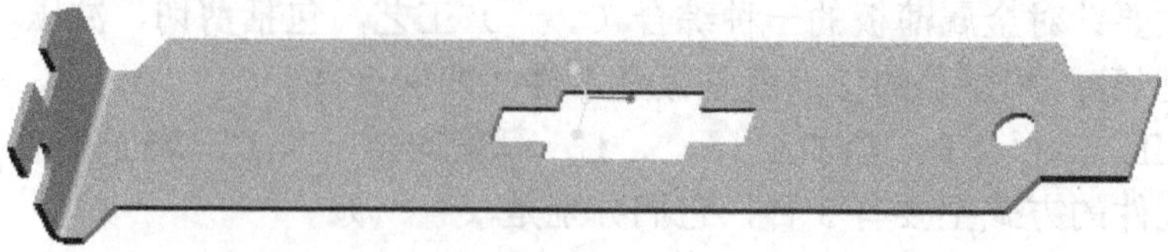

图 5-168　操作题 1 完成的参考效果图

2．看图建模：请参照如图 5-169 所示的钣金件外壳模型效果，在 Pro/E Wildfire 5.0 钣金件设计模块中建立其三维模型，具体尺寸自行决定。

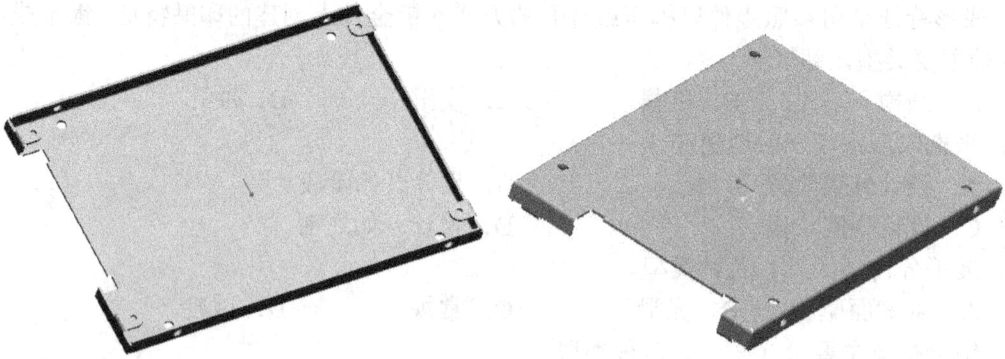

图 5-169　操作题 2 完成的参考效果图

3．自由发挥操作题：请自行设置一个计算机机箱侧板，要求使用凸模工具或凹模工具在该侧板中设计扣手位。

项目六　装配设计

完成相关的三维零件设计后，可以将这些零件按照设计要求的约束条件或连接方式装配起来，构成一个完整的产品、机构装置或部件。

本项目将结合理论指导和任务实践学习装配设计的相关内容，其中在理论指导部分学习的实用知识包括装配概述、装配约束、连接（使用预定义约束集）、重复装配、创建爆炸视图及偏距线、在组件中创建新的元件及激活操作等。

一、学习目标

- 掌握装配约束与连接。
- 掌握重复装配元件的方法和技巧。
- 掌握创建组件爆炸视图（即分解视图）的方法和技巧。
- 掌握在组件中创建新的元件及激活操作。
- 能够总结零件装配的一般方法。

二、理论指导

本部分先进行装配概述，接着介绍装配约束、连接（使用预定义约束集）、重复装配、创建爆炸视图及偏距线、在组件中创建新的元件及激活操作。

（一）装配入门

装配是指按照一定的顺序将各个零件组装在一起，各个零件之间必须满足特定的位置关系，从而形成一个组件（装配体）。图 6-1 所示为淋浴喷头装配示意图。

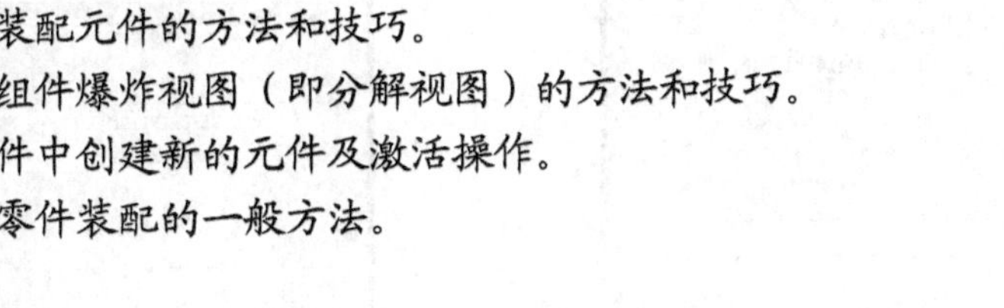

图 6-1　淋浴喷头装配示意图

1. 进入装配模式

在 Pro/E Wildfire 5.0 中提供了一个专门的装配模块，要使用该装配模块，可以按照如下步骤来创建一个新组件文件并进入装配模式。

步骤 1 在“文件”工具栏中单击“新建”按钮，或者在菜单栏中选择“文件|新建”命令，弹出“新建”对话框。

步骤 2 在“类型”选项组中选择“组件”单选按钮，在“子类型”选项组中选择“设计”单选按钮，在“名称”文本框中输入新组件的名称，如“bc_6_3a”，取消选中“使用缺省模板”复选框，如图 6-2 左图所示，然后单击“确定”按钮。

步骤 3 系统弹出“新文件选项”对话框，从“模板”选项组的模板列表框中选择“mmns_asm_design”，如图 6-2 右图所示，然后单击“确定”按钮，即可完成创建一个新组件文件，并进入到装配工作界面。

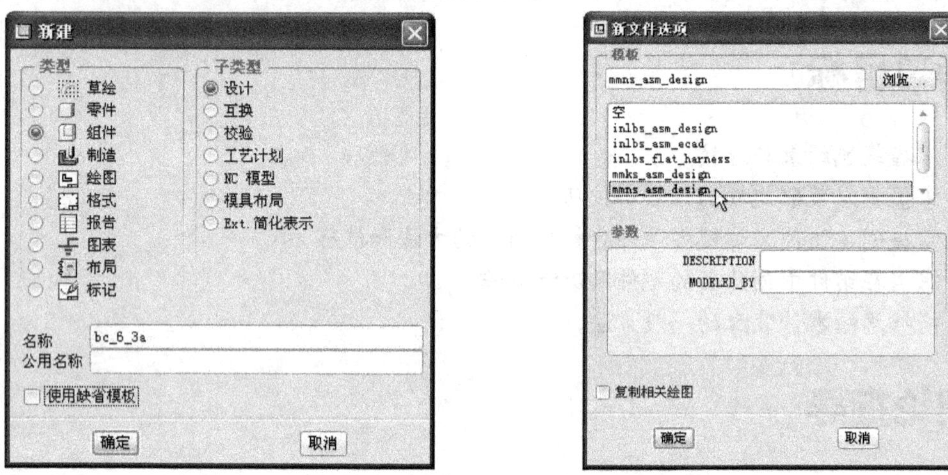

图 6-2　新建装配文件

在组件设计环境的右工具箱中提供了如下 3 个实用的按钮。

- ：将元件（包括零件和子组件）添加到组件中，以完成模型装配。这是组件装配设计中最重要的一种方法。此按钮对应的菜单命令为“插入|元件|装配”。
- ：在组件模式下创建元件。这种方式在产品设计中会经常应用到。此按钮对应的菜单命令为“插入|元件|创建”。
- ：将 Manikin 添加到组件。在 Pro/E Wildfire 5.0 中，可以使用 Manikin 来探索设计的物理特性与其目标用户的关系。此按钮对应的菜单命令为“插入|Manikin”。

2. 装配入门实例

模型组件的装配操作主要是利用装配操控板来进行的。下面通过装配螺钉来了解装配的一般方法，并简单认识装配约束。

步骤 1 进入装配模式后，单击右工具箱中的“装配”按钮，弹出“打开”对话框，找到本书配套素材“CH6\bc_24a_1.prt”文件（装配的第 1 个元件），单击“打开”按钮，将其导入，此时将打开装配操控板，单击“应用并保存”按钮，如图 6-3 所示。

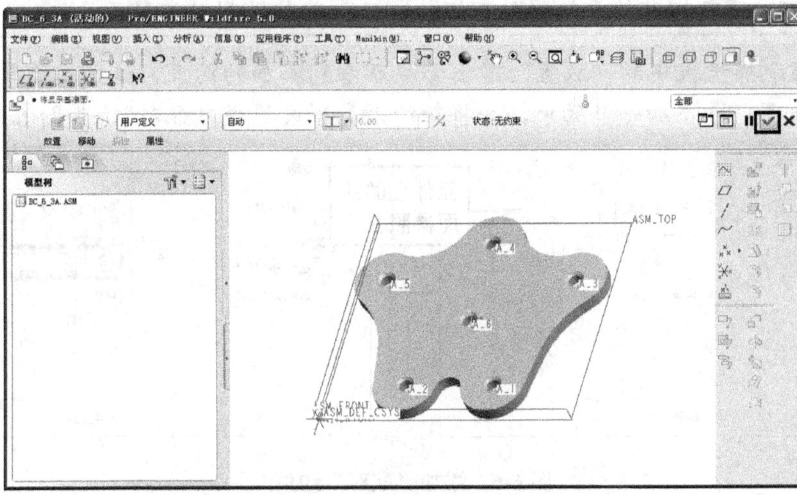

图 6-3 导入第一个元件

步骤 2 放置第 2 个元件。单击右工具箱中的“装配”按钮，导入本书配套素材“CH6\bc_24a_2.prt”文件，在装配操控板中将约束类型设置为“插入”，并单击按下装配操控板右侧的“指定约束时在单独的窗口中显示元件”按钮，以在单独的窗口中显示元件，如图 6-4 所示。

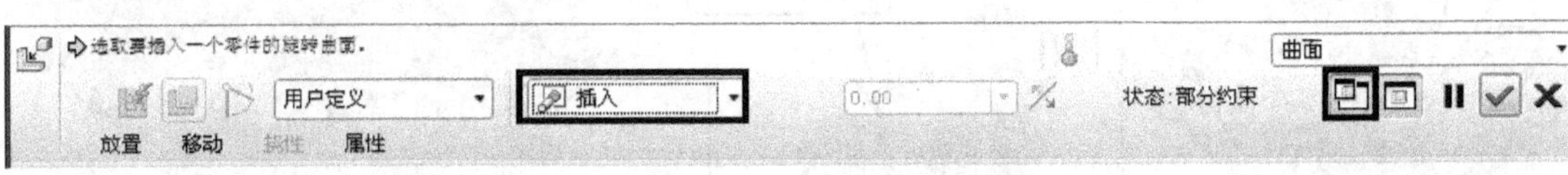

图 6-4 选择“配对”约束

步骤 3 单击组件上的参照 A（曲面）和元件上的参照 B（曲面），完成“插入”约束，如图 6-5 所示。

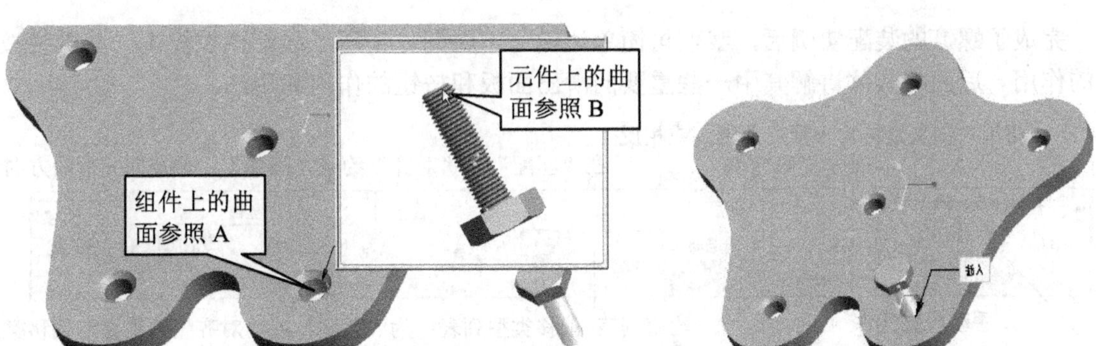

图 6-5 完成“插入”约束

> **提示** 在单独的窗口中显示元件可更方便地在不同的视图方向中对元件和组件进行操作。如果同时按下和（指定约束时在组件窗口中显示元件）按钮，可在指定约束的同时在组件窗口和单独的窗口中显示元件。

步骤 4 打开装配操控板中的“放置”滑出面板可看到添加的约束，这里我们单击“新建约束”选项，再添加一个约束，并将新约束类型设置成“配对”，如图 6-6 所示。

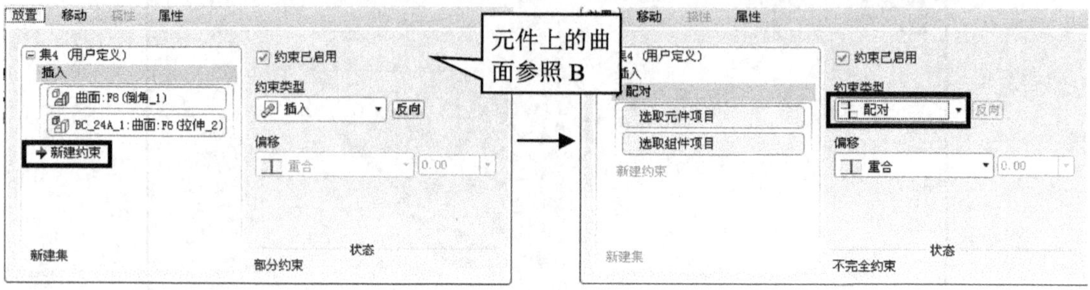

图 6-6　添加“配对”约束

步骤 5 单击组件上的参照 C 和元件上的参照 D，完成“配对”约束，然后单击装配操控板中的“应用并保存”按钮，完成第一个螺钉的装配，如图 6-7 所示。我们将在后面的学习中使用重复装配功能完成其他螺钉的装配。

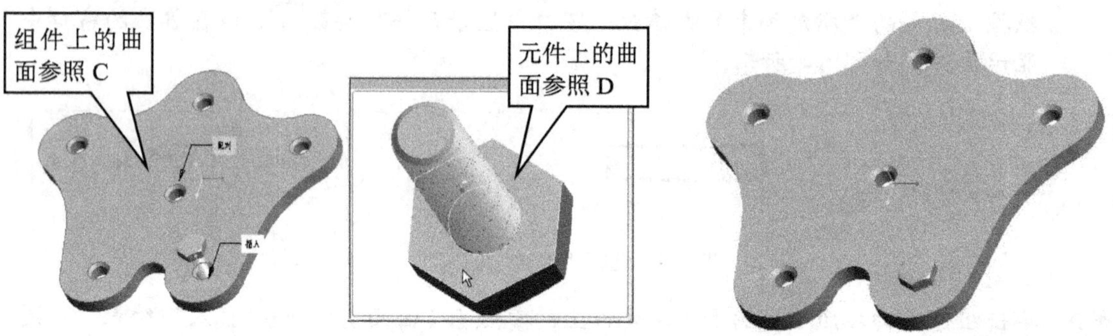

图 6-7　完成“配对”约束

完成了螺钉的装配实例后，我们再简单认识一下如图 6-8 所示装配操控板中一些重要按钮的作用。后面将具体讲解其中一些重要的滑出面板和按钮的作用和用法。

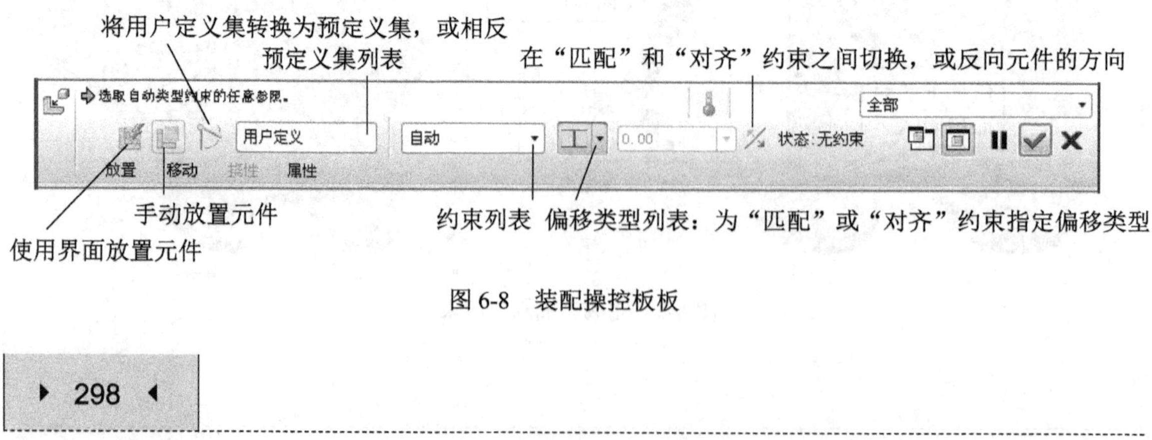

图 6-8　装配操控板板

装配时，第一个被导入的元件称为父元件，后面导入的元件称为子元件，如图 6-9 所示。装配完成后，如果删除父元件，其子元件也会被删除；但删除子元件一般不会影响父元件。由此可见，父元件的选择尤其重要。

另外，需要用户注意的是：如果在组件模型树中没有显示模型特征，那么可利用模型树中的“树过滤器”来设置显示出模型特征，其方法是在组件模型树上方单击“设置”按钮，从弹出的下拉菜单中选择“树过滤器”命令，弹出“模型树项目”对话框，在“显示”区域选中“特征”复选框，然后单击“确定”按钮即可，如图 6-10 所示。

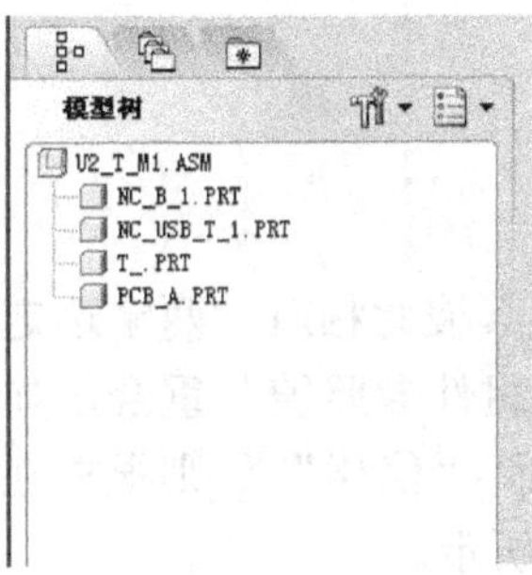

图 6-9　模型树

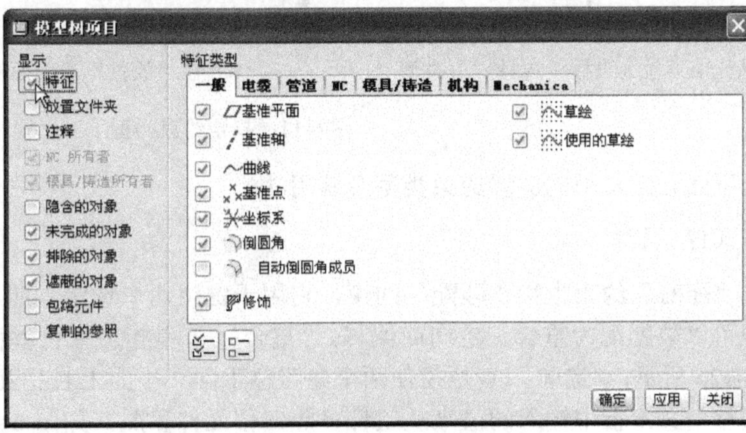

图 6-10　“模型树项目”对话框

（二）约束类型

元件的装配过程就是一个约束元件在组件中的位置的过程。Pro/E 提供了放置约束、连接约束和移动约束几种约束类型来定义元件之间的相对位置关系，下面分别介绍这几种约束。

1. 放置约束

放置约束是最简单，也是最常用的约束类型。通常，要完全约束一个元件，需要用户定义一个或多个放置约束条件。

在装配操控板的约束下拉列表框中可以选择所需的放置约束类型，如图 6-11a 所示。此外，在装配操控板“放置”滑出面板的“约束类型”下拉列表框中可设置更多的约束选项，如新建约束，设置约束类型，设置某些约束类型（“配对”和“对齐”约束）的偏移选项，查看组件的约束状态，以及删除约束等，如图 6-11b 所示。

添加约束并选择约束类型后，分别在组件和元件上选择约束参照即可完成约束。

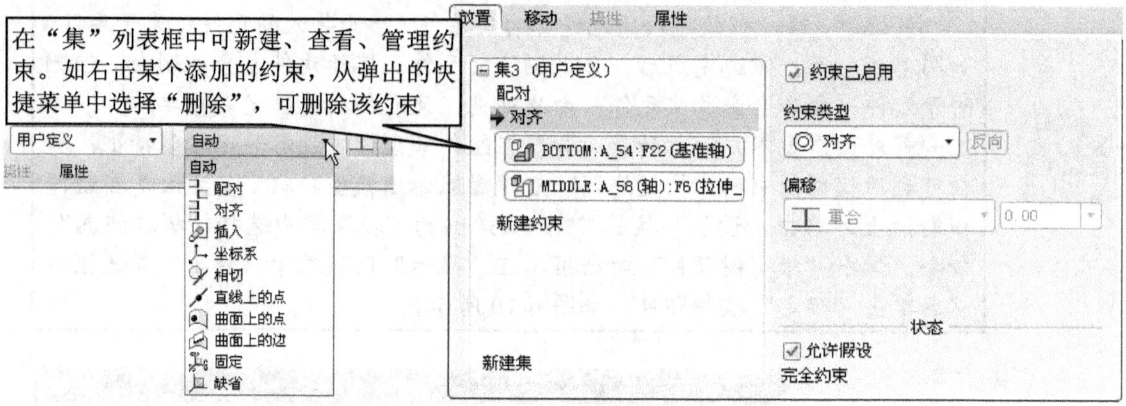

a）从约束下拉列表框中选择约束类型　　b）在“放置”滑出面板中设置更多的约束选项

图 6-11　指定约束类型

下面介绍常用的放置约束类型及其用法。

（1）配对

“配对”约束也称“匹配”约束，它用于定位两个选定参照，使其彼此相对。两个选定参照可以被匹配为重合、定向或偏移。“重合”是指使元件参照和组件参照彼此重合，如图 6-12b 所示；“定向”是指使两个参照位于同一平面上且相互平行；“偏移”则根据在“偏移”文本框中输入的值来从组件参照偏移元件参照，如图 6-12c 所示。

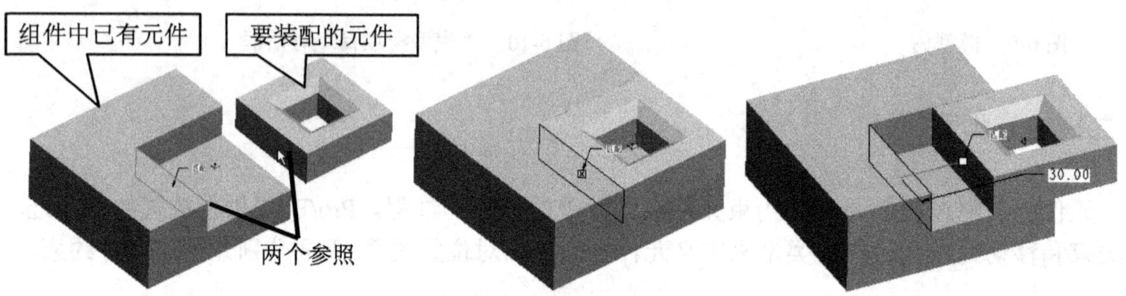

a）约束前　　b）匹配为重合　　b）匹配为偏移 30 个单位

图 6-12　“配对”约束示例

（2）对齐

使用“对齐”约束可以对齐两个选定的参照（可以是点、平面、曲面、基准平面或轴）并使其朝向相同（法向相同）。与“配对”约束相似，“对齐”约束可以将两个选定的参照对齐为重合、定向或偏移。

使用“对齐”约束可以使两个平面共面（重合并朝向相同），或两条轴线同轴，还可以使选定的两个点重合。注意：在组件和元件上选择的参照项目必须是同一类型的，例如，若在元件中选择一个点，那么必须在组件中也选择一个点。

“对齐”约束的示例如图 6-13 所示，所选平面曲面对齐且重合。

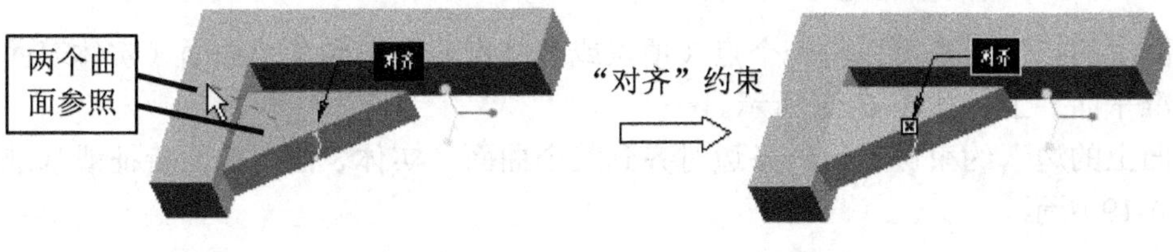

图 6-13　“对齐”约束示例

（3）插入

“插入”约束用于将一个旋转曲面插入到另一个旋转曲面中，并且使它们各自的轴同轴，如图 6-14 所示。通常在不便于选择轴的时候使用“插入”约束。

（4）坐标系

使用“坐标系”约束可以通过将元件的坐标系与组件中指定的坐标系对齐，从而将元件放置在组件中，如图 6-15 所示。

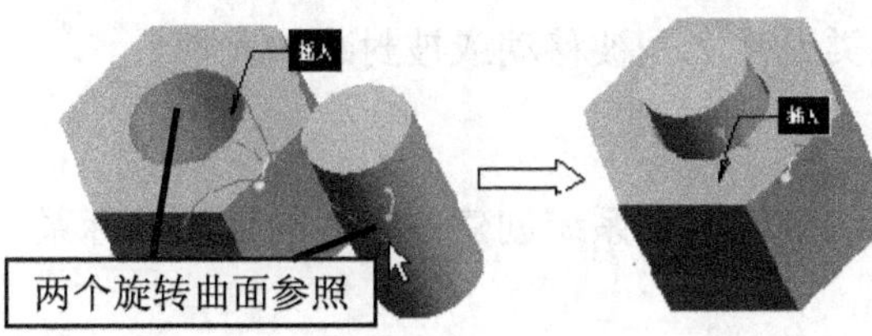

图 6-14　使用“插入”约束的示例

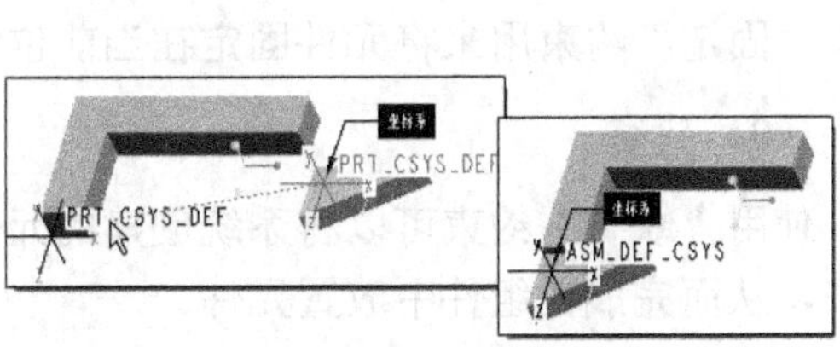

图 6-15　使用“坐标系”约束的示例

（5）相切

使用“相切”约束可以控制两个曲面在切点的接触，即对选定的两个曲面施加此约束后，这两个曲面将自动调整到相切状态，如图 6-16 所示。

（6）直线上的点

使用“直线上的点”约束可以将一个点（顶点或基准点）对齐到某条线（边线、轴线或基准曲线）上或者线的延长线上。在如图 6-17 所示的示例中，在三角形元件中选择一个顶点，在组件模型中选择一条边线，则顶点落在所选边线上。

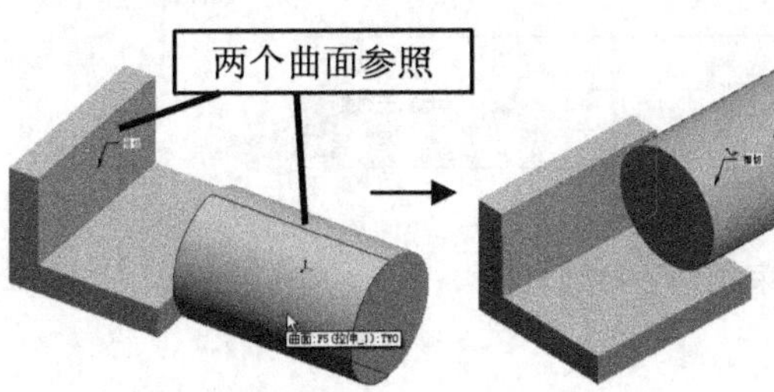

图 6-16　使用“相切”约束的示例

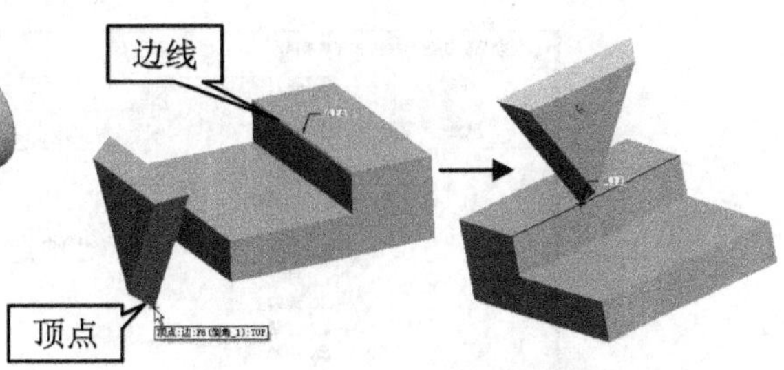

图 6-17　使用“直线上的点”约束

（7）**曲面上的点与曲面上的边**

使用“曲面上的点”约束可以将一个点（顶点或基准点）对齐到某个曲面（实体表面、曲面特征或基准平面）上，如图 6-18 所示。

使用“曲面上的边”约束可以将一条边对齐到某个曲面（实体表面、曲面特征或基准平面）上，如图 6-19 所示。

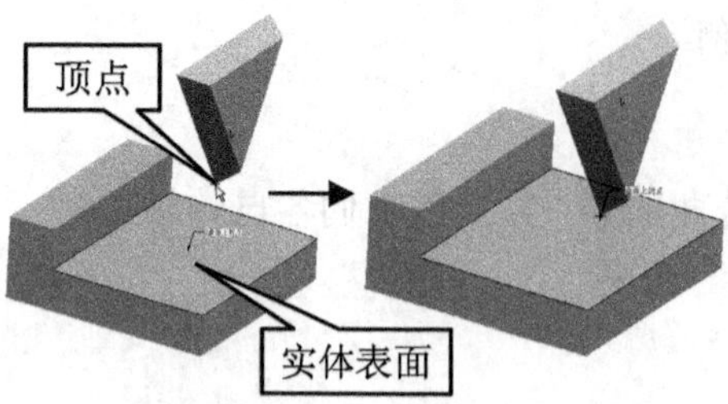

图 6-18　使用“曲面上的点”约束

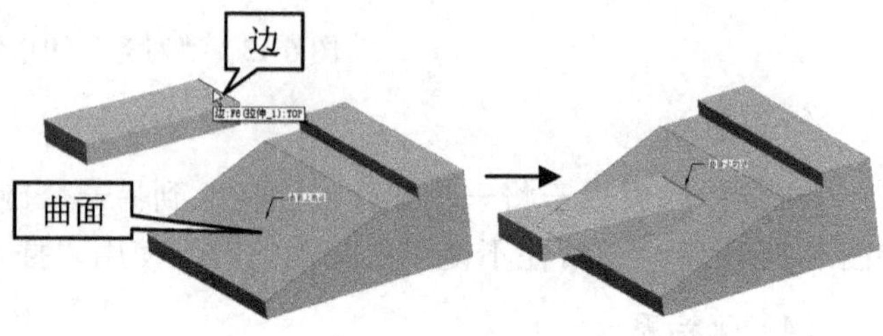

图 6-19　使用“曲面上的边”约束

（8）**固定**

“固定”约束用来将元件固定在当前位置。此类元件多是被移动或被封装的元件。

（9）**缺省**

使用“缺省”约束可以将系统创建的元件的默认坐标系与系统创建的组件的默认坐标系对齐，从而完成在组件中放置元件。

（10）**自动**

使用“自动”约束时，用户可直接在元件和组件上分别选择要装配的参照几何，系统将自动判断约束的类型和间距等来进行装配约束。

2. 连接约束（预定义约束集）

连接约束即预定义集约束，是指利用系统预先设定的基本约束集定义元件在组件中的运动，主要用来装配具有一定自由度的元件，比如滑动杆、滚轮和销钉等。连接约束是对装配体各连接机构进行运动仿真的关键，Pro/E 在装配操控板的“预定义集”列表框中提供了 11 种连接约束，如图 6-20 所示，各自的含义如下。

图 6-20　使用“预定义约束集”下拉列表框

> **提示**　通常使用预定义约束集的元件有意地未进行充分约束，以保留一个或多个自由度。

- **“刚性”连接**：用于连接两个元件，使其无法相对移动，即“刚性”连接的自由度为零。选择“刚性”连接时，可使用任意有效的放置约束来进行约束操作，并且连接的元件将变成单个主体。
- **“销钉”连接**：是指将元件连接到参照轴，以使元件以 1 个自由度沿此轴旋转或移动，如图 6-21 所示。操作时需要定义一组轴对齐参照（选择轴、边、曲线或曲面作为轴参照）和一组平移约束参照（平面配对或对齐，也可以为点对齐）。

> **提示**　定义连接约束时，需要在“元件放置”操控面板中打开“放置”上滑面板，该上滑面板会针对每种连接约束，提供可用的约束集列表（例如轴对齐等），然后根据系统提示选取相应参照即可。

- **“滑动杆”连接**：是指将元件连接至参照轴，以使元件以 1 个自由度沿此轴移动，如图 6-22 所示。滑动杆连接主要由轴对齐和旋转两种约束组成。对齐参照可以是边或轴，旋转参照通常是平曲面。旋转约束的作用是防止元件绕轴旋转。
- **“圆柱”连接**：提供 1 个旋转自由度和 1 个平移自由度，允许元件沿着指定轴移动并绕其旋转，如图 6-23 所示。该连接集只需定义一个轴对齐约束，即选择一组轴、边或曲线来作为轴对齐约束参照。

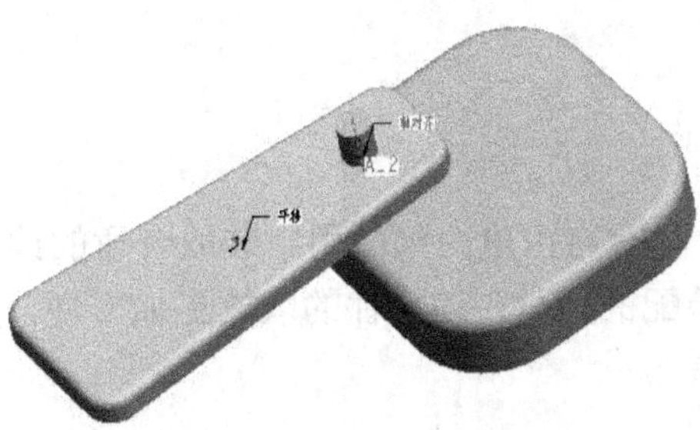

图 6-21　“销钉”连接

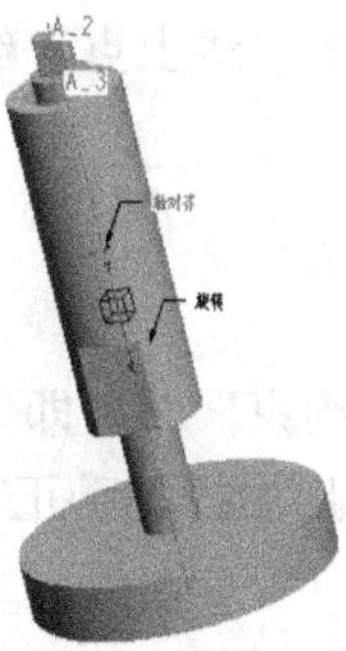

图 6-22　滑动杆连接

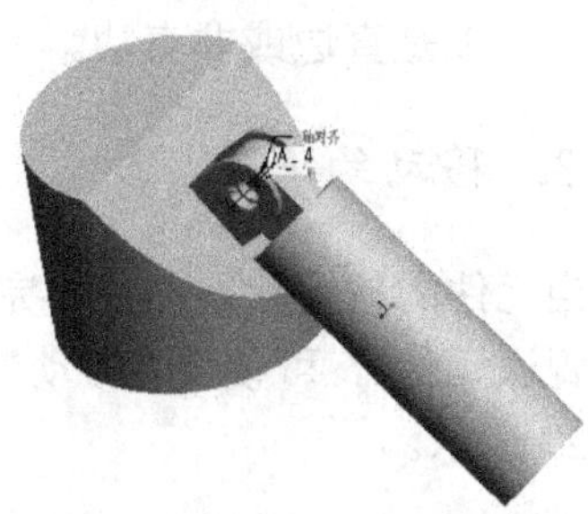

图 6-23　圆柱连接

- **“平面”连接**：提供 1 个旋转自由度和 2 个平移自由度。“平面”连接集具有单个平面配对或对齐约束，如图 6-24 所示。使用“平面”连接的元件，可以在指定平面内移动，并可相对于垂直于该平面的轴转动。
- **“球”连接**：提供 3 个旋转自由度，但没有提供平移自由度，如使用“球”连接的元件可以绕某点自由旋转，如图 6-25 所示。使用“球”连接时需要定义点对点的对齐约束。
- **“焊缝”连接**：是指将一个元件连接到另一个元件，使它们无法相对移动（自由度为零）。“焊缝”连接需要定义一个坐标系对齐约束，通过将元件的选定坐标系与组件中选定坐标系对齐来实现将元件放置在组件中。

- **“轴承”连接**：是“球”连接和“滑动杆”连接的组合，它一共具有 4 个自由度，即 3 个旋转自由度（360° 旋转）和一个平移自由度（沿参照轴移动），如图 6-26 所示。“轴承”连接需要定义点对齐约束。
- **“一般”连接**：也称“常规”连接或“类属”连接，它使用“自动”约束连接元件，参照可以任意选取，系统根据所选参照确定约束类型。注意：“相切”、“曲线上的点”和“非平面曲面上的点”约束不能用于“一般”连接。

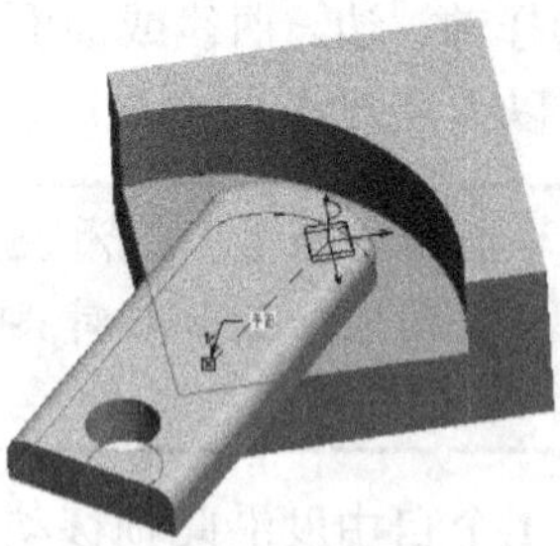
图 6-24 “平面”连接

图 6-25 “球”连接

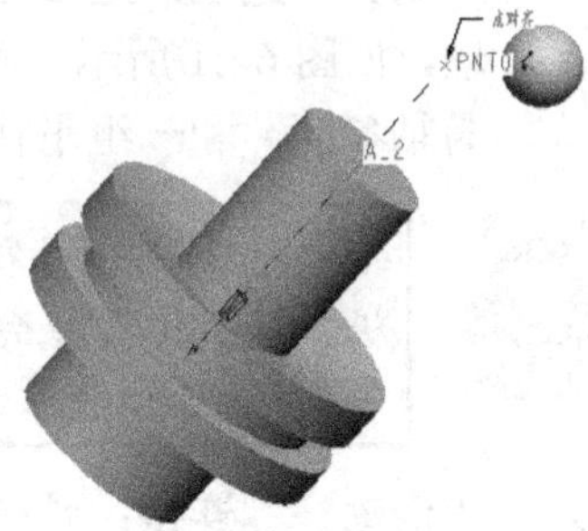
图 6-26 “轴承”连接

- **“6DOF”连接**：提供 6 个自由度，不影响元件与组件相关的运动，即不受任何约束的限制。操作时需要指定元件的坐标系与组件的坐标系对齐，注意：x、y 和 z 组件轴是允许旋转和平移的运动轴。
- **“槽”连接**：具有 4 个自由度，让参照点可以绕着直线或非直轨迹旋转（只能旋转不能移动）。需要定义一个“线上点”约束，参照点可以是基准点或顶点，轨迹可以是直边或非直边。

3. 移动约束

当元件的放置状态不是“完全约束”时（即元件具有自由度，如使用封装或合适的约束集配置该元件），可使用“移动”滑出面板移动正在装配的元件，使元件的取放更加方便，如图 6-27 所示。

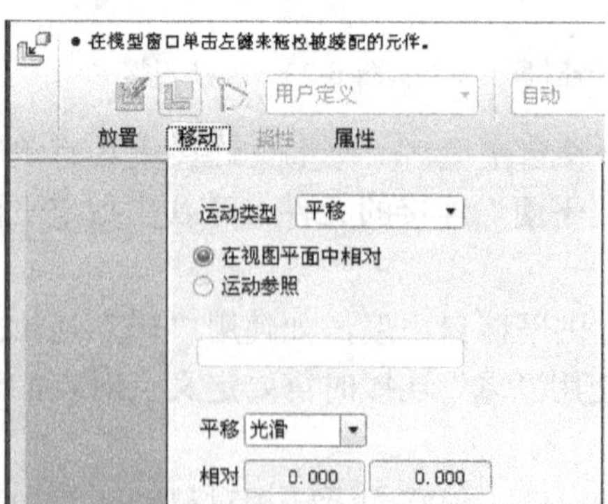

图 6-27 “移动”滑出面板

> **提示** 移动约束的开启和关闭是通过打开或关闭“移动”滑出面板来控制的。打开“移动”上滑面板，则当前移动约束生效，可用鼠标指针在工作区中移动元件。否则，移动约束无效。

（1）运动类型

用来指定运动类型，包括“定向模式”、“平移”、“旋转”和“调整”。

- **定向模式**：用来对元件进行定向。在工作区中单击，鼠标指针变为⊛，按住鼠标中键进行拖动，即可对元件进行定向。
- **平移**：在视图平面内或沿着所选参照平移元件。在工作区中单击鼠标并移动，元件会跟随鼠标指针一起移动，再次单击鼠标可将元件固定到当前位置。
- **旋转**：在视图平面中或者绕所选参照旋转元件。在工作区中单击鼠标并移动，元件会围绕单击位置或参照进行旋转，再次单击鼠标，可将元件固定。
- **调整**：相当于一个临时约束，通过选取参照进行匹配或对齐，以调整元件。使用“在视图平面中相对”方式，需要在元件上选取一个曲面，元件将自动进行调整，使所选曲面平行于视图平面。若使用“运动参照”方式，则操作方法和匹配（或对齐）约束类似，元件会被调整到所选参照。

（2）运动类型

- **“在视图平面中相对”单选按钮**：选中该单选按钮，表示相对于视图平面移动或旋转元件，此为系统默认选项。
- **“运动参照”单选按钮**：选中该单选按钮，表示相对于选定的参照移动或旋转元件。图 6-28 为使用运动参照平移元件。

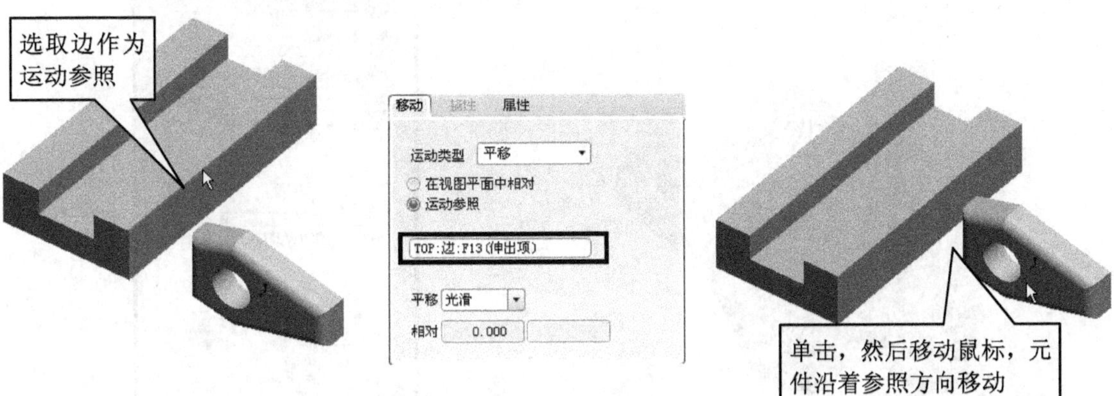

图 6-28　使用运动参照移动元件

（3）运动类型

当使用“平移”或“旋转”运动类型调整元件时，在“移动”上滑面板的下方可以设置平移或旋转运动的增量值。

> **小技巧**　除了使用“移动”滑出面板移动元件外，在没有完全约束元件的情况下，也可以使用鼠标和键盘方式快捷移动元件：按住【Ctrl+Alt+鼠标左键】并拖动元件可移动元件；按住【Ctrl+Alt+鼠标中键】并拖动元件可旋转元件；按住【Ctrl+Alt+鼠标右键】并拖动元件可平移元件。

（三）重复装配

在装配设计中，有时需要多次对一个相同的元件进行装配，并在装配时使用相同类型和数量的约束条件，而其中仅仅是某约束参照不同，此时可使用重复元件放置或使用重复约束放置来多次放置元件（简称“重复装配”）。例如：在一个组件模型中装配多个同规格的螺钉，在这种情况下可使用重复装配的方法来完成操作。

步骤 1 打开本书配套素材文档“CH6\bc_6_3a.asm”。在模型树或图形窗口中选择要重复装配的元件，例如，在“bc_6_3a.asm”文档的组件中选择已经装配好的螺栓零件，如图 6-29 所示。

步骤 2 在菜单栏中选择“编辑|重复”命令，弹出如图 6-30 所示的“重复元件”对话框。其中，在“元件”选项组中显示了所选的要重复装配的元件名称。

> **提示** 如果要更改其他元件作为要重复装配的元件，那么可在“重复元件”对话框中单击“元件”选项组中的“选择”按钮，弹出一个“选取特征”菜单，接着在模型树或图形窗口中重新选择要重复装配的元件即可。

步骤 3 从“可变组件参照”列表框中选择要改变的组件参照。例如选择“插入”组件参照。

步骤 4 在“放置元件”选项组中单击“添加”按钮。

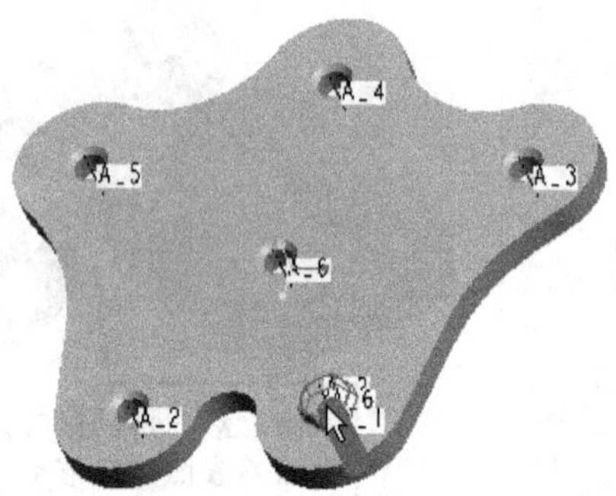

图 6-29 选择要重复装配的元件

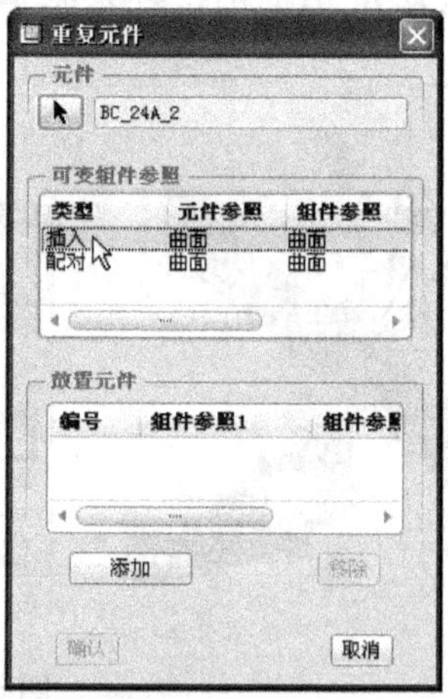

图 6-30 “重复元件”对话框

步骤 5 选择新的组件参照，所选参照出现在“放置元件”选项组的列表中。在本例中，在组件中选择 A_2 特征轴所在的拉伸孔圆柱曲面，则系统自动添加新螺栓，完成一处重复装配，如图 6-31 所示。

步骤 6 继续定义参照放置，直到将元件的所有实例放置完毕为止。在本例中分别单击其他 4 个拉伸孔的内圆柱曲面。

步骤 7 在“重复元件”对话框中单击“确认”按钮，完成该重复装配的模型效果如图 6-32 所示。

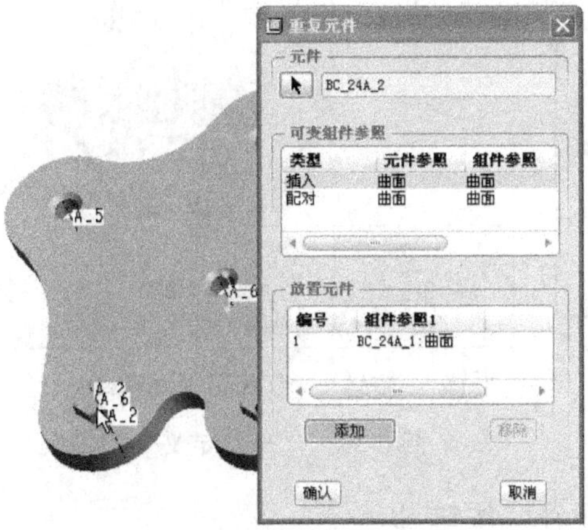

图 6-31　选择第一个组件参照来放置元件

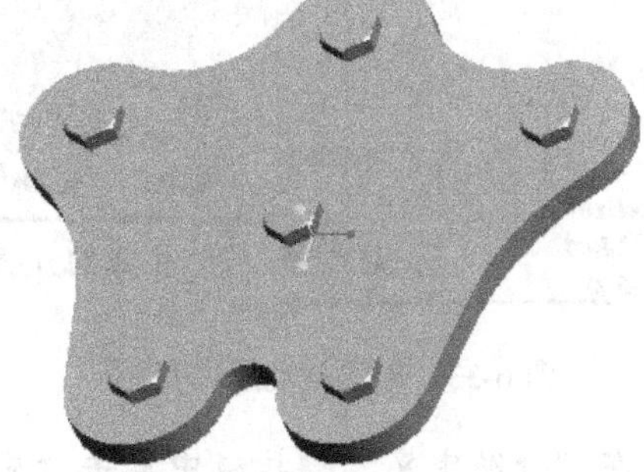

图 6-32　重复装配的结果

（四）创建爆炸视图及偏移线

组件的爆炸视图也称“分解视图”，它将模型中每个元件与其他元件分开表示。在爆炸视图中创建的偏移线主要起修饰作用，它有助于帮助工作人员直观地了解相关元件的装配位置和对齐情况。下面介绍爆炸视图与偏移线的实用知识。

1. 创建爆炸视图

爆炸视图用于将已经装配好的组件按照装配的位置关系分解展示。爆炸视图仅影响组件外观，而设计意图以及装配元件之间的实际距离不会改变。在 Pro/E 中既可以使用菜单命令来生成自动爆炸视图，也可以使用视图管理器来创建和保存新的爆炸视图。

（1）创建自动爆炸视图并编辑位置

步骤 1　完成模型装配后，在菜单栏中选择“视图|分解|分解视图”命令，可以创建自动爆炸视图，如图 6-33 所示，图中各元件的位置是由系统默认提供的。

步骤 2　在很多情况下，自动生成的爆炸视图中有一些零部件的位置不能满足用户的需要，还需要用户去编辑相关零部件在爆炸视图中的位置，此时可以在菜单栏中选择“视图|分解|编辑位置”命令，弹出“分解定义”操控板，如图 6-34 所示。

步骤 3　在“分解定义”操控板中可根据实际情况选择 3 种运动类型之一：“平移”、“旋转”或“沿视图平面移动”，接着选择一个或多个要分解的元件，出现拖动控制滑块，如果需要可以利用“参照”、“选项”滑出面板来定义相关的运动参照和运动选项，然后将元件或元件组拖动到所需位置即可。

提示

> 注意：如果选择“平移”作为运动类型，则将出现带有拖动控制滑块的坐标系，从中选择一个轴以定义平移轴。

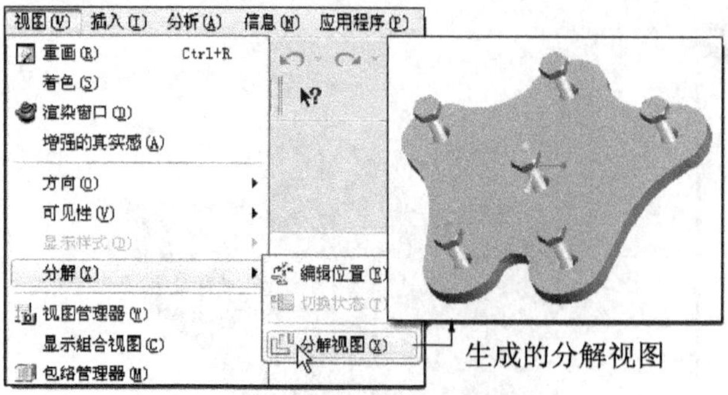

图 6-33　创建自动爆炸视图

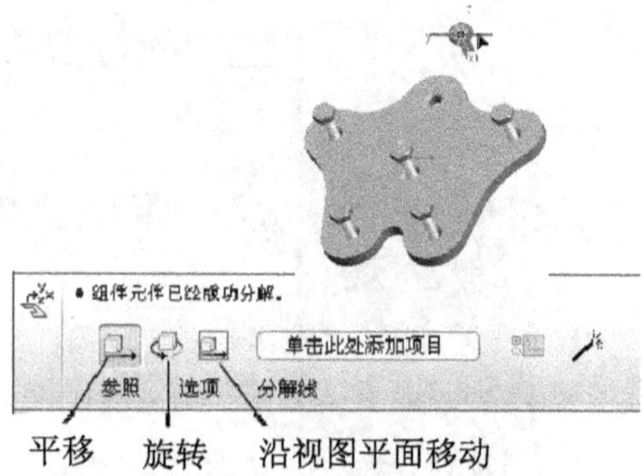

图 6-34　“分解定义”操控板

步骤 3　在“分解定义”操控板中单击“应用并保存”按钮。

如果要取消分解视图，那么可以在菜单栏中选择“视图|分解|取消分解视图”命令，从而使组件从分解状态恢复为先前的装配状态。

（2）使用视图管理器创建和保存爆炸视图

要创建和保存新的爆炸视图，最方便的工具要数视图管理器了，使用视图管理器还可以定制默认的爆炸视图。用户可以为每个组件定义并保存多个爆炸视图，以便于以后在这些视图之间进行切换。下面是创建和保存新的爆炸视图的操作步骤。

步骤 1　在“视图”工具栏中单击选中“视图管理器”按钮，或者在菜单栏中选中“视图|视图管理器”命令，弹出“视图管理器”对话框，切换到“分解”选项卡，如图 6-35 所示。

步骤 2　在“分解”选项卡中单击“新建”按钮，出现爆炸视图的默认名称，如图 6-36 所示。按【Enter】键接受该默认名称或键入一个新的名称，该新爆炸视图处于活动状态。

步骤 3　单击“属性”按钮，则视图管理器切换到定义爆炸视图属性的界面，如图 6-37 所示，其中提供了“分解视图”按钮/“取消分解视图”按钮、“编辑位置”按钮和“切换状态”按钮等。

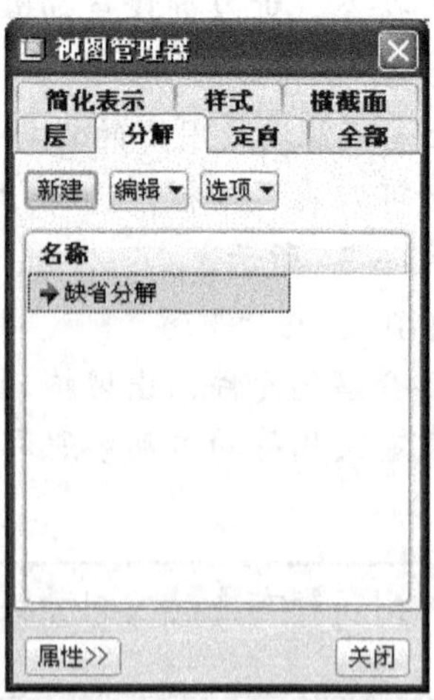

图 6-35　“分解”选项卡

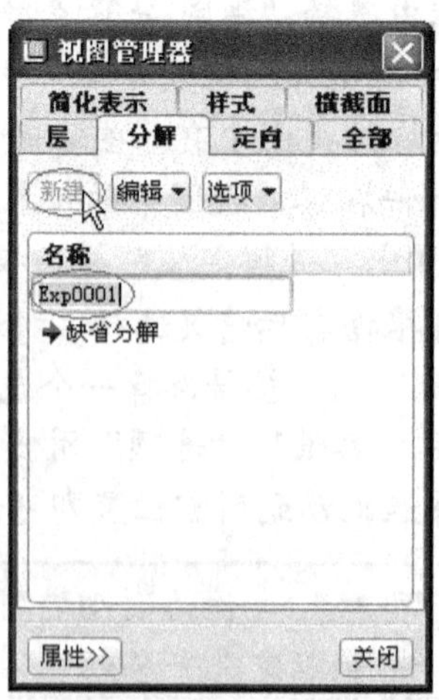

图 6-36　新建分解视图

图 6-37　开始定义分解视图属性

步骤 4 单击“编辑位置”按钮，打开“分解定义”操控板，利用该操控板定义元件的分解位置，操作方法与前面讲解的相同，完成后单击“应用并保存”按钮，如图 6-38 所示。

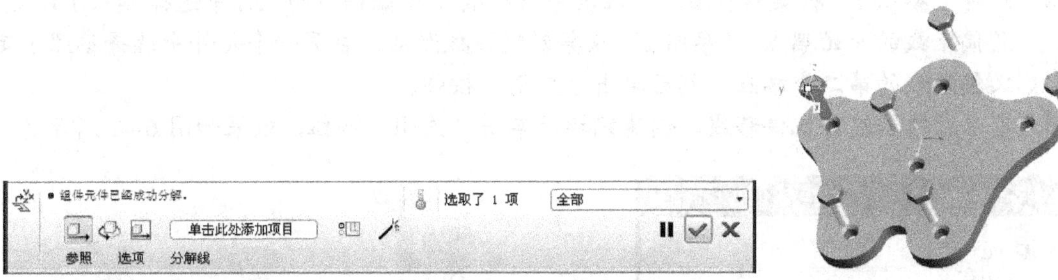

图 6-38　设置元件的分解位置

步骤 5 利用“切换状态”按钮可设置元件的分解状态，其方法是在视图管理器内的元件列表中选择要设置的元件，接着单击“切换状态”按钮，从而将该元件的状态设置为分解或未分解，如图 6-39 所示。

步骤 6 设置好组件元件的分解位置后，单击“列表”按钮，返回到视图管理器的分解视图列表，单击“编辑”按钮，并从打开的下拉菜单中选择“保存”命令，弹出“保存显示元素”对话框，确保选中“分解”复选框，并可指定新爆炸视图名称，如图 6-40 所示，然后单击“保存显示元素”对话框中的“确定”按钮。

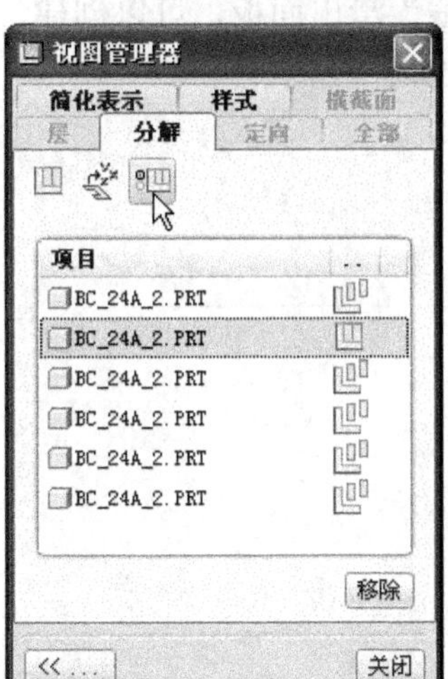

图 6-39　设置元件的状态

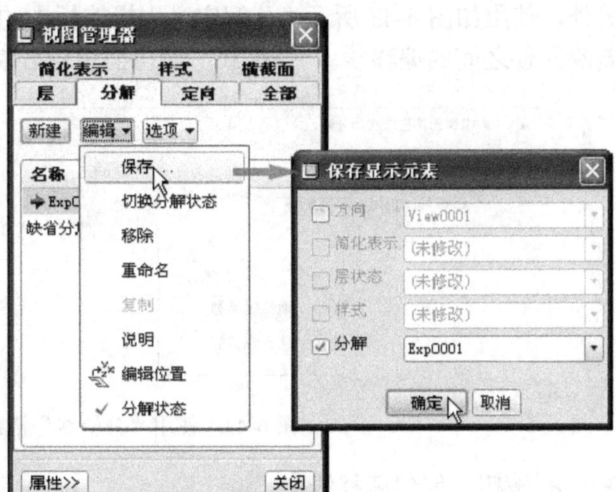

图 6-40　保存分解视图操作

步骤 7 在“视图管理器”对话框中单击“关闭”按钮。

2. 在爆炸视图中创建偏移线

在爆炸视图中创建合理有序的偏移线（也称偏距线）可以清楚地表达零件间的位置关系。

创建步骤如下。

步骤 1 创建或编辑爆炸视图时，在打开的“分解定义”操控板中单击“创建偏距线”按钮，弹出如图 6-41 所示的“修饰偏移线”对话框。

步骤 2 此时“参照 1”收集器被激活，在其中一个要创建偏移线的元件中选择参照 1 以定义偏距线的开始端点，“参照 2”收集器随即被激活，在另一个元件中选择参照来定义偏距线的第二个端点，然后单击“应用”按钮。

步骤 3 可以继续创建其他偏移线，创建完毕后单击“关闭”按钮，效果如图 6-42 所示。

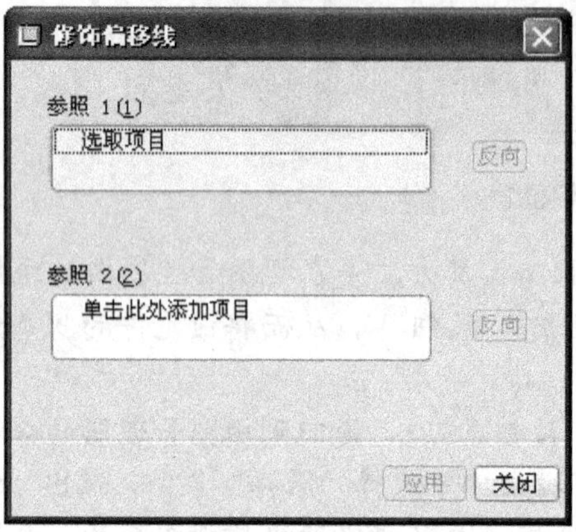

图 6-41 “修饰偏移线”对话框

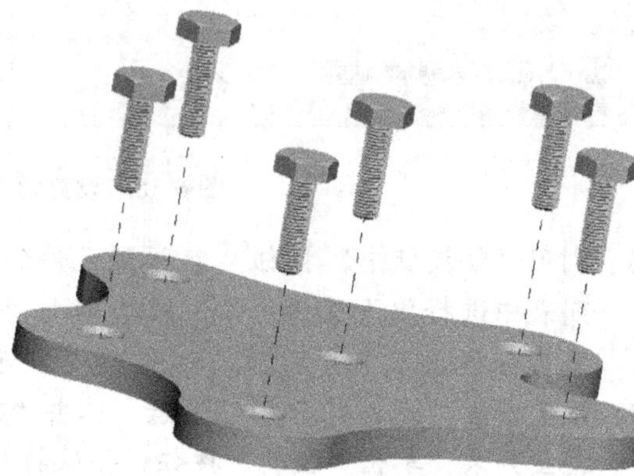

图 6-42 创建偏距线示例

另外，使用如图 6-43 所示“分解定义”操控板中的“分解线”滑出面板，可以创建、修改和删除元件之间的偏移线。“分解线”滑出面板中各功能含义如下。

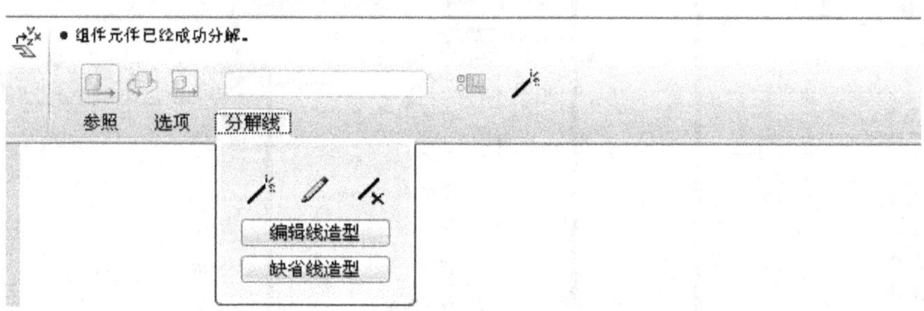

图 6-43 使用“分解线”滑出面板

- **按钮**：创建偏移线。
- **按钮**：编辑选定的分解线（偏移线）。
- **按钮**：删除一条或多条所选的分解线（偏移线）。
- **“编辑线造型”按钮**：单击此按钮，打开“线造型”对话框，以更改所选的分解线（偏移线）的外观。
- **“缺省线造型”按钮**：单击此按钮，同样打开“线造型”对话框，此时可设置分解线（偏移线）的默认外观。

（五）在组件中创建和修改元件

在 Pro/E Wildfire 5.0 中进行装配设计时，还可以在组件中新建元件，具体步骤如下。

步骤 1 在装配模式中单击“创建”按钮，或者在菜单栏中选择“插入|元件|创建”命令，弹出如图 6-44 所示的“元件创建”对话框。

> **提示**
>
> 在菜单栏的“插入|元件”级联菜单中，除了有“装配”和“创建”两个命令之外，还包括“封装”、“包括”和“挠性”命令。在这里简要地介绍一下这 3 个命令的功能含义。
>
> 封装：在没有严格放置规范的情况下向组件添加元件。当不知道将元件放置在哪里最好，或者不希望相对于其他元件的几何定位元件时，可使用封装作为放置元件的临时措施。
>
> 包括：在活动组件中包括未放置的元件。
>
> 挠性：向组件中添加挠性元件。

步骤 2 从“元件创建”对话框中看到可以创建的元件类型有“零件”、“子组件”、“骨架模型”、“主体项目”和“包络”，其中最为常用的元件类型为“零件”。选择“零件”单选按钮并在“子类型”选项组中选择“实体”单选按钮。

步骤 3 接着在“名称”文本框中接受默认的名称或输入新的元件名称，单击“确定”按钮，系统弹出如图 6-45 所示的“创建选项”对话框，该对话框提供了如下 4 种创建实体零件的方法。

图 6-44 “元件创建”对话框

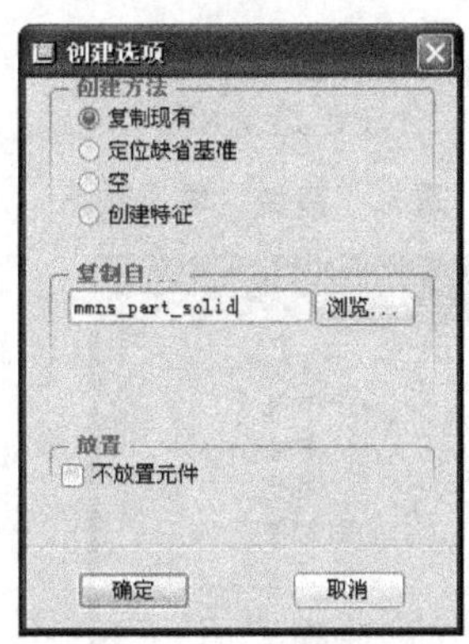

图 6-45 “创建选项”对话框

- **复制现有**：通过复制现有零件创建实体零件。
- **定位缺省基准**：创建实体零件并设置默认基准。
- **空**：创建不具有初始几何的元件，即创建空零件。
- **创建特征**：创建实体零件及其特征，其初始特征取决于组件。

步骤 3 这里我们选择“创建特征”选项，单击“确定”按钮。创建的新实体零件处于被激活的状态，系统在模型树中用一个小图标标识该实体零件为激活状态，如图 6-46 所示。此时可以使用相关的建模工具为新实体零件创建特征，就如同在零件设计模式下进行建模一样。

如果要在组件环境中为其他元件创建或编辑特征，那么可在模型树中选择该元件后右击，从弹出的快捷菜单中选择“激活”命令，从而激活该元件，然后可使用零件的建模工具为该元件创建或编辑特征。

在完成零件特征设计后，如果要回到顶级组件的装配工作模式，可以在模型树中选择顶级组件的名称节点，然后右击，从弹出的快捷菜单中选择“激活”命令即可，如图 6-47 所示。

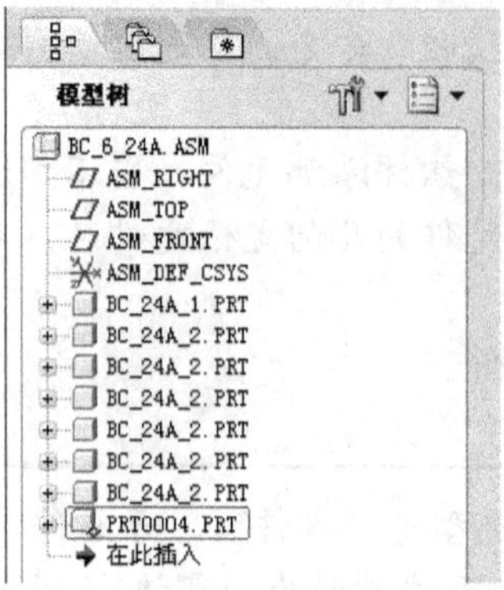

图 6-46　新实体零件处于被激活的状态

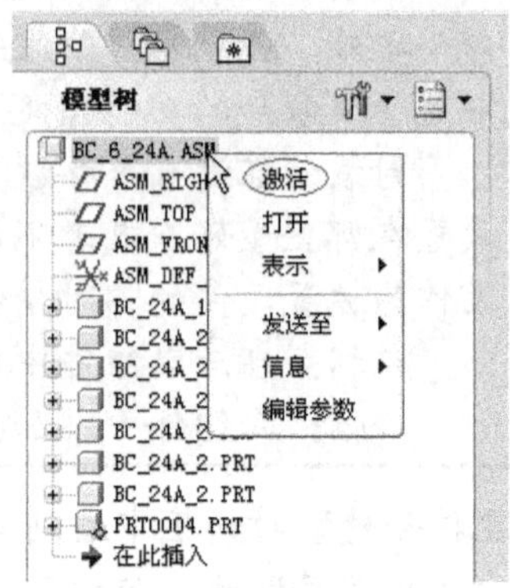

图 6-47　激活顶级组件的右键操作

> **知识库** 在装配设计模式下，可以在组件内创建零件的镜像副本，该副本可以是从属的也可以是独立的。其创建步骤如图 6-48 所示。

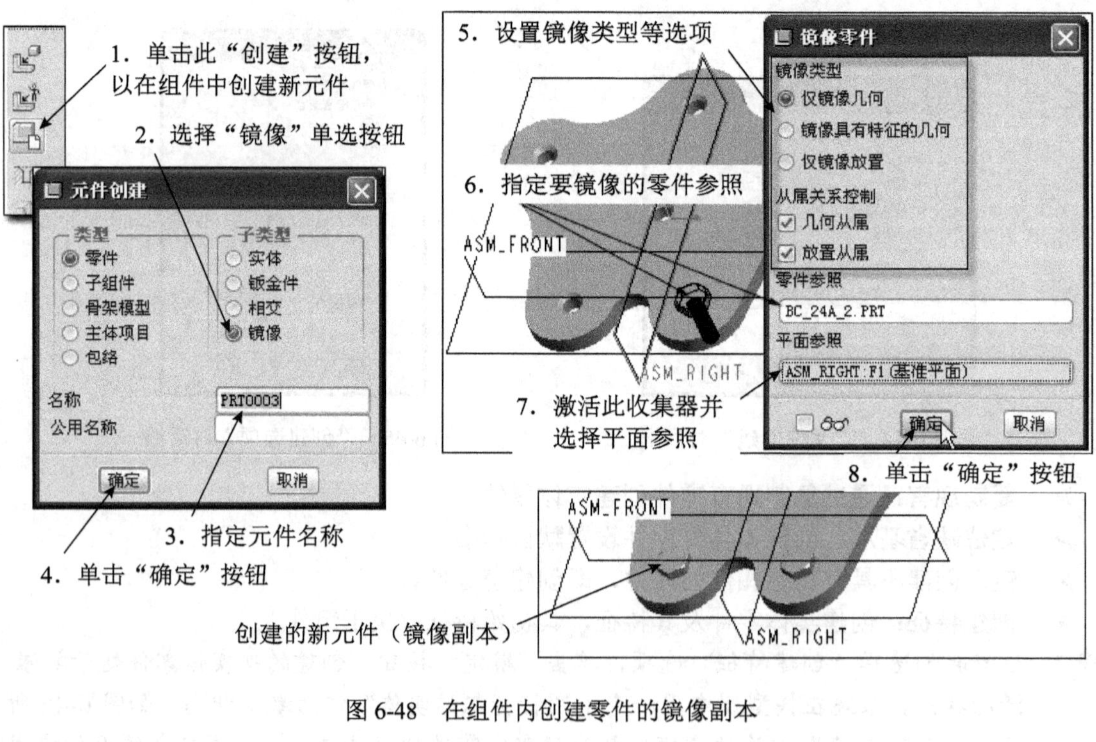

图 6-48　在组件内创建零件的镜像副本

> **提示** 在组件中激活实体零件来建模有一个好处就是可以很方便地参照组件中的其他元件来进行设计工作，从而能更好地实施设计意图。

三、任务实践

在学习了 Pro/E Wildfire 5.0 装配设计的理论指导知识后，接下来通过两个典型的装配综合案例，来学习这些知识在实践中的应用。

任务一　装配低速滑轮装置

本任务要装配完成的模型为低速滑轮装置，如图 6-49 所示，该装置是一种引导带运动的装置，主要由装有衬套的滑轮、心轴、托架等零件组成，其中衬套和滑轮装配在心轴上，而心轴用垫圈、螺母与托架联接在一起。应用到的主要知识点有装配约束、销钉连接装配和创建爆炸视图等。案例完成的最终效果请参考本书配套素材“CH6\bc_6_r1_finish.prt”文件。

此外，在本任务中还创建该低速滑轮装置的爆炸视图（包括有偏移线），完成的爆炸视图效果如图 6-50 所示。

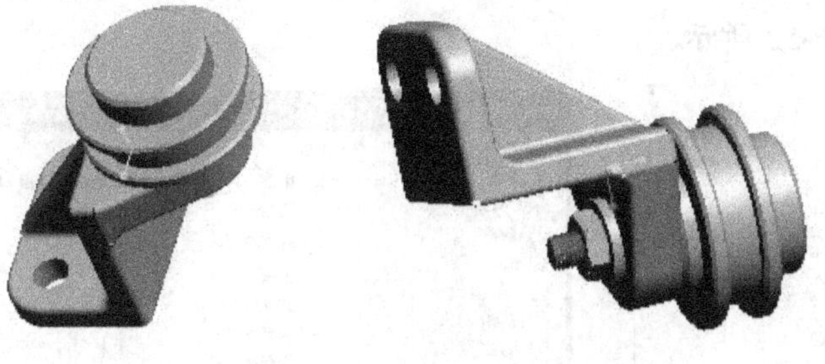

图 6-49　低速滑轮装置

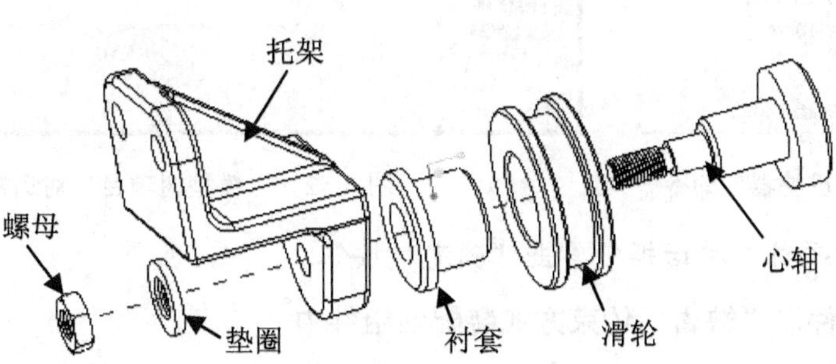

图 6-50　爆炸视图

任务分析

首先新建一个组件文件，利用树过滤器以设置可以在模型树中显示零件特征，接着以“缺省”装配约束方式在组件中装配第一个零件——托架，然后按照顺序分别装配衬套、滑轮、心轴、垫圈和螺母，从而完成整个低速滑轮装置的装配设计，最后创建该装置的爆炸视图。

任务实施

（1）新建一个组件文件

步骤 1 在“文件”工具栏中单击“新建”按钮，或者按【Ctrl+N】快捷键，弹出“新建”对话框。

步骤 2 在“类型”选项组中选择“组件”单选按钮，在“子类型”选项组中选择“设计”单选按钮，在“名称”文本框中输入“bc_6_r1”，取消选中“使用缺省模板”复选框，然后单击“确定”按钮。

步骤 3 系统弹出“新文件选项”对话框，从“模板”列表中选择“mmns_asm_design”公制模板，然后单击“确定”按钮。

（2）设置树过滤器显示项目

步骤 1 在导航区的模型树的上方单击“设置”按钮，接着从打开的如图 6-51 所示的菜单中选择“树过滤器”命令，弹出“模型树项目”对话框。

步骤 2 在“模型树项目”对话框的“显示”区域选中“特征”复选框和“放置文件夹”复选框，如图 6-52 所示。

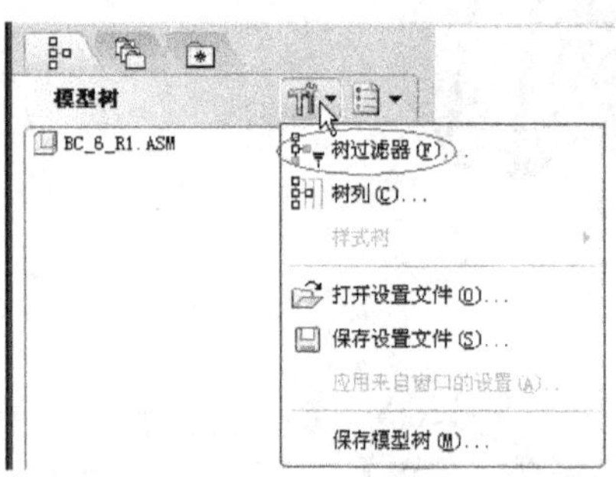

图 6-51 选择“树过滤器”命令

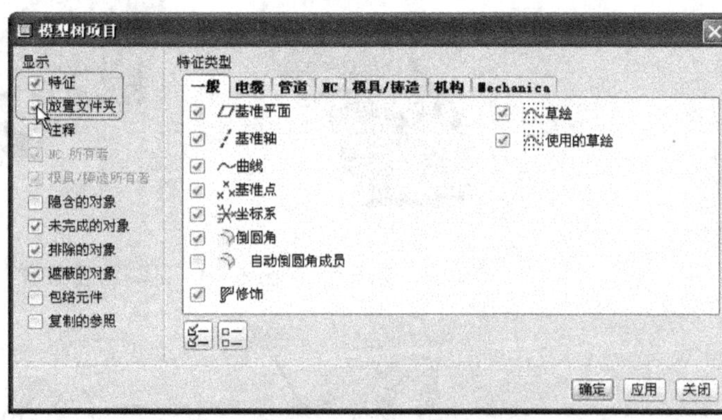

图 6-52 “模型树项目”对话框

步骤 3 在“模型树项目”对话框中单击“确定”按钮。

（3）将托架零件以“缺省”约束方式装配到组件中

步骤 1 单击“装配”按钮，或者在菜单栏中选择“插入|元件”|“装配”命令，弹出“打开”对话框，从中选择本书配套素材“CH6\bc_6_r1_1.prt”文件，单击“打开”按钮。

步骤 2 系统出现装配操控板，从约束下拉列表框中选择“缺省”选项，如图 6-53 所示。

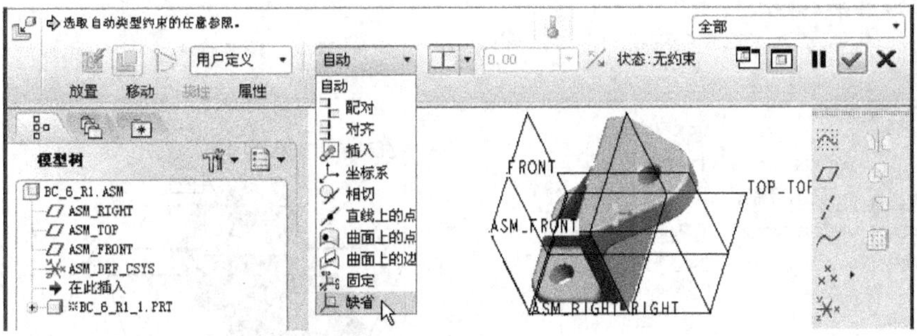

图 6-53　选择“缺省”约束类型选项

步骤 3　在装配操控板中单击“应用并保存”按钮，在默认位置装配托架零件，装配效果如图 6-54 所示。

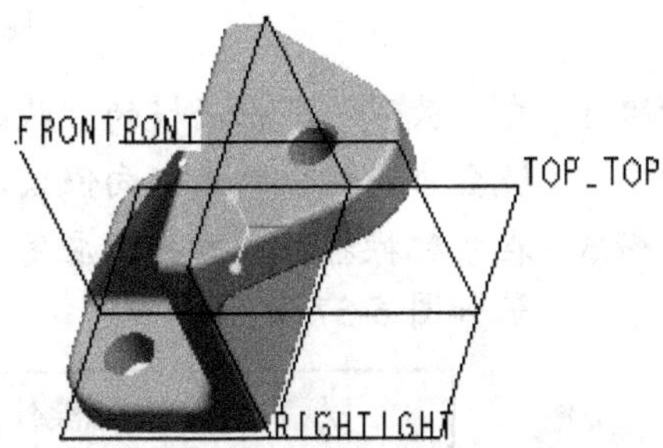

图 6-54　在默认位置装配托架

（4）装配衬套零件

步骤 1　单击“装配”按钮，或者在菜单栏中选择“插入|元件|装配”命令，弹出“打开”对话框，从中选择本书配套素材“CH6\bc_6_r1_2.prt”文件，单击“打开”按钮。

步骤 2　出现装配操控板，从约束下拉列表框中选择“对齐”选项，接着在组件图形窗口中选择组件中托架的 A_6 特征轴和衬套零件的 A_2 特征轴，如图 6-55 所示。

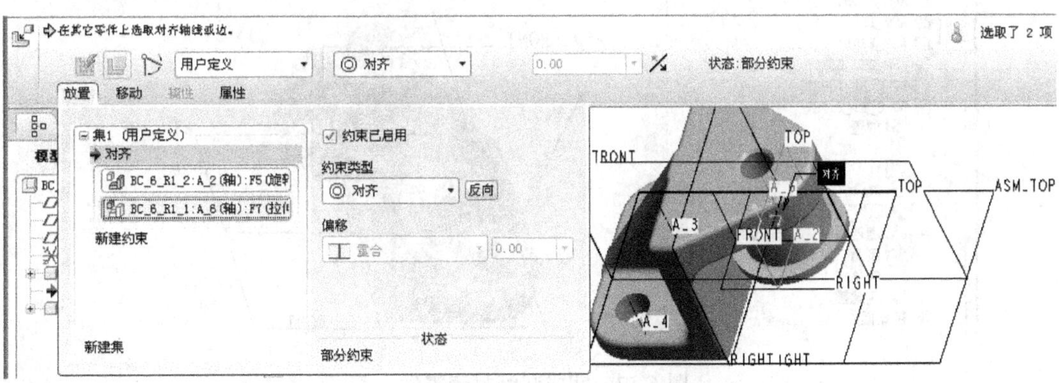

图 6-55　定义第 1 组约束

步骤 3　打开“放置”滑出面板，在“集”列表中单击“新建约束”选项，接着在“约束类型”下拉列表框中选择“对齐”，在组件图形窗口中选择托架的上支承面和衬套零件的“RIGHT”基准平面，偏移类型为“重合”，如图 6-56 所示。

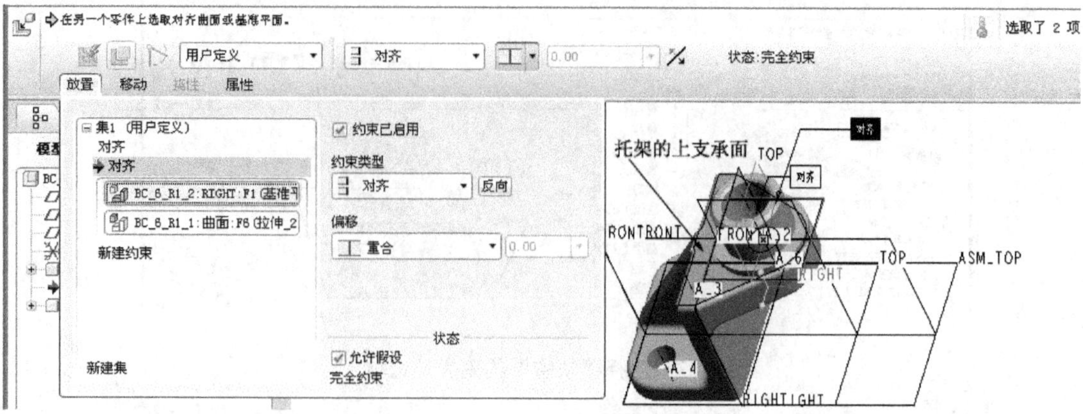

图 6-56　定义第 2 组约束

步骤 4　在“放置”滑出面板的“状态”选项组中，默认选中“允许假设”复选框，此时系统会自动做出约束定向假设，并提示状态为“完全约束”。

步骤 5　在装配操控板中单击“应用并保存”按钮，即可完成在组件中装配衬套零件，结果如图 6-57 所示。

> **小技巧**　为了方便装配操作和获得较佳的模型显示效果，可以在模型树中通过右键快捷菜单将一些基准平面和基准坐标系在图形窗口中的显示状态设置为隐藏状态。

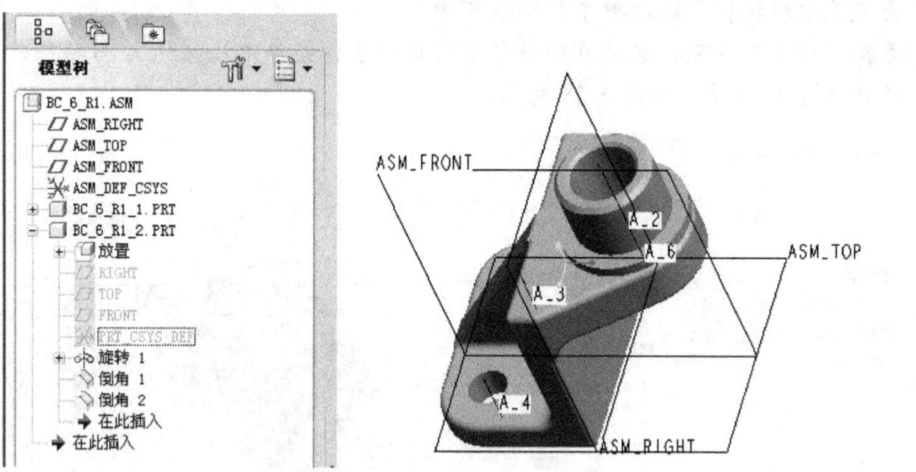

图 6-57　完成装配衬套零件

（5）以“销钉”连接的方式装配滑轮零件

步骤 1　单击“装配”按钮，或者在菜单栏中选择“插入|元件|装配”命令，弹出“打开”对话框，从中选择本书配套素材“CH6\bc_6_r1_3.prt”文件，单击“打开”按钮。

步骤 2　弹出装配操控板，从“预定义约束集”下拉列表框中选择“销钉”选项，如图 6-58 所示。

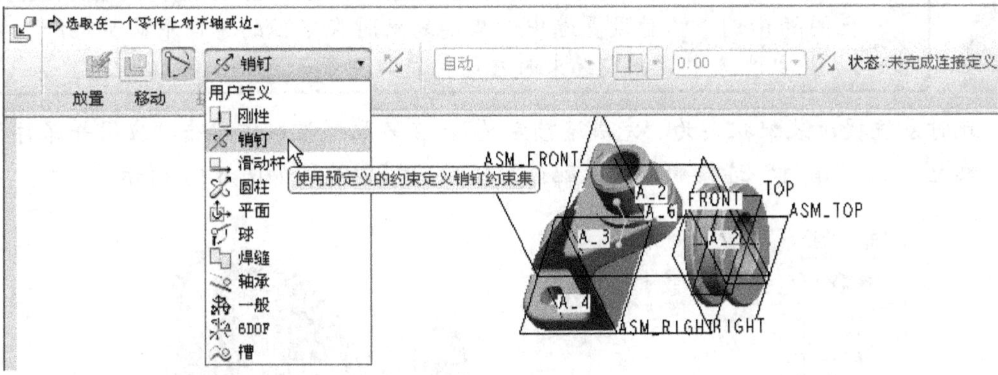

图 6-58 选择“销钉”选项

步骤 3 打开“放置”滑出面板，可以看到“销钉”连接需要指定一组轴对齐约束和一组平移约束。在组件中选择特征轴 A_2，接着在滑轮零件中选择特征轴 A_2，如图 6-59 所示。

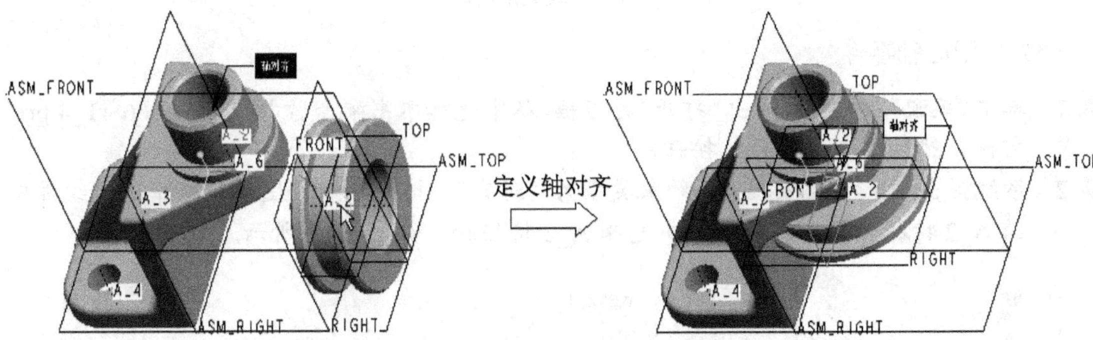

图 6-59 定义轴对齐约束

步骤 4 定义平移参照：在组件中选择衬套的环形端面，接着在滑轮零件中选择“RIGHT”基准平面，设置偏移类型为“重合”，如图 6-60 所示。

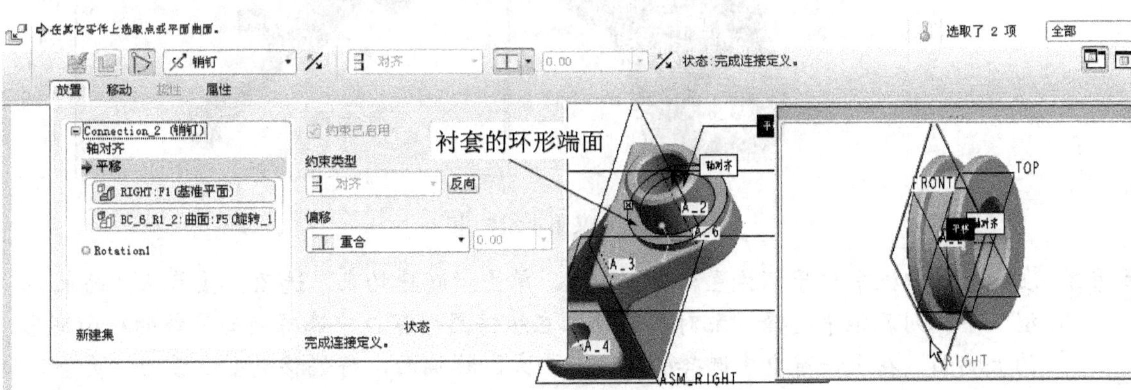

图 6-60 指定一组平移参照

> **提示** 上图的示例中临时设置选中“指定约束时在单独的窗口中显示元件”按钮，并取消选中“指定约束时在组件窗口中显示元件”按钮。

步骤 5 此时系统提示装配状态为“完成连接定义”，在装配操控板中单击“应用并保存”按钮，以“销钉”连接的方式装配好滑轮后的模型效果如图 6-61 所示。

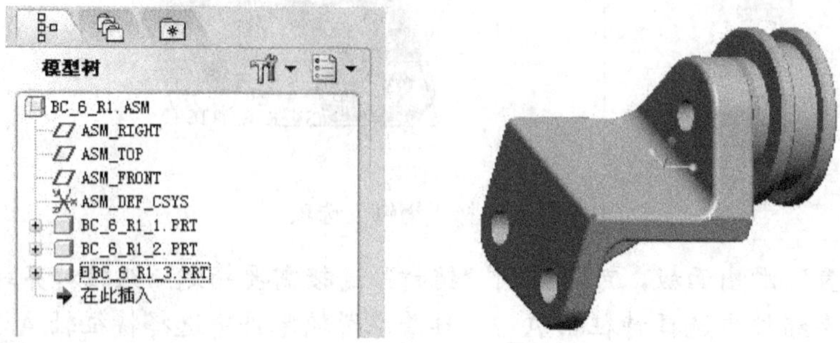

图 6-61　完成装配滑轮

（6）装配心轴零件

步骤 1 单击“装配”按钮，弹出“打开”对话框，从中选择本书配套素材“CH6\bc_6_r1_4.prt”文件，然后单击“打开”按钮。

步骤 2 系统弹出装配操控板，选择约束类型为“对齐”，接着在组件图形窗口中选择组件中的 A_2 特征轴，在心轴零件中选择 A_2 特征轴，如图 6-62 所示。

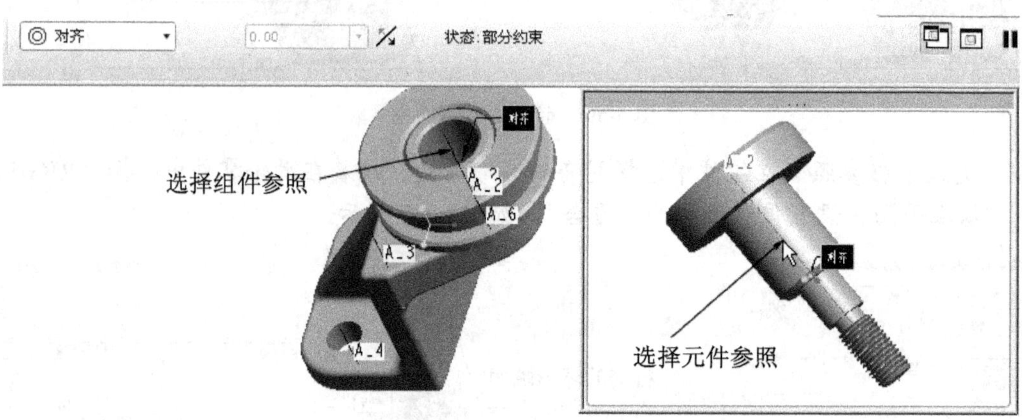

图 6-62　定义第 1 组约束

步骤 3 在装配操控板中打开“放置”滑出面板，单击“新建约束”选项，接着从“约束类型”下拉列表框中选择“配对”选项，在组件图形窗口中选择衬套零件的狭小环形的上端面，在元件窗口中选择心轴的一个大阶梯端面，将偏移类型设置为“重合”，如图 6-63 所示。

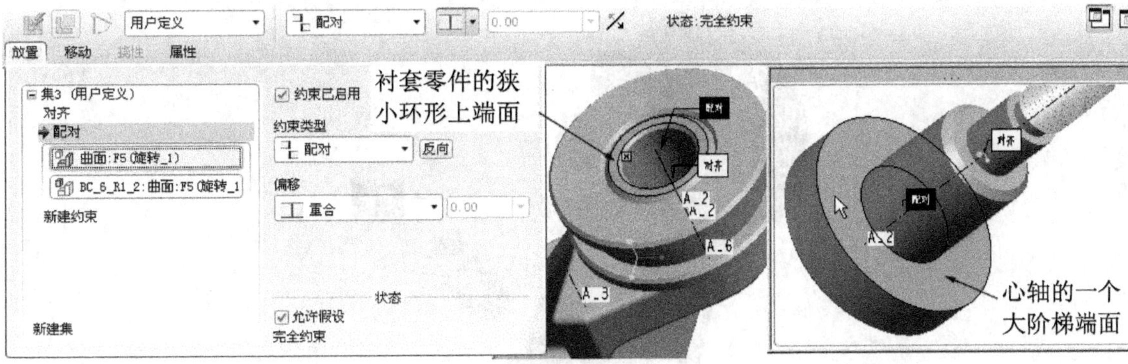

图 6-63　定义第 2 组约束

步骤 4　在默认允许假设的情况下，系统提示状态为“完全约束”。此时在装配操控板中单击“指定约束时在组件窗口中显示元件”按钮以重新选中该按钮，此时在组件窗口中可以看到装配动态预览效果，如图 6-64 所示。

步骤 5　在装配操控板中单击“应用并保存”按钮，完成心轴装配，效果如图 6-65 所示（FRONT 视角）。

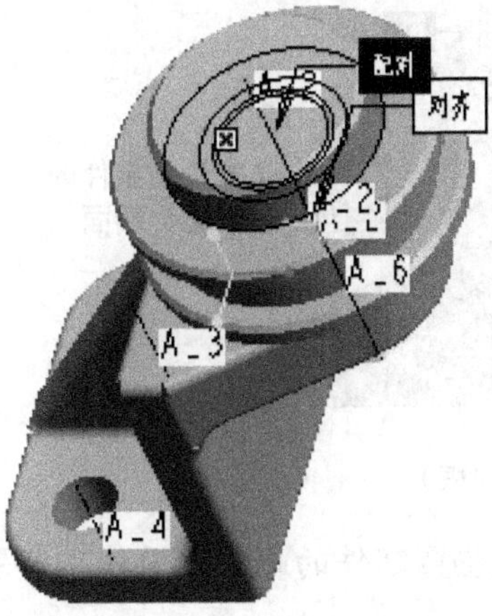

图 6-64　在组件窗口中显示元件

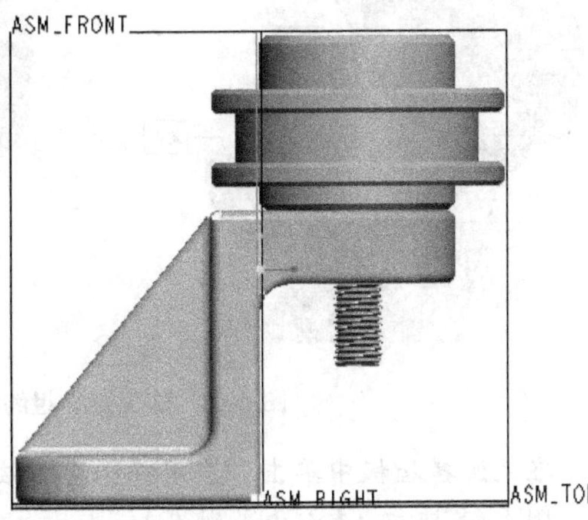

图 6-65　完成装配心轴

（7）装配垫圈零件

步骤 1　单击“装配”按钮，弹出“打开”对话框，从中选择本书配套素材“CH6\bc_6_r1_5.prt”文件，然后单击“打开”按钮。

步骤 2　在弹出的装配操控板中选择约束类型选项为“对齐”，接着在组件图形窗口中选择组件中心轴零件的中心特征轴，并在垫圈元件中选择其中心特征轴 A_3，应用此对齐约束的动态预览效果如图 6-66 所示。

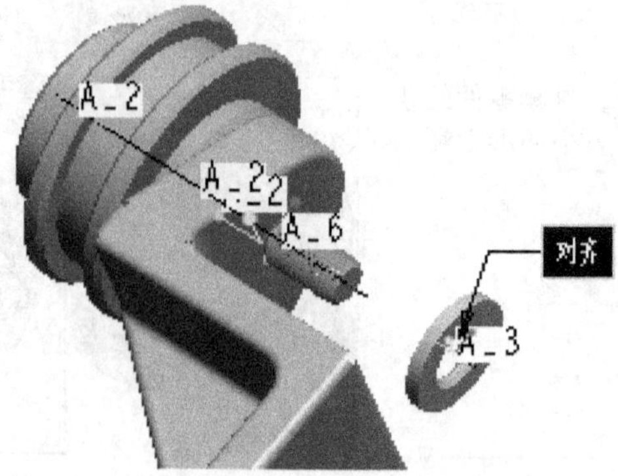

图 6-66　定义第 1 组约束（“对齐”约束）

步骤 3　打开“放置”滑出面板，单击“新建约束”，接着从“约束类型”下拉列表框中选择“配对”选项，在组件图形窗口中选择托架的一个安装面，以及选择垫圈零件的一个配合端面，如图 6-67 所示，然后从“偏移类型”下拉列表框中保持默认的“重合”选项。

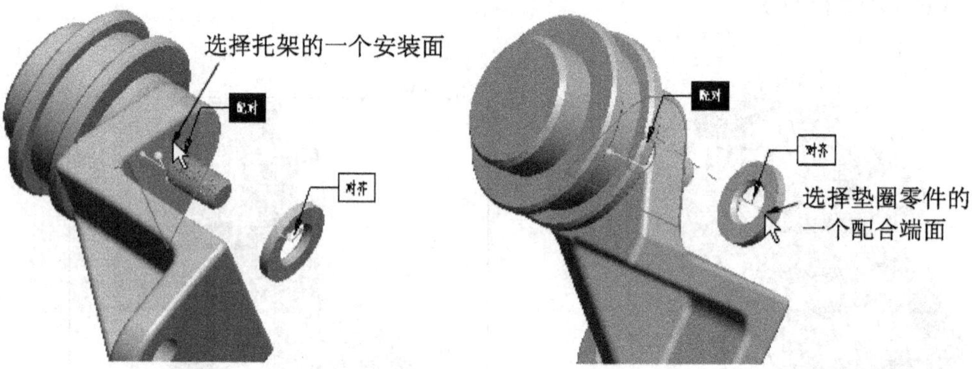

图 6-67　定义第 2 组约束（“配对”约束）

步骤 4　在装配操控板中单击“应用并保存”按钮，完成垫圈零件的此装配操作，结果如图 6-68 所示（FRONT 视角）。

（8）**装配螺母零件**

步骤 1　单击“装配”按钮，弹出“打开”对话框，从中选择本书配套素材“CH6\bc_6_r1_6.prt”文件，然后单击“打开”按钮。

步骤 2　在装配操控板中，从约束下拉列表框中选择“对齐”选项，接着在组件图形窗口中选择组件中的心轴中心特征轴，以及选择螺母零件的中心特征轴，如图 6-69 所示。

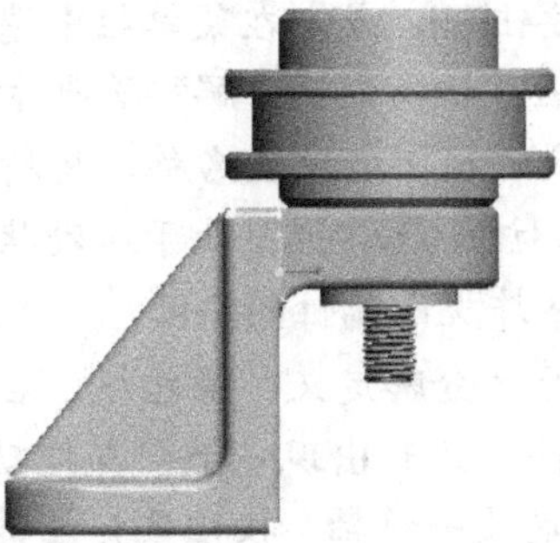

图 6-68　装配垫圈的结果

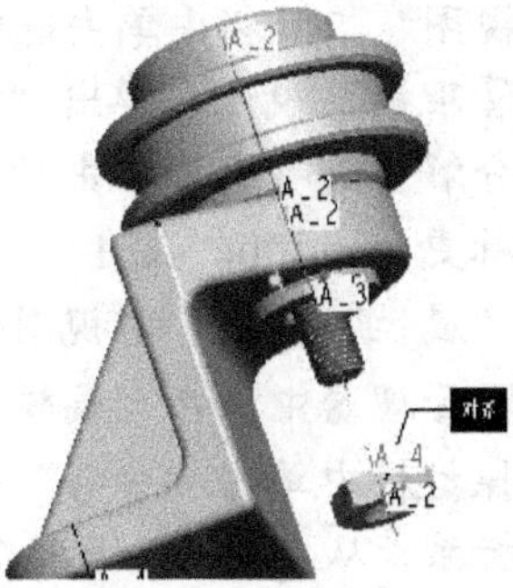

图 6-69　定义对齐约束

步骤 3　在元件操控板中打开“放置”滑出面板，单击“新建约束”，接着将约束类型设置为“配对”，在组件图形窗口中分别选择垫圈的外端面和螺母的相应端面，如图 6-70 所示，偏移类型保持默认的“重合”选项。

图 6-70　指定配对面

步骤 4　在装配操控板中单击“应用并保存”按钮，完成装配螺母后的低速滑轮装置如图 6-71 所示（FRONT 视角）。

（9）创建爆炸视图

下面先创建默认的自动爆炸视图，再创建一个新的爆炸视图并将其保存起来。

步骤 1　使用鼠标调整到所需的模型视图，接着在菜单栏中选择“视图|分解|分解视图”命令，此时系统创建默认的自动爆炸视图，效果如图 6-72 所示。

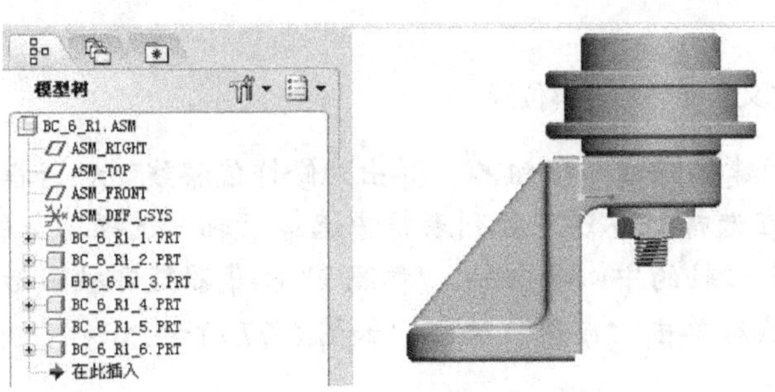

图 6-71　装配完毕的低速滑轮装置

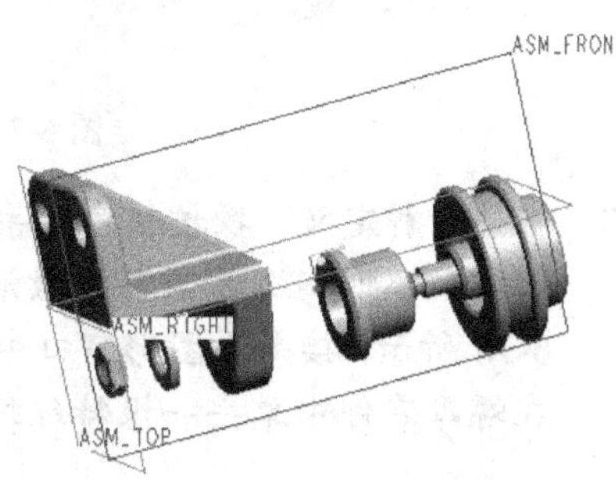

图 6-72　创建默认的自动爆炸视图

步骤 2 在“视图”工具栏中单击选中“视图管理器”按钮，或者在菜单栏中选中“视图|视图管理器”命令，弹出“视图管理器”对话框，切换到“分解”选项卡。

步骤 3 在“分解”选项卡中单击“新建”按钮，出现爆炸视图的默认名称，将新爆炸视图的名称更改为“bc_exp1”，按【Enter】键确认，该新爆炸视图处于活动状态。

步骤 4 单击“属性”按钮，则视图管理器切换到定义爆炸视图属性的界面。

步骤 5 在视图管理器中单击“编辑位置”按钮，打开“分解定义”操控板。在“分解定义”操控板中单击“平移”，先单击心轴零件，此时出现一个带有拖动控制滑块的坐标系，从中选择如图 6-73 所示的一个轴以定义平移轴，按住鼠标左键将心轴零件拖到所需位置处释放鼠标左键，从而获得心轴零件的分解位置，如图 6-74 所示。

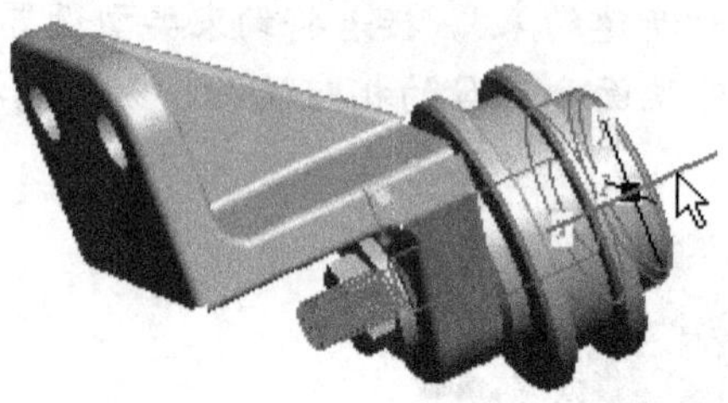

图 6-73　选择一个轴以定义平移轴

图 6-74　指定所选零件的分解位置

步骤 6 使用同样的方法，定义其他元件的分解位置，最终的参考效果如图 6-75 所示。

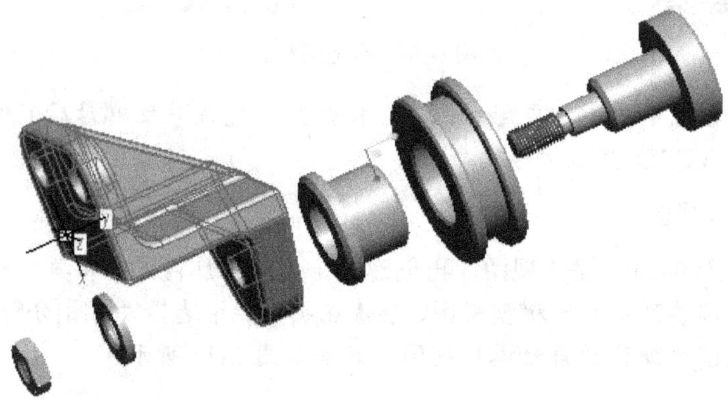

图 6-75　定义各元件的分解位置

步骤 7 在“分解定义”操控板中单击“创建偏距线”按钮，弹出“修饰偏移线”对话框，此时“参照 1”收集器被激活，在选择过滤器下拉列表框中选择“轴”选项，如图 6-76 所示，接着在图形窗口中单击心轴的中心特征轴，“参照 2”收集器随即被激活，在螺母零件中单击一根特征轴，然后单击“应用”按钮，如图 6-77 所示。

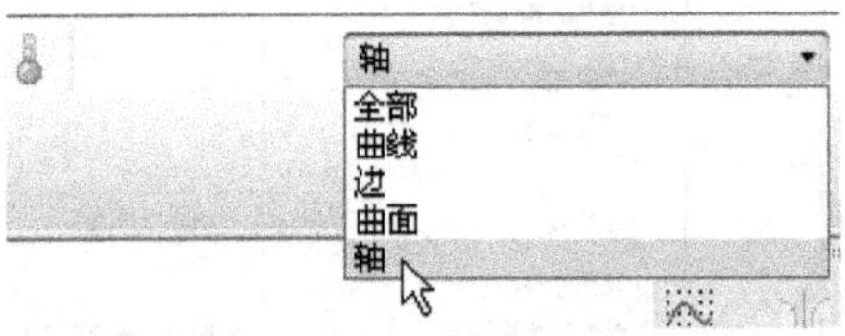

图 6-76　在选择过滤器下拉列表框中选择“轴”

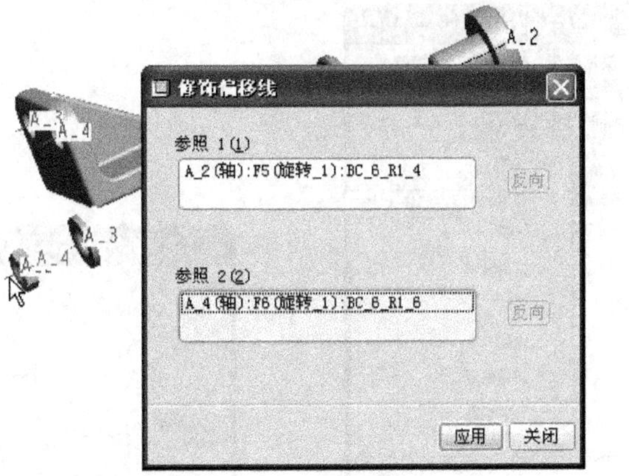

图 6-77　指定两个参照来创建偏距线

步骤 8　在“修饰偏移线”对话框中单击“关闭”按钮，设置在图形窗口中隐藏基准轴，可以看到完成创建的偏移线如图 6-78 所示。

图 6-78　完成在爆炸视图中创建偏移线

步骤 9　在“分解定义”操控板中单击“应用并保存”按钮，接着在“视图管理器”菜单中单击“列表”按钮，返回到视图管理器的分解视图列表。

步骤 10　在“分解”选项卡中单击“编辑”按钮，打开一个下拉菜单，如图 6-79 所示，从中选择“保存”命令。系统弹出“保存显示元素”对话框，如图 6-80 所示，确保选中“分解”复选框，名称为“Bc_Exp1”，然后单击“确定”按钮。

步骤 11　在“视图管理器”对话框中单击“关闭”按钮。

步骤 12　在菜单栏中选择“视图|分解|取消分解视图”命令，如图 6-81 所示，从而取消分解视图而返回到装配状态。

步骤 13　至此，完成本任务案例的操作，最后按【Ctrl+S】快捷键保存文件。

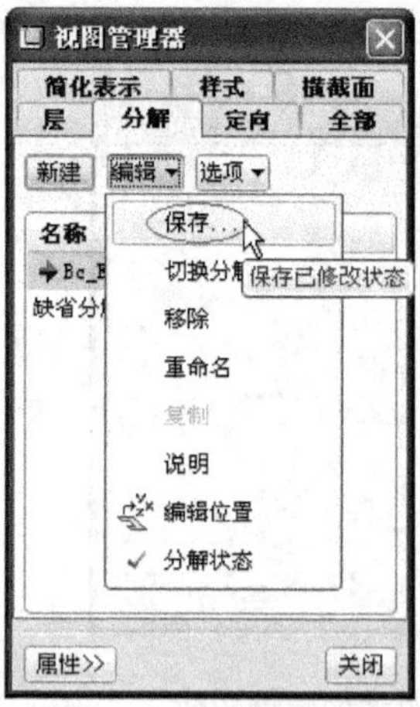

图 6-79　选择“保存”命令

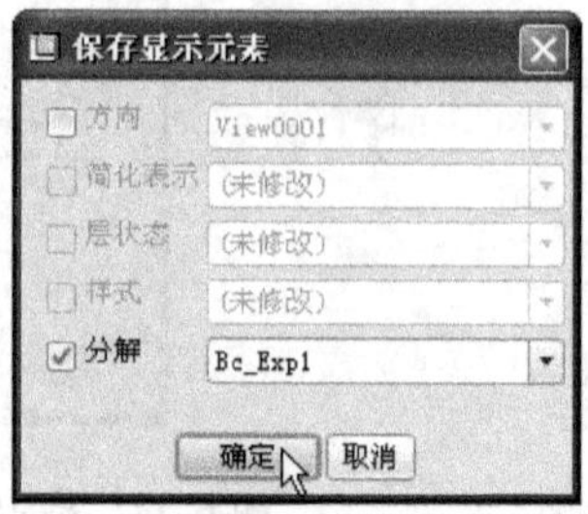

图 6-80　“保存显示元素”对话框

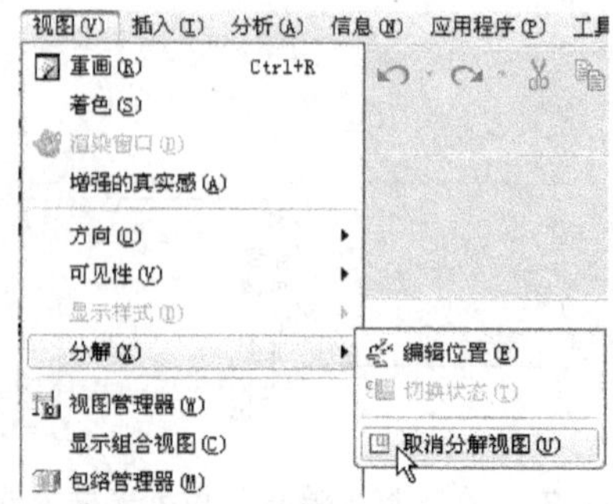

图 6-81　取消分解视图操作

任务二　装配固态存储硬盘盒

本任务要装配完成的模型为固态存储硬盘盒产品，效果如图 6-82 所示。用到的知识点有装配约束和重复装配等。案例完成的最终效果请参考本书配套素材“\CH6\bc_6_r2_finish.prt”文件。

图 6-82　固态存储硬盘盒

任务分析

先在一个新组件中以“缺省”方式添加硬盘盒的主要外壳，在该外壳中将电路板（PCB）装入，用一颗螺钉拧紧，再通过“重复”命令添加另外 3 颗螺钉以将电路板锁紧固定在外壳中；接着装配另一个外壳，并用特殊小螺栓拧紧（可使用“重复”命令实现重复装配），从而完成整个产品的装配设计。

任务实施

（1）新建一个组件文件

新建一个“类型”为“组件”，“子类型”为“设计”，“名称”为“bc_6_r2”，模版使用“mmns_asm_design”公制模板的组件文件。

（2）设置树过滤器显示项目

步骤 1　在导航区的模型树的上方单击“设置”按钮，接着从打开的“设置”下拉菜单中选择“树过滤器”命令，弹出“模型树项目”对话框。

步骤 2　在“模型树项目”对话框的“显示”区域增加选中“特征”复选框和“放置文件夹”复选框。

步骤 3　在“模型树项目”对话框中单击“确定”按钮。

（3）将铝制外壳 A 以“缺省”约束方式装配到组件中

步骤 1　单击“装配”按钮，或者在菜单栏中选择“插入|元件|装配”命令，弹出“打开”对话框，从中选择本书配套素材“CH6\bc_6_r2_ssd_w1.prt”文件，然后单击“打开”按钮。

步骤 2　系统出现装配操控板，从约束下拉列表框中选择“缺省”选项，如图 6-83 所示。

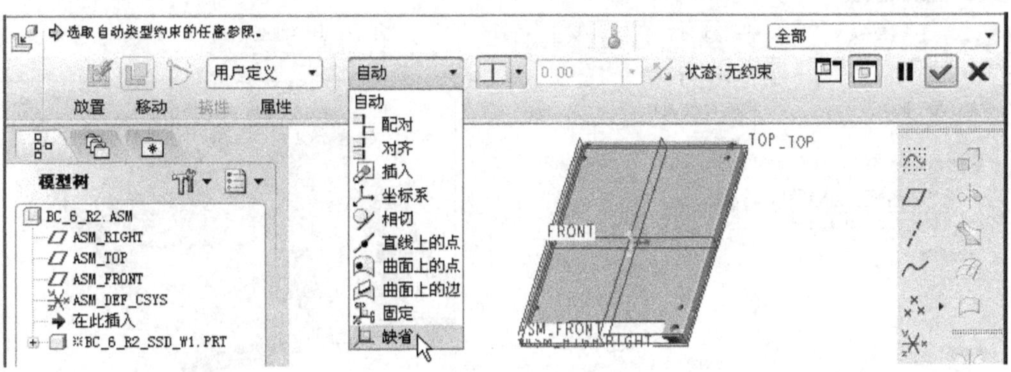

图 6-83　选择“缺省”约束类型选项

步骤 3　在装配操控板中单击“应用并保存”按钮，从而在新组件中固定第一个铝制外壳零件 A。为了方便后续装配的对象的选择操作，可以设置隐藏组件中的 ASM_RIGHT、ASM_FRONT 和 ASM_TOP 基准平面。

（4）将电路板装入铝制外壳 A 中

步骤 1　单击“装配”按钮，弹出“打开”对话框，从中选择本书配套素材“CH6\bc_6_r2_ssd_pcb.prt”文件，然后单击“打开”按钮。

步骤 2　系统出现装配操控板，从约束下拉列表框中选择“配对”选项，分别选择如图 6-84 所示的元件参照配合面和组件参照配合面，偏移类型为默认的“重合”。

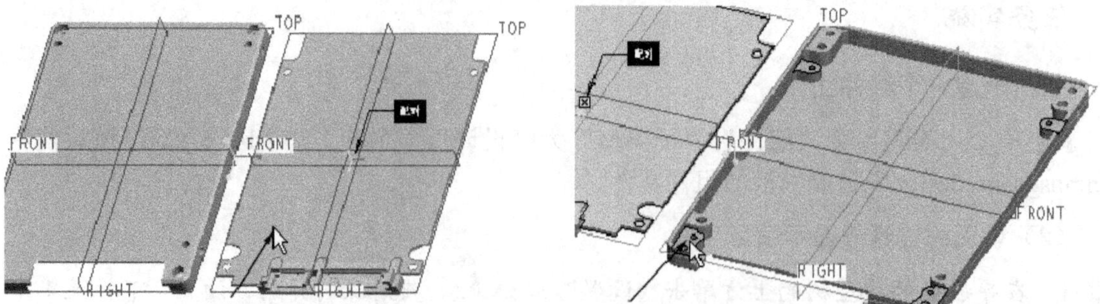

图 6-84　定义第 1 个约束：为“配对”约束选择参照

步骤 3　在装配操控板中打开“放置”滑出面板，从“集”列表框中单击“新建约束”，从“约束类型”下拉列表框中选择“对齐”选项，接着在电路板元件中选择 A_1 轴，在组件的铝制外壳 A 中选择 A_7 轴，偏移类型保持的默认的“重合”。

步骤 4　单击“新建约束”，同样从“约束类型”下拉列表框中选择“对齐”选项，接着在电路板元件中选择 A_4 轴，在组件的铝制外壳 A 中选择 A_32 轴，将偏移类型设置为“重合”或“定向”。此时效果如图 6-85 所示，系统提示“完全约束”。

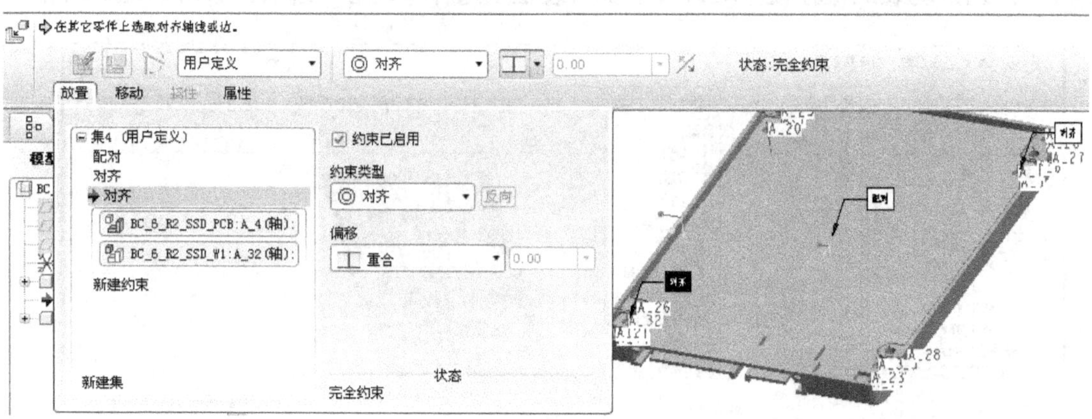

图 6-85　定义好 3 个约束

步骤 5　在装配操控板中单击“应用并保存”按钮，完成将电路板装入铝制外壳 A 中。

（5）装配第 1 个螺钉用于拧紧电路板

接下来需要用螺钉将电路板拧紧固定在铝制外壳 A 中。

步骤 1　单击“装配”按钮，弹出“打开”对话框，从中选择本书配套素材“CH6\bc_6_r2_ld1.prt”文件，然后单击“打开”按钮。

步骤 2　系统出现装配操控板，从约束下拉列表框中选择“配对”选项，分别选择如图 6-86 所示的元件参照配合面和组件参照配合面，偏移类型保持默认的“重合”选项。

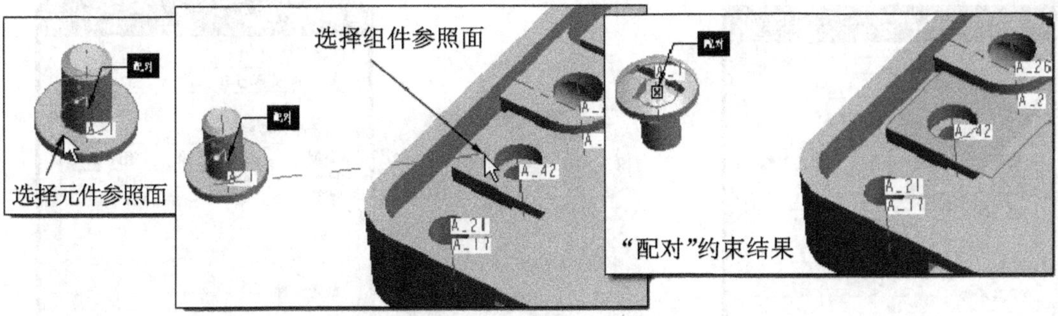

图 6-86　定义第 1 个约束："配对"约束

步骤 3　在装配操控板中打开"放置"滑出面板，从"集"列表框中单击"新建约束"，从"约束类型"下拉列表框中选择"对齐"，接着在小螺钉中选择 A_1 轴，在组件中选择电路板的 A_4 轴（或铝制外壳 A 的 A_32 轴），此时装配状态为"完全约束"。

步骤 4　在装配操控板中单击"应用并保存"按钮，装配好该小螺钉的组件效果如图 6-87 所示。

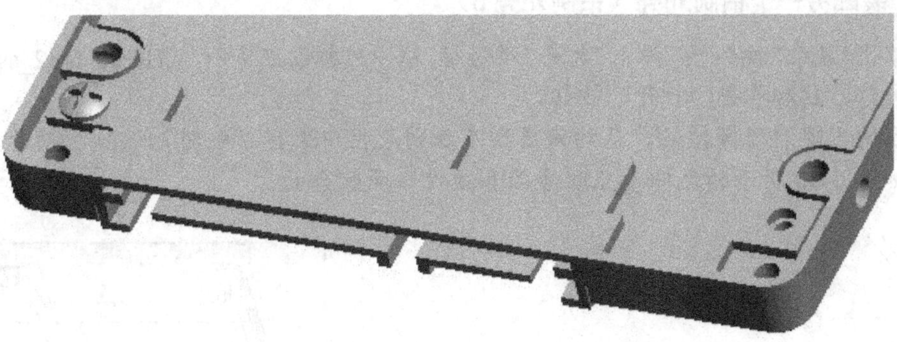

图 6-87　装配好一个小螺钉

（6）使用"重复"命令装配其他相同规格的小螺钉

步骤 1　在组件中选择刚装配好的小螺钉，在菜单栏中选择"编辑|重复"命令，弹出"重复元件"对话框。

步骤 2　在"重复元件"对话框的"可变组件参照"选项组的列表中选择"对齐"可变组件参照，如图 6-88 所示。

步骤 3　单击"添加"按钮，接着在组件中分别选择电路板中其他 3 个安装孔的特征轴，如图 6-89 所示。

步骤 4　在"重复元件"对话框中单击"确认"按钮。

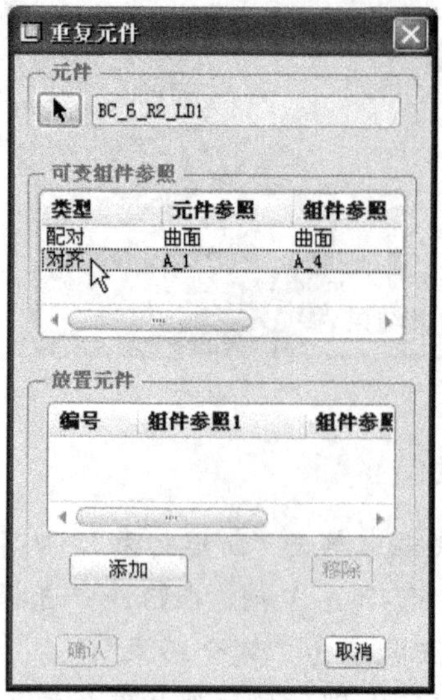

图 6-88　选择可变组件参照

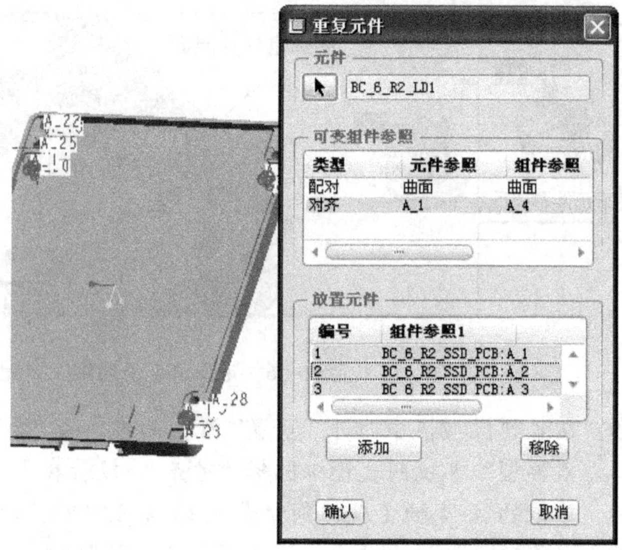

图 6-89　选择 3 个组件参照来放置 3 个小螺钉

（7）装配另一个铝制外壳（铝制外壳 B）

步骤 1　单击“装配”按钮，弹出“打开”对话框，从中选择配套素材“CH6\bc_6_r2_ssd_w2.prt”文件，然后单击“打开”按钮。

步骤 2　系统出现装配操控板，从约束类型下拉列表框中选择“配对”选项，接着分别选择如图 6-90 所示的元件参照配合面和组件参照配合面。

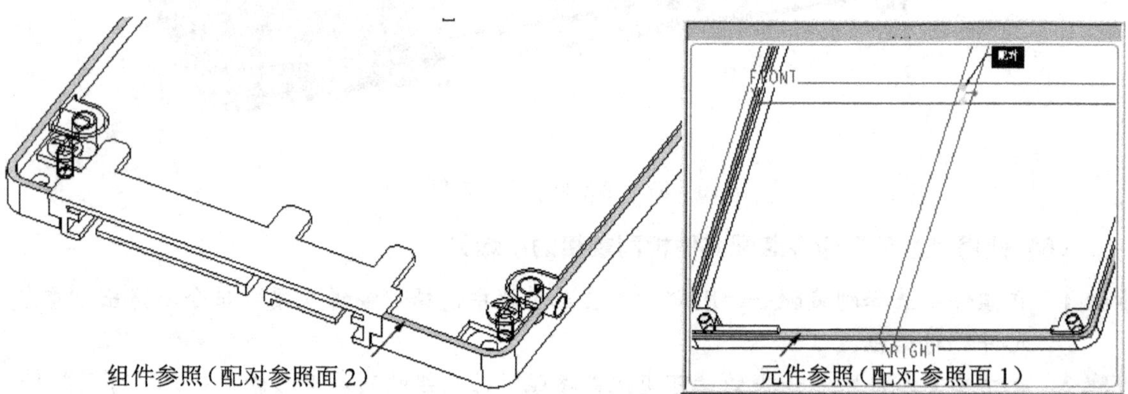

图 6-90　选择元件参照和组件参照来定义配对关系

步骤 3　在装配操控板中打开“放置”滑出面板，利用“集”列表框中的“新建约束”命令新建约束，一共分别定义两对“对齐”约束参照，如图 6-91 所示，最后使得所选的每对轴都相互对齐重合在一起。

步骤 4　在装配操控板中单击“应用并保存”按钮，完成此铝制外壳 B 的装配效果如图 6-92 所示。

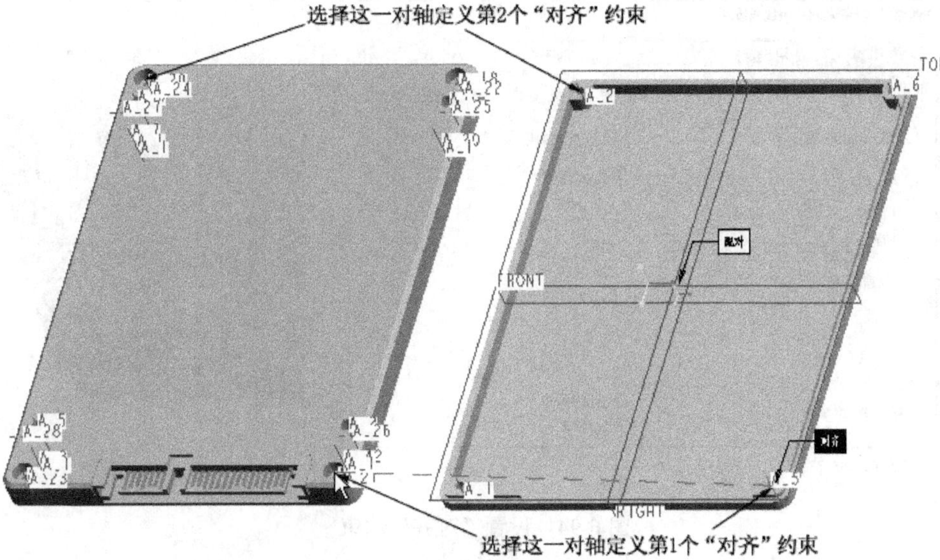

图 6-91 定义两个“对齐”约束

（8）装配小螺栓

步骤 1 单击“装配”按钮，弹出“打开”对话框，从中选择本书配套素材“CH6\bc_6_r2_ld2.prt”文件，然后单击“打开”按钮。

步骤 2 系统出现装配操控板，从约束下拉列表框中选择“配对”选项，单击“指定约束时在单独的窗口中显示元件”按钮，分别选择如图 6-93 所示的配对面 1 和配对面 2。

图 6-92 装配外壳 B 的效果

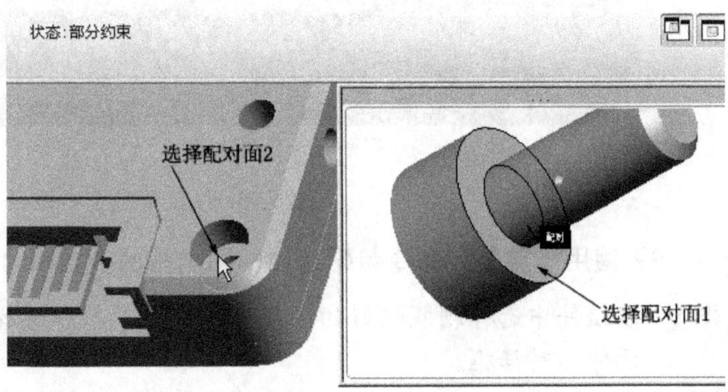

图 6-93 定义第 1 个约束：“配对”约束

步骤 3 在装配操控板中打开“放置”滑出面板，从“集”列表框中单击“新建约束”，从“约束类型”下拉列表框中选择“对齐”，接着在小螺栓中选择 A_1 轴，在组件中选择铝制外壳 A 的 A_17 轴，如图 6-94 所示，此时其装配状态为“完全约束”。

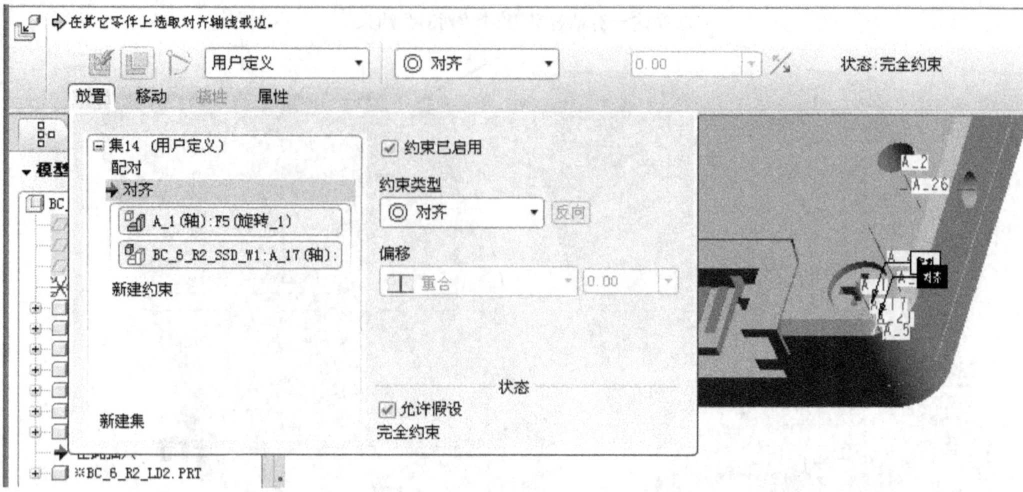

图 6-94 设置“对齐”约束

步骤 4 在装配操控板中单击“应用并保存”按钮，装配好该小螺栓的组件效果如图 6-95 所示。

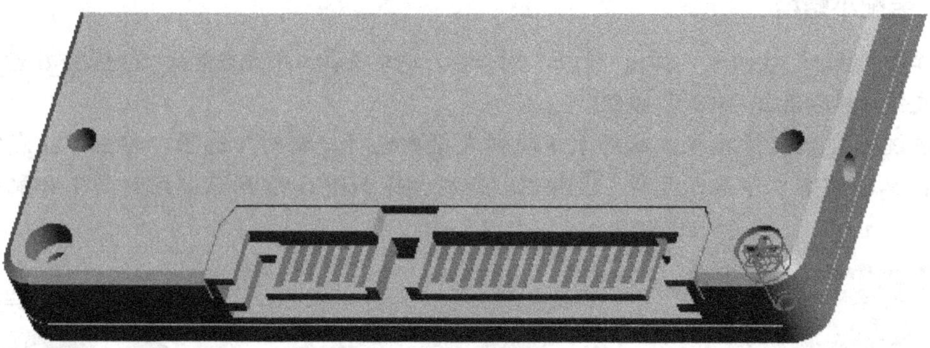

图 6-95 装配好一个小螺栓

（9）使用“重复”命令装配其他相同规格的小螺栓

步骤 1 在组件中选择刚装配好的小螺栓，在菜单栏中选择“编辑|重复”命令，弹出“重复元件”对话框。

步骤 2 在“重复元件”对话框的“元件”选项组中可以看到要重复装配的元件为“bc_6_r2_ld2.prt”，在“可变组件参照”选项组的列表中选择“对齐”可变组件参照，如图 6-96 所示。

步骤 3 单击“添加”按钮，接着在组件中分别选择铝制外壳 A 中其他 3 个沉头孔处的特征轴。

步骤 4 在“重复元件”对话框中单击“确认”按钮，完成重复装配小螺栓的模型效果如图 6-97 所示。

步骤 5 至此，完成本任务案例的操作，最后按【Ctrl+S】快捷键保存文件。

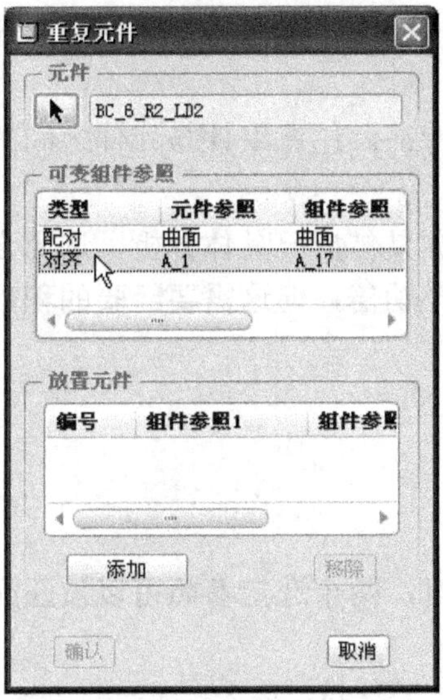

图 6-96　指定可变组件参照

图 6-97　完成螺栓装配

四、项目总结

在本项目中，主要通过理论指导和任务实践学习了装配设计的相关知识。读者在学完本项目内容后，应该要重点掌握以下知识。

- 通常使用装配约束（放置约束）来在组件中装配零件。其中装配约束的类型包括“配对”、“对齐”、“插入”、“坐标系”、“相切”、“直线上的点”、“曲面上的点”、“曲面上的边”、“缺省”和“自动”。注意：“配对”、“对齐”约束的参照的类型必须相同，例如，平面对平面、点对点、轴对轴。
- 连接约束（使用预定义约束集）的类型包括“刚性”、“销钉”、“滑动杆”、“圆柱”、“平面”、“球”、“焊缝”、“轴承”、“一般”、“6DOF”和“槽”等。要注意这些连接的功能用途，以及各具有什么样的自由度。
- 在装配操控板中，在完成部分放置约束时，系统会提示使用“允许假设”功能自动判断零件在当前的位置上已经处于完全约束的状态，即自动作出约束定向假设。

提示

例如，要将螺栓完全约束至板上的孔，只需要一个“对齐”约束和一个“配对”约束，即在孔和螺栓的轴之间定义了“对齐”约束，并在螺栓底面和板的顶面之间定义了“配对”约束，系统将假设第 3 个约束，该约束控制轴的旋转，这样就完全约束了该元件。

如果发现假设认为的完全约束状态并不是所需要的，那么可以在装配操控板的“放置”滑出面板中取消选中“允许假设”复选框，系统会将放置状态变为“部分约束”，由用户添加新的约束直到状态为完全约束。

- 完成零件装配并通过分析检查后，为了更清楚地表达模型的结构，经常需要将装配好的模型进行合理分解，以获得分解视图，即爆炸视图，在爆炸视图中有时还需要创建偏距线来指示装配方位等。

➢ 在组件中同样可以创建新的元件，以及编辑元件特征。注意组件与元件之间的激活操作。

在实际设计工作中，对于不同模型的装配设计，要根据具体情况具体分析，选用合适的装配方法来进行操作。选用好的装配方法将使设计工作事半功倍，但这需要经验的积累。

五、项目考核

一、选择题（可多选，每题 2 分，共 20 分）

1.（　　）约束用于定位两个选定参照，使其彼此相对，两个选定参照可以被匹配为重合、定向或偏移。

A．对齐　　B．配对　　C．相切　　D．插入

2．使用装配操控板的（　　）滑出面板，可以移动正在装配的元件，使元件的取放更加方便。

A．移动　　B．放置　　C．选项　　D．属性

3．下列说法中正确的是（　　）。

A．装配时，第一个被导入的元件称为父元件，后导入的元件称为子元件

B．装配完成后，如果删除父元件，其子元件也会被删除

C．装配完成后，删除子元件一般不会影响父元件

D．装配完成后，如果删除子元件，父元件也会受到影响

4. 在组件中装配好某个元件后，如果要快速地再在组件中其他类似位置重复放置该元件，那么在选择好该元件后，可以在菜单栏中选择（　　）命令来执行操作。

A．“编辑|重复”　　B．“编辑|复制”

C．“插入|相同”　　D．“插入|重复”

5．（　　）约束控制两个曲面在切点的接触。

A．对齐　　B．配对　　C．相切　　D．插入

6．对于每个分解视图，可以执行下列（　　）操作。

A．选择一些元件，然后分别设置其分解状态

B．更改元件的位置

C．创建、修改和删除修饰偏移线

D．保存当前视图

7．下面（　　）不属于预定义约束集选项。

A．销钉　　B．圆柱　　C．相切　　D．固定

8．放置约束指定了一对参照的相对位置，如下哪些是放置约束时应该要遵守的原则？（　　）

A．一次添加一个约束。例如，不能使用一个单一的对齐约束选项将一个零件上两个

不同的孔与另一个零件上的两个不同的孔对齐，而必须定义两个单独的对齐约束

B．放置约束集用来完全定义原件的放置位置和方向。例如，可以将一堆曲面约束为配对，另一对约束为插入，还有一对约束为对齐

C．匹配和对齐约束的参照的类型必须相同（平面对平面、旋转对旋转、点对点、轴对轴）

D．为匹配和对齐约束输入偏距值时，系统显示偏移方向，要使用相反的方向，需要输入一个负值或在图形窗口中拖曳拖动控制柄

9．在打开的组件中，执行“插入|元件|装配”命令并选择要放置的元件并打开，出现装配操控板，此时可以使用鼠标和键盘来移动元件，请问如下哪项操作是正确的？（　　）

A．按住【Ctrl+Alt+鼠标左键】并拖动元件可移动元件

B．按住【Ctrl+Alt+鼠标中键】并拖动元件可旋转元件

C．按住【Ctrl+Alt+鼠标右键】并拖动元件可平移元件

D．按鼠标中键并拖动可旋转整个视图

10．（　　）约束可以对齐两个选定的参照（可以是点、平面、曲面、基准平面或轴）并使其朝向相同（法向相同）。

A．对齐　　B．配对　　C．相切　　D．插入

二、简答题（每题 5 分，共 20 分）

1．简述放置约束、连接约束和移动约束的特点。

2．如何创建爆炸视图？

3．如何在组件中创建和修改元件？

4．在组件环境中，如何在模型树中显示特征？

三、操作题（每题 30 分，共 60 分）

1．看图建模：打开“范例素材\CH6\操作题 1\bc_6_ex3a_a00-block.asm”文档，在该组件文件中已经设置好如图 6-98 所示的浮动滑车组件模型，请为该组件模型创建合理的爆炸视图，并在爆炸视图中创建偏距线。

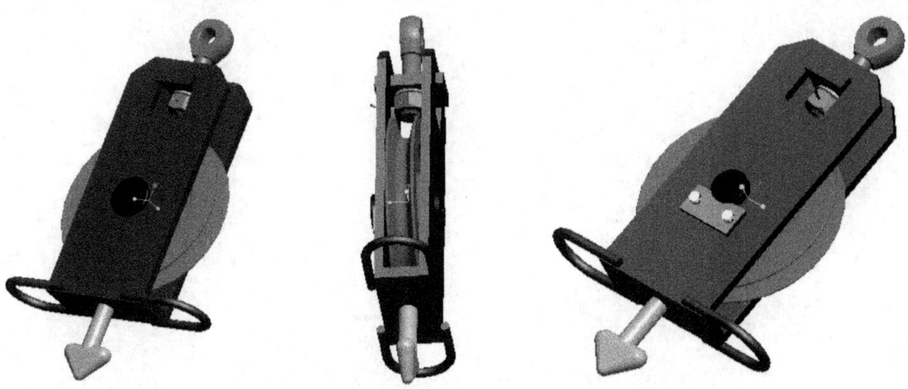

图 6-98　浮动滑车组件模型

课外要求：有兴趣的读者可以根据该浮动滑车组件模型的装配效果，在一个新建的组件设计文件中分别装配其相应的零件和子组件，最终获得浮动滑车组件的装配结果。

2. 创造性建模：设计一个简易的装置，要求先按照前面章节学习的建模方法建立该装置的一组实体零件，然后在新建立的组件中将这些实体零件装配起来。

项目七　自顶向下设计和模型渲染

通过前面项目的学习，读者基本上可以使用相关的建模工具来完成常见零件的设计，并可以在新组件文件中将零件逐一装配起来以组成整个产品、机构或部件。但在实际的产品设计工作中，掌握这些仍然是不够的，还必须掌握产品设计中其他高效实用的方法、思路和技巧等。

本项目将着重学习产品设计思路、骨架应用、数据共享、外观颜色及渲染等知识，并通过典型的任务实践案例来提升能力，举一反三。

一、学习目标

- 掌握两种典型的产品设计方法。
- 了解骨架在产品设计中的应用。
- 了解数据共享的功能及掌握主控件设计方法
- 掌握设置模型的外观颜色及渲染模型的方法。
- 能够在实际工作中高效地设计出符合需要的产品。

二、理论指导

在学习具体的任务实践案例之前，先扼要地介绍相关的理论基础知识。

（一）典型的产品设计方法

通过前面内容的学习，了解了在 Pro/E Wildfire 5.0 中可以设计多种类型的模型（如零件、组件），掌握了几个基本设计概念，如设计意图、基于特征建模、参数化设计和相关性。

在 Pro/E Wildfire 5.0 中进行产品设计的开始阶段，可以在维持设计意图不变的情况下，对产品模型进行规划构思，了解产品的整体功能、形式和适合的搭配，具体包括产品总尺寸、基本模型特点、用于装配模型的方法、组件所包含元件的大概数量、用于制造模型的方法等。对产品模型了解越多，便越能避免特征建模中出现的问题。

在实际设计工作中有两种典型的产品设计方法：由下到上设计和自顶向下设计，下面分别介绍。

1. 由下到上设计

由下到上设计方法是指从元件级开始分析产品，然后向上设计到主组件。通俗一点来说，采用该设计方法的一个典型流程就是先单独设计各个零件，然后将这些零件通过一定的要求装配起来组成主组件（如产品、部件模型等）。

目前，由下到上设计仍然是设计界最广泛采用的设计方法，通常在设计相似产品或不需要在其生命周期中进行频繁修改的产品时，采用这种设计方法。

需要用户注意的是，成功的由下到上设计要求用户对主组件有基本的了解。基于由下到上方式的设计不能完全体现设计意图，因此，尽管该设计方法的结果可能与自顶向下设计的相同，但是在某种场合下会加大设计冲突和错误的风险，从而导致设计出现问题。

2. 自顶向下设计

自顶向下设计方法是指根据已完成的产品对要设计的产品进行分析，然后向下设计。简单而言，自顶向下设计要求先确定总体思路，设计总体布局，然后设计其中的零件或子组件。该设计方法特别适合于全新的产品设计（通常全新的产品需要历经频繁设计修改）或者系列较为丰富多变的产品设计，例如，设计家电产品、通讯电子产品、消费电子产品等。

在产品设计中，自顶向下设计是一种先进的、具有极高设计效率的设计方法。使用该设计方法可以了解组件内部及元件之间的关系，并评估产品的装配方式，因而在整个设计过程中能时刻体现总体设计意图。

此外，采用这种设计方法可以更方便地管理大型组件以及有效地掌握产品的设计意图，使得整个产品组织结构明确（在设计过程中便可以在模型树中清晰地看到产品组织结构），并且可以在设计团队中实现各个设计小组的分工协作、资源共享，同步设计指定框架下的元件或子组件，同时可将完成的或正在进行的设计信息传达到上层组件。

在 Pro/E Wildfire 5.0 中，可以将“布局”、“骨架”、使用主控件设计等应用看作是自顶向下设计的典型应用。

（二）骨架

使用自顶向下设计中的骨架模型可捕捉并定义设计意图和产品结构，可以使设计者们将必要的设计信息从一个子系统或组件传递至另一个。这些必要的设计信息要么是几何的主定义，要么是在其他地方定义的设计中的复制几何。

值得注意的是，对骨架所做的任何更改都会更改其相应的元件。当然，也可以使用单个骨架模型自底向上构建元件，以使设计信息在整个组件中顺利地传达，从而确保稳妥的设计。

骨架模型可在设计过程中的任何时候创建，系统总是在所有其他元件和组件特征之前列出并再生新创建的骨架模型。

在组件中，可以创建两种主要类型的骨架模型，即标准骨架模型和运动组件模型。注意：骨架模型只能在组件模式下创建，但是可以检索、处理这些骨架模型并将其另存为普通零件

（标准骨架模型）或组件（运动骨架模型）。

当创建实体骨架时，Pro/E Wildfire 5.0 系统会自动将其另存为零件。另外要注意的是：骨架模型与其他任何组件元件类似，它有特征、层、关系、视图、主体等。

1. 标准骨架模型

标准骨架是为了定义组件中某一元件的设计意图而创建的零件（其保存格式为.PRT，在模型树中显示为▣）。不管在创建其他元件之前还是之后创建或插入标准骨架，系统都会将新创建的骨架作为第一个元件插入。标准骨架会建立 3D 实际约束，其尺寸和位置的最终几何信息随后会按照设计要求被合并到个别元件中，以建立通用几何信息。

创建标准骨架模型，可以按照如下的步骤进行。

步骤 1 在活动组件中，单击"新建元件"按钮，或者在菜单栏中选择"插入|元件|创建"命令，弹出如图 7-1 所示的"元件创建"对话框。

步骤 2 在"类型"选项组中选择"骨架模型"单选按钮，在"子类型"选项组中选择"标准"单选按钮，在"名称"文本框中输入新名称或接受默认名称，然后单击"确定"按钮，弹出如图 7-2 所示的"创建选项"对话框。

步骤 3 在"创建方法"选项组中选择其中一种可用的创建方法单选按钮，如"复制现有"、"空"或"创建特征"单选按钮。

- "复制现有"单选按钮用于从现有零件中复制骨架零件，可以单击"浏览"按钮更改要复制的零件。
- "空"单选按钮用于创建无几何的骨架零件，待在创建骨架零件后将添加几何。
- "创建特征"单选按钮用于创建无几何的骨架零件，退出该对话框后，骨架零件自动处于活动（激活）状态。

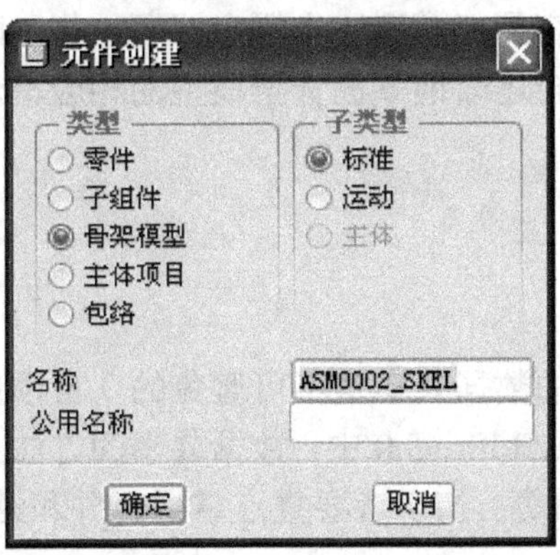

图 7-1　"元件创建"对话框

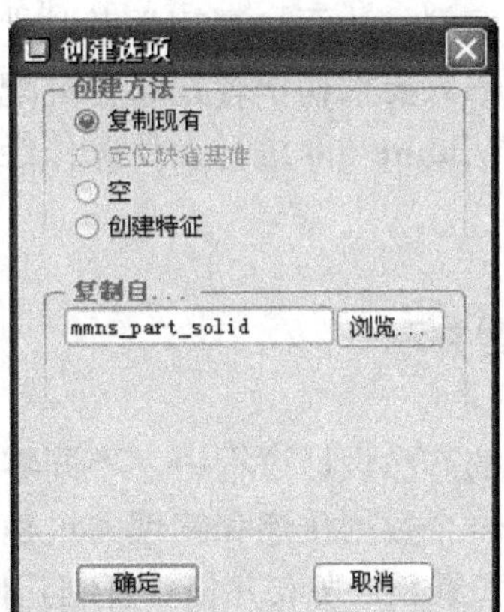

图 7-2　"创建选项"对话框

步骤 4 在"创建选项"对话框中单击"确定"按钮。

步骤 5 当使用"复制现有"或"空"创建方法之一时，可通过在模型树中右击新骨架零件并从弹出的快捷菜单中选择"激活"命令来激活新骨架零件。

步骤 6 为该骨架零件创建所需的几何。

2. 运动骨架模型

运动骨架是在活动组件或子组件中创建的子组件（其保存格式为.ASM，在模型树中显示为），它用于定义组件中实体之间的运动。

在运动骨架中，包含彼此相对运动的骨架主体，运动的方式与它们所表示的主体在最终组件中的运动方式相同。使用运动组件可以获取机械组件的概念设计，即在创建实际的组件元件之前，可以在建立好的运动骨架中测试设计的基本结构和运动。值得注意的是，在组件中只能创建或插入一个运动骨架。

运动骨架模型包括设计骨架、骨架主体和预定义的约束集。所谓的设计骨架可以是一个现有骨架模型，也可以是带有新创建几何的内部骨架；骨架主体则是由设计骨架的图元所创建，然后使用预定义的约束集放置在运动骨架中的元件。

运动骨架模型中的第一个主体为基本主体，在所有机械组件中情况通常也是如此。骨架主体为元件设计提供了框架，它等同于零件并具有常规零件的大多数特征。可以将骨架主体作为独立于组件的一个零件而打开，并可以将其用作元件设计的基础特征。

创建运动骨架模型的方法和创建标准骨架模型的方法相类似，不同之处是需要在“元件创建”对话框的“子类型”选项组中选择“运动”单选按钮，如图 7-3 所示。

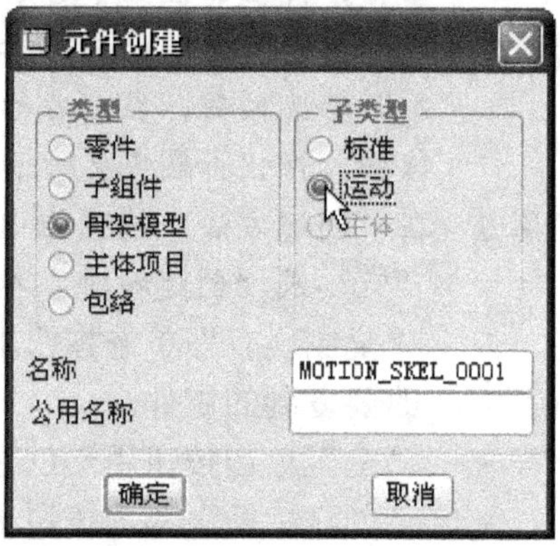

图 7-3 设置创建运动骨架模型

部分初学者可能觉得骨架的理论知识很抽象，不容易理解。这不要紧，在本项目的任务实践中会学习相应的骨架应用案例，从而加深初学者对骨架模型概念的理解程度。本书只要求初学者知道在装配设计模式下有骨架模型这个概念即可，将来随着读者使用 Pro/E Wildfire 5.0 进行设计操作经验的增多，会逐渐地掌握骨架模型的相应概念、技巧等。

（三）数据共享

在真正的产品设计过程中，不同零件或组件间的数据共享是不可避免的（自顶向下的设计其实就是一个数据传递和管理的过程）。在 Pro/E Wildfire 5.0 中，数据共享的方法主要有自文件、合并和继承、发布几何、复制几何和收缩包络等。初学者要重点掌握合并和继承特征。

1. 创建收缩包络特征

当需要参照的是一个零件、组件或骨架的表面数据，或需要用一个轻量化零件表示复杂组件的外观时，可以创建收缩包络特征。收缩包络特征是曲面及基准的几何，它代表模型的外部形状。可以使用零件、骨架或组件作为收缩包络特征的源模型。

下面以在当前组件中创建收缩包络特征为例介绍其创建步骤。

步骤 1 打开本书配套素材“\CH7\bc-7-3a.asm”组件文件，在菜单栏中选择“插入|共享数据|收缩包络”命令，打开图 7-4 所示的收缩包络操控板，默认时，“将参照类型设置为组件上下文”按钮处于选中状态，且系统自动将顶级组件作为参照模型。

> **提示**
>
> 在组件模式中创建收缩包络特征时，若不激活任何元件，则默认是在顶级组件中创建收缩包络特征。若在创建前先激活某个元件（在模型树中右击该元件，从弹出的快捷菜单中选择“激活”命令），则将在该元件中创建收缩包络特征。
>
> 用户也可在组件模式中新建元件，然后在该元件中创建收缩包络特征。

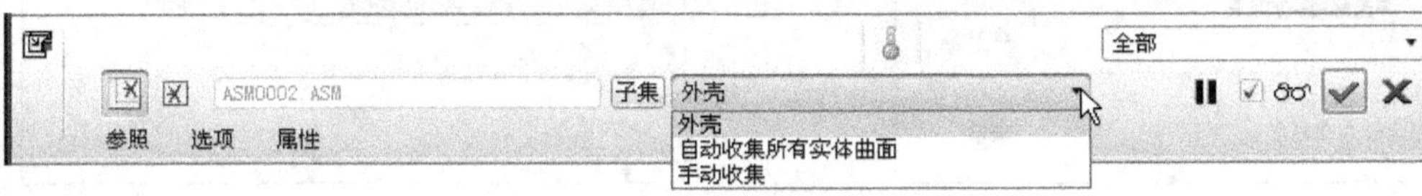

图 7-4　收缩包络操控板

步骤 2 在位于“子集”按钮右侧的收集模式下拉列表框中选择一种曲面子集收集方法选项。当选择“外壳”选项时，将创建模型外形的收缩包络；当选择“自动收集所有实体曲面”选项时，将创建包含模型的外部和内部实体曲面的收缩包络；当选择“手动收集”选项时，将创建只包含所选曲面的收缩包络。这里我们保持默认设置。

步骤 3 如果要在收缩包络中包括或排除组件中的元件，那么可以单击“子集”按钮并利用弹出的“收缩包络元件”对话框来定义子集。本例我们将“TAO.PRT”元件设置为“忽略”，表示在收缩包络中忽略该元件，如图 7-5 所示。

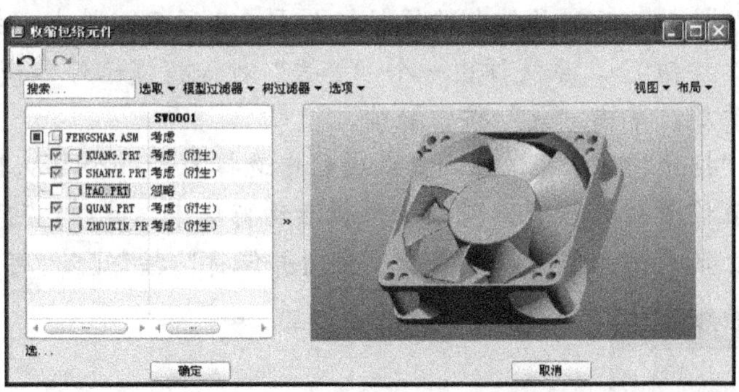

图 7-5　“收缩包络元件”对话框

步骤 4 在“参照”滑出面板中可设置需要始终在收缩包络中包括的曲面或不包括的曲面等（否则将由系统自动分析决定），方法是单击相应的收集器，然后在模型中选择相应的元素即可，如图 7-6 左图所示。本例保持默认设置。

步骤 5 在“选项”滑出面板中设置与收缩包络相关的选项，如图 7-6 右图所示，本例保持默认设置。注意：可通过“从属”复选框来设置收缩包络特征和参考对象的几何从属关系。

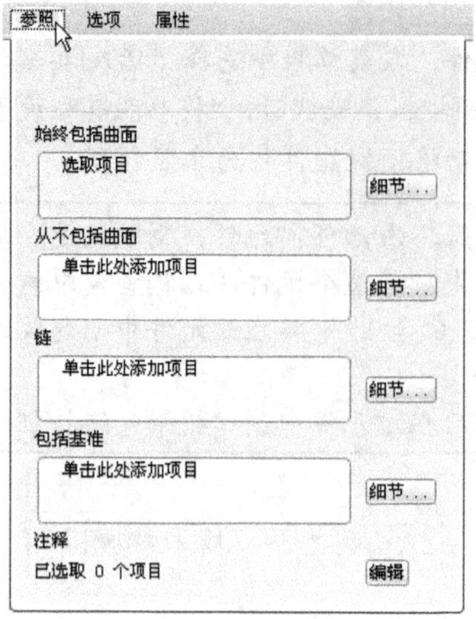

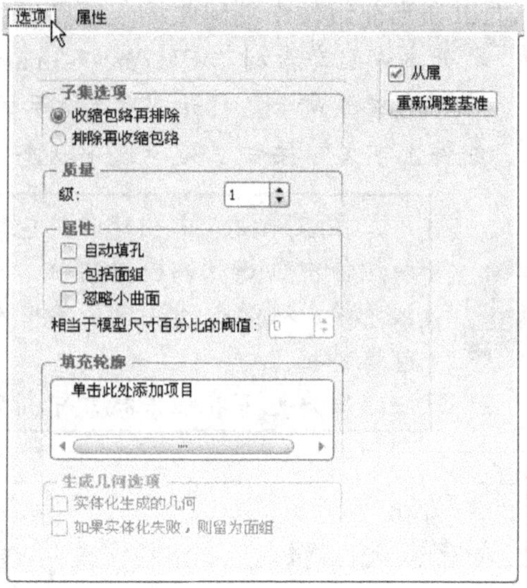

图 7-6 “参照”滑出面板和“选项”滑出面板

步骤 6 在收缩包络操控板中单击“应用并保存”按钮，此时，可在模型树中看到创建的收缩包络特征。

如果要创建外部收缩包络特征（即使用外部参照），可执行以下操作。

步骤 1 在收缩包络操控板中单击“将参照类型设置为外部”按钮，弹出一警告对话框，单击“是”按钮，弹出如图 7-7 所示的“放置”对话框，默认选择“缺省”单选按钮，以在当前模型中使用默认内部坐标系来定位收缩包络特征；也可选择“坐标系”单选按钮，以使收缩包络特征与选定的局部和外部坐标系对齐。

步骤 2 单击“确定”按钮，此时收缩包络操控板如图 7-8 所示，单击“打开几何形状将被复制的模型”按钮，系统弹出一个“警告”对话框提示外部模型将更改并将移除先前定义的参照，单击“是”按钮继续。

步骤 3 利用弹出的“打开”对话框，在磁盘或进程中选择打开一个要从其复制几何的模型，完成相关放置设置后，模型出现在一个新活动窗口中，此时，可在要从中复制几何的活动元件上定义曲面集，最后单击“应用并保存”按钮即可。

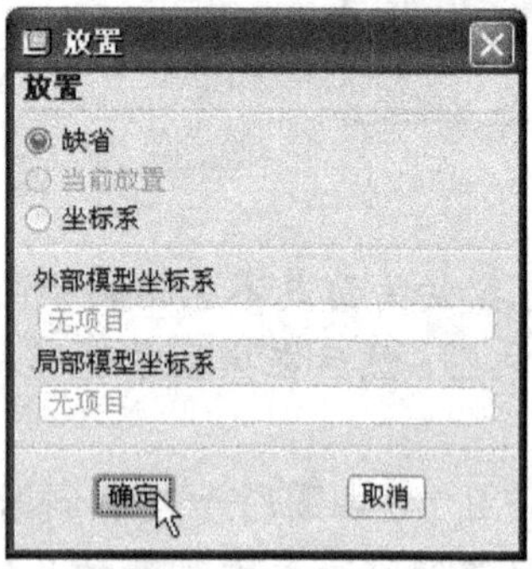

图 7-7 “放置”对话框

图 7-8 收缩包络操控板

提示　若在零件环境中执行“收缩包络”命令，则只能创建外部收缩包络特征。

2. 创建合并与继承特征

（1）创建合并特征

顾名思义，这个功能就是将一个零件（参照零件）的材料几何完全添加到另一个零件（目标零件）中，或者从另一零件中减去此零件的材料几何。该功能一般用在自顶向下设计中的主要外观零件上，当目标零件需要参照零件的几乎全部几何时可以选用该功能。

在组件环境中创建合并特征，可以按照如下的步骤来进行。

步骤 1　继续在“bc-7-3a.asm”组件文件中进行操作。在菜单栏中选择“插入|元件|创建”命令，打开“元件创建”对话框，设置创建实体零件，单击“确定”按钮，在打开的对话框中设置创建类型为“创建特征”，单击“确定”按钮，从而在组件中新建一个元件，并自动激活该元件。

提示　用户也可在模型树中选择组件下的一个现有零件，然后在菜单栏中选择“编辑|激活”命令，或者在右键快捷菜单中选择“激活”命令，激活该元件，接着在该元件中创建合并或继承特征。

步骤 2　在菜单栏中选择“插入|共享数据|合并/继承”命令，打开合并/继承操控板，如图 7-9 所示。

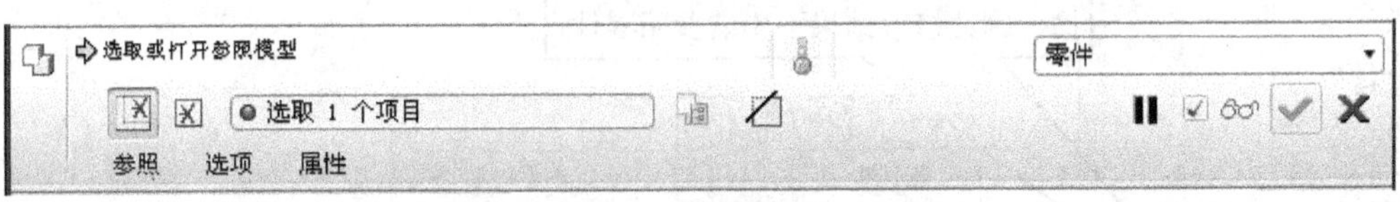

图 7-9　合并/继承操控板

步骤 3　在合并/继承操控板中保持“将参照类型设置为组件上下文”按钮的选中状态，然后从组件中选择要从中复制几何的参照模型。

- **“将参照类型设置为组件上下文”按钮**：表示在当前组件中选择参照模型。
- **“外部参照类型”按钮**：表示使用外部参照，即创建外部合并/继承特征，其操作与创建外部收缩包络特征类似。
- **“移除材料”按钮**：当单击选中此按钮时，表示移除材料几何，反之表示添加。

步骤 4　打开“参照”滑出面板，如图 7-10 左图所示，单击“编辑”按钮可控制注释特征的传递，而若选中“复制基准”复选框则表示将基准复制由原始特征切换为合并特征。

步骤 5　打开“选项”滑出面板，可以设置使合并特征从属（默认设置）或独立于参照模型，如图 7-10 右图所示。

步骤 6　在合并/继承操控板中单击“应用并保存”按钮，此时可以在相应的零件下看到创建的合并特征。

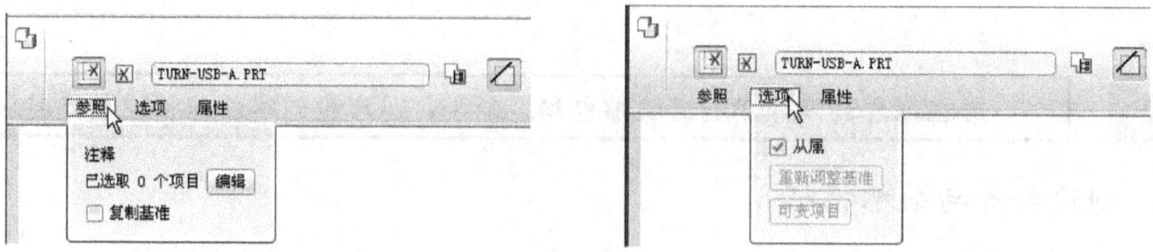

图 7-10 “参照”滑出面板 和“选项”滑出面板

（2）创建继承特征

继承和合并有点类似，都是把参照零件的全部几何复制过来，但是继承特征允许将几何和特征数据从组件内的参照零件向目标零件进行单向相关传播，即使参照零件不在进程中，创建的目标零件也完全起作用。图 7-11 的模型树显示了继承特征和合并特征的区别。总的来说，继承适用于设计包含的部分零件基本一样，只是局部的特征或尺寸不一致的组件模型。

创建继承特征，可执行以下操作步骤。

步骤 1 激活要创建继承特征的零件，执行“合并/继承”命令。

步骤 2 从组件中选择要从中复制几何的参照模型。

步骤 3 在合并/继承操控板中单击选择“切换继承”按钮（该按钮用于在合并和继承模式之间切换）。

步骤 4 在图 7-12 所示的“选项”滑出面板中可以更改如下选项。

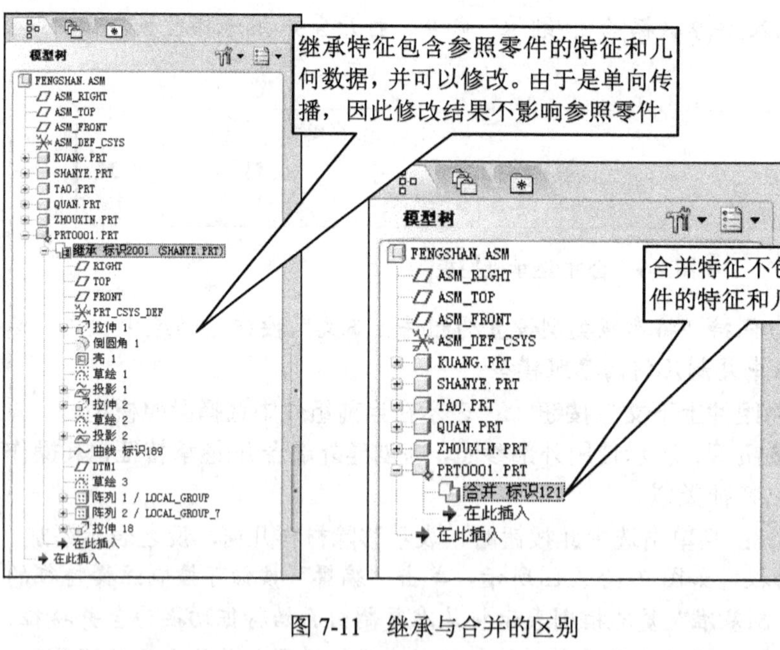

图 7-11 继承与合并的区别

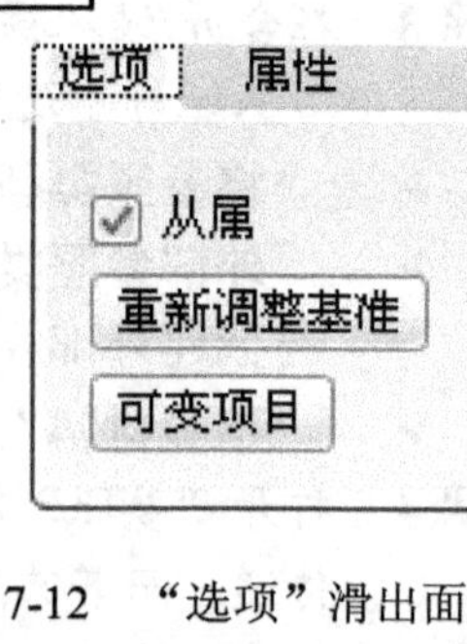

图 7-12 “选项”滑出面板

- **“可变项目”按钮**：单击此按钮，弹出“可变项目”对话框，选择可变项目并定义属性。也可以在创建好继承特征后，随时在子零件中展开继承特征并选定一个特征进行修改，系统会询问是否想把要修改的项目添加到可变表中去，确定便可。

> 提示　当把特征、尺寸或参数添加到可变表中去后，相应的项目就不会随参考零件的改变而发生改变了。也就是说这些项目相对于参考零件来说是独立的。

- **“重新调整基准”按钮**：单击此按钮，可更改所复制基准的尺寸或参照。
- **“从属”复选框**：设置使继承特征从属（默认设置）或独立于参照模型。

3. 创建发布几何特征

发布几何也是自顶向下设计中的常用功能。与别的数据共享方式不一样的是，发布几何是在要共享数据的零件内进行发布的。一个发布几何特征实际就是在零件内部预先把准备输出的几何和基准打包，将来在需要的时候直接复制这个几何包便可以完成数据的传递。

> 提示　实际应用中，可以对一个关键的参考模型（比如外观）发布针对不同零件（如上壳零件、下壳零件、按钮零件等）的几何，通过针对不同的零件建立不同的几何指引来实现数据的共享和传递，从而降低设计者选择错误几何创建模型的可能性，并使产品设计变得高效和便于修改。

发布几何特征包含独立的局部几何参照，不允许外部参照，所创建的特征不是选定几何的副本，而是多个可复制到其他模型的局部参照的综合体。

创建发布几何特征，可执行以下操作步骤。

步骤 1　激活要创建发布几何特征的零件，在菜单栏中选择“插入|共享数据|发布几何”命令。

步骤 2　弹出如图 7-13 左图所示的“出版几何”对话框，利用该对话框选择特征所依据的参照元素的类型，并添加参照，单击相应的“细节”按钮可以从参照列表中查看、添加或删除参照。

步骤 3　最后单击“应用并保存”按钮，完成发布几何特征创建，该特征在模型树中的指示符标识为。

> 提示　用户只能在当前激活的零件内创建发布几何特征，而且只能在该零件内选择参照。创建了发布几何特征后，可在同一组件的其他零件内用复制几何的方法选择该特征作为参考，以实现对发布几何特征的共享。

4. 创建复制几何特征

复制几何特征可用来将任何类型的几何参照信息和用户定义的参数传递到或传递出零件、骨架模型和组件。在自顶向下设计方法中使用复制几何特征时，无需检索整个参照源模型，因而减少会话中的数据量。

如前所述，在创建复制几何特征时，可以参照发布几何特征，这样用户只需进行一次选择即可将模型几何的局部集合作为单个图元复制到其他模型。

创建复制几何特征，可执行以下操作步骤。

步骤 1　激活要创建发布几何特征的零件，在菜单栏中选择“插入|共享数据|复制几何”命令，打开如图 7-13 右图所示的复制几何操控板。

步骤 2 默认时，操控板中的“仅限发布几何”按钮处于被选中的状态，此时可以将前面定义的发布几何特征定义复制几何特征的参照。当然也可以单击“仅限发布几何”按钮以取消它的选中状态，此时可以利用“参照”滑出面板提供的相关收集器来定义相关的参照。

> **提示**
>
> 在复制几何特征中选择几何（指取消“仅限发布几何”按钮后的选择）的方法与在发布几何特征中是一样的。但要注意的是，发布几何特征建立的是数据的指引而没有真正的复制几何，所以不管在发布几何特征之前或是之后几何发生改变了，都会导致发布几何特征中的几何发生改变。
>
> 例如，假设在零件内创建了一个发布几何特征，并选择了某一块面作为参考，然后在发布几何特征后面又添加了一个孔特征把面切出了一个孔，那么发布几何特征中的面也会是有孔的。

步骤 3 接着在“选项”滑出面板中设置相关选项，最后单击“应用并保存”按钮，即可完成复制几何特征。

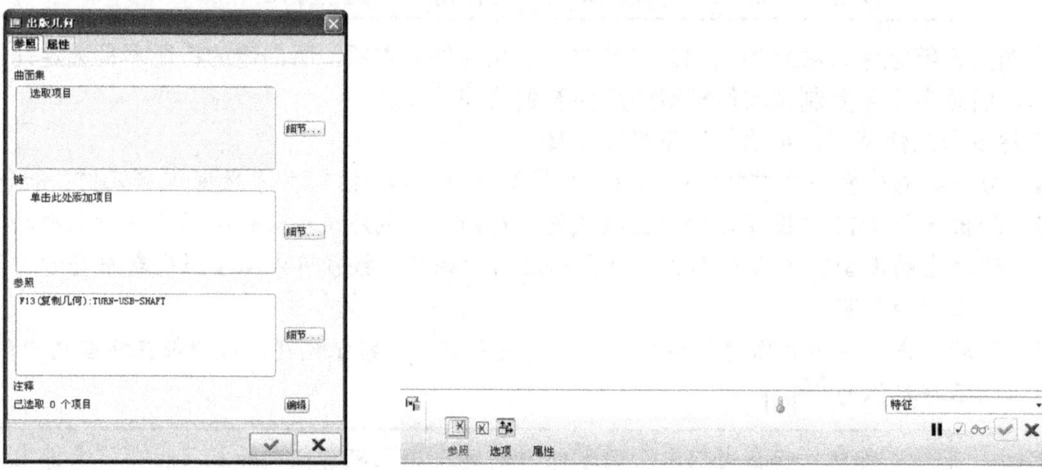

图 7-13 “出版几何”对话框和复制几何操控板

> **提示**
>
> 一般来说，可以用复制几何特征实现的共享都可以通过发布几何特征来间接实现，而且使用发布几何特征比直接用复制几何特征条理更清楚。因为这样在参考零件内就可以直观地看到所有目标零件要使用的共享数据，从而使整个数据的传递路线更清晰和容易控制。
>
> 无论是收缩包络、合并/继承，还是发布/复制几何，它们的使用原理都是相似的，都是将参照模型（父模型）的相关几何复制到目标模型（子模型）中，从而达到传递和共享数据的目的。当更改父模型的参数时，子模型的相应参数也会得到更新。
>
> 将在后面的任务实践具体应用 Pro/E Wildfire 5.0 的共享数据功能。

（四）模型渲染

为了更好地向客户展示产品的外观、结构以及纹理等情况，需要在三维建模工作完成后，对模型进行渲染处理。通过渲染，可使模型更具真实感。下面通过一个范例对各个渲染环节依次进行介绍，主要包括外观、光源、房间和场景等的设置，以及渲染器的用法等。

1. 设置场景

顾名思义，场景即模型所处的环境，它包括光源、房间和效果等。在渲染模型时，系统采用默认的场景进行渲染，用户也可利用以下操作设置场景。

步骤 1　打开本书配套素材“\CH7\bc-7-4a.asm”文件，首先调整酒杯模型的视图方向，效果如图 7-14 所示。

步骤 2　在菜单栏中选择“视图|模型设置|场景”命令，或者单击“渲染”工具栏中的“场景”按钮，打开“场景”对话框，在“场景库”列表框中双击选择要应用的系统预定义场景，如图 7-15 所示。

> **提示**　除了使用预定义的场景外，用户也可以单击“场景”对话框上方的“创建新场景”按钮新建场景，然后利用“房间”、“光源”和“效果”选项卡编辑新建的场景。此外，单击“预览”按钮可预览当前选择的场景。

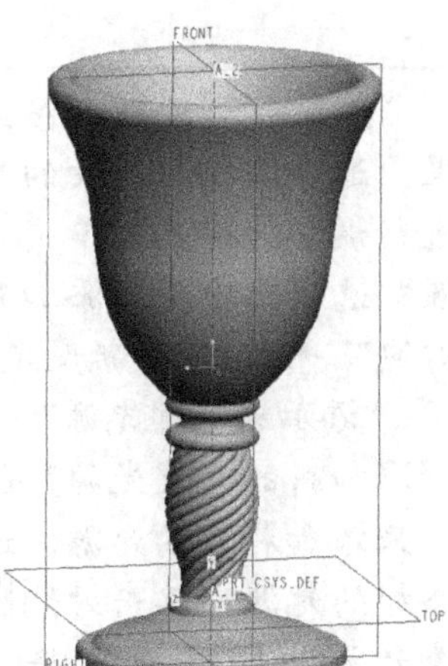

图 7-14　调整酒杯模型的视图方向

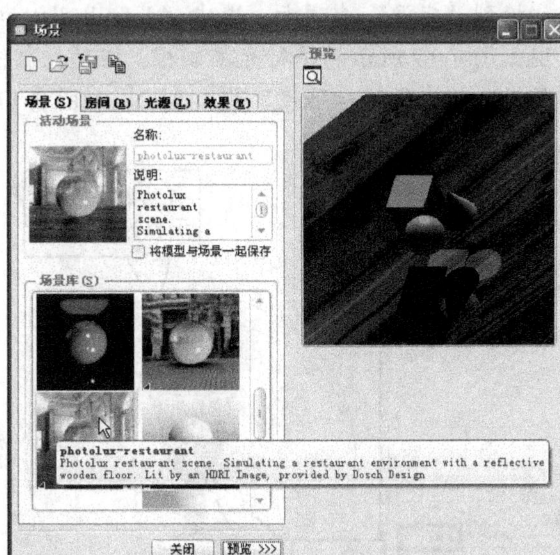

图 7-15　选择系统预定义的场景

步骤 3　如果对系统预定义的场景（包括房间、光源和效果）不满意，可以对其进行编辑。首先切换到“房间”选项卡，设置房间各墙壁、地板和天花板的外观和位置。这里我们拖动“大小”设置区中天花板、地板等调整项右侧的旋钮，对照模型调整房间各墙壁的位置，令酒杯处于地板中心位置，如图 7-16 所示。

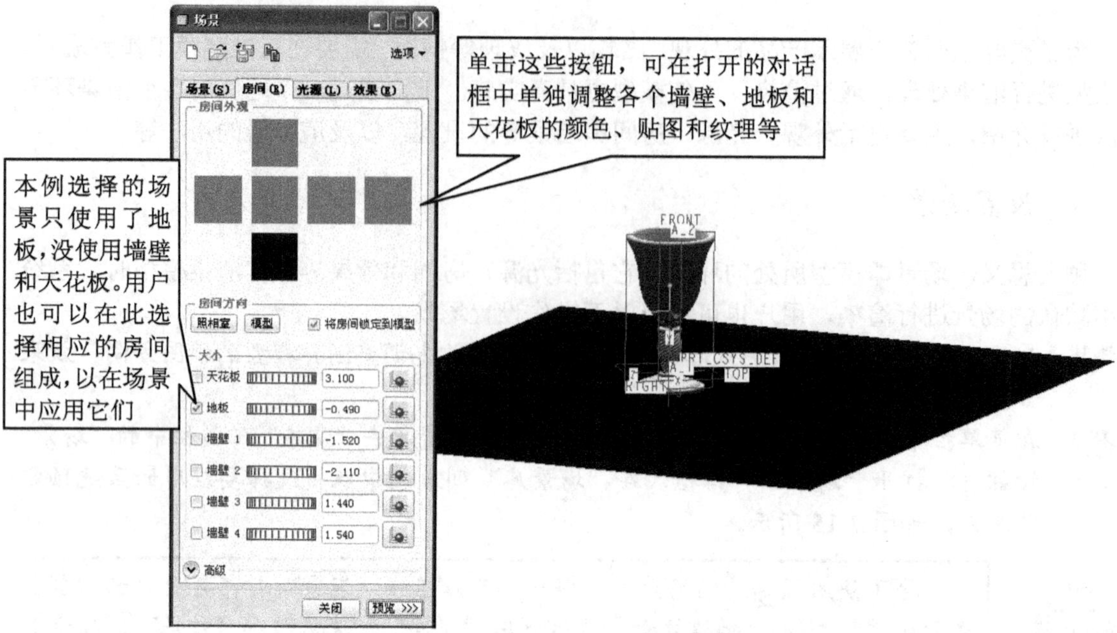

图 7-16　编辑房间

步骤 4　切换到“光源”选项卡，选中“default distant”项（默认平行光），此时绘图区中出现如图 7-17 所示的平行光控制框，拖动控制框上的调整按钮将平行光调整到合适位置后，将光源的“强度”增加到 2，如图 7-17 所示。

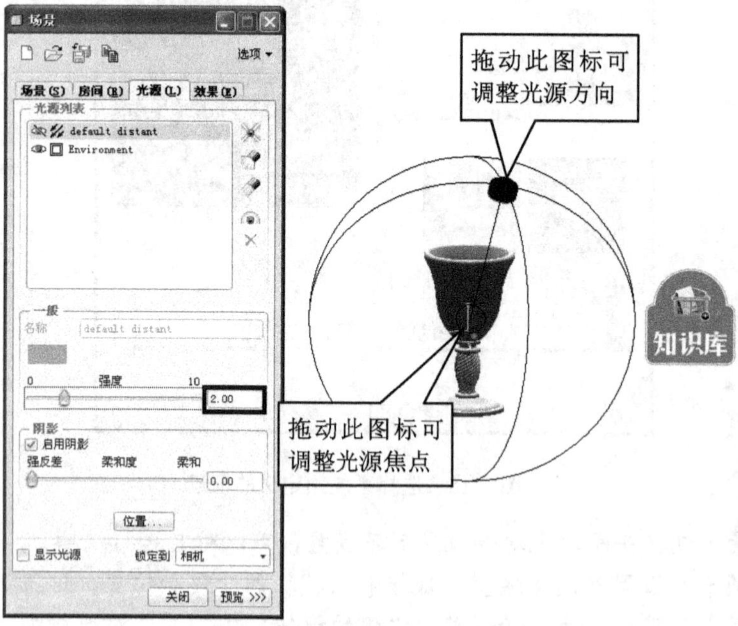

知识库

为了得到合理的渲染效果，通常需要对场景的光源进行调整。用户可单击“光源”选项卡中的“添加新的灯泡”、“添加新聚光灯”、“添加新的远光源”和“添加新的天空光源”按钮来添加相应的光源；选择添加的光源，单击“删除所选光源”按钮可将其删除。添加光源后，在“光源列表”中选择光源，然后可在绘图区调整光源的位置和方向，以及在对话框中调整光源的强度和阴影等参数。

图 7-17　设置光源

提示　过多的光源不仅会增加渲染的时间，而且会使模型过亮，请视情况选择。

步骤 5　切换到“效果”选项卡可设置环境效果。例如，反射设置、色调映射、背景设置等，本例保持默认设置。最后单击“关闭”按钮，关闭“场景”对话框。

知识库　若希望将设置好的场景保存起来以便下次调用，可单击对话框上方的“保存场景文件”按钮。

2. 设置外观

材料外观取决于颜色、加亮、贴图、反射和透明等方面，在 Pro/E Wildfire 5.0 中可以为任何零件或组件指定外观。其中，在零件模式下，可以为整个零件、单个曲面或面组指定或设置外观；在组件模式下，可以为整个组件、组件中的单个活动元件或零件指定外观。如果用户没有修改外观，那么在渲染时系统将为模型指定默认的外观。

Pro/E Wildfire 5.0 为用户提供了一个实用的外观库，利用它设置对象外观的操作步骤如下。

步骤 1　在“视图”工具栏中单击图标右侧的三角箭头按钮打开外观库，如图 7-18 所示。利用此外观库，可以查看和搜索可用外观，以及将可用外观指定给模型等。

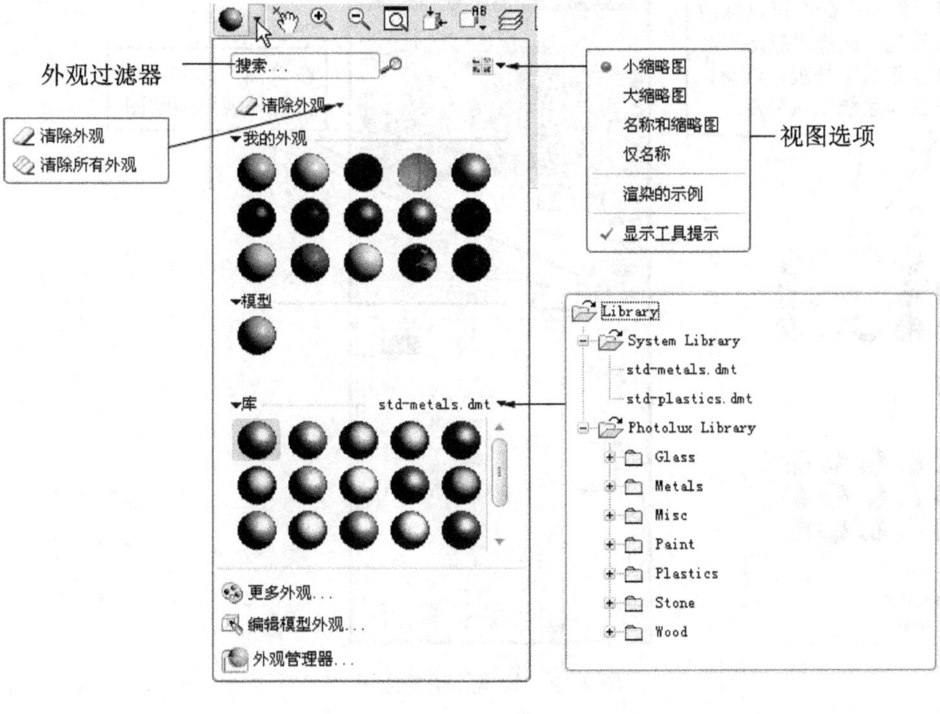

图 7-18　外观库

➢ 要将某个外观指定给模型，可先在“我的外观”调色板、“模型”调色板或“库”调色板中选择相应的外观球，然后在模型上选择要应用该外观的元素（可以使用选择过滤器来辅助选择正确的对象），最后在“选取”对话框中单击“确定”按钮。当然，也可先在模型上选择要应用外观的元素，然后再选择相应的外观球。

> **提示** “我的外观”调色板显示用户创建并存储在启动目录或指定路径中的外观；“模型”调色板显示在活动模型中存储和使用的外观；“库”调色板显示“Photolux”库和系统库中预定义的外观。

➢ 要删除为模型应用的外观，可单击“清除外观”按钮，然后在模型上选择要清除外观的元素。若单击“清除所有外观”按钮，可清除模型上的所有外观。

步骤 2 先选中整个酒杯模型，然后右击“我的外观”色板中的任意位置，从弹出的快捷菜单中选择“新建”，如图 7-19 左图所示，或单击“更多外观”按钮，打开“外观编辑器”对话框。

步骤 3 在“名称”编辑框中输入新建的外观名称，在“等级”下拉列表中选择外观类型，选择“玻璃”，如图 7-19 中图所示。此时可利用属性设置区设置外观参数，本例保持默认设置，单击“确定”按钮。

步骤 4 新建好的外观将自动应用到所选对象上，如图 7-19 右图所示。若事先没有选中要应用外观的对象，则新建外观后需要在绘图区选择要应用外观的对象。

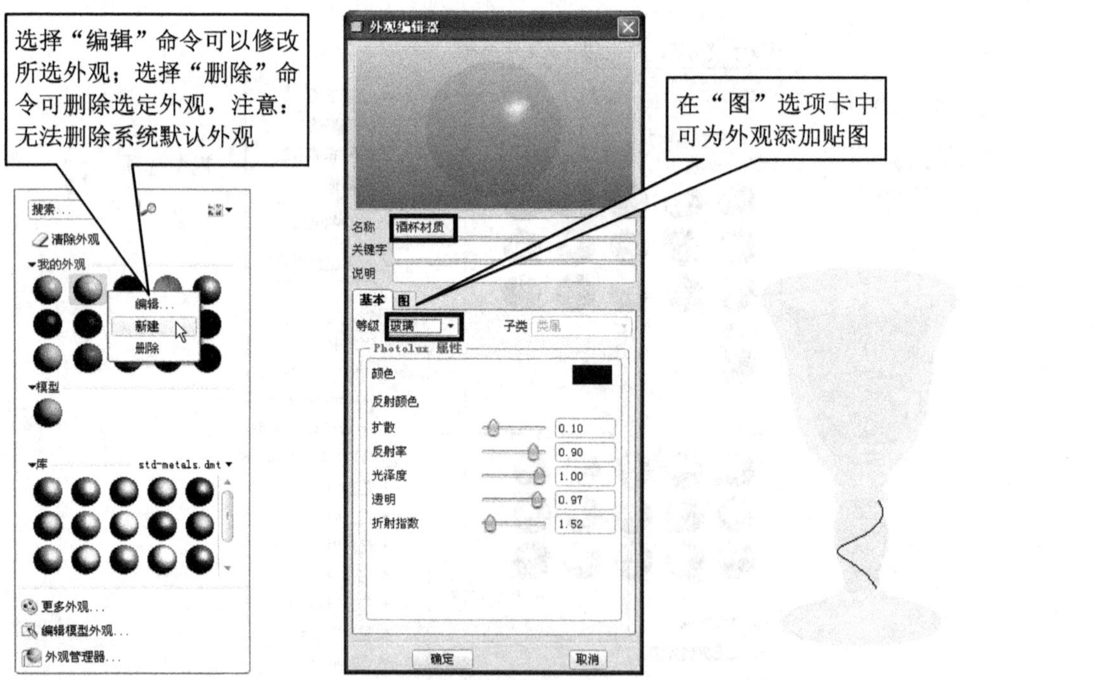

图 7-19 新建外观并应用

下面简单了解一下外观库面板中其他常用选项的作用。

➢ **“编辑模型外观”按钮**：单击此按钮，将打开“模型外观编辑器”对话框，用户可使用此对话框编辑活动模型中选定外观的属性。

- **“外观管理器”按钮**：单击此按钮将打开“外观管理器”对话框，从中可创建、修改、删除和组织各种外观。

小技巧

定义外观时最常见的一种错误是使外观变得太亮，因为太亮的模型看起来会显得较为不自然。在这种情况下，用户可以使用“外观编辑器”对话框来降低外观的色调，例如，在“基本”选项卡中降低加亮区的光泽度和强度，并降低向标尺无光泽端的反射，亦可使用“图”选项卡中的纹理图来增加模型的真实感。

3. 设置透视图

透视图用于调整渲染输出时对视图的观察角度（相当于摄影机）。在菜单栏中选择“视图|模型设置|设置透视图”命令，打开如图 7-20 所示的“渲染设置”对话框，在“类型”下拉列表框中选择设置视图的方法，然后可设置观察视图的距离、视角等参数。设置图 7-20 所示的参数，单击“确定”按钮。

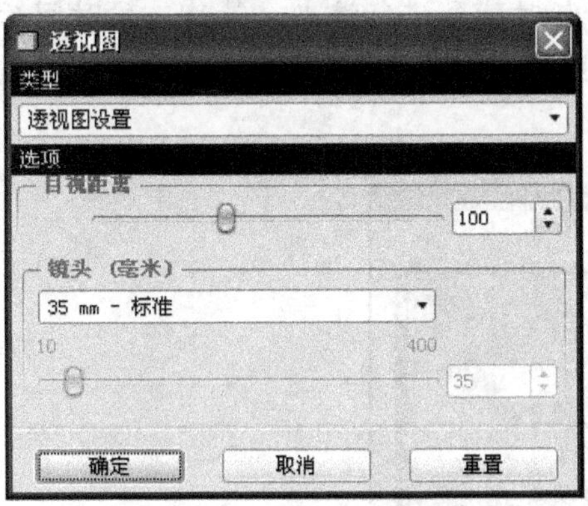

图 7-20　“透视图”对话框

提示

设置透视图后，系统会自动选中“视图|模型设置|透视图”命令，表示使用透视方式渲染输出模型。若取消选中该命令，则将以普通方式输出。

4. 渲染模型

为模型设置好场景和外观后，便可以渲染输出模型了。不过在渲染前，还需要选择渲染器和设置渲染选项。具体操作步骤如下。

步骤 1　在菜单栏中选择“视图|模型设置|渲染设置”命令，打开如图 7-21 所示的“渲染设置”对话框，从中可选择渲染器，设置渲染质量（分为“粗糙”、“高”和“最大”3 个级别）、渲染选项、高级渲染选项，以及进行输出设置和水印设置。

步骤 2　设置渲染“质量”为“高”，“反射深度”为 5，输出到“新窗口”（表示将图像输出到“图像编辑器”窗口中），单击“关闭”按钮，如图 7-21 所示。

提示

若在“输出”选项卡的“渲染到”下拉列表中图像格式，则可在下方的“文件名称”编辑框中输入图像文件名，并可设置图像的保存位置。

图 7-21　设置渲染选项

步骤 3　在菜单栏中选择“视图|渲染窗口”命令，开始对模型进行渲染，等待一段时间后，将在“图像编辑器”窗口中显示渲染输出的图像，如图 7-22 所示。用户可利用该窗口对图像进行修改并保存。

图 7-22　图像编辑器

三、任务实践

在介绍了典型的产品设计方法、骨架、数据共享和外观颜色及渲染的理论知识后，下面通过两个任务实践案例来更深入地学习并掌握自顶向下的设计思路。其中在第 1 个任务实践案例主要采用了主控件的设计思路，第 2 个任务实践案例则应用了骨架模型。

任务一　设计小型播放器产品

本任务要完成的产品模型为小型播放器外壳，如图 7-23 所示。案例最终效果请参考本书配套素材“CH7\bc_7_r1.asm”文件。

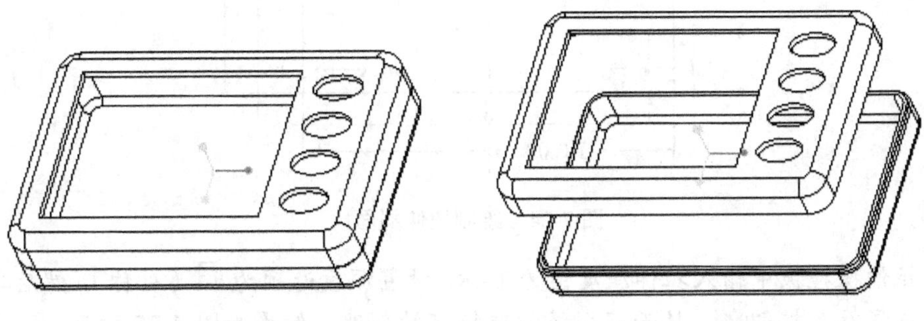

a）装配状态　　　　b）分解状态

图 7-23　小型播放器外壳

任务分析

本案例是在前面学习的数据共享知识的典型应用，案例采用主控件的设计思路，即先设计一个模型作为主控件添加到组件中，然后通过“合并/继承”的方式来使建立的元件受控于主控件，当主控件发生变化时，受控元件也会自动随之发生变化。采用主控件的设计思路，可以直接在主控件中进行产品的一些重大变更。

任务实施

（1）新建一个实体零件文件

步骤 1　在“文件”工具栏中单击“新建”按钮，或者按【Ctrl+N】快捷键，弹出“新建”对话框。

步骤 2　在“类型”选项组中选择“零件”单选按钮，在“子类型”选项组中选择“实体”单选按钮，在“名称”文本框中输入“bc_7_r1_master”，取消选中“使用缺省模板”复选框，然后单击“确定”按钮。

步骤 3　系统弹出“新文件选项”对话框，从“模板”列表中选择“mmns_part_solid”公制模板，然后单击“确定”按钮。

（2）在新实体零件文件中进行主控件模型设计

步骤 1　在“基础特征”工具栏中单击“拉伸”按钮，打开拉伸操控板。接着打开拉伸操控板的“放置”滑出面板，单击“定义”按钮，弹出“草绘”对话框。

步骤 2　选择“TOP”基准平面作为草绘平面，保持默认的以“RIGHT”基准平面为“右”方向参照，单击“草绘”对话框中的“草绘”按钮，进入草绘模式。绘制如图 7-24 所示的拉伸剖面，单击“完成”按钮✔。

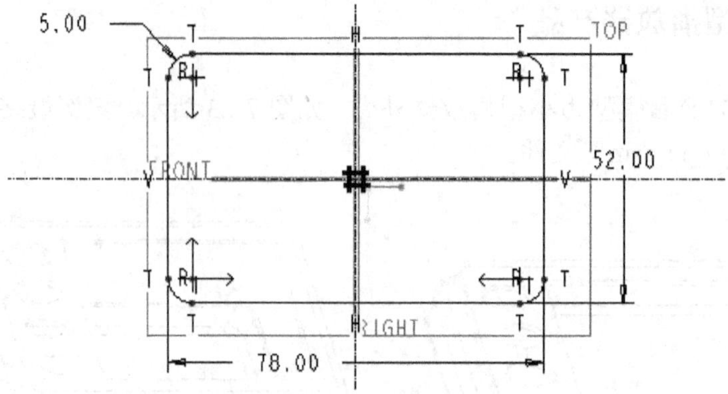

图 7-24　绘制拉伸剖面

步骤 3　在拉伸操控板中输入拉伸深度值为 17.8，设置深度选项为 (对称)，然后单击“应用并保存”按钮，从而完成该拉伸特征的创建，结果如图 7-25 所示。

步骤 4　在“工程特征”工具栏中单击“倒圆角”按钮，打开倒圆角操控板，设置当前倒圆角集的圆角半径为 3，按住【Ctrl】键的同时选择如图 7-26 所示的两条边链，单击“应用并保存”按钮。

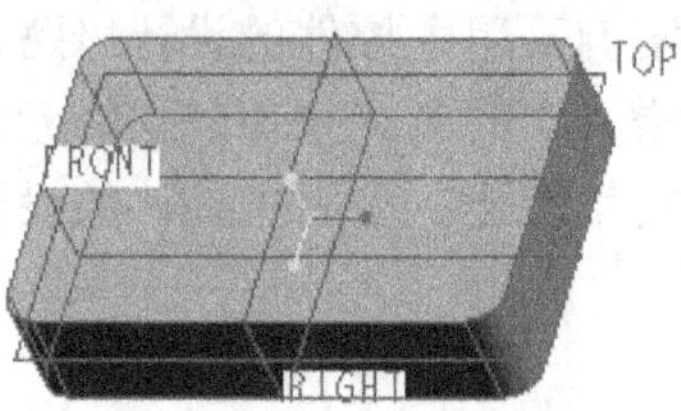

图 7-25　拉伸特征

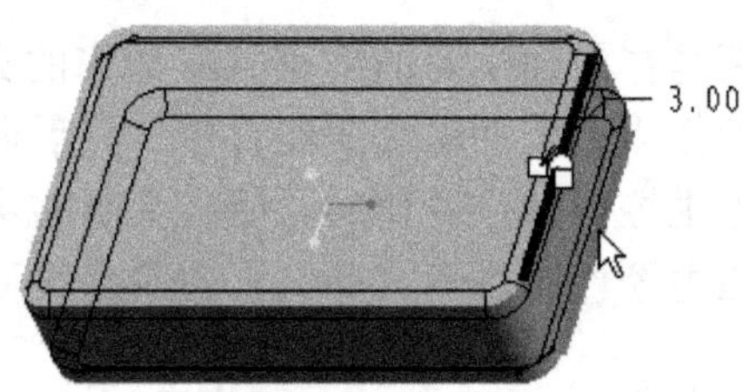

图 7-26　倒圆角

步骤 5　在“基准”工具栏中单击“草绘”按钮，弹出“草绘”对话框。选择“TOP”基准平面作为草绘平面，保持默认的以“RIGHT”基准平面为“右”方向参照，单击“草绘”按钮，进入草绘模式。绘制如图 7-27 所示的图形，单击“完成”按钮✔。

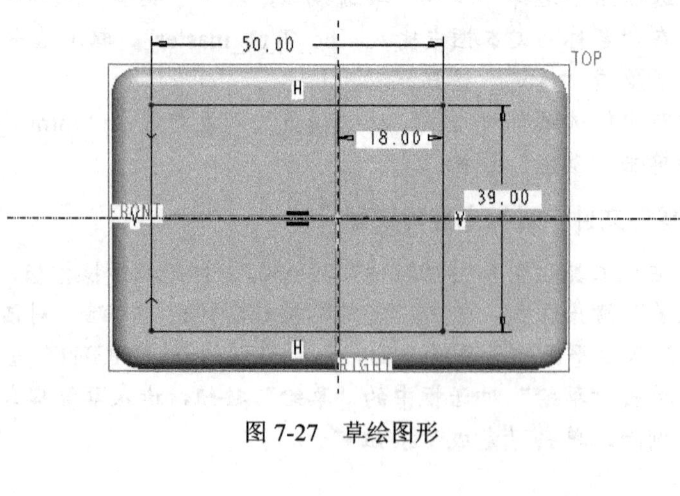

图 7-27　草绘图形

步骤 6　在“基准”工具栏中单击“草绘”按钮，弹出“草绘”对话框。接着在“草绘”对话框中单击“使用先前的”按钮，进入草绘模式。绘制如图 7-28 所示的图形，单击“完成”按钮✔。

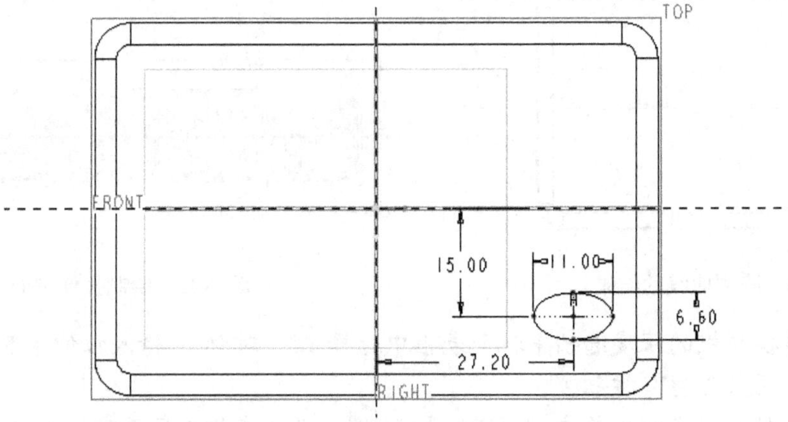

图 7-28　绘制图形

步骤 7　确保上步刚绘制的草绘特征处于被选中的状态，在“编辑特征”工具栏中单击“阵列”按钮，接着在打开的阵列操控板的阵列类型下拉列表框中选择“方向”选项，在图形窗口中选择 FRONT 基准平面作为平移方向参照，单击“反向第一方向”按钮，输入第一方向的阵列成员数为 4，输入第一方向的阵列成员间的间距为 10，如图 7-29 所示。

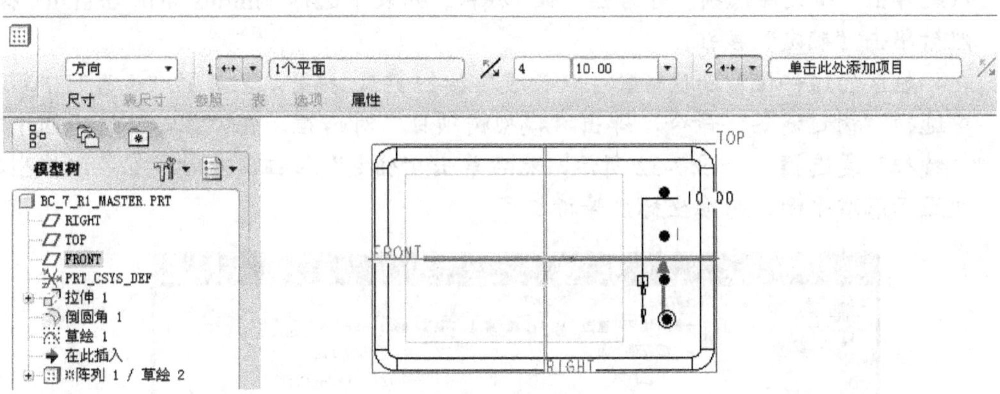

图 7-29　设置阵列参数

步骤 8　在阵列操控板中单击“确定”按钮，从而完成曲线的阵列复制，如图 7-30 所示（TOP 视角）。

步骤 9　在“基础特征”工具栏中单击“拉伸”按钮，在打开的拉伸操控板中单击“生成曲面”按钮，接着打开“放置”滑出面板，单击“定义”按钮，弹出“草绘”对话框。

步骤 10　选择“FRONT”基准平面作为草绘平面，保持默认的以“RIGHT”基准平面为“右”

方向参照，单击“草绘”对话框中的“草绘”按钮，进入草绘模式。绘制如图 7-31 所示的拉伸剖面（一段直线段），单击“完成”按钮✔。

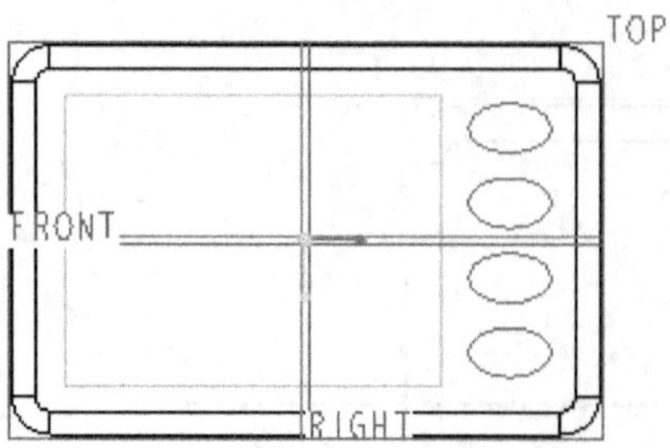

图 7-30　阵列曲线的结果

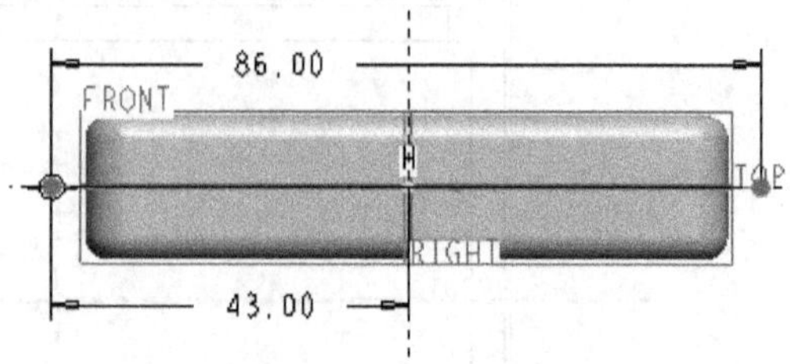

图 7-31　绘制拉伸剖面

步骤 11　在拉伸操控板的深度选项下拉列表框中选择（对称），输入拉伸深度值为 65，单击“应用并保存”按钮。

步骤 12　在“文件”工具栏中单击“保存”按钮，设置在指定目录下保存该文件。

（3）创建一个组件文件并在其中装入主控件

步骤 1　在“文件”工具栏中单击“新建”按钮，或者按【Ctrl+N】快捷键，弹出“新建”对话框。在“类型”选项组中选择“组件”单选按钮，在“子类型”选项组中选择“设计”单选按钮，在“名称”文本框中输入“bc_7_r1”，取消选中“使用缺省模板”复选框，然后单击“确定”按钮。

步骤 2　系统弹出“新文件选项”对话框，从“模板”列表中选择“mmns_asm_design”模板，然后单击“确定”按钮。

步骤 3　在导航区的组件模型树区域单击“设置”按钮，接着从打开的“设置”下拉菜单中选择“树过滤器”命令，弹出“模型树项目”对话框，在“显示”选项组中选中“特征”复选框，如图 7-32 所示，然后单击“确定”按钮。此时，在装配模型树中便显示基准平面、基准坐标系等特征了。

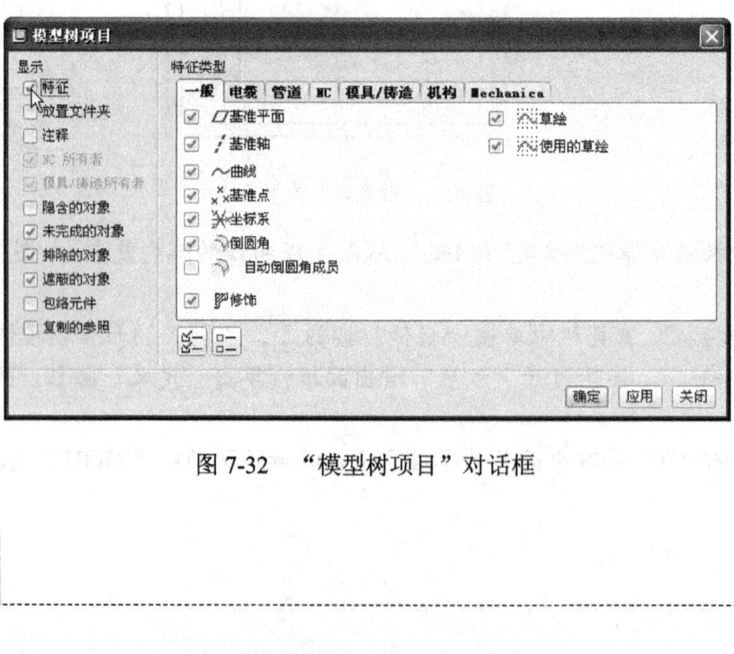

图 7-32　“模型树项目”对话框

步骤 4 在右工具箱中单击“装配”按钮，弹出“打开”对话框，选择之前创建的“bc_7_r1_master.prt”零件，单击“打开”按钮。在装配操控板的约束类型下拉列表框中选择“缺省”选项，单击“应用并保存”按钮，从而将主控件装配到组件的默认位置处，如图 7-33 所示。

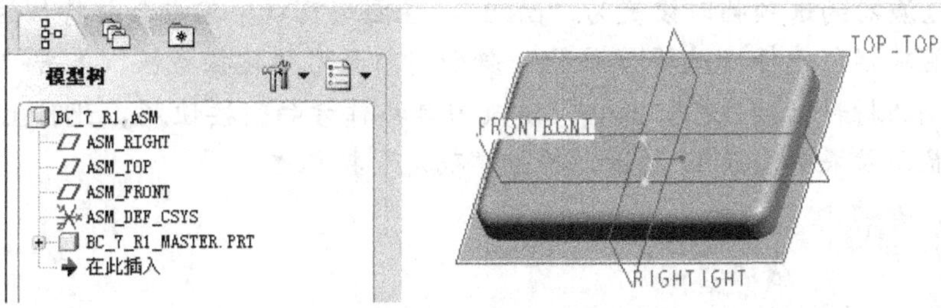

图 7-33　在组件中装配主控件

步骤 5 在模型树中选择 ASM_RIGHT 基准平面，接着按住【Ctrl】键的同时选择 ASM_TOP、ASM_FRONT 和 ASM_DEF_CSYS 组件基准特征，右击，从弹出的快捷菜单中选择“隐藏”命令。

（4）设计上盖零件

步骤 1 在右工具箱中单击“新建元件”按钮，弹出“元件创建”对话框，如图 7-34 所示，在“零件”选项组中选择“零件”单选按钮，在“子类型”选项组中选择“实体”单选按钮，在“名称”文本框中输入“bc_7_r1_1”，单击“确定”按钮，弹出“创建选项”对话框。

步骤 2 在“创建方法”选项组中选择“定位缺省基准”单选按钮，在“定位基准的方法”选项组中选择“对齐坐标系与坐标系”单选按钮，单击“确定”按钮，如图 7-35 所示。

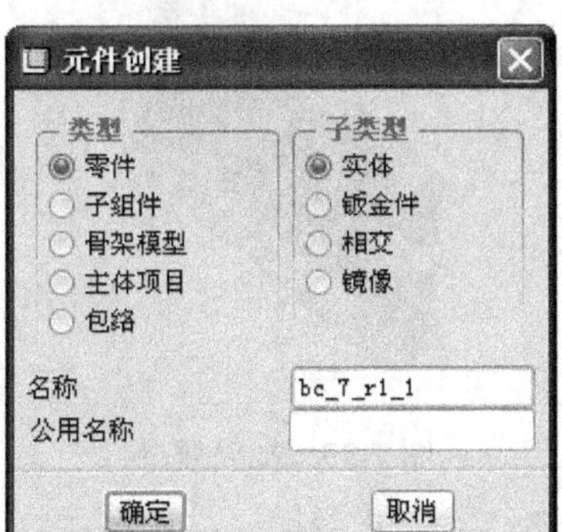

图 7-34　“元件创建”对话框

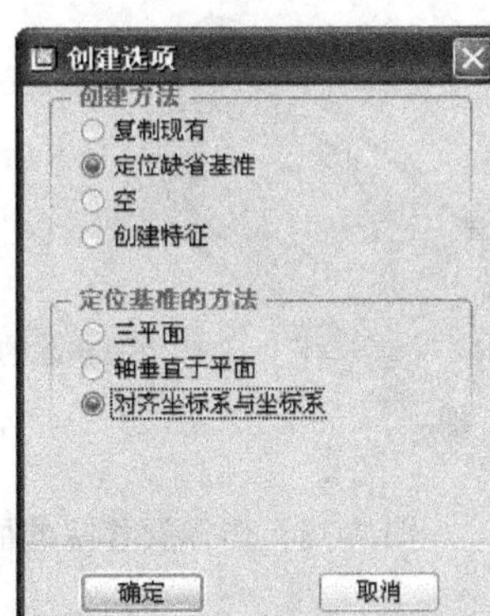

图 7-35　“创建选项”对话框

步骤 3 系统提示选择坐标系。在模型树中选择 ASM_DEF_CSYS 组件基准坐标系。此时，“bc_7_r1_1.prt”零件被自动激活。

步骤 4 在菜单栏中选择“插入|共享数据|合并/继承”命令，打开合并/继承操控板，选择

"bc_7_r1_master.prt"零件（该零件将作为主控件），单击"应用并保存"按钮☑。此时在模型树的"bc_7_r1_1.prt"元件节点下显示有合并特征，如图 7-36 所示。

步骤 5 在模型树中右击"bc_7_r1_master.prt"主控件，接着从弹出的快捷菜单中选择"隐藏"命令，从而将主控件隐藏起来。

步骤 6 将选择过滤器的选项临时设置为"面组"，在图形窗口中单击合并特征的拉伸曲面，接着从菜单栏中选择"编辑|实体化"命令，打开实体化操控板，单击"移除面组内侧或外侧的材料"按钮，单击"更改刀具操作方向"按钮，此时上盖模型的动态几何显示效果如图 7-37 所示，单击"确定"按钮☑。

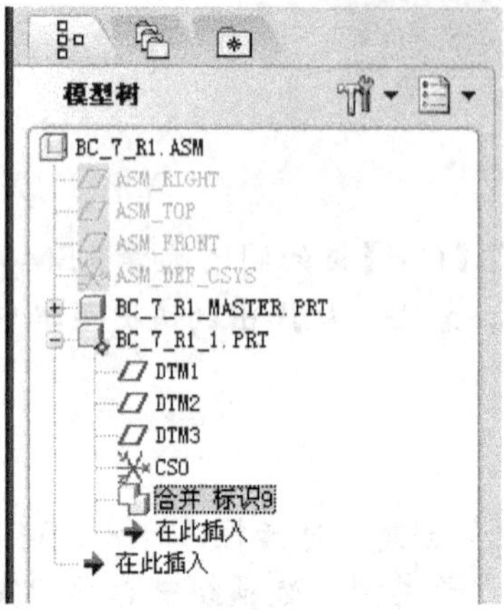

图 7-36 创建合并特征

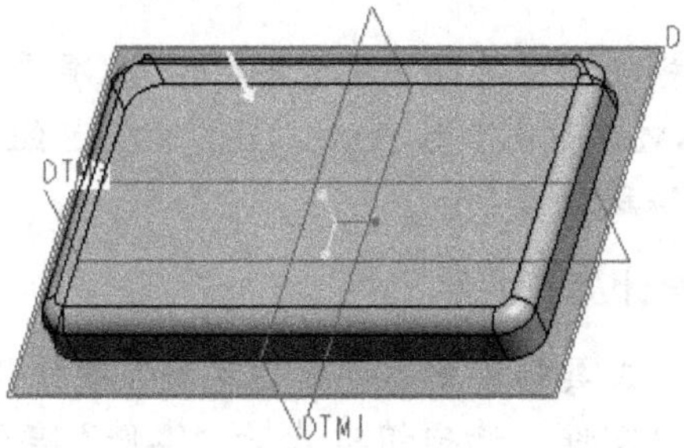

图 7-37 实体化操作动态几何预览

步骤 7 在"工程特征"工具栏中单击"壳"按钮，打开壳操控板，输入壳基本厚度为 1.58，将鼠标指针置于图形窗口中并按住鼠标中键来翻转模型视图，选择如图 7-38 所示的零件表面作为要移除的曲面，单击"应用并保存"按钮☑。抽壳效果如图 7-39 所示。

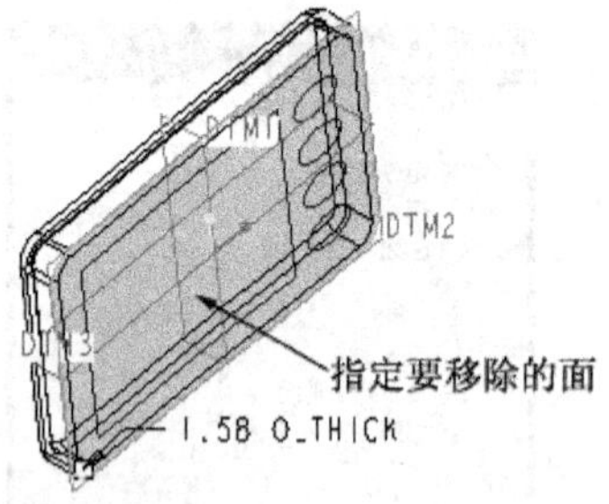

图 7-38 选择要移除的面

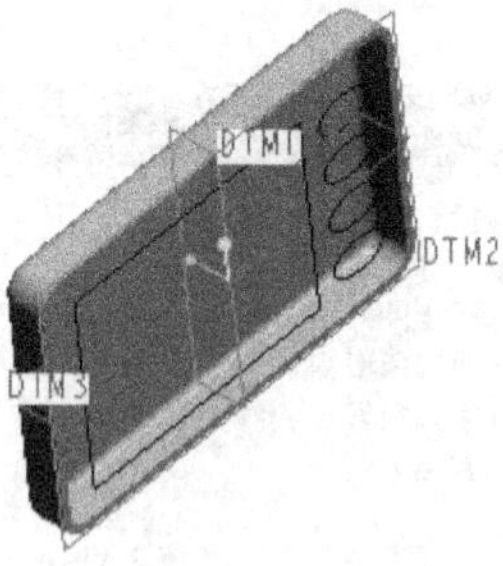

图 7-39 抽壳效果

步骤 8 在"基础特征"工具栏中单击"拉伸"按钮，接着在打开的拉伸操控板中单击"移除材料"按钮。打开"放置"滑出面板，单击"定义"按钮，弹出"草绘"对话框，选择"DTM2"基准平面作为草绘平面，保持以"DTM1"基准平面作为"右"方向参照，单击"草绘"按钮，进入草绘模式。

步骤 9 在"模型显示"工具栏中单击"隐藏线"按钮，接着在"草绘器工具"工具栏中单击“使用边-投影”按钮，并在“类型”对话框的“选择使用边”选项组中选择“环”单选按钮，分别单击合并特征中的曲线以完成该拉伸剖面，如图 7-40 所示，单击“完成”按钮。

步骤 10 在拉伸操控板中单击“将拉伸的深度方向更改为草绘的另一侧”按钮，选择（穿透）深度选项，单击“应用并保存”按钮，完成此步骤的模型效果如图 7-41 所示。

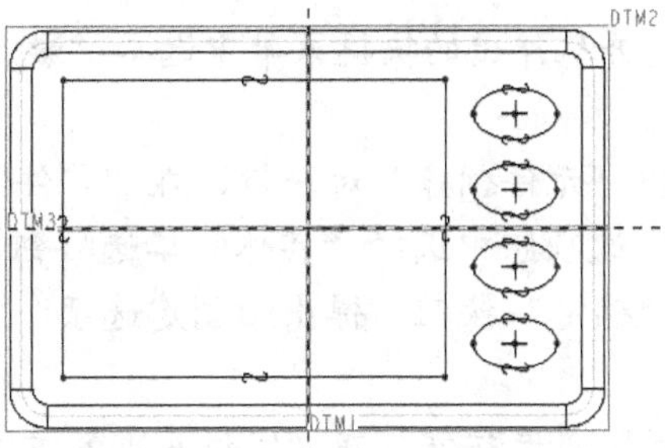

图 7-40　绘制拉伸剖面

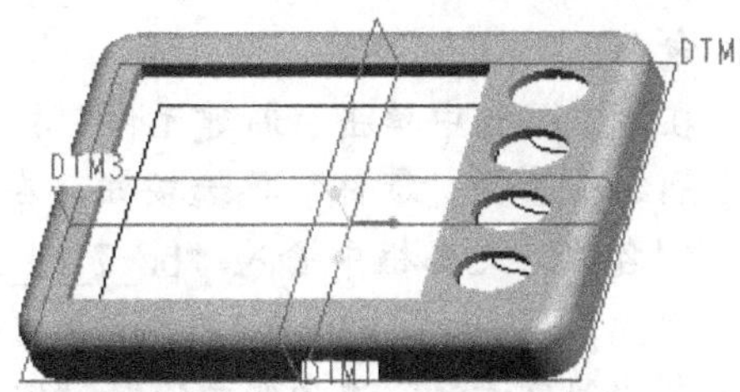

图 7-41　完成拉伸切口

步骤 11 在“视图”工具栏中单击“层”按钮，从位于“层树”标签下的层下拉列表框中选择“BC_7_R1_1.PRT”，在层树上方单击“层”按钮，打开如图 7-42 所示的下拉菜单，从中选择“新建层”命令，弹出“层属性”对话框。

步骤 12 在“层属性”对话框中输入层的名称为“master_curve”，接着将选择过滤器的选项设置为“曲线”，使用鼠标左键框选整个零件以选择该零件的所有曲线特征，此时“层属性”对话框如图 7-43 所示，然后单击“确定”按钮，重新将选择过滤器的选项设置为“智能”。

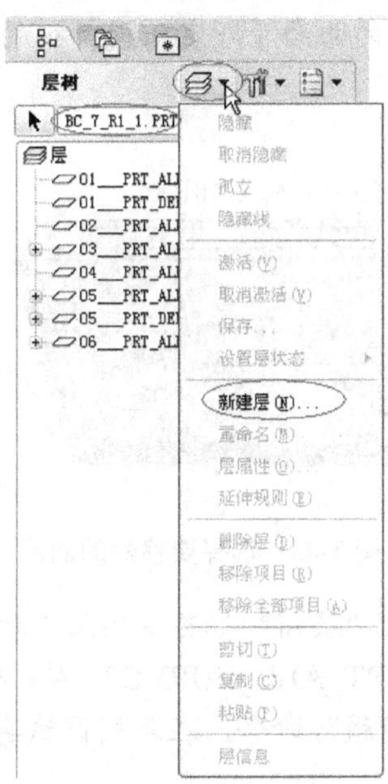

图 7-42　新建层

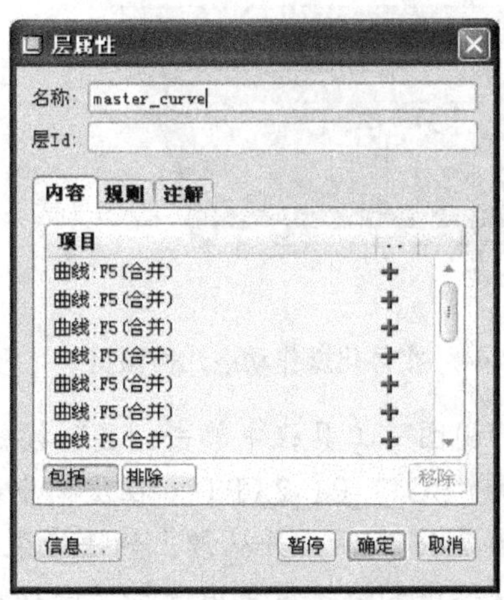

图 7-43　“层属性”对话框

步骤 13 在层树中右击“master_curve”层，接着从弹出的快捷菜单中选择“隐藏”命令，然后在层树区域的合适位置处右击，从弹出的快捷菜单中选择“保存状态”命令。

步骤 14 在“视图”工具栏中单击“重画”按钮以重画当前视图，接着单击“层”按钮以关闭层树。此时可以将“BC_7_R1_1.PRT”上盖零件隐藏起来。

（5）设计下盖零件

步骤 1 在模型树中右击顶级组件“BC_7_R1.ASM”，并从弹出的快捷菜单中选择“激活”命令。

步骤 2 在右工具箱中单击“新建元件”按钮，弹出“元件创建”对话框，在“零件”选项组中选择“零件”单选按钮，在“子类型”选项组中选择“实体”单选按钮，在“名称”文本框中输入“bc_7_r1_2”，单击“确定”按钮，弹出“创建选项”对话框。

步骤 3 在“创建方法”选项组中选择“定位缺省基准”单选按钮，在“定位基准的方法”选项组中选择“对齐坐标系与坐标系”单选按钮，然后单击“确定”按钮。

步骤 4 系统提示选择坐标系。在模型树中选择 ASM_DEF_CSYS 组件基准坐标系。此时“BC_7_R1_2.PRT”零件被自动激活。

步骤 5 在菜单栏中选择“插入|共享数据|合并/继承”命令，打开合并/继承操控板，选择“bc_7_r1_master.prt”零件（该零件将作为主控件），单击“应用并保存”按钮。

步骤 6 选择合并特征中的曲面，接着在菜单栏中选择“编辑|实体化”命令，打开实体化操控板，单击“移除面组内侧或外侧的材料”按钮，此时下盖零件显示效果如图 7-44 所示。最后在实体化操控板中单击“应用并保存”按钮。

步骤 7 在“工程特征”工具栏中单击“壳”按钮，打开壳操控板，输入壳基本厚度值为 1.58，选择如图 7-45 所示的零件表面作为要移除的曲面（即定义壳特征的开口面），单击“应用并保存”按钮。

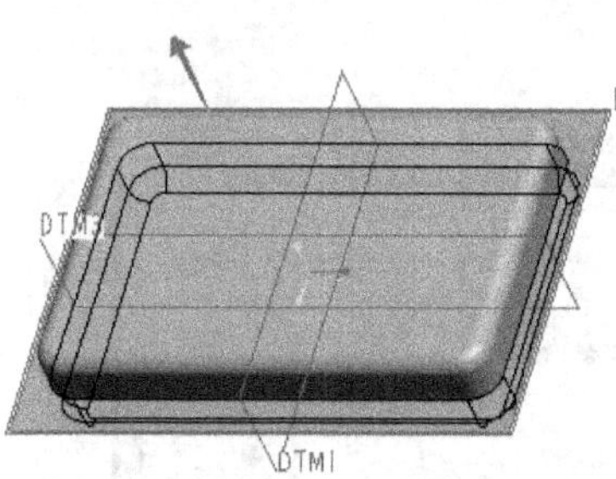

图 7-44　实体化操作动态几何预览

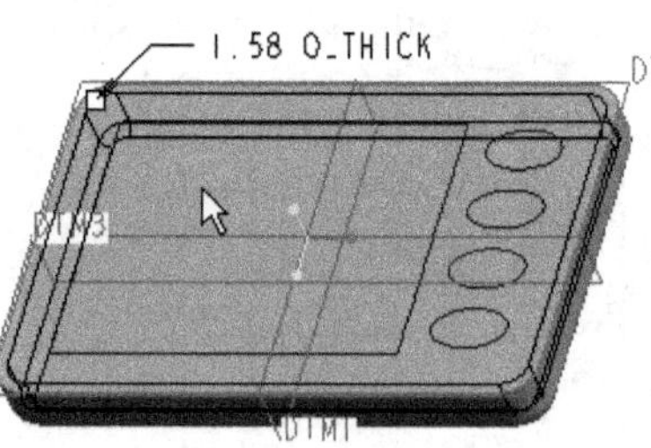

图 7-45　选择要移除的曲面

步骤 8 在“视图”工具栏中单击“层”按钮，从位于“层树”标签下的层下拉列表框中选择“BC_7_R1_2.PRT”，在层树中选择“03___PRT_ALL_CURVES”层，接着右击，如图 7-46 所示，并从弹出的快捷菜单中选择“隐藏”命令。在层树区域再次右击，并从弹出的快捷菜单中选择“保存状态”命令。

步骤 9 在“视图”工具栏中再次单击“层”按钮，以关闭层树。

步骤 10　在菜单栏中选择“插入|高级|唇”命令，弹出一个菜单管理器，在该菜单管理器的“边选取”菜单中选择“链”命令，在模型中单击内侧的如图 7-47 所示的边链，然后在“边选取”菜单中选择“完成”命令，结束边链的选择。

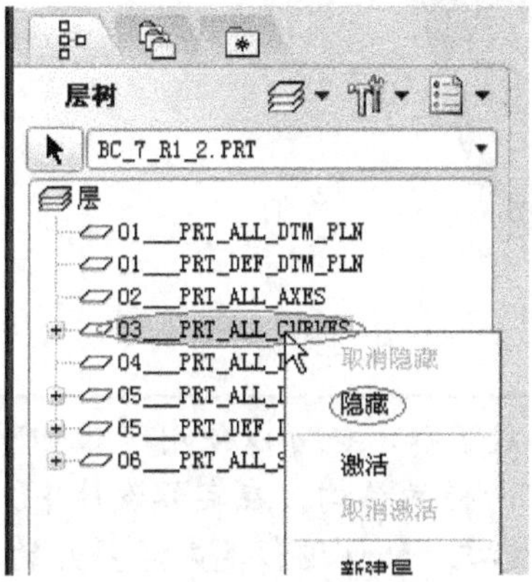

图 7-46　隐藏曲线层

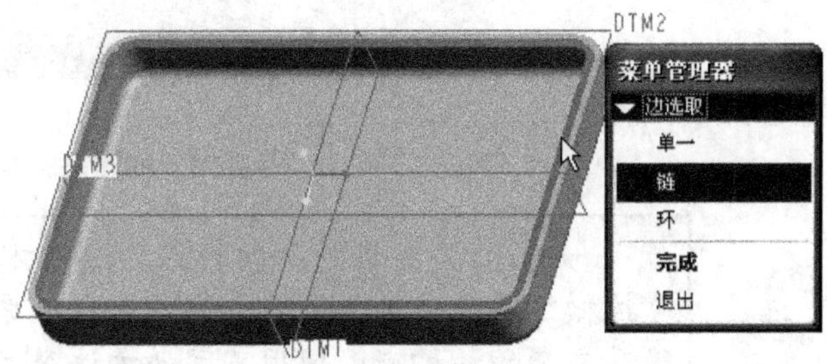

图 7-47　选择边链

提示

> 要想使用“插入|高级”级联菜单中的“唇”命令，需要将系统配置文件选项“allow_anatomic_features”的值设置为“yes”，设置方法是在菜单栏中选择“工具|选项”命令，打开“选项”对话框，从中找出或输入“allow_anatomic_features”选项，将其值设置为“yes”，单击“添加/更改”按钮，然后单击“确定”按钮即可。

步骤 11　选择要偏移的零件面，如图 7-48 所示（图中鼠标指针所指的加亮面）；接着输入偏移值为“1”，单击“接受”按钮☑；再输入从边到拔模曲面的距离值为“0.85”，单击“接受”按钮☑；然后选择如图 7-49 所示的零件面作为拔模参照曲面。

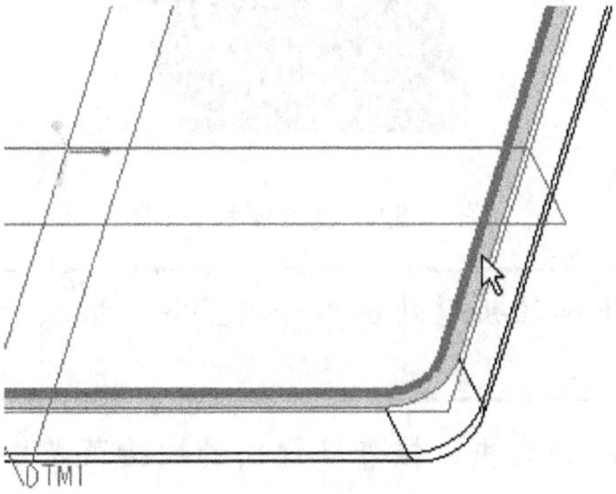

图 7-48　选择要偏移的零件曲面

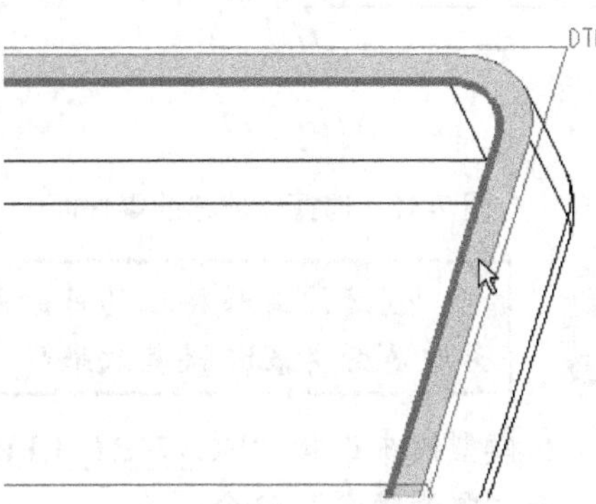

图 7-49　指定拔模参照面

步骤 12　输入拔模角度值为“1.5”，单击“接受”按钮☑，完成唇特征的创建，如图 7-50 所示。

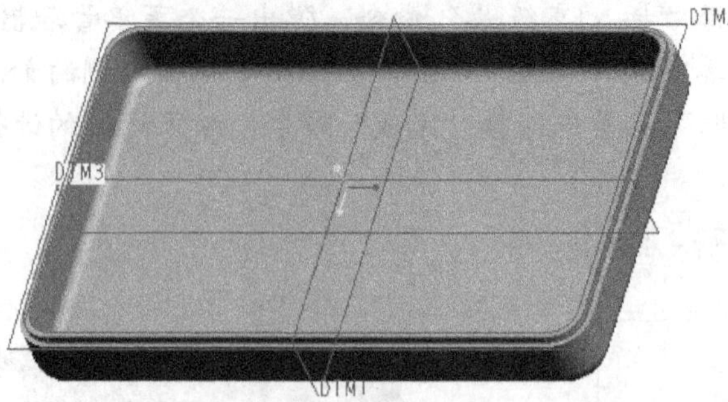

图 7-50　创建唇特征

提示　如果用户对唇特征的特点和应用方法不太了解，也可以使用“拉伸”、“拔模”这两个工具来配合完成和上述唇特征一样的结构。在实际设计中，很多复杂的结构可以使用不同的方法来完成，总之，设计过程是灵活多变的，注意总结经验。

步骤 13　将选择过滤器的选项设置为“几何”，选择如图 7-51 所示的零件面（图中鼠标指针所指的加亮零件面），接着在菜单栏中选择“编辑|偏移”命令，打开偏移操控板，选择偏移类型为（展开特征），输入偏移距离为 0.1，单击“将偏移方向更改为其他侧”按钮，此时偏移方向如图 7-52 所示。在偏移操控板中单击“应用并保存”按钮。

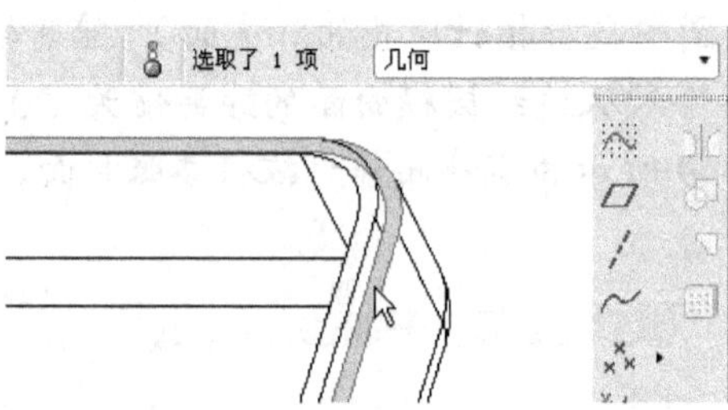

图 7-51　选择要偏移的零件面

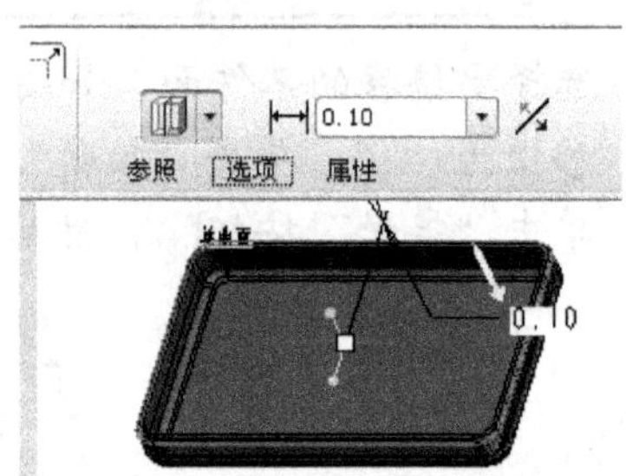

图 7-52　设置偏移方向

提示　创建该偏移特征的目的是使上盖和下盖的接缝处留出一道空隙，形成一条改善两者装配误差效果的“美观线”。

步骤 14　在模型树中选择“BC_7_R1_1.PRT”上盖零件并右击，接着从弹出的快捷菜单中选择“取消隐藏”命令。

（6）检查干涉情况

步骤 1　在模型树中右击顶级组件“BC_7_R1.ASM”，接着从弹出的快捷菜单中选择“激活”命令，从而激活顶级组件。

步骤 2　在菜单栏中选择“分析|模型|全局干涉”命令，如图 7-53 所示，弹出“全局干涉”对

话框。

步骤 3 在“全局干涉”对话框中单击“计算当前分析以供预览”按钮，全局干涉结果显示在“全局干涉”对话框的列表中，同时系统会在模型中加亮显示干涉元件，如图 7-54 所示。

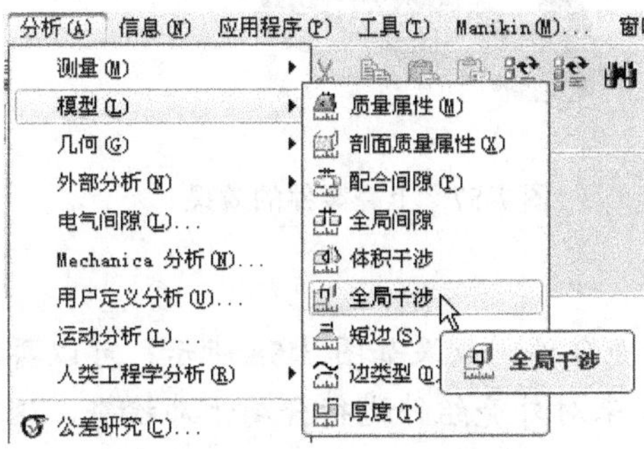

图 7-53 选择“全局干涉”命令

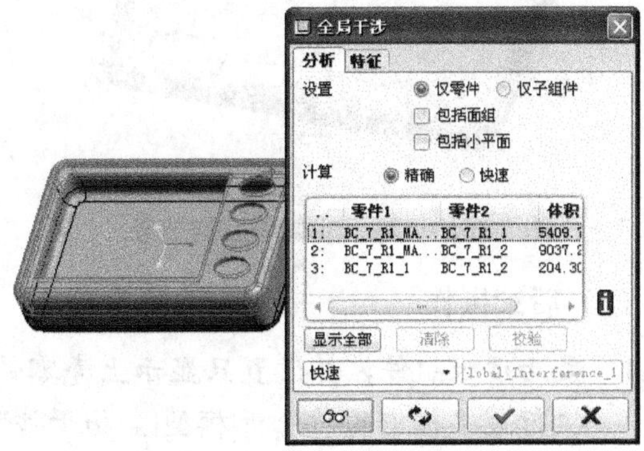

图 7-54 全局干涉的分析结果

步骤 4 从该全局干涉的分析结果来看，除去主控件的因素，仍然表明元件“BC_7_R1_1.PRT”和元件“BC_7_R1_2.PRT”两者之间存在着干涉情况，需要进行修改设计以消除干涉情况。

步骤 5 关闭“全局干涉”对话框。

（7）在上盖零件中切除掉干涉体积

步骤 1 在模型树中选择“BC_7_R1_1.PRT”上盖零件并单击鼠标右键，接着从弹出的快捷菜单中选择“激活”命令。

步骤 2 在菜单栏中选择“插入|共享数据|合并/继承”命令，接着在打开的合并/继承操控板中单击“移除材料”按钮，选择“BC_7_R1_2.PRT”下盖零件，此时，合并/继承操控板如图 7-55 所示。

图 7-55 合并/继承操控板

步骤 3 在合并/继承操控板中单击“应用并保存”按钮。

步骤 4 此时若隐藏“BC_7_R1_2.PRT”下盖零件，可以很清楚地看到“BC_7_R1_1.PRT”上盖零件中的一些材料被切除掉，效果如图 7-56 所示。

步骤 5 在“视图”工具栏中单击“层”按钮，从位于“层树”标签下的层下拉列表框中选择“BC_7_R1_1.PRT”，接着将“03___PRT_ALL_CURVES”层设置为隐藏层。注意设置层的保存状态。最后再次单击“层”按钮关闭层。此时，上壳零件的效果如图 7-57 所示。至此，完成小型播放器产品外壳的整体设计。

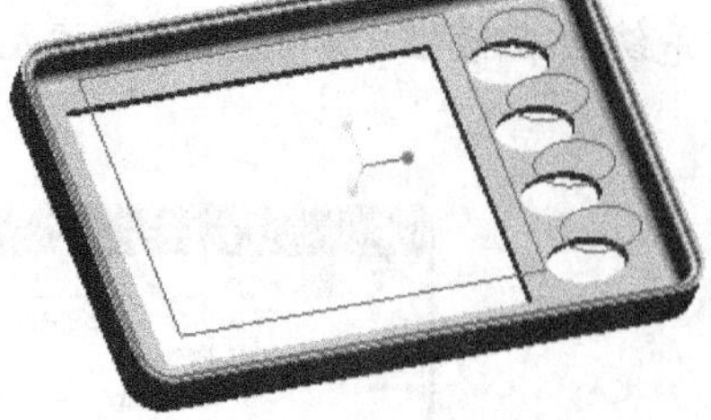

图 7-56 切除干涉体积后的效果

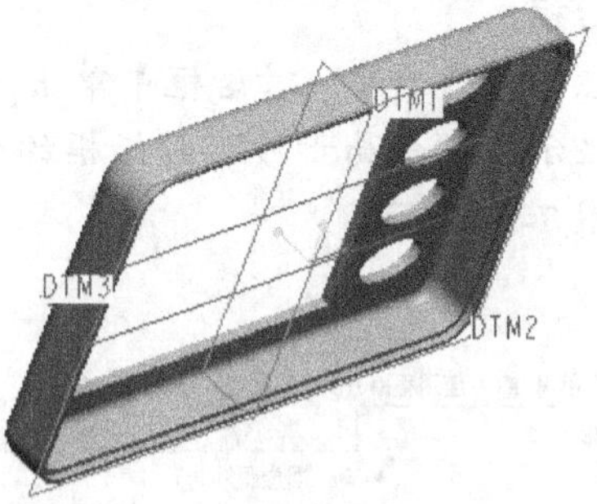

图 7-57 上壳零件的效果

（8）后续操作

步骤 1 激活顶级组件，并设置只显示上壳零件和下壳零件，效果如图 7-58 所示。可以再次执行菜单栏中的“分析|模型|全局干涉”命令来对外壳组件进行全局干涉检查，这次检查结果将是没有干涉零件。

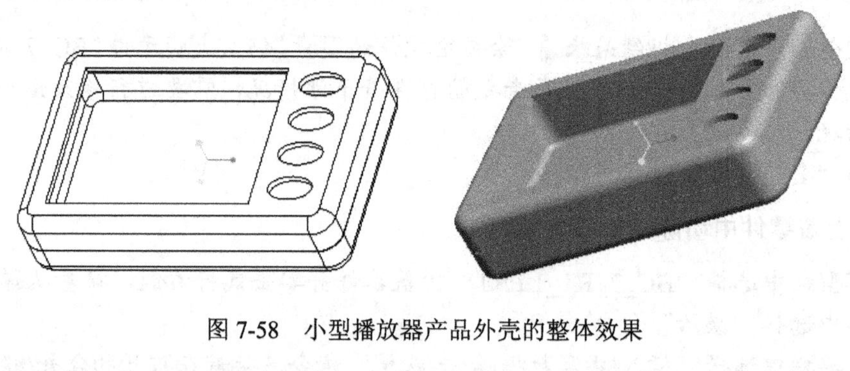

图 7-58 小型播放器产品外壳的整体效果

步骤 2 如果需要修改该小型播放器产品的外形尺寸，那么可以在主控件中进行修改，所做的修改也会反映到受控零件上。如果觉得该装配体中存在的主控件会影响到产品的质量属性分析，那么可以将其从组件中删除，或者重新建立一个组件，并将上盖零件和下盖零件按“缺省”方式装配即可。

提示：当然，上壳零件和下壳零件的很多细节结构还需要设计。这里不做赘述。

任务二 利用骨架模型辅助设计轴承

骨架模型在机械设计或产品设计中偶尔会应用到。在本任务的案例中便巧妙地应用了骨架模型，这对于定位产品相关元件的位置非常重要，而且设计意图更为明显。

本任务要完成的产品模型为滚动轴承，如图 7-59 所示。它是由内圈、外圈、滚动体和保持架来组成的，内圈用来和轴颈装配，外圈用来和轴承座装配，保持架的主要作用是均匀地隔开滚动体。案例最终效果请参考本书配套素材“\范例素材\CH7\bc_7_r2.asm”文件。

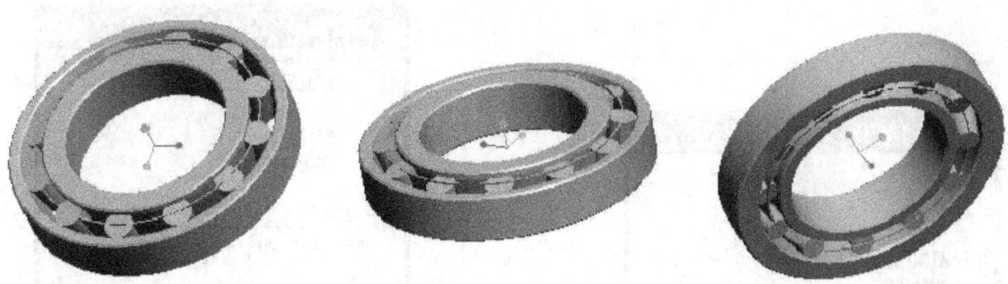

图 7-59　滚动轴承

任务分析

采用骨架模型进行辅助设计，属于自顶向下设计思路。具体制作过程是：先新建一个组件，并在组件中建立骨架模型，规划产品结构，接着通过复制骨架模型的发布几何特征的数据来分别辅助设计内圈、外圈、圆锥滚子和保持架等，从而完成该滚动轴承的设计。

任务实施

（1）新建一个组件文件

步骤 1 在“文件”工具栏中单击“新建”按钮，或者按【Ctrl+N】快捷键，弹出“新建”对话框。

步骤 2 在“类型”选项组中选择“组件”单选按钮，在“子类型”选项组中选择“设计”单选按钮，在“名称”文本框中输入“bc_7_r2”，取消选中“使用缺省模板”复选框，单击“确定”按钮。

步骤 3 在弹出的“新文件选项”对话框中，选择“mmns_asm_design”模板，单击“确定”按钮。

步骤 4 在导航区的组件模型树区域单击“设置”按钮，从打开的“设置”下拉菜单中选择“树过滤器”命令，弹出“模型树项目”对话框，在“显示”选项组中选中“特征”复选框和“放置文件夹”复选框，然后单击“确定”按钮。

（2）在组件中建立骨架模型

步骤 1 单击“新建元件”按钮，弹出“元件创建”对话框。在“类型”选项组中选择“骨架模型”单选按钮，在“子类型”选项组中选择“标准”单选按钮，接受默认的标准骨架模型名称为“BC_7_R2_SKEL”，如图 7-60 所示，然后单击“确定”按钮。

步骤 2 系统弹出“创建选项”对话框。在“创建方法”选项组中选择“复制现有”单选按钮，在“复制自”选项组中输入“mmns_part_solid”，如图 7-61 所示，或者单击“浏览”按钮来选择“mmns_part_solid.prt”，然后单击“确定”按钮。

> 提示　“mmns_part_solid.prt”是 Pro/E 提供的公制模版，位于 Pro/E Wildfire 5.0 安装目录下的“proeWildfire 5.0\templates”文件夹中。

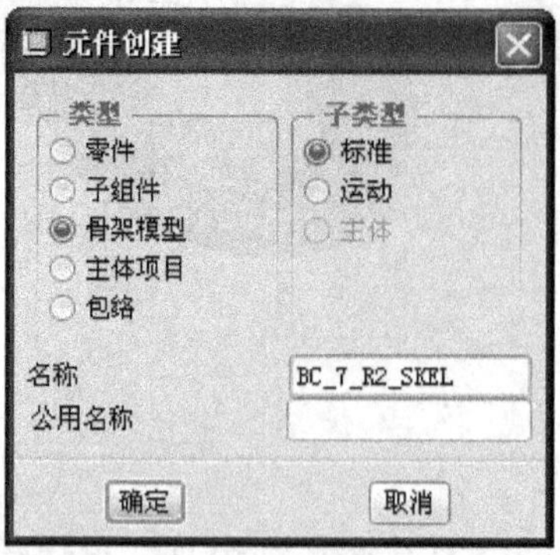

图 7-60 “元件创建”对话框

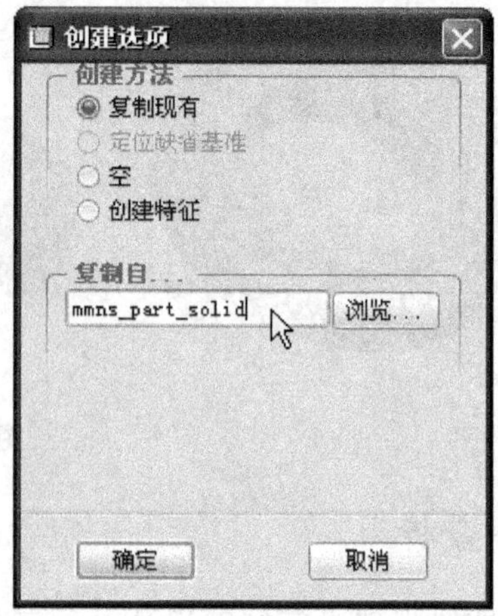

图 7-61 “创建选项”对话框

步骤 3 在模型树中设置隐藏组件中的 ASM_RIGHT、ASM_TOP、ASM_FRONT 基准平面和 ASM_DEF_CSYS 基准坐标系。

步骤 4 在模型树中选择骨架模型“BC_7_R2_SKEL.PRT”并单击鼠标右键，在弹出的快捷菜单中选择“激活”命令，从而激活该骨架模型。

步骤 5 在“基准”工具栏中单击“基准轴”按钮，弹出“基准轴”对话框，选择 FRONT 基准平面，按住【Ctrl】键的同时选择 RIGHT 基准平面，如图 7-62 所示，然后单击“确定”按钮，从而创建一条基准轴 A_1。

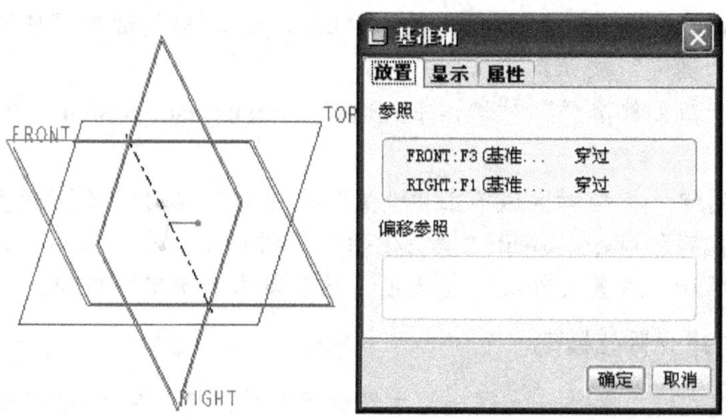

图 7-62 创建一条基准轴

步骤 6 在“基准”工具栏中单击“草绘”按钮，弹出“草绘”对话框。选择“FRONT”基准平面作为草绘平面，以默认的“RIGHT”基准平面作为“右”方向参照，单击“草绘”按钮，进入草绘模式。绘制如图 7-63 所示的图形，单击“完成”按钮，完成草绘并退出草绘模式。

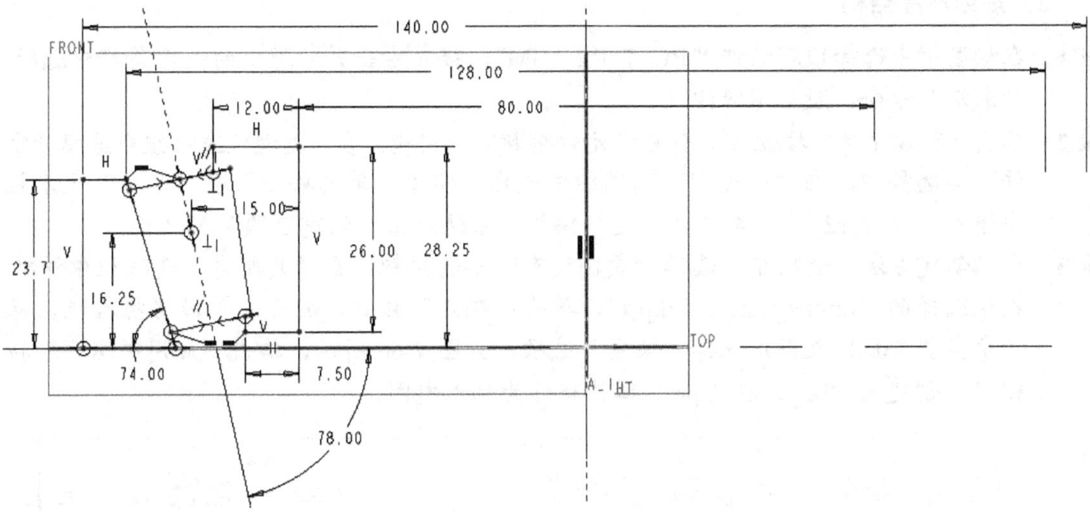

图 7-63　草绘图形

步骤 7　在菜单栏中选择“插入|共享数据|发布几何”命令，弹出如图 7-64 所示的“出版几何”对话框，在“链”收集器的框中单击以将该收集器激活，接着按住【Ctrl】键的同时选择刚建立的全部曲线链，如图 7-65 所示，然后单击“应用并保存”按钮，从而创建一个发布几何特征，该特征在模型树中显示的图标为。

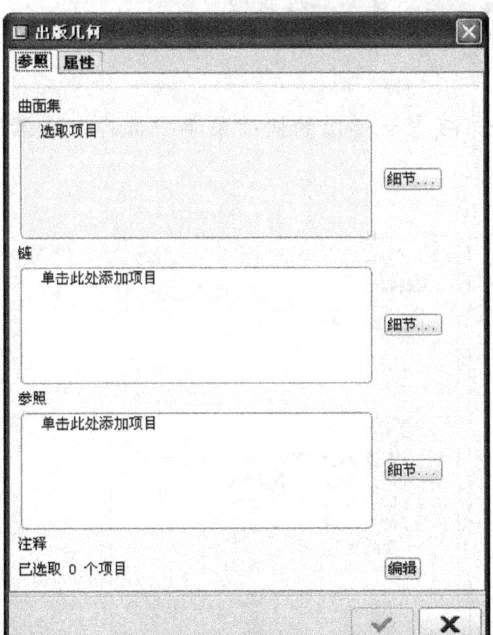

图 7-64　“出版几何”对话框

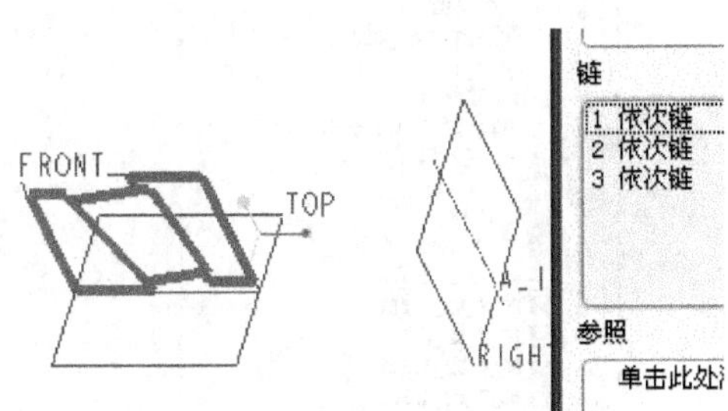

图 7-65　选择的曲线

步骤 8　在模型树中选择骨架模型并右击，从弹出的快捷菜单中选择“隐藏”命令。

（3）规划产品结构

步骤 1 在模型树中选择顶级组件“BC_7_R2.ASM”，接着右击并从弹出的快捷菜单中选择“激活”命令，激活顶级组件。

步骤 2 单击“新建元件”按钮，弹出“元件创建”对话框。在“类型”选项组中选择“零件”单选按钮，在“子类型”选项组中选择“实体”单选按钮，在“名称”文本框中输入“bc_7_r2_1”，单击“确定”按钮，系统弹出“创建选项”对话框。

步骤 3 在“创建方法”选项组中选择“复制现有”单选按钮，在“复制自”选项组中保持默认选择的“mmns_part_solid.prt”，单击“确定”按钮，打开元件放置操控板，从约束类型下拉列表框中选择“缺省”选项，如图 7-66 所示，单击“应用并保存”按钮。创建的“bc_7_r2_1.prt”零件将作为轴承内圈。

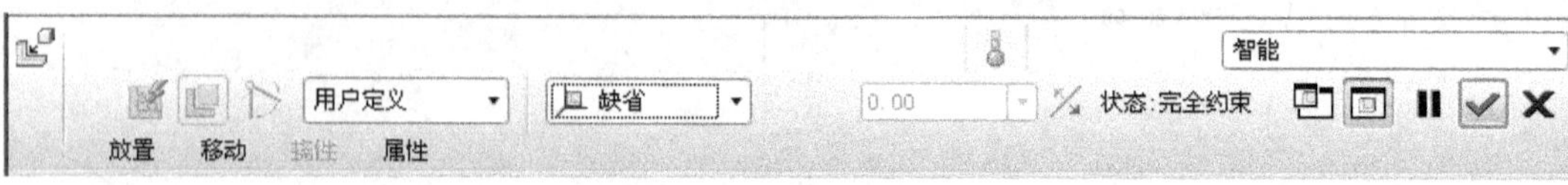

图 7-66　元件放置操控板

步骤 4 使用相同的方法，依次再创建“bc_7_r2_2.prt”、“bc_7_r2_3.prt”、“bc_7_r2_4.prt”零件，从而在组件中确定产品结构，这在模型树上一目了然，如图 7-67 所示。

> **提示**　“bc_7_r2_2.prt”零件将作为轴承外圈；“bc_7_r2_3.prt”零件将作为轴承的圆锥滚子；“bc_7_r2_4.prt”零件将作为轴承的保持架。

（4）设计内圈

步骤 5 在模型树中右击“BC_7_R2_1.PRT”零件，接着从弹出的快捷菜单中选择“激活”命令，如图 7-68 所示。

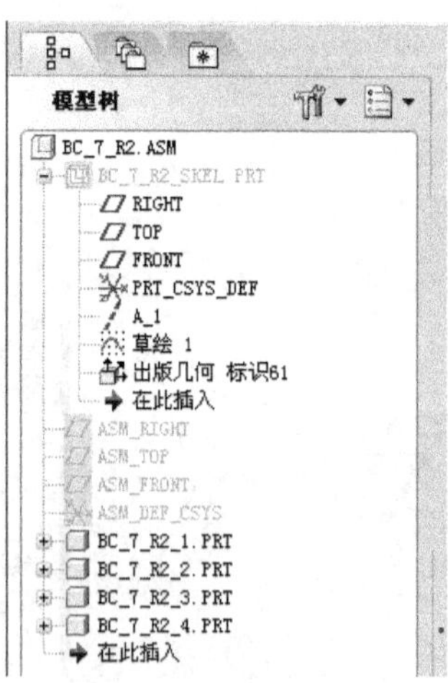

图 7-67　规划产品结构

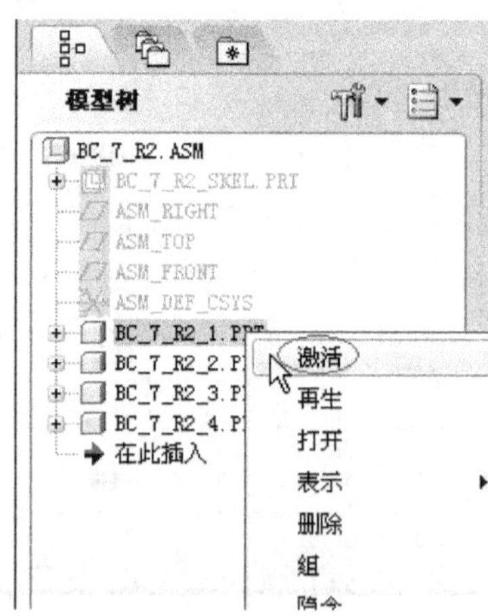

图 7-68　激活元件操作

步骤 6 在模型树中设置隐藏“BC_7_R2_2.PRT”零件、“BC_7_R2_3.PRT”零件和“BC_7_R2_4.PRT”

零件。

步骤 7 在菜单栏中选择“插入|共享数据|复制几何”命令，弹出如图 7-69 所示的复制几何操控板。在模型树中选择骨架模型中的发布几何特征（也称“出版几何特征”），单击“应用并保存”按钮，从而完成该复制几何特征的创建。

图 7-69 复制几何操控板

步骤 8 在“基础特征”工具栏中单击“旋转”按钮，打开旋转操控板。打开“放置”滑出面板，单击“定义”按钮，弹出“草绘”对话框，选择“FRONT”基准平面作为草绘平面，以“RIGHT”基准平面为“右”方向参照，单击“草绘”按钮，进入草绘模式。

步骤 9 绘制如图 7-70 所示的图形，单击“完成”按钮。接受默认的旋转角度值 360°，单击“应用并保存”按钮，创建的旋转实体特征如图 7-71 所示。

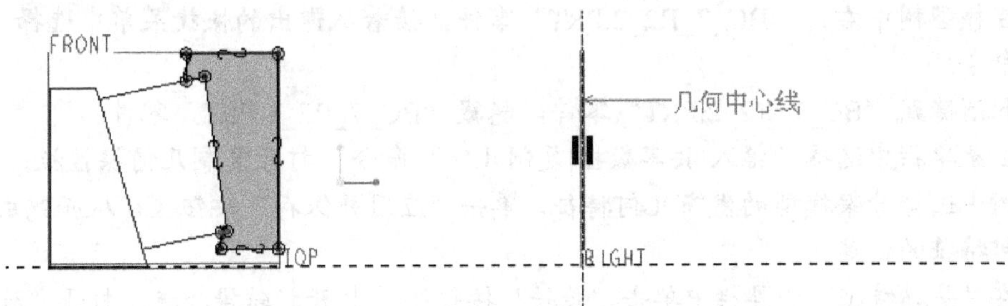

图 7-70 绘制旋转剖面与几何中心线

步骤 10 在“工程特征”工具栏中单击“倒角”按钮，打开边倒角操控板。选择边倒角的标注形式为“45×D”，将 D 值设置为 1，接着选择如图 7-72 所示的 4 条边链进行倒角，单击“应用并保存”按钮。

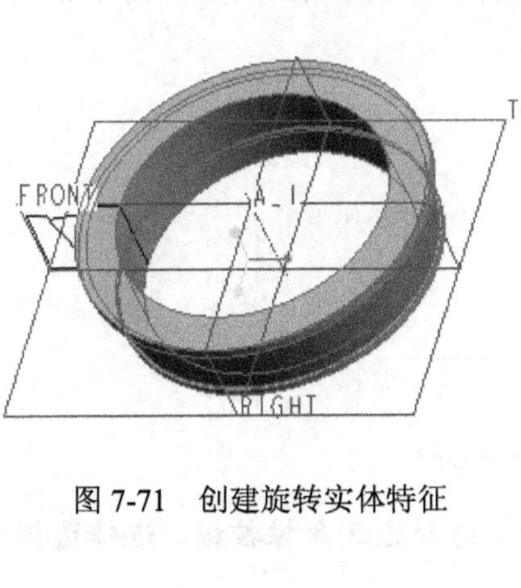

图 7-71 创建旋转实体特征

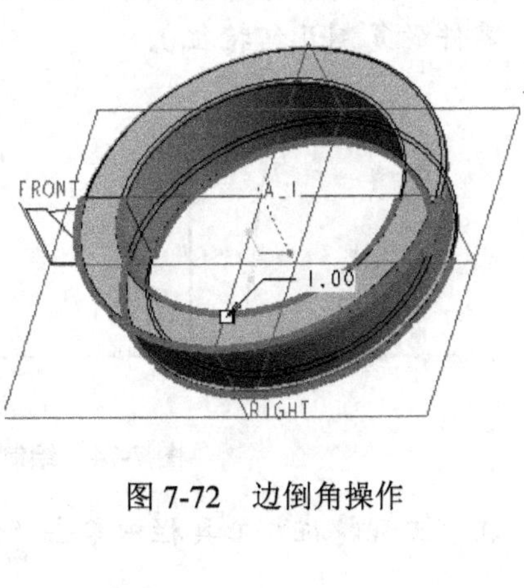

图 7-72 边倒角操作

步骤 11 至此，完成了轴承内圈的创建，如图 7-73 所示，图中隐藏了零件的复制几何特征。

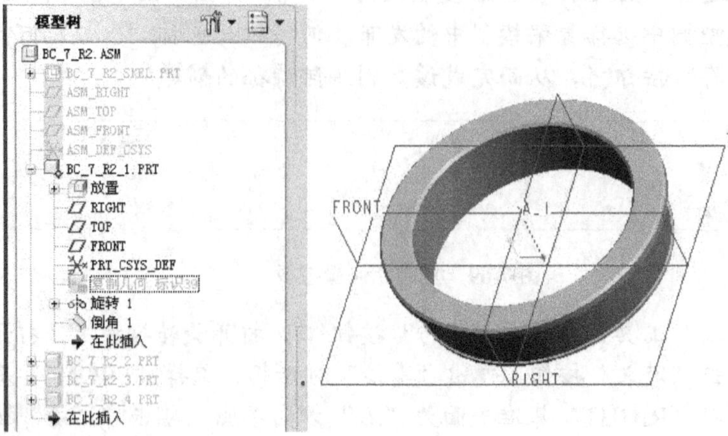

图 7-73　完成的内圈

（5）**设计外圈**

步骤 12 在模型树中右击“BC_7_R2_2.PRT”零件，接着从弹出的快捷菜单中选择“激活”命令。

步骤 13 取消隐藏“BC_7_R2_2.PRT”零件，隐藏“BC_7_R2_1.PRT”零件。

步骤 14 在菜单栏中选择“插入|共享数据|复制几何”命令，打开复制几何操控板。在模型树中选择骨架模型的发布几何特征，单击“应用并保存”按钮☑，从而完成复制几何特征的创建。

步骤 15 在“基础特征”工具栏中单击“旋转”按钮，打开旋转操控板。打开“放置”滑出面板，单击“定义”按钮，弹出“草绘”对话框，选择“FRONT”基准平面作为草绘平面，以“RIGHT”基准平面为“右”方向参照，单击“草绘”按钮，进入草绘模式。

步骤 16 绘制如图 7-74 所示的图形，单击“完成”按钮✔。接受默认的旋转角度值 360°，单击“应用并保存”按钮☑，创建的旋转实体特征如图 7-75 所示（图中隐藏了该零件的复制几何特征）。

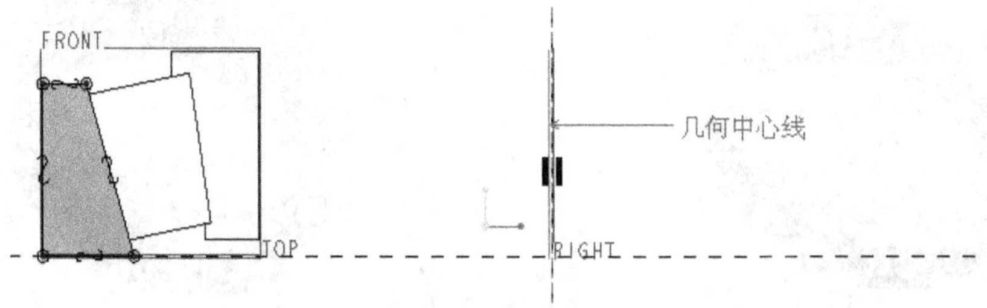

图 7-74　绘制旋转剖面与几何中心线

步骤 17 在“工程特征”工具栏中单击“倒角”按钮，打开边倒角操控板。选择边倒角的标注形式为“D×D”，将 D 值设置为 1，接着按住【Ctrl】键的同时选择如图 7-76 所示的 4 条边链进行倒角，单击“应用并保存”按钮☑。

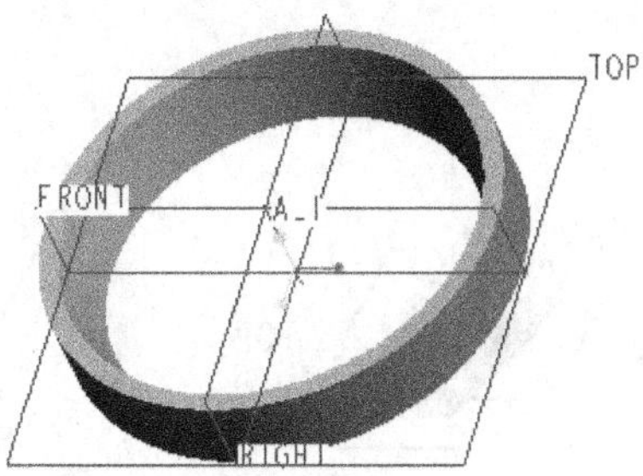

图 7-75　创建的旋转实体特征

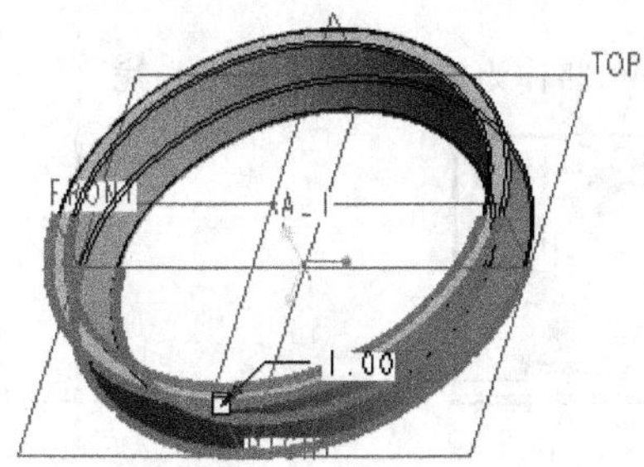

图 7-76　边倒角操作

步骤 18　至此，完成了轴承外圈的创建，效果如图 7-77 所示。

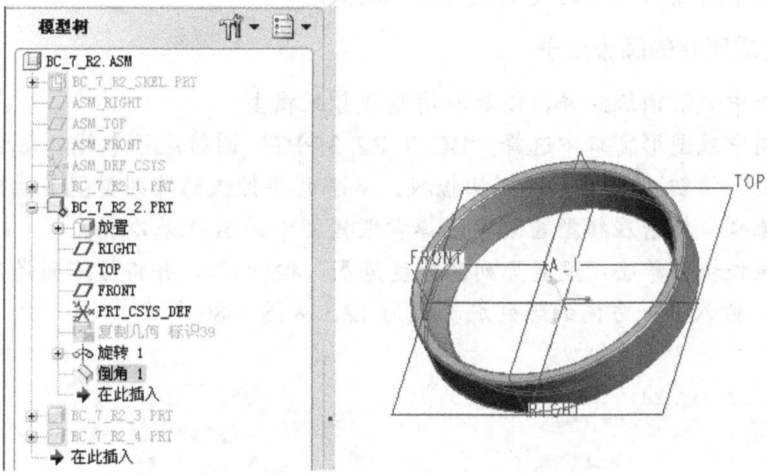

图 7-77　完成轴承外圈的创建

（6）设计圆锥滚子

步骤 1　在模型树中激活与取消隐藏“BC_7_R2_3.PRT”零件，以及隐藏“BC_7_R2_2.PRT”零件。

步骤 2　在菜单栏中选择“插入|共享数据|复制几何”命令，打开复制几何操控板。在模型树中选择骨架模型的发布几何特征，单击“应用并保存”按钮☑，从而完成复制几何特征的创建。

步骤 3　在“基础特征”工具栏中单击“旋转”按钮，打开旋转操控板。打开“放置”滑出面板，单击“定义”按钮，弹出“草绘”对话框，选择“FRONT”基准平面作为草绘平面，以“RIGHT”基准平面为“右”方向参照，单击“草绘”按钮，进入草绘模式。

步骤 4　绘制如图 7-78 所示的旋转剖面和一条将作为旋转轴的几何中心线，单击“完成”按钮

✔。接受默认的旋转角度值 360°，单击“应用并保存”按钮✔，创建的旋转实体特征如图 7-79 所示。

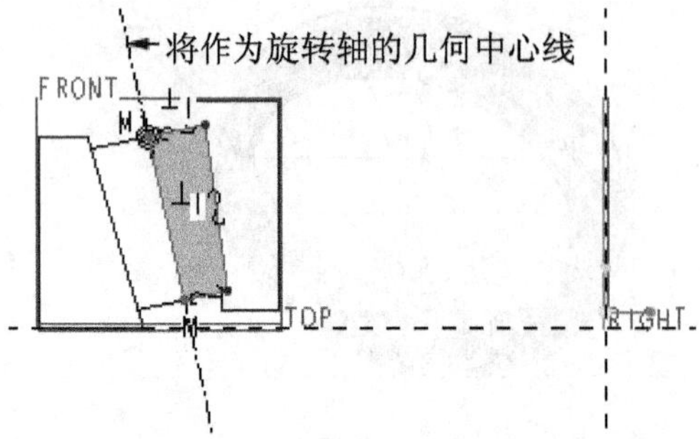

图 7-78 绘制旋转剖面与几何中心线

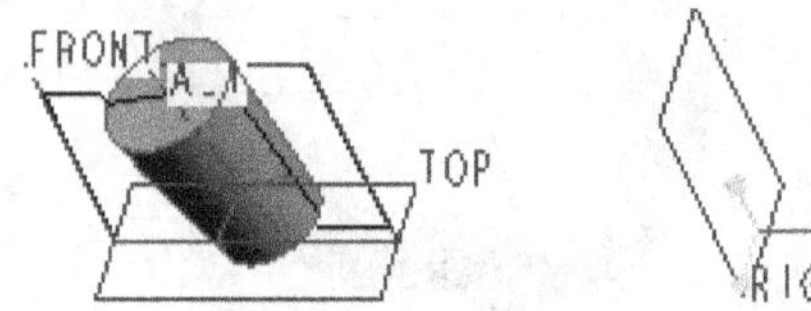

图 7-79 创建旋转实体特征（圆锥滚子）

步骤 5 在模型树中将圆锥滚子的复制几何特征隐藏。

（7）复制生成所有的圆锥滚子

步骤 1 在模型树中激活顶级组件，以及取消隐藏骨架模型。

步骤 2 在模型树中或图形窗口中选择“BC_7_R2_3.PRT”圆锥滚子零件，在右工具箱中单击“阵列”按钮，打开阵列操控板。从阵列操控板的阵列类型下拉列表框中选择“轴”选项，接着在模型窗口中选择骨架模型中的 A_1 基准轴。

步骤 3 在阵列操控板中单击“设置阵列的角度范围”按钮，并将该阵列的角度范围设置为 360°，输入第一方向的阵列成员数为 12，如图 7-80 所示。

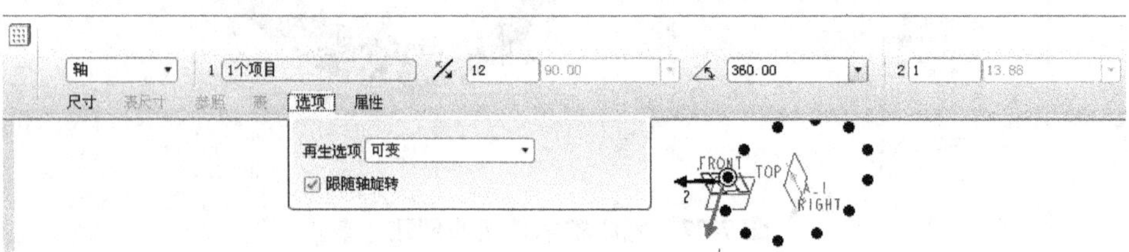

图 7-80 设置轴阵列的参数

步骤 4 在阵列操控板中单击“应用并保存”按钮✔，完成的所有圆锥滚子如图 7-81 所示。

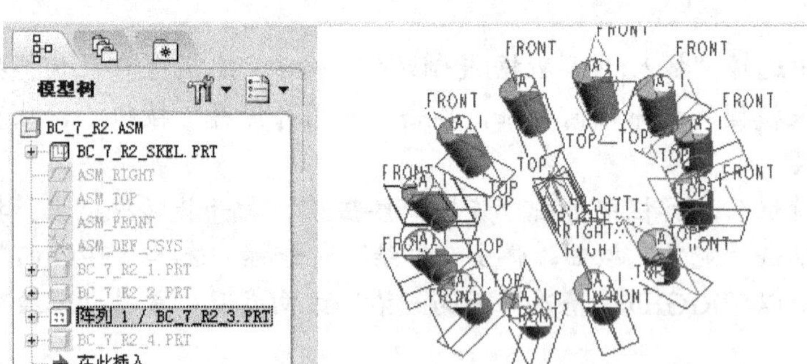

图 7-81 以阵列的方式完成所有圆锥滚子

步骤 5　隐藏骨架模型。

（8）设计轴承的保持架

步骤 1　在模型树中激活并取消隐藏“BC_7_R2_4.PRT”零件，然后隐藏其他元件。

步骤 2　在菜单栏中选择“插入|共享数据|复制几何”命令，打开复制几何操控板。在模型树中选择骨架模型的发布几何特征，单击“应用并保存”按钮，从而完成复制几何特征的创建。

步骤 3　在“基础特征”工具栏中单击“旋转”按钮，打开旋转操控板。打开“放置”滑出面板，单击“定义”按钮，弹出“草绘”对话框，选择“FRONT”基准平面作为草绘平面，以“RIGHT”基准平面为“右”方向参照，单击“草绘”按钮，进入草绘模式。

步骤 4　绘制如图 7-82 所示的旋转剖面和一条将作为旋转轴的几何中心线，单击“完成”按钮。

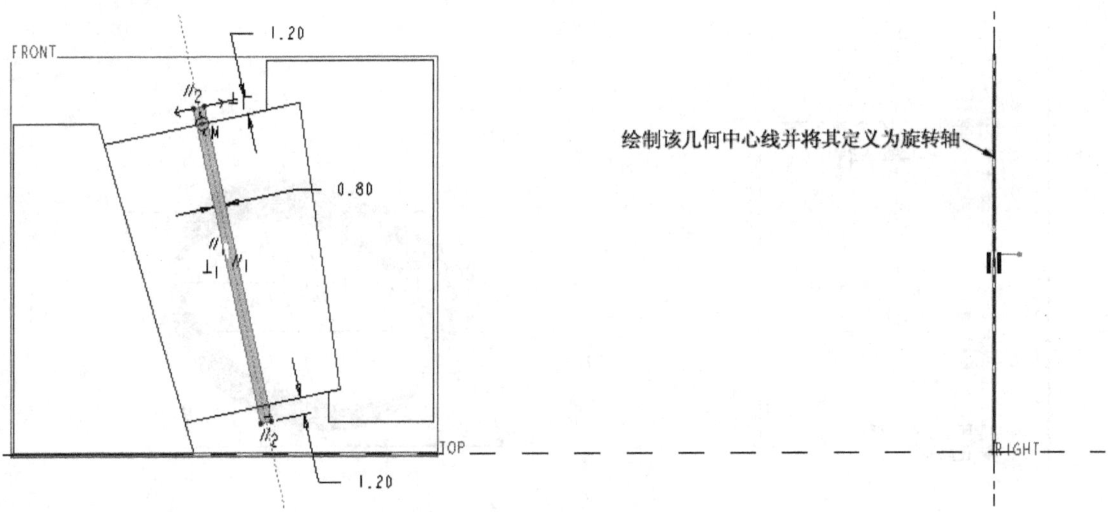

图 7-82　绘制旋转剖面和几何中心线

步骤 5　接受默认的旋转角度值为 360°，单击“应用并保存”按钮，完成创建的旋转实体特征如图 7-83 所示（图中隐藏了该零件的复制几何特征）。

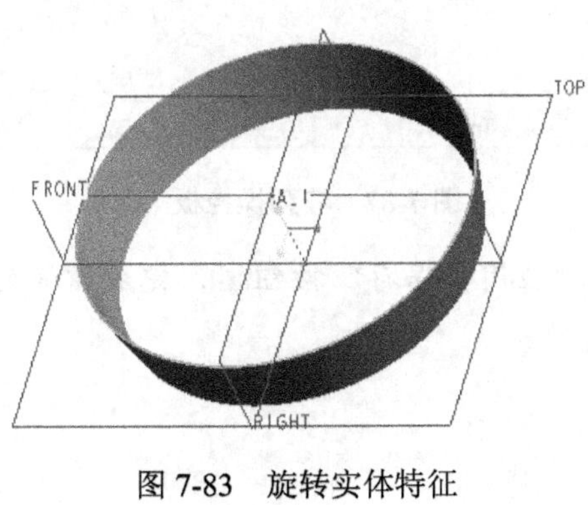

图 7-83　旋转实体特征

步骤 6 在菜单栏中选择“插入|共享数据|合并/继承”命令，打开合并/继承操控板。在该操控板中单击“移除材料”按钮，如图 7-84 所示。

图 7-84 选择切除方式

步骤 7 在模型树中展开阵列特征，选择如图 7-85 所示的一个圆锥滚子，接着在操控板中单击“应用并保存”按钮，切除效果如图 7-86 所示。

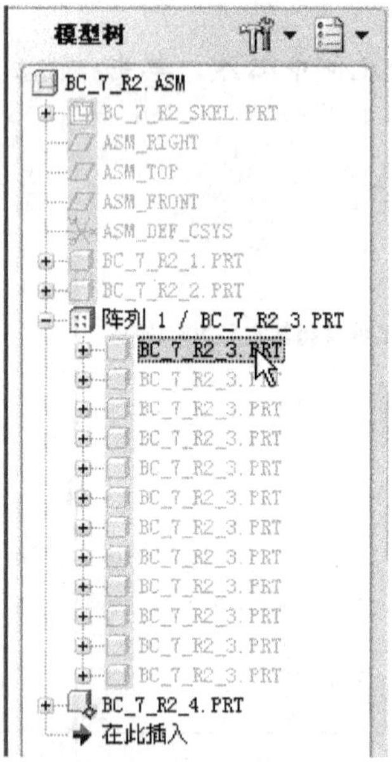

图 7-85 选择零件

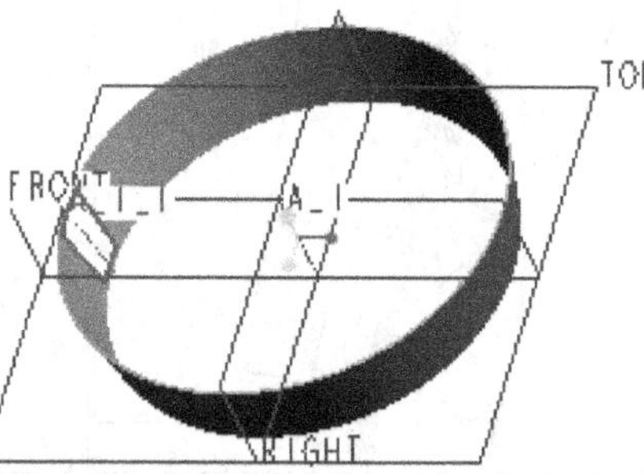

图 7-86 切除效果

步骤 8 确保刚创建的合并切口特征处于被选中的状态，单击“阵列”按钮，打开如图 7-87 所示的阵列操控板，接受默认的阵列类型选项为“参照”。

图 7-87 阵列操控板

步骤 9 在阵列操控板中单击“应用并保存”按钮，完成该阵列操作后的保持架效果如图 7-88 所示。

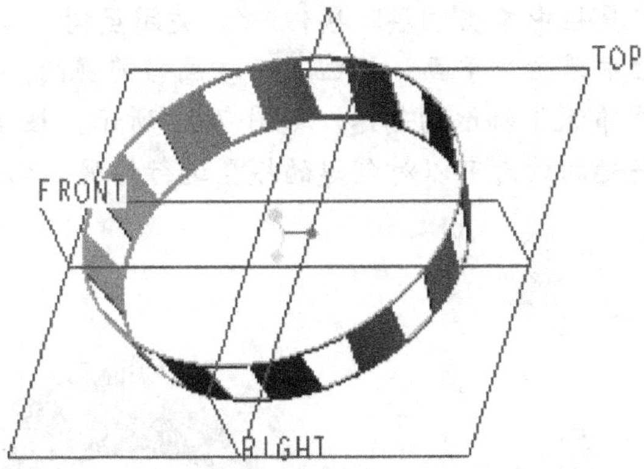

图 7-88　完成的保持架

（9）设置隐藏项目而完成圆锥滚子轴承

步骤 1　在模型树中激活顶级组件“BC_7_R2.ASM”，取消隐藏轴承内圈、外圈、所有圆锥滚子元件，此时可以看到完成的圆锥滚子轴承效果如图 7-89 所示。

步骤 2　在“视图”工具栏中单击“层”按钮，确保活动层对象为“BC_7_R2.ASM”，在层树中选择“03_ALL_CURVES”层，按住【Ctrl】键的同时选择“03__ASM_ALL_CURVES”层和“03___PRT_ALL_CURVES”层，右击，接着从弹出的快捷菜单中选择“隐藏”命令。

步骤 3　在层树的如图 7-90 所示的位置处右击，弹出一个快捷菜单，从中选择“保存状态”命令。

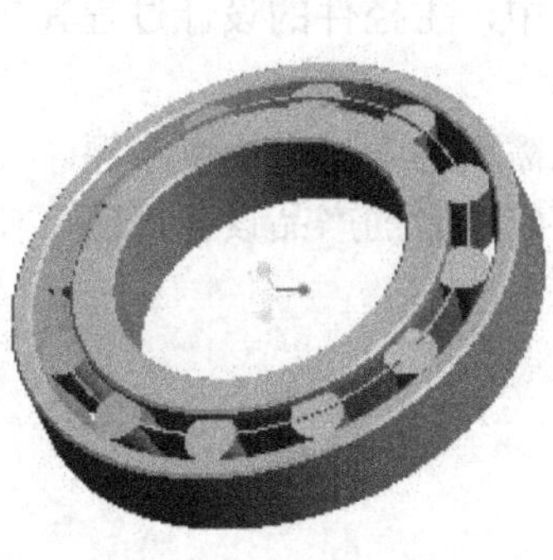

图 7-89　圆锥滚子轴承效果

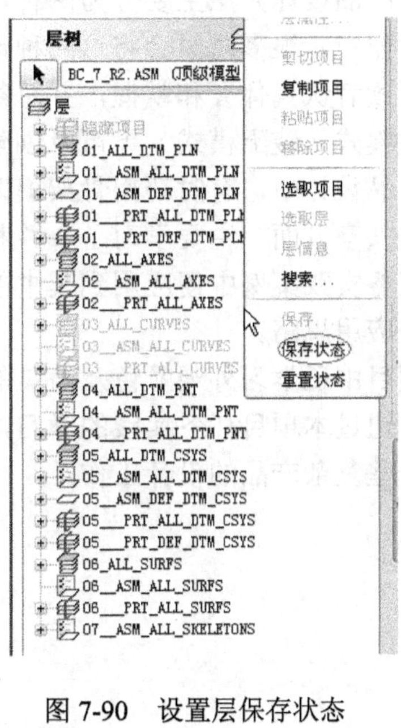

图 7-90　设置层保存状态

步骤 4 再次在“视图”工具栏中单击“层”按钮，关闭层树。

步骤 5 在“视图”工具栏中单击“重画”按钮，重画当前视图。

步骤 6 至此，完成了该圆锥滚子轴承的创建，如图 7-91 所示。按【Ctrl+S】快捷键进行模型保存操作。有兴趣的读者可以对创建的模型进行外观、场景设置及渲染操作。

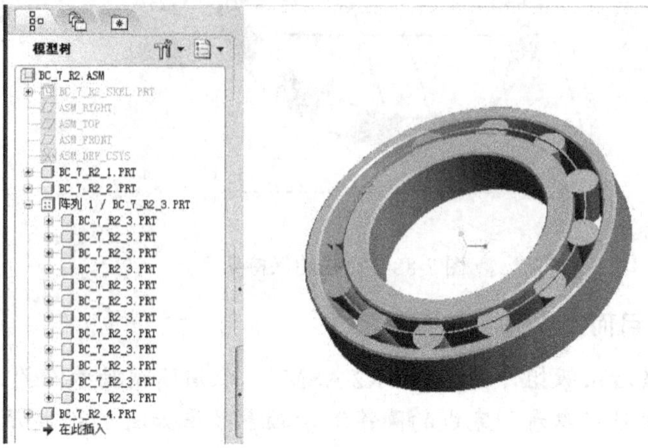

图 7-91 完成的圆锥滚子轴承

四、项目总结

本项目主要学习了典型的产品设计方法、骨架、数据共享、外观颜色及渲染等实用知识。

典型的产品设计方法主要分为两种，一种是由下到上设计，另一种是自顶向下设计。在实际设计工作中，很多时候会将这两种设计方法结合起来使用。本项目主要学习自顶向下设计，这需要读者认真体会和掌握，并总结设计经验。

在组件模式（装配模式）下可以创建骨架模型，骨架模型分为标准骨架模型和运动骨架模型。在产品设计中，有时巧用骨架模型可以得到很好的设计效果。

在数据共享方面，主要学习了合并和继承特征、发布几何特征和复制几何特征。在本项目的相关任务实践案例中便应用到其中的一些知识。其中，主控件的设计过程其实就体现了数据共享的应用思路。

在本项目中还学习外观颜色及渲染的基础知识，这需要初学者去慢慢掌握。

此外，通过本项目任务实践的学习，可以有效地扩展读者的产品设计思路，使读者基本可以从事一些复杂产品的设计工作。

五、项目考核

一、选择题（可多选，每题 2 分，共 20 分）

1. 下列属于自顶向下设计特点的是（　　）。
   A. 从已完成的产品对产品进行分析，然后向下设计
   B. 要求先确定总体思路，设计总体布局，然后设计其中的零件或子组件
   C. 在整个设计过程中能时刻体现总体设计意图
   D. 特别适合于全新的产品设计或者系列较为丰富多变的产品设计
2. 在组件模式下可以创建两种类型的骨架模型，它们是（　　）。
   A. 标准骨架模型　　B. 特征骨架模型
   C. 元件骨架模型　　D. 运动组件模型
3. 在本项目学习的特征当中，（　　）特征是曲面及基准的集合，它可代表模型的外部形状。
   A. 收缩包络　　B. 合并　　C. 继承　　D. 发布几何
4. 将两个零件按照要求放置到组件中后，可以使用（　　）命令将一个零件的材料添加到另一个零件中，或者从另一个零件中减去此零件的材料。
   A. “插入|共享数据|合并/继承”
   B. “插入|共享数据|发布几何”
   C. “插入|共享数据|收缩包络”
   D. “插入|共享数据|复制几何”
5. （　　）特征允许将几何和特征数据从组件内的参照零件向目标零件进行单向相关传播，即使参照零件不在进程中，创建的目标零件也完全起作用。使用该特征可以创建现有模型的变体。
   A. 收缩包络　　B. 合并　　C. 继承　　D. 发布几何
6. 要将设计好的模型进行渲染输出，通常需要进行下列哪些设置？（　　）
   A. 设置房间　　B. 设置灯光　　C. 设置外观　　D. 设置渲染选项
7. 如果希望在“图像编辑器”窗口中输出渲染图像，需要在“渲染设置”对话框“输出”选项卡的“输出到”下拉列表中选择（　　）选项。
   A. 全屏幕　　B. 新窗口　　C. TIFF　　D. JPEG
8. （　　）特征包含独立的局部几何参照，不允许外部参照，它不是选定几何的副本，而是多个可复制到其他模型的局部参照的综合体。
   A. 收缩包络　　B. 合并　　C. 继承　　D. 发布几何
9. 下列（　　）可属于自顶向下设计范畴。
   A. 应用骨架模型
   B. 在产品设计应用主控件共享数据
   C. 布局
   D. 先单独设计各个零件，然后将它们装配成产品

10．下列关于骨架的描述，（　　）是正确的。

A．标准骨架是为了定义组件中某一元件的设计意图而创建的零件

B．不管在创建其他元件之前还是之后创建或插入标准骨架，系统都会将新创建的骨架作为组件中的第一个元件插入

C．标准骨架和运动骨架的保存格式是一样的

D．在组件中只能创建或插入一个运动骨架

二、简答题（每题 5 分，共 20 分）

1．在 Pro/E Wildfire 5.0 中有哪两种设计产品的方法？这两种设计方法的特点是什么？

2．在 Pro/E Wildfire 5.0 中有哪些共享数据的方法？

3．标准骨架模型和运动骨架模型有何异同？

4．在 Pro/E Wildfire 5.0 如何设置模型的外观和场景，并进行渲染输出？

三、操作题（每题 30 分，共 60 分）

1．参考本项目任务一，使用主控件设计思路来设计一个产品的外壳，该产品的外壳分为上壳和下壳。

2．在上一个操作题完成的模型中，为上壳和下壳指定不同的外观颜色，并进行相应的渲染设置和渲染操作，以获得逼真的模型效果。

项目八 工程图设计

完成零件设计或组件模型装配后，通常还需要在工程图模块中创建符合工程标准的工程图。所谓的工程图是指用来表达零件或装配组件的一组二维视图。

本项目将结合理论指导与任务案例介绍工程图设计的相关内容，包括工程图概述、生成各种工程视图、编辑工程视图和注释工程视图等。

一、学习目标

- 掌握定制工程图环境和绘图行为的方法。
- 掌握各种工程视图的生成方法。
- 掌握视图常见的编辑操作方法。
- 掌握工程图常用的注释功能。

二、理论指导

本部分重点介绍工程图的实用的理论指导知识，为深入学习工程图任务实践案例打好扎实基础。

（一）工程图基础

下面简要地介绍工程图概念、工程图模块功能、新建工程图文件、定制工程图环境和绘图行为、使用绘图树和使用绘图页面这些基础知识。

1. 工程图概述

目前，虽然可以将三维模型的设计数据输入到智能数控加工设备中进行间接或直接加工，但是输出二维工程视图仍然是工程设计（包含机械设计等）最终输出的一种重要形式，在很多时候，产品的制造、装配指导等还是需要根据工程图纸来完成。

在 Pro/E Wildfire 5.0 中，利用系统提供的工程图模式（“绘图”模式），可以将三维模型数据转换为二维工程视图来表示。生成的工程图与其父模型相关，即它们保持着参数的关联性。当修改模型（如添加或删除特征和尺寸变化）或更改工程图的驱动尺寸时，另一方都会自动修改。

工程图主要由两种元素组成，即视图和标注。其中，视图是指从不同的方向观看三维模型时得到的不同视角的二维图形（即将模型朝某个方向投影后得到的二维图形），一个工程图通常包含多个视图；标注是关于视图的说明性信息，通常包括尺寸标注、公差标注以及注释文字等。

根据创建方法的不同，可将视图分为一般视图（工程图必需的视图）、投影视图（沿水平或垂直方向对模型进行投影而得到）、详细视图（对模型的局部进行放大而得到）、辅助视图（沿自定义的边、轴线或曲面对模型进行投影而得到）和旋转视图（将模型的截面旋转 90°而得到）等，如图 8-1 右图所示。

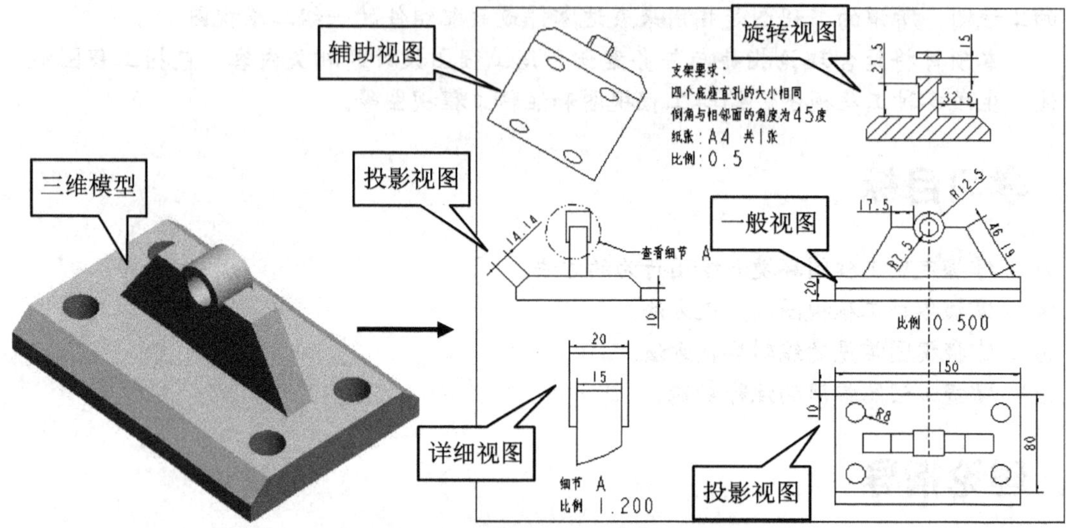

图 8-1 将三维模型转换成工程图

知识库

根据可见范围的不同，一般视图、投影视图和辅助视图又可分为全视图（显示整个视图）、半视图（只显示参照面一侧的视图）、局部视图（只显示某个封闭区域内的视图部分）和破断视图（将视图中间的相同部分去掉，再将剩余部分合拢）等。

2. 工程图模块功能

Pro/E Wildfire 5.0 提供专门的工程图模块，即“绘图”模块。使用此模块可以执行以下主要操作。

- 创建所有 Pro/E Wildfire 5.0 模型的工程视图。
- 查看模型和工程视图，并添加注释。
- 将工程图文件导出到其它系统，或将文件导入到工程图模式中。
- 处理尺寸，并利用层来管理不同项目的显示，这些绘图将与其父模型相关联。
- 使用不同的视图类型。绘图中的所有视图都是相关的，如果在一个视图中更改了尺寸值，其他绘图视图会相应地进行更新。

- 使用绘图中的多个页面。
- 添加并修改不同种类的文本信息和符号信息。
- 定制工程图格式及定义绘图操作的映射键。

3. 新建工程图文件

新建一个工程图文件，可以按照如下步骤来进行。

步骤 1 在“文件”工具栏中单击“新建”按钮□，或者在菜单栏中选择“文件|新建”命令，弹出“新建”对话框。

步骤 2 在“类型”选项组中选择“绘图”单选按钮，在“名称”文本框中接受默认绘图文件名称或输入新的绘图文件名称，取消选中“使用缺省模板”复选框，如图 8-2 左图所示，单击“确定”按钮，系统弹出如图 8-2 右图所示的“新建绘图”对话框。

步骤 3 指定默认模型。在“缺省模型”选项组中单击“浏览”按钮，在打开的对话框中找到并打开模型来获得创建工程图的默认模型，如打开本书配套素材 CH8 文件夹中的“bc_8_2a.prt.1”文件。

> **提示** 一般情况下，若在创建工程图文件之前已经打开某模型，那么系统会将目前活动窗口中的模型选定为工程图的默认模型。

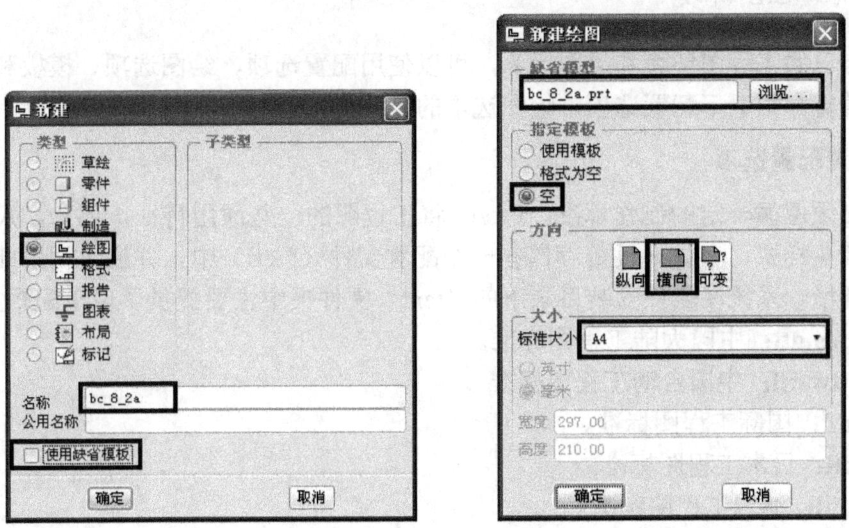

图 8-2 “新建”对话框和“新建绘图”对话框

步骤 4 在“指定模板”选项组中选择合适的选项，如选择“空”单旋钮，然后在“方向”选项组中选择页面方向，如单击“横向”按钮，接着在“大小”选项组中设置页面大小，如选择 A4（表示使用 A4 纸大小），如图 8-2 右图所示。

- 选择“使用模板”单选按钮，接着从“模板”列表中选择所需的绘图模板，如图 8-3 所示，确认后系统会按照选定的模板自动生成视图。

- 若不用模板而使用现有格式创建绘图，那么可选择“格式为空”单选按钮，如图 8-4 所示，然后在“格式”选项组中单击“浏览”按钮来指定要使用的格式。
- 选择“空”单选按钮时，可以通过指定页面大小和方向来完成创建新绘图文件。

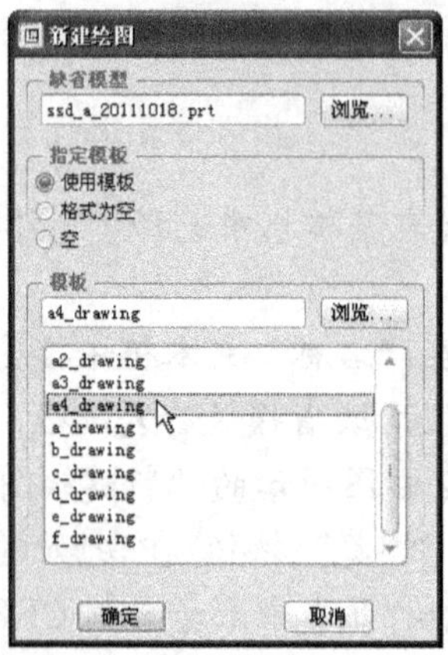

图 8-3　选择“使用模板”单选按钮时

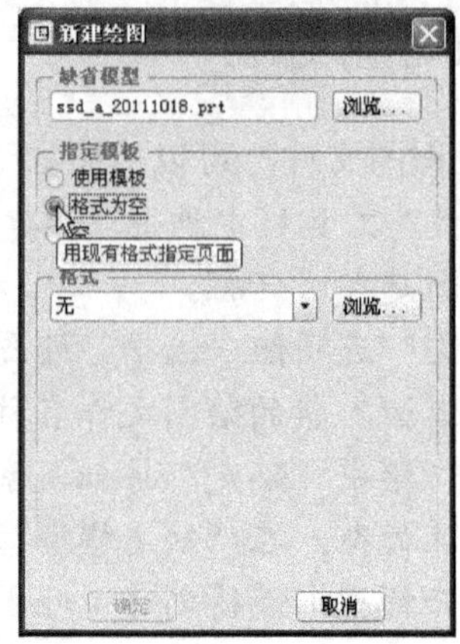

图 8-4　选择“格式为空”单选按钮时

步骤 5　单击“确定”按钮，从而新建一个绘图文件。

4. 定制工程图环境

要定制自己的工程图环境和绘图行为，可以使用配置选项、绘图选项、模板和格式这些组合。这里着重介绍一下配置选项、绘图选项的设置方法。

（1）设置配置选项

工程图必须遵循一定的制作标准。Pro/E 将工程图的一些通用特征，例如，尺寸单位、文本高度、箭头样式、字体属性等存储在一个配置文件（*.dtl）中，并通过调用此类文件来设置工程图环境。系统在软件安装目录下的“text”文件夹中主要提供了以下配置文件：

- **cns_cn.dtl**：中国大陆工程图标准。
- **cns_tw.dtl**：中国台湾工程图标准。
- **iso.dtl**：国际工程图标准。
- **jis.dtl**：日本工程图标准。
- **din.dtl**：德国工程图标准。
- **prodetail.dtl**：Pro/E 默认采用的工程图标准。

下面通过设置系统配置文件“config.pro”来定义工程图配置文件的操作。

步骤 1　在菜单栏中选择“工具|选项”命令，打开“选项”对话框，在中间的列表中找到并选中“drawing_setup_file”项，在下方的“值”文本框中可以看到系统当前调用的工程图配置文件的路径及名称，如图 8-5 所示。

步骤 2　用户可单击“值”文本框下方的“浏览”按钮，利用弹出的“打开”对话框选取其他工程图配置文件，例如，选择相同目录下的“cns_cn.dtl”文件，然后依次单击“选项”对话框中的“添加/更改”按钮和“确定”按钮即可。

> 提示　系统提供的工程图配置文件“cns_cn.dtl”比较符合国家标准，但需要稍作修改，例如，国家标准规定：创建投影视图时使用第一象限角画法，而此文件中采用的是第三象限角画法。我们将在后面介绍修改配置文件的方法。

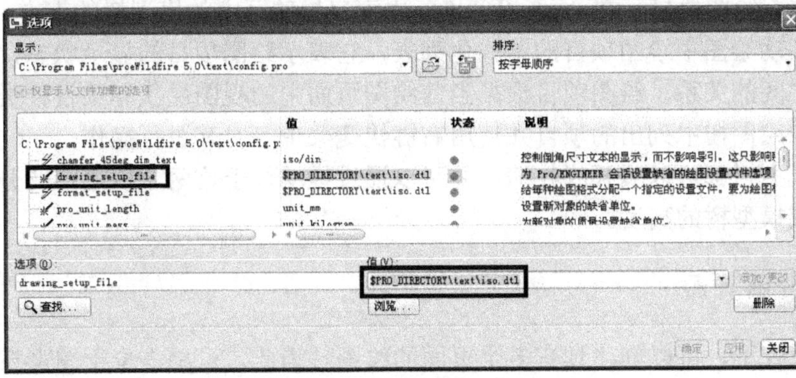

图 8-5　“选项”对话框

（2）设置绘图选项

若希望修改定义的工程图配置文件，例如，修改诸如尺寸和注释文本高度、文本方向、几何公差标准、字体属性、绘制标准、箭头长度等特性，可以在工程图模式下的菜单栏中选择“文件|绘图选项”命令，打开“选项”对话框，接着根据需要编辑相应的绘图选项即可。

下面以设置工程图样的投影法则符合国家标准的第一象限角投影画法为例，介绍设置绘图选项的具体步骤。

步骤 1　在菜单栏中选择“文件|绘图选项”命令，弹出“选项”对话框。

步骤 2　在中间的列表中找到“projection_type”选项，或者直接在“选项”文本框中输入“projection_type”，然后在“值”下拉列表框中选择“first_angle”，如图 8-6 所示。注意：“projection_type”的初始默认值为“third_angle *”。

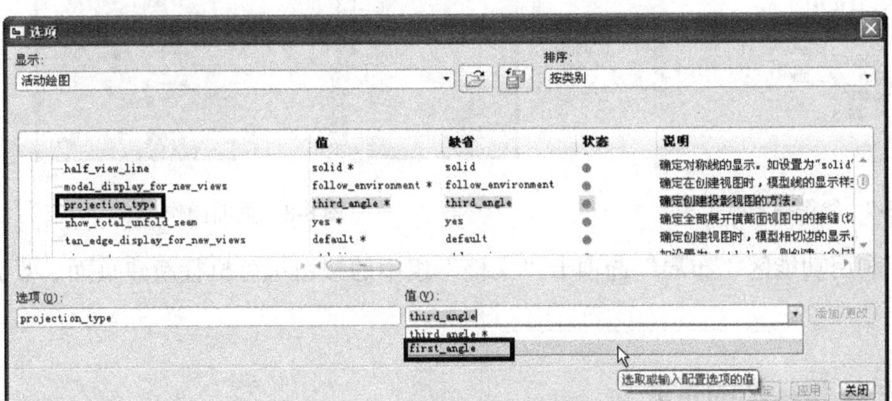

图 8-6　“选项”对话框

步骤 3　单击“添加/更改”按钮，接着单击“确定”按钮。经过上述设置后，接下来制作的工程图便符合第一象限角投影法了。

5. 使用绘图树

默认情况下，绘图树显示在 Pro/E Wildfire 主窗口导航区中的模型树的上方，如图 8-7 所示。绘图树是活动绘图中绘图项目的结构化列表，它表示绘图项目的显示状态，以及绘图项目与活动模型之间的关系。绘图项目根据当前绘图页面中的视图层次和项目种类排列在绘图树中，可以选中绘图树中列出的项目并使用右键快捷菜单等对其进行操作。

绘图树和模型树都可以展开或收缩，并可以通过拖动位于这两个树之间的分割栏来增大或减少绘图树或模型树的高度。

6. 使用绘图页面

在工程图模式下，可以创建具有多个页面的绘图。为此，可单击位于图形窗口下方“页面”栏中“新建页面”按钮。此外，单击“页面”栏中的页面标签可在各页面间切换，若右击某页面标签，从弹出的快捷菜单中选择相应的命令可执行重命名、删除、移动或复制、全选、更新和设置页面等操作，如图 8-8 上图所示。

例如，如果要对页面进行设置，则选择“设置”命令，弹出如图 8-8 下图所示的“页面设置”对话框，从中进行相关设置即可。

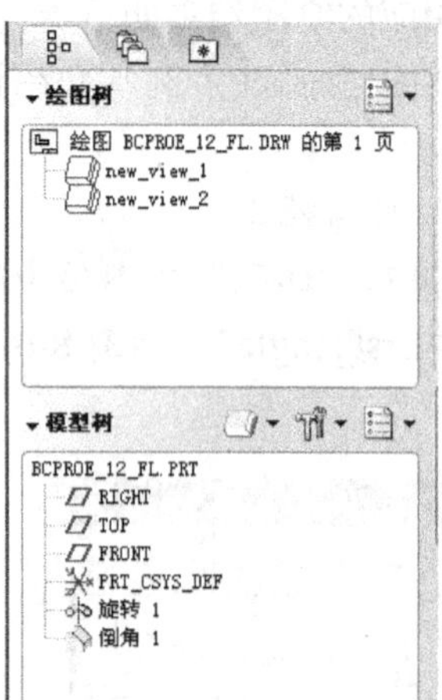

图 8-7 绘图树与模型树

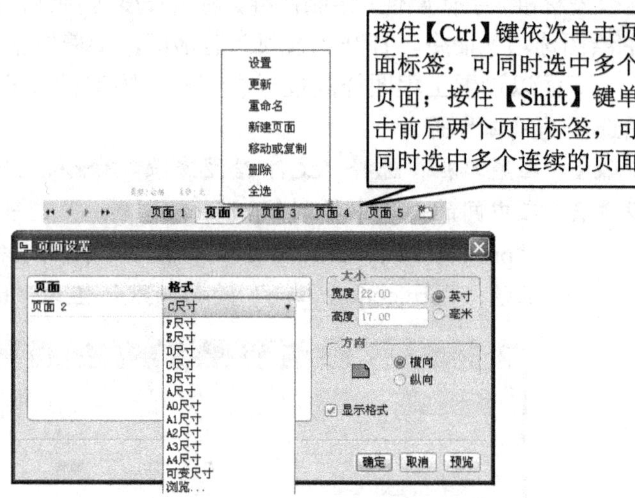

图 8-8 页面操作

此外，利用功能区“布局”选项卡“文档”组中的按钮也可执行新建页面、设置页面等操作。

（二）各种工程视图的生成

在放置三维模型的视图之前，必须使该三维模型文件和工程图相关，也就是向绘图添加模型，例如，在新建工程图文件时指定默认模型就属于向绘图添加模型的一种方式。

另外，也可以在进入工程图进程后，根据设计需要在功能区“布局”选项卡的“文档”面板中单击“绘图模型”按钮，接着在弹出的如图 8-9 右图所示的“绘图模型”菜单中选择“添加模型”命令，然后选择需要的模型来打开即可。

如果向绘图中添加了多个模型，则每次只能对一个模型进行处理（放置视图和显示尺寸等），此模型被称为当前活动模型。要设置活动模型，可单击模型树上方的“设置活动模型”按钮，从弹出的列表中选择“模型名称|主表示”命令，如图 8-10 所示。

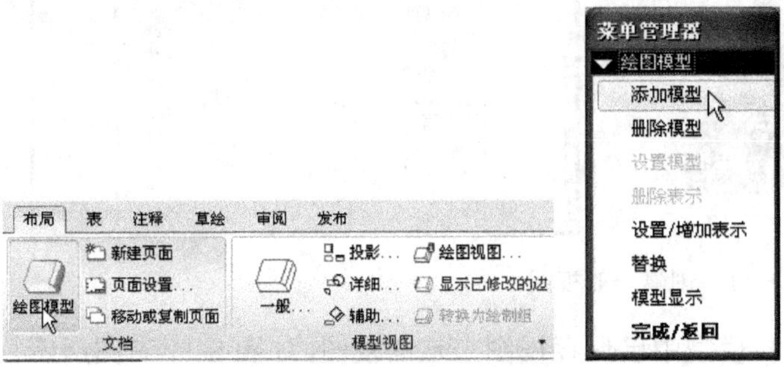

图 8-9　打开模型

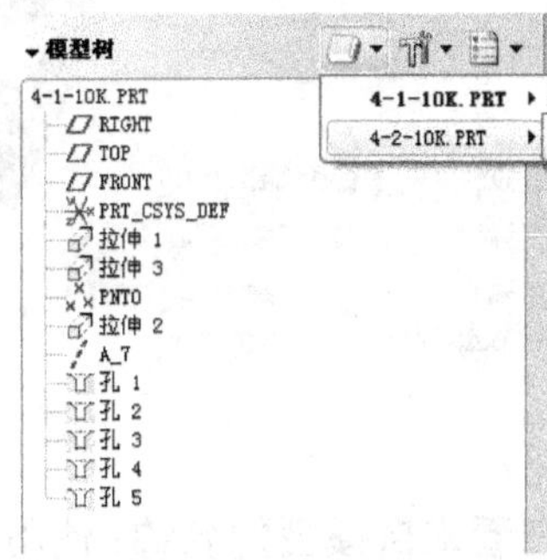

图 8-10　设置活动模型

确定当前活动模型后，可以根据模型的形体特点来初步判断采用什么样的视图来进行表达，以及需要几个视图。在 Pro/E Wildfire 5.0 中，可以创建多种类型的视图，如一般视图、投影视图、详细视图、辅助视图和旋转视图等，而一般视图、投影视图和辅助视图又可以为全视图、半视图、破断视图和局部视图等。

1. 一般视图

一般视图通常为放置到页面上的第一个视图，它是所有视图中较为重要的一种类型，可作为主视图，用来表达零件或组件的主要结构，同时也是创建其他视图的参照。另外，为了方便工程技术人员读图，往往需要在页面中添加一个可表达模型立体形态的一般视图。

下面我们以实例形式讲解生成一般视图的方法与相关选项设置。

步骤 1 新建绘图文件并指定模型后，在功能区“布局”选项卡的“模型视图”面板中单击“一般”按钮，接着在页面中单击要放置一般视图的位置。

步骤 2 此时在所单击的位置处出现一般视图并且系统弹出“绘图视图”对话框。利用该对话框可以为一般视图设置名称、方向、比例和显示线型等参数，如图 8-11 所示。

步骤 3 设置好相关参数后，单击“应用”或“确定”按钮即可创建一般视图。如果直接单击“确定”或“应用”按钮而不设置任何参数，可生成斜轴测方向的一般视图。

在“绘图视图”对话框的“类别”列表框中提供了 8 种类别选项，即“视图类型”、“可见区域”、“比例”、“截面”、“视图状态”、“视图显示”、“原点”和“对齐”。选择一种类别后，可在对话框右侧区域设置该类别的相应参数。由于其他视图也会使用“绘图视图”对话框来定义绘图视图的属性，这里具体介绍一下该对话框的功能用途。

（1）“视图类型”类别

该类别用来设置视图的名称和方向，其“视图方向”选项组中各选项的意义如下。

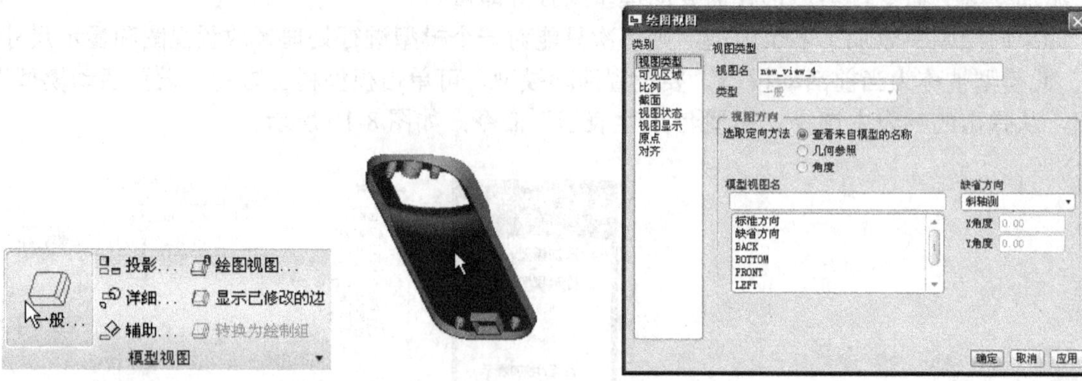

图 8-11　创建一般视图

- **查看来自模型的名称**：使用来自模型中已保存视图来定向视图，如图 8-11 右图所示。可从“模型视图名”列表中选择相应的模型视图。“缺省方向”栏用来定义“模型视图名”中“缺省方向”视图的方向，系统提供了“斜轴测”、“等轴测”和“用户定义”三个选项。若选择“用户定义”项，则必须指定模型绕 x 轴和 y 轴旋转的角度。
- **几何参照**：使用来自绘图中预览模型的几何参照对视图进行定向。例如，选中该单选按钮后，保持参照 1 的类型“前面”不变，在预览模型上选取“FRONT”基准平面作为参照，此时参照 2 被激活，保持其类型“顶”不变，在预览模型上选取“RIGHT”基准平面作为参照，单击“应用”按钮，此时的一般视图如图 8-12 右图所示。

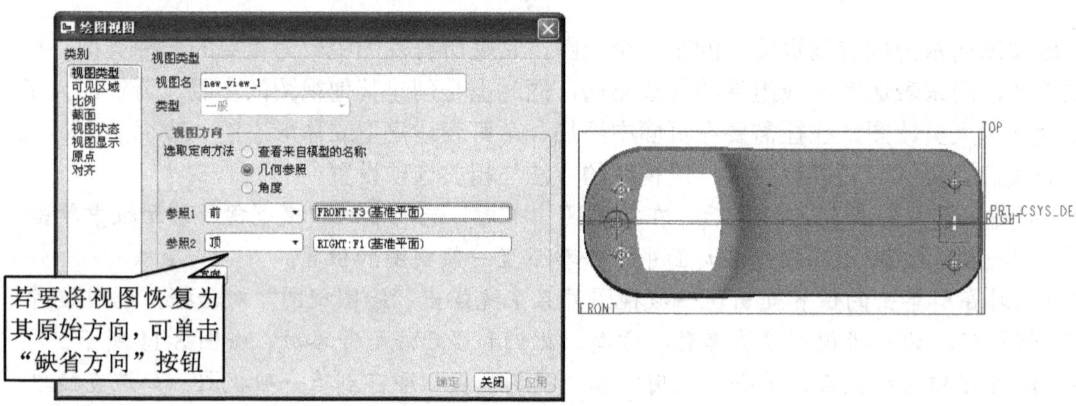

图 8-12　使用几何参照定义视图方向

- **角度**：使用选定参照的角度或定制角度对视图进行定向。选择“角度”单选按钮后，在“旋转参照”下拉列表中指定旋转参照的类型，然后在“角度值”编辑框中输入旋转角度，单击“应用”按钮即可，如图 8-13 所示。

知识库

用户可单击“添加角度条目”按钮 + 以添加多个角度条目来定向视图；在“参照角度”列表框中选择添加的角度条目后，单击“移除角度条目”按钮 − 可将其删除。“旋转参照”列表框用来指定旋转参照的类型，例如，法向、垂直、水平、边/轴等，若选择“边/轴”项，则需要选取参照边或轴。

图 8-13　使用“角度”定义视图方向

（2）“可见区域”类别

“可见区域”类别用于定义视图在页面上的显示区域和显示大小，其中在“视图可见性”下拉列表框中提供了“全视图”、“半视图”、“局部视图”和“破断视图”这 4 种可见性选项。如选取“半视图”，然后选择“RIGHT”作为参照平面，单击“应用”按钮，如图 8-14 所示。

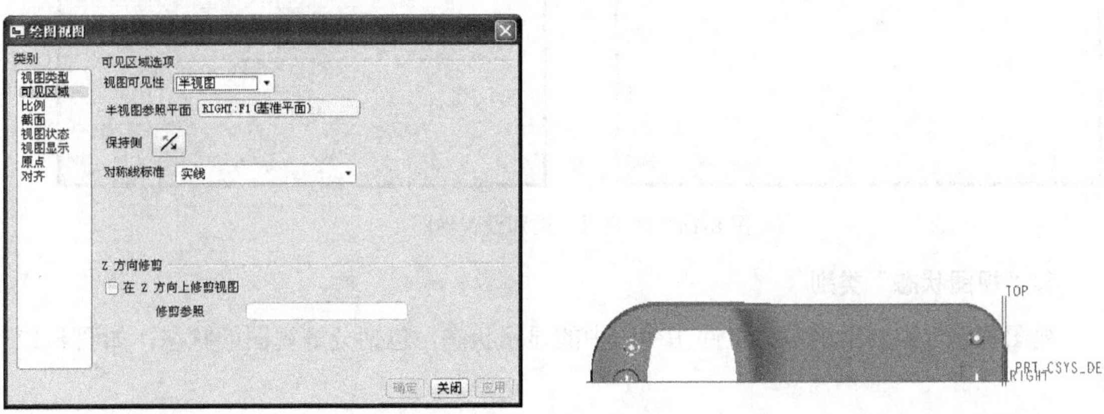

图 8-14　设置可见区域

（3）“比例”类别

“比例”类别用于定义视图的比例和透视图选项，如图 8-15 所示。

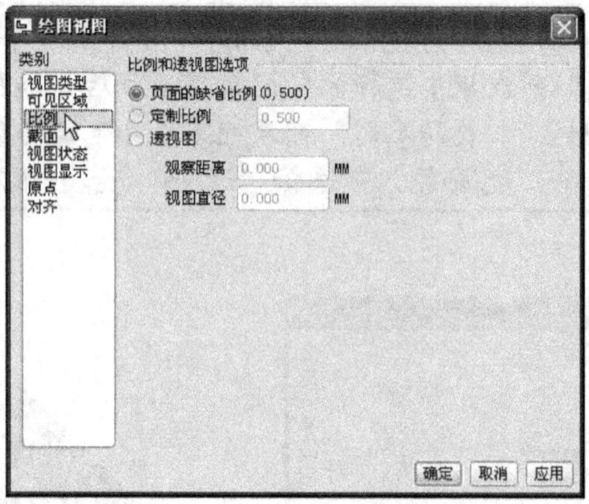

图 8-15 “比例”类别设置界面

(4)“截面”类别

“截面”类别用于定义视图中的剖面，如图 8-16 左图所示。例如，选择“2D 剖面”单选按钮可在视图中创建 2D 剖面，并可以根据需要设置剖切区域，如“完全”（全剖视图）、“一半”（半剖视图）或“局部”（局部剖视图）等，如图 8-16 右图所示。

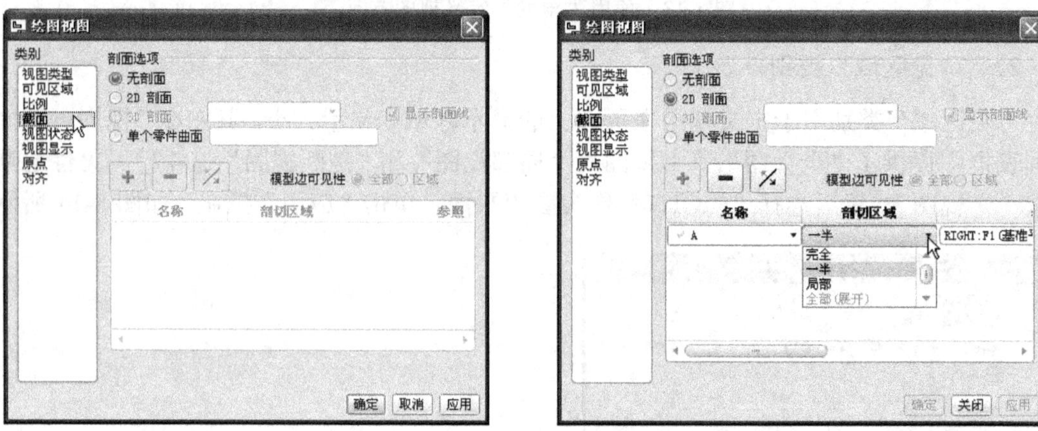

图 8-16 “截面”类别设置界面

(5)“视图状态”类别

“视图状态”类别用于定义组件在视图中的显示状态，包括分解视图的状态，如图 8-17 所示。

(6)“视图显示”类别

“视图显示”类别用于设置视图显示选项，即设置视图显示样式、相切边显示样式等，如图 8-18 所示。其中，在“显示样式”下拉列表框中可选择“从动环境”、“线框”、“隐藏线”、“消隐”或“着色”选项，在“相切边显示样式”下拉列表框中可以选择“无”、“实线”、“灰色”、“中心线”或“双点划线”。

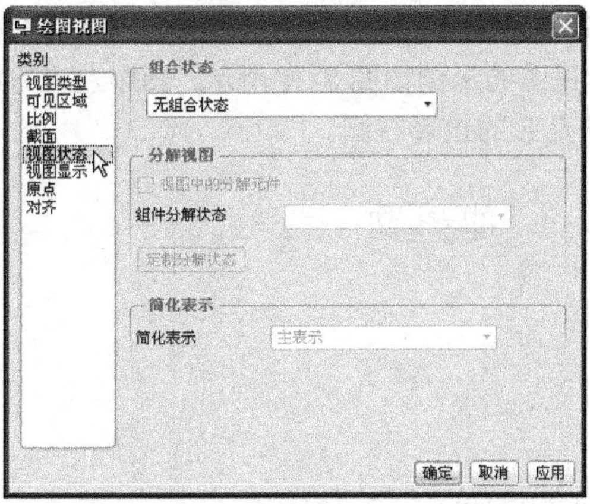

图 8-17 “视图状态”类别设置界面

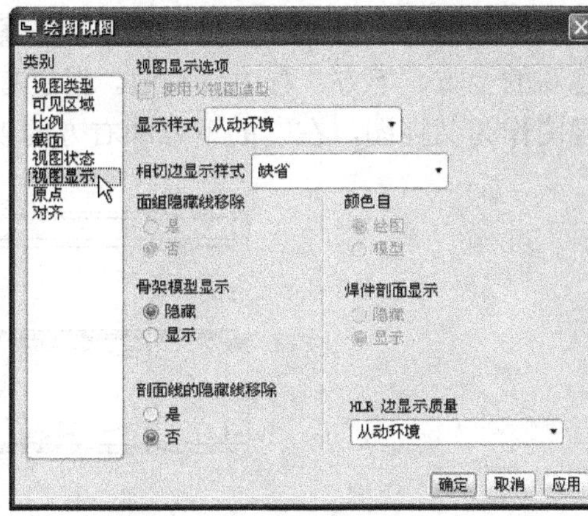

图 8-18 “视图显示”类别设置界面

（7）“原点”类别

“原点”类别用于设置视图原点选项，如图 8-19 所示，既可以将视图原点设置位于视图中心，也可以将其设置在项目上。

（8）“对齐”类别

“对齐”类别用于定义新建视图与已建视图在图纸中的位置关系，如图 8-20 所示，例如可设置将此视图与其它视图对齐。

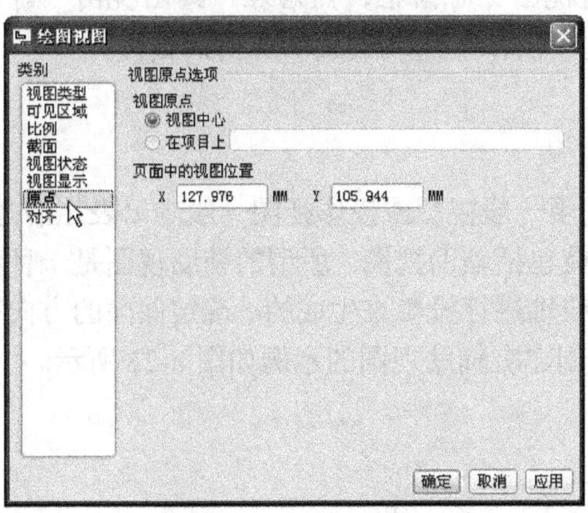

图 8-19 “原点”类别选项卡

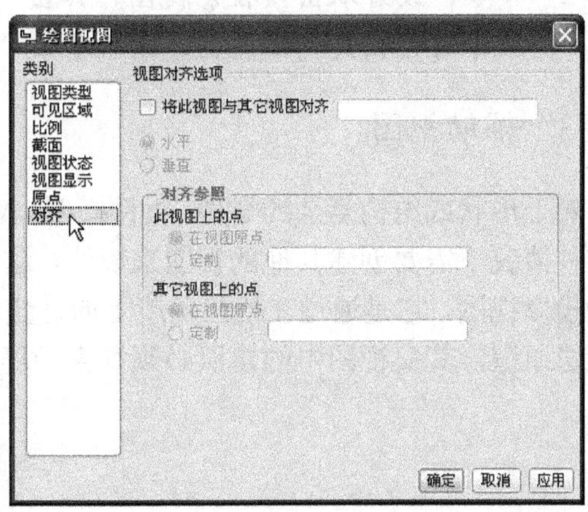

图 8-20 “对齐”类别选项卡

在生成工程视图时，不一定都需要在“绘图视图”对话框中使用上述 8 大类别的设置，而是要根据实际情况进行选择，有些采用默认设置即可。完成每一大类别设置后，单击“应用”按钮使之生效，完成所有设置后，单击出现的“关闭”按钮关闭“绘图视图”对话框。

2. 投影视图

使用一般视图作为主视图后，可以根据需要为主视图配置相关的投影视图。投影视图是指定的视图几何沿水平或垂直方向的正交投影。投影视图放置在投影通道中，可根据情况位于父视图的上方、下方、右边或左边。创建有投影视图的示例如图 8-21 所示，图中左上方的一个视图作为父视图，在它的下方和右方的视图均是它的投影视图。

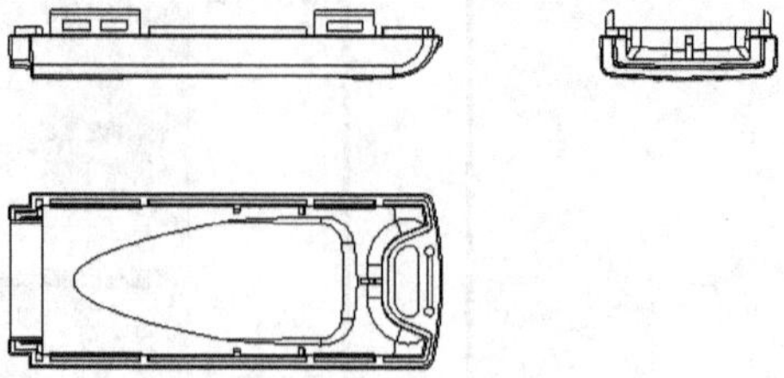

图 8-21 创建投影视图的示例

创建投影视图的步骤如下。

步骤 1 在功能区“布局”选项卡的“模型视图”面板中单击“投影”按钮。

步骤 2 若当前页面中只有一个视图，那么系统会自动将该视图视为父视图。若当前页面中具有两个或两个以上的视图，那么需选择要在投影中显示的父视图，选定父视图后，父视图上方将出现一个代表投影的框（可以将此框形象地称为“投影框”）。

步骤 3 将投影框水平或垂直地拖到所需的位置，单击鼠标左键以放置视图。

步骤 4 要修改投影视图的属性，则可以右击该投影视图并从弹出的快捷菜单中选择“属性”命令，或者双击该投影视图，弹出“绘图视图”对话框，然后在“绘图视图”对话框中进行相关属性设置，最后单击“确定”按钮，完成该投影视图的创建。

3. 辅助视图

对于形状或结构复杂的零件、组件模型，仅仅使用一般视图或投影视图一般难以表达清楚，在这种情况下需要创建其他的视图来表达，这其中就包括辅助视图。所谓的辅助视图是一种特殊的投影视图，它是通过在恰当角度上向选定曲面或轴进行投影来生成的。选定曲面的方向确定投影通道，其父视图中的参照必须垂直于屏幕。创建有辅助视图的示例如图 8-22 所示。

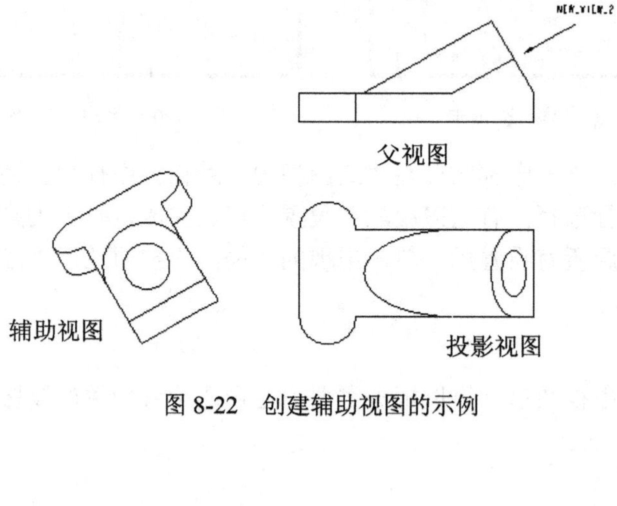

图 8-22 创建辅助视图的示例

创建辅助视图的步骤如下。

步骤 1　在功能区“布局”选项卡的“模型视图”面板中单击“辅助视图”按钮。

步骤 2　选择要从中创建辅助视图的边、轴、基准平面或曲面，父视图上方出现一个框，代表辅助视图。

步骤 3　将此框沿着投影通道拖到所需的位置，单击鼠标左键放置视图。

步骤 4　双击该辅助视图，可利用弹出的“绘图视图”对话框修改辅助视图的属性。例如，在“绘图视图”对话框的“视图类型”类别选项卡中可以设置辅助视图属性，包括设置是否显示投影箭头，以及显示单一的投影箭头还是双投影箭头，如图 8-23 所示。注意：默认情况下，辅助视图不创建投影箭头。

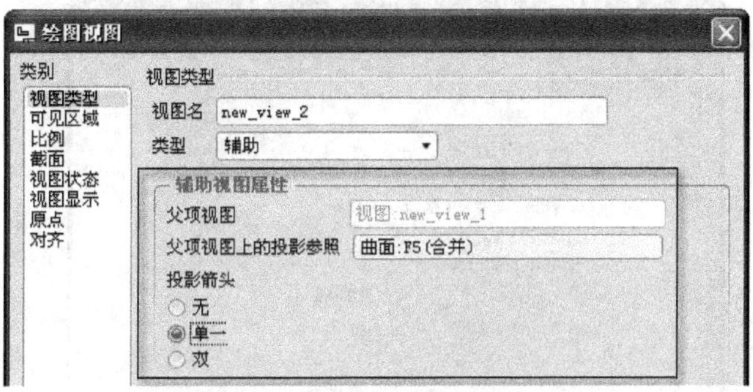

图 8-23　设置辅助视图属性

4. 详细视图

详细视图是指在另一个视图中放大显示的模型其中一小部分视图，因此详细视图又被形象地称为“局部放大视图”。在 Pro/E Wildfire 5.0 中创建的详细视图，其父视图中还包括了一个参照注解和边界作为详细视图设置的一部分。创建有详细视图的示例如图 8-24 所示。

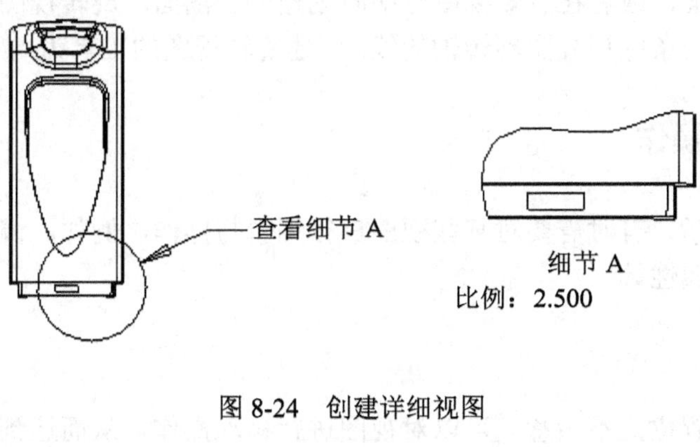

图 8-24　创建详细视图

创建详细视图的典型步骤如下。

步骤 1　在功能区“布局”选项卡的“模型视图”面板中单击“详细视图”按钮。

步骤 2　选择要在详细视图中放大的现有视图中的点，该绘图项目被加亮，系统提示在点周围草绘样条。

步骤 3 草绘环绕要详细显示区域的样条。注意：不要使用功能区的“草绘”选项卡中的相关草绘命令来启动样条草绘，而是直接使用鼠标在图形窗口中环绕点依次单击若干点便可实现草绘样条，草绘完成后单击鼠标中键，此时样条转换显示为一个圆和一个详细视图名称的注解。

步骤 4 在绘图中选择要放置详细视图的位置，放置详细视图时，系统会自动标注上详细视图的名称和缩放比例。

步骤 5 双击详细视图，可利用弹出的“绘图视图”对话框来修改该视图的属性，如图 8-25 所示。

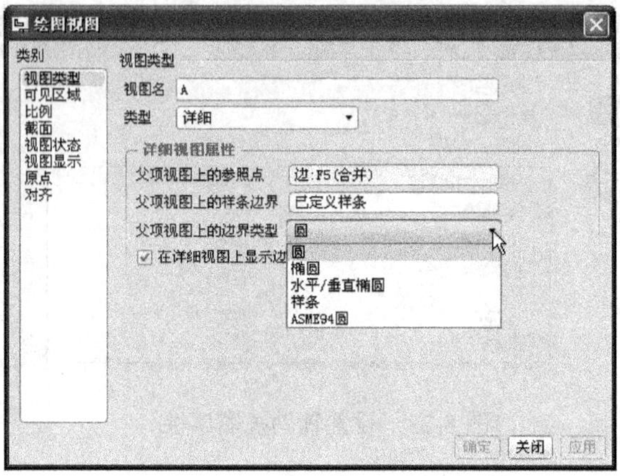

图 8-25　修改详细视图的属性

5. 旋转视图

旋转视图是现有视图的一个剖面，它绕切割平面投影旋转 90°。可以将在 3D 模型中创建的剖面用作切割平面，或者在放置视图时即时创建一个剖面。旋转视图和剖视图的不同之处在于旋转视图包括一条标记视图旋转轴的线。创建旋转视图的工具为“旋转视图”按钮。

（三）视图编辑与操作

在创建各种视图后，有时需要对某些视图进行编辑与操作，例如，调整相关视图与注释的布局、设置视图的属性等。

1. 移动视图

如果对视图的放置位置不满意，可以对视图进行移动操作，从而达到合理分配图纸空间的目的，使页面整洁有序。在使用鼠标拖动视图之前，应该注意当前视图是否处于锁定状态。

若视图被锁定，则不能使用鼠标拖动页面上的任何视图。要取消视图的锁定状态，可以在图形窗口的合适位置处右击，弹出一个快捷菜单，如图 8-26 所示，从中可以看到“锁定视图移动”命令之前带有符号“✓”标识（表示锁定视图移动），接着从该快捷菜单中单击“锁定视图移动”命令以取消选中它，即可取消锁定视图移动功能。

要移动视图，可先选中该视图，然后使用鼠标将其拖动到适当位置处放置即可。注意：在移动具有父子关系的视图时，若移动父视图，则子视图会跟随父视图变化，两者始终保持着先前的关系（如投影对齐关系）。

如果要实现视图的精确定位，那么可以在选中视图后从菜单栏中选择“编辑|移动特殊”命令，接着从选定的项目选取一点来执行特殊移动，系统弹出如图 8-27 所示的“移动特殊”对话框，从中选择所需按钮并输入相应的坐标值，单击“确定”按钮即可。

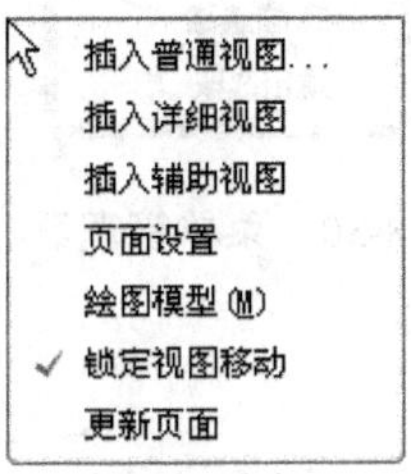

图 8-26　在图形窗口中右击

图 8-27　“移动特殊”对话框

2. 删除视图

倘若要删除图纸中的某个视图，那么要先选中该视图，接着在“编辑”工具栏中单击“删除”按钮✕即可。

如果删除的视图为父视图，那么其子视图也将同时被删除，系统会弹出如图 8-28 所示的“确认”对话框来提示用户，单击“是”按钮，则父视图和子视图一同被删除。

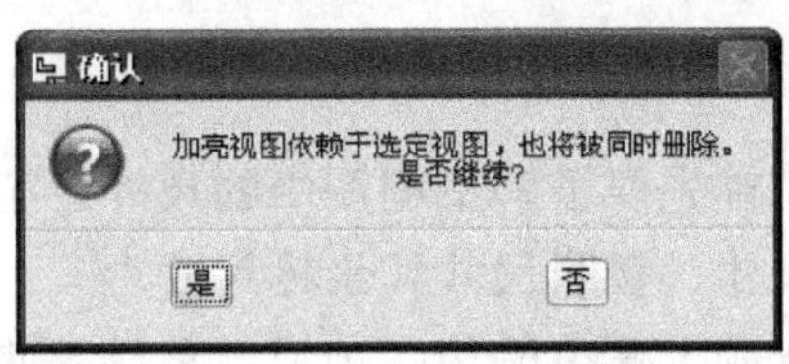

图 8-28　“确认”对话框

3. 修改视图属性

要修改视图属性，可以在要修改的视图上双击，或者右击选定视图并从弹出的快捷菜单中选择“属性”命令，打开“绘图视图”对话框，然后在该对话框中对视图进行属性修改即可。

4. 拭除视图与恢复视图

在功能区“布局”选项卡的“模型视图”面板中单击“三角展开”按钮▾，如图 8-29 所示，接着单击“拭除视图”按钮，并从绘图树或图形窗口中选择要拭除的视图，则所选的视图从绘图页面中拭除，但这不会将其从绘图中删除。拭除视图有助于重画大型绘图文件。

要显示已被拭除的视图，可以在功能区“布局”选项卡的“模型视图”面板中单击“三角展开”按钮，接着单击“恢复视图”按钮，系统弹出如图 8-30 所示的菜单管理器，选择要恢复的视图名，然后在菜单管理器的“视图名”菜单中选择“完成选取”命令即可。

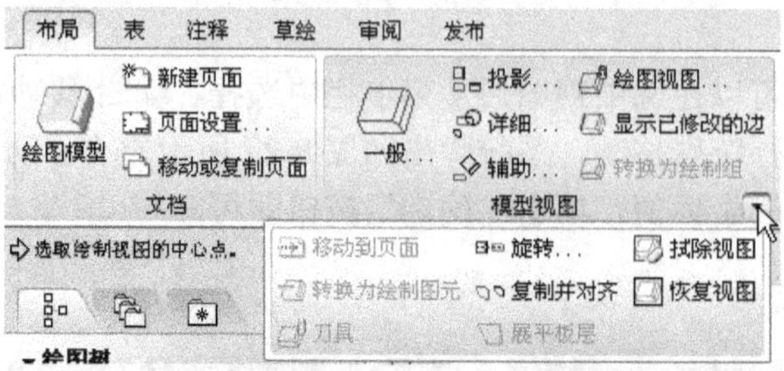

图 8-29　展开“模型视图”面板

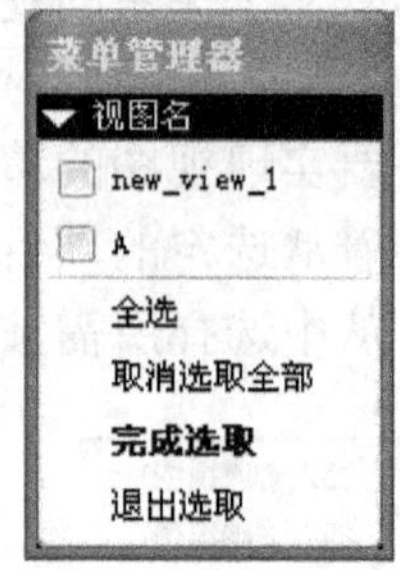

图 8-30　菜单管理器

（四）视图注释

建立好相关的工程视图后，可以对视图进行注释，包括尺寸、公差和注释文字等，从而为制造模型做准备。这需要在功能区中单击“注释”标签以切换到“注释”选项卡，如图 8-31 所示，在该选项卡中提供了用于视图注释的工具命令。

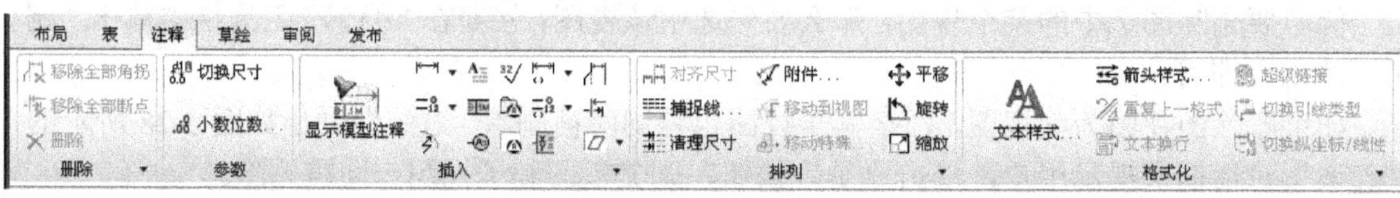

图 8-31　“注释”选项卡

此外，在添加视图注释前，首先要了解工程图中的尺寸。工程图中的尺寸主要分为四种类型，分别为驱动尺寸、标准尺寸、参照尺寸和坐标尺寸。

- **驱动尺寸**：此尺寸是依赖于模型的边、顶点、轴等参照而建立的尺寸，驱动模型的大小和形状。此尺寸由系统自动标注，但可以修改，修改后将更新模型。
- **标准尺寸**：此尺寸是被模型驱动的尺寸，采用手动标注，只能显示，不能修改，因此不能反向驱动模型，是工程图中主要标注的尺寸。
- **参照尺寸**：该尺寸仅用作参考，不驱动模型的大小。
- **坐标尺寸**：该尺寸由 x、y 坐标尺寸组成，是便于数控加工而采用的另一种尺寸标注形式，可与标准尺寸相互转换。

1. 显示模型注释

默认情况下，将模型或组件导入到 2D 工程视图中时，所有尺寸和存储的模型信息是不可见的（或已拭除），但我们可以让系统自动显示存储在模型自身中的尺寸和其他信息。这些尺寸属于驱动尺寸，与模型基于相同的数据库，也就是说可以通过工程图中的尺寸来驱动模型的形状，反之亦然。

用于显示模型注释的工具为“显示模型注释”按钮，它位于功能区的“注释”选项卡的“插入”面板中。要显示来自 3D 模型中的注释（包括尺寸、几何公差、表面光洁度、符号和基准等），可以按照如下的步骤来进行。

步骤 1 打开本书配套素材 CH8 文件夹中的“bc_8_4a.drw.1”文件，选择要显示注释的视图、元件或特征，这里选择要显示的视图。

步骤 2 单击“显示模型注释”按钮，弹出如图 8-32 所示的“显示模型注释”对话框。该对话框从左到右的注释类型选项卡标签分别为（列出模型尺寸）、（列出几何公差）、（列出注解）、（列出表面光洁度）、（列出符号）和（列出基准）。

步骤 3 单击所需的注释类型选项卡标签，必要时可以从所在选项卡提供的“类型”下拉列表框中选择具体的注释类型。

步骤 4 单击要在绘图中显示的各个注释所对应的复选框。此外，可以单击“全选”按钮来选择并显示选定注释类型的所有注释。若单击“清除全部”按钮，则清除选定注释类型的所有注释。

步骤 5 在“显示模型注释”对话框中单击“确定”按钮显示选定的模型注释，如图 8-32 左图所示。

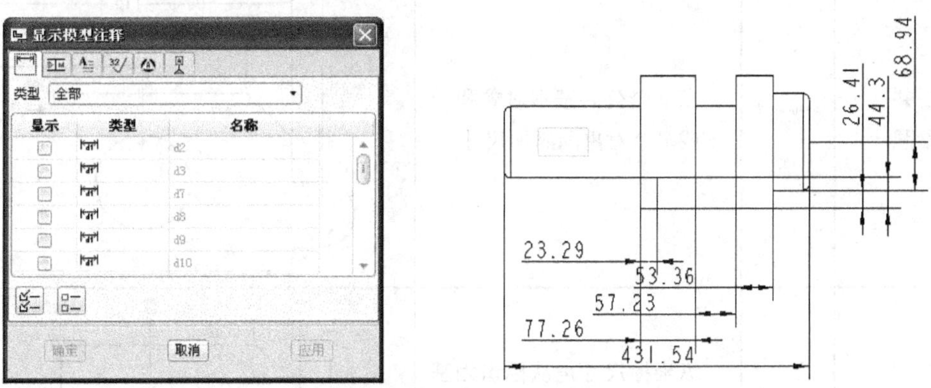

图 8-32　显示驱动尺寸

> **提示** 系统自动标注的尺寸通常都不符合规范，这时可以对尺寸文本进行移动，使尺寸分布比较合理。关于这些内容将在后面介绍。

2. 手动创建尺寸

为充分利用 3D 模型和工程图之间的相关性，最初的工程图尺寸应该从模型中显示（驱动尺寸）。但该方式下显示出来的某些尺寸并不是所需要的，此时可以将这些不需要的尺寸拭除，并基于尺寸完整性考虑，在工程图中手动创建合适的新尺寸，这些由用户创建的新尺寸称为从动尺寸，它们根据创建尺寸时所选的参照来记录值。

这些从动尺寸的值是从其参照（模型）衍生而来的，不能在工程图中直接修改它们的值。

也就是说，这些从动尺寸具有单向关联：只能从模型到工程图。例如，在模型中更改尺寸，所有编辑的尺寸值和工程图都将更新，包括从动尺寸也将跟随所选参照而更新，但是不能在工程图中使用这些从动尺寸来编辑 3D 模型。

利用 Pro/E Wildfire 5.0 工程图模式下功能区的“注释”选项卡的“插入”面板中的按钮可以创建多种类型的从动尺寸，表 8-1 所示列出了常见的几种从动尺寸。另外，还可以使用另外的尺寸注释工具来创建相关类型的参照尺寸，所谓的参照尺寸除了具有表示其为参照尺寸的特殊注释之外，其他方面均与标准尺寸（例如使用新参照创建的从动尺寸）相同。

表 8-1　几种常见的从动尺寸

序号	类型	按钮	说明	图解示例
1	标准（新参照）		根据 1 个或 2 个选定参照来创建尺寸；尺寸类型视参照而定，结果可能是角度、线性、半径或直径尺寸	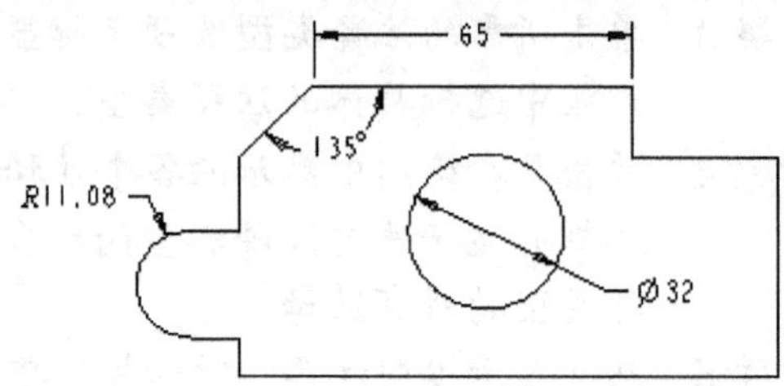
2	公共参照		在一个公共基本对象和一个或多个对象间添加尺寸	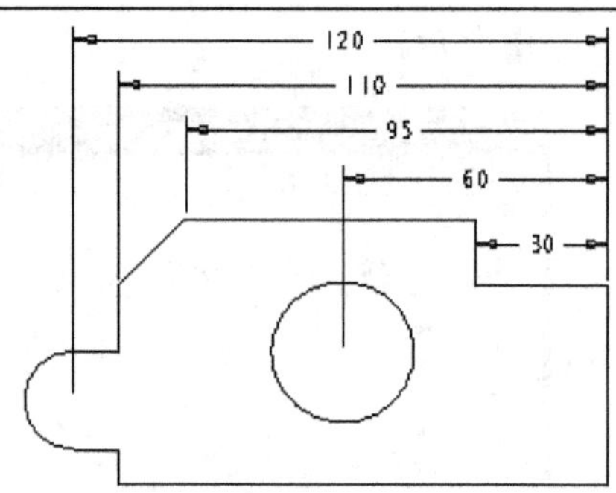
3	纵坐标		纵坐标尺寸是从标识为基线的对象测量出的线性距离尺寸	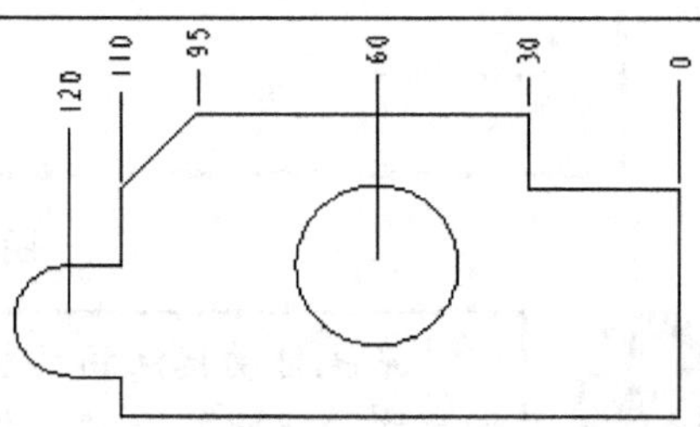
4	自动纵坐标		在零件和钣金零件中自动创建纵坐标尺寸	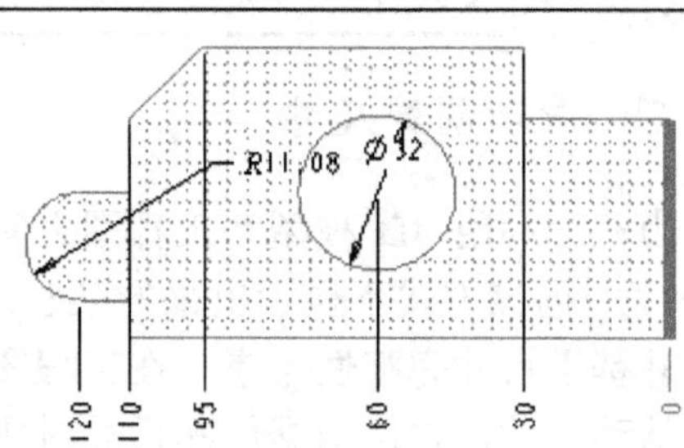

续表

序号	类型	按钮	说明	图解示例
5	坐标尺寸		为标签和导引框分配一个现有的 x 坐标方向和 y 坐标方向的尺寸	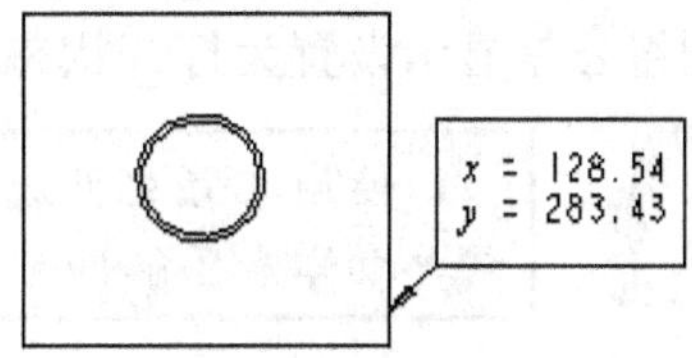
6	Z 半径		创建弧的特殊半径尺寸，该尺寸允许用户定位与测量的弧中心不是同一点的“虚构”中心，会自动将一个“z”形角拐添加到尺寸线上，表明该尺寸线已透视缩短	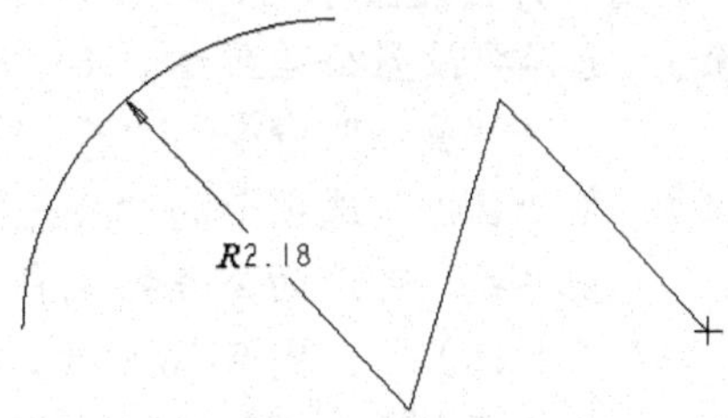

通常使用新参照创建尺寸，具体的步骤如下。

步骤 1　在功能区的“注释”选项卡的“插入”面板中单击“尺寸—新参照”按钮，打开如图 8-33 所示的菜单管理器。

步骤 2　在菜单管理器的“依附类型”菜单中指定尺寸的依附类型，默认的依附类型选项为“图元上”。

步骤 3　在绘图中选择对象进行尺寸标注，单击鼠标中键确定尺寸的放置位置。

步骤 4　在“依附类型”菜单中选择“返回”选项。

例如，在菜单管理器的“依附类型”菜单中选择“图元上”命令选项，接着在如图 8-34 所示的一般视图中，依次单击轮廓线 *AB* 和轮廓线 *BC*，移动鼠标指针至欲放置尺寸的位置处单击鼠标中键，从而完成标注所选两条轮廓线的夹角角度尺寸。

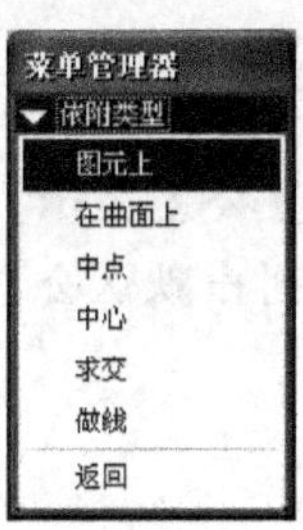

图 8-33　菜单管理器

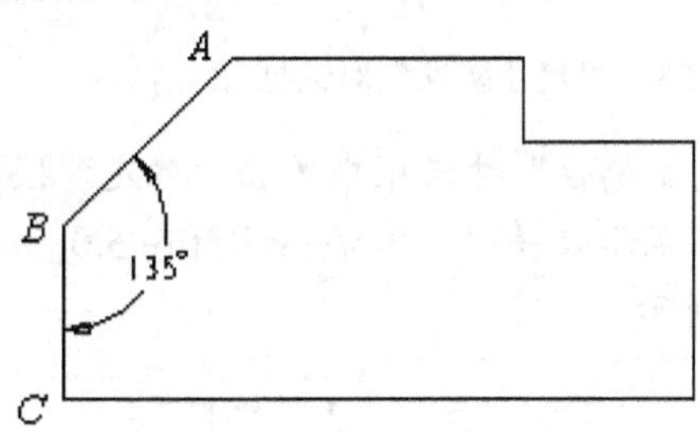

图 8-34　示例：使用新参照创建尺寸

3. 设置尺寸公差

在工程图中，可以将公差标准设置为 ANSI 或 ISO，以及将公差显示设置为打开或关闭。

要更改公差标准，可以在工程图模式下使用菜单栏中的“文件|公差标准”命令来进行设置。

要将公差显示设置为打开或关闭，需要在工程图模式下从菜单栏中选择“文件|绘图选项”命令，然后在弹出的“选项”对话框中选择绘图设置文件选项“tol_display”。该绘图设置文件选项有两个值，其默认值为“no”，表示关闭公差显示，而将该绘图设置文件选项设置为“yes”时，则将公差显示设置为打开状态。

> **提示** 使用配置文件选项“tol_mode”可以设置尺寸公差的默认显示，这个只需要初学者了解即可。

设置打开公差显示后，可以为单个尺寸设置所需的公差显示，设置步骤如下。

步骤 1 选择要设置公差显示的单个尺寸并右击，接着从弹出的如图 8-35 所示的快捷菜单中选择“属性”命令，打开“尺寸属性”对话框。

步骤 2 在“属性”选项卡的“公差”选项组中，从“公差模式”下拉列表框中选择一种公差格式，可选的公差格式有“公称”、“限制”、“加—减”、“+－对称”和“+－对称（上标）”，如图 8-36 所示。例如，将公差模式设置为“+－对称”，接着在“公差”文本框中输入“0.01”，并在“值和显示”选项组中设置小数位数为 2。

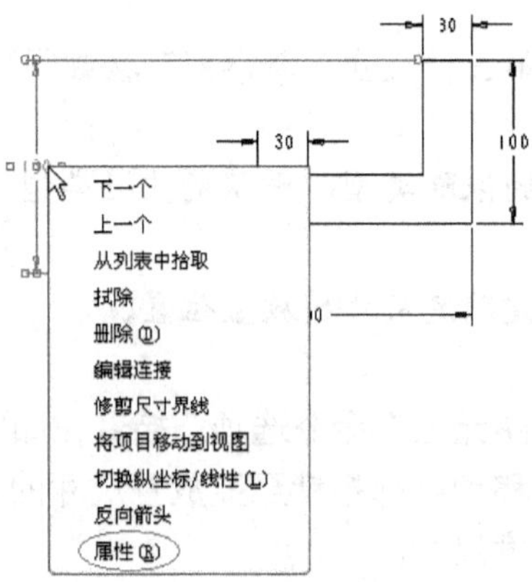

图 8-35 “尺寸属性”对话框

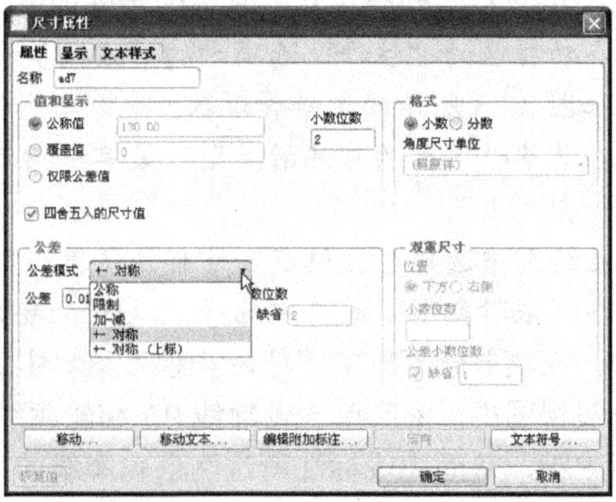

图 8-36 “尺寸属性”对话框

步骤 3 在“尺寸属性”对话框中单击“确定”按钮，即可为该尺寸设置公差显示，如图 8-37 所示。显示公差时，Pro/E Wildfire 5.0 会在图形窗口的右下角列出默认公差值，如图 8-38 所示。

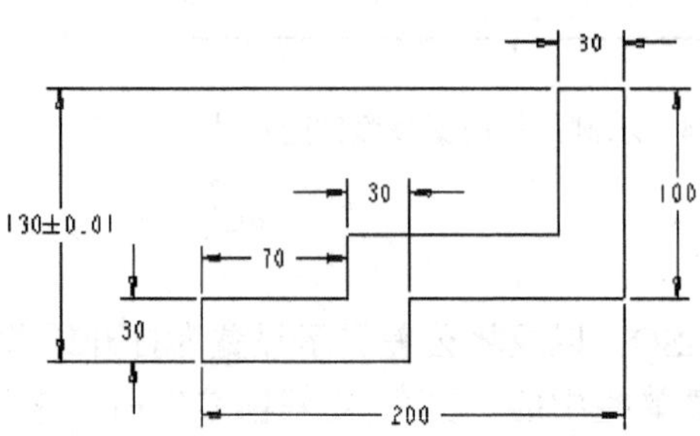

图 8-37 设置单个尺寸的公差显示

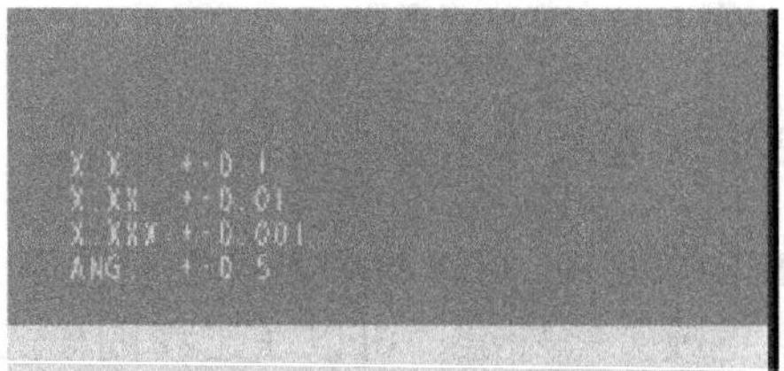

图 8-38 列出默认公差值

> **提示**　利用“尺寸属性”对话框的“属性”选项卡可设置尺寸的基本属性，例如，值和公差、格式以及显示形式等；利用“显示”选项卡可修改尺寸的文本，以及为尺寸添加前缀和后缀等；利用“文本样式”选项卡下可修改尺寸文本的样式，例如，字符的字体、大小、粗细等。

4. 插入几何公差

几何公差是与模型设计中指定的确切尺寸和形状之间的最大允许偏差。要在工程图中插入几何公差，则可以按照如下的步骤进行。

步骤 1　在功能区的“注释”选项卡的“插入”面板中单击“几何公差”按钮，弹出“几何公差”对话框，如图 8-39 所示。

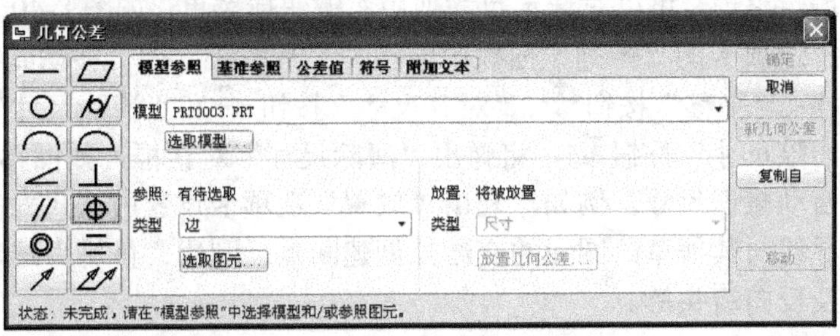

图 8-39　“几何公差”对话框

步骤 2　指定要插入的几何公差类型。可选的几何公差类型包括（直线度）、（平面度）、（圆度）、（圆柱度）、（线轮廓度）、（曲面轮廓度）、（倾斜度）、（垂直度）、（平行度）、（位置）、（同轴度）、（对称）、（径向跳动）和（总跳动）。

步骤 3　在“几何公差”对话框中使用相关的选项卡进行设置。

- 使用“模型参照”选项卡，可指定要在其中添加几何公差的模型和参照图元，以及在绘图中放置几何公差。
- 使用“基准参照”选项卡，可指定几何公差的参照基准和材料状态，以及复合公差的值和参照基准。
- 使用“公差值”选项卡，可指定公差值和材料状态。
- 使用“符号”选项卡，可指定几何公差符号和修改者以及突出（加亮）公差带。
- 使用“附加文本”选项卡，可指定创建或编辑几何公差时要与其相关联的附加文本。

步骤 4　完成定义几何公差，返回到“模型参照”选项卡，单击“放置几何公差”按钮，接着根据放置类型等进行放置几何公差操作以将几何公差插入到工程图中。

步骤 5　在“几何公差”对话框中单击“确定”按钮，接受创建的几何公差并退出。

知识库

在“几何公差”对话框的右侧区域还提供了另外几个实用的按钮，其中“新几何公差”按钮用于接受当前创建的几何公差并启动创建新几何公差，“复制自”按钮用于从现有的几何公差中复制参数/选项设置，“移动”按钮则用于移动几何公差。

5. 编辑及整理尺寸

在工程图中显示模型注释及创建尺寸后，通常还需要对工程图中的尺寸注释的放置位置进行编辑、整理，使页面整洁且便于信息读取。例如，在工程图页面中将选定尺寸手工移到所需位置，将选定尺寸与指定尺寸对齐，通过设置尺寸放置和修饰属性的控件（如反转箭头方向）自动安排选定尺寸的显示，以及将选定尺寸移动到其他视图等。

要对尺寸进行编辑整理，可以对选定尺寸使用右键快捷菜单，如图 8-40 所示。也可以使用功能区的“注释”选项卡的“排列”面板中的相关工具按钮，如“移动到视图”按钮、“移动特殊”按钮、“平移”按钮、“对齐尺寸”按钮和“清除尺寸”按钮等。

例如，单击“清除尺寸”按钮，将弹出“清除尺寸”对话框，如图 8-41 所示，从中进行相关设置可以自动整理尺寸。例如，利用“放置”选项卡设置所选尺寸的位置，以及在各尺寸界线或尺寸界线与其他草绘图元的交结处创建断点；利用“修饰”选项卡在尺寸界线之间居中尺寸，以及反向箭头等。

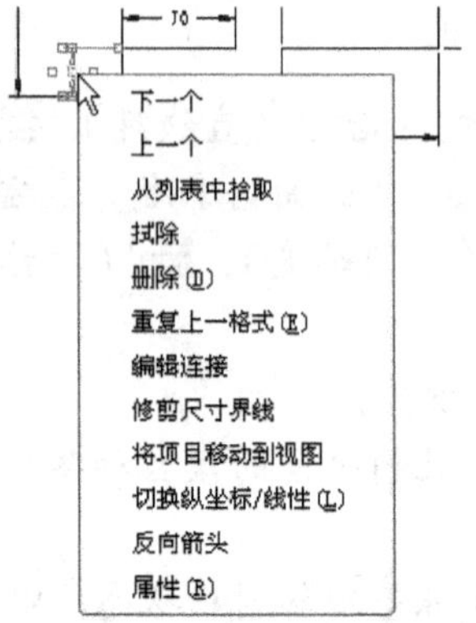

图 8-40 对选定尺寸使用右键快捷菜单

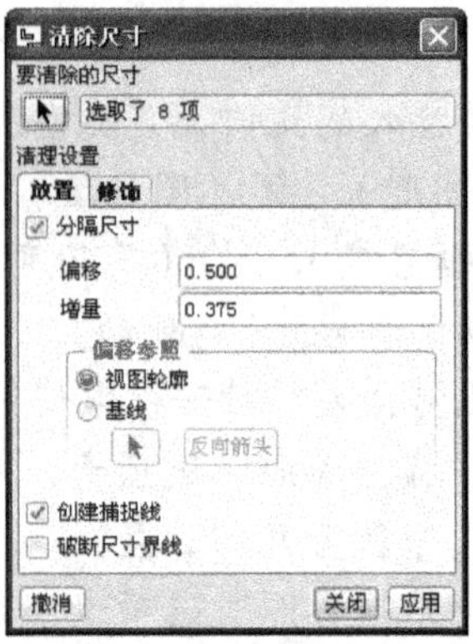

图 8-41 “清除尺寸”对话框

提示

偏移尺寸时，用户可在“偏移参照”选项组中选择偏移参照。此外，选择“创建捕捉线”复选框，可以在偏移参照（包括模型边、基准平面、视图边、轴或捕捉线的）的一侧放置所有尺寸。

6. 插入绘图注释

在功能区的“注释”选项卡的“插入”面板中单击“注释”按钮可以在页面中插入绘图文本注释。插入注释时可以设置注释属性，如依附类型和位置、引线样式和文本位置等。

三、任务实践

在介绍了 Pro/E Wildfire 5.0 工程图设计的相关理论指导知识后，接下来通过完成 2 个典型的工程图设计综合案例，掌握本项目所学知识在实践中的应用，并理解三维模型与工程图之间的关系。

任务一 轴承盖工程图设计

本任务将为已经建好模型的轴承盖零件（如图 8-42 所示）创建工程图。考虑到该轴承盖零件的结构特点，初步拟定采用一个全剖切的主视图和一个投影视图来表达即可。注意为页面设置绘图比例。本任务需要使用本书配套素材模型“范例素材\CH8\bc_8_r1.prt”，最终完成的工程图效果如图 8-43 所示，最终效果文件请参考本书配套素材“范例素材\CH8\FINISH\bc_8_r1_finish.drw”文件。

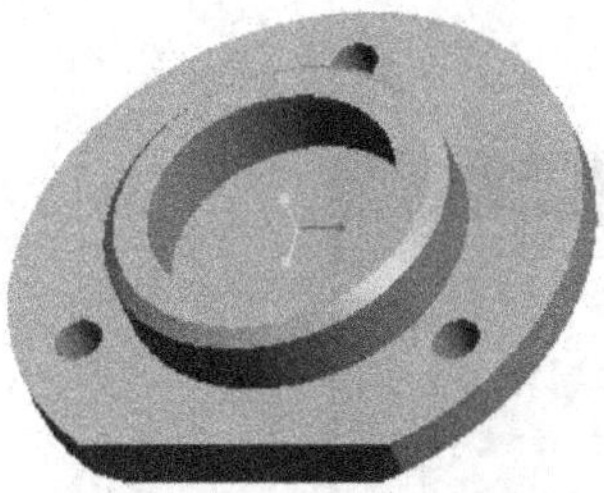

图 8-42 轴承盖零件

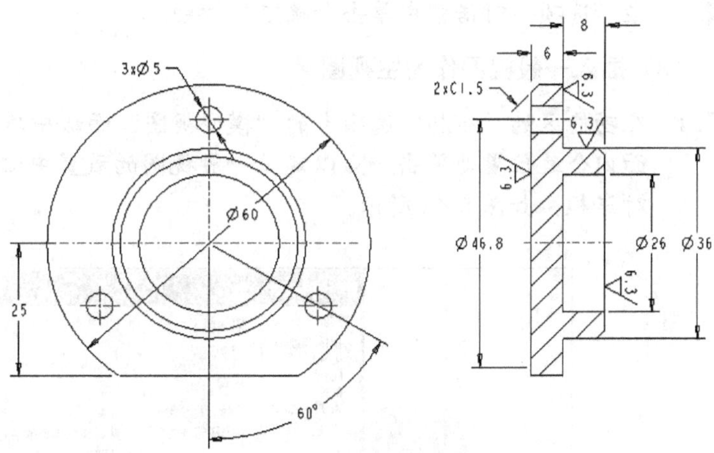

图 8-43 轴承盖工程图参考效果

任务分析

先打开轴承盖模型文档，接着新建一个工程图文件，其缺省模型为打开的轴承盖零件。注意确保采用第一象限角投影法，即绘图选项“projection_type”的值需要确保为“first_angle”。接着在该工程图当前页面中插入一个一般视图作为主视图，然后在该主视图右侧区域创建一个投影视图，并为该投影视图定义剖截面以获得它的全剖视图，最后进行尺寸注释等操作。

任务实施

（1）打开轴承盖模型并新建一个工程图文件

步骤 1 在“文件”工具栏中单击“打开”按钮，弹出“文件打开”对话框，选择本书配套的“范例素材\CH8\bc_8_r1.prt”文件，单击“打开”按钮将其打开。

步骤 2 在“文件”工具栏中单击“新建”按钮，或者按【Ctrl+N】快捷键，弹出“新建”对话框。

步骤 3 在“类型”选项组中选择“绘图”单选按钮，在“名称”文本框中输入“bc_8_r1”，取消选中“使用缺省模板”复选框，然后单击“确定”按钮，系统弹出“新建绘图”对话框。

步骤 4 缺省模型自动设为“bc_8_r1.prt”，在“指定模板”选项组中选择“空”单选按钮，在“方向”选项组中单击“横向”按钮，在“大小”选项组的“标准大小”下拉列表框中选择“A4”，然后单击“确定”按钮。

（2）将绘图选项“projection_type”的值设为“first_angle”

步骤 1 在菜单栏中选择“文件|绘图选项”命令，弹出“选项”对话框。

步骤 2 在“选项”对话框的“选项”文本框中输入“projection_type”，在“值”下拉列表框中选择“first_angle”，单击“添加/更改”按钮。

步骤 3 在“选项”对话框中单击“确定”按钮。

（3）插入一般视图作为主视图

步骤 1 在功能区的“布局”选项卡的“模型视图”面板中单击“一般”按钮，接着在页面内合适位置处单击一点以定义一般视图的放置中心点，同时系统弹出“绘图视图”对话框，如图 8-44 所示。

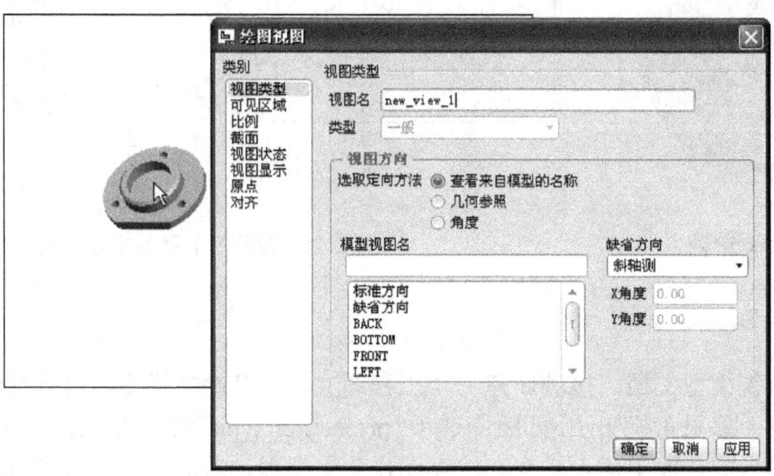

图 8-44 放置一般视图及弹出“绘图视图”对话框

步骤 2 在“绘图视图”对话框的“视图类型”设置界面中，从“视图方向”选项组中保持默认选中的“查看来自模型的名称”，在“模型视图名”列表中选择“TOP”视图名，单击“应用”按钮。

步骤 3 在“类别”列表框中选择“视图显示”选项以切换到“视图显示”设置界面，从“显示样式”下拉列表框中选择“消隐”选项，从“相切边显示样式”下拉列表框中选择“无”选项，单击“应用”按钮，如图 8-45 所示。

步骤 4 在“绘图视图”对话框中单击“关闭”按钮。

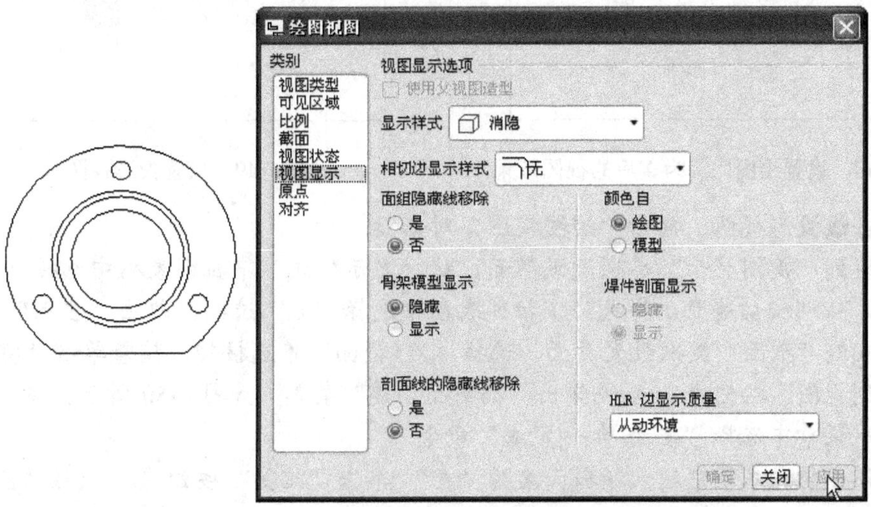

图 8-45 设置视图显示选项

（4）设置绘图比例

步骤 1 在图形窗口左下角区域双击如图 8-46 所示的绘图比例标识。

步骤 2 在弹出的如图 8-47 所示的文本框中输入比例的值为 2，单击“接受”按钮☑，或按【Enter】键确认。将绘图比例的值由 1 设置为 2 后，主视图在图纸页面上显示如图 8-48 所示。

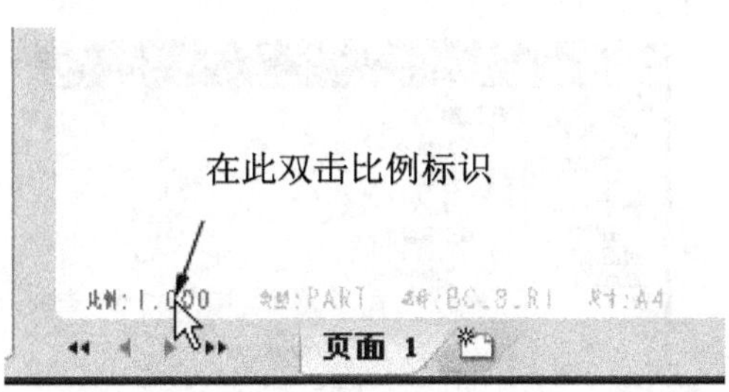

图 8-46 双击绘图比例标识

图 8-47 输入比例值

（5）创建投影视图

步骤 1 在功能区的“布局”选项卡的“模型视图”面板中单击“投影”按钮，接着在主视图的右侧区域指定该投影视图的放置中心点，如图 8-49 所示。

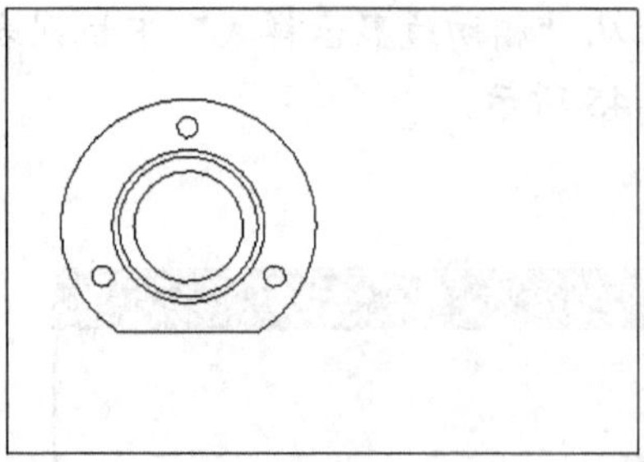

图 8-48　设置绘图比例为 2 后的视图效果

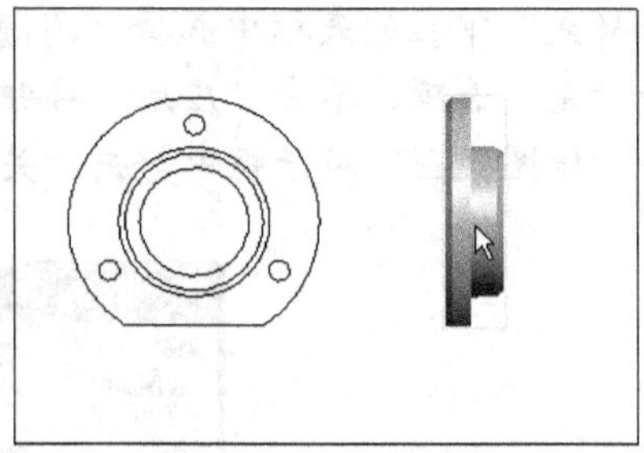

图 8-49　放置投影视图

步骤 2　双击该投影视图，弹出“绘图视图”对话框。

步骤 3　切换到“视图显示”类别设置界面，从“显示样式”下拉列表框中选择“消隐”选项，从“相切边显示样式”下拉列表框中选择“无”选项，单击“应用”按钮。

步骤 4　切换到“截面”类别设置界面，选择“2D 截面”单选按钮，接着单击“将横截面添加到视图”按钮，系统弹出“剖截面创建”菜单，如图 8-50 所示。在“剖截面创建”菜单中选择“平面|单一|完成”命令。

步骤 5　在弹出的文本框中输入横截面名为“A”，单击“接受”按钮，或按【Enter】键。

步骤 6　在上工具箱的“基准显示”工具栏中单击选中“平面显示”以在工程视图中显示基准平面，在主视图中选择 RIGHT 平面来作为剖切平面。也可以在模型树中选择 RIGHT 基准平面。

步骤 7　此时在“绘图视图”对话框的“截面”类别选项卡如图 8-51 所示，截面名称“A”的前面标识有符号“ ”，表示刚创建的截面 A 对当前投影视图而言是有效的截面，默认的剖切区域为“完全”。注意模型边可见性选项默认为“全部”。

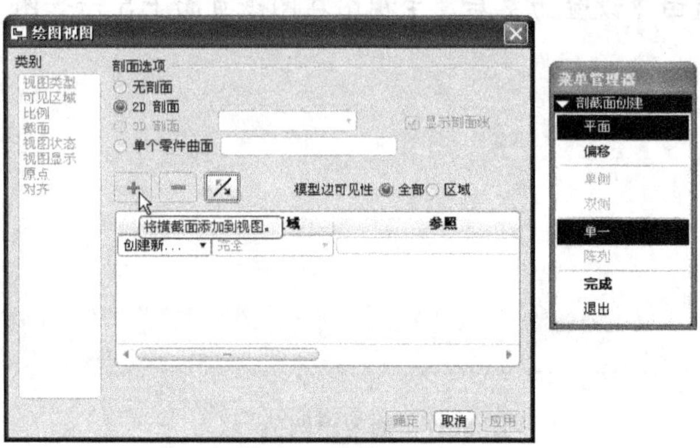

图 8-50　打开“剖截面创建”菜单

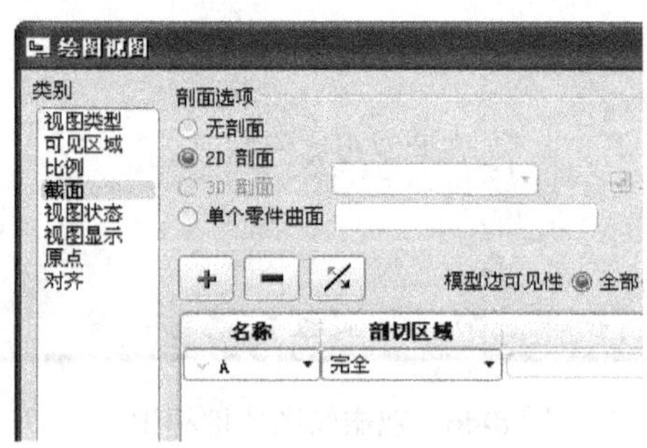

图 8-51　创建了有效的截面 A

步骤 8　在“绘图视图”对话框中单击“确定”按钮，创建的投影视图以全剖视的形式表达模型，如图 8-52 所示。可以再次单击“平面显示”以关闭基准平面显示。

（6）尺寸注释

步骤 1　在功能区中单击“注释”标签以打开“注释”选项卡，接着在导航区的模型树中单击零件名称，如图 8-53 所示，然后在“注释”选项卡的“插入”面板中单击“显示模型注释”按钮，弹出“显示模型注释”对话框。

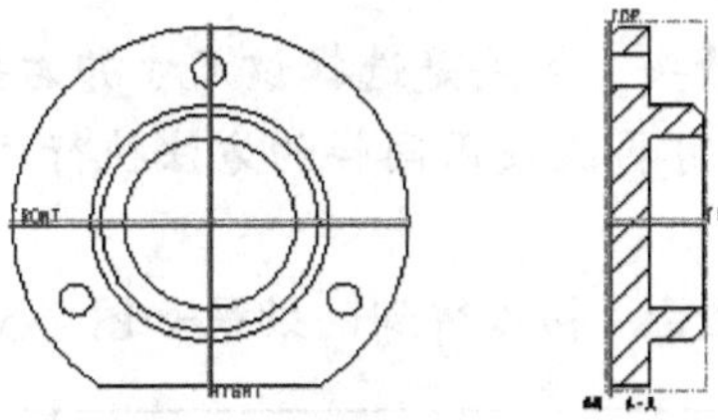

图 8-52　创建的投影视图

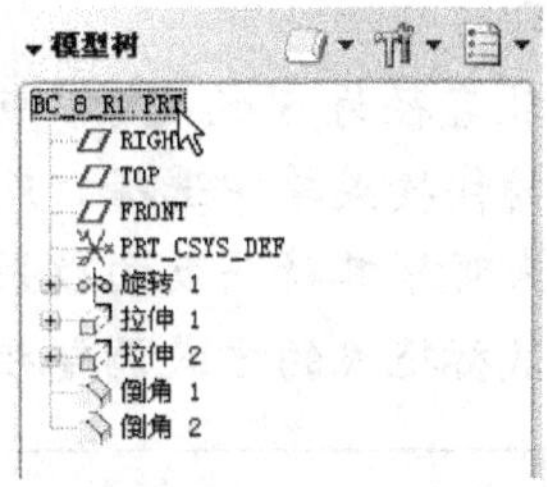

图 8-53　选中整个模型特征

步骤 2　此时在“显示模型注释”对话框的（列出模型尺寸）选项卡中，默认的尺寸类型为“全部”，单击“全选”按钮以初步选择并显示该零件的所有尺寸，接着在视图中分别单击如图 8-54 所示的两个尺寸以取消这两个尺寸的选择状态，单击“应用”按钮。

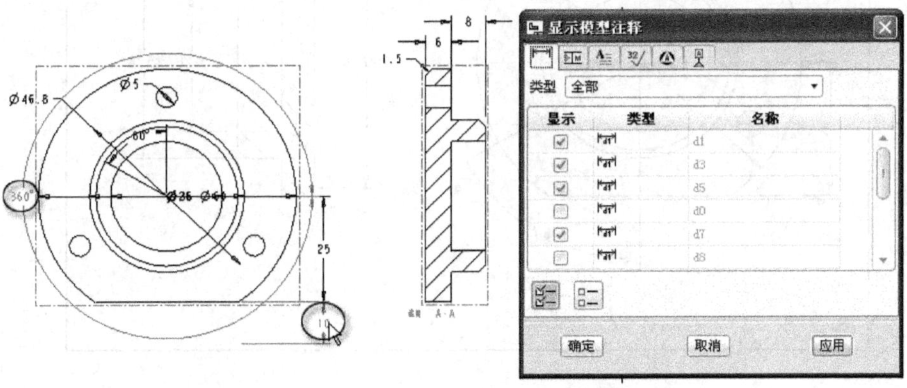

图 8-54　选择两个尺寸以从选择集中将它们排除

步骤 3　在“显示模型注释”对话框中切换到（列出基准）选项卡，单击“全选”按钮以选择并显示该零件的所有轴线。

步骤 4　在“显示模型注释”对话框中单击“确定”按钮，显示来自 3D 模型中的尺寸和轴线的效果如图 8-55 所示。

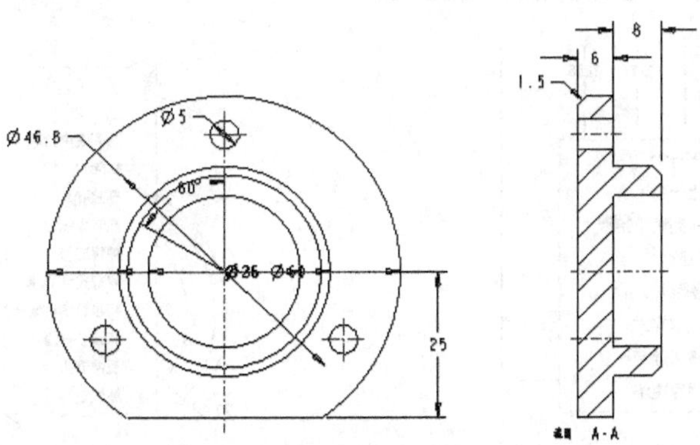

图 8-55　显示来自模型的尺寸和轴线

步骤 5 将一些尺寸移动到最适合的视图中去显示，方法是先选中要操作的尺寸并右击，接着从弹出的快捷菜单中选择“将项目移动到视图”命令，然后选择要移动到的模型视图即可。

步骤 6 对于孔直径为 5 的尺寸，可以设置反转其箭头，方法是选择该尺寸并右击，接着从弹出的快捷菜单中选择“反向箭头”命令，可再次使用同样的方法执行“反向箭头”命令来观察其箭头反向效果。

步骤 7 使用鼠标拖曳的方式调整相关尺寸的放置位置，初步得到的效果如图 8-56 所示。

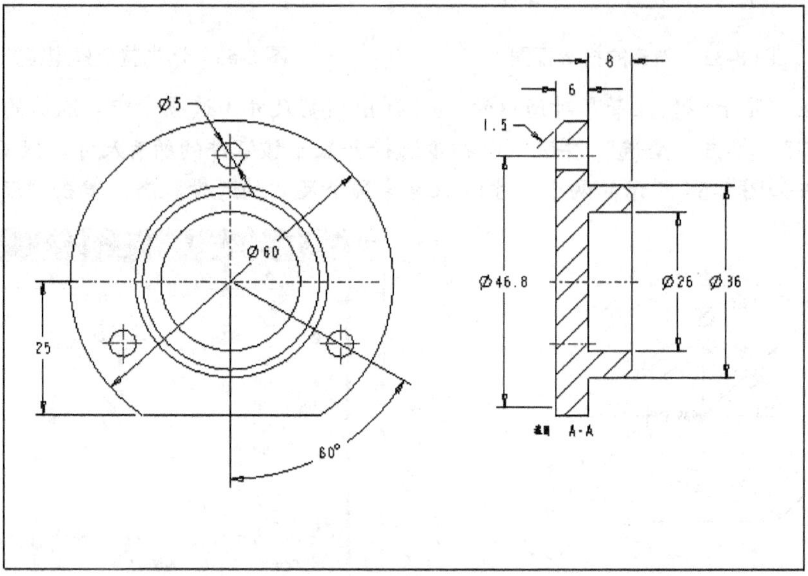

图 8-56　手动整理尺寸

步骤 8 在页面中选择“截面 A-A”注释，按住【Ctrl】键的同时选择如图 8-57 所示的一条轴线并单击鼠标右键，弹出一个快捷菜单，从中选择“拭除”命令。使用同样的方法，确保页面中没有显示有多余的轴线。

步骤 9 选择 Φ5 尺寸并单击鼠标右键以打开一个快捷菜单，如图 8-58 所示，从中选择“属性”命令，弹出“尺寸属性”对话框。

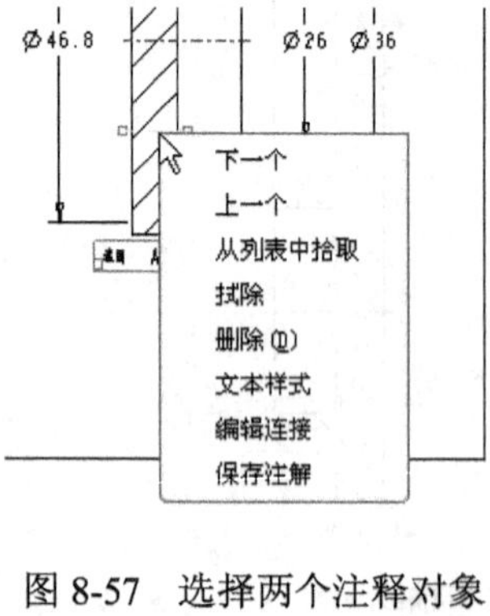

图 8-57　选择两个注释对象

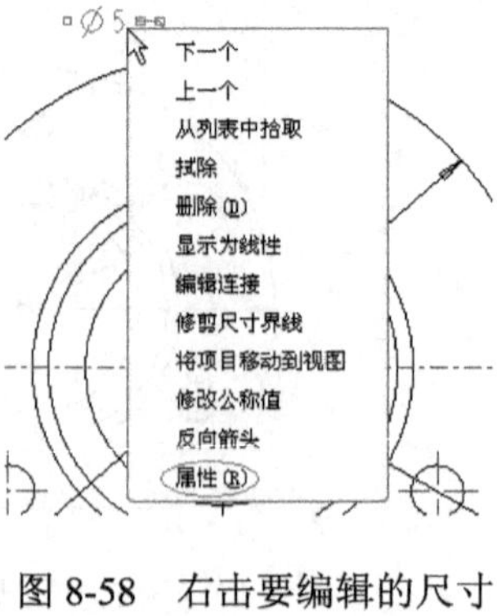

图 8-58　右击要编辑的尺寸

步骤 10　在“尺寸属性”对话框中切换到“显示”选项卡，在“前缀”文本框中输入“3x”，如图 8-59 所示，然后单击“确定”按钮。

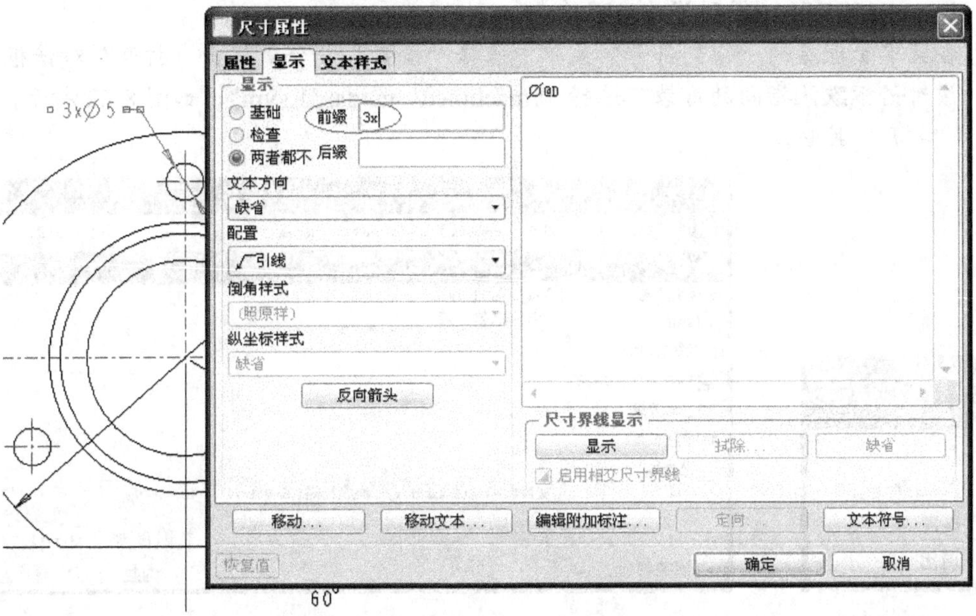

图 8-59　为选定尺寸添加前缀

步骤 11　选择倒角处的尺寸“1.5”并右击，接着从弹出的快捷菜单中选择“属性”命令，弹出“尺寸属性”对话框，切换到“显示”选项卡，从“倒角样式”下拉列表框中选择“Cd”选项，并在“前缀”文本框中输入“2x”，如图 8-60 所示，然后单击“确定”按钮。

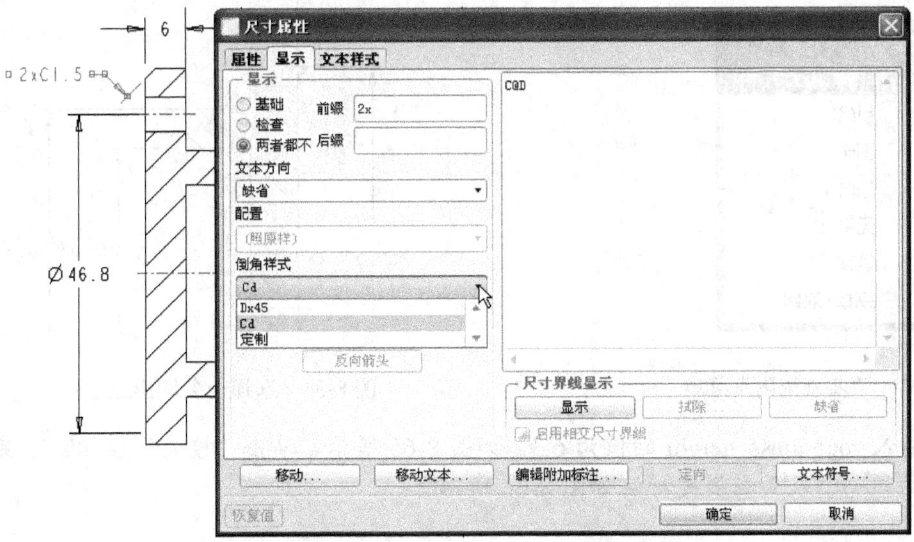

图 8-60　设置倒角尺寸的倒角样式及其前缀

（7）插入表面粗糙度符号

步骤 1 在功能区的“注释”选项卡的“插入”面板中单击“表面光洁度”按钮，弹出如图 8-61 所示的“得到符号”菜单。

步骤 2 在菜单管理器的“得到符号”菜单中选择“检索”命令，弹出“打开”对话框，在该对话框默认指向的目录下选择“/machined/ standard1.sym”，如图 8-62 所示，单击“打开”按钮。

图 8-61 “得到符号”菜单

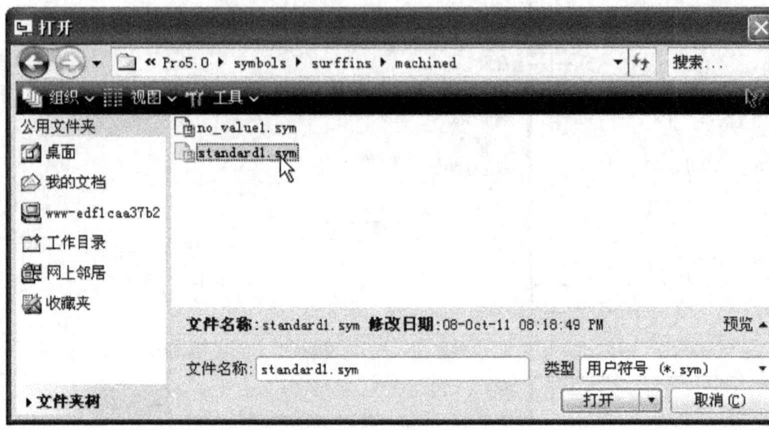

图 8-62 选择符号文件

步骤 3 在弹出的如图 8-63 所示的“实例依附”菜单中选择“法向”命令，在投影的全剖视图中单击如图 8-64 所示的一条边（图中指针所指）。

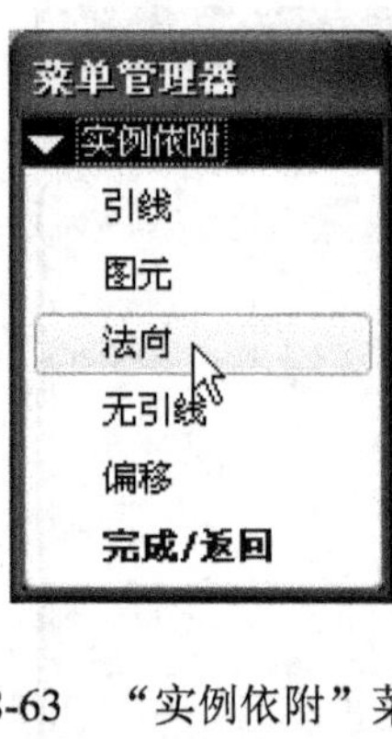

图 8-63 “实例依附”菜单

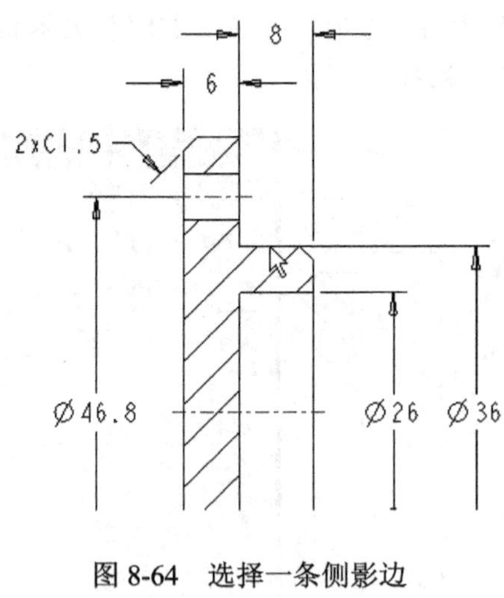

图 8-64 选择一条侧影边

步骤 4 输入 roughness_height 的值为 6.3，如图 8-65 所示，单击“接受”按钮。完成创建的第一个表面粗糙度标注如图 8-66 所示。

图 8-65　设置表面粗糙度参数值

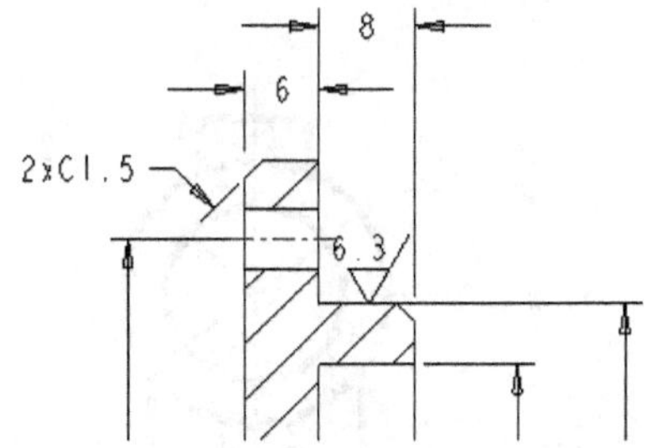

图 8-66　创建的第 1 个表面粗糙度标注

步骤 5　指定其他要标注表面粗糙度的对象，并设置相应的表面粗糙度参数值。单击鼠标中键后，返回到"实例依附"菜单，选择"完成/返回"命令。完成效果如图 8-67 所示。

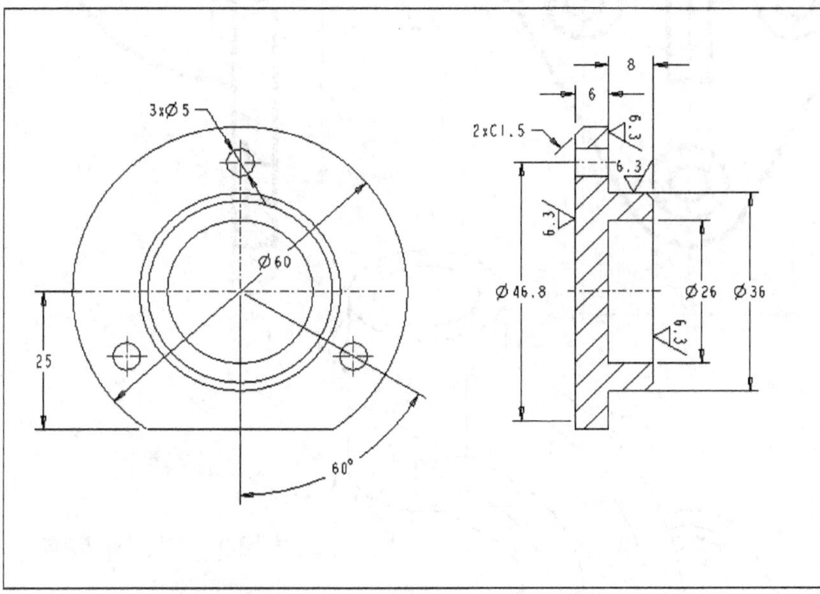

图 8-67　完成表面粗糙度标注后的工程图效果

任务二　支架工程图设计

本任务将在为已经建好 3D 模型支架零件创建相关的工程视图，并将工程视图转换到 Auto CAD 软件中进行编辑和标注尺寸，最终完成的参考效果如图 8-68 所示（未添加竖向 A4 图框）。本任务涉及到数据转换操作，在实际设计工作中会经常采用这种方式。本任务在 Pro/E Wildfire 5.0 中最终完成的工程视图（不显示尺寸注释等）请参考本书配套素材"\范例素材\CH8\FINISH\bc_8_r2_finish.drw"文件。

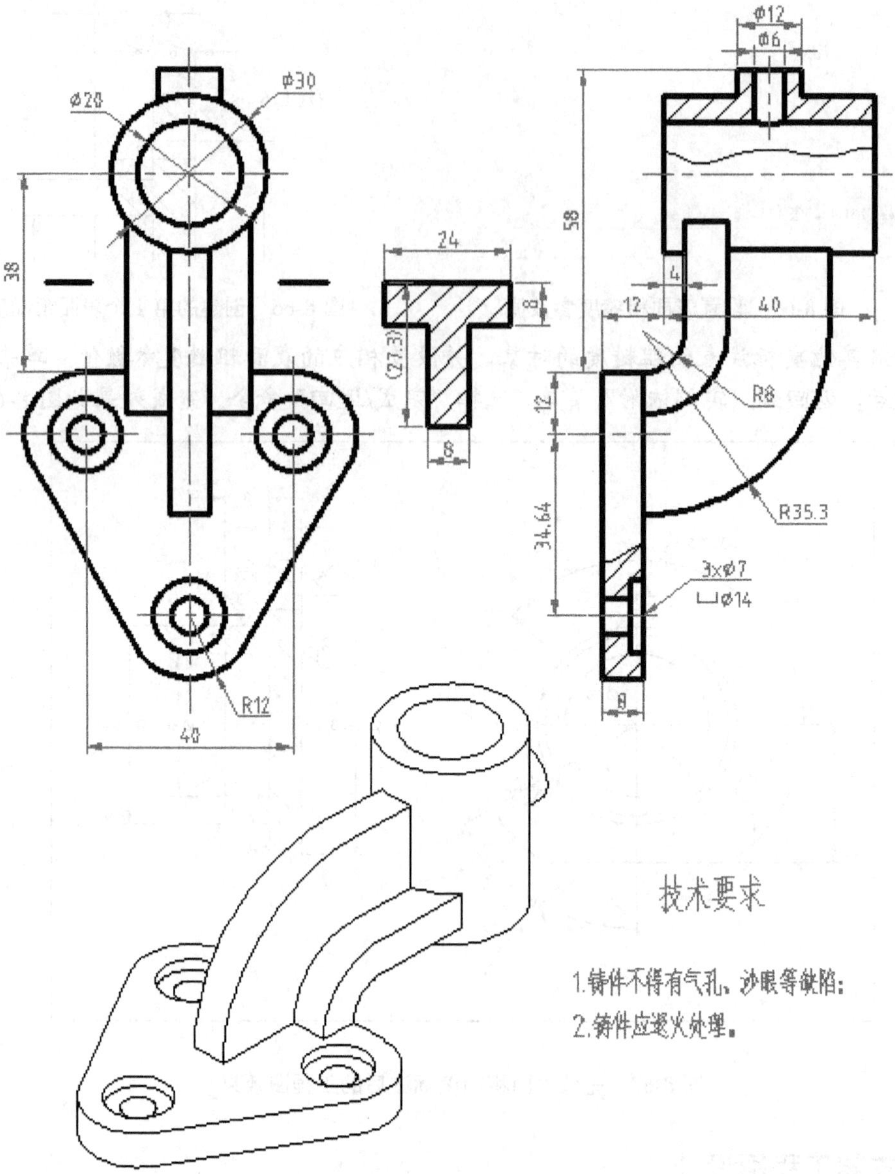

图 8-68　完成的支架工程图

任务分析

先在 Pro/E Wildfire 5.0 中新建一个工程图文件，指定缺省模型为支架零件，注意确保采用第一象限角投影法，然后在该工程图文档的当前页面中插入所需的工程视图，接着将文档另存为*.dwg 格式的文档，并利用 Auto CAD 对工程视图进行编辑和标注。

任务实施

（1）新建一个工程图文件

步骤 1 在“文件”工具栏中单击“新建”按钮，或者按【Ctrl+N】快捷键，弹出“新建”对话框。

步骤 2 在“类型”选项组中选择“绘图”单选按钮，在“名称”文本框中输入“bc_8_r2”，取消选中“使用缺省模板”复选框，然后单击“确定”按钮，系统弹出“新建绘图”对话框。

步骤 3 在“缺省模型”选项组中单击“浏览”按钮，利用弹出的“打开”对话框选择本书配套的“\范例素材\CH8\bc_8_r2.prt”文件并单击“打开”按钮，选择该支架零件作为缺省模型。

步骤 4 在“指定模板”选项组中选择“空”单选按钮，在“方向”选项组中单击“纵向”按钮，在“大小”选项组的“标准大小”下拉列表框中选择“A4”，然后单击“确定”按钮。

（2）将绘图选项“projection_type”的值设为“first_angle”

步骤 1 在菜单栏中选择“文件|绘图选项”命令，弹出“选项”对话框。

步骤 2 在“选项”对话框的“选项”文本框中输入“projection_type”，在“值”下拉列表框中选择“first_angle”，单击“添加/更改”按钮。

步骤 3 在“选项”对话框中单击“确定”按钮。

（3）插入一般视图作为主视图

步骤 1 在功能区“布局”选项卡的“模型视图”面板中单击“一般”按钮，接着在A4页面内合适位置处单击一点以定义一般视图的放置中心点，同时系统弹出“绘图视图”对话框。

步骤 2 在“视图类型”类别设置界面的“视图方向”选项组中，从“模型视图名”列表中选择“TOP”，单击“应用”按钮。

步骤 3 在“类别”列表框中选择“视图显示”选项以切换到“视图显示”设置界面，从“显示样式”下拉列表框中选择“消隐”选项，从“相切边显示样式”下拉列表框中选择“无”选项，单击“应用”按钮。

步骤 4 在“绘图视图”对话框中单击“关闭”按钮。此时，插入的一般视图（主视图）如图 8-69 所示。

（4）设置绘图比例

在图形窗口左下角区域双击绘图比例标识，在弹出的文本框中输入比例的值为 1，单击“接受”按钮，或者按【Enter】键确认，此时视图在 A4 图纸页面上的显示如图 8-70 所示。

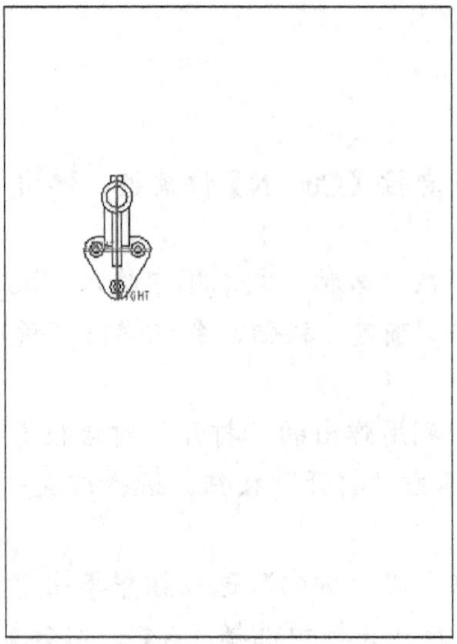

图 8-69　插入一般视图

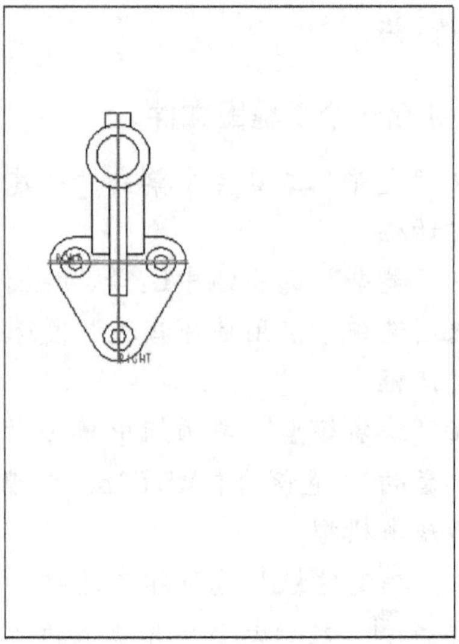

图 8-70　设置新的绘图比例

（5）**在主视图右侧生成一个投影视图**

步骤 1　选择主视图，在功能区的“布局”选项卡的“模型视图”面板中单击“投影”按钮，接着在主视图的右侧区域指定该投影视图的放置中心点，如图 8-71 所示。

步骤 2　双击该投影视图，弹出“绘图视图”对话框，切换到“视图显示”类别设置界面，从“显示样式”下拉列表框中选择“消隐”选项，从“相切边显示样式”下拉列表框中选择“无”选项，单击“应用”按钮。

步骤 3　切换到“截面”类别设置界面，选择“2D 剖面”单选按钮，单击“将横截面添加到视图”按钮，接着在弹出的菜单管理器的“剖截面创建”菜单中选择“平面|单一|完成”命令，输入横截面名称为“A”，单击“接受”按钮。

步骤 4　在模型树中或主视图中选择 RIGHT 基准平面，以定义有效的剖截面 A，从“剖切区域”下拉列表框中选择“局部”选项，如图 8-72 所示。

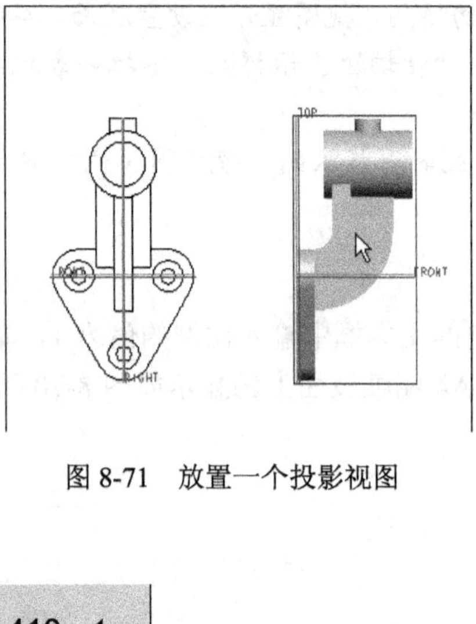

图 8-71　放置一个投影视图

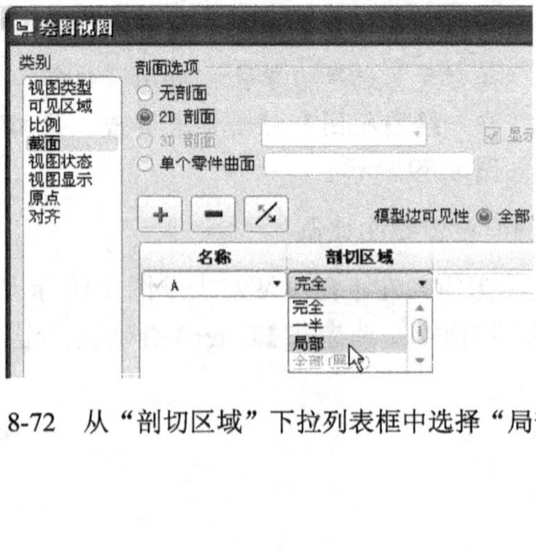

图 8-72　从“剖切区域”下拉列表框中选择“局部”

步骤 5　在投影视图中选择如图 8-73 所示的一个点，接着围绕该参考点依次单击若干个点来草绘一条样条，如图 8-74 所示，单击鼠标中键确认样条。然后在“绘图视图”对话框中单击“应用”按钮，完成创建该局部剖视的效果如图 8-75 所示。

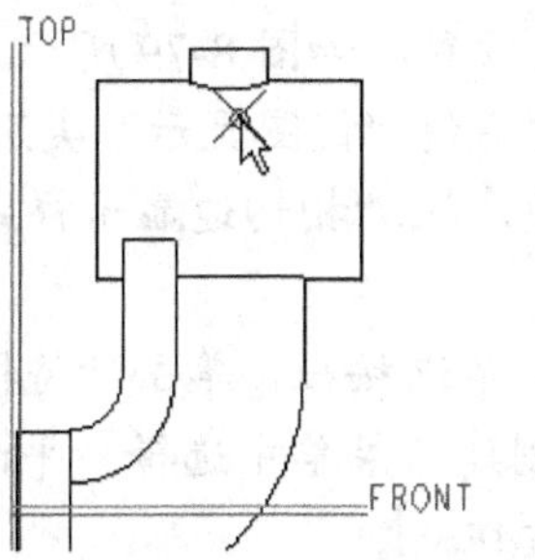

图 8-73　选择局部剖视图的参考放置点

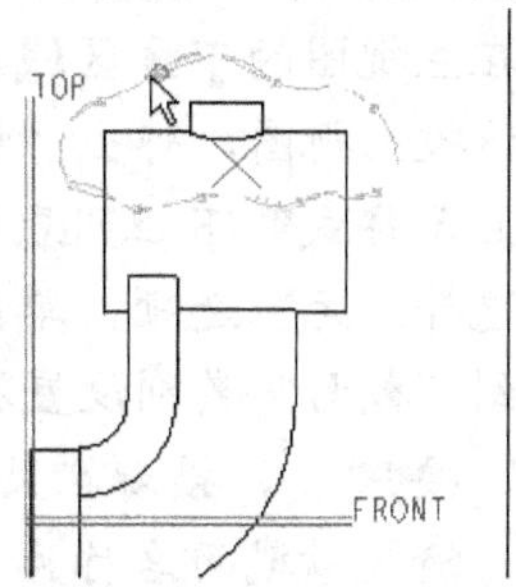

图 8-74　依次单击若干点定义局部剖视区域

步骤 6　在“截面”类别选项卡中单击“将横截面添加到视图”按钮 +，新添加一个剖截面，选择“A”定义该剖截面，如图 8-76 所示，剖切区域选项同样为“局部”。

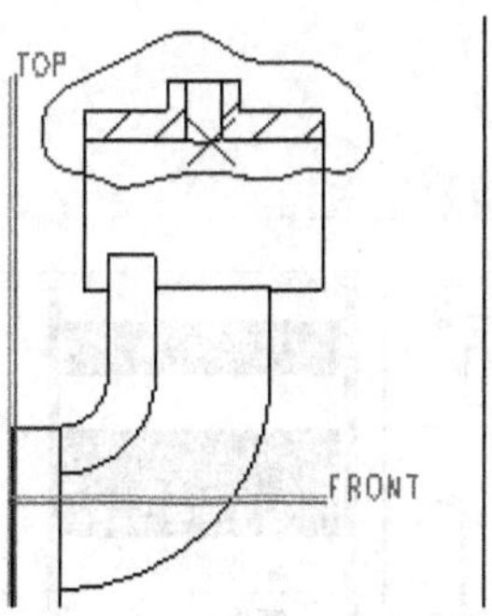

图 8-75　定义局部剖视 1

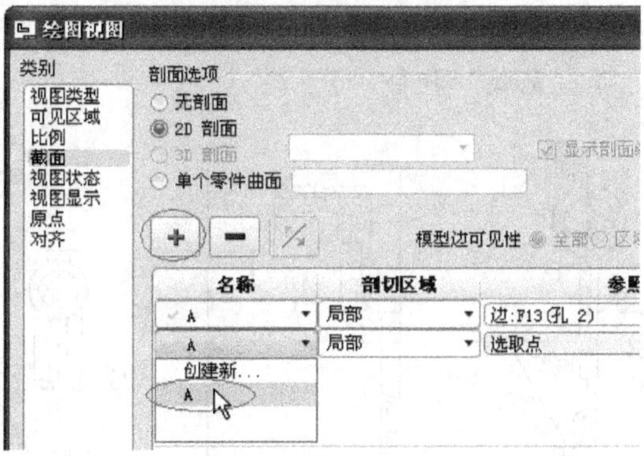

图 8-76　选择有效的剖截面

步骤 7　在投影视图中选择如图 8-77 所示的一个点，接着围绕该参考点依次单击若干个点来草绘一条样条，单击鼠标中键确认，然后单击“应用”按钮，建立的局部剖视 2 的效果如图 8-78 所示。

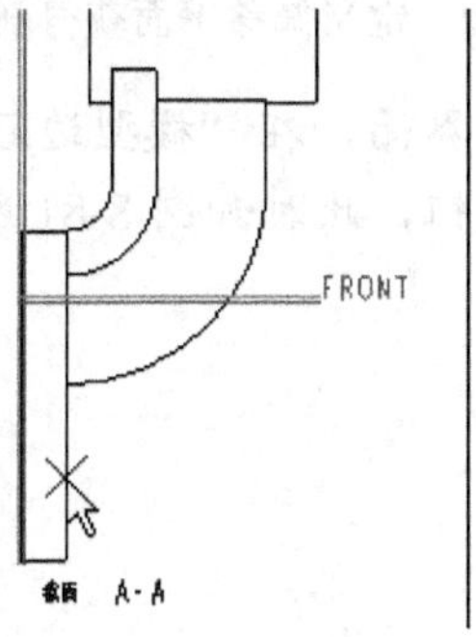

图 8-77　选择局部视图的参考点

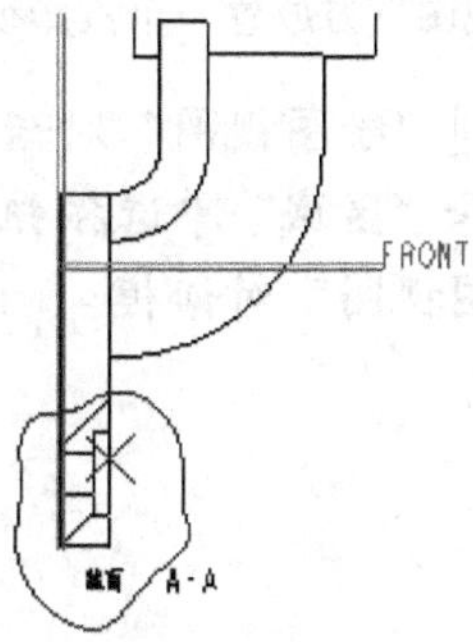

图 8-78　建立局部剖视 2

步骤 8 在“绘图视图”对话框中单击“关闭”按钮。

（6）在主视图下方生成一个投影视图

步骤 1 选择主视图，在功能区的“布局”选项卡的“模型视图”面板中单击“投影”按钮，接着在主视图的下方区域指定该投影视图的放置位置，如图 8-79 所示。

步骤 2 双击该投影视图，弹出“绘图视图”对话框，切换到“视图显示”类别设置界面，从“显示样式”下拉列表框中选择“消隐”选项，从“相切边显示样式”下拉列表框中选择“无”选项，单击“应用”按钮。

步骤 3 切换到“截面”类别设置界面，选择“2D 剖面”单选按钮，单击“将横截面添加到视图”按钮，接着在菜单管理器的“剖截面创建”菜单中选择“平面|单一|完成”命令，输入横截面名称为“B”，单击“接受”按钮。

步骤 4 在菜单管理器出现的“设置平面”菜单中选择“产生基准”命令，接着在出现的“基准平面”菜单中选择“偏移|平面|坐标系|小平面的面”命令。

步骤 5 接着在主视图中选择 FRONT 基准平面（注意设置显示基准平面），并在菜单管理器出现的“偏移”菜单中选择“输入值”命令，输入指定方向的偏移距离值为“－30”，如图 8-80 所示，单击“接受”按钮，然后在菜单管理器的“基准平面”菜单中选择“完成”命令。

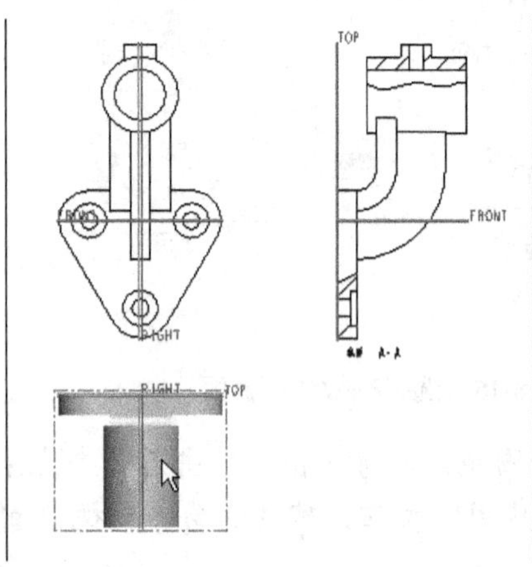

图 8-79 在主视图下方放置一个投影视图

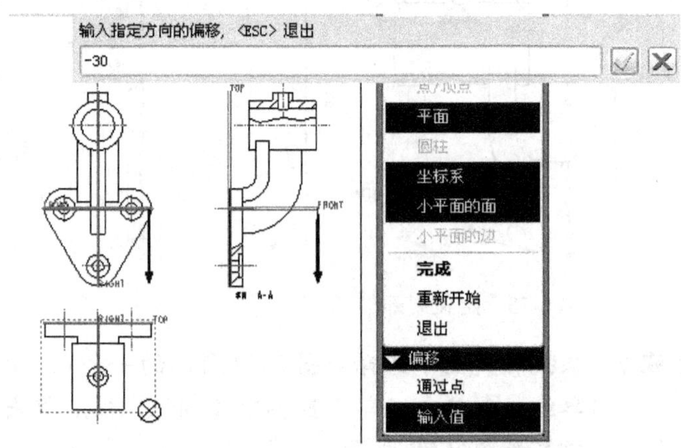

图 8-80 定义偏移平面获得剖截面

步骤 6 返回到“绘图视图”对话框的“截面”类别设置界面，在“模型边可见性”选项区域选择“区域”单选按钮，接着单击“应用”按钮，此时如图 8-81 所示，然后关闭“绘图视图”对话框。

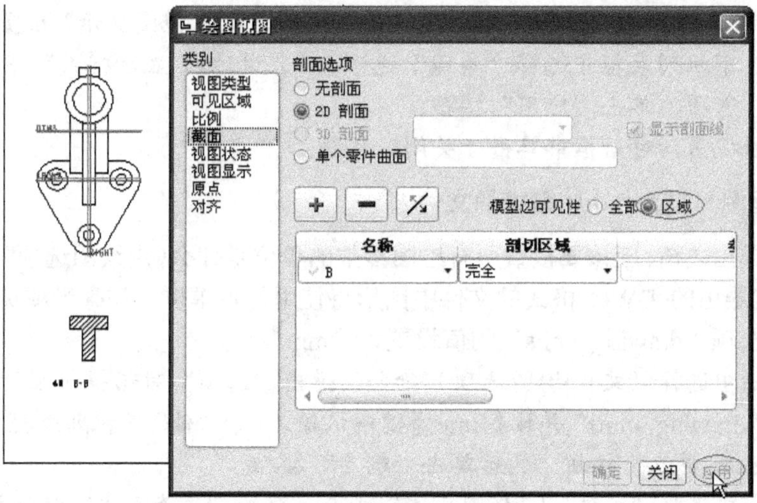

图 8-81 设置其他的剖面选项

（7）关闭基准平面显示和拭除剖面名称注释

步骤 1 在“基准显示”工具栏中单击“平面显示”按钮，以取消选中它，即取消“平面显示”按钮的选中状态。

步骤 2 在功能区中单击“注释”标签以打开“注释”选项卡。在图纸页面上选择“截面 A-A”，按住【Ctrl】键的同时选择“截面 B-B”，接着右击，打开一个快捷菜单，从中选择“拭除”命令。

（8）添加一个表达立体效果的一般视图

步骤 1 在功能区中重新切换到“布局”选项卡，并在“布局”选项卡的“模型视图”面板中单击“一般”按钮，接着在 A4 页面内右下区域的合适位置处单击一点以定义该一般视图的放置点，同时系统弹出“绘图视图”对话框。

步骤 2 在“视图类型”类别设置界面的“视图方向”选项组中，从“缺省方向”下拉列表框中选择“等轴测”选项，单击“应用”按钮，如图 8-82 所示。

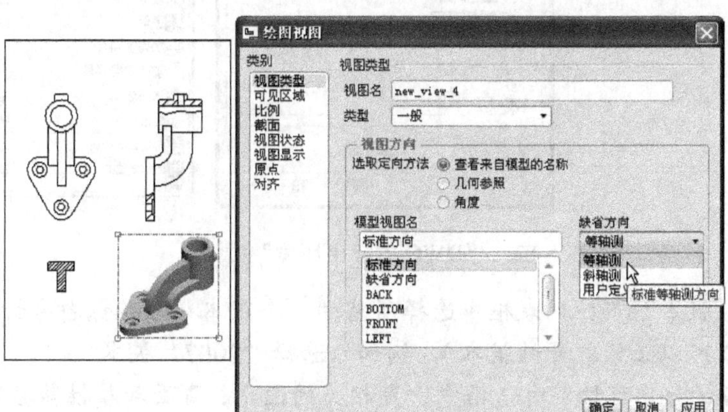

图 8-82 设置视图方向

步骤 3 在“类别”列表框中选择“视图显示”选项以切换到“视图显示”设置界面，从“显示样式”下拉列表框中选择“消隐”选项，从“相切边显示样式”下拉列表框中选择“无”选项，单击“应用”按钮。

步骤 4 在“绘图视图”对话框中单击“关闭”按钮。

（9）将工程图另存为*. dwg 格式的文件

在进行文件导出之前，应该要核查所有绘图参数的单位是什么（由绘图选项“drawing_units”控制），这将决定导出的 DWG 格式的文件中图形将使用何种单位，如毫米或英寸等。在本例中，需要将绘图选项“drawing_units”的值设置为“mm”。

步骤 1 在菜单栏中选择“文件|绘图选项”命令，弹出“选项”对话框，在“选项”文本框中输入“drawing_units”并按【Enter】键确认输入，在“值”下拉列表框中选择“mm”，单击“添加/更改”按钮，然后单击“确定”按钮。

步骤 2 在菜单栏中选择“文件”|“保存副本”命令，弹出“保存副本”对话框。从“类型”下拉列表框中选择“DWG（*.dwg）”，接受默认的新名称为“bc_8_r2”，并指定要保存到的目录，然后单击“确定”按钮，系统弹出“DWG 的导出环境”对话框，如图 8-83 所示。

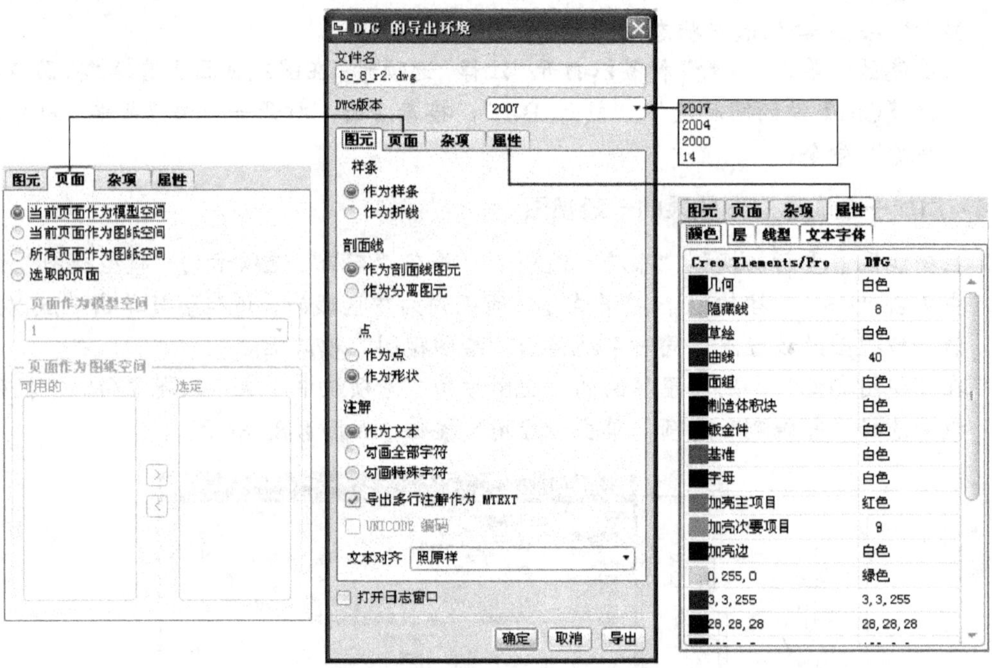

图 8-83 “DWG 的导出环境”对话框

步骤 3 在“DWG 版本”下拉列表框中选择所需的一个版本（应确保自身计算机已安装的 Auto CAD 可以正常打开的版本），例如，选择“2007”版本。

步骤 4 在“DWG 的导出环境”对话框中设置相关的图元、页面和属性等参数和选项，通常接受默认设置即可，单击“确定”按钮以导出文件并退出对话框，或者单击“导出”

按钮以在对话框内导出文件。

> **提示** 要导出DWG格式的文件，用户也可以在功能区中打开“发布”选项卡，接着选择“DWG”单选按钮，如图8-84所示，单击“设置”按钮利用弹出的对话框进行DWG导出设置，然后单击“导出”按钮并利用弹出的“保存副本”对话框完成导出操作。

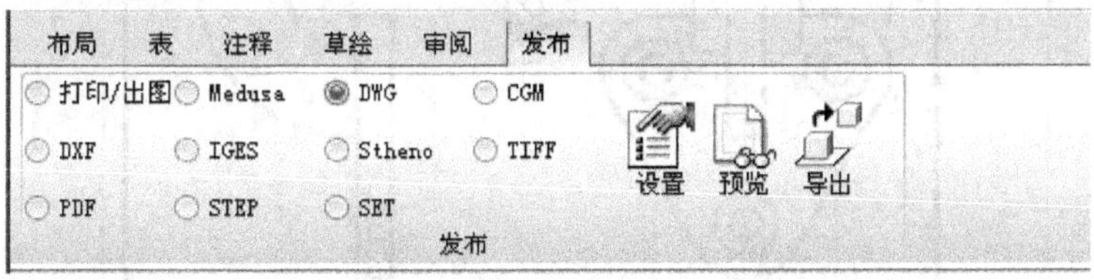

图8-84　功能区的“发布”选项卡

（10）启动Auto CAD软件并利用导出的DWG文件来完成工程图设计

步骤1　启动Auto CAD软件，并打开刚通过导出而生成的DWG文件，如图8-85所示。

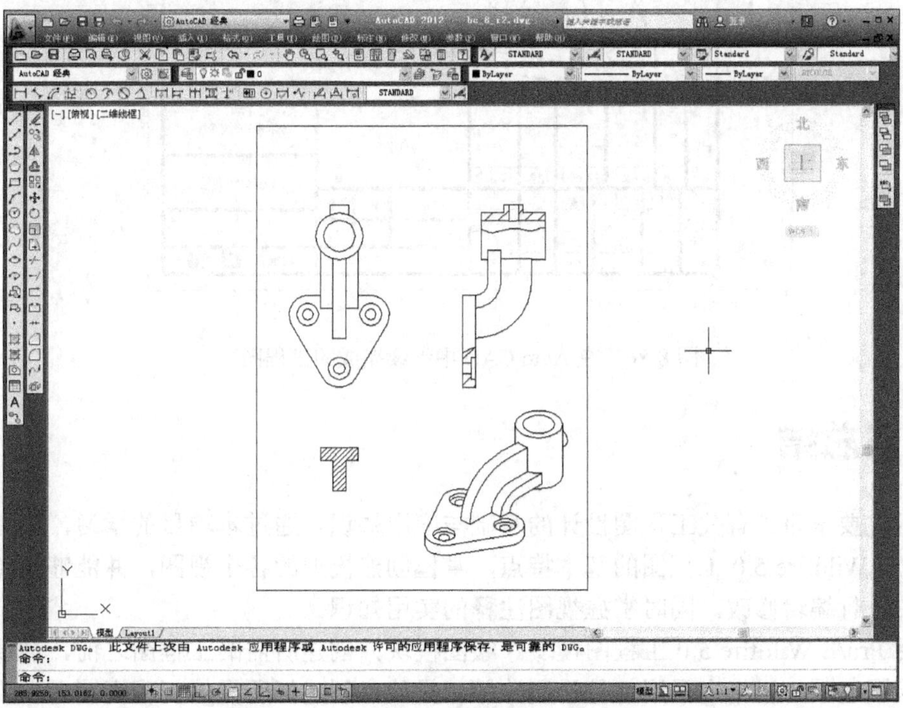

图8-85　使用Auto CAD软件打开刚导出生成的DWG文件

步骤2　在Auto CAD中，使用相关的绘制工具和编辑工具等进行工程图细节设计，包括在工程图中添加中心线，调整相关视图的放置位置、设置相关线型和图层等，并绘制或插入图框、标题栏并进行相关填写，最终完成的支架工程图效果如图8-86所示。

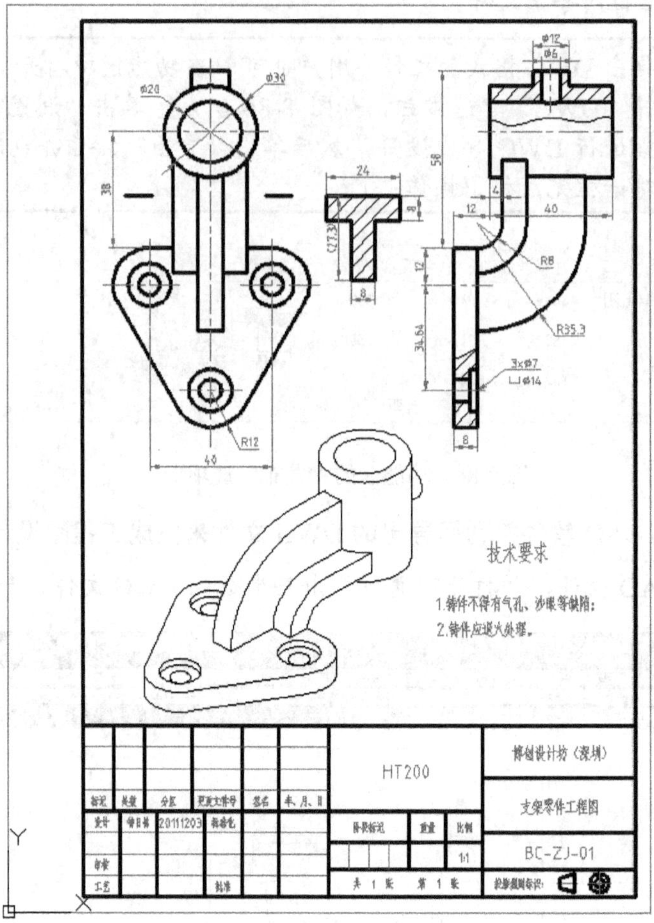

图 8-86　在 Auto CAD 中继续完成的工程图

四、项目总结

本项目主要学习了有关工程图设计的基础与应用知识。通过本项目的学习，读者应该能够理解 Pro/E Wildfire 5.0 工程图的基本特点，掌握创建模型的各个视图，并能够按照设计要求对工程图进行编辑修改，同时掌握视图注释的实用知识。

在使用 Pro/E Wildfire 5.0 工程图模块（绘图模块）创建所需的工程图之前，需要注意设置相关的绘图选项，以指定采用何种投影法等。另外，创建好所需的工程视图后，为了满足工程图需求，可以为视图添加各种注释。

通常，最初的工程图尺寸可从模型中显示，这是比较方便的，因为利用了 3D 模型和工程图之间的相关性。需要时，可在工程图中手动创建尺寸，注意手动创建尺寸的性质和特点。

只要通过多学多练，在学习或工作中注意慢慢地积累经验和使用技巧，就一定会真正体会到 Pro/E Wildfire 工程图功能的应用精髓。

五、项目考核

一、选择题（可多选，每题 3 分，共 24 分）

1. 要定制自己的工程图环境和绘图行为，可以使用（　　）等。

A. 配置选项　　B. 绘图选项　　C. 模板　　D. 系统配置文件

2.（　　）是活动绘图中绘图项目的结构化列表，它表示绘图项目的显示状态，以及绘图项目与活动模型之间的关系。

A. 模型树　　B. 绘图树　　C. 层树　　D. 结构树

3. 可以利用“绘图视图”对话框来定义视图的可见区域，包括（　　）。

A. 全视图　　B. 半视图　　C. 局部视图　　D. 破断视图

4. 投影视图是指定的视图几何沿水平或垂直方向的正交投影。投影视图放置在投影通道中，可根据情况位于父视图的（　　）。

A. 上方　　B. 下方　　C. 右边　　D. 左边

5. 唯一可以创建表达立体形态的视图的视图类型是（　　）。

A. 一般视图　　B. 投影视图　　C. 辅助视图　　D. 详细视图

6. 创建和注释绘图是为制造模型做准备。可以通过如下（　　）方式为工程图添加尺寸和细节。

A. 显示驱动尺寸（显示存储在模型自身中的信息）

B. 插入从动尺寸（在绘图中创建具有单向关联的新尺寸）

C. 手动添加几何公差、基准、符号、表面光洁度符号等

D. 添加文本和注释

7.（　　）是一种特殊的投影视图，它是在恰当角度上向选定曲面或轴进行投影来生成的。

A. 一般视图　　B. 旋转视图　　C. 辅助视图　　D. 详细视图

8. 要将公差显示设置为打开或关闭，需要在工程图模式下从菜单栏中选择“文件|绘图选项”命令，然后在弹出的“选项”对话框中选择绘图设置文件选项（　　），将其值设置为“yes”。

A. tol_display　　B. tol_mode　　C. projection_type　　D. detail_view_circle

二、简答题（每题 8 分，共 16 分）

1. 如何在工程图中修改尺寸的显示小数位数？

2. 如何向绘图中添加模型？

三、操作题（每题 20 分，共 60 分）

1. 请打开“范例素材\CH8\bc_8_ex3a.prt”零件文件，然后为该轴零件（如图 8-87 所示）建立相应的工程视图并进行注释、标注等，要求把该零件的全部特征尺寸表达清楚。

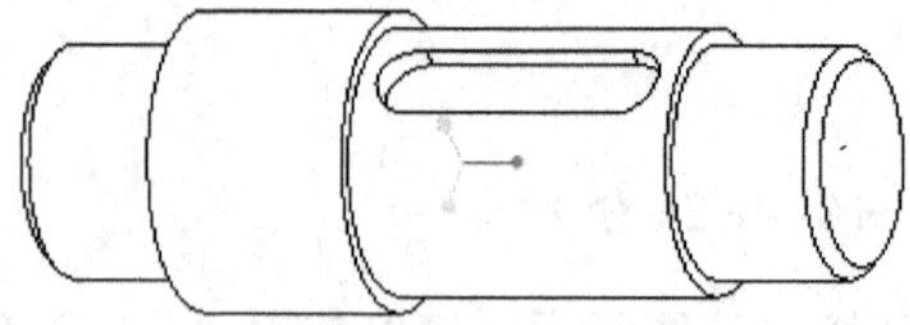

图 8-87　操作题 1 的轴零件

2．请打开“范例素材\CH8\bc_8_ex3b.prt”零件文件，为该带轮零件（如图 8-88 所示）建立如图 8-89 所示的工程视图，然后为该工程视图进行标注尺寸等操作。

图 8-88　操作题 2 的带轮零件

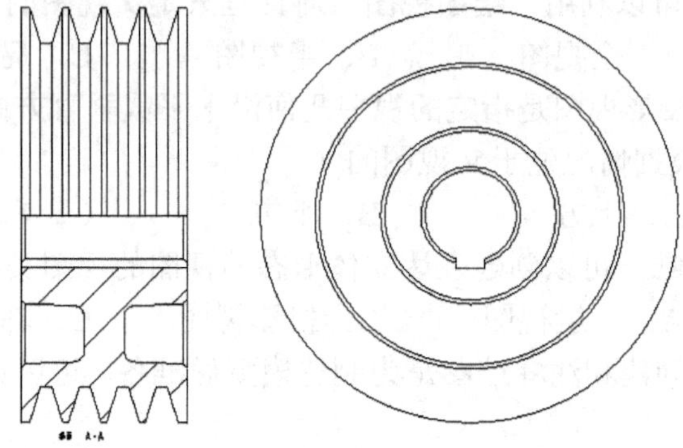

图 8-89　建立工程视图

3．请自行设计一个简单的零件（不能与任务范例的完全一样），然后为该零件建立工程视图，要求在其中一个视图中创建有局部剖视图。